CHANYE ZHUANLI FENXI BAOGAO

产业专利分析报告

（第90册）——近眼显示

国家知识产权局学术委员会◎组织编写

知识产权出版社
全国百佳图书出版单位
—北京—

图书在版编目（CIP）数据

产业专利分析报告．第 90 册，近眼显示/国家知识产权局学术委员会组织编写．—北京：知识产权出版社，2023.7

ISBN 978－7－5130－8637－0

Ⅰ．①产…　Ⅱ．①国…　Ⅲ．①专利—研究报告—世界　Ⅳ．①G306.71

中国国家版本馆 CIP 数据核字（2023）第 002785 号

内容提要

近眼显示技术是虚拟现实沉浸感提升的核心技术，受限于光学器件与显示屏的发展，亟须突破技术发展瓶颈。本书对近眼显示技术中的 Micro－LED 微显示屏、光波导、硅基液晶显示屏和 Pancake 光学设计方案四条技术路线的专利发展态势、创新来源和目标市场情况、重点申请人的专利布局情况进行了梳理，详细解析了重点申请人的重要专利技术，并剖析了国内重点企业目前的研发方向和专利技术水平，为国内企业选择发展方向、确定研发重点、规避知识产权风险提供参考。

责任编辑：王瑞璞　章鹿野　　**责任校对**：王　岩
封面设计：杨杨工作室·张　冀　　**责任印制**：刘译文

产业专利分析报告（第 90 册）

——近眼显示

国家知识产权局学术委员会　组织编写

出版发行：知识产权出版社有限责任公司	**网　　址**：http：//www.ipph.cn
社　　址：北京市海淀区气象路 50 号院	**邮　　编**：100081
责编电话：010－82000860 转 8116	**责编邮箱**：wangruipu@cnipr.com
发行电话：010－82000860 转 8101/8102	**发行传真**：010－82000893/82005070/82000270
印　　刷：天津嘉恒印务有限公司	**经　　销**：新华书店、各大网上书店及相关专业书店
开　　本：787mm×1092mm　1/16	**印　　张**：27.75
版　　次：2023 年 7 月第 1 版	**印　　次**：2023 年 7 月第 1 次印刷
字　　数：620 千字	**定　　价**：158.00 元

ISBN 978－7－5130－8637－0

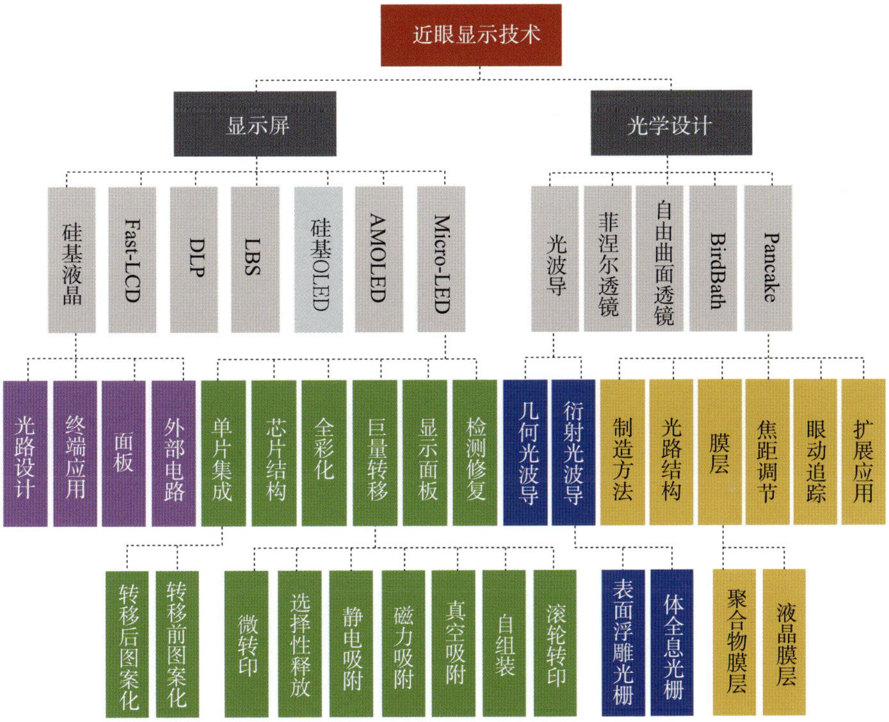

图 1-1-1 近眼显示技术课题技术分解

（正文说明见第 3 页）

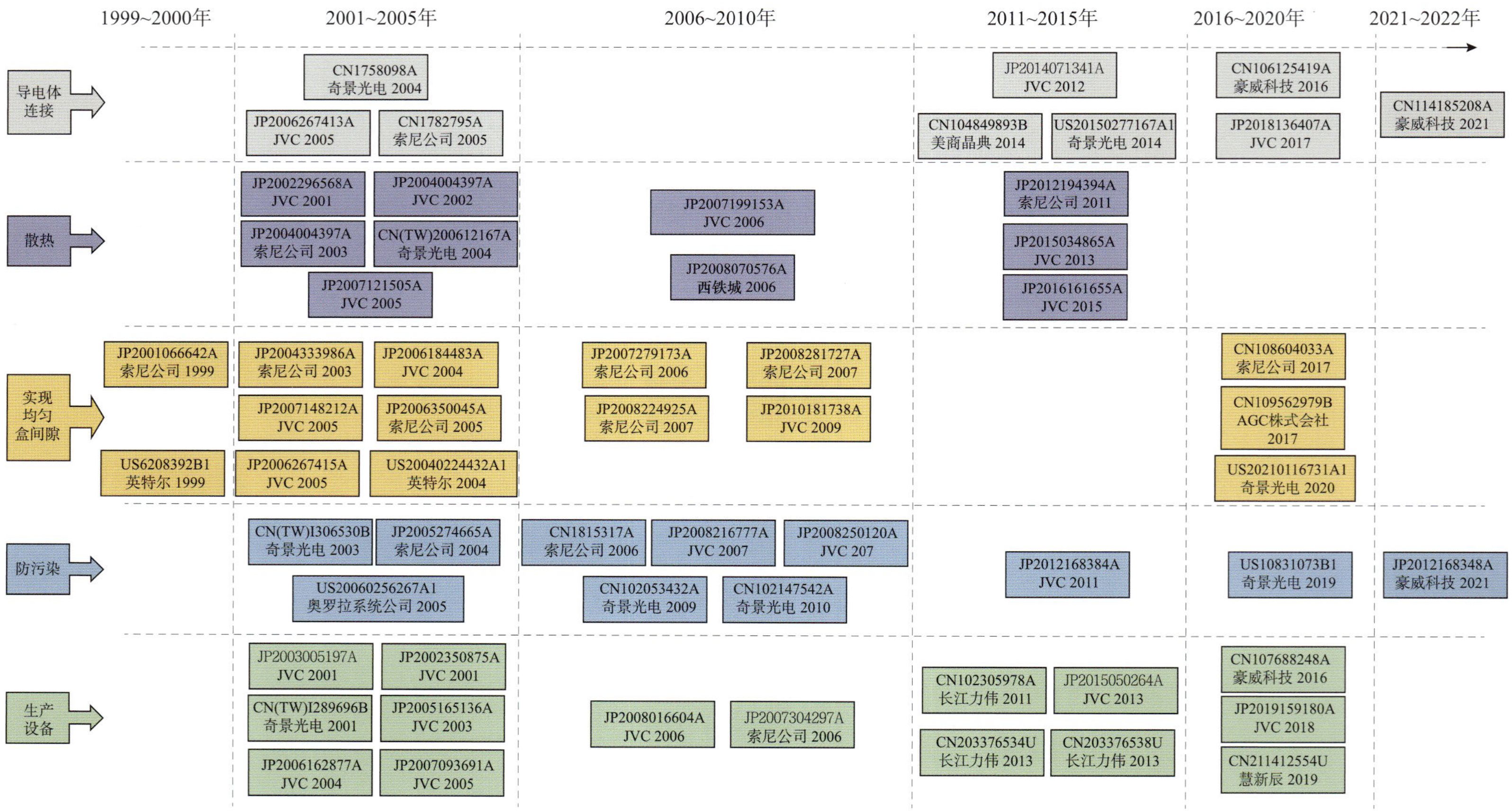

图 6-5-19 硅基液晶封装技术发展路线

（正文说明见第 274 页）

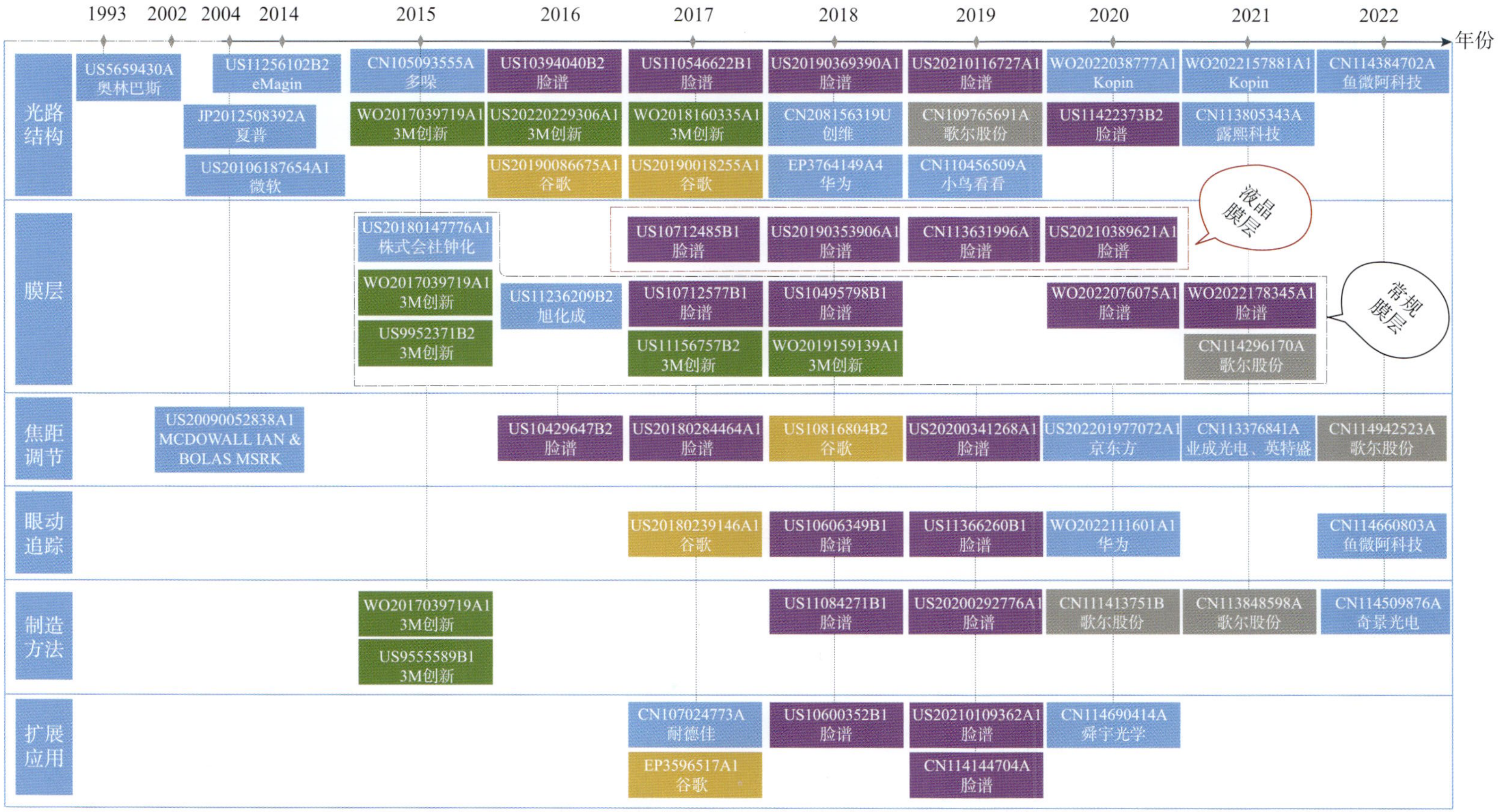

图 7-5-1 **Pancake 技术发展路线**

（正文说明见第 325~333 页）

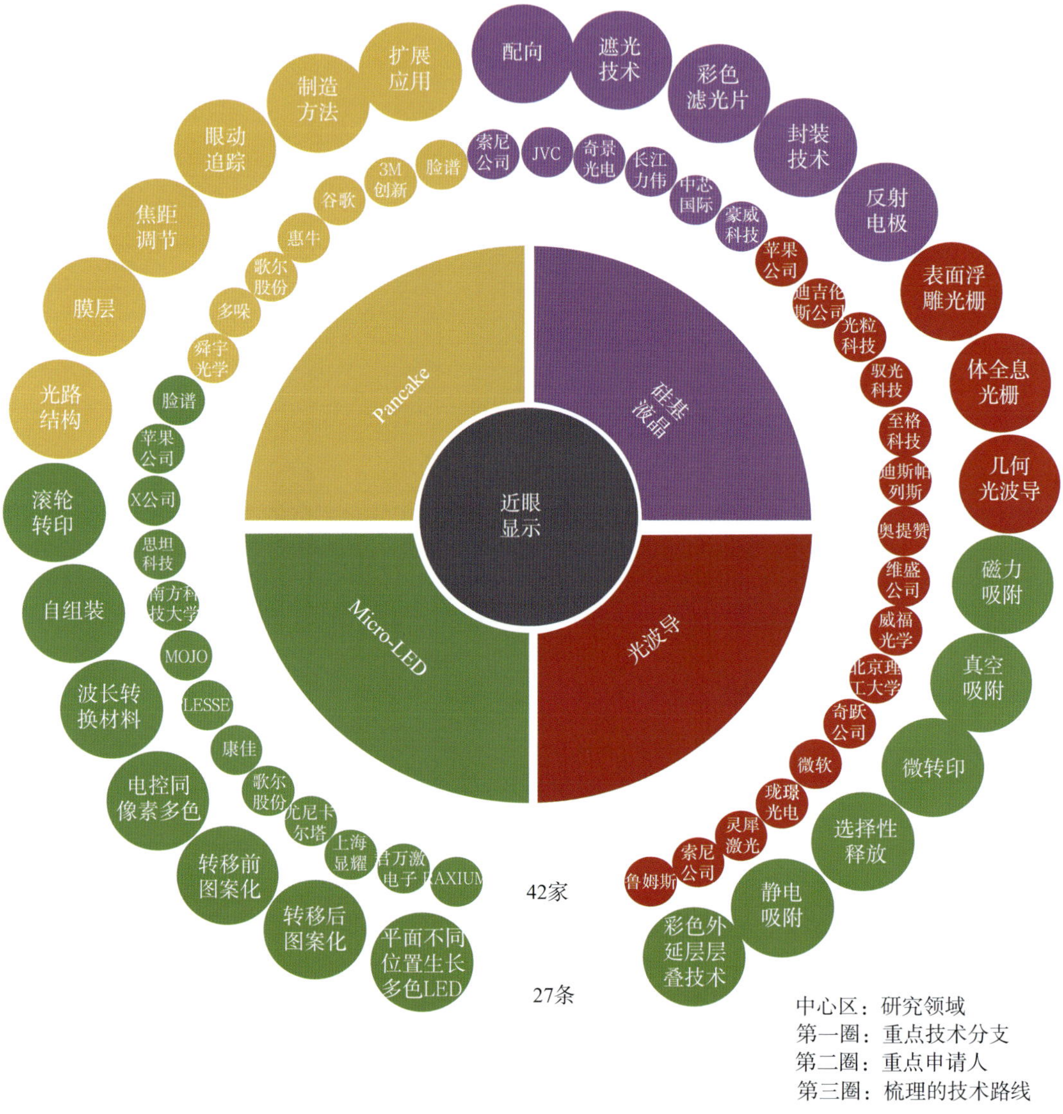

图 10-2-1　近眼显示重点申请人和技术路线

（正文说明见第383页）

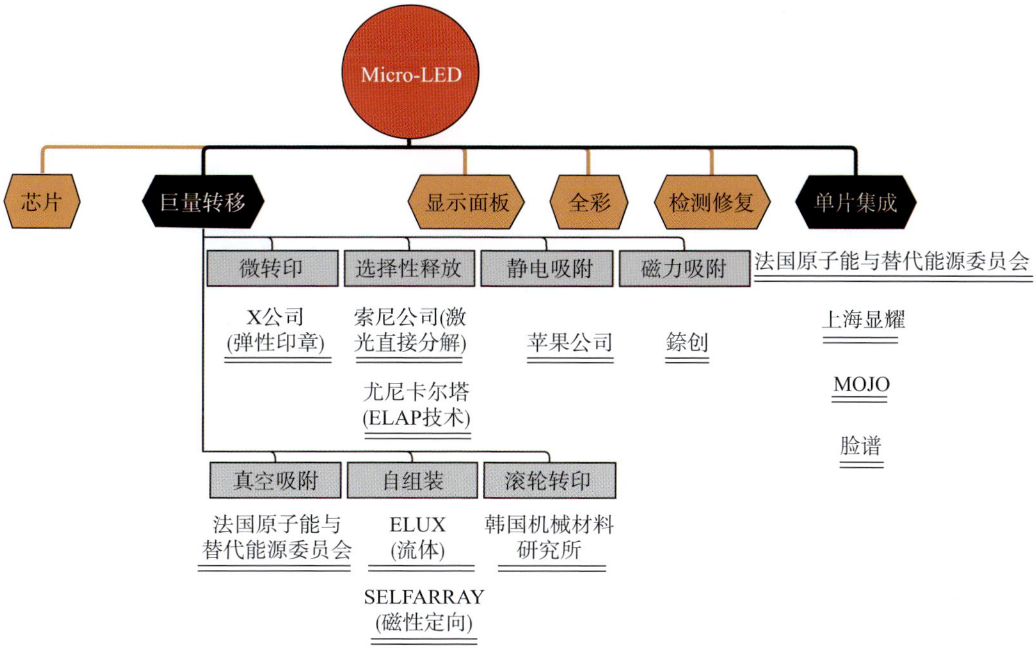

图 10-2-2　Micro-LED 微显示器细分技术路线及其基础专利持有者

（正文说明见第 384 页）

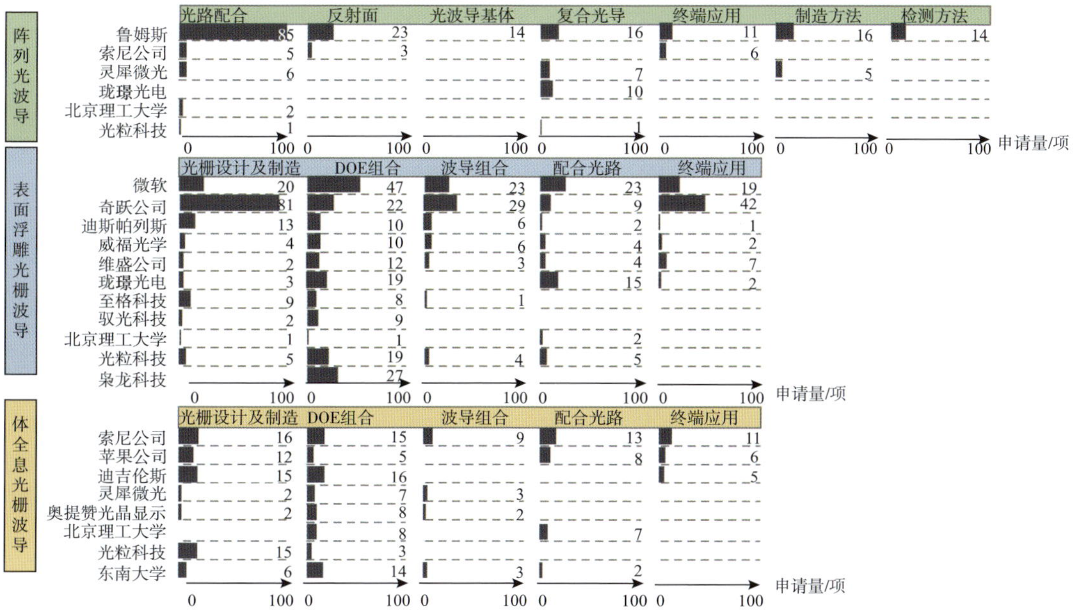

图 10-2-4　光波导重点申请人的细分技术路线

（正文说明见第 386 页）

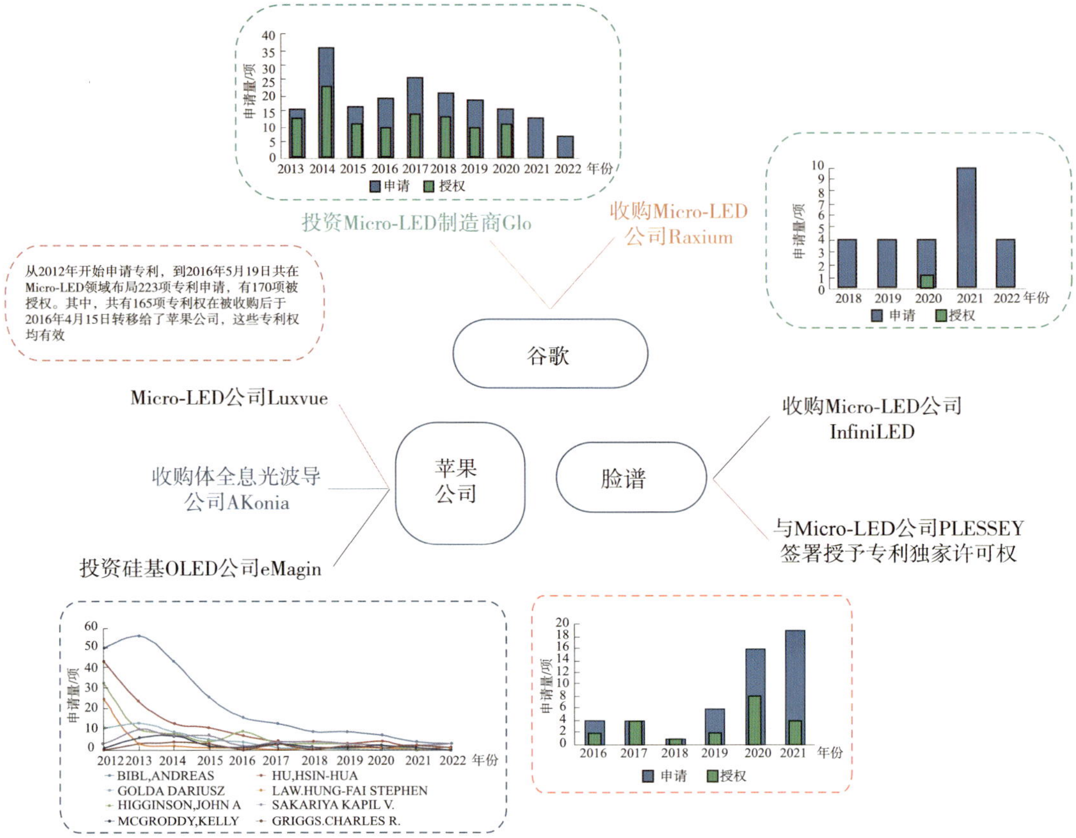

图 10－3－1　脸谱、苹果公司、谷歌收购技术和专利分析

（正文说明见第 391 页）

图 10－3－3　国内近眼显示行业投融资活动

（正文说明见第 393 页）

前　言

2022年是党和国家历史上极为重要的一年。党的二十大胜利召开，擘画了全面建设社会主义现代化国家的宏伟蓝图，吹响了奋进新征程的时代号角。党的二十大报告指出，加强知识产权法治保障，形成支持全面创新的基础制度。站在新的起点，国家知识产权局学术委员会坚持以习近平新时代中国特色社会主义思想为指导，深入学习贯彻党的二十大精神，深入实施《知识产权强国建设纲要（2021—2035年）》和“十四五”规划，充分发挥知识产权制度供给和技术供给双重作用，持续聚焦破解“卡脖子”技术难题，深化关键核心技术的专利情报分析，加强科技创新的专利大数据支撑，有效服务创新驱动发展。

这一年，国家知识产权局学术委员会在广泛调研产业需求基础上，重点聚焦新一代信息技术、人工智能、清洁能源、新材料、生物医药和高端装备等领域，确定15项研究课题，组织20余家单位220名研究人员开展研究，邀请近百名行业和技术专家指导，历时8个月高质量完成所有研究任务，形成一批突出分析方法、彰显行业特色、体现情报价值的研究成果。遵照示范引领原则，选取其中5项成果继续以《产业专利分析报告》（第89～93册）系列丛书的形式正式出版，技术领域主要涉及EDA、近眼显示、新能源汽车动力电池安全关键技术、可持续航空燃料、航空航天用特种钢材等方面。

《产业专利分析报告》（第89～93册）的顺利出版离不开社会各界一如既往的关心和支持，凝聚着业界的汗水和智慧。希望系列丛书能够在服务行业决策、研发路径选择、布局方向确定和分析方法借鉴等方面为行业和企业提供启发和帮助，助力科技攻关和成果转化运用，为加快实现我国高水平科技自立自强贡献知识产权特有力量。由于研究人员水平有限，书中难免有纰漏之处，所涉及的数据分析和结论建议仅供读者参考。

《产业专利分析报告》丛书编委会

2023年6月

近眼显示技术专利分析课题研究团队

一、项目管理

国家知识产权局专利局： 张小凤　孙　琨　秦　龙

二、课题组

承 担 单 位： 国家知识产权局专利局光电技术发明审查部

课题负责人： 冯宪萍

课题组组长： 徐晓亚

统　稿　人： 徐晓亚　王秀丽

主要执笔人： 崔双魁　朱艳艳　钟　宇　马美娟　李剑韬　刘燕梅　周　宇

课题组成员： 冯宪萍　徐晓亚　王秀丽　崔双魁　朱艳艳　钟　宇　马美娟　李剑韬　刘燕梅　周　宇　刘亚利　李雪莹　叶翼鹏　孙明璇　张　进

三、研究分工

数据检索： 崔双魁　朱艳艳　钟　宇　马美娟　李剑韬　刘燕梅　周　宇　刘亚利　李雪莹　叶翼鹏　孙明璇　张　进

数据清理： 崔双魁　朱艳艳　钟　宇

数据标引： 王秀丽　崔双魁　朱艳艳　钟　宇　马美娟　李剑韬　刘燕梅　周　宇　刘亚利　李雪莹　叶翼鹏　孙明璇　张　进

图表制作： 叶翼鹏　孙明璇　张　进

报告执笔： 王秀丽　崔双魁　朱艳艳　钟　宇　马美娟　李剑韬　刘燕梅　周　宇　李雪莹　孙明璇

报告统稿： 徐晓亚　王秀丽

报告编辑：王秀丽　崔双魁　朱艳艳　钟　宇　孙明璇
叶翼鹏　张　进

报告审校：冯宪萍

四、报告撰稿

徐晓亚：主要执笔第1章，第5章第5.3.1.1节、第5.3.1.3～5.3.1.6节；参与执笔第9章

王秀丽：主要执笔第7章第7.4～7.5节，第9章第9.5节、第9.7节；参与执笔第7章第7.1节、第10章第10.2节

崔双魁：主要执笔第3章第3.1节，第5章第5.3.1.2节、第5.3.1.7～5.3.1.9节，第9章第9.1节、第9.3节，第10章第10.2节；参与执笔第3章第3.2节、第9章第9.7节

朱艳艳：主要执笔第4章第4.1～4.2节、第4.5.1.1～4.5.1.2节、第4.5.2.4节，第9章第9.2节；参与执笔第9章第9.7节、第10章第10.2节

钟　宇：主要执笔第6章第6.4.1.2节、第6.4.2.1节、第6.4.2.4节、第6.5节，第9章第9.4节；参与执笔第9章第9.7节、第10章第10.2节

马美娟：主要执笔第2章、第7章第7.1～7.3节、第8章、第9章第9.6节、第10章第10.3节；参与执笔第9章第9.7节

李剑韬：主要执笔第3章第3.2节，第5章第5.1～5.2节、第5.3.2节；参与执笔第9章第9.3节、第9.7节

刘燕梅：主要执笔第4章第4.3节、第4.5.1.6～4.5.1.7节、第4.5.2.2节、第4.5.2.5节；参与执笔第10章第10.2节

周　宇：主要执笔第4章第4.4节、第4.5.1.3～4.5.1.5节、第4.5.2.1节、第4.5.2.3节；参与执笔第9章第9.2节、第10章第10.2节

李雪莹：主要执笔第6章第6.1～6.3节、第6.4.1.1节、第6.4.2.2节、第6.4.2.3节，第10章第10.1节；参与执笔第6.5节、

第 9 章第 9.4 节

孙明璇：参与执笔第 7 章第 7.4.2 节、第 7.5.2 节

五、指导专家

行业专家

高裕弟　苏州清越光电科技股份有限公司

技术专家（按姓氏音序排序）

董瑞君　京东方科技集团股份有限公司

姜　宏　歌尔股份有限公司

苗傲帝　京东方科技集团股份有限公司

钱　静　歌尔股份有限公司

孙　剑　昆山梦显电子科技有限公司

王学路　京东方科技集团股份有限公司

徐　征　北京交通大学

周文斌　昆山梦显电子科技有限公司

专利分析专家（按姓氏音序排序）

李银锁　国家知识产权局专利局材料工程发明审查部

张　序　北京囊思知识产权咨询有限公司

目　录

第1章 绪 论

虚拟现实/增强现实（Virtual Reality/Augmented Reality，VR/AR）技术是新一代信息通信技术的关键领域，有望成为计算机、智能手机之后的下一代通用技术平台。2018年工业和信息化部发布《关于加快推进虚拟现实产业发展的指导意见》，提出加快我国虚拟现实产业发展，推动虚拟现实应用创新，到2025年我国虚拟现实产业整体实力进入全球前列，掌握虚拟现实关键核心专利和标准。2021年发布的《中华人民共和国国民经济和社会发展第十四个五年规划和2035年远景目标纲要》中将“虚拟现实和增强现实”列入数字经济重点产业，提出以数字化转型整体驱动生产方式、生活方式和治理方式的改变。2022年10月28日，工业和信息化部、教育部、文化和旅游部、国家广播电视总局、国家体育总局等五部门联合印发《虚拟现实与行业应用融合发展行动计划（2022—2026年）》。该计划指出，到2026年，我国虚拟现实产业总体规模（含相关硬件、软件、应用等）超过3500亿元，虚拟现实终端销量超过2500万台，培育100家具有较强创新能力和行业影响力的骨干企业，打造10个具有区域影响力、引领虚拟现实生态发展的集聚区，建成10个产业公共服务平台。

如图1-0-1所示虚拟现实/增强现实技术包括五大关键技术，即近眼显示（Near Eye Display，NED）、内容制作、网络通信、渲染计算与感知交互，近眼显示技术作为虚拟现实/增强现实技术的核心硬件基础，是制约其应用和发展的瓶颈。

图1-0-1 虚拟现实/增强现实关键技术

近眼显示技术是将信息集中呈现在眼前的一种显示手段，是指通过置于人眼非明视距离内的显示设备，向人眼渲染出光场信息，进而在眼前重建虚拟场景的技术。具体而言，近眼显示是由较小尺寸的显示屏创建的图像，经过小尺寸的光学器件达到人眼，本质上就是利用一些光学投影方法让眼睛看清位于人眼近处的图像源，将该图像源成像在人眼可正常观看的范围内，进而达到虚拟成像的效果。图1－0－2是虚拟现实/增强现实中近眼显示部分的光学原理图，（a）为虚拟现实的光学原理图，（b）为增强现实的光学原理图。由此可见，近眼显示技术的核心是作为图像源的显示屏和实现光路转换的光学设计方案。

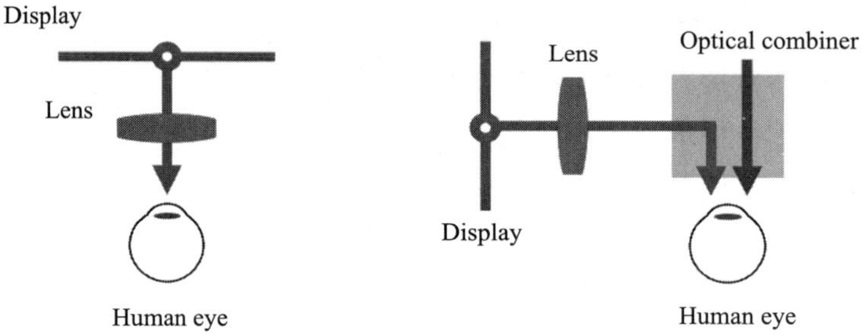

(a) 虚拟现实光学原理　　(b) 增强现实光学原理

图1－0－2　虚拟现实/增强现实中近眼显示光学原理

本课题聚焦于近眼显示技术两大核心技术分支，全面梳理近眼显示技术相关的专利申请情况，通过对专利数据的深入分析，结合产业发展状况，了解近眼显示技术的整体以及各技术分支的发展趋势，厘清重点技术分支的技术发展路线，了解本领域技术储备，为国内企业在选择发展路线、确定发展方向、人才引进与技术合作、规避知识产权风险等方面提供有益的参考，为国家主管部门制定产业政策提供建议。

1.1　课题研究内容

本课题的研究对象是近眼显示技术的两大核心技术分支——显示屏和光学设计。

应用于虚拟现实/增强现实设备的显示屏是微显示屏，为了提升舒适性和沉浸感，对于屏幕的对比度、亮度、分辨率、视场角（Field of View，FOV）、图像刷新率等都有更高的要求，主要包括7种类型：快速响应液晶（Fast－Liquid Crystal Display，Fast－LCD）、有源矩阵有机发光二极管（Active－Matrix Organic Light－Emitting Diode，AMOLED）、硅基有机发光二极管（Organic Light－Emitting Diode on Silicon，OLEDoS，以下简称“硅基OLED”）、硅基液晶（Liquid Crystal on Silicon，LCoS）、数字光处理（Digital Light Processing，DLP）、激光束扫描（Laser Beam Scanning，LBS）和微发光二极管（Micro Light－Emitting Diode，Micro－LED）。其中，Fast－LCD、AMOLED是成熟的已量产显示屏。硅基OLED、硅基液晶已经实现量产，但是技术尚未完全成熟，成本较高，多用于高端设备。DLP、LBS使用微机电系统（Micro－Electro－Mechanical Systems，MEMS）驱动，工艺复杂，成本较高。Micro - LED 各项性能指标优异，是比较理想的显示屏类型，但是技术还不成熟，存在技术瓶颈，目前尚未实现量产。

由于虚拟现实设备和增强现实设备的光学原理不同，其光学设计方案也不尽相同。应用于虚拟现实设备的光学设计方案主要是非球面镜、菲涅尔透镜和折叠光路（Pancake）方案。应用于增强现实设备的主流光学设计方案包括：自由曲面透镜、折返式（BirdBath）、光波导方案。非球面镜由于体积较大，目前已经被菲涅尔透镜方案所取代，Pancake 方案通过折叠光路，可以显著缩小体积，为目前虚拟现实设备重点发展的方向。自由曲面透镜在早期增强现实设备中得到业界认可，但受限于加工精度的影响和厚棱镜自身的局限性，存在图像扭曲和水波纹畸变的问题，影响了其发展潜力。BirdBath 方案得益于设计难度与量产成本的优势，目前得到广泛重视，但是也存在模组体积较大、光效较低、眼动框范围受限的问题，需要搭配高亮的微显示屏。

考虑到近眼显示技术相关技术路线多样化的特点，课题组在确定研究内容的时候，对于逐渐淡出的技术分支不作为研究对象，最终确定 12 个技术分支作为本课题的研究内容，技术分解图如图 1 - 1 - 1（见文前彩色插图第 1 页）所示。目前的技术分解图基本囊括了虚拟现实和增强现实中主流的屏幕和光学设计方案，以及行业内公认的未来发展方向的技术方案。

根据技术分解图，结合行业调研和专家意见，课题组确定重点研究如下 4 个重点技术分支：Micro - LED、光波导、硅基液晶和 Pancake。

在增强现实显示中，Micro - LED 和光波导的组合是行业内公认最理想的组合，也是目前的研究热点。Micro - LED 由于巨量转移等技术瓶颈的限制，还没有实现量产，因此巨量转移技术将作为关键核心技术进行重点研究。光波导技术中各类技术路线存在明显的优势和短板，尚未确立具有主导地位的技术方案。主流的光波导技术包括阵列光波导和衍射光波导。阵列光波导由于制作工艺复杂，量产难度大，限制了其发展，长期看来，衍射光波导有望成为主流方案，所以将衍射光波导方案作为关键核心技术进行重点研究。

在增强现实显示中，硅基液晶是主流屏幕之一。硅基液晶具有体积小、分辨率高、光利用率高和功耗低的特点，但是图像刷新率受到液晶响应时间的限制。另外，硅基液晶作为一种被动发光显示技术，动态范围有限，影响增强现实透视体验。硅基液晶市场比较集中，但是国内外对硅基液晶显示的研究都不充分，尚有很大发展空间。

在虚拟现实显示的光学设计方案中，Pancake 方案通过折叠光路，能大幅度缩小产品的体积，实现产品减重，同时提升虚拟现实头显的佩戴舒适度，并且支持屈光度调节，是重点发展的方向。但该方案的光损高，每折叠一层损失 50%，所以对屏幕亮度要求较高。

1.2 数据检索

本报告采用的专利文献数据来自国家知识产权局智能化检索系统以及黑马（Himmpat）数据库。中国专利数据来自中国专利文摘库（CNABS）、中国专利全文库

（CNTXT）、Himmpat 数据库。全球专利数据来自外文虚拟库（VEN）、国外专利中文翻译全文库（ENTXTC）、国外英文全文库（ENTXT）。

1.2.1 检索策略

课题组经过研究，确定采用分总方式进行检索，针对前期确定的技术分支分别进行检索。

总体检索思路是检索近眼显示技术相关技术分支的专利情况，对不同的技术分支，根据技术情况考虑是否限定在近眼显示的范围内。例如光学设计相关技术，实际上是各种光学器件在虚拟现实/增强现实中的组合和应用，需要限定在近眼显示的范围内。同样 LBS 和 DLP 也是显示屏在虚拟现实/增强现实中的应用，需要限定在近眼显示的范围内。对于 Micro - LED，由于还处于发展阶段，器件本身也处于研发阶段，专利文献中并不一定限定近眼显示相关的应用，因此该技术分支并不局限于近眼显示。硅基液晶和硅基 OLED 等技术分支限定在近眼显示范围内的专利申请大部分是应用，而硅基液晶和硅基 OLED 显示屏本身的改进不一定限定在近眼显示的范围内，因此这两部分检索包括两方面的专利数据：一方面是近眼显示范围内的数据，一方面是给出屏本身改进的分类号的数据。AMOLED 和快速响应液晶虽然都属于成熟的技术，但是检索过程中发现，需要采用不同的检索策略。AMOLED 需要进一步限定近眼显示的范围，以区分应用于近眼显示的屏和传统的屏。快速响应液晶则不能限定到近眼显示的范围内，而是通过快速响应这样的关键词进行检索。

检索之后的查准验证包括两种方式：一种是随机抽取某个尾号的数据进行查准，另一种是按照年代抽取相应的数据进行查准。查全验证也是两种方式：一种是选用文献量适中的多个重点申请人进行查全，另一种是选择文献量适中的多个发明人进行查全。近眼显示技术中显示屏领域的申请人很多是传统显示领域的企业，例如京东方、华星光电等，这些企业的申请量非常大，无法通过申请人获得查全样本，需要从发明人入口获得查全样本。在每个技术分支中，针对前期研究中发现的重点申请人都进行了单独的补充检索，作为查全补充。

1.2.1.1 中文专利数据检索

本课题中文数据主要使用 CNABS、CNTXT、Himmpat 数据库进行检索。

在各个分支的检索中，基本统一了“近眼显示”这一检索要素的关键词表达方式及分类号，并针对各分支的不同特点进行微调。

考虑各技术分支本身的特点及其在近眼显示中的应用、与近眼显示设备中其他器件的配合关系等方面来确定各技术分支的检索要素，并根据全面和准确的要求在检索过程中进行动态调整。

例如，对于 Fast - LCD 分支，大部分专利申请会给出液晶显示的分类号 G02F 1/13 +，但是液晶材料的改进也是提高响应速度的一个重要方面，而有关专利申请不一定会给出 G02F 1/13 +（液晶显示）的分类号，因此针对液晶材料进行了单独检索，补充了表达相关检索要素的分类号。Fast - LCD 的专利申请，不一定明确用于近眼显示，因此检索时并没有限定在近眼显示的范围内，排除明显不是用于近眼显示的数据，即液晶透镜、发光元件、触摸屏、电泳显示、MEMS 显示、背光、程序升级、光导板、立体显示、半透半反显示等明显噪声数据。

1.2.1.2 外文专利数据检索

本课题英文数据使用 VEN、ENTXTC、ENTXT 进行检索。

对于多数分支，基本上采用与检索中文专利数据类似的检索策略进行外文检索，并针对检索结果进行动态调整。

检索过程中发现，部分技术分支的中文专利和外文专利的表达习惯有较大差异，采用中文表达检索，会有明显遗漏。例如，硅基 OLED 在中文专利中的表达比较一致，通常都采用硅基 OLED、Micro－OLED 等比较通用的表达方式；而在外文专利中，往往不出现硅基 OLED 的直接表达，而是采用一种 OLED 器件，其形成在硅基板上或基板材料为硅等表达方式，并且 OLED 与“硅基板”在全文中的距离较远，若对 OLED 和硅基板进行同在运算，则会遗漏很多文献，若直接相与，则会由于硅基板本身具有非常广泛的应用，引入大量噪声数据。最后，确定检索策略为采用硅基板与 OLED 相与，并限制 OLED 词频的方式进行初步检索，再对初检结果抽样，寻找噪声源，逐步人工去噪。因此，对于硅基 OLED，中文和外文最终采用了不同的检索策略。

1.2.2 检索结果

截至 2022 年 8 月 15 日，近眼显示技术相关专利在全球申请总量为 28049 项，中文申请总量为 20217 件。各技术分支检索结果汇总如表 1－2－1 所示。

表 1－2－1 近眼显示技术检索结果汇总表

技术分支	中国/件	全球/项
Fast－LCD	3722	7584
硅基液晶	1641	2167
DLP	1314	3063
LBS	874	2090
AMOLED	1066	2718
硅基 OLED	1173	2136
Micro－LED	5117	6030
菲涅尔透镜	398	586
Pancake	395	456
自由曲面透镜	528	663
BirdBath	219	253
光波导	2307	3354
总量	20217	28049

1.2.3 相关说明

1.2.3.1 同族专利

同一项发明创造在多个国家或地区申请专利而产生的一组内容相同或基本相同的文件出版物，称为一个专利族。从技术角度来看，属于同一专利族的多件专利申请可视为同一项技术。本报告中，在技术分析时对同族专利进行了合并统计，在国家或地区分布分析时对各件专利进行了单独统计。

1.2.3.2 近期部分数据不完整说明

在本次所采集的数据中，由下列多种原因导致了2021年及其之后提出的专利申请的统计数量是不完全的：如，PCT专利申请可能自申请日起30个月甚至更长时间之后才进入国家阶段，从而导致与之相对应的国家公布时间更晚；发明专利申请通常自申请日（有优先权的，自优先权日）起18个月（要求提前公布的申请除外）才能被公布；以及实用新型专利申请在授权后才能获得公布，其公布日的滞后程度取决于审查周期的长短等。

1.2.3.3 术语约定

项：在进行专利申请数量统计时，对于数据库中以一族（这里的“族”指的是同族专利中的“族”）数据的形式出现的一系列专利文献，计算为“1项”。以“项”为单位进行的统计主要出现在外文数据的统计中。一般情况下，专利申请的项数对应于技术的数目。

件：在进行专利统计时，例如为了分析申请人在不同国家、地区或组织所提出的专利申请的分布情况，将同族专利申请分开进行统计，所得到的结果对应于申请的件数。1项专利申请可能对应于1件或多件专利申请。

1.2.3.4 专利申请人名称的约定

在本报告中，对一些申请人的表述进行约定：一是由于中文翻译的原因，同一申请人的表述在不同中国专利申请中会有所差异；二是为了方便申请人的统计，需要将一些公司的不同子公司或者收购公司的专利申请进行合并；三是为了便于在统计图和表格中进行标注，需要对一些专利申请人的名称进行简化。关于本报告中出现频率较高的部分专利申请人名称的相关约定，参见附录。对于个别章节中出现的个别专利申请人的表述会在相应章节中进行注释。

第 2 章　近眼显示技术产业和市场情况

本章对近眼显示技术整体发展情况、市场竞争格局和产业发展状况进行了研究，希望：通过技术发展情况的研究，发现创新的源头和技术发展特点；通过市场竞争格局的研究，发现市场主体及其特点；通过产业链的分析，研究各国企业在目前产业链上的位置，为国内企业的发展提供参考。

2.1　发展概况、技术特点和发展趋势

本节将通过梳理近眼显示技术发展历史，研究近眼显示技术发展特点以及未来发展趋势。

2.1.1　发展概况

纵观近眼显示技术的发展，其起源于同时看到虚拟图像与真实环境的客观需求，伴随着微显示屏技术与光学设计技术的突破，共生于内容提供商的百花齐放，在信息技术工业革命中成长，在人工智能工业革命中引领浪潮。图 2－1－1 示出了国外近眼显示技术的发展历史。

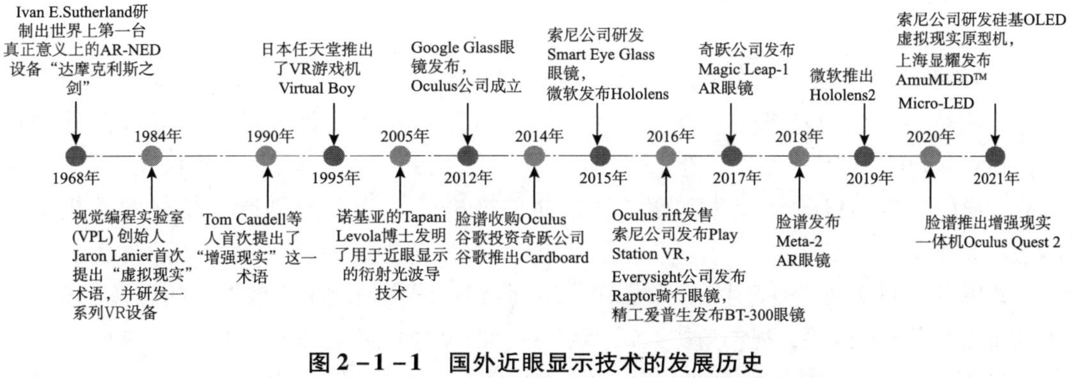

图 2－1－1　国外近眼显示技术的发展历史

1968 年，Ivan E. Sutherland 研制出的“达摩克利斯之剑”（the Sword of Damocles）NED 显示器，是世界上第一台真正意义上的 AR－NED 设备，其主要作用在于真实环境的信息增强，半封闭结构可以同时看到虚拟图像与真实环境。虽然外表笨重、图像系统粗糙，但该款产品被业界认为是近眼显示器发展历程中里程碑式的作品。

1984 年，视觉编程实验室（VPL）创始人 Jaron Larier 首次提出“虚拟现实”的概念，并研发一系列虚拟现实设备，其中比较知名的有 Eye Phone—最早的轻型头戴立体

显示眼镜，以及 Data Glove——用于个人计算机输入和虚拟互动的传感手套。

20 世纪 90 年代，虚拟现实迎来了第一次热潮，尤其是由于游戏产业的飞速发展，各大游戏公司将其视为游戏业一次创新改革的机会，争相推出自己的虚拟现实产品。1995 年日本任天堂推出了虚拟现实游戏机 Virtual Boy，玩家头戴该显示器，从目镜便能看到红色单色显示屏显示的游戏画面。但由于其价格昂贵、3D 效果和便携性差等原因，该产品未能达到销售目标，1996 年初任天堂便停止了 Virtual Boy 的发行和生产。

1990 年波音公司的员工 Tom Caudell 首次提出“增强现实”一词，随后几年，“增强现实”技术开始在专业领域崭露头角。增强现实技术的迅猛发展则是在进入 21 世纪后。2000 年，以色列鲁姆斯（Lumus）公司首先提出“几何光波导”的概念并一直致力于优化迭代，使增强现实设备以眼镜形式存在成为可能。

2005 年，诺基亚的 Tapani Levola 博士发明了用于近眼显示的衍射光波导技术。这在推动增强现实行业快速发展中起到了关键性作用。

2006 年，e－Magin 推出了完美支持 3D 功能的 VR－NED 设备，并在 2008 年运用最新的 OLED 显示技术打造出了具有超级扩展图形阵列（Super Extended Graphics Array，SXGA）级分辨率的高清虚拟现实显示设备 e－Magin Z800 3D Visor。

随着移动互联网的兴起、人工智能工业革命的到来，2012 年成为 NED 技术成果爆发式出现的一年。同年 1 月，美国 SMD 公司发布型号为 ST1080 的 NED 设备，设备采用两块硅基液晶显示屏，可以在小尺寸面板实现分辨率极高的成像。同年 4 月，谷歌推出了划时代的谷歌眼镜（Google Glass），虽然受限于单反射镜式投影成像结构，其视场角较小，但这一新型显示方式极大地推动了可穿戴设备的商业化浪潮，增强现实技术迅速得到了普及发展。这一年，日本大名鼎鼎的 Oculus 公司也宣布成立。2014 年，脸谱收购了 Oculus，正式进军虚拟现实/增强现实产业。谷歌投资奇跃公司，并推出了 Cardboard，以进一步推进谷歌眼镜的研发。

2015 年，日本索尼公司使用全息光栅和波导技术研发了 Smart Eye Glass 眼镜。其中的光栅耦合器为通过光全息曝光技术获得，微显示器图像经光波导传输至佩戴者视野，设计视场角为 25°左右，但仅能显示单一绿色的图像。同年，微软发布了 HoloLens，把虚拟现实设备小型化和便携化，向前推进了一步，并创造了良好的人机交互体验。

2016 年，日本精工爱普生设计的 BT－300 眼镜，同样使用了光波导式的设计，实现了离轴增强现实显示效果，视场角扩大到 25°左右，但设计光波导元件较厚（约为 10mm）。

同年，Oculus rift 也发售了。索尼公司还发布 Play Station VR、Everysight 公司也发布了 Raptor 骑行眼镜，各家产品进入竞相开放的时代。2017 年，被谷歌投资的奇跃公司发布了 Magic Leap One 增强现实眼镜。这是该公司旗下第一款增强现实眼镜产品。

2018 年，美国脸谱发布 Meta－2 增强现实眼镜，它采用了反射投影式成像光路，光学耦合器为一个自由曲面元件，显示器的放大图像直接投影在耦合器上，再反射至人眼接收，为佩戴者提供了 90°的视场角显示，但体积大、重量重是其明显的缺点。

2019 年微软推出其增强现实眼镜产品。HoloLens 的第二代版本，采用了改进的内容投影技术，可以在更大的视野范围内呈现更清晰和更真实的增强现实场景。

2020 年，脸谱推出增强现实一体机 Oculus Quest 2。该产品 2021 年总销量破千万台，成为最火爆的产品之一。

2021 年 11 月 24 日，上海显耀显示科技有限公司（以下简称“上海显耀”）发布彩色光引擎系列新品 AmμLED™ Micro - LED，用于智能眼镜产品。该产品体积仅 1.35cm³，重 2.3g，分辨率达到 640 × 480，视场角达到 30°。其核心技术在于，通过合色棱镜将附于其三个不同面的红、绿、蓝单色光在 0.13 英寸微显示面板进行光学合色，输出光流量高达 5 流明；通过搭配光波导镜片可实现千尼特量级的入眼亮度水平，支持户内、户外多种场景下的彩色化显示应用。

2021 年 12 月，索尼公司推出了基于硅基 OLED 技术的虚拟现实原型机，该虚拟现实原型机采用的硅基 OLED 面板由索尼公司研发，研发目的是实现虚拟现实对于面板清晰度、体积的要求。其特点是单目分辨率达 4K、体积小、高分辨率、高对比度、宽色域、快速响应。其中像素数量为 OLED 智能手机屏幕的 2 倍，而尺寸则缩小至 1/20。

相较于国外，我国近眼显示技术虽然起步稍晚，但也一直在紧跟国际 NED 技术的发展前沿。1990 年，我国正式将虚拟现实技术列入《国家高技术研究发展计划》（863 计划）。借助于对虚拟现实技术的研究和应用，近眼显示技术的研究逐步展开。由于技术和成本的限制，主要应用对象为军用和高档商用，适用于普通消费者的产品近年来才逐步进入市场。国内近眼显示技术的发展历史如图 2 - 1 - 2 所示。

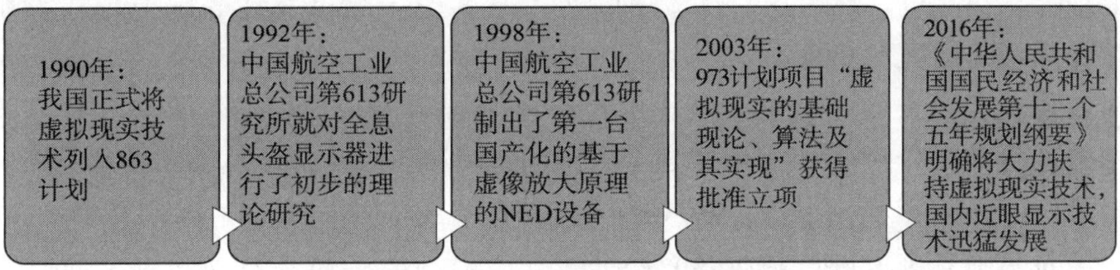

图 2 - 1 - 2　国内近眼显示技术发展历史

1992 年，中国航空工业总公司第 613 研究所就对全息头盔显示器进行了初步的理论研究，并在 1998 年成功研制出了第一台国产化的基于虚像放大原理的 NED 设备。

2003 年，由浙江大学 CAD&CG 国家重点实验室牵头，由浙江大学、中国科学院软件所、清华大学、北京航空航天大学等联合申报的 2002 年度《国家重点基础研究发展规划》（973 计划）项目“虚拟现实的基础理论、算法及其实现”获批准立项。对虚拟环境的建立、自然人机交互、增强式虚拟现实、分布式虚拟现实、虚拟现实在产品创新中的应用等技术进行联合攻关。

2016 年 3 月全国人大发布《中华人民共和国国民经济和社会发展第十三个五年规划纲要》，首次明确未来将大力扶持虚拟现实技术，使其成为一个重要的经济增长点。自此，国内近眼显示技术研发企业和相关产品如雨后春笋般不断涌现。在这些企业中，有借助自身传统产业优势，向近眼显示技术研发延伸的龙头企业，也有新兴的初创企业。这些企业或研发部门大多数成立于 2010 年之后，其中 2015 年和 2017 年是初创企业成立的高峰期，一直持续到2021年。

2.1.2 发展特点

近眼显示技术以显示屏和光学设计技术为基础，以应用需求为出发点，以满足不同场景的使用为目标，其技术发展具有以下特点。

2.1.2.1 技术路线多样化

近眼显示技术主要包括显示屏和光学设计两大技术分支，主要通过对微显示技术的研发和对光学元器件的优化设计，发展适人性的整机光学系统。近眼显示技术的主要关注点包括光学系统的可变景深和终端设备的广视角，提升显示屏分辨率和刷新率并降低功耗，解决辐辏调节冲突、画面质量等引起的眩晕感。

显示屏作为近眼显示技术应用的虚拟现实/增强现实设备内容呈现和自然交互的重要载体，成为轻型化、沉浸感虚拟现实/增强现实设备的关键核心零部件。以现有的显示屏技术为基础，随着新型显示屏技术的不断突破，近眼显示用显示屏的技术路线也颇为多样化。

目前虚拟现实/增强现实设备中主流的显示屏包括：Fast - LCD、硅基液晶、硅基OLED、DLP、LBS和Micro - LED。

如表2 -1 -1所示，对虚拟现实设备而言，Fast - LCD、硅基液晶与硅基OLED技术均为成熟的可量产屏幕技术，是虚拟现实的主流显示器件；长期来看，Micro - LED具备低功耗、高亮度、高对比、反应速度快、厚度薄与高可靠性等虚拟现实应用方面的性能优势，是研究的热点。

对增强现实设备而言，主流显示屏是硅基液晶和硅基OLED。硅基液晶以其高亮度、结构紧凑和高分辨率和密度等特点成为增强现实头戴式显示器的主要解决方案。硅基OLED可显著改善对比度、功耗与响应时间等方面的性能。长期来看，Micro - LED仍然是重点探索方向，是研究的热点。

表2 -1 -1 近眼显示屏技术路线及优劣势

技术	原理	优势	劣势	主要厂商
Fast - LCD	透射式液晶显示	技术成熟、成本低、色域广、寿命长	功耗高、对比度低、光利用率低	三星、乐金、京东方、华星光电
硅基OLED	自发光	反应速度快、功耗低、体积小、延展性好	亮度低、成本高、工作温度高	索尼公司、视涯、eMagin、北方奥雷德、国兆光电、Kopin、创视界光电、清越
AMOLED	自发光	高对比度、色彩表现好、像素响应快、发光效率高、黑色场景沉浸感好	有纱窗效应、成本高、寿命低	京东方、华星光电、维信诺、深天马

续表

技术	原理	优势	劣势	主要厂商
硅基液晶	反射式液晶显示	成本低、视场角大、分辨率高、像素密度高、光利用率高	对比度低、色彩稍差、必须和 PBS 配合使用，限制了光机整体小型化过程，也不适应低温环境	JVC、索尼公司、华星光电、豪威科技、中芯国际
LBS	激光扫描	体积小、功耗小	视场角小、对比度低、色彩较差	意法半导体等
DLP	数字微镜阵列	反应速度快、亮度高、光效率高	设计复杂、体积大、成本高、色彩和对比度稍差	德州仪器
Micro - LED	自发光	反应速度快、功耗低、体积小、亮度高、寿命长、工作温度低	灵活性差、成本高、量产难	三星等

光学设计是近眼显示技术中将显示图像和外界信息导入人眼的必备手段，近眼显示技术的身临其境体验感和用户舒适度等性能均依靠光学设计来完成。

如表 2 - 1 - 2 所示，虚拟现实设备中目前主流的光学设计方案有非球面透镜、菲涅尔透镜和 Pancake 方案。增强现实设备中主流的三种光学设计方案为：自由曲面、BirdBath 和光波导方案。

在虚拟现实设备中，主流会采用菲涅尔镜片，而短焦光学方案中的 Pancake 方案可帮助虚拟现实设备实现轻薄化，该方案是虚拟现实设备光学方案的主要发展方向。

而增强现实设备需要透视（see - through），用户既要看到真实的外部世界，也要看到虚拟信息，所以成像系统不能挡在视线前方，这就需要多加一个或一组光学组合，通过层叠的方式，将虚拟信息和真实场景融为一体。自由曲面在早期得到业界认可，但由于存在一定程度扭曲的观察效果和水波纹样畸变等问题而限制了其发展。BirdBath 方案由于设计难度小、成本低，触发了消费级增强终端的规模上量；而光波导成为明确的替代方案。几何光波导❶可以使图像质量包括颜色和对比度达到很高的水准，但由于制作工艺复杂，量产难度大，限制了其发展。长期看来，衍射光波导有望成为主流方案。

❶ 几何光波导包括阵列光波导和锯齿光波导。因锯齿光波导申请量数较少，故本书以阵列光波导作为几何光波导的研究对象。

表2-1-2 光学设计技术路线及优劣势

技术		优势	劣势	主要厂商
菲涅尔透镜		成本低、焦距短、轻薄	清晰度受损、鬼影、畸变	歌尔股份、舜宇光学、欧菲光、趣立科技、双莹
Pancake		超薄、可变焦、成像质量好、视场角大90°~100°	鬼影、光效低、成本高	舜宇光学、欧菲光、多哚、惠牛、水晶光电、3M创新
自由曲面		高光效、视场角大19°~120°	厚度相对较大	耐德佳、精工爱普生
BirdBath		小体积、宽视角、成像质量好、重量轻	厚度较大、亮度及透光率较低	耐德佳、视涯、水晶光电、优奈柯恩、鸿蚁光电
光波导	几何光波导	图像质量高、视场角60°	制作工艺复杂、量产难度大	灵犀微光、鲁姆斯、珑璟光电
	衍射光波导	轻薄、视场角大、眼动范围大	技术门槛高、量产困难	歌尔股份、舜宇光学、苏大维格、WaveOptic、索尼公司、苹果公司（Akonia）、微软（诺基亚）

2.1.2.2 应用需求促进技术发展

近眼显示技术所应用的虚拟现实/增强现实设备，具有天然的应用需求促进技术发展的属性。虚拟现实凭借私密性、沉浸感决定了其在游戏、娱乐、教育社交等领域具有天然的优势，增强现实能够与现实世界交互联通的特点决定了其在工作、生产等领域能够发挥更大的作用。而虚拟现实/增强现实设备对于不同场景的应用需求，对于近眼显示技术中的显示屏和光学设计都提出了不同的需求。

在虚拟现实设备的近眼显示技术中，菲涅尔透镜 + Fast-LCD是当前主流方案，处于实质量产阶段，长期看Pancake + Micro-LED是最佳方案；在增强现实设备的近眼显示技术中，自由曲面是当前主流光学方案，长期看光波导是最佳方案，硅基液晶/硅基OLED是当前主流屏幕方案，长期看Micro-LED是最佳方案。

2.1.2.3 多产业协同发展

近眼显示技术一直与新型显示、光学器件精密制造工艺、移动互联网、人工智能以及内容生态等多个产业同步发展。

新型显示的突破和光学器件精密制造工艺的进步极大地改善了近眼显示的性能，这毋庸置疑；而近眼显示技术近年来的大发展也正是得益于人工智能工业革命的到来，尤其在移动互联网和人工智能的发展之下，Oculus、Steam、Vive等公司才能够布局内容生态，应用商店及开发者工具日趋完善，从而满足更多用户需求，用优质内容持续吸引用户。从Oculus Quest平台收入规模看，2020年5月平台上线一年内容累计收入规模超1亿美元；Quest Store平均每月收入从1240万美元增加到5130万美元，增长迅速。

2.1.2.4　产业政策促进发展

在近眼显示的发展历程中，各国政府所发布的产业政策均起到了至为关键的作用。美国政府早在20世纪90年代即将虚拟现实作为《国家信息基础设施（NII）计划》的重点支持领域之一。美国国防部非常重视虚拟现实的研发与应用，在武器系统性能评价、装备操纵训练及大规模军演指挥方面，将之作为重点支持方向。2000年美国能源部制定了《长期核技术研发规划》，其中明确提出应重点开发、应用和验证虚拟现实技术。2017年多位美国国会议员宣布联合组建虚拟现实指导小组，旨在确保从国会层面对虚拟现实产业发展的支持与鼓励。此外，美国设立了有关虚拟现实的研究项目，如卫生与福利部、教育部分别开展了虚拟现实在心理疾病、中小学教育的试点示范。美国企业在近眼显示技术上的领先优势，与美国政府所发布的前瞻性政策密不可分。

欧盟早在20世纪80年代就开始对虚拟现实提供资助，在2014年公布的《地平线2020》计划中，涉及虚拟现实的资助金额达到数千万欧元。2020年欧盟发布了《数字时代的欧洲媒体：支持复苏和转型的行动计划》，在所述的十项具体行动中，第五项行动是建立一个欧洲虚拟现实和增强现实产业联盟，并启动虚拟现实媒体实验室项目。欧盟希望建立一个统一的虚拟现实/增强现实产业联盟以促进跨行业合作，从而确保欧洲在所述领域的领先地位。

日本政府在2007年、2014年先后发布了到2025年技术发展规划的《创新25战略》，以及旨在将日本打造为全球创新中心的《科学技术创新综合战略2014——为了创造未来的创新之桥》。上述政策文件均将虚拟现实视为技术创新重点方向。

韩国政府于2016年设立了约2亿4000万元人民币的专项基金，将虚拟现实作为自动驾驶、人工智能等该国未来九大新兴科技重点发展领域之一。此外，韩国未来创造科学部在2016~2020年通过投资约24亿元人民币，培育该国虚拟现实产业，重点在于确保在原创技术研发和产业生态完善方面，力争使韩国与美国在虚拟现实方面的差距从两年降至半年。

俄罗斯政府于2017年《俄罗斯联邦数字经济国家规划》第五项任务确定了在虚拟现实立法方面的“多步走”任务，2019年制定了《“虚拟现实与增强现实”跨学科技术发展路线图》。德国的工业4.0战略也包括了虚拟现实和增强现实技术。

在我国，各级政府同样通过各项产业政策来积极推动虚拟现实发展，虚拟现实已被列入《“十三五”国家信息化规划》《中国制造2025》《国务院关于积极推进“互联网+”行动的指导意见》等多项国家重大文件中。工业和信息化部、国家发展和改革委员会、科学技术部、原文化部、商务部纷纷出台相关政策。在工业和信息化部的指导下，于2017年12月21日，由中国信息通信研究院、中国移动、中国联通、中国电信、华为及京东方共同发起成立了虚拟现实产业推进会。2018年工业和信息化部发布《关于加快推进虚拟现实产业发展的指导意见》，提出加快我国虚拟现实产业发展，推动虚拟现实应用创新，到2025年我国虚拟现实产业整体实力进入全球前列，掌握虚拟现实关键核心专利和标准。2021年十三届全国人大四次会议表决通过了《中华人民共和国国民经济和社会发展第十四个五年规划和2035年远景目标纲要》，其中提出加快推动虚拟现实和增强现实等数字产业化发展。

此外，各省份纷纷出台相关政策以加强虚拟现实技术的应用和产业融合。根据 VR 陀螺的统计，2021 年国内发布与虚拟现实产业相关的政策共 347 项，其中国家部门层面发布的政策有 37 项，地方政府层面发布 310 项。

2.1.3 未来技术发展趋势分析

2.1.3.1 Micro－LED 有望成为下一代主流技术

在虚拟现实显示屏方面，2016 年前后，AMOLED 曾是虚拟现实设备生产商的首选，主要是因为其时延短的特点。但玻璃基的 AMOLED 受制于高精度金属掩模板（FMM）工艺，像素尺寸做不小，像素密度不高导致画面颗粒感比较明显；2018 年以后，LCD 技术的响应速度也得到了提高，与 AMOLED 相比，Fast－LCD 可以实现更好的像素密度，并且价格更具优势，Fast－LCD 显示屏量产稳定，性价比高，是多个品牌消费级虚拟现实头盔的首选。2021 年发布的 6DOF 虚拟现实一体机小鸟看看 Neo3、奇遇 3 等都采用了 4K 高清 Fast－LCD 液晶屏，比 4K 更清晰、更真实，沉浸感大大增强。

在增强现实显示屏方面，仍是硅基 OLED 保持市场主导地位。随着增强现实近眼显示对显示屏光学显示效果要求进一步提升，具有超高亮度、高像素密度、纳秒级响应速度、低功耗等优异特性的 Micro－LED 有望成为下一代主流显示技术，但是 Micro－LED存在技术尚不成熟、量产难度大等问题，亟须解决。

2.1.3.2 Pancake 和衍射光波导将成为主流方案

在虚拟现实设备方面，搭载菲涅尔透镜的虚拟现实设备体积大，且容易产生畸变，增多螺纹可以看到更清晰的图像，但是会影响曲率和光线聚焦，减少螺纹，则会影响清晰度，易出现杂散光、眩光。Pancake 短焦光学方案图像性能出色，畸变小；通过折叠光路，能大幅度缩小产品的体积，实现产品减重，同时提升虚拟现实头显的佩戴舒适度，并且支持屈光度调节。但该方案的视场角较小，大多数为 70°～80°，光损高，每折叠一层损失 50%，所以对屏幕亮度要求较高。Pancake 方案中的一个或多个光学元件主要是通过一个或多个黏合元件固定，由于不同偏振元件之间需要满足相对较紧的公差以确保图像质量，用于 Pancake 型透镜的光学元件对准可能十分困难。同时，需要通过镀膜等其他工艺减少光损，加工难度较高。虚拟现实设备普遍采用菲涅尔透镜方案，并向 Pancake 方案持续发展。

在增强现实设备方面，自由曲面量产加工难以保持较高精度，局部精度下降可导致图像局部扭曲和分辨率降低，存在产品一致性难题，通过过厚的棱镜观察真实世界会出现一定程度扭曲和水波纹样畸变。这些因素影响了自由曲面的发展潜力。BirdBath 光学系统的各个光学界面累积阻挡了大量真实世界的光线，出瞳距离较小，为了提高观看舒适性，提高出瞳，需要更大、更厚的设计。BirdBath 方案由于其相对比较庞杂，暂时还未被列为实现增强现实显示的主流方案。

对于光波导方案来说，增强现实近眼显示产品大多基于几何光波导技术，几何光波导的制备流程较为复杂，严格的镀膜工艺会影响其大规模量产。而随着纳米压印等微纳加工技术的不断进步，衍射光波导在未来会成为主流的光波导方案之一。由于衍射光栅的尺度在微米级和纳米级，材料选择与加工量产等因素决定了衍射光波导能否在日常生活和商业应用中普及。虽然表面浮雕光栅波导与体全息光栅波导的设计原理类似，但是体全息光栅波导的量产与视场角等问题严重限制了它的应用范围，因此表面浮雕光栅波导更具优势。

2.2 市场格局

近眼显示技术的飞速发展，促使虚拟现实/增强现实技术的应用越来越广泛。尤其是近两年来，人们在多个领域借助虚拟现实/增强现实技术，解决无法“面对面”工作而产生的各种问题。近眼显示技术已经被广泛应用于制造、教育、文化、健康、商贸以及军事等领域，并在某些特殊的场合，给传统产业模式带来了颠覆性的改变。

2.2.1 消费领域硝烟四起争夺市场

在消费领域，近眼显示技术通过虚拟现实/增强现实设备可以带来更加丰富多彩的功能：虚拟世界构建的社交环境可以让人随时随地和朋友举办派对，举杯共饮，与远在他乡的亲人进行亲切交谈；游戏、影视作品也将极大地加强互动性与表现力。因此互联网厂商，包括美国的脸谱、谷歌和亚马逊，中国的字节跳动、百度、华为和阿里巴巴等，都依靠深厚的技术积累、现有的庞大用户基础和丰富的应用场景，并且利用资本优势，通过投资或并购的方式拓展领域，积极开展多方位的布局。

字节跳动抢夺硬件入口，内容布局围绕游戏+社交。在硬件侧，通过收购国内领先虚拟现实设备商小鸟看看，完善硬件布局，而小鸟看看在被收购后，背靠字节跳动的流量与资本，扩张速度明显加快。

脸谱从爆款虚拟现实硬件入手，打造综合性平台。在硬件方面，2014 年脸谱收购 Oculus 后，相继推出 PC VR Oculus Rift CV、Oculus Rift S，虚拟现实一体机 Oculus Go、Oculus Quest 和 Oculus Quest 2，2022 年推出新款 Oculus 设备，2023 年预计发布代号为“Orion”的增强现实眼镜。

微软专注增强现实领域，依托 HoloLens 提升增强现实商用能力。在硬件方面，微软 2015 年发布 HoloLens 1，持续打磨后于 2020 年推出 HoloLens 2。

苹果公司持续布局多年，产品蓄势待发。从 2006 年起，苹果公司就开始在虚拟现实/增强现实行业布局专利。苹果公司已有 330 多项公开可查的虚拟现实/增强现实相关专利。据Digitimes的报道，苹果公司可能将在 2023 年发布两款增强现实头显设备。

华为自主研发，把握核心技术。在虚拟现实眼镜方面，据华为官网，2019 年 9 月，华为正式发布 VR Glass，采用超短焦光学模组，机身厚度仅 26.6mm，重量仅为 166g。在虚拟现实一体机方面，华为在 2021 年 9 月推出首款一体机 Mate StationX，配备 4K+分辨率的全面屏。

阿里巴巴运用自身优势，发力虚拟现实。2016 年阿里巴巴投资增强现实独角兽奇跃公司，2020 年和优奈柯恩达成合作，优奈柯恩联合钉钉这一线上工作平台，发布了一款基于线上办公的增强现实眼镜“NrealAR 眼镜套装专业版”，适配钉钉线上工作平台。

百度多年布局，产品线全面。百度已经在虚拟现实领域有多年的布局，且目前产品线相对全面，既包括消费级爱奇艺奇遇系列虚拟现实产品，也包括面向企业场景的百度虚拟现实。

2.2.2 车载娱乐有望成为近眼显示落地新场景

随着新能源汽车高速增长，车载娱乐有望成为近眼显示落地新场景。车载娱乐系统通过结合汽车移动数据与近眼显示沉浸式内容，为乘客提供适配汽车运动的沉浸式娱乐体验。Statista 数据显示，到 2025 年，全球汽车近眼显示解决方案市场预计会达到约 6730 亿美元，到 2025 年的综合年增长率预计为 175% 。

2021 年底，蔚来联合 NOLO 合作推出车载虚拟现实头显，与优奈柯恩合作推出车载增强现实眼镜。蔚来联合 NOLO 发布的这款虚拟现实头显设备是一款 Pancake 头显产品。蔚来联合优奈柯恩开发的增强现实眼镜，产品形态与此前发布的 Nreal Air 相似，没有摄像头，可投射出视距 6m、等效 201 英寸的屏幕尺寸。通过增强现实眼镜，驾驶员可以将目光始终保持在前方的路况上，而无须频繁低头看仪表盘，进而提升了驾驶员的安全性。

专注车载虚拟现实的 Holoride，分别使用过 Oculus Rift、未知品牌虚拟现实一体机、虚拟现实盒子、Oculus Go、小鸟看看 Neo 3，后又与 HTC 达成合作，采用 Vive Flow。

2.3 产业链构成与分布

2.3.1 产业链构成

近眼显示产业链包括光学器件提供厂商、显示器件提供厂商、整机代工模组厂商和终端应用客户。如图 2－3－1 所示，在虚拟现实产业链上游，硬件相对成熟，光学显示器件在成本中占比较高，国内企业在光学设计和显示屏方面具有一定优势；在增强现实产业链上游，光学价值量占比最高。

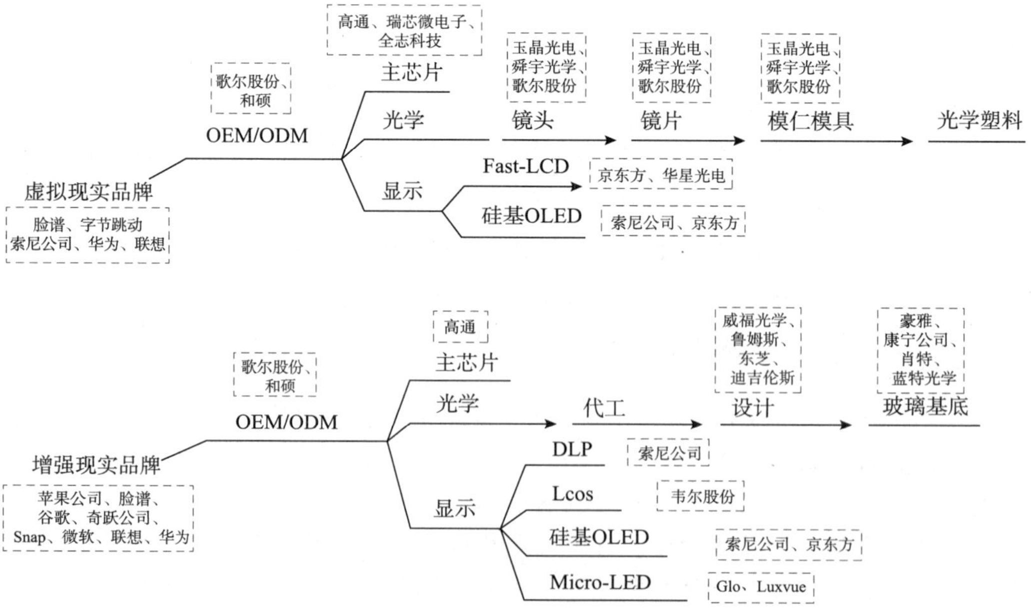

图 2－3－1 近眼显示产业链

2.3.1.1 光学器件

虚拟现实中的光学器件主要是光学透镜。光学透镜的产业链总体可分为光学塑料、光学镜片和光学镜头。增强现实中，光波导是主要的光学元器件。光波导主要分为阵列光波导、体全息光波导和表面浮雕光波导。其中阵列光波导主要代表公司是以色列的鲁姆斯，市场上还未出现大规模的量产眼镜产品。阵列光波导的加工流程主要是研磨、抛光、镀膜和胶合四部分。因为传播的光线都是偏振光，所以要在小棱镜上镀十几甚至几十层膜，同时胶合 5 ~7 个不同反射比的透镜。总体工艺烦琐，很难保持高良率，量产难度大。HoloLens 2、Magic Leap One 均使用表面浮雕光波导，苹果公司收购的 Akonia 采用的是体全息光波导。

表面浮雕光波导方案中可使用纳米压印技术来制作亚波长尺度的光栅，其中包括热压法、紫外线纳米压印光刻法和微接触压印法（亦称为软光刻）。紫外线纳米压印光刻是表面浮雕光波导批量生产的常用方法。浮雕光栅制作的方法更加成熟，同时，压印设备已经可以实现国产化，进一步大幅降低了光栅制造的成本。

体全息光栅通过双光束全息曝光技术在介质中形成干涉条纹，从而可以获得折射率周期性变化的光栅结构。体全息光栅并不是通过结构图型而是通过材料的不同制作光栅，理论上全息光栅的衍射效率可以达 100%，有更好的成像效果。体全息光栅简易制造工艺流程包括上游光栅材料、中游制造（卷对卷工艺和印刷工艺）、下游应用。体全息光栅材料和量产工艺是当前门槛。材料端合成难度大，且多为军用。在量产方面，激光脉冲法不适用于规模量产。所以体全息光栅方案厂商需要具有垂直整合制造（Integrated Device Manufacture，IDM）能力，提供从材料到量产完整的解决方案。

光学设计和加工领域的代表企业主要有舜宇光学、水晶光电、蓝特光学和耐德佳。光波导领域的代表企业有国内企业灵犀微光，国外企业有鲁姆斯和威福光学。

2.3.1.2 显示屏

虚拟现实中的主流显示屏是 Fast - LCD 和硅基 OLED。

增强现实中的主流显示屏是硅基液晶、DLP、硅基 OLED 和 Micro - LED。增强现实产品主要使用 DLP 或硅基液晶，但是业内普遍认为 Micro - LED 方案非常适用于增强现实的应用场景。

硅基液晶可采用成熟的互补金属氧化物半导体（Complementary Metal Oxide Semiconductor，CMOS）制造工艺和液晶屏制造工艺进行生产，通过半导体工艺进行刻蚀与沉积制造，将液晶层和各种保护反射层制备到硅基驱动板。由于硅基液晶量产工艺成熟，大部分参数都适配光波导，其是增强现实主要方案。

DLP 核心在于数字微镜装置（Digital Micromirror Device，DMD），该核心的 MEMS 器件由德州仪器长期垄断。制作工艺主要为通过半导体工艺制作 MEMS 系统，控制棱镜偏转，从而控制光路。

Micro - LED 是业界内比较公认的最佳解决方案。Micro - LED 的工艺流程大致分为三部分，驱动背板、像素制备和晶圆键合。像素制备包括外延生长、图形刻画阵列制备、电极制备和抛光。

豪威科技推出具有集成驱动功能和存储器的业界首款硅基液晶微显示器 OP02220；索尼公司研发轻量化 4K Micro - OLED 屏幕；国内企业京东方为虚拟现实/增强现实设备提供显示屏，产品包含硅基 OLED 显示模组和 Fast - LCD 模组。

2.3.1.3 整机代工

在增强现实/虚拟现实/混合现实整机代工领域的主流供应商包括富士康、歌尔股份、伟创力、广达以及和硕联合科技股份有限公司（以下简称“和硕”）五家，对应的客户群不仅覆盖索尼公司、小鸟看看、脸谱、微软等一线终端，也不乏奥图科技、影创科技等初创品牌。

2.3.1.4 终端厂商

全球虚拟现实/增强现实主要终端厂商有脸谱、HTC、微软、虚拟现实科技、乐相科技、字节跳动、Nolo、亮风台和索尼公司。增强现实显示已经成为热门赛道，吸引国内外诸多知名企业的关注和布局，谷歌在 2012 年推出了应用于消费端的 Google Glass，其后微软在 2015 年推出了 HoloLens 眼镜第一代，又在 2019 年将 HoloLens 迭代到第二代，奇跃公司、Snap、索尼公司、精工爱普生、小米、OPPO 等公司也纷纷推出了自己品牌的增强现实眼镜整机，苹果公司、三星、脸谱在增强现实领域也有非常丰富的专利和产业链投资。

2.3.2 市场主体打造核心竞争力

在各个产业链上，均有代表性的市场主体及其代表产品，并各自拥有核心技术和竞争力。

2.3.2.1 光学器件初创公司表现亮眼

舜宇光学深耕虚拟现实/增强现实领域，提供高帧率、大广角 2D 视觉方案和高精度的 3D 视觉方案。水晶光电开发光波导增强现实镜片、增强现实显示模组、增强现实光波导光学模组，拥有 DLP 和硅基液晶技术，能够实现多种增强现实解决方案，该公司 2016 年入股以色列增强现实眼镜开发商鲁姆斯，参与其 B 轮融资。2019 年水晶光电宣布与增强现实全息波导显示技术的领跑者迪吉伦斯合作，共同创建高水平制造基地，构建各种光学解决方案，开拓亚洲市场。蓝特光学在精密玻璃光学元件加工方面具备突出的竞争优势和自主创新能力，显示玻璃晶圆产品可通过再剪切、分割后制成增强现实光波导，广泛应用于苹果公司、华为等终端产品。

耐德佳基于波导技术、自由曲面技术、光场技术等技术，自主研发了智能增强现实眼镜、增强现实自由曲面光波导模组等产品。灵犀微光是国内首家研发出光波导、纳米光栅技术、微芯片扫描光场的公司，主打产品包括光波导镜片、二维扩瞳方案 2D - 1、阵列光波导方案。

鲁姆斯是位于以色列的增强现实眼镜光学方案厂商、几何光波导方案供应商。2022 年 4 月其发布了两款增强现实光学模组新品 Maximus 1080P 与 Maximus 1440P。英国初创公司 Wave Optic 在衍射光波导元件领域处于世界领先水平，特别是二维扩瞳技术独步全球，2021 年 5 月公司被美国社交巨头 Snap 以超过 5 亿美元收购。

2.3.2.2 传统显示屏厂商参与竞争

京东方的产品包含硅基 OLED 显示模组和 Fast－LCD 模组，尺寸包含 0.39 英寸至 5.5 英寸，具有高分辨率、快速响应、高刷新率等特点，可应用于多种微显示场景。2019 年公司投建 12 英寸 OLED 微显示器件生产线，以满足增强现实/虚拟现实高端市场需求，2020 年开始生产硅基 OLED 面板，总产能 100 万片/年。Oculus GO、小米 VR 一体机、爱奇艺 4K 一体机等产品均采用了京东方的显示方案。京东方披露，公司已经与全球 119 家品牌客户接洽合作，多家国内、国际知名品牌对外发布的虚拟现实/增强现实新机型采用了京东方产品。京东方在 2022 年国际信息显示学会（SID）展会打造了元宇宙展区，重点展示了可实现显示帧率自适应调节的动态帧频虚拟现实头显设备。

索尼公司研发轻量化 4K 硅基 OLED 屏幕，产品具备体积小、高分辨率、高对比度、宽色域、快速响应、图像延迟低等特点。像素数量为 OLED 智能手机屏幕的 2 倍，而尺寸则缩小近 20 倍。为了制造此款高密度的微型显示屏，索尼公司使用了 CMOS 图像传感器采用的加工和封装技术。

豪威科技推出具有集成驱动功能和存储器的业界首款硅基液晶微显示器 OP02220，该设备结构紧凑、功耗低、性价比高，可用于耐用性强且重量轻的虚拟现实/增强现实头显设备。OP02220 的分辨率为 1920×1080，采用 4.5μm 像素技术制造，尺寸为 0.39 英寸。集成驱动器的功耗低于双芯片解决方案，具有延长电池寿命的效果，同时也节省了电路板空间，助力终端产品轻量化发展。

2.3.2.3 整机代工中国企业独步全球

歌尔股份在增强现实/虚拟现实设备业务板块，可为下游终端客户提供一站式“整机＋精密制造”解决方案。在增强现实/虚拟现实设备产业链中，歌尔股份已布局显示系统、传感器、光学元件、电池与结构件、模组、整机代工等环节，实力优势显著。全球中高端虚拟现实设备 70% 由歌尔股份设计生产。终端客户包括索尼公司、脸谱、字节跳动、爱奇艺、华为、三星、Kopin、高通、OPPO 等。

广达电脑于 2015 年投入增强现实眼镜研发，包括近眼显示器的关键光机模块，以及头戴显示器技术的整合与制造。经过数年的经营布局，增强现实头戴显示与关键光机模块的产线建设皆已经完成并且批量出货，终端客户包括脸谱、微软、谷歌、鲁姆斯。

和硕是华硕的子公司。2019 年中，和硕曾联合英国增强现实眼镜公司 Wave Optics 推出重量仅 136g 的超轻量无线增强现实眼镜 AiR，并在虚拟世界娱乐（AWE）正式亮相。3M 创新联合和硕，开发了一款基于短焦光学方案的虚拟现实参考设计：VX6。终端客户包括微软、谷歌、苹果公司。

2.3.2.4 终端厂商核心产品竞争激烈

课题组梳理了截至 2022 年推出的虚拟现实/增强现实产品，参见表 2－3－1 和表 2－3－2，并对其采用的显示屏和光学设计进行了标注。可见终端厂商竞争十分激烈，技术路线也各有优劣。

表 2-3-1　市场上现有增强现实产品及其技术路线

地域	厂家	产品名称	显示			光学		发布/上市年份
			屏幕	分辨率	刷新率	光学方案	视场角	
国内	联想	ThinkReality A3				BirdBath		2021
	小米	Smart Glass 探索版	Micro - LED			光波导		2021
	灵犀微光	灵犀 AR	LCoS			几何光波导		
	TCL	NxtWear G	硅基 OLED	1080p				2021
		NxtWear Air	硅基 OLED	1080p				2022
	OPPO	Air Glass	Micro - LED	16 灰阶和 256 灰阶		衍射光波导	28°	2022
国外	谷歌	Google Glass	LCos			光学棱镜		2013
	索尼公司	Smart Eye Glass				全息光栅 + 光波导	25°	2015
	微软	HoloLens 1	LCoS			表面浮雕光栅波导	34°	2015
		HoloLens 2	LBS	2K		表面浮雕光栅波导	52°	2019
	Cosmo	Vision	AMOLED					2022
	Rokid	Rokid Air	硅基 OLED			BirdBath		2021
	INMO	Air	硅基 OLED			光波导		未发售
	奇跃公司	Magic Leap one	LCos			表面浮雕光栅波导		2017
		Magic Leap 2	LCos			光波导		2022
	精工爱普生	BT - 300				光波导	25°	2016
		VM - 40	硅基 OLED			自由曲面	34°	
	脸谱	Meta - 2				自由曲面	90°	2018
	上海显耀	AmμLED™	Micro - LED	640 × 480		光波导	30°	2021

续表

地域	厂家	产品名称	显示			光学		发布/上市年份
			屏幕	分辨率	刷新率	光学方案	视场角	
国外	苹果公司	AKonia				全息体光栅		
	维盛	Vuzix NGSG	Micro – LED			光波导		2021
		Vuzix Shield	Micro – LED			光波导		2022
		Vuzix M400C	硅基 OLED			光波导		2022
	迪吉伦斯		DLP			全息波导		
	高通	New Wireless AR Smart Viewer	硅基 OLED	1920×1080	90Hz	自由曲面		2022
	威福光学	Leopard	Micro – LED			光波导		2021

表 2–3–2 市场上现有虚拟现实产品及其技术路线

地域	厂家	产品名称	显示			光学		发布/上市年份
			屏幕	分辨率	刷新率	光学方案	视场角	
国内	中国移动	云 VR CM1	Fast – LCD	4K	72Hz	菲涅尔透镜	101°	2021
	蔚来 NIO VR	Glasses		4K		Pancake		2021
	爱奇艺	奇遇 Dream	Fast – LCD	1256×1440	72/90Hz	双非球面透镜	93°	2021
		奇遇 3	Fast – LCD	2160×2160	90Hz	菲涅尔透镜	115°	2021
	HTC	Vive	AMOLED	1200×1080	90Hz			2015
		Flow 系列				Pancake		

续表

地域	厂家	产品名称	显示			光学		发布/上市年份
			屏幕	分辨率	刷新率	光学方案	视场角	
国内	小米	VR 一体机	Fast - LCD	2560 × 1440		非涅尔透镜		2018
	字节跳动	Pico Neo 3	Fast - LCD	1832 × 1920		非涅尔透镜	98°	2021
		Pico 4				Pancake		2022
		Pico VR Glasses	Fast - LCD	1600 × 1600		Pancake	90°	2020
	虚拟现实科技	D1	Fast - LCD	1080 × 1920		非球面透镜	125°	2014
		D3	Fast - LCD	2560 × 1440	70Hz	非涅尔透镜	100°	2017
		X1	Fast - LCD	1200 × 1200	90Hz	Pancake	105°	2019
国外	索尼公司	VR 原型机	硅基 OLED	4K				2021
		PlayStation VR	硅基 OLED	960 × 1080	90Hz	非球面透镜	100°	2016
		PlayStation VR2	硅基 OLED	2000 × 2040，4k	90/120Hz	非涅尔透镜	110°	未发售
	脸谱	Oculus Rift	AMOELD		90Hz	非球面透镜		2016
		Oculus GO	Fast - LCD	2560 × 1440		非涅尔透镜		2018
		Oculus Quest 2	Fast - LCD	3664 × 1920	90Hz	非涅尔透镜		2020
		Oculus Cambria				Pancake		未发售
		Half Dome 3				Pancake		2019
	松下	MeganeX	硅基 OLED	2560 × 2560，5.2K		Pancake		2021

2.4 未来市场发展趋势分析

在市场规模上，增强现实技术成熟度稍落后于虚拟现实。一方面，增强现实面临着与虚拟现实类似的发展难点，例如，真实感、虚拟场景绘制、传感设备和交互设备的性能等；另一方面，增强现实还需解决虚拟物体和真实环境精确对准定位，将虚拟场景与真实环境融为一体的显示设备挑战。市场已经推出了多款虚拟现实头显和眼镜设备，一定程度获得了C端消费级市场的认可；而增强现实眼镜方面，依然需要克服诸多技术障碍。

2.4.1 全球市场发展前景充满想象

随着苹果公司、脸谱、三星、微软、索尼公司、Oculus、任天堂等国外公司纷纷宣布其布局增强现实/虚拟现实硬件设备的计划，日益成熟的硬件将不断为市场带来活力。虚拟现实产业正进入转折点，行业即将迈进繁荣发展期，预计2024年全球虚拟现实/增强现实市场规模将达到近5000亿元，近眼显示行业也即将进入繁荣发展期。

2022年4月2日，CINNO Research统计数据显示，2021年全球增强现实/虚拟现实硅基OLED显示面板市场规模约为6400万美元。未来随着增强现实/虚拟现实产业的发展以及硅基OLED技术的进一步渗透，预计至2025年全球增强现实/虚拟现实硅基OLED显示面板市场规模将达到14.7亿美元，2021～2025年年均复合增长率（CAGR）将达119%。

2.4.2 国内创新主体迎头赶上

近年来，在近眼显示的显示器方面，国内掀起硅基OLED投资热潮，仅2020年产线投资规模超过200亿元，奥雷德、京东方、维信诺旗下的昆山梦显、熙泰智能、视涯等企业纷纷入局。

我国高校也较早地开展了相关研究。北京理工大学的刘娟课题组在光波导增强现实眼镜方面提出了多个系统设计方案，先后研发出体全息光栅波导显示和自由曲面波导显示系统。北京理工大学的程德文等采用光学自由曲面棱镜方法设计了70°视场角的增强现实眼镜。浙江大学的郑臻荣使用XY多项式自由曲面设计了出瞳距为70mm的增强现实眼镜，获得了较好的成像效果。复旦大学的徐敏等采用双椭球面反射光学结构设计了出瞳距60mm和视场角50°的低畸变增强现实眼镜。在高校基础研究的带动下，从2015年起我国逐渐出现以波导式产品为核心卖点的厂商，如灵犀微光、珑璟光电等。

2.4.3 打造产业良性生态

近眼显示与集成电路、新型显示、5G、智能终端、人工智能等新一代信息技术产业具备融合创新发展的特性，因此未来的发展将以虚拟现实产业为切入点，充分把握各个领域的产业优势，打破传统彼此封闭、烟囱式的产业发展框架，串联起产业链不同领域的骨干企业，实现由产业单点突破向产业生态扩张的转变，形成产业间的协同发展体系。同时，国内企业的迎头赶上使得国内产业链、供应链能够成为现实，并进一步为培育专精特新和隐形冠军企业提供研发实践场景，而近眼显示相关企业主动对接整机企业需求，整机企业及时反馈产品应用数据，又能够构建产业良性循环。

第3章　近眼显示技术整体状况分析

本章基于近眼显示技术的全球和中国专利统计数据，对近眼显示技术整体发展情况和中国的发展现状进行分析，以研究发展趋势、技术聚集区和技术持有者，以及各主要技术分支的发展情况。

3.1　全球专利申请总体态势分析

3.1.1　申请趋势分析

数据显示，全球与近眼显示技术相关的专利申请总计28049项。图3－1－1为近眼显示技术相关专利的全球申请趋势。从整体趋势来看，近眼显示技术的发展经历了技术萌芽期、技术发展期和高速发展期，还将在一段时间内处于高速发展的阶段。

1992年以前，近眼显示技术处于技术萌芽期，全球专利的年申请量不足100项，这一时期专利申请量仅占总量的2%左右。麻省理工学院利用索尼公司研发的平板显示器技术，制成了虚拟可视环境显示器，近眼显示设备开始向体型轻便、使用便捷的方向发展。1986年，美国莱特帕特森空军基地医学研究实验室采用增强现实技术设计出了VCASS飞行员头盔显示系统。同年，美国北卡罗来纳大学提出可用于实现生物化学以及建筑可视化的视透式头盔显示系统。1987年，视觉编程实验室（VPL）创始人Jaron Lanier首次提出“虚拟现实”这一术语，并研发了一系列虚拟现实设备。1990年，波音公司设计了用于飞机装配中辅助布线操作的头盔显示器，并于1992年首次提出了“增强现实”这一术语。这一时期，近眼显示技术处于理论研究和基础实验阶段，创新多来自科研院所和拥有一定技术实力的大企业，尤其是日本企业在显示屏技术方面于全球范围内具备领先优势，美国的德州仪器在DLP方面也具备领先优势。

20世纪90年代，虚拟现实迎来第一次热潮，尤其是游戏产业的飞速发展，推动虚拟现实产品不断更新，相关专利申请量逐年递增。这一期间，在全球专利申请量前十申请人中，除了韩国三星、默克，其余8家全部是日本公司，这与日本在游戏产业的领先地位相关。这一个期间，日本游戏公司Sega和任天堂分别推出了Sega VR－1和VirtualBoy，各大游戏公司把虚拟现实视作游戏业的一次改革创新的机会，争相推出自己的虚拟现实产品，近眼显示技术进入技术发展期。

进入21世纪后，增强现实技术迅猛发展，2000年以色列公司鲁姆斯首先提出“几何光波导”的概念，使增强现实设备以眼镜形式存在成为可能。围绕几何光波导方案，鲁姆斯公司申请了一系列经典专利，包含设计基本原理、各反射镜的镀膜要求、杂散光抑制和二维扩瞳方法等。2005年，位于芬兰的诺基亚研究中心发明了用于近眼显示的衍射光波导技术，有三种光栅形态可以选择，矩形光栅、闪耀光栅和倾斜光栅。这在推动增强现实行业快速发展方面，起到了关键性作用。2006年，e－Magin推出了完美支持3D功能的VR－NED设备，并在2008年运用最新的OLED显示技术打造出高清虚拟现实显示设备e－Magin Z800 3D Visor。这一时期，近眼显示技术相关的专利申请量在2005年达到高点，其后随着技术的限制，虚拟现实产品的体验效果无法实现突破，申请量有所回调，全球各国企业均在进行技术研发。可见，在1993～2011年这一阶段，近眼显示技术还处于技术发展期。

2012年是近眼显示技术成果爆发式出现的一年。2012年4月，谷歌推出了划时代的Google Glass，虽然受限于单反射镜式投影成像结构，其视场角较小，但这一新型显示方式极大地推动了可穿戴设备的商业化浪潮，增强现实技术得到了迅速普及发展。2014年，脸谱以20亿美元收购了Oculus，将其作为未来的平台，推动了虚拟现实行业的商业化发展。

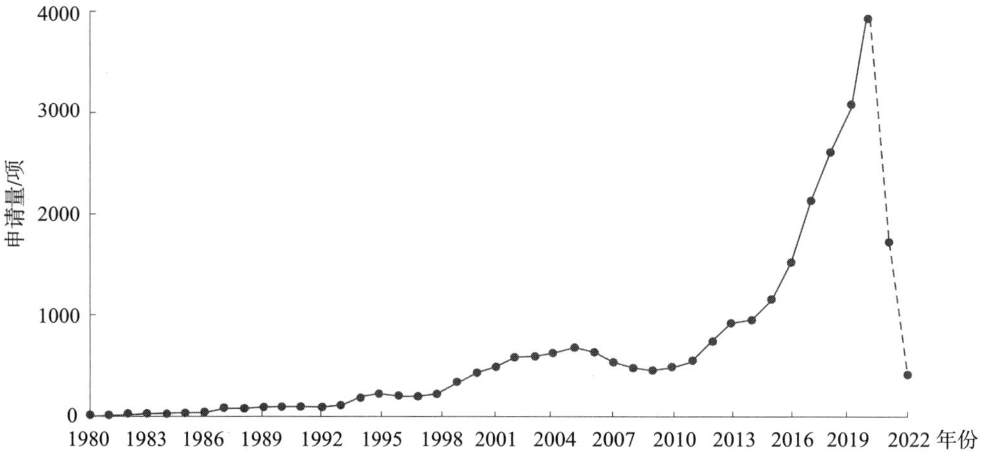

图3－1－1　近眼显示技术相关全球专利申请趋势

2016年，我国发布《中华人民共和国国民经济和社会发展第十三个五年规划纲要》，首次明确未来将大力扶持虚拟现实技术。自此，我国近眼显示相关技术快速发展，相关专利申请量不断增长。

2012年以后，近眼显示技术进入高速发展期，2012～2022年的申请总量占总量的71.4%。尤其是从2016年开始，与2011年相比，五年间全球专利申请量增加了两倍，发展势头强劲。

3.1.2 技术生命周期

每年申请量和申请人数量的变化，反映近眼显示技术的技术发展程度。从图3－1－2中可以看出，从2015年开始，近眼显示技术相关的专利申请量呈现明显增长趋势，每年申请人的数量也呈现增长的态势。从2015～2020年的情况来看，申请人数量和申请量都处于快速增长的状态，表明随着近眼显示技术的不断发展，市场不断扩大，技术吸引力凸显，越来越多的申请人投入近眼显示技术的研发中，专利申请的数量急剧上升，发展迅猛。

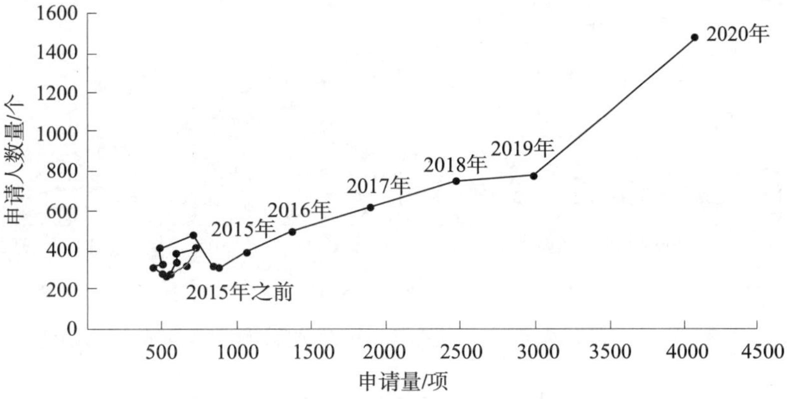

图3-1-2 近眼显示技术的技术生命周期

3.1.3 区域分布分析

数据统计表明，2000年之后近眼显示技术相关专利申请来源地主要集中在中国、美国、日本和韩国，上述四国申请量占全球申请总量九成以上。图3-1-3所示为近眼显示技术相关专利的来源国家/地区分布。

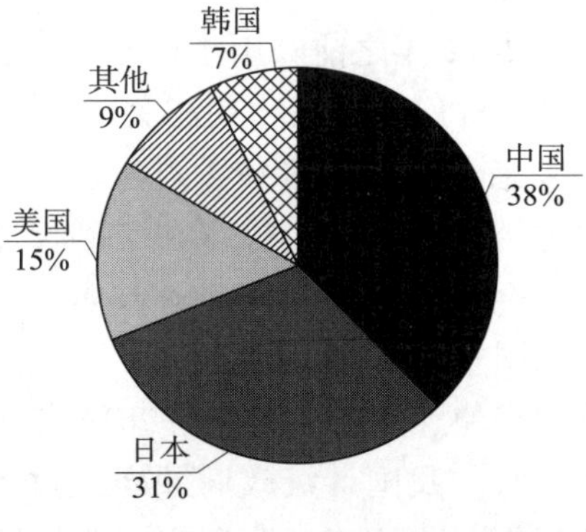

图3-1-3 近眼显示技术相关专利来源地分布

从图3-1-4中可以看出，来自美国的申请量呈平稳增长的态势。这与美国政府和企业对相关产业的重视是密切相关的。美国国防部非常重视虚拟现实的研发与应用，将之作为重点支持方向。美国能源部制定了《长期核技术研发规划》，其中明确提出应重点开发、应用和验证虚拟现实技术。在国会层面对虚拟现实产业发展进行支持与鼓励。此外，美国设立了有关虚拟现实的研究项目。奇跃公司、微软、脸谱等美国企业在研发和并购上的巨额投入，使得美国在近眼显示技术上具有领先优势，这都与美国政府所发布的前瞻性政策密不可分。

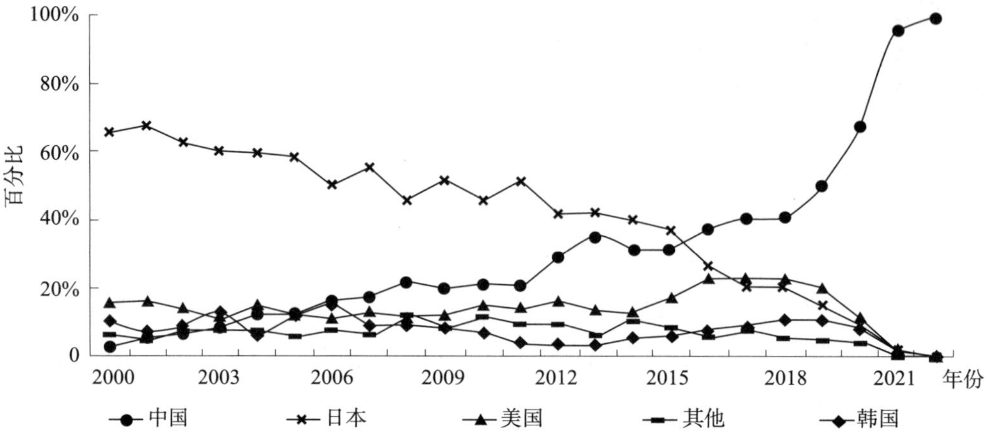

图3-1-4 近眼显示技术相关专利来源国家/地区申请量占比趋势

来自日本的申请量占比整体呈现逐渐下降的趋势，其中，2000年来自日本的申请量在全球申请量中占比超过60%，之后虽然一直保持相对较高的占比，但是呈现逐渐下降的趋势。从申请量数据来看，来自日本的申请量基本保持平稳，2012年之后申请量也出现稳步增长的态势，年申请量仅次于中国和美国，全球排名第三。日本一直以来对科技发展高度重视，先后发布了到2025年技术发展规划的《创新25战略》，旨在将日本打造为全球创新中心。日本的游戏产业在全球具备领先优势，近眼显示作为最佳的应用设备，受到日本企业的重点关注，索尼公司、精工爱普生、任天堂等企业均发布了虚拟现实/增强现实的产品。

来自韩国的申请量占比在2012年之前经历了波动上升然后波动下降的趋势，2012年之后开始稳步回升。这与韩国政府的推动密切相关，韩国政府于2016年设立了专项基金，将虚拟现实作为该国未来九大新兴科技重点发展领域之一。此外，韩国未来创造科学部投入巨资培育该国虚拟现实产业，重点在于确保原创技术研发和产业生态完善，并且韩国的企业三星和乐金在显示技术和光学技术方面具有非常强的实力，申请量在全球排在前面，带动了韩国整体申请量的增长。

中国的申请量占比整体呈现快速上升的势头，2016年占全球申请量的比重开始超过日本，并继续保持增长的态势。我国各级政府同样通过各项产业政策来积极推动虚拟现实发展，虚拟现实已被列入《“十三五”国家信息化规划》《中国制造2025》《国务院关于积极推进“互联网+”行动的指导意见》等多项国家重大文件中，行业企业共同发起成立了虚拟现实产业推进会。互联网头部企业如字节跳动、阿里巴巴等切入虚拟现实领域，将其作为新一代移动计算平台进行抢先布局；产业链条上的众多企业纷纷投入研发力量，在产业政策支持下，近眼显示领域的中国专利申请量实现了持续快速增长。

图3-1-5中可以看出，中国是最大的目标市场，在中国的专利申请数量占据了全球将近38%的比例，重要申请人纷纷在中国进行专利布局。其次是美国市场，占据了大约23%的比例；再次是日本市场，占据了大约21%的比例。

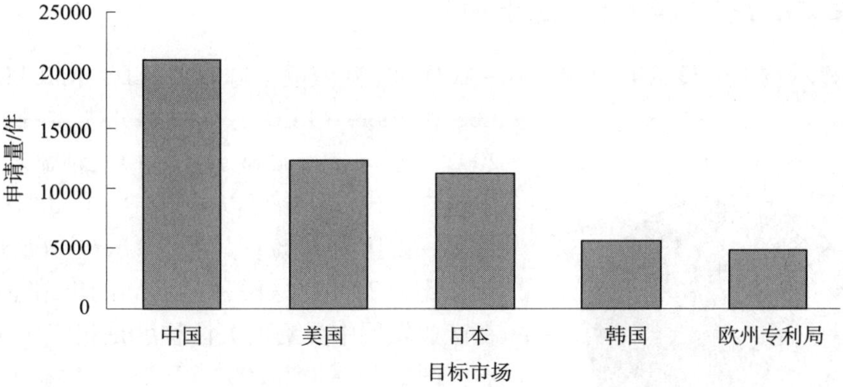

图3-1-5　近眼显示技术相关专利的目标市场分布

3.1.4　专利申请人分析

图3-1-6所示为全球申请量排名前20位的申请人的申请情况。可以看出，在申请量排名前20的申请人中，三星、株式会社半导体和精工爱普生分别排在前三位。其中申请人主要分布在中国、美国、日本和韩国这四个国家，日本的株式会社半导体、精工爱普生、JNC株式会社、DIC株式会社、索尼公司、夏普、佳能、松下等企业申请量靠前；韩国企业主要是以三星、乐金为代表；而美国企业主要是以脸谱、奇跃公司为代表；中国企业以京东方、华星光电、康佳、诚志永华为代表。全球申请量排名前20位的申请人大部分是传统显示行业的企业和液晶材料供应商，索尼公司、脸谱、奇跃公司均已有虚拟现实产品发布。

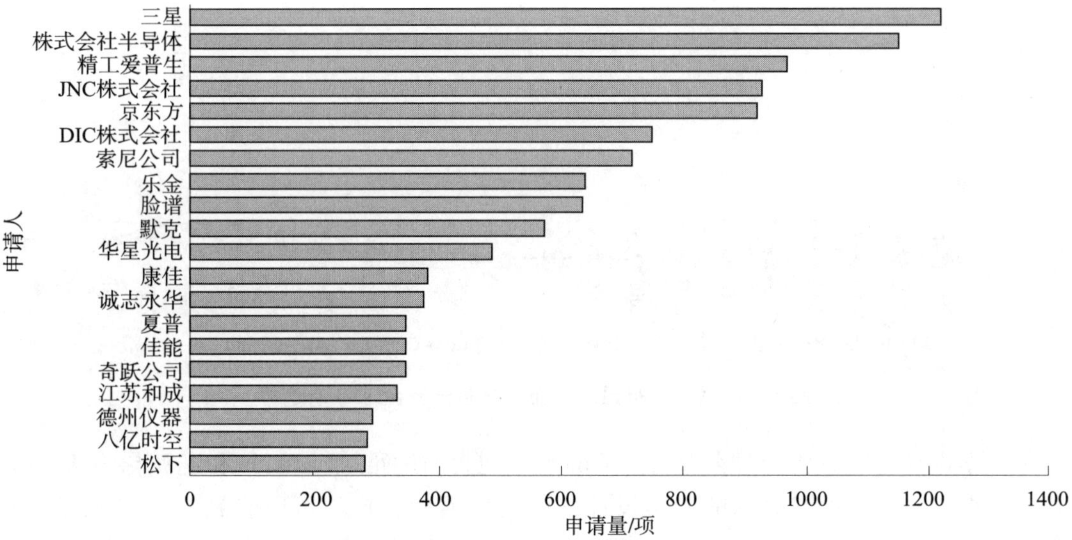

图3-1-6　近眼显示的全球申请人排名

3.1.5 重点技术分支相关专利统计分析

近眼显示技术中显示屏包括 Fast – LCD、硅基液晶、硅基 OLED、AMOLED、DLP、LBS 和 Micro – LED 七个技术分支，图 3 – 1 – 7 为 2002 年以来，近眼显示技术中七种显示屏的全球申请量占比。从中可以看到，Fast – LCD 的申请量最多，占比为 30%；其次为 Micro – LED，其申请量占比为 24%，这两种显示屏的申请量比例与其在产业发展中受到的关注程度是相匹配的。

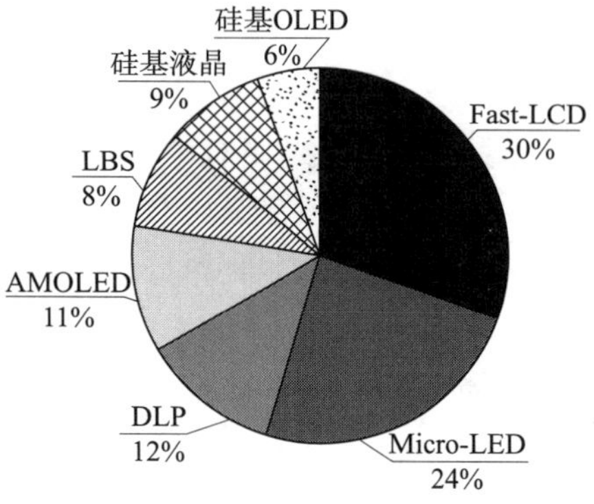

图 3 – 1 – 7 近眼显示的显示屏自 2002 年各分支申请量占比

图 3 – 1 – 8 为 2002 年以来七种显示屏全球申请趋势。可以看出，Micro – LED 的专利申请从 2017 年开始，申请量出现爆发性增长，2019 年开始连续三年年申请量均在 1000 项以上，表明 Micro – LED 属于研发的重点和热点。Fast – LCD 申请量保持相对稳定，对于近眼显示来说，实现显示屏的快速响应一直属于较受关注的技术问题，其申请量的稳定也表明了相关企业一直在持续地进行研发和投入。其他显示屏技术在 2012 年之后均呈现增长态势。

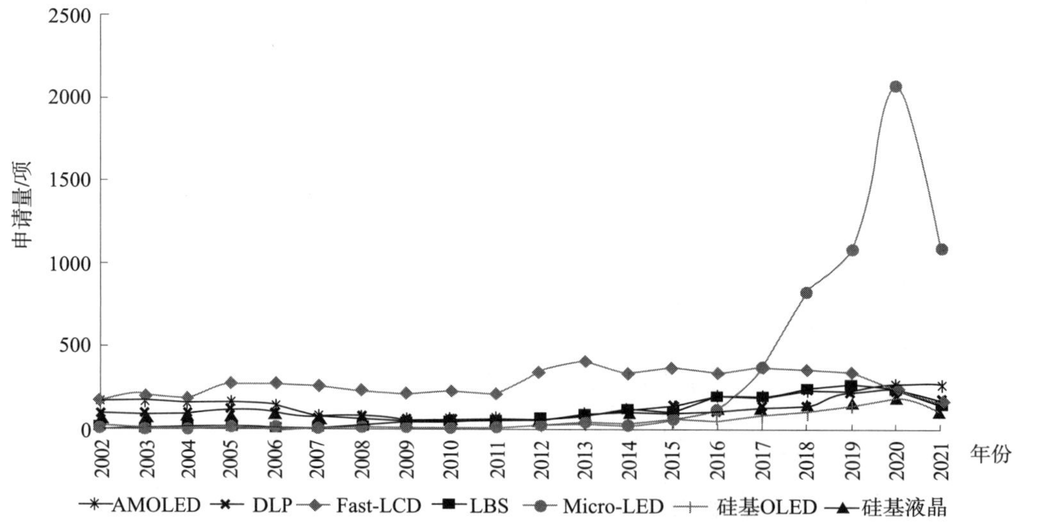

图 3 – 1 – 8 近眼显示的显示屏各分支全球申请趋势

光学设计可以分为菲涅尔透镜、Pancake、自由曲面、BirdBath 和光波导方案五个分支。图 3 – 1 – 9 近眼显示的光学设计各分支申请量占比。可以看到，光波导的申请量最多，占比为 63%；其次为自由曲面，其申请量占比为 13%。光波导属于近眼显示中实现显示图像与外部世界叠加显示的主要部件，属于研发的重点。

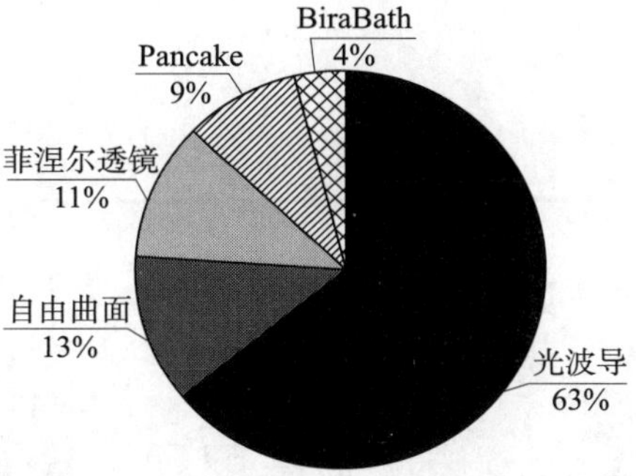

图 3-1-9　近眼显示的光学设计各分支申请量占比

图3-1-10显示了光学设计五个技术分支自2002年的申请趋势。可以看到，光学设计各分支中，光波导的申请量从2012年开始出现爆发性增长，反映出光波导技术属于研发热点和重点。

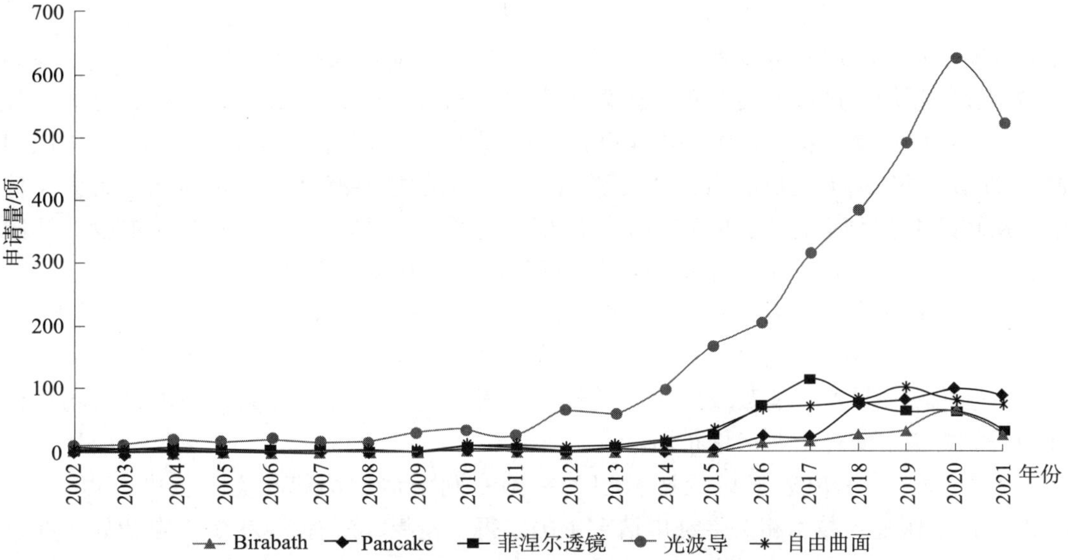

图 3-1-10　近眼显示光学设计各分支申请趋势

3.2　中国专利申请总体态势分析

3.2.1　申请趋势分析

数据统计表明，近眼显示技术在中国的相关专利申请总计20217件，其中国内申请11493件。图3-2-1显示出国内专利申请和国外来华申请的总体趋势。

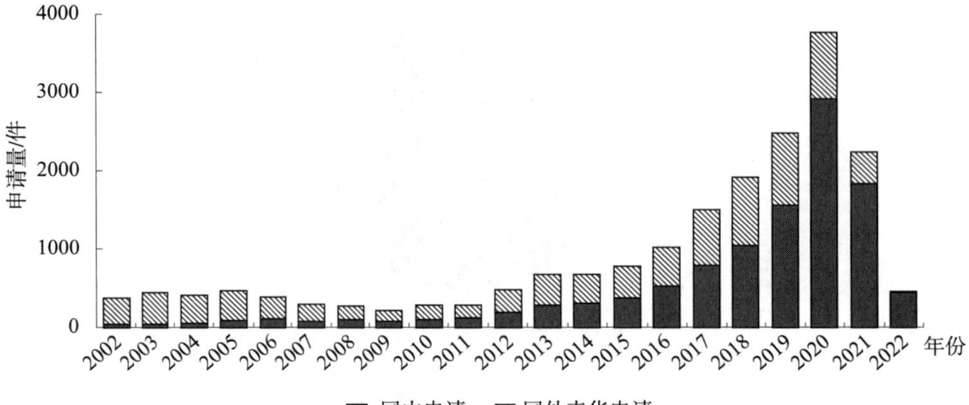

图3－2－1　近眼显示技术相关国内专利申请和国外来华申请的趋势

2010年之前，国内专利申请量总体保持平稳，每年在100件以内，早期申请人包括北京大学、清华大学、青岛大学、长春光机所等高校院所，也包括群创光电、京东方等大型公司。2010～2015年，申请总量开始呈现明显增长态势；2015年之后，专利申请量逐年猛增。这一方面有赖于国内消费电子市场的快速发展，另一方面得益于各级政府的积极推动，特别是虚拟现实已被列入《“十三五”国家信息化规划》《中国制造2025》《国务院关于积极推进“互联网＋”行动的指导意见》等多项国家重大文件中，从政策上有力地促进了相关产业的发展。随着京东方、华星光电、歌尔股份等国内企业的研发和专利布局能力不断提升，近年国内专利申请量快速增长。

从国外来华申请来看，2002～2005年出现了一次申请的高峰，之后申请量下降。到2011年，申请量基本上开始逐年增长。究其原因，一方面是近眼显示技术取得一定进展，逐步实现量产，消费级应用的终端产品开始上市；另一方面是中国的市场规模和消费能力吸引海外企业来华布局。

表3－2－1示出近眼显示技术相关中国专利申请的法律状态。从中可以看出，4500多件近眼显示技术相关专利申请在中国获得了授权，尚有5300多件申请处于在审状态。

表3－2－1　近眼显示技术相关中国专利申请法律状态及专利申请类型统计表　单位：件

法律状态	专利申请类型	国内	国外来华	总计
有效	发明	3050	1456	4506
	实用新型	1937	114	2051
	发明（PCT）	98	1318	1416
	实用新型（PCT）	3	5	8

续表

法律状态	专利申请类型	国内	国外来华	总计
失效	发明	1849	1984	3833
	实用新型	264	9	273
	发明（PCT）	20	1093	1113
在审	发明	4097	1261	5358
	发明（PCT）	175	1482	1657

3.2.2 申请区域分布分析

在近眼显示技术相关中国专利申请中，国内申请和国外来华申请的占比如图3－2－2所示。其中国内申请占比56.85%，国外来华申请占比43.15%，其中国外来华申请来源国排名前三的依次为日本、美国、韩国。来自日本的专利申请约占18.60%，主要是佳能、精工爱普生、索尼公司等在中国进行了大量专利布局；来自美国的专利申请约占10.77%，主要是微软、苹果公司、谷歌、脸谱、奇跃公司等的申请比较集中；来自韩国的专利申请约占的6.27%，申请主要集中在三星、乐金等大型企业。可以看出，日本、美国、韩国的主要申请人纷纷在中国市场进行了专利布局。

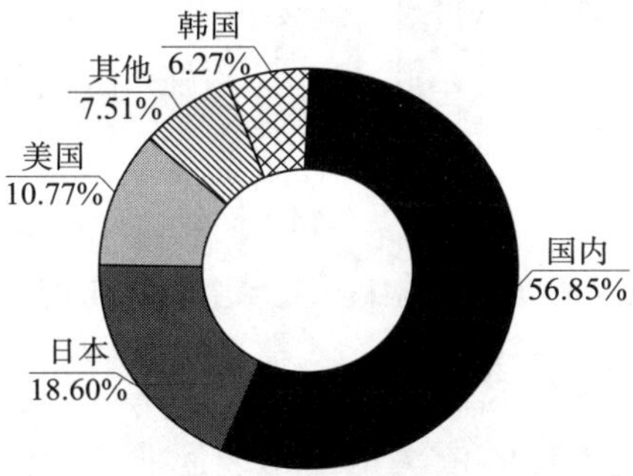

图3－2－2 近眼显示技术相关中国专利申请国内和国外来华申请量占比

图3－2－3示出了近眼显示技术国内和国外来华专利申请量占比趋势，反映了主要来华国申请量随年度的变化的趋势。日本来华申请量占比在2006年前保持较高水平，之后呈下降态势。2006年之后，中国申请量占比呈现持续增长的态势。

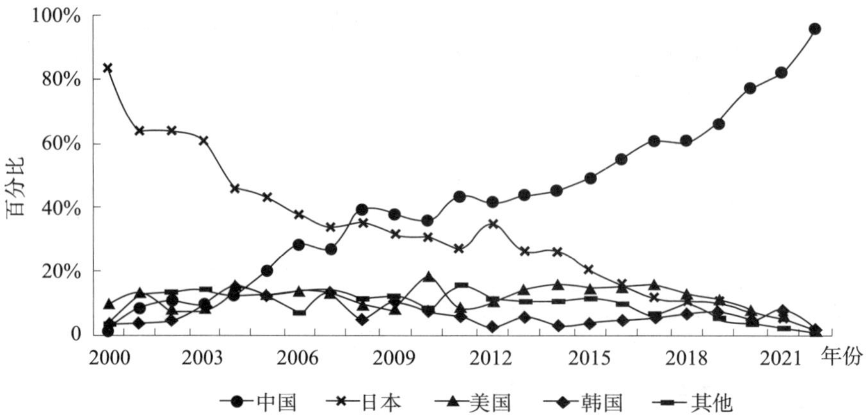

图3-2-3　近眼显示技术国内和国外来华专利申请量占比趋势

3.2.3　国内技术创新聚集区

近年来中国近眼显示技术发展非常迅速，国内近眼显示技术相关专利申请的主要来源地如图3-2-4所示。

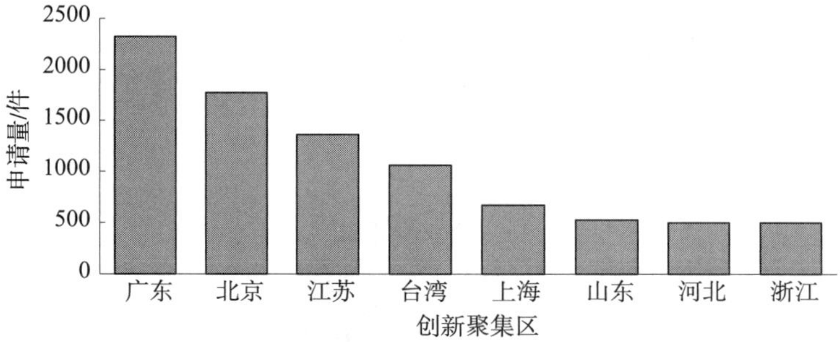

图3-2-4　中国近眼显示技术主要创新聚集区分布

申请量排名前五的创新聚集区依次是广东、北京、江苏、台湾、上海，其申请量呈阶梯式排布；排名第六至十位的依次是山东、河北、浙江、重庆、四川，申请量彼此差别不大；安徽、福建、湖北等省份紧随其后。广东既有以华星光电、OPPO、华为等企业为代表的多家传统龙头企业，又有珑璟光电等近年来成立的光学模组专研企业，为近眼显示技术的研发与专利布局打下了良好的基础。北京申请量排名第二，这主要得益于京东方、八亿时空等龙头企业近年来在显示面板、显示材料领域的研发能力、专利布局能力持续提升；同时北京还坐拥科研实力雄厚的北京大学、清华大学、北京理工大学等优秀高校；此外，灵犀微光、耐德佳等增强现实领域的企业近年来也展现出良好的发展势头，凸显北京作为我国科技创新中心的龙头地位。江苏拥有苏大维格、江苏和成、昆山梦显等一大批高新技术企业，其申请量排名第三也体现了江苏优秀的科研实力。以半导体显示为支柱产业的台湾，申请主要集中在友达光电、群创光电、奇景光电等传统企业。

表3－2－2示出了近五年中国主要省份专利申请统计对比汇总情况。从申请人类型来看排名前十的省（自治区、直辖市），企业申请量均占据绝对优势，其中排名前三的广东、北京、江苏高校院所的申请总量也均超过100件。从专利申请类型来看，排名前十的省份，发明申请占绝大多数；并且已审结案件中，维持有效法律状态的专利申请过半，显示出该领域申请的总体质量较高。

表3－2－2　中国主要省份近眼显示技术相关专利申请统计对比　单位：件

地区	申请人类型			专利申请类型	法律状态			2018年至今申请量
	高校院所	企业	其他		在审	失效	有效	
广东	157	2065	100	发明	957	309	424	1754
				发明（PCT）	31	5	30	
				实用新型		73	492	
				实用新型（PCT）			1	
北京	185	1534	56	发明	520	291	639	1087
				发明（PCT）	90		15	
				实用新型		33	187	
江苏	104	1208	55	发明	469	187	465	909
				发明（PCT）	2		5	
				实用新型		16	223	
台湾	31	1002	27	发明	400	193	174	725
				发明（PCT）	10	3	4	
				实用新型		8	266	
				实用新型（PCT）			2	
上海	59	591	24	发明	203	145	191	392
				发明（PCT）	9	2	1	
				实用新型		27	96	
山东	73	443	14	发明	175	116	105	367
				发明（PCT）	5	3	21	
				实用新型		7	98	

续表

地区	申请人类型			专利申请类型	法律状态			2018年至今申请量
	高校院所	企业	其他		在审	失效	有效	
河北	11	475	15	发明	160	110	220	229
				发明（PCT）	1	1		
				实用新型		1	8	
浙江	87	386	28	发明	188	80	90	417
				发明（PCT）	1		2	
				实用新型		16	124	
重庆	21	373	6	发明	152	22	91	380
				发明（PCT）	18	4	15	
				实用新型		2	96	
四川	19	339	12	发明	145	56	60	280
				实用新型		13	96	

3.2.4 主要专利申请人分析

图3-2-5示出了近眼显示技术中国专利申请量排名前20的申请人。排名前五的申请人为京东方、三星、华星光电、康佳、默克，其中国内企业占据3席；在排名前20的企业中，国内企业占据11席。可以看出国内企业在近眼显示技术领域已经具备一定的专利技术储备。

3.2.4.1 国外来华申请人

图3-2-6示出近眼显示技术国外来华主要申请人的申请量情况。三星、默克、精工爱普生、索尼公司、乐金、株式会社半导体、奇跃公司、脸谱在华申请量均在200件以上，DIC株式会社、JNC株式会社、微软、夏普、鲁姆斯紧随其后，申请量也超过了100件。

从各公司申请的侧重领域来看，如表3-2-3所示，许多公司对近眼显示相关技术进行了全面的专利布局，如三星、精工爱普生、索尼公司、乐金、夏普、苹果公司；同时也有部分公司专研某些技术分支，如默克、DIC株式会社在Fast-LCD技术布局了大量专利，脸谱、奇跃公司则专研于光波导技术，在该领域的专利申请量位于前列。从各技术分支来看，显示技术中，Fast-LCD、硅基OLED、硅基液晶、Micro-LED的主要国外申请人数量及申请量较大；而在光学设计领域，光波导技术明显属于研究热点，各公司进行了大量的专利布局。

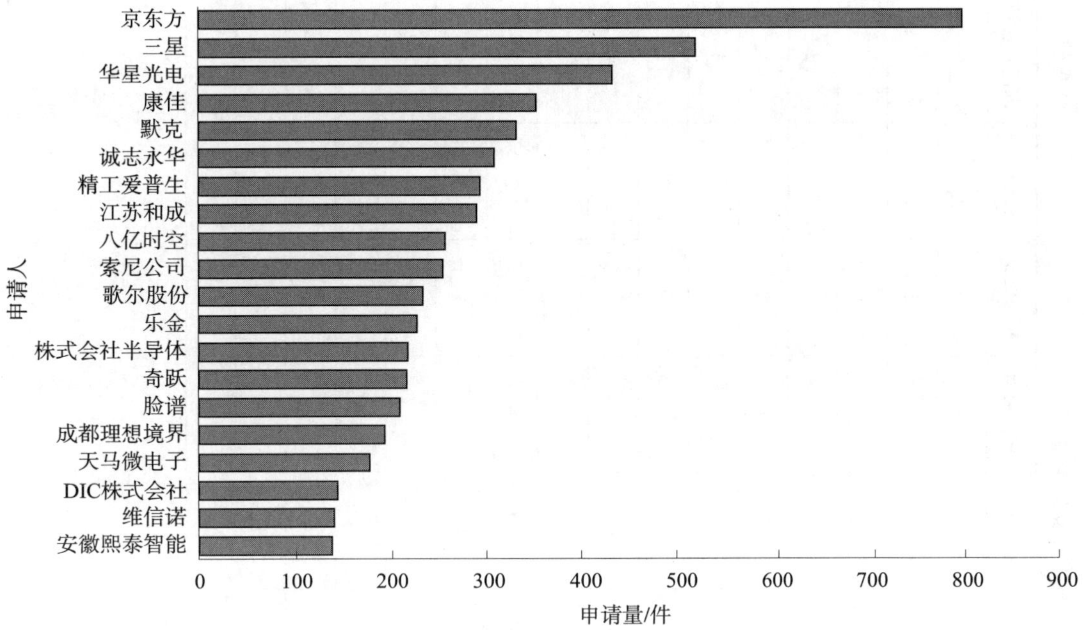

图3-2-5 近眼显示技术各主要中国专利申请人申请量排名

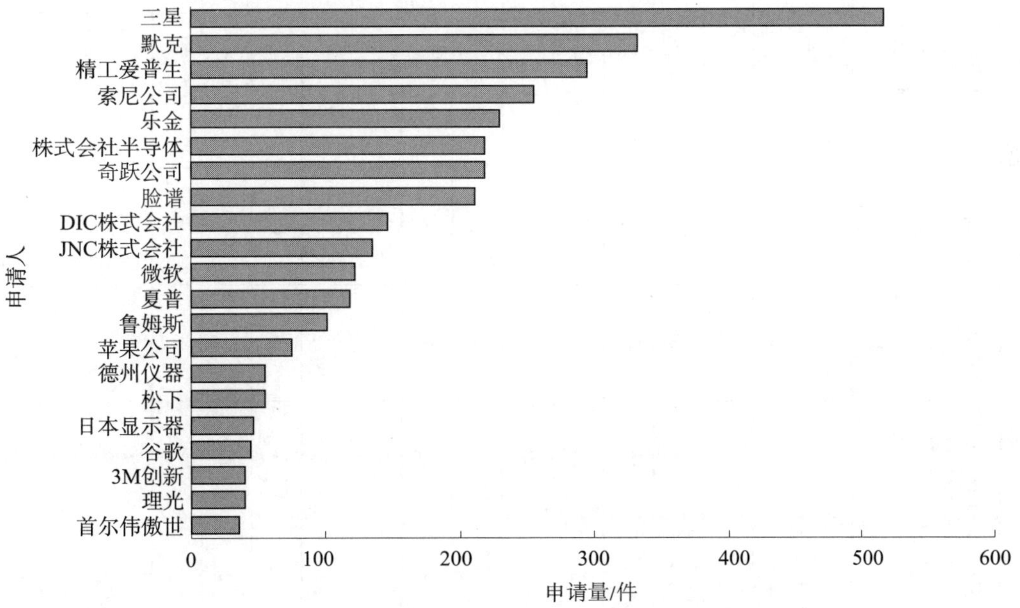

图3-2-6 近眼显示技术主要国外来华申请人申请量排名

表3-2-3　近眼显示技术国外来华主要申请人各技术分支申请量

单位：件

公司	AMOLED	Fast-LCD	硅基OLED	硅基液晶	Micro-LED	DLP	LBS	光波导	自由曲面	BirdBath	Pancake	菲涅尔透镜
三星	200	145	17	13	106	25	10	23	1	2		6
精工爱普生	66	13	20	7	1	31	20	127	13	2	6	1
默克		328		2	2							
脸谱			6	19	54	6	19	152			26	2
奇跃公司			19	38		19	19	148	4	2	2	1
索尼公司	72	14	20	49	10	14	16	56	4		1	2
乐金	74	28	9	2	26		2	4			2	1
株式会社半导体	122	10	6		13	3	1					1
DIC株式会社		145										
微软			10	49	2	12	17	76	2		2	2
夏普	4	72	1	5	23	1	3	4		1	3	4
捷恩智		87		1								
日本显示器	1	9			39							
苹果公司	12		16	12	23	16	10	16	1		2	2
松下	2	6			2	10	21	3		1		
鲁姆斯			4	17		4	8	101	1			1

3.2.4.2　国内申请人

图3－2－7示出了国内不同类型的申请人申请量占比情况。其中企业申请量占比近九成，各高校院所等科研单位申请量不到一成，其余为个人申请。企业申请量占比较高说明该技术领域市场价值较高，专利技术转换为产品的可能性较大；而高校院所等科研单位申请量也占有一定比例，说明其技术含量较高，尚有很大的研究空间。

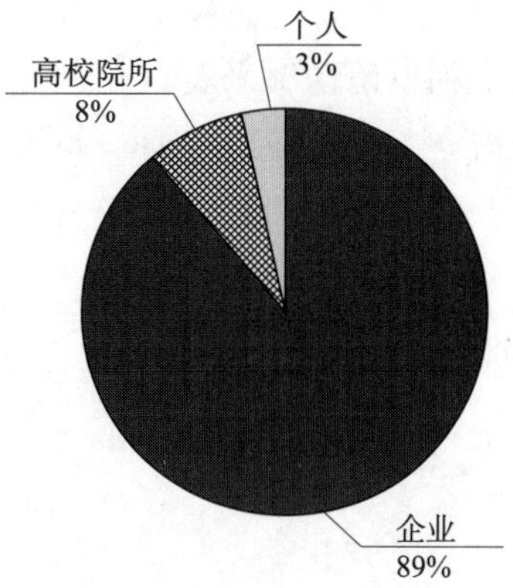

图3－2－7　近眼显示技术国内各类型申请人申请量占比

图3－2－8示出了近眼显示技术申请量排名前20的国内申请人，全部为企业申请人。其中，京东方、华星光电、康佳、天马微电子均为显示行业的重要企业，凭借其在显示技术方面的技术优势，在近眼显示技术领域，同样具有举足轻重的地位。诚志永华、江苏和成、八亿时空作为液晶材料供应商，在近眼显示技术的Fast－LCD显示屏方向上研发实力不容小觑。珑璟光电、舜宇光学、歌尔股份等光学企业在光学设计方面优势明显。还可以看到，华为和OPPO这样的通信巨头也开始进军近眼显示技术领域，说明这两家企业有意在下一代通信产品方面提前布局。

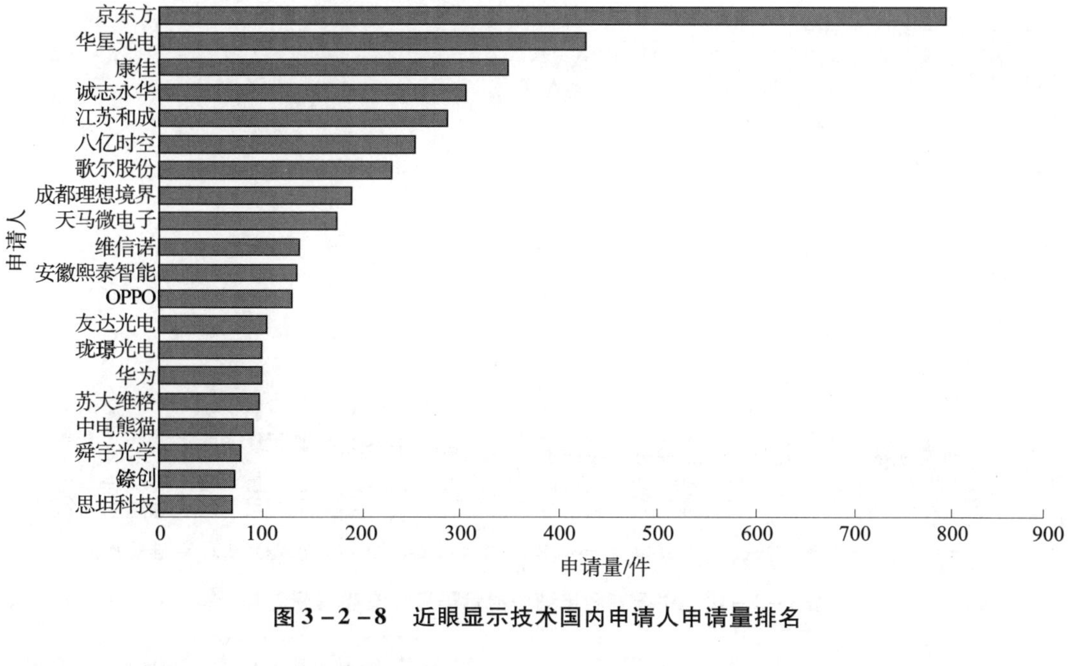

图3－2－8　近眼显示技术国内申请人申请量排名

3.2.4.3　重点技术分支中国专利分析

经前期技术分析，近眼显示技术主要包含显示屏技术、光学设计两大技术分支，其中显示屏技术分支下细分为Fast－LCD、硅基液晶、AMOLED、硅基OLED、DLP、LBS、Micro－LED微显示器多条技术路线，光学设计分支下细分为菲涅尔透镜、Pancake、自由曲面透镜、BirdBath、光波导方案多条技术路线。如图3－2－9所示，从中国专利申请情况来看，七种显示屏中，Micro－LED的申请量最高，在显示屏申请总量中占34%，其次为Fast－LCD分支的申请，申请量占比23%。

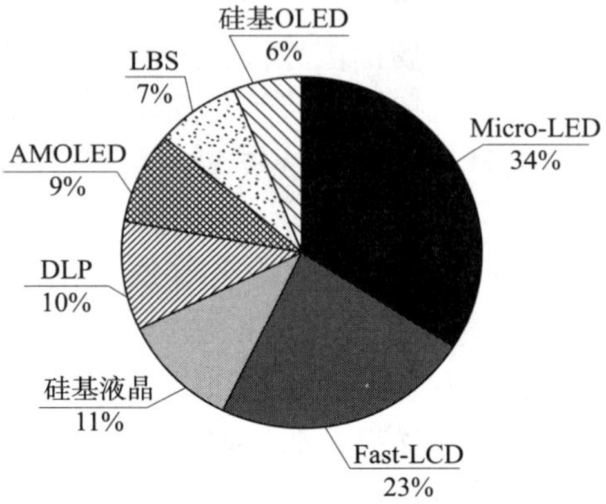

图3－2－9　中国专利申请中显示屏各分支申请量占比

图3－2－10示出显示屏各技术分支从2002～2021年的申请趋势。从图中可以看出Micro－LED的申请量从2016年开始呈现爆发性增长态势；Fast－LCD申请量近年来保持平稳发展态势，其他显示屏从2014年开始呈现增长态势。

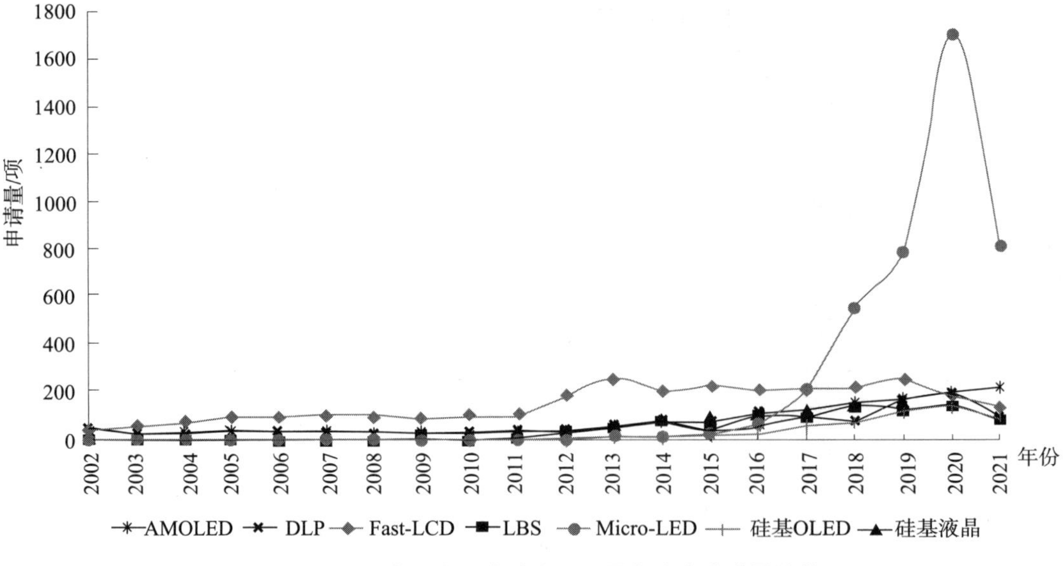

图3－2－10　中国专利申请中显示屏各分支申请量趋势

表3－2－4列出显示屏各技术分支排名前十位的申请人。从表中可以看出，Micro－LED的前十大申请人中，除了韩国的三星，其他9家都是国内的显示屏厂商；DLP显示屏申请量前三的分别是德州仪器、歌尔股份和精工爱普生，美国德州仪器拥有DLP屏幕技术的核心专利；Fast－LCD方面主要是液晶材料供应商和显示屏制造企业；硅基液晶的前十申请人中，国内外企业一样多；硅基OLED的前十申请人中除了

索尼公司，其他全部为国内企业；LBS 显示技术前十申请人中，国外申请人较多。从该表格中可以看出，显示屏的各个分支中申请量排名靠前的申请人各不相同，一方面说明在显示屏细分市场上，不同技术路线的技术差异较大，另一方面也说明每家企业的定位不同，在不同的细分市场上充分利用自身优势占据市场份额。

表 3－2－4　近眼显示技术中显示屏各分支的排名前十的申请人

排名	Fast－LCD	硅基液晶	硅基 OLED	AMOLED	DLP	LBS	Micro－LED
1	默克	奇景光电	京东方	三星	德州仪器	成都理想境界	康佳
2	诚志永华	豪威科技	熙泰智能	半导体能源研究所	歌尔股份	松下	华星光电
3	江苏和成	索尼公司	清越	京东方	精工爱普生	脸谱	京东方
4	八亿时空	微软	视涯	华星光电	三星	精工爱普生	群创光电
5	DIC 株式会社	珑璟光电	歌尔股份	乐金	舜宇光学	奇跃公司	天马微电子
6	三星	中芯国际	索尼公司	索尼公司	成都理想境界	微视公司	友达光电
7	JNC 株式会社	杜阿里特斯	云南创视界光电	精工爱普生	索尼公司	微软	三星
8	京东方	长江力伟	维信诺	熙泰智能	理光	索尼公司	錼创
9	夏普	3M 创新	舜宇光学	维信诺	华为	理光	维信诺
10	华星光电	鲁姆斯	成都理想境界	阜民科技	奇跃公司	京东方	中电熊猫

图 3－2－11 示出中国专利申请中光学设计各技术分支的申请量占比情况。从图中可以看出，光波导的申请量占据了 60% 的比重，其次为自由曲面申请量，占光学设计总量的 16%。比较各技术分支从 2002～2021 年的申请趋势，如图 3－2－12所示，光波导的申请量自 2014 年之后增加迅速，并保持了强劲的增长势头，从 2015 年开始，其他光学设计方案专利申请量大多呈增长态势。

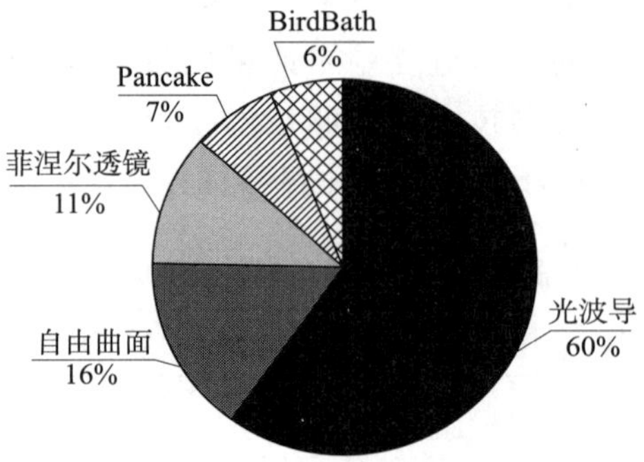

图3-2-11 中国专利申请中光学设计各分支申请量占比

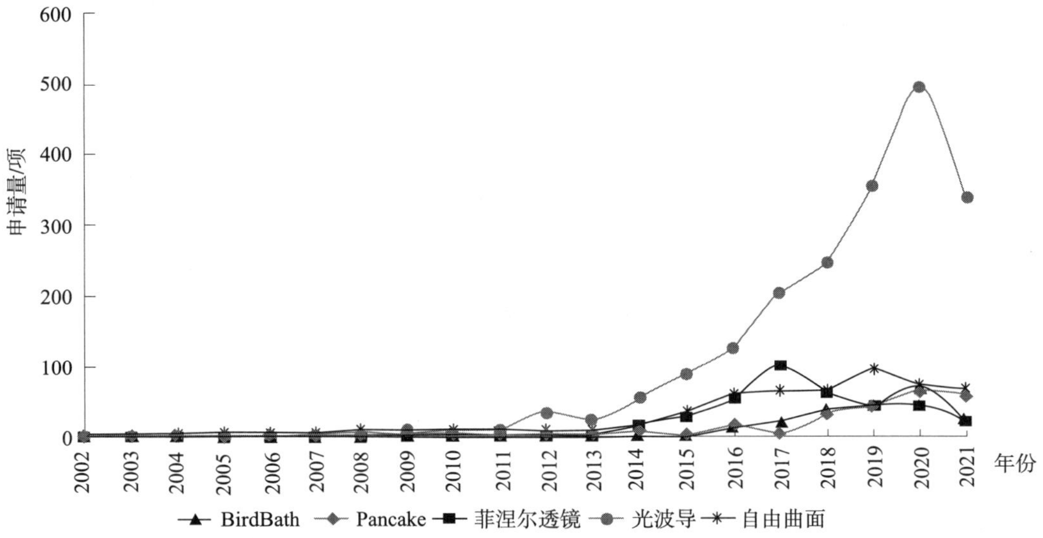

图3-2-12 中国专利申请光学设计各分支申请量趋势

表3-2-5列出了中国专利申请中光学设计方面申请量排名前十的申请人情况。可以看到，光波导的前十大申请人中，排名前三的申请人为脸谱、奇跃公司和精工爱普生，国外申请人在光波导领域申请量占据较大比重；自由曲面、菲涅尔透镜、Pancake和BirdBath四个分支中前十大申请人，大部分为国内申请人。

表3-2-5 中国专利申请中光学设计各分支的排名前十的申请人

排名	光波导	自由曲面	菲涅尔透镜	Pancake	BirdBath
1	脸谱	京东方	双莹	歌尔股份	惠牛
2	奇跃公司	歌尔股份	京东方	3M创新	歌尔股份
3	精工爱普生	耐德佳	成都理想境界	脸谱	水晶光电
4	鲁姆斯	北京理工大学	戴胜科技	多哚	优奈柯恩（北京）

续表

排名	光波导	自由曲面	菲涅尔透镜	Pancake	BirdBath
5	珑璟光电	超多维	歌尔股份	惠牛	京东方
6	苏大维格	珑璟光电	宏碁	双莹	OPPO
7	微软	精工爱普生	乐融致新	舜宇光学	舜宇光学
8	京东方	华为	乐视控股	谷歌	创维
9	索尼公司	舜宇光学	塔普翊海	鸿蚁光电	耐德佳
10	灵犀微光	舜通智能	三星	业成光电	舜通智能

从中国专利申请中显示屏技术分支和光学设计技术分支的申请情况来看，Micro-LED 技术与光波导技术相较于其他技术路线，申请量和申请趋势近年来都呈现爆发性增长态势，表明这两个技术分支是近年来的研发热点和技术布局的重点，国内外申请人积极在中国进行专利布局，争夺中国市场。

第 4 章　Micro－LED 微显示屏专利技术分析

Micro－LED 通常是以发光 LED 芯片尺寸来定义的，一般来说将尺寸小于 50μm 的 LED 芯片称为 Micro－LED。Micro－LED 用于显示技术时，通过将 Micro－LED 芯片组装到驱动电路板上形成发光阵列，是一种自发光显示技术。相较其他显示技术，Micro－LED产品性能在全方位占有优势，不仅具有最高可达几十万 nits 的超高亮度、100000：1 以上的超高对比度、－70℃～100℃的超宽温度范围，还具有高刷新率、高分辨率、宽广色域、低功耗、低延时、轻量化、寿命长等多方面优势，被认为是下一代显示技术中最适合近眼显示的显示技术。

本章将对 Micro－LED 微显示屏相关专利进行分析，对于专利申请态势、重点申请人，以及研究热点的专利状况进行研究，尝试梳理该领域的技术发展路线，判断未来发展方向，并且分析我国产业需要关注的专利风险。

4.1　概　况

4.1.1　技术概况

Micro－LED 微显示屏制备工艺是实现近眼显示的基础，首先要制备 Micro－LED 芯片，将大量 Micro－LED 芯片组装成 Micro－LED 阵列，然后将这些 Micro－LED 阵列转移到驱动基板上，通过键合工艺形成显示面板，检测 Micro－LED 芯片工作是否正常，在发现瑕疵芯片时进行维修。另外，近眼显示设备需要 Micro－LED 提供高分辨率、高像素密度图像的同时，还需要全彩化的视觉效果来满足沉浸性的体验，因此，全彩化也是 Micro－LED 制备工艺中的关键技术。

根据应用场景的不同，Micro－LED 显示器件的制备工艺分为两大技术路线：巨量转移技术和单片集成技术。

巨量转移是指通过某种高精度设备，将生长在外延基板上巨量的三色 Micro－LED 芯片高速精准地转移到目标基板上，并且在芯片和驱动电路之间实现良好的电气和机械连接，可应用于不同尺寸、不同材质显示基板的场合。针对 Micro－LED 芯片高精度、高效率巨量转移的应用需求，已经发展了微转印、静电吸附、磁力吸附、真空吸附、选择性释放、自组装、滚轮转移等多种巨量转移技术，主要技术如图 4－1－1所示。工业化生产要求巨量转移良率不低于 99.9999%，且每颗芯片的精准度要控制在一定的范围之内。巨量转移技术中还存在很多制约 Micro－LED 显示器件量产的技术瓶颈。

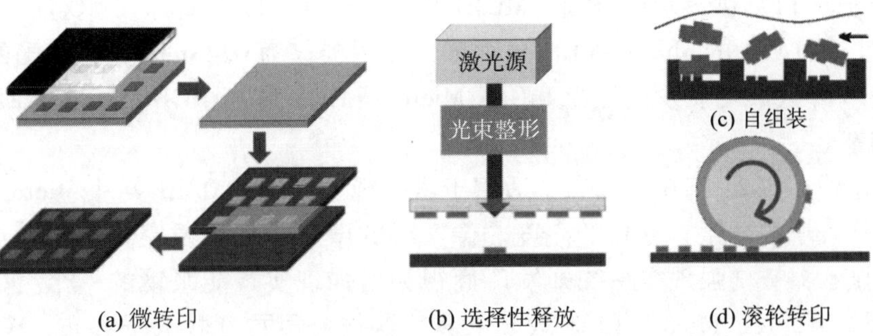

图4－1－1 Micro－LED 显示器件制备工艺巨量转移技术

单片集成是通过键合的方式将源基板上的芯片一次性集成到驱动基板上，如图4－1－2所示。目前主要应用在近眼显示器、智能手表等高分辨率微显示器领域。

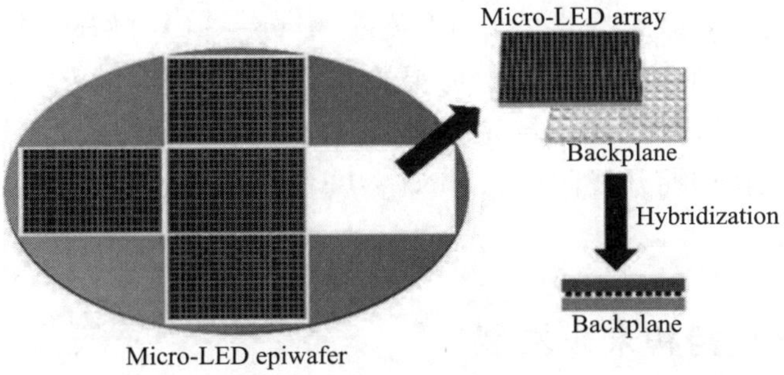

图4－1－2 Micro－LED 显示器件制备工艺单片集成技术

在生产过程中，将 Micro－LED 阵列转移到驱动基板上的问题，是制约 Micro－LED 微显示屏是否能量产的关键步骤，因此，本章将巨量转移和单片集成作为重点技术分支进行研究和分析。

4.1.2 产业概况

Micro－LED 技术从 2000 年起开始发展，2014 年后热度提升，全球的开发机构超过一百家，但全球市场化发展仍处于起步阶段。Micro－LED 虽然有各种优点，但是由于其制造过程中存在较多的技术难点，阻碍了其产业化的进程，还处于研发和试产阶段，显示产业链上下游企业均下大力气争相布局。以苹果公司、脸谱、乐金、三星等为代表的国际巨头，在产业链上游展开联合攻关，突破巨量转移技术、全彩化技术及检测修复技术等瓶颈技术。

中国企业对 Micro－LED 的投入也非常积极，三安光电、华灿光电、国星光电等 Micro－LED 外延片的光电制造企业，京东方、天马微电子、维信诺等做显示屏的企业，华星光电、康佳等整机厂商，都在大力布局 Micro－LED。同时，产业链上下游企业纷纷在芯片、巨量转移、全彩、检测修复等关键技术领域开展技术合作，加快推进 Micro－LED显示产品的研发和大规模量产。

在 Micro－LED 微显示屏方面，MOJO Vision 公司（以下简称“MOJO”）2019 年展示了具有 14000 PPI 的 Micro－LED 显示屏，显示屏仅为 0.48mm 宽。英国的 PLESSEY 公司于 2019 年底成功研发出红光 InGaN Micro－LED，实现 RGB Micro－LED 均通过硅基 GaN 制造。

上海显耀在 2021 年 6 月发布了适用于增强现实终端的 0.13 英寸 Micro－LED 微显示屏。因其极小的体型、超高的亮度、像素级的微光学结构及完美的像素级均匀性校正，该微显示器被增强现实系统开发厂商视为增强现实智能眼镜的一个突破性的核心器件。2022 年 5 月，Micro－LED 微显示芯片科技公司君万微电子宣布，全彩 Micro－LED 微显示屏量产进程取得关键突破，并以视频画面公开展示其可量产的全彩色硅基 Micro－LED 微型显示屏。据了解，该微显示芯片将有效满足增强现实近眼显示设备对高亮度和大视场角的需求。

2022 年，Vuzix 宣布推出 Vuzix Shield 智能眼镜，在 CES 2022 的 Vuzix 展台展出，这款眼镜使用的是上海显耀提供的 0.13 英寸 Micro－LED 微显示屏。中国首个人工智能＋增强现实科技潮牌李未可与上海显耀签署战略合作协议，李未可将上海显耀的 0.13 英寸 Micro－LED 微显示屏应用于其首款消费级增强现实智能眼镜。然而，此类产品大多还处在初期开发阶段，Micro－LED 在良率、量产性和全彩化等方面还有待进一步的发展。

4.2 专利申请趋势和未来发展

4.2.1 全球专利总体趋势及预测

数据统计显示，全球与 Micro－LED 微显示屏密切相关的专利申请总计 6030 项。图 4－2－1示出了 Micro－LED 微显示屏全球专利申请趋势。

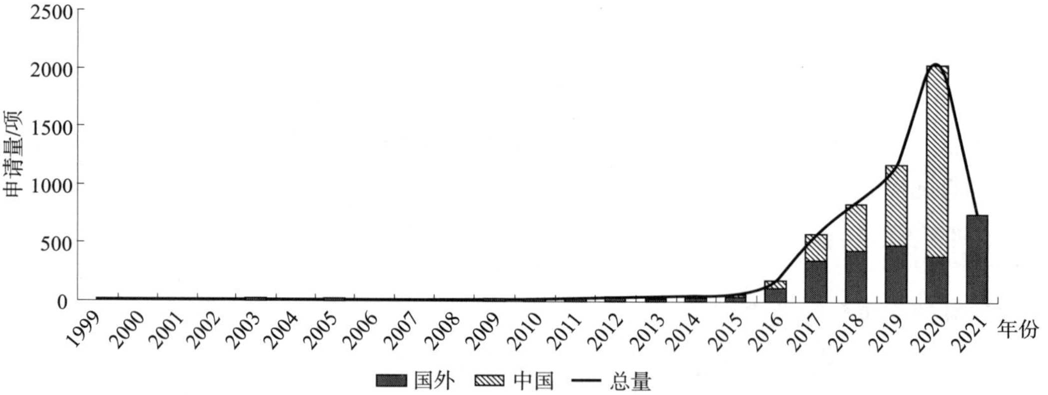

图 4－2－1　Micro－LED 微显示屏全球专利申请趋势

从图 4－2－1 中可看出，Micro－LED 技术早期发展缓慢，但是储备了较多的基础专利。2000年Micro－LED的概念被得州理工大学教授HongXin Jiang和Jingyu Lin提出，开始出现相关研究，2000年美国的美商克立光学公司申请的名为“具有增强光提取Micro－LED阵列”的专利US6410942B1是关于Micro－LED最早的专利申请。之后的13年内申请量有所增加，但是趋势变化较平缓。这一时期申请量总和仅占总申请量的2.5%。

直到2014年苹果公司正式收购Luxvue，象征着苹果公司将着重进行Micro－LED的技术研究，为Micro－LED的发展注入一剂强心针，各大厂商纷纷加入Micro－LED技术研究的潮流。Micro－LED的技术研究进入了快速发展的时期，专利申请量逐年增加。

随着终端小屏幕显示设备在虚拟现实/增强现实中的应用，市场不断扩大，Micro－LED的技术研究的热度持续上升。2016年以后，Micro－LED的申请量进入爆发性增长阶段，每年以成倍的速度增长；到2020年，一年的申请量超过2000项，四年间，申请量增长了10倍，2016～2020年的申请量占总申请量的80%，预测未来专利申请量仍将高速增长。

4.2.2 技术生命周期

图4－2－2示出了Micro－LED微显示屏技术生命周期，横轴代表专利申请数量，纵轴代表专利申请人数量。可以看出，从2016年开始，Micro－LED微显示屏技术的专利申请数量和申请人数量均呈明显上升趋势，表明随着Micro－LED微显示屏技术的不断发展，技术吸引力凸显，越来越多的申请人投入Micro－LED微显示屏技术的研发中，专利申请的数量急剧上升，该技术目前处于技术成长期。

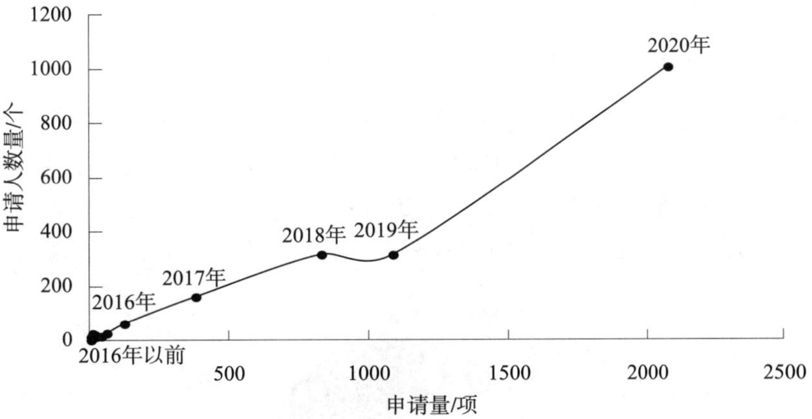

图4－2－2 Micro－LED微显示屏全球专利技术生命周期

4.2.3 全球主要技术来源地和目标地

Micro－LED微显示屏全球专利技术来源地如图4－2－3所示。从专利申请人的国别来看，中国、韩国、美国、日本是该领域的主要创新来源地。中国作为全球新兴经

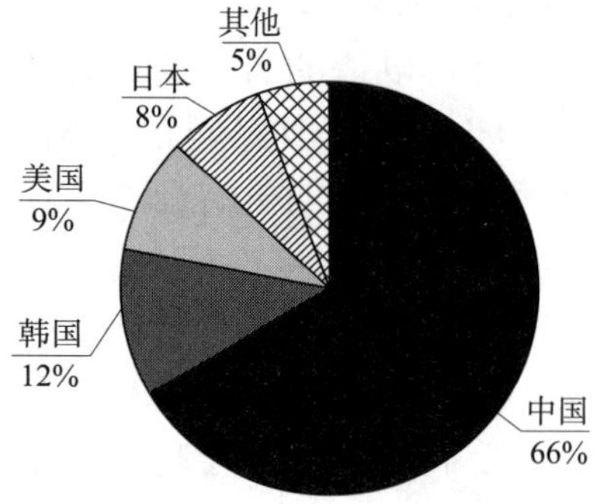

图4－2－3　Micro－LED微显示屏全球专利技术来源地分布

济体的代表，以66%的占比成为全球最大的Micro－LED微显示屏技术来源地，韩国以12%位居第二，美国和日本分别位列第三、第四。从申请量上来看，中国的研发活跃度居于世界前列。

图4－2－4示出了Micro－LED微显示屏主要来源地申请趋势，从中可以看出，中国、美国、日本、韩国的申请趋势基本上相同，均是从2016年开始快速增长，2018年以后，美国的申请量下降，而中国的申请量则呈现爆发式的增长。

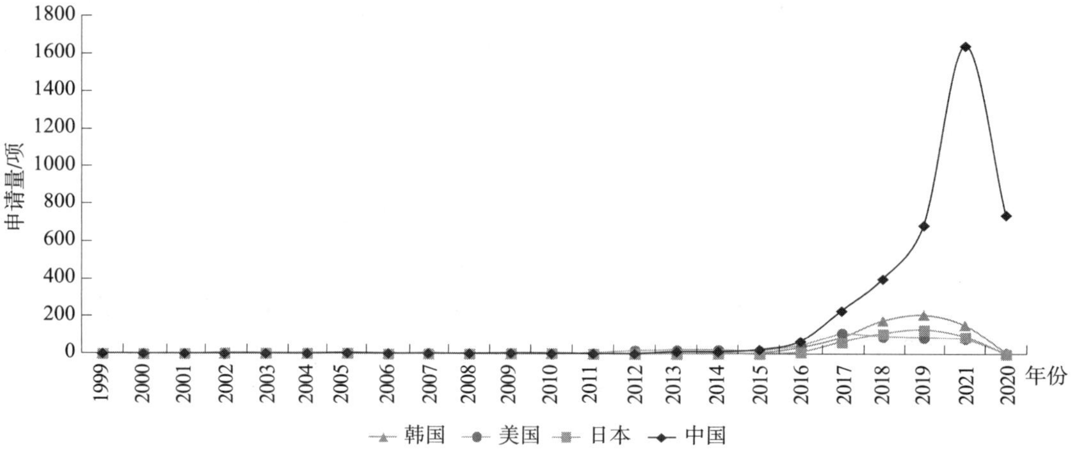

图4－2－4　Micro－LED微显示屏主要来源地申请趋势

Micro－LED微显示屏全球专利技术目标地如图4－2－5所示。中国作为最大的来源地，大部分申请都在本国申请，因此在中国布局的专利申请数量最多，占比53%；在美国布局的专利申请数量居第二，占比20%；韩国作为第三大专利申请目标地，占比10%；日本以7%的占比位列第四；欧洲以6%的占比位列第五。

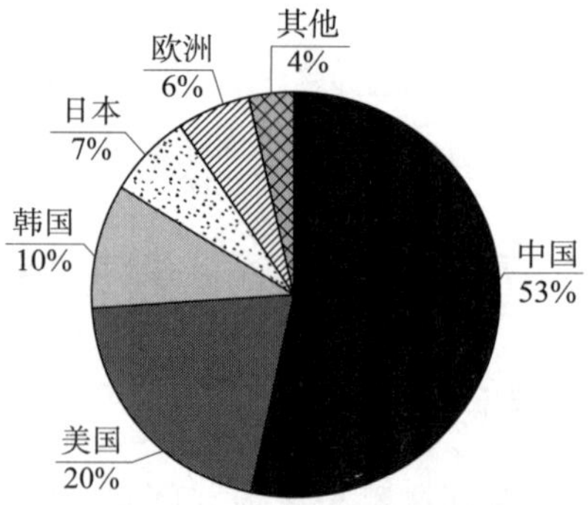

图4－2－5　Micro－LED微显示屏主要目标地分布

4.2.4 全球主要申请人

图4-2-6示出了 Micro-LED 微显示屏全球主要申请人的申请量情况。Micro-LED 处于快速发展期，专利申请人较为分散。排名前三的申请人均为中国的企业，分别是康佳、京东方和华星光电。韩国的三星排第四，中国的錼创排名第五。在前25位申请人中，中国企业占了一半以上，可见，中国申请人在 Micro-LED 微显示屏领域研发活跃。

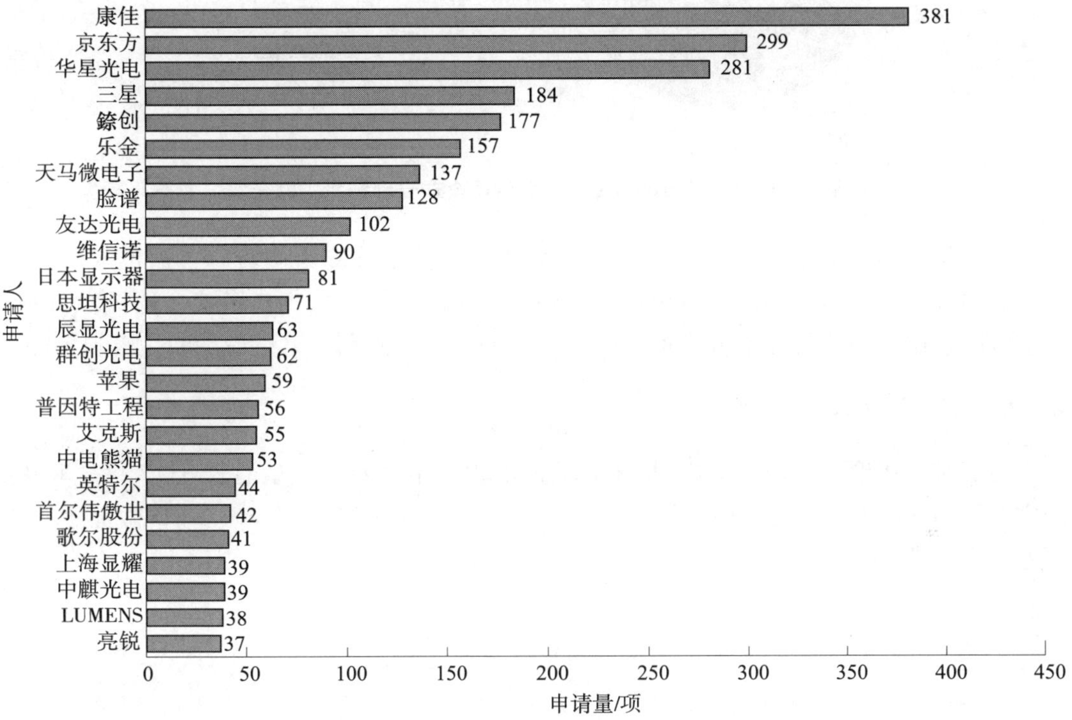

图4-2-6 Micro-LED 微显示屏全球主要申请人

4.2.5 全球专利申请技术主题分析

为了进一步了解 Micro-LED 微显示屏不同技术主题的专利申请情况，课题组将 Micro-LED 微显示屏划分成八个技术主题，即芯片、巨量转移、单片集成、全彩、显示面板、检测修复以及其他，并且针对巨量转移的技术主题，又进行了进一步的划分，将巨量转移按照转移方法分为微转印、静电吸附、磁力吸附、真空吸附、选择性释放、自组装、滚轮转印和其他。

图4-2-7为 Micro-LED 微显示屏全球专利技术主题分布情况。由该图可见，在 Micro-LED 微显示屏的相关专利申请中，技术主题巨量转移的申请量最多，占30%，显示面板的占比为27%，芯片的占比为22%，全彩的占比为12%，检测修复的占比为

5%，单片集成的占比为2%。可见，技术改进大部分在于巨量转移、显示面板和芯片方面。

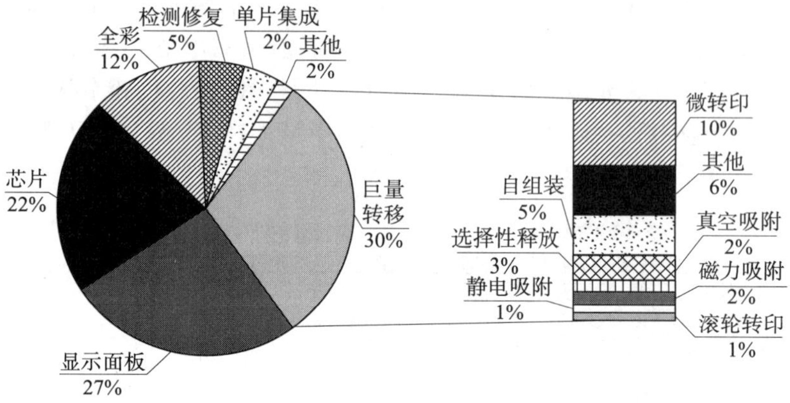

图4-2-7　Micro-LED微显示屏全球专利技术主题分布

在巨量转移的技术分支中，专利申请量最多的技术分支为微转印，这也与微转印具有高精确性、适合大批量制造小尺寸显示设备的特点有关。自组装、选择性释放、真空吸附、磁力吸附等技术分支都占据了一定的比例，专利申请量最少的是滚轮转印。

4.2.6　中国专利申请趋势

数据统计表明，Micro-LED微显示屏技术相关中国专利申请总计5117件，其中，国内申请4083件，国外来华申请1034件。图4-2-8示出了Micro-LED微显示屏中国专利申请趋势。

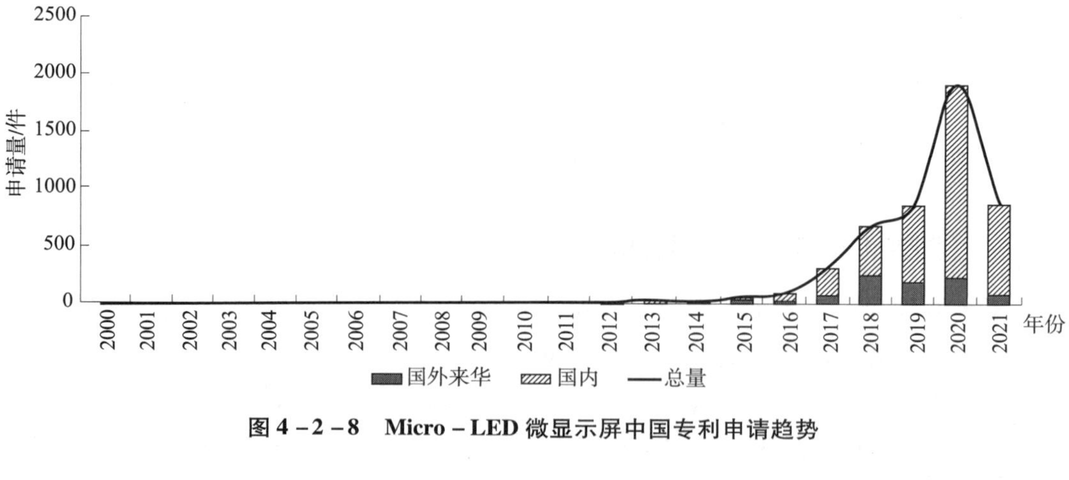

图4-2-8　Micro-LED微显示屏中国专利申请趋势

可以看出，中国专利申请量的变化趋势与全球变化趋势相一致，2016年之后国内专利和国外来华专利均开始快速增长，而且国内申请的增长量要远远大于国外来华专利的增长量。可见中国企业已经开始加紧布局Micro-LED相关专利。

4.2.7 中国专利国家和地区分布

4.2.7.1 国外来华专利申请来源地分布

在Micro－LED国外来华专利申请中，排名前三位的是韩国、美国和日本，如图4－2－9所示。来自韩国的专利申请约占31%，来自美国的专利申请约占25%，来自日本的专利申请约占22%。可以看出，韩国、美国和日本主要申请人纷纷在中国市场进行了专利布局。

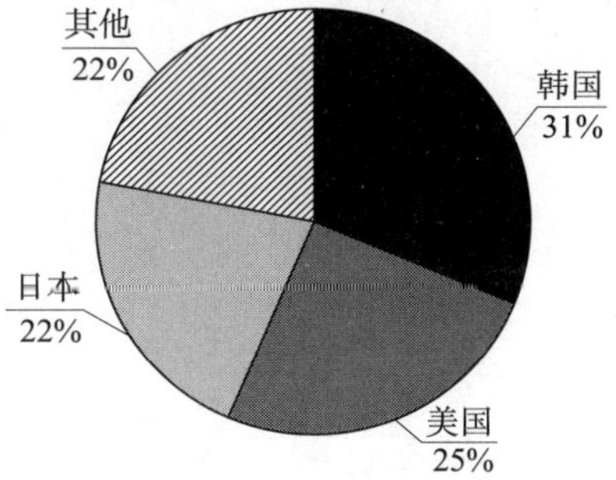

图4－2－9 Micro－LED微显示屏国外来华专利来源地分布

4.2.7.2 中国专利申请人国内来源地分布

Micro－LED微显示屏技术中国专利申请的国内来源地如图4－2－10所示。国内申请人主要分布在广东、台湾、江苏、北京、重庆等地，其中排名首位的广东的专利申请量为970件，排在第二的台湾的专利申请量为586件，排在第三的江苏的专利申请量是411件，排在第四位和第五位的分别是北京和重庆，其申请量是361件和350件。

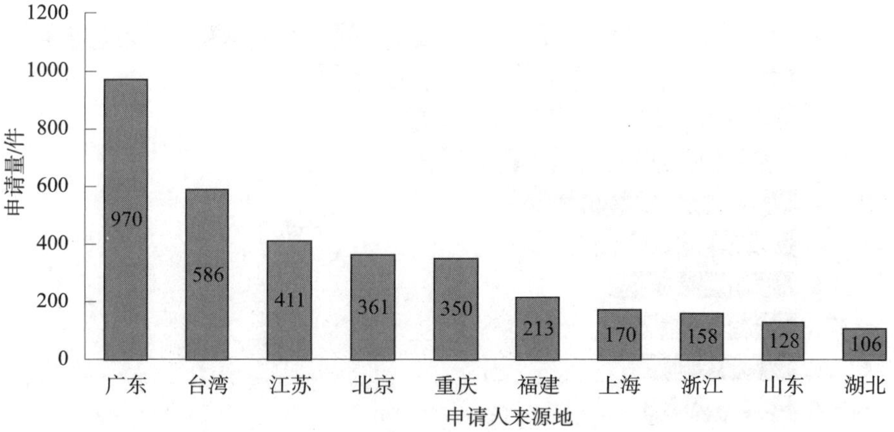

图4－2－10 Micro－LED微显示屏中国专利申请国内申请人来源地

4.2.8 中国专利主要申请人分析

国内申请人申请量排名前十位的主要申请人如图4－2－11所示，全部是企业，主要包括显示屏制造商和初创企业，反映出各企业十分重视 Micro－LED 微显示屏的专利布局。

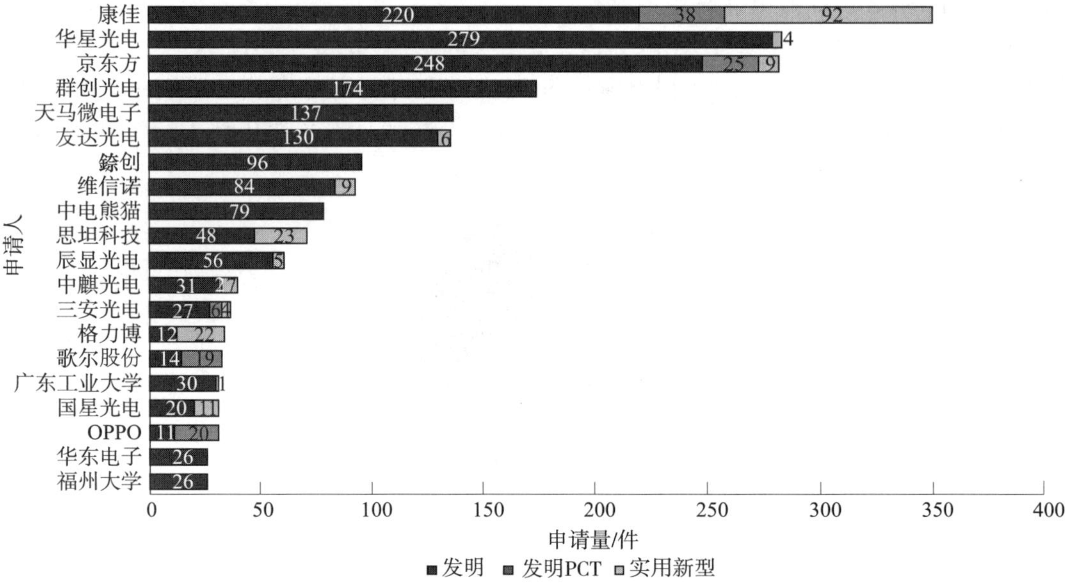

图4－2－11　Micro－LED 微显示屏中国专利申请国内申请人排名

图4－2－12 显示了 Micro－LED 微显示屏中国专利申请前十名的国外来华申请人。国外来华申请人集中在知名大型企业，主要来自韩国（三星、首尔伟傲世、乐金、普因特工程）、美国（脸谱、苹果公司）、日本（日本显示器、夏普），上述三国的 8 家企业在 Micro－LED 微显示屏领域对中国市场充满期待，争先在中国进行专利布局。

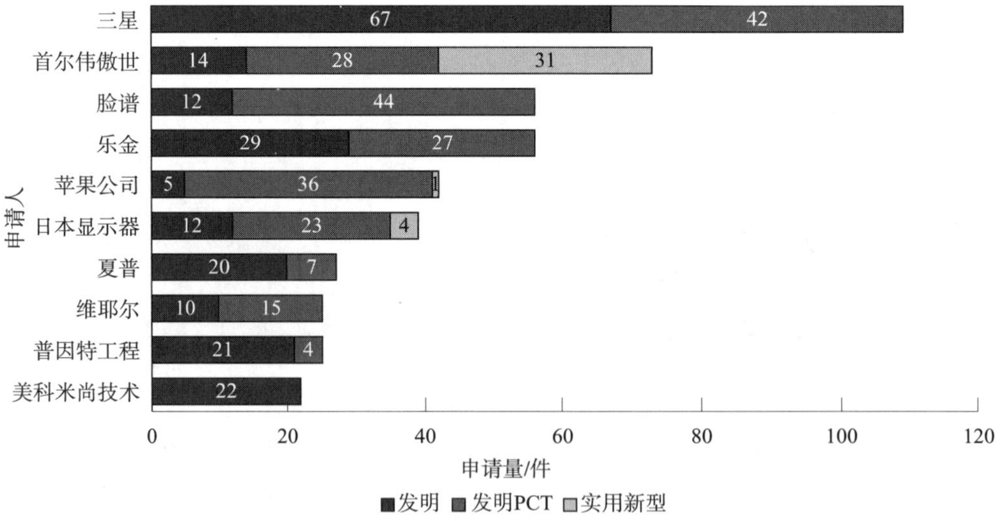

图4－2－12　Micro－LED 微显示屏中国专利国外来华申请人排名

4.2.9　中国专利申请法律状态分析

图4－2－13示出了Micro－LED微显示屏中国专利申请的类型和法律状态。该领域的申请，主要是发明专利申请。这也说明Micro－LED属于研发门槛和技术含量较高的领域。在所有中国专利申请中，已经授权且有效的专利申请占总量的36%，处于审查中的专利申请占总量的55%。

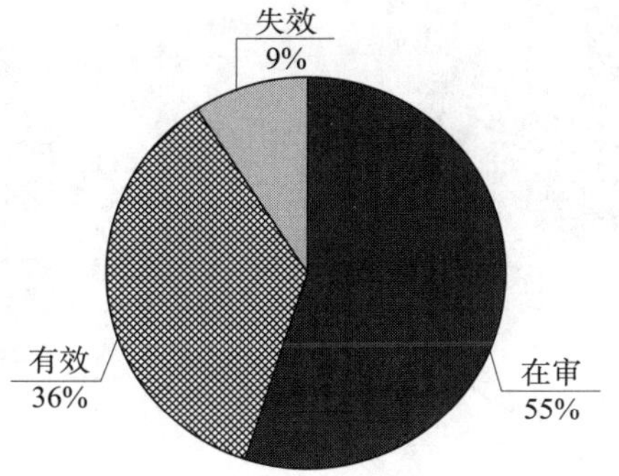

图4－2－13　Micro－LED微显示屏中国专利申请的类型和法律状态

Micro－LED技术中国专利申请的法律状态如表4－2－1所示。可以看出，有效专利中国内申请占了绝大多数，但是绝大部分国外来华专利还在审查中，并且有一半以上是以PCT的方式进入国家阶段。随着专利申请逐渐被授权，为了避免专利侵权纠纷，在研发项目立项和研究阶段，专利侵权风险排查是必不可少的环节。

表4－2－1　Micro－LED微显示屏中国专利申请的法律状态及专利类型统计

单位：件

法律状态	专利类型	中国	国外来华	总计
有效	发明	1084	57	1141
	实用新型	438	48	486
	发明（PCT）	69	133	202
失效	发明	404	9	413
	实用新型	7	0	7
	发明（PCT）	8	42	50
在审	发明	1969	282	2251
	发明（PCT）	104	463	567

4.2.10　中国专利技术主题分析

图4－2－14为Micro－LED微显示屏中国专利技术主题分布情况。由该图可见，各技术主题中巨量转移的申请量最多，占29%，显示面板占27%，芯片占22%，全彩

占13%，检测修复占5%，单片集成占2%。可见，技术改进大部分在于巨量转移、显示面板和芯片方面。在巨量转移的七种技术路线中，专利申请量最多的技术分支为微转印，第二为自组装，第三为选择性释放，真空吸附、磁力吸附、静电吸附等技术分支都占据了一定的比例。

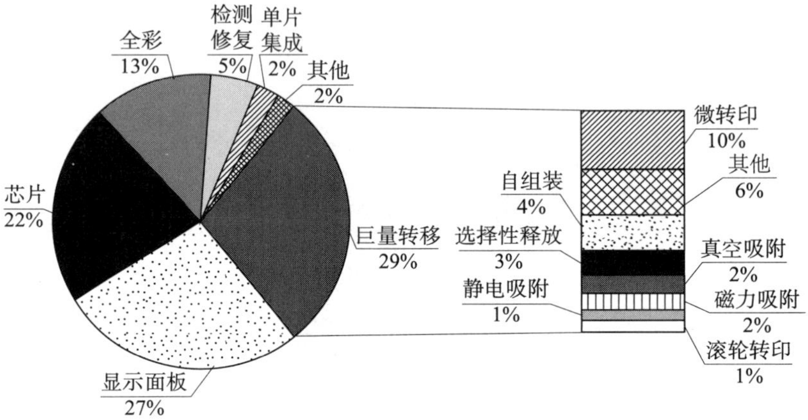

图4－2－14　Micro－LED微显示屏中国专利技术主题分布

4.3　重点技术——巨量转移技术路线分析

巨量转移技术是将 Micro－LED 分离为单个晶粒，将单个晶粒从晶圆基板转移到目标基板。由于 Micro－LED 尺寸只有几微米到几十微米，转移数量高达百万甚至上亿颗之多，良率要求在 99.9999% 以上，目前巨量转移技术尚难以满足上述要求，给 Micro－LED真正走向大规模商业化应用带来阻碍。面对巨量转移技术的种种难题，研究机构和厂商在不同技术上进行研究，试图突破巨量转移的瓶颈，从而实现大量、高速、准确的转移 Micro－LED 芯片。

针对 Micro－LED 芯片高精度高效率巨量转移的应用需求，已经发展了微转印、静电吸附、磁力吸附、真空吸附、选择性释放、自组装、滚轮转印等多种巨量转移技术。巨量转移技术路线图如图4－3－1所示。

4.3.1　微转印

微转印技术一般使用弹性印章，结合高精度控制的打印头，有选择地拾取 Micro－LED 芯片，然后将 Micro－LED 放置到目标基板上。目前使用的弹性印章一般是聚二甲基硅氧烷（Polydimethylsiloxane，PDMS）。

具体来说，在源晶圆上制作 Micro－LED 芯片，然后通过移除半导体电路下面的牺牲层获得“释放”。随后，一个微结构弹性印模（与源晶圆匹配）被用于拾取 Micro－LED 芯片，并将这些 Micro－LED 芯片打印（放置）到目标基板上。对于 PDMS 类传送头的微转印方式，由于 PDMS 膜层上的凸起结构往往通过光刻等技术手段制成，其特点在于制备完成后将很难改动，一种 PDMS 传送头上的凸起排列图案往往对应一种微器件在接受衬底上的排布方式。当使用 PDMS 类传送头对 Micro－LED 进行转移时，由于 PDMS 膜层的黏附力在各处都近似，一次转印的图案结构被确定以后，无法适应于其他的图案结构。

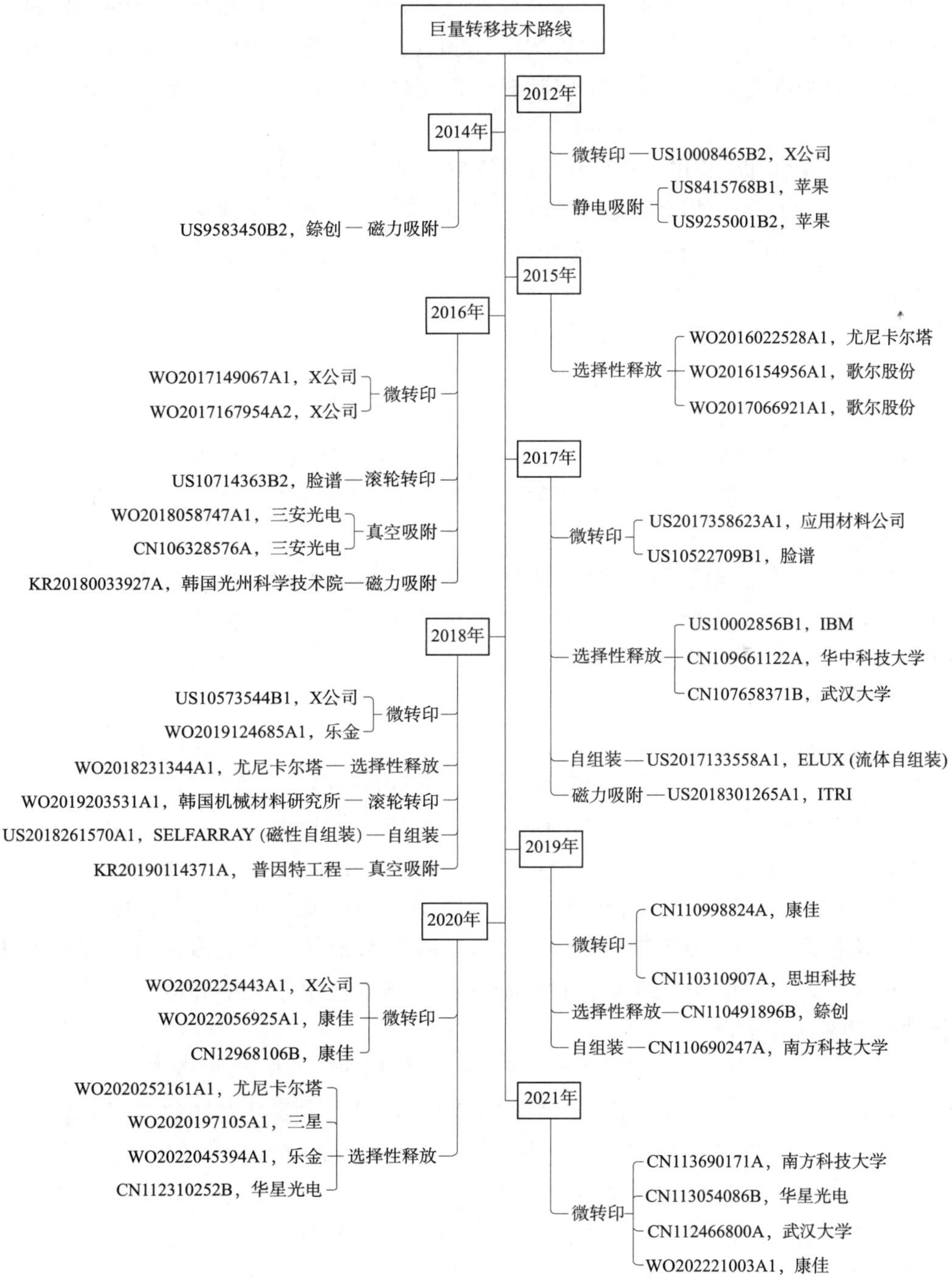

图 4－3－1　巨量转移技术路线

X－Display（以下简称“X公司”）在2012年12月13日申请的专利US10008465B2提出了一种用于制造具有可转移小芯片的基板的方法，在包括有源部件的源基板的工艺侧上或在透明中间基板的图案化侧上形成光敏黏合剂层，使中间衬底与源衬底接触以经由其间的光敏黏合剂层将有源组件黏附到中间衬底的图案化侧。移除所述源衬底的与其相对的部分以单片化所述有源组件。光敏黏合剂层的部分通过中间衬底选择性地暴露于电磁辐射中以改变其黏合强度。选择性地移除光敏黏合剂层的具有较弱黏合强度的部分，以限定包括黏合剂层的具有较强黏合强度的部分的可断裂系绳。

X公司后续提出的WO2017149067A1、WO2017167954A2、US2019157532A1、US20210351146A1等申请涉及使用微转印印刷，将LED电互连到衬底上的接触垫的结构及方法。WO2020225443A1使用转印元件（例如印模）以改进的对准准确度将组件从源晶片印刷到目的地衬底。US10573544B1可通过改变印刷头的速度来选择性地调谐弹性体转印装置与可印刷元件之间的黏着。

应用材料公司的申请US2017358623A1中公开了用于在目标基板上定位微型装置的设备，具体包括了使基板间相对运动的多个致动器以及可以无掩模曝光的照射系统。乐金提出的WO2019124685A1也公开了一种转移头组件和LED转移设备，其中多个拾取单元通过驱动各自包括压电陶瓷的致动器来选择性地拾取LED，并将拾取的LED转移到显示基板。

脸谱于2017年的申请US10522709B1中公开了LED在衬底层上制造，并使用拾取工具拾取和放置到目标衬底上。拾取工具通常经由沉积在LED的表面上的弹性体层附接到LED。给定批次的制造的LED可以包含操作LED以及非操作LED。光固化聚合物沉积在每个LED的表面上。通过单向导电膜在每个LED的电极上施加电压差，操作LED发光并固化可光固化聚合物以形成弹性体层，而沉积在非操作LED上的聚合物不会固化。这样，PUT将能够拾取操作的LED，而不能拾取非操作的LED。

脸谱还针对拾取头进行了改进。US10818643B1中的拾取头涂覆有适形材料，以使每个LED能够附接到拾取头。CN113167982A中的拾取头具有至少部分透明的黏合元件，发光结构可以黏合到该黏合元件上，拾取工具与拾取头耦合，并被配置为以6个自由度定位拾取头。US10453711B2从拾取头的尖端释放第一量的流体材料以在尖端上形成流体膜，并且使拾取头的尖端上的流体膜与载体基板上的半导体器件接触以将半导体器件附接到流体膜。

2019年开始，康佳也针对微转印技术提出相关专利申请CN110998824A、WO2022056925A1、CN112968106B、WO2022021003A1，主要针对转移基板和转移头作出相应改进。CN112967983B中转移系统包括临时基板和转移设备，临时基板的第二表面相对第一表面是一个倾斜的表面，转移设备具有转移基板和多个转移头，转移基板第四表面相对第三表面是一个倾斜的表面，多个转移头间隔地位于第四表面，转移头背离转移基板的一侧表面与第四表面平行。芯片更容易脱离该倾斜的表面，可以降低芯片脱离临时基板的难度。思坦科技的申请CN110310907A、南方科技大学的申请

CN113690171A、华星光电的申请 CN113054086B 以及武汉大学的申请 CN112466800A 也都针对微转印方法中的转移头的结构和排列作出相应的改进。

对于芯片的弱化结构也有多项申请提出了改进方案，X 公司的 US2020176285A1、US2020177149A1、US2020176671A1 中通过设置断裂分离组件等结构或是对牺牲层的开口设置等方式，降低转移过程中元件受到的应力；康佳的 CN113330549B、CN113903695A、CN112967987B 通过在芯片承载部件中设置可以受热变形的变形区或支撑结构来避免转移对芯片的损伤。

4.3.2 静电吸附

静电吸附采用具有电极结构的转移头，通过转移头上的静电来吸附 LED。

Luxvue 公司（被苹果公司收购）提出的静电转移技术是通过转移头上的电极结构和施加电压产生静电力来吸附和夹持 Micro - LED 到临时基板，转移头可包括单极或双极电极结构。转移时，转移头与承载基板上的 Micro - LED 芯片接触，选择性对需转移的 Micro - LED 对应的转移头施加电压，从而在转移头与芯片之间产生夹持力，当芯片转移到指定位置时，释放芯片。例如 Luxvue 公司于 2012 年 7 月 6 日提出的专利 US8415768B1 公开了一种顺应单极微型器件转移头阵列和从 SOI 衬底形成顺应单极静电转移阵列的方法。US9255001B2 中的转移头具有金属电极，通过图案化金属层形成单极转移头或者双极转移头。

4.3.3 磁力吸附

磁力吸附是将磁性材料（铁、钴、镍等）混入 Micro - LED 的制造材料中，使芯片具备一定磁性，使用线圈作转移头，通过电磁力吸附和放置 Micro - LED，具备很好的选择性。

鎵创提交的 US9583450B2 中公开了一种用于将发光元件转印到封装衬底上的方法，发光元件中的每一个可移除地连接到所述支撑衬底并且具有与所述支撑衬底相对的表面；并且将所述发光元件与所述支撑衬底断开，以允许所述发光元件通过重力落到所述封装衬底上，从而以非接触转印方法将所述发光元件与所述封装衬底连接，其中发光元件通过磁吸引力与所述支撑衬底连接，并且所述将所述发光元件与所述支撑衬底断开的步骤通过减小所述磁吸引力来进行。

韩国光州科学技术院于 2016 年 9 月 27 日提交的一项申请 KR20180033927A 中公开了在转印衬底上的微装置上形成可磁化层；向磁化层导入具有特定方向的磁场的移送头而使微型元件在显示器用收容基板上移动，可以选择性地转移微型元件。

US2018301265A1 中公开了一种磁传送模块，磁传送模块包括电磁体和多个传送单元。传送单元连接到电磁体，传送单元中的每一个包括铁磁材料元件，并且传送单元中的至少一个包括加热元件。电磁体磁化铁磁材料元件，使得铁磁材料元件磁性地吸引电子元件中的一个。加热元件设置在电磁体和铁磁材料元件之间，并且加热铁磁材料元件以在被致动时使铁磁材料元件去磁。

4.3.4 真空吸附

真空吸附利用真空吸头对 Micro – LED 芯片进行拾取和转移。

三安光电于 2016 年 9 月 30 日提交的专利 WO2018058747A1 和 CN106328576A 中公开了一种用于微元件转移的转置头，转置头具有真空路径的腔体，以及阵列式吸嘴和阵列式真空路径部件，吸嘴被设置成分别与所述真空路径部件相通，吸嘴使用真空压力吸附微元件或释放微元件。

普因特工程于 2018 年 3 月 30 提交了一项韩国申请 KR20190114371A，其公开了一种转印头的 Micro – LED 吸附方转印头，包括具有孔的多孔构件，多孔构件具有吸附 Micro – LED的吸附区域和不吸附 Micro – LED 的非吸附区域。其中，当转印头水平地相对移动时，Micro – LED 被吸附在吸附区域中，并且被吸附在所述吸附区域中的所述 Micro – LED是良品 Micro – LED，转印头在收集有良品 Micro – LED 的收集箱的上部吸附所述 Micro – LED，被吸附在吸附区域中的 Micro – LED 是矩阵形式。

4.3.5 选择性释放

选择性释放，是指直接从原有的衬底上将 LED 进行转移，使用激光剥离或化学剥离将 Micro – LED 芯片从基板上剥离，然后完成到目标基板的转移。激光剥离利用激光脉冲来控制激光响应层材料和微器件的界面黏附力以使芯片脱落达到转移目的。化学剥离是指通过选择性蚀刻工艺将 Micro – LED 芯片从蓝宝石基板上分离。

激光剥离过程具体为，Micro – LED 从原始晶圆转移到带有牺牲层的基板上，激光透射基板上的牺牲层然后将生长的 Micro – LED 阵列从外延片上完全剥离，并转移到带有动态释放层的基板上。通过控制激光照射可选择性地进行特定位置 Micro – LED 转移。激光剥离转移技术可以快速、大规模地从原始基板上转移 Micro – LED。

根据激光参数和响应层材料的不同，产生的界面现象可以分为两类。

（1）直接分解

响应层材料（如 GaN 材料）从界面处吸收激光能够发生反应并完全分解，器件与界面的黏附力减弱而得以转移。

歌尔股份于 2015 年 4 月 1 日提交了申请 WO2016154956A1（中国、欧洲、日本、美国均授权），其公开了在激光透明的原始衬底上形成 Micro – LED；使 Micro – LED 与接收衬底上预先设置的接垫接触；以及从原始衬底侧用激光照射原始衬底，以从原始衬底剥离 Micro – LED。在后续申请 WO2017066921A1 中针对具体转移方法进行了改进。

IBM 的专利 US10002856B1 中公开了一种将各种颜色的 Micro – LED 阵列转移到显示器基板的表面上的方法。转移包含将特定颜色的 Micro – LED 从包含可释放材料的结构释放到显示器衬底上。其中可释放材料可以是激光可烧蚀材料或容易溶解在特定蚀刻剂中的材料。华中科技大学的申请 CN109661122A 中公开了通过选择性对 Micro – LED 进行通电检测，利用 Micro – LED 发光时的热效应来显著降低黏接在 Micro – LED 上方的热释放胶层的黏性；同时利用激光照射引起的冲击效应实现对黏结在低黏区域的 Micro – LED 的选择性批量转移武汉大学的专利CN107658371B中公开了基于激光直写的方式转移Micro－LED。錼创的CN110491896B也在转移中采用了激光剥离磊晶基板的方式。

三星也提交了WO2020197105A1，采用激光辅助剥离并包括控制器的微转印，其中控制器能够控制所述至少一个Micro－LED以接触目标衬底的耦合层，并且基于所述耦合层接触所述至少一个Micro－LED，控制所述第一激光器以朝向所述至少一个Micro－LED照射所述第一激光，并且随后控制所述第二激光器以朝向所述至少一个Micro－LED照射所述第二激光。乐金在申请WO2022045394A1中公开了激光穿透玻璃掩模，使得基板上的半导体发光器件选择性地转移到预定的基板上。

华星光电在CN112310252B中公开了，Micro－LED晶粒包括依次设置在第一基板上的一激光释放层、一弱化结构层以及一磊晶层；其中，弱化结构层包括靠近磊晶层一侧的空洞以及结构层。Micro－LED基板包括多个设置在第一基板上的Micro－LED晶粒，这种既具有弱化结构也具有激光释放层的Micro－LED基板，具有选择性激光剥离功能，可以实现一步转移以及绑定后的巨量修补技术，且激光剥离后的Micro－LED晶粒无须对基板进行盐酸清洗，减少了制程工艺以及对原材料的使用。由于修复时所使用的Micro－LED基板与一步转移时的Micro－LED基板相同，从而规避不必要的良率损失。

（2）形成鼓泡

响应层材料（如金属薄膜、聚合物、热释放胶层）在界面处烧蚀一定深度，其瞬时产生的气体产物形成鼓泡，其上附着的器件由于界面隆起表面接触面积减小，芯片从响应层脱落并转移至接收基板。

尤尼卡尔塔开发了一种通过激光束对源基底的快速扫描，让超小超薄的分立元件直接脱离源基板而集成到目标基板上的技术，称为激光选择性释放（Laser－Enabled Advanced Placement，LEAP）技术。尤尼卡尔塔研发的激光转移技术中，有一种称为“动态剥离层”（DRL）的特殊材料。这种材料，在激光打下去的时候，会推挤芯片，让芯片剥离，如图4－3－2所示。因此该动态释放层也能将转移过程中位置错误的状况减到最少，同时让LED晶粒免受激光影响。

基于该LEAP技术，尤尼卡尔塔在申请WO2016022528A1中公开了设置便于组装的超小或超薄分立元件，包括从过渡操纵件释放分立元件并将分立元件沉积在操纵件基板上，再将操纵件基板附装到分立元件，并从分立元件移除操纵件基板。其中，释放层是紫外（Ultroviolet，UV）光敏材料。紫外光敏感性响应于紫外光的施加而引起黏合强度的降低。尤尼卡尔塔还结合多束和单束激光，能在转移过程中避开损坏的晶粒，只转移质量完好的。透过切换不同激光模式，可以有效并准确地传输LED芯片。

WO2018231344A1中照射动态释放层的顶表面上的多个区域，每个被照射区域中引起塑性变形，使得分立元件中的至少一些分立元件同时从所述第一基板释放。其中至少一个光学元件被配置为将来自所述源的激光束分离成多个小束，各小束具有照射图案。所述照射图案包括激光能量的多个小束，所述照射图案的各小束被配置为对给定分立组件上的特定位置进行照射。WO2020252161A1中针对激光偏移导致的位置对准误差调整分立元件的位置，同时还对涂层的材料作了改进。

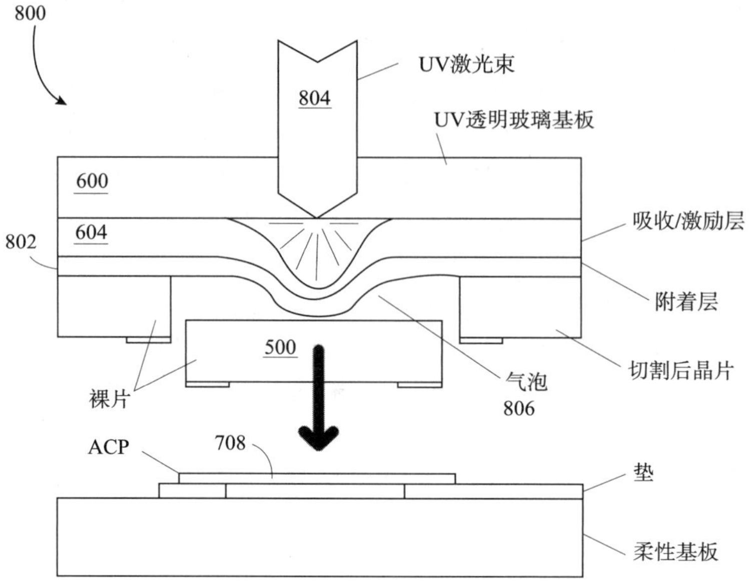

图4－3－2 激光选择性释放技术示意

4.3.6 自组装

自组装是指纳米粒子或其他分立器件由于直接相互作用和/或通过它们的环境间接相互作用从而自发组装起来的过程。

ELUX的自组装转移方式以液体为载体，将Micro－LED芯片运送至TFT背板上每个像素当中预留的位置，转移过程中会使用比像素数量更多的Micro－LED，组装后多余的Micro－LED及流体可反复回收利用。因此，Micro－LED的利用效率可接近100%，与微转印及激光剥离转移方案相比，耗材使用较少且成本较低。流体自组装方式不需要拾取和放置过程以及精确对准，仅需在Micro－LED芯片上作特殊设计，芯片即可准确对位。

ELUX在2017年1月23日提交的US2017133558A1中公开了一种流体自组装过程，如图4－3－3所示，使用分散在悬浮液体中的Micro－LED和基板上的阱，阱具有带有电接口的表面。悬浮液流过基板，利用流体拖拽力和Micro－LED自重力，Micro－LED直接落入凹槽中，在每个Micro－LED与对应阱的电接口之间形成电连接。

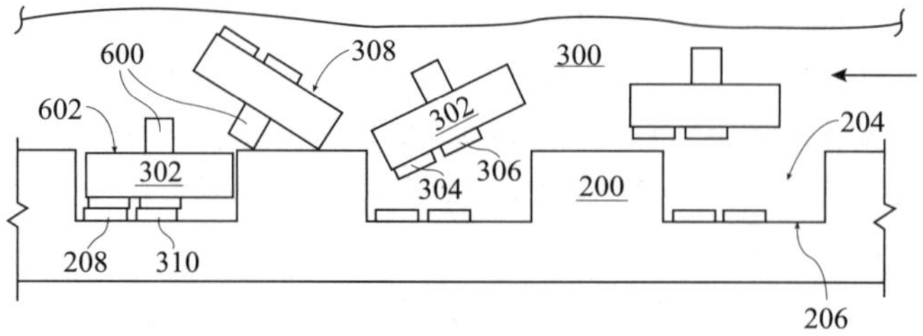

图4－3－3 US2017133558A1附图

SELFARRAY 则使用磁性定向自组装技术，通过在 Micro－LED 表面涂覆一层热解石墨薄膜，沉积在振动磁场平台。在磁场导引下，Micro－LED 快速定位对齐。2018 年 3 月 9 日提交的 US2018261570A1 公开了一种用于铁磁部件的并行组装、转移和结合的方法和系统，并具体描述了磁性台包括布置成阵列的多个磁体和间隔件；如图 4－3－4 所示，向磁性台施加振动力，将多个铁磁 LED 部件沉积到所述磁性台上，每个铁磁 LED 部件具有铁磁条，振动力使多个铁磁 LED 部件在磁性台的表面上基本均匀地分布，并且其中振动力使每个铁磁 LED 部件中的至少一个与磁性台的最大磁场强度的节点对准；通过磁性台的物理反转移除不在最大磁场强度的节点中的一组多个铁磁 LED 部件，从而将多个铁磁 LED 部件中的至少一个从次级基板转移到具有电连接的最终基板。

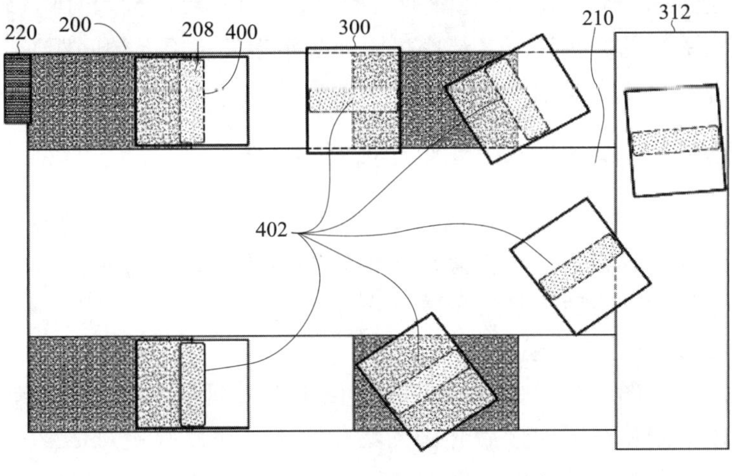

图 4－3－4　US2018261570A1 附图

南方科技大学的申请 CN110690247A 中也公开了一种自组装转移方法，将三种 LED 芯片设置不同形状，通过振动装置对具有多个磁性电极和凹槽的驱动背板施加一定强度的振动，利用重力和磁力使 LED 芯片吸附到背板上。

4.3.7　滚轮转印

芯片需转移到滚轴上，通过滚轴旋转，将 Micro－LED 转印到目标基板，这种方法可以实现在柔性基底上构建 Micro－LED 阵列。

脸谱在申请 US10714363B2 中提出了使用具有多边形横截面和拾取表面的拾取和放置头（Pick and Place Head，PPH）将半导体器件放置在目标衬底上。旋转 PPH 以利用 PPH 的第二拾取表面拾取一个或多个半导体器件管芯。将附接到第一拾取表面的一个或多个第一半导体器件和附接到第二拾取表面的一个或多个第二半导体器件放置在目标衬底上。

韩国机械材料研究所提出的 WO2019203531A1 公开了一种将微器件加压到目标基板的方案，转移方法通常可分为使用辊的方法和使用加压板的方法，包括以第一速率在第一方向上传送目标基板；定位附接到转移膜的微器件以便面向目标基板的顶部部分，并在第一方向上输送转移膜；在转移膜与被转移到目标基板上的微器件分离之后，使转移膜能够向上弯曲并形成弯曲弧，使在弯曲弧形成之后被传送的上侧转移膜能够通过在目标基板之上旋转的按压辊而被按压，并使得压力能够被传输到具有附接的微器件和正被输送的下侧转移膜；以及以第二速率在与第一方向相反的第二方向上传送在形成弯曲弧之后被传送的上侧转移膜，其中弯曲弧的第一中心相对于第一方向还在按压辊的第二中心的前面。

4.4 重点技术——单片集成技术路线分析

单片集成是将 Micro-LED 芯片阵列与驱动基板直接键合。与巨量转移方法相比，该技术可以实现更小的像素间距（最小极限取决于生长基板上的间距），由于受到晶圆尺寸的限制，单片集成主要用于构建小尺寸显示器。

4.4.1 发光元件或其相关外延层和驱动基板的连接

将 Micro-LED 芯片阵列与驱动基板连接的方式有两种：一种是转移的外延层尚未图案化，将外延片转移到驱动基板之后再进行图案化处理；另一种是转移已经图案化的发光元件。以下对这两种技术路线进行分析。

4.4.1.1 转移的外延层尚未图案化

由于外延层尚未图案化，因此该方式可以降低外延层与驱动连接时的对准要求，而连接时的精度控制相对于连接后光刻图案化等工艺精度是更难的。这使得采用该技术能够更容易地实现高像素密度，例如 MOJO 采用该技术实现 14000PPI 单色，上海显耀也有 10000PPI 单色。

早期的单片集成相关专利申请涉及发光元件转移至驱动背板的技术方案，加州大学董事会、IBM、英特尔等公司都有相关的专利申请。加州大学董事会于 2000 年申请的 US6071795A 涉及分离在蓝宝石衬底上外延生长的 GaN 薄膜的方法，将薄膜结合到受体衬底，在激光照射之后，从蓝宝石生长衬底移除受体衬底和附接的 GaN 薄膜。2007 年申请的 US2007170417A1，涉及通过将Ⅲ～Ⅴ族材料的晶片作为有源区键合到硅并去除衬底，可以使用标准光刻技术在硅衬底上处理激光器、放大器、调制器等器件。硅波导和Ⅲ～Ⅴ族材料增益区域之间的耦合允许低阈值激光器、可调谐激光器和其他光子集成电路与 CMOS 集成电路的集成。2014 年申请的 CN104882368B 涉及生长在硅上的异质材料与硅光子电路的键合，因为Ⅲ～Ⅴ族材料外延层是未处理的（即，没有在Ⅲ～Ⅴ族材料外延层内形成器件），所以相应晶片之间的对准可以相对粗糙。IBM 的 US2013126890A1，涉及有源矩阵 LED 阵列的制造方法，包括：从基底衬底去除最初生长在其上的无机 LED 材料层；以及将所移除的无机 LED 材料层接合到有源矩阵薄膜晶体管背板阵列。英特尔的 CN102142656B，涉及具有面内耦合的混合硅垂直腔激光器，其中激光器可被接合到衬底。接合步骤不要求任何对齐，因为所有硅处理可在接合之前进行，并且包括去除非预期区域中Ⅲ～Ⅴ族材料的所有Ⅲ～Ⅴ族材料处理可在接合之后进行。CN108701690A 用于管芯堆叠的技术和关联配置，涉及对包括多个第一集成电路管芯的第一晶片进行分类，以识别多个第一集成电路管芯中的第一已知良好管芯。可以切割第一晶片以分离第一集成电路管芯。可以对包括多个第二集成电路管芯的第二晶片进行分类，以识别多个第二集成电路管芯中的第二已知良好管芯。第一已知良好管芯可被接合到第二晶片的相应第二已知良好管芯。在将第一已知良好管芯接合到第二晶片之后，可以减薄第一已知良好管芯。

上述早期专利公开了转移外延层的手段及其与降低对准要求的效果关联性，虽然这些申请没有明确用于显示，但是这些专利申请作为单片集成的基础性专利，对于后续申请来说，需要重点关注。

涉及转移的外延层尚未图案化并转移到 CMOS 驱动基板上的相关专利申请如下。

上海显耀的 WO2017037530A1（最早优先权为 2015 年 9 月 4 日）公开了驱动器电路晶片，其包括以阵列布置的多个驱动器电路；形成在驱动器电路晶片上方的接合金属层；以及水平连续的功能器件外延结构层形成在键合金属层上并覆盖驱动器电路。

法国原子能与替代能源委员会的 CN109564930A，公开了用于生产包括多个 GaN 二极管的光电设备的方法，包括以下连续步骤：①将包括相反导电类型的至少第一掺杂半导体层和第二掺杂半导体层的有源二极管堆叠转移到包括多个金属连接焊盘的控制集成电路的表面上，使得堆叠的第二层被电连接到控制电路的金属焊盘；②在有源堆叠中形成沟槽，其界定了被连接到所述控制电路的不同金属焊盘的多个二极管。

爱司帝公司的 CN110379818B 公开了 Micro－LED 显示器及其制作方法，晶圆级基板包括多个控制电路，每一个控制电路具有导电接点。黏着层设置在晶圆级基板上。包括有多个 LED 结构的发光组件与具有多个控制电路的晶圆级基板能通过黏着层而彼此相连。

脸谱的 CN112740412A 公开了用于晶圆到晶圆键合的台面形，蚀刻半导体材料以形成多个相邻的台面形。半导体材料包括一个或更多个外延层。该方法还包括在相邻的台面形之间的间隙内形成钝化层，并将基底晶圆键合到半导体材料的第一表面。

MICLEDI 公司的 CN114639756A 公开了生产用于晶圆重构的裸片的方法和系统，包括检查外延晶圆以检测一个或多个缺陷；在具有检测到的缺陷的外延晶圆上覆盖划片图式；将划片图式中的裸片分类为良裸片或坏裸片；将外延晶圆划片成裸片并将良裸片转移到目标晶圆上，目标晶圆形成重构晶圆的一部分。

歌尔股份的 CN107910414B 公开了先将衬底上的 LED 单晶层与显示背板上的金属层直接进行键合后，再对 LED 单晶层上的衬底进行剥离，之后在显示背板上对 LED 单晶层和金属层进行刻蚀而形成 LED 阵列。

京东方的 CN110112148A 公开了将外延片与背板结合，该外延片的 LED 外延结构面向该背板的多个第一电极；剥离外延片的衬底，使 LED 外延结构保留在背板上；对保留在背板上的 LED 外延结构进行图案化处理，形成与多个第一电极分别连接的多个 LED 芯片。

薄的外延层间可以便于刻蚀出像素之间的间隙，这也有利于实现高的像素密度，并与基础方案结合，最终实现超高的像素密度。此前提及的MOJO和上海显耀的超高像素密度可能正是得益于此。以下是MOJO和上海显耀涉及薄的外延层的专利。

MOJO公司的CN113972232A将GaN裸片附加到包括驱动器电路的背板，再去除裸片衬底并减薄GaN。GaN区域尚未被图案化为个体LED。这显著降低了将前板晶片附接到背板晶片时的对准要求。如果GaN不减薄，则柱之间高的纵横比很难蚀刻出狭窄的沟槽，并在后续涂覆或填充。将GaN区域减薄减小了沟槽的纵横比，这使得蚀刻和其他过程更容易，还减小了LED柱的纵横比，从而改进了它们的光学性能。

上海显耀的CN110473942B公开了一种超薄LED芯片，采用了半导体超薄外延结构，利用应力调节层来调节第一导电类型外延层中由于生长产生的应力，减小应力对发光层的影响，提高发光层发光效率。由于外延结构非常薄，在制备器件的过程中，对外延结构的刻蚀并不会造成外延结构的侧壁倾斜度增大，近似垂直。由于刻蚀后的外延结构顶部和底部的面积相近，与传统发光外延芯片相比，外延结构所在芯片的单位面积的LED数量有效增加，提高了芯片集成度，提高了器件单位面积的发光效率。上海显耀针对超薄外延结构提出了多件专利申请，例如CN110518102B、CN110534622B、CN110534624B等。

4.4.1.2 转移已经图案化的发光元件

该方式将外延片制成Micro－LED阵列，然后将阵列整体装到驱动基板上，需要Micro－LED阵列和CMOS阵列之间的对准接合。为此，提出的相关方案如下。

CMOS等各层的层叠光刻制造工艺在各个位置的偏差，会造成一些细微的不平整。由于Micro－LED本身非常小，这些细微不平整也会相对凸显出来。PLESSEY公司的CN114746998A公开了一种基板接合，包括凹槽；可接合介电层在可接合介电层的与基板表面的相反一侧上具有接合表面，插塞配合凹槽，以适应接合表面的不同连接位置因为不平整基板的接合相对高度变化。

融化焊料接合时，需要被加热到其熔点附近的温度，但接合的两基板有时是分别位于不同基板的，例如发光元件是在蓝宝石基板上生长，而CMOS是在硅基板上形成，而蓝宝石和硅基板的热膨胀系数不一致，这会导致部分区域的电极严重未对准，该问题对于采用蓝宝石上生长外延的工艺会比较明显。上海显耀的WO2018111752A1利用中间基板来解决不同热膨胀率的问题，通过使用黏合剂将Micro－LED阵列转移到中间基板（例如，硅）。该中间基板可以被用于将Micro－LED阵列接合到像素驱动器阵列的过程中。然后，通过释放黏合剂将中间基板与Micro－LED阵列分离。

LUMENS公司的US2018233496A1利用局部加热的方式来解决上述问题，激光束局部照射到位于Micro－LED与底座衬底之间的焊料上，以快速熔化焊料。由于这种构造，基本上没有热量施加到激光束传输Micro－LED和位于激光束范围之外的热沉衬底，因此，能够解决由Micro－LED和热沉衬底之间的热膨胀系数的差异引起的未对准问题。

脸谱的US11255529B1公开了用激光将LED芯片的角部键合到衬底上，通过将激光束暴露于远离发射区域的接合位置，降低了LED芯片中的热应力和损坏LED的风险。发射区域的大部分不暴露于激光束。激光束接合在室温下进行，这减少了当使用热压接合将LED芯片接合到基板时的热膨胀系数失配问题的问题。

法国原子能与替代能源委员会的CN112166505A公开了LED发射显示装置及其制造方法，其中使用不添加黏合或焊料材料的分子型接合，从而避免了加热。脸谱的US10658349B1公开了使用嵌入的碳纳米纤维的互连件，从而避免了加热。直接转移时，加热连接，存在热失配和导电率的问题，采用碳纳米管插接，可避免热失配，改善导电率。

4.4.2 基于单片集成的全彩化Micro－LED微显示屏

高像素密度单色显示可以满足信息提示等功能的需求，但是如果要与实景更为相近，则需要实现全彩。基于巨量转移，可以通过分别在生长有蓝光量子阱、绿光量子阱和红光量子阱的LED外延片上制备Micro－LED芯片，然后利用巨量转移手段对红、绿、蓝芯片进行组装，以实现彩色显示。单片集成技术由于是对Micro－LED阵列整体进行转移，不能通过这种方式来实现全彩。基于单片集成技术，全彩Micro－LED微显示屏的制备技术路线主要包括：通过紫外LED或蓝光LED加波长转换材料、平面不同位置生长出多种颜色的LED、多色外延层层叠技术、电压或者电流控制的同一像素实现多色等，下面对相关专利进行具体分析。

4.4.2.1 通过紫外LED或蓝光LED加波长转换材料

君万微电子的WO2018121611A1公开了一种基于Ⅲ～Ⅴ族氮化物半导体的LED全彩显示器件结构及制备方法。LED微像素及各颜色转换膜均通过厚度很小的第一导电类型Ⅲ～Ⅴ族氮化物层相连接，既可以缩小相邻LED微像素之间的间距，以提高其分辨率，又可以降低相邻颜色转换膜之间的串扰，从而显著提高该发明的显示器件结构的对比度，也可以采用白光转换膜结合滤光膜。

PLESSEY公司的WO2021234346A1提供了用于提供Micro－LED像素的高分辨率阵列的自对准工艺流程。当沉积有机半导体材料时，该工艺避免了对光刻或喷墨图案化工艺的需要，因此避免了任何相关的有害影响。共轭有机半导体可以在非常薄的膜内实现全色饱和度，通常在1～2μm的量级，而不需要额外的蓝光阻挡滤光器。量子点膜需要超过20μm的厚度以实现类似的颜色饱和度性能。薄膜内的全色饱和度允许有机半导体以比传统量子点膜更小的间距限定像素。PLESSEY公司涉及有机半导体的专利申请还包括WO2021234345A1、WO2022101611A1、WO2022101612A1。

应用材料公司提出专利申请WO2022047010A1，公开了具有蓝色光致发光材料和红/绿量子点的LED器件，其中公开了用于Micro－LED的自对准原位固化而安装的蓝色色彩转换器的制造方法以及包含所述蓝色色彩转换器的系统及装置。

4.4.2.2 平面不同位置生长出多种颜色的LED

UNIV MICHIGAN的US2018374988A1公开了单片集成InGaN/GaN量子纳米线器件，具有由量子点形成的InGaN/GaN量子层的纳米线，使用不同的纳米线直径被调谐到不同的输出波长，以实现覆盖整个可见光谱的全光谱输出范围以用于显示应用。使用采用单步选择性区域外延生长的单片集成制造技术来形成整个簇。

英特尔的 WO2019226255A1 公开了 Micro - LED 显示器的制造和组装，在硅衬底上方的第一成核层上形成蓝色纳米线 LED，蓝色纳米线 LED 包括第一 GaN 核心；在硅衬底上方的第二成核层上方形成绿色纳米线 LED，绿色纳米线 LED 包括第二 GaN 核心；以及在硅衬底上方的第三成核层上方形成红色纳米线 LED，红色纳米线 LED 包括 GaInP 核心。

Raxium 的 WO2020210563A1 公开了不同发光结构在同一衬底上的单片集成，用于光生成的器件包括发光结构，其外延生长在衬底的顶部缓冲层的相同表面上，每个发光结构具有平行于表面并横向终止的有源区域，并且其中不同发光结构的有源区域被配置为直接产生不同颜色的光。WO2021163231A1 公开了多色 LED 阵列可以通过利用小面依赖性外延生长在单个外延步骤中（或在有限数量的外延步骤中）实现。当生长外延结构时使用选择性区域生长的小面相关生长特性来自终止某些像素，使得不同的像素终止于生长的不同部分，并且像素仅包括产生适当颜色的光所需的那些量子阱。

ALEDIA 公司的 WO2021244923A1 公开了基于 GaN 的光电器件。如图 4 - 4 - 1 所示，其包括三维结构，三维结构包括由第一 InGaN 基材料制成的吡喃酰胺和由不同于第一材料的第二 GaN 基材料制成的导线，导线在垂直于衬底的平面纵向方向上在衬底之间延伸。通过改变三维结构的表面密度和/或直径来获得宽范围的波长调节，可同时形成三维结构的第一区域、第二区域和第三区域，三维结构被配置为发射分别具有第一波长、第二波长和第三波长的光辐射。

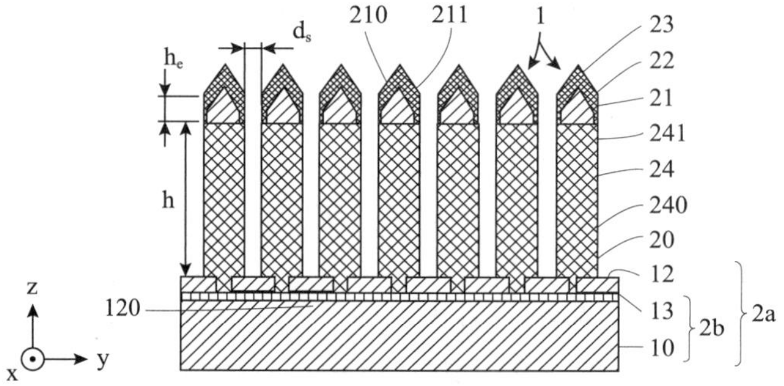

图 4 - 4 - 1 WO2021244923A1 附图

4.4.2.3 多色外延层层叠技术

上海显耀的 WO2018175338A1，通过重复地键合未图案化的外延结构来制造包括 LED 的层的堆叠。由于外延结构是未图案化的，对于对准的要求显著放宽。集成多色 LED 显示面板，其中 Micro - LED 的阵列与对应的驱动器电路集成。Micro - LED 的多个层被堆叠在包括驱动器电路的基础衬底的顶部上。层被填充并且被平坦化，以允许下一层的未图案化的外延结构被键合。这样进行重复来构建层的堆叠。

上海显耀 WO2021048623A1 公开了制造多色发光像素单元的方法。如图 4 - 4 - 2 所示，该方法包括：在衬底上形成堆叠结构，堆叠结构按从下到上的顺序包括第一金属层、第一类型的发光层、第二金属层和第二类型的发光层；图案化第二类型的发光层和第二金属层，直到暴露第一类型的发光层的一部分；以及选择性地蚀刻堆叠结构以形成第一发光晶体管和第二发光晶体管，第一发光晶体管包括第一金属层和第一类型的发光层，第二发光晶体管包括第一金属层、第一类型的发光层、第二金属层和第二类型的发光层。该专利的系列申请还包括 WO2021048622A1、WO2021048624A1 和 WO2021048625A1。

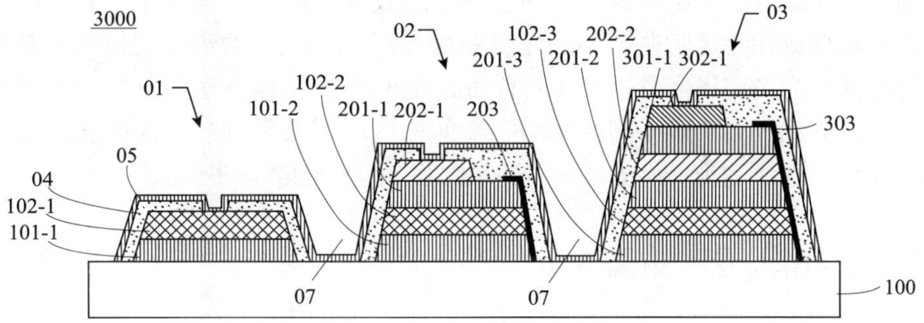

图 4-4-2 WO2021048623A1 附图

PLESSEY 公司的 WO2021186153A1 公开了高分辨率单芯片 RGB 阵列，RGB 阵列 LED 结构包括穿过发光区域的孔，其限定至少一个像素的发光表面的周界。孔含有经配置以将载流子注入 p 型区或 n 型区中的材料。p 型区或 n 型区中的一个被定位成使得注入该区中的载流子在发光区中复合之前扩散通过 p 型区或 n 型区中的另一个。发光区可以包括至少一个外延量子阱。n 型区和 p 型区可以在发光区的同一侧上。LED 结构可以包括被配置为发射不同波长的光的另一光发射区。PLESSEY 公司与上述 WO2021186153A1 相近路线的申请还包括 WO2021165659A1、WO2022002727A1、WO2021023532A1。

上海显耀的 WO2020257391A1 公开了用于同轴多色 LED 的系统和方法，第一 LED 结构层、第二 LED 结构层和第三 LED 结构层基本上彼此横向重叠，形成光路将第一 LED 结构层、第二 LED 结构层和第三 LED 结构层发射的光进行混合。上海显耀与上述 WO2020257391A1 相近路线的专利申请还包括 WO2021247887A1、WO2020257680A1 和 WO2021247894A1。

上海显耀的 CN112968087A 提供了一种同轴生长 npn 双色外延 Micro-LED 结构，让两种颜色发光外延结构生长在一起，无需键合工艺，简化了后续多色 LED 的制备工艺，降低了成本，并且避免了后续制备工艺中的对准问题。上海显耀与上述 CN112968087A 相近路线的专利申请还包括 CN112968086A、CN112951958A、CN112951959A、US2022068997A1 、US2022068898A1 和 US2022068995A1。

PLESSEY 公司的 WO2021161005A1 公开了一种多色发光结构，使用结合层将在透明基板上形成的蓝色发光结构结合到绿色发光结构，结合层将绿色发光结构的部分反射层和蓝色发光结构的透明导电层结合在一起。使用将红色发光结构的部分反射层和绿色发光结构的透明导电层结合在一起的结合层，将红色发光结构结合到绿色发光结构上。

4.4.2.4 电压或者电流控制的同一像素实现多色

PLESSEY 公司的 WO2022112750A1 公开了电压可控单片原生 RGB 阵列，包括第一发光区，用于由 p 型区和 n 型区注入的载流子的复合；以及第二发光区，用于复合可由 p 型区和 n 型区注入的载流子，其中所述第一发光区和所述第二发光区至少部分重叠以形成与所述第一发光区和所述第二发光区相关联的发光表面；其中所述 p 型区至少部分地形成在穿过所述第一发光区和所述第二发光区的第一通道中，并且所述 n 型区至少部分地形成在穿过所述第一发光区和所述第二发光区的第二通道中，其中所述发光器件被配置为，使得由所述发光表面发射的光的波长能够通过改变由所述栅极接触施加到所述 p 型区和所述 n 型区中的一个的栅极电压来控制，从而改变由所述 p 型区和所述 n 型区到所述第一发光区和所述第二发光区中的载流子注入。

4.5 重点申请人专利布局分析

为了进一步分析 Micro－LED 微显示屏的专利技术情况，课题组结合产业关注度、实体产品以及申请量等维度，选择了脸谱、苹果公司、MOJO、PLESSEY 公司、Raxium、上海显耀、思坦科技、君万微电子、X 公司、尤尼卡尔塔、康佳、歌尔股份作为分析对象，进行详细分析。

4.5.1 国外重点申请人

4.5.1.1 脸谱

由于 Micro－LED 拥有高分辨率、高亮度、寿命长一系列优秀特性，无疑是未来增强现实眼镜理想的显示技术。以收购虚拟现实品牌 Oculus 为起点，脸谱就不断在加速推动增强现实/虚拟现实技术研究和发展。2016 年脸谱的 Oculus 收购了爱尔兰Micro－LED 初创公司 InfiniLED，2020 年脸谱和英国 Micro－LED 供应商 PLESSEY 公司签订独家合作协议，这些均证实了脸谱将 Micro－LED 技术应用于增强现实/虚拟现实中的雄心。脸谱正在加速 Micro－LED 微显示屏的研发，以期在未来增强现实/虚拟现实市场中拔得头筹。

脸谱共有 130 项涉及 Micro－LED 微显示屏的专利申请，其中在中国申请了 93 件，本小节将对这些专利进行详细的分析。

（1）专利态势分析

如图4－5－1 所示，在全球范围内，脸谱自 2011 年开始申请 Micro－LED 微显示屏相关的专利，早期的专利来源于收购的 Oculus；2016 年收购 InfiniLED 之后，脸谱的申请量开始大幅增长；2018 年达到顶峰，年度申请量为 48 项；在 2019 年开始出现回落趋势，增长似乎进入放缓期。

脸谱在中国也进行了 Micro－LED 微显示屏相关的专利布局。如图 4－5－2 所示，与全球申请趋势相比，脸谱在中国的专利申请出现的时间较晚，2015 年开始在中国进行专利布局，2018 年开始呈现快速增长的趋势，与全球趋势不同的是，2020 年在中国的申请持续增长，达到22件。

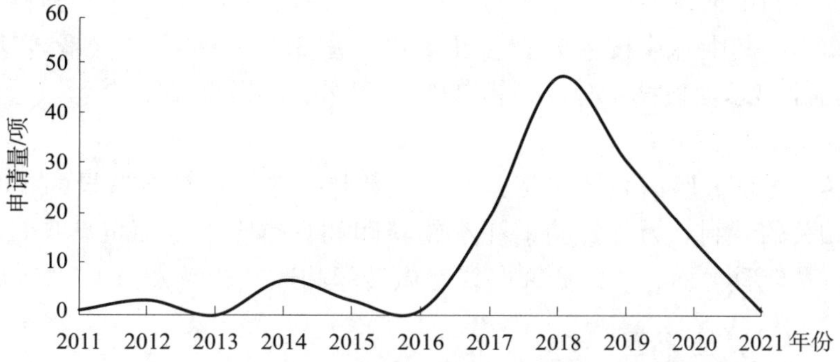

图4－5－1　Micro－LED 微显示屏脸谱全球专利申请趋势

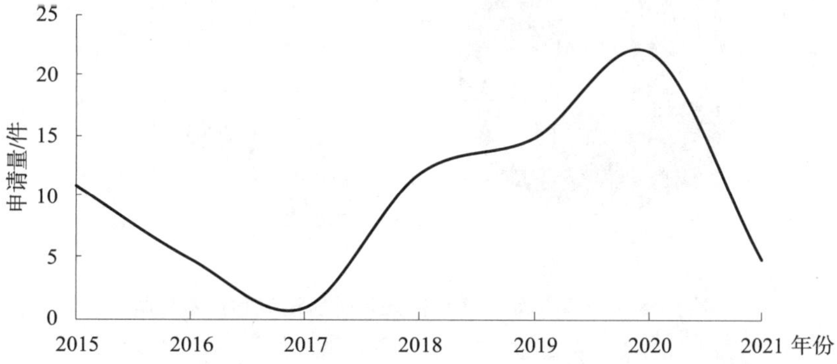

图4－5－2　Micro－LED 微显示屏脸谱中国专利申请趋势

图4－5－3示出了 Micro－LED 微显示屏脸谱的目标市场分布。从脸谱专利申请进入的国家/地区来看，其主要的目标市场首先是美国本土，中国是脸谱的第二大目标市场，其次是欧洲、韩国和日本。

图4－5－4示出了脸谱 Micro－LED 微显示屏在华发明专利申请的法律状态。其在中国申请的93件发明专利中，有12件有效，77件还在审查中，有4件已经失效。

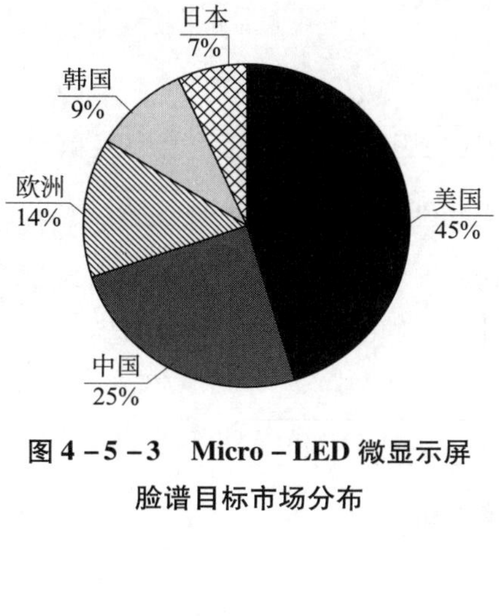

图4－5－3　Micro－LED 微显示屏脸谱目标市场分布

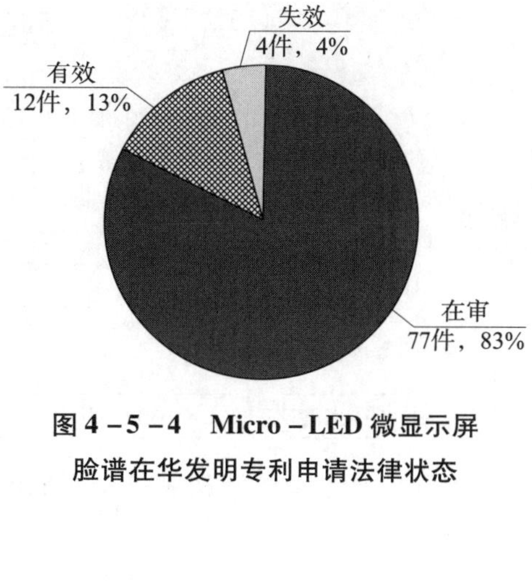

图4－5－4　Micro－LED 微显示屏脸谱在华发明专利申请法律状态

（2）技术布局分析

脸谱全球专利申请在各技术分支的占比情况如图4－5－5所示。脸谱在全部技术分支中均有布局，其中芯片技术分支占比最高，占32%；其次是巨量转移技术分支，占28%；第三是显示面板技术分支，占24%。另外，单片集成、全彩、检测修复技术分支分别占6%、5%、5%。

在巨量转移方面，脸谱微转印相关的专利数量最多，占总申请量的19%，其次为选择性释放相关的专利。另外，脸谱在滚轮转印和真空吸附方面也有少量的专利，可见，脸谱在巨量转移方面主要的研究路线是微转印和选择性释放。

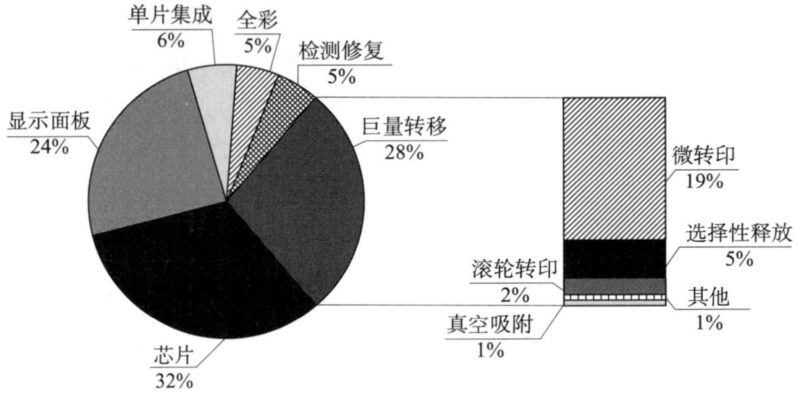

图4－5－5 Micro－LED微显示屏脸谱专利技术分解

（3）技术路线分析

1）微转印

脸谱巨量转移中申请数量最多的是微转印，可见微转印是其研发的重点。图4－5－6示出了脸谱微转印技术路线图。在脸谱涉及微转印的专利中，主要有三个技

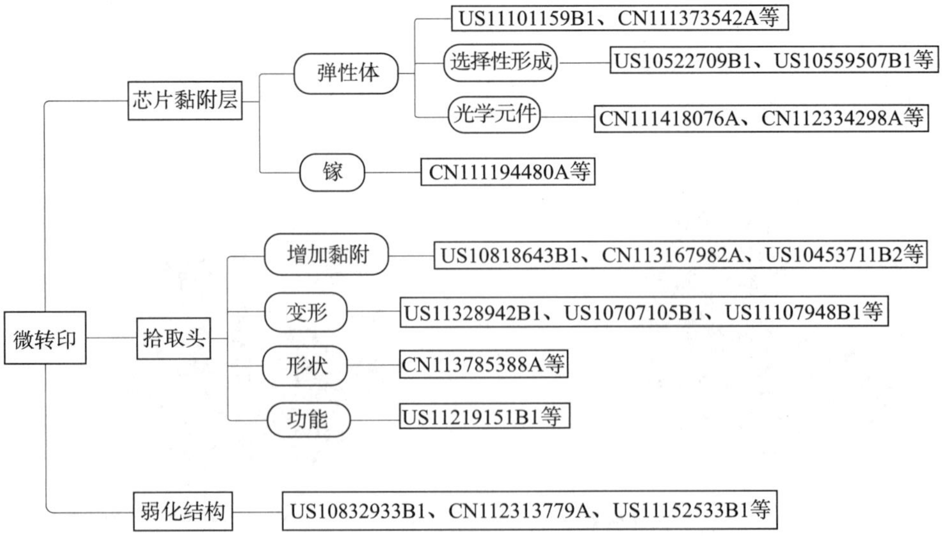

图4－5－6 脸谱微转印技术路线

术方向：第一是在 Micro－LED 芯片上形成与拾取头黏附的层；第二是对拾取头进行改进；第三是形成芯片与基板之间的弱化结构，提高拾取的成功率。

在 Micro－LED 芯片上形成与拾取头黏附的层，通过选择性地在芯片上形成黏附层，可以选择性地拾取合格的 Micro－LED，而不拾取损坏的 Micro－LED。例如 US10522709B1 中光固化聚合物沉积在每个 LED 的表面上，操作 LED 发光并固化可光固化聚合物以形成弹性体层，而沉积在非操作 LED 上的聚合物不会固化，拾取头经由沉积在 LED 的表面上的弹性体层附接到 LED。US10559507B1 中每个 LED 的电参数被测量并用于确定每个 LED 是操作的还是非操作的，弹性体沉积设备选择性地在操作 LED 上沉积弹性体材料，从而允许使用拾取工具拾取操作 LED，同时不在非操作 LED 上沉积弹性体材料。

在弹性体的形成方法方面，CN111373542A 中 LED 通过跨多个 LED 管芯沉积光致抗蚀剂材料，并使用 LED 管芯作为光刻掩模来促进在每个 LED 管芯上形成弹性体界面层。US11101159B1 中将可光固化聚合物施加到 LED 的顶表面上，光固化聚合物层位于透明拾取头和 LED 的顶表面之间，光被引导通过拾取头以固化可光固化聚合物，从而将 LED 黏附到拾取头。

弹性体材料除了促进与拾取头的黏合，还可以用来制作光学元件，例如 CN111418076A 中的 LED 包括弹性体材料，在发光区域处，弹性体材料可以成形为透镜并且还促进与拾取头的黏合，在无源区域处，弹性体材料促进与拾取头的黏合，而不会干扰从发光区域发射的光。CN112334298A 中将拾取头抵靠弹性体材料进行按压，使拾取头的模制形状转印到弹性体材料形成光学元件。

除了弹性体层，脸谱还包括其他材料的层来黏附拾取头和芯片，例如 CN111194480A 中拾取工具使用金属镓附接到 LED 管芯。作为将镓半导体层与衬底层分离的激光剥离过程的结果，镓金属层在 LED 管芯的表面上形成。镓层被熔化形成液态镓。拾取头的头部与液态镓接触，LED 管芯被冷却使得液态镓固化，从而将 LED 管芯附接到拾取头上。LED 管芯可以被加热以熔化镓层，从而允许拾取头被拆离。

对拾取头改进的一方面是增加与芯片的黏附，例如 US10818643B1 中的拾取头涂覆有适形材料，以使每个 LED 能够附接到拾取头。CN113167982A 中的拾取头具有至少部分透明的黏合元件，发光结构可以黏合到该黏合元件上，拾取工具与拾取头耦合，并被配置为以 6 个自由度定位拾取头。US10453711B2 从拾取头的尖端释放第一量的流体材料以在尖端上形成流体膜，以及使拾取头尖端上的流体膜与载体基板上半导体器件接触以将半导体器件附接到流体膜。

对拾取头改进的另一方面的是拾取头能够变形，拾取头膨胀时拾取，拾取头收缩时芯片从拾取头分离，例如 US11328942B1 中的拾取头组件包括液晶弹性体主体，当暴露于第一频率的光时，液晶弹性体经历可逆膨胀，而当暴露于第二频率的光时，液晶弹性体收缩。US10707105B1 中的拾取头具有形状记忆合金，响应于热的施加，拾取头的主体部分从缩短状态转变到延伸状态，热移除时拾取头收缩。US11107948B1 中使用流体作为转移介质，流体进入拾取头的流体通道，使拾取头膨胀，移除流体的至少一部分，使拾取头收缩。

另外，对拾取头的改进还包括在形状方面的改进，例如CN113785388A公开了用于转移半导体器件的桥拾取头。在功能方面的改进，例如US11219151B1的拾取头具有触按式传感器，来自每个触按传感器的信号用于确定和调整拾取头的取向。

脸谱采用微转印技术转移Micro－LED芯片，采用的策略是将Micro－LED芯片从原生衬底转移到包含聚合物层的载体衬底。聚合物层有助于将半导体器件固定到载体基板，但是它会阻碍拾取头从载体基板移除半导体Micro－LED芯片，因此，需要对聚合物层进行弱化结构的设置。US10832933B1中通过干法蚀刻其中嵌入有至少一个LED的聚合物层来将LED阵列中的至少一个LED从基板分离。CN112313779A进一步在聚合物层的蚀刻期间监测聚合物层的厚度，响应于确定聚合物层的厚度在目标范围或目标值内，终止聚合物层的蚀刻。US11152533B1进一步改进蚀刻工艺，在载体衬底中形成孔，蚀刻剂从孔中进入，对黏合剂层进行蚀刻，能够高效且有效地蚀刻黏合层。

2）选择性释放

脸谱关于选择性释放最早的专利为US10403537B2，通过直接接合将接合材料施加到载体衬底上的选定管芯，或施加到目标衬底上的对应管芯转移位置，然后使载体衬底与目标衬底接触，使用激光束（诸如紫外激光束）使载体衬底与多个Micro－LED管芯脱黏，以将所选择的管芯中的每一个转移到目标衬底。US10388516B1采用聚合物层作为中间载体基板，芯片经由双黏合剂层固定到载体衬底，第一黏合剂层和第二黏合剂层由具有不同性质的黏合剂材料制成，允许它们被单独地移除。US10854801B1公开了用于从多个载体基板放置LED的接合策略，三种颜色LED使用不同接触高度，从载体基板直接键合到目标基板。

3）单片集成技术

在单片集成方面，脸谱的申请数量为9项，如表4－5－1所示。

表4－5－1　单片集成技术脸谱专利申请

序号	公开号	发明名称	技术效果	申请日
1	US10811401B1	在接合期间保持LED器件和背板之间的对准	对准	2017－12－08
2	US11145786B2	用于晶片到晶片接合的方法	提高光提取效率	2019－06－10
3	CN112352323A	激光剥离掩模	激光剥离	2019－07－30
4	CN112740412A	用于晶圆到晶圆键合的台面形成	提高光提取效率	2019－08－14
5	CN112771681A	在用于LED制造的晶圆到晶圆键合之前减少材料的弯曲	键合	2019－09－10
6	US11164905B2	半导体显示装置的制造	提高制造效率	2019－10－08

续表

序号	公开号	发明名称	技术效果	申请日
7	US11255529B1	用激光将LED芯片的角部键合到衬底上	键合	2019－10－29
8	US11355480B1	用于无对准组装的微像素化	对准	2020－01－27
9	CN115136305A	具有晶圆尺寸不相似的发光电路的集成控制电路	提高制造效率	2021－03－10

单片集成技术在晶圆与晶圆的键合过程中对对准的要求很高。在提高LED阵列与背板对准方面，US10811401B1在LED阵列电极和背板电极接合在一起的接合过程中，在LED阵列的LED之间沉积具有与LED阵列材料的热膨胀系数不同的热膨胀系数的对准材料，从而解决了热膨胀系数不同的材料之间的对准问题。US11355480B1公开的装置中微像素接触区域可以形成在相同的平面上，并且尺寸和形状被设计成使得多个微像素接触区域覆盖并接触公共电极。Micro－LED阵列可以晶片级直接接合到背板或驱动器芯片，而无需任何精确对准。

在提高光提取效率方面，US11145786B2公开了用于制造LED的晶片到晶片接合的技术，其中修改半导体材料的p型层以形成多个交替的高电阻率区域和低电阻率区域，低电阻率区域对应于光发射器，在每对相邻的光发射器之间图案化沟槽。CN112740412A公开的制造LED的方法包括蚀刻半导体材料以形成多个相邻的台面形。半导体材料包括一个或更多个外延层。选择台面形的形状来增加或优化从相应的LED提取的光量。

在提高制造效率方面，US11164905B2使用拾取工具保持包括起动器衬底和LED管芯的单片结构；使用拾取工具将单片结构朝向背板移动，以使得一个或多个LED管芯的器件侧凸块能够在多个接触位置处与背板的背板侧凸块导电地接合；能够将多个LED管芯从起动器衬底转移到背板。CN115136305A用其中已经形成了Micro－LED或将要形成Micro－LED的层来重构半导体晶圆，例如CMOS设备驱动器集成电路晶圆，提供晶圆重构以组合用于Micro－LED的控制电路和发射器件。

为了在两个晶圆之间实现良好的键合，每个键合表面平坦是有利的，CN112771681A通过在分层结构内产生断裂或至少一个弱化接合区域来减少分层结构的弯曲，该分层结构包括半导体材料和在其上形成半导体材料的衬底。US11255529B1公开了用激光将LED芯片的角部键合到衬底上，通过将激光束暴露于远离发射区域的接合位置，降低了LED芯片中的热应力和损坏LED的风险。

另外，CN112352323A公开了晶圆与晶圆键合之后，与激光剥离掩模有关的技术，将掩蔽材料施加到基板在半导体器件集合之间的一个或多个区域。当半导体器件集合被嵌入在填充材料中时，掩蔽材料可以位于基板与填充材料之间。因此，使光朝向半导体器件集合透射穿过基板，使得基板变为与半导体器件集合脱离。

4.5.1.2 苹果公司

为了制衡三星在OLED领域的优势，苹果公司积极推动下一代显示技术的研发。

2014年，苹果公司收购Luxvue，Micro－LED开始走进人们的视野。在完成收购Luxvue的第二年，市场就开始猜测并传闻苹果公司将很快推出Micro－LED产品，以Apple Watch为代表的智能手表，可能是Micro－LED最先落地的领域。但是事与愿违，直到2022年9月，苹果公司发布的最新产品中仍然没有出现Micro－LED显示屏的踪影。Micro－LED仍然还停留在研发阶段，未来是否投入量产仍有待观察。

检索结果表明，苹果公司一共有59项Micro－LED微显示屏相关的专利技术，其中在中国申请41件，本小节将对这些专利进行详细分析。

（1）专利态势分析

图4－5－7为Micro－LED微显示屏苹果公司全球专利申请趋势。苹果公司收购Luxvue的同时也获得了相关的专利，其中2012年和2013年的年申请量最多，但是在收购之后，自2015年开始，年专利申请量呈现下降的趋势。

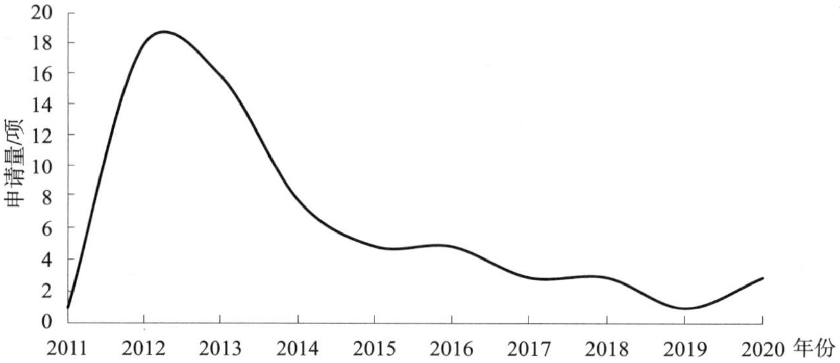

图4－5－7　Micro－LED微显示屏苹果公司全球专利申请趋势

图4－5－8为Micro－LED微显示屏苹果公司中国专利申请趋势，与全球趋势相一致，自2015年之后，年专利申请量开始呈现下降的趋势。

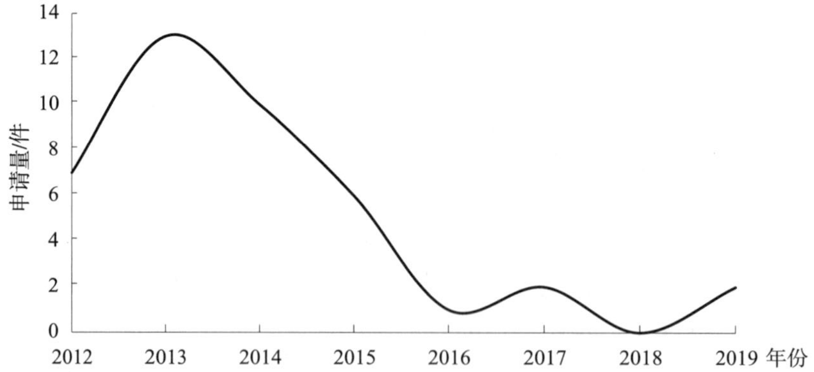

图4－5－8　Micro－LED微显示屏苹果公司中国专利申请趋势

如图4－5－9所示，从专利申请进入的目标市场来看，苹果公司的主要目标市场首先是美国，其次是中国、韩国、欧洲、日本和印度。从布局的比例来看，在中国的布局与在美国的布局几乎相当，可见中国是苹果公司非常重视的市场。另外，韩国也是苹果公司布局的重点。

图4－5－10示出了苹果公司Micro－LED微显示屏在华发明专利申请的法律状态。在中国的40件发明专利申请，有36件有效，4件还在审查中。

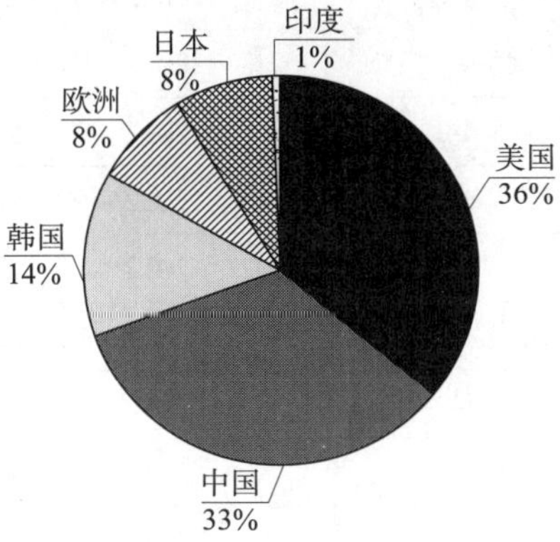

图4－5－9　Micro－LED微显示屏苹果公司目标市场分布

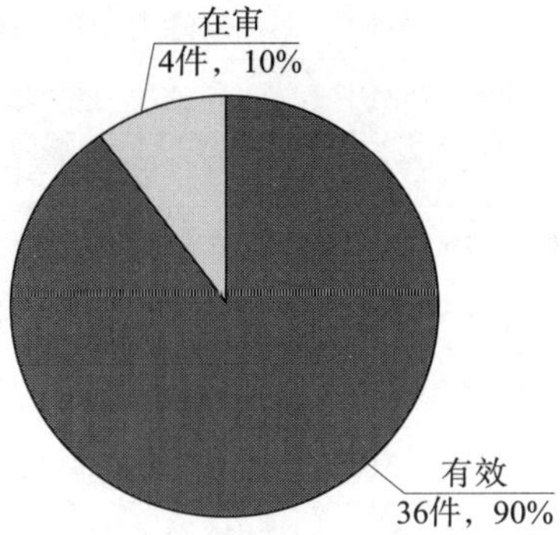

图4－5－10　Micro－LED微显示屏苹果公司在华发明专利申请法律状态

（2）技术布局分析

Micro－LED微显示屏苹果公司专利所涉及的技术主题分布情况参见图4－5－11。苹果公司在巨量转移、显示面板、芯片、检测修复、全彩这五个技术分支进行了布局，其中，巨量转移这一分支的占比最高，相关的专利占了一半以上的比例，其次是显示面板和芯片，在检测修复和全彩方面也有少量的布局。

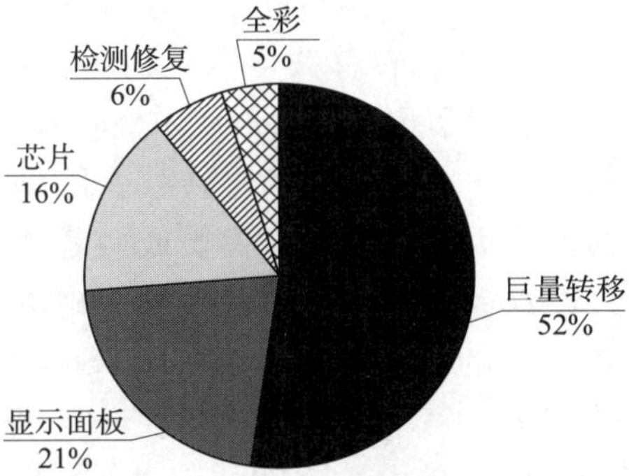

图4－5－11　Micro－LED微显示屏苹果公司专利技术分解

（3）技术路线分析

在巨量转移方面，苹果公司的申请量为33项，主要涉及静电吸附技术以及相应的转移工具。静电吸附是利用静电转移头产生吸引力或者排斥力实现对Micro－LED

的拾取和放置。该转移方法适用于小尺寸的芯片和芯片间距，其核心是静电转移头的制作。

苹果公司在涉及静电转移头的专利一共14项，如表4－5－2所示。

表4－5－2　苹果公司涉及静电转移头的专利

序号	公开号	发明名称	申请日
1	US9034754B2	形成具有硅电极的微器件转移头的方法	2012－05－25
2	US8415767B1	具有硅电极的柔性双极微器件转移头	2012－07－06
3	US8415768B1	具有硅电极的柔性单极微器件转移头	2012－07－06
4	US8791530B2	具有集成电极引线的顺应性微装置转移头	2012－09－06
5	CN104067379B	制作微器件传送头的方法	2012－11－07
6	CN104067381B	微器件传送头加热器组件及传送微器件的方法	2012－11－08
7	US9255001B2	具有金属电极的微装置转移头部阵列	2012－12－10
8	US9236815B2	具有金属电极的柔性微装置转移头阵列	2012－12－10
9	CN104115266B	转移并键合微型器件阵列的方法	2013－02－06
10	CN104335339B	顺应性的微型器件转移头部	2013－05－01
11	CN104380453B	具有硅电极的微型器件转移头部	2013－05－16
12	CN105263854B	具有顺应性触件的微拾取阵列	2014－05－23
13	US9425151B2	具有弹簧支撑层的柔性静电转移头	2014－06－17
14	US9828244B2	具有限定腔的柔性静电转移头	2014－09－30

在静电转移头的相关专利中，US9034754B2中的转移头具有硅电极，通过蚀刻绝缘体上硅堆叠的顶部硅层以形成硅互连和与硅互连电连接的多个硅电极，每个硅电极包括在硅互连上方突出的台面结构，转移头可以包括单极或双极电极。US9255001B2中的转移头具有金属电极，通过图案化金属层形成单极转移头或者双极转移头。

与非顺应性的转移头阵列相比，顺应性静电转移头阵列能够改善与微器件阵列的接触，设置顺应性转移头的方法为通过空腔、弹簧或两者结合。例如US8415767B1中的转移头为具有硅电极的柔性双极微器件转移头，第一硅电极阵列和第二硅电极阵列可偏转到基底衬底与硅电极之间的一个或多个腔中。US8415768B1中的转移头为具有硅电极的柔性单极微器件转移头。每个硅电极包括在硅互连上方突出的台面结构，并且每个硅电极可偏转到基底衬底和硅电极之间的腔中。US9236815B2的转移头为具有金属电极的柔性转移头，转移头可包括下绝缘层、在下绝缘层上方的弹簧层、在弹簧层上方的上绝缘层、在上绝缘层和台面结构上方的第一金属电极和第二金属电极，柔性转移头阵列形成在基底衬底上方并且可朝向基底衬底偏转。US8791530B2的转移头包括具有集成电极引线的弹簧臂，可补偿微装置的高度变化或微装置上的杂质。US9425151B2中顺应性静电转移头包括基底基板中的空腔、基底基板上的弹簧支撑层，以及弹簧支撑层上的图案化器件层。

静电转移头阵列组件将芯片阵列转移之后，芯片需要键合到接收衬底，CN104067381B的传送头在静电吸附拾取芯片之前，加热传送头，拾取芯片之后热量从传送头转移到键合层中以至少部分地熔化键合层。CN104115266B对支撑静电转移头阵列的衬底进行加热，从静电转移头部组件转移热能以将微型器件阵列键合到接收衬底。

为了符合巨量转移的制程，芯片需要经过弱化结构的改变，以减小拾取力，从而有利于自暂存基板上拾取芯片。苹果公司在弱化结构方面的专利有12项。US9217541B2公开了包括剪切释放柱的稳定结构，稳定结构包括在承载基板上的稳定层，稳定层包括分级空腔阵列，微装置阵列在分级空腔阵列内，每一微装置横向附接到从分级空腔的侧壁横向延伸的剪切释放柱。US9153548B2中图案化牺牲间隔物形成于稳定柱之间及微装置之间。CN104661953B中每个微型器件包括底表面，底表面比底表面正下方的对应稳定柱宽；以及介于稳定层和微型器件阵列之间的牺牲层，其中牺牲层下方的稳定层的形貌特征适形于牺牲层。

在转移头拾取芯片之前，需要与芯片对准。US2015021466A1中微拾取阵列对准编码器促进微拾取阵列与目标衬底的对准。US9308649B2中质量转移工具操纵器组件使得微拾取阵列上的静电转移头阵列与载体基板上的微装置阵列之间主动对准。CN105074899B对质量转移工具操纵器组件的柔顺性元件的位移进行感测以控制静电转移头部阵列与微型器件阵列之间的对准。

4.5.1.3 PLESSEY公司

PLESSEY公司是一家总部位于英国的国际电子、国防和电信公司。它成立于1917年，并一直致力于为虚拟现实/增强现实设备开发Micro-LED嵌入技术。

PLESSEY公司开发了一种硅基GaN技术平台和单片工艺。PLESSEY公司的LED由GaN-on-Si制成，能够制造单片Micro-LED，在150mm、200mm和即将到来的300mm晶片上有多个芯片。

2020年，PLESSEY公司与美国Compound Photonics（CP）宣布达成战略合作关系，共同开发和推出基于硅基GaN Micro-LED微显示屏方案，面向增强现实/混合现实应用。结合CP的高速数字低延时显示背板与PLESSEY公司的硅基GaN单片Micro-LED阵列技术，成功制造出功能性Micro-LED显示模块，并将技术独家授权给脸谱。

（1）企业专利分析

图4-5-12为Micro-LED微显示屏领域PLESSEY公司专利申请总体态势。可以看出，PLESSEY公司从2015年开始就Micro-LED技术提出专利申请，之后年申请量逐年增长，到2020年达到最高峰，2020年提交的申请有27项，这一趋势也与当前行业整体发展趋势相吻合。

如图4-5-13所示，PLESSEY公司针对Micro-LED微显示屏共有38项专利申请，均是通过PCT申请的方式提出。中国是占比最大的国家，欧洲和美国、韩国的数量相当。

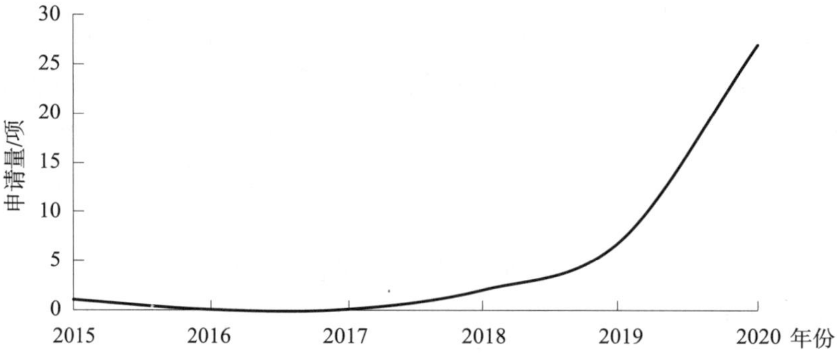

图 4-5-12 PLEESEY 公司 Micro-LED 微显示屏领域专利申请总体态势

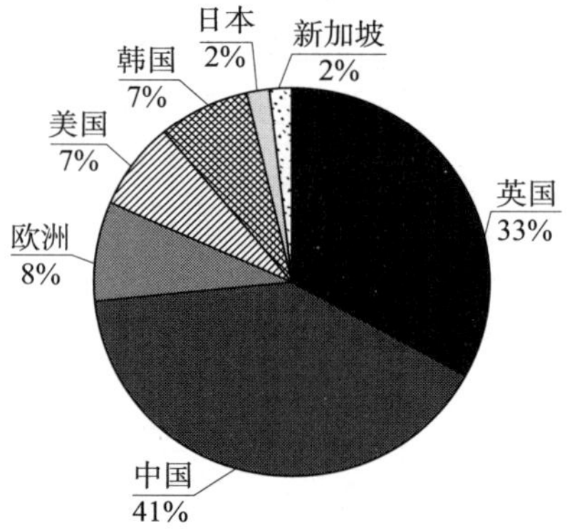

图 4-5-13 PLEESEY 公司 Micro-LED 微显示屏领域专利申请目标地

（2）重点专利分析

PLESSEY 公司针对 Micro-LED 微显示屏共有 38 项专利申请，都是基于单片集成技术在单个芯片上形成有多个发射器，在全彩显示、芯片结构上作出的改进。

表 4-5-3 PLESSEY 公司涉及 Micro-LED 微显示屏专利申请

序号	公开号	发明名称	技术路线	申请日
1	WO2016146658A1	LED 芯片和 LED 芯片的制造方法	芯片结构	2016-03-16
2	WO2020008200A1	单片 LED 阵列及其前驱体	芯片结构	2019-07-04
3	WO2020120692A1	有源矩阵 LED 阵列	单片集成	2019-12-12
4	WO2020239529A1	包括钝化层的 LED 前驱体	芯片结构	2020-05-19
5	WO2021023532A1	LED 阵列和形成 LED 阵列的方法	单片集成	2020-07-24
6	WO2021018784A1	具有改进的色纯度的 LED	芯片结构	2020-07-24
7	WO2021043748A1	包含应变松弛结构的 LED 前驱体	芯片结构	2020-09-01
8	WO2021043745A1	LED 和形成 LED 的方法	芯片结构	2020-09-01
9	WO2021043748A1	包含应变松弛结构的 LED 前驱体	芯片结构	2020-09-01

续表

序号	公开号	发明名称	技术路线	申请日
10	WO2021105203A1	基板黏接	芯片结构	2020－11－25
11	WO2021122240A1	LED 前驱体及其制造方法	芯片结构	2020－12－09
12	WO2021161006A1	增强颜色转换	全彩	2021－02－09
13	WO2021161005A1	多色发光结构	全彩	2021－02－09
14	WO2021165659A1	高分辨率单体式 RGB 阵列	全彩	2021－02－15
15	WO2021186153A1	高分辨率单芯片 RGB 阵列	全彩	2021－03－15
16	WO2021185852A1	Micro－LED 器件	光学设计	2021－03－16
17	WO2021198003A1	单片 LED 像素	单片集成	2021－03－25
18	WO2021198008A1	LED 前驱体	芯片结构	2021－03－25
19	WO2021198009A1	单片电子器件	单片集成	2021－03－25
20	WO2021204808A1	用于 Micro－LED 的微型光导	光学设计	2021－04－06
21	WO2021219603A1	可调子像素	芯片结构	2021－04－27
22	WO2021234345A1	具有减小的光学串扰的发光器件的阵列	光学设计	2021－05－12
23	WO2021234346A1	单片 RGB Micro－LED 显示器	全彩	2021－05－12
24	WO2021233917A1	发光器件阵列	单片集成	2021－05－18
25	WO2021244967A1	增强 Micro－LED 器件的颜色转换和准直	光学设计	2021－05－28
26	WO2021245386A1	用于高效 Micro－LED 显示器的间隔 LED 架构	对准	2021－05－28
27	WO2021245389A1	单片 LED 阵列及其前驱体	芯片结构	2021－05－28
28	WO2021245387A1	用于高效 Micro－LED 显示器的间隔 LED 架构	芯片结构	2021－05－28
29	WO2022003323A1	混合微显示器	芯片结构	2021－06－22
30	WO2022002727A1	发光阵列	全彩	2021－06－23
31	WO2022013556A1	应变弛豫层	芯片结构	2021－07－14
32	WO2022053786A1	用于 RGB LED 的选择性滤光器	全彩	2021－09－03
33	WO2022090694A1	高色纯度 LED	全彩	2021－10－22
34	WO2022090693A1	RGB 单片集成高纯 Micro－LED 显示器件	全彩	2021－10－22
35	WO2022101612A1	用于 Micro－LED 显示器的滤光片	全彩	2021－11－08
36	WO2022101611A1	制作单片 RGB 阵列的工艺	全彩	2021－11－08
37	WO2022112750A1	电压可控单片原生 RGB 阵列	全彩	2021－11－24
38	WO2022117995A1	Micro－LED 光束准直	光学设计	2021－11－25

PLESSEY 公司针对基于单片集成实现全彩显示提出了多项申请，主要采用多色层叠方案，从短波到长波（蓝、绿、红）连续生长，形成三色台阶结构，使得只有一个发光，且不会激发其他短波。

WO2021161005A1 中公开了多色发光结构，使用结合层 1312 将在透明基板 1302 上形成的蓝色发光结构结合到绿色发光结构，该结合层将绿色发光结构的部分反射层 1314 和蓝色发光结构的透明导电层 1310 结合在一起。使用将红色发光结构的部分反射层 1326 和绿色发光结构的透明导电层 1322 结合在一起的结合层 1324 将红色发光结构结合到绿色发光结构上。红色发光结构包括 DBR 1326，在其上形成 n 型层 1328，在其上形成红色发光区域 1330，在其上形成 p 型层。

WO2021186153A1 中公开了一种高分辨率单芯片 RGB 阵列，RGB 阵列 LED 结构还包括穿过发光区的孔 115，其限定至少一个像素的发光表面的周界。孔含有经配置以将载流子注入 p 型区或 n 型区中的材料 120。p 型区或 n 型区 116 中的一个被定位成使得注入该区域中的载流子在发光区 110 中复合之前扩散通过 p 型区或 n 型区 112 中的另一个。发光区可以包括至少一个外延量子阱。n 型区和 p 型区可以在发光区的同一侧上。LED 结构可以包括被配置为发射不同波长的光的另一光发射区域。

WO2022112750A1 公开了电压可控单片原生 RGB 阵列，包括第一发光区，用于由 p 型区和 n 型区注入的载流子的复合；以及第二发光区，用于复合可由 p 型区和 n 型区注入的载流子，其中所述第一发光区和所述第二发光区至少部分重叠以形成与所述第一发光区和所述第二发光区相关联的发光表面；其中所述 p 型区至少部分地形成在穿过所述第一发光区和所述第二发光区的第一通道中，并且所述 n 型区至少部分地形成在穿过所述第一发光区和所述第二发光区的第二通道中，其中所述发光器件被配置为使得由所述发光表面发射的光的波长能够通过改变由所述栅极接触施加到所述 p 型区和所述 n 型区中的一个的栅极电压来控制，从而改变由所述 p 型区和所述 n 型区到所述第一发光区和所述第二发光区中的载流子注入。

针对芯片的发光效果，PLESSEY 公司也相继提出一系列申请。WO2021219603A1 中公开了可调子像素，通过量子点配合压电材料，实现第四子像素波长可调，增加白亮度，或绿分辨率，或者色域等。WO2021204808A1、WO2021185852A1 公开了用于准直、截头圆锥形微型光导等结构。WO2021244967A1、WO2022117995A1 中通过透镜中间和周围区域选择性透射和反射，准直由 Micro - LED 发射的光，使得半峰全宽减小且光收集效率增加。还需要进一步改进包括色彩转换材料的 Micro - LED 的色彩纯度以及效率。

其专利申请还包括增加光提取效率的相关申请，WO2021245389A1 公开了第二半导体层可以在台面结构上过度生长以形成具有垂直于基底的规则梯形截面的柱，其中第二半导体层台面表面形成梯形截面部分的基本平坦的上表面。这样的梯形截面可以具有增加的光提取效率。

4.5.1.4 MOJO

MOJO 是一家增强现实眼镜生产商，成立于 2015 年，总部位于美国萨拉托加郡，由Drew Perkins和Michael Wiemer联合创立。MOJO于2022年宣布成功开发出增强现实智能隐形眼镜MOJO Lens。MOJO Lens的核心是一块每英寸14000像素的Micro－LED显示屏，如图4－5－14所示，直径小于0.5mm，像素间距为1.8μm，是世界上最小、最密集的动态内容显示屏。

图4－5－14 隐形眼镜中心的0.48mm、14000PPI的六边形单绿色Micro－LED显示屏

（1）企业专利分析

围绕增强现实隐形眼镜，MOJO在全球范围内有93项专利申请，涉及增强现实隐形眼镜的投影仪（显示器）、光学系统、通信装置、载荷等各个方面。93项中有8项在中国进行了申请。

在93项专利申请中，仅有2项与Micro－LED相关，均在中国进行了申请。这2项申请的同族涉及3件中国专利申请，包括CN111213243B及其分案CN113972232A，以及CN114946033A。

表4－5－4 MOJO Micro－LED微显示屏专利申请

序号	公开号	发明名称	在华申请	申请日
1	WO2019079381A1	超密集LED投影仪	CN111213243B CN113972232A	2018－10－17
2	WO2021101808A1	超密集量子点色彩转换器	CN114946033A	2019－11－20

（2）重点专利分析

CN111213243B涉及一种LED投影仪，其中的像素之间借助电介质材料填充有反射性金属，以提供机械支撑和光学隔离。单个裸片具有机械隔离的LED柱阵列。每个柱的高度大于其宽度，并且柱之间的间距小于柱的高度。裸片包括键合到硅衬底寻址部分的LED显示器部分，其中每个像素具有一个金属接触部。当投影到人类视网膜上时，显示器的分辨率优选地与人类视网膜的分辨率大约相同，使得投影到视网膜上的图像可以与真实世界无法区分。显示器可以被封装到具有聚焦光学器件的接触透镜中，聚焦光学器件被嵌入接触透镜中。为了电接触n型半导体层，柱被反射性阴极金属网格包围，使得阴极电流借助n型层的竖直侧耦合。金属网格将隔离的LED柱机械连接，并将每个LED

柱光学隔离。有源层可以发射蓝光，并且波长转换层可以用于生成红光和绿光。

CN113972232A（分案），公开了将 GaN 裸片附加到包括驱动器电路的背板，再去除裸片衬底（例如蓝宝石），并减薄 GaN。GaN 区域 310 尚未被图案化为个体 LED。这显著降低了将前板晶片 300 附接到背板晶片 350 时的对准要求。该点与上海显耀的晶圆级转移基本相同。如果 GaN 不减薄，则柱之间高的纵横比很难蚀刻出狭窄的沟槽，并在后续涂覆或填充。将 GaN 区域减薄减小了沟槽的纵横比，这使得蚀刻和其他过程更容易，还减小了 LED 柱 342 的纵横比，从而改进了它们的光学性能。

CN114946033A 中公开了具有高密度子像素的基于量子点的颜色转换器。其子像素具有高密度的量子点，可在小的子像素纵横比和小体积内提供高转换效率。该颜色转换器可用于光学显示器。

4.5.1.5 Raxium

Raxium 是一家成立于 2017 年的美国公司，美国斯坦福大学电气工程学教授Gordon Wetzstein 是其联合创始人之一。截至2020 年末，累计融资8500 万美元，其总部在美国加利福尼亚州弗里蒙特。Raxium 一直致力于将单片集成技术和 Micro - LED 显示器技术整合到一起，为高阶显示应用提供功能更强大的显示产品。

Raxium 开发了一种单片集成 RGB Micro - LED 显示技术，用于增强现实/虚拟现实微型显示器。2022 年 5 月，谷歌宣布收购 Raxium。

（1）企业专利分析

Raxium 针对 Micro - LED 微显示屏在 2019 ~ 2022 年共提交 7 项专利申请，主要通过 PCT 的方式，其中有 2 项进入中国国家阶段。其中 3 项涉及单片集成方向，3 项涉及芯片结构的改进，1 项涉及光学元件。

表 4 - 5 - 5 Raxium 涉及 Micro - LED 微显示屏专利申请

序号	公开号	发明名称	在华申请	技术路线	申请日
1	WO2020086805A1	具有集成光学元件的 LED		微透镜	2019 - 10 - 24
2	WO2020210563A1	不同发光结构在同一衬底上的单片集成	CN113795923A 在审	单片集成	2020 - 04 - 10
3	WO2021163231A1	显示设备和相关方法	CN115152017A 在审	单片集成	2021 - 02 - 10
4	WO2021226121A1	具有集成在其中的含铝层的 LED 及相关方法		单片集成	2021 - 05 - 04
5	WO2021236732A1	侧壁空穴注入增强的量子阱基 LED 结构		芯片结构	2021 - 05 - 19
6	WO2021236729A1	用于发光元件的应变管理层的组合		芯片结构	2021 - 05 - 19
7	WO2022155455A1	具有 Micro - LED 器件隔离的发光系统		芯片结构	2022 - 01 - 14

（2）重点专利分析

WO2020210563A1 中公开了在同一基板上单片集成不同发光结构的各个方面。在一个方面，描述了一种用于光产生的器件，具有基板，该基板具有由包括 GaN 的材料制成的一个或多个缓冲层。该器件还包括在基板的顶部缓冲层的同一表面上外延生长的发光结构，其中每个发光结构具有平行于该表面并侧向终止的有源区，并且其中不同发光结构的有源区被配置为直接产生不同颜色的光。该器件还包括设置在每个发光结构的有源区上并由包括 GaN 的 p 掺杂材料制成的 p 掺杂层。该器件可以是光场显示器的一部分，并且可以连接到光场显示器的背板。

WO2022155455A1 公开了多个 Micro－LED 共享有源区域。开口 510 被蚀刻到先前的 p 层 340 中以形成厚的子结构 542 和开口 510 中的薄的子结构 544，厚的子结构 542 限定各个 Micro－LED 500 的尺寸和形状。厚的子结构 542 被配置用于电寻址单独的 Micro－LED 500，并且薄的子结构 544 被配置用于防止载流子穿过其中的移动性，而有源区域 330 和预备层 320 保持完整，提高较长波长的光发射的效率，同时最小化从平面 LED 结构到 Micro－LED 结构的蓝移。

4.5.1.6 X公司

X 公司成立于 2013 年，总部设在爱尔兰科克的廷德尔国家研究院，在美国北卡罗来纳州的三角研究园也设有一个发展中心。X 公司的研发涉及 Micro－LED 显示，主要是解决 Micro－LED 因复杂的结构设计造成的良率与效率偏低的问题，其核心技术是美国伊利诺伊大学的 John A. Rogers 等人所开发的 Micro－Transfer－Printing（μTP）技术，利用牺牲层湿蚀刻和 PDMS 转贴技术，将 Micro－LED 转贴至可挠式基板或玻璃基板上以制作 Micro－LED 阵列，并于 2006 年分拆给 Semprius 公司，2013 年由 X 公司取得独家授权。这个制程的优点是可以一次转移大量的 Micro－LED。该公司后续的申请专利都是基于此技术的延伸。

（1）专利态势和布局分析

X 公司涉及 Micro－LED 的专利申请共 61 项。图 4－5－15 为 Micro－LED 微显示屏领域 X 公司专利申请总体态势，可以看出，X 公司在 2011 年就开始申请与 Micro－LED 相关的专利，年申请量之后开始快速增长，到 2016 年增加到 18 项，形成了一个高峰。2016 年后虽然年申请量开始回落，但也在 2017～2020 年保持在每年 7 项以上。

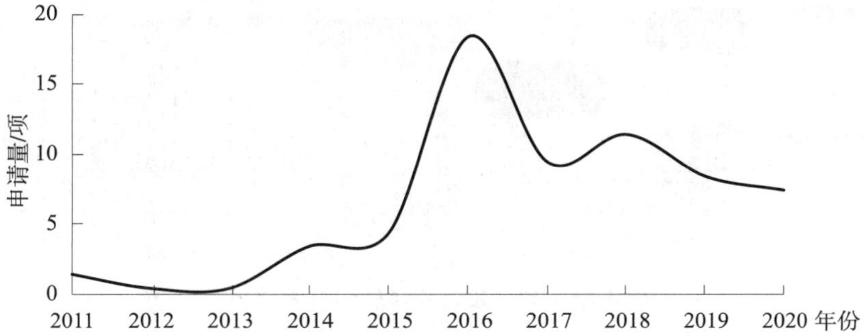

图 4－5－15　X 公司 Micro－LED 微显示屏专利申请趋势

图4－5－16展示了X公司在Micro－LED微显示屏领域专利布局目标地分布情况。可以看出，美国是最大的微显示器应用的市场，中国和欧洲的占比相当，说明X公司对中国市场非常重视。

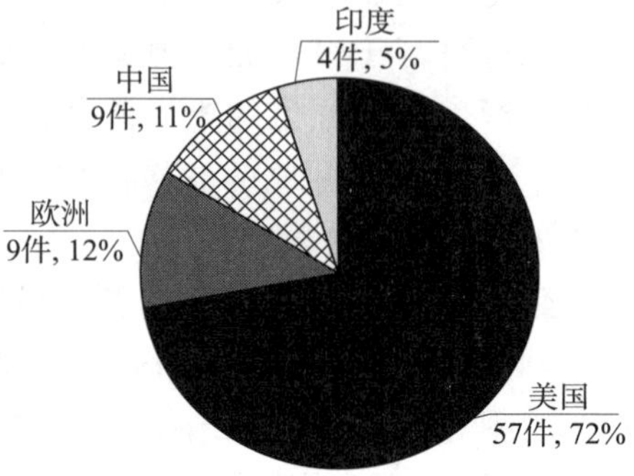

图4－5－16　X公司Micro－LED微显示屏专利申请目标地分布

在X公司涉及Micro－LED的专利申请中，有32项涉及巨量转移，9项涉及芯片结构，3项涉及修复检测，7项涉及全彩显示，9项涉及显示面板，4项涉及其他相关技术。其中，巨量转移的32项申请中，主要涉及微转印技术。

（2）技术路线分析

X公司的μTP技术，简单地说，就是使用弹性印模结合高精度运动控制打印头，有选择地拾取微型元器件的阵列，并将其打印到目标基板上。首先在源晶圆上制作微型芯片，然后透过移除半导体电路下面的牺牲层进行“释放”，使微型芯片脱离原来的基板。其次，用一个与源晶圆相匹配的微结构弹性印模来拾取微型芯片，并将其转移到目标基板上。

图4－5－17为X公司微转印技术路线图。X公司在微转印技术的基础上针对印模形状、黏合剂性能，以及转移的对准度等细分方向进行了相关研究。此外，转移后的键合和芯片与基板之间的弱化结构也是重要的技术方向。

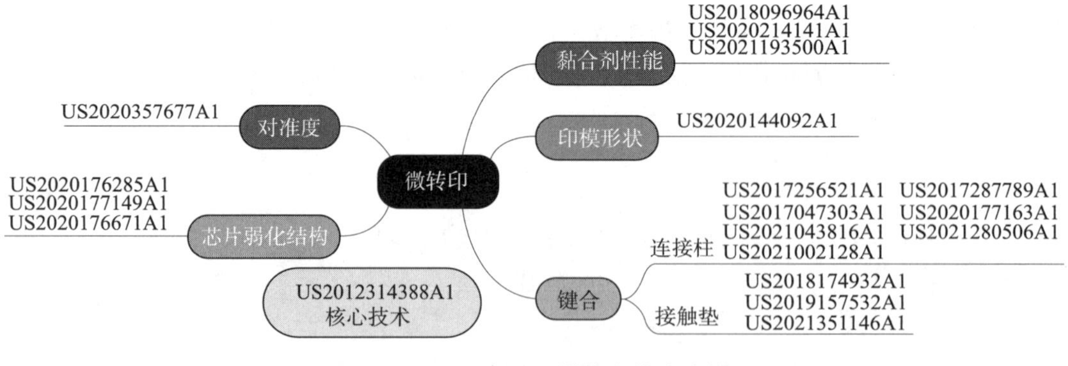

图4－5－17　X公司微转印技术路线

X公司在2012年12月13日申请的专利US2012314388A1提出了一种用于制造具有可转移小芯片的基板的方法，如在包括有源部件的源基板的工艺侧上或在透明中间基板的图案化侧上形成光敏黏合剂层，使中间衬底与源衬底接触以经由其间的光敏黏合剂层，将有源组件黏附到中间衬底的图案化侧，移除所述源衬底的与其相对的部分以单片化所述有源组件；光敏黏合剂层的部分通过中间衬底选择性地暴露于电磁辐射以改变其黏合强度；选择性地移除光敏黏合剂层的具有较弱黏合强度的部分，以限定包括黏合剂层具有较强黏合强度的部分的可断裂系绳。

基于该项技术，US2018096964A1、US2020214141A1、US2021193500A1中提出了对于微转印印模上设置的黏合剂的性能改进。US2020144092A1中提出了对印模结构和形状的进一步改进。

为了提高转移过程中的对准度，US2020357677A1中使用转印元件（例如印模）以改进的对准度将组件从源晶片印刷到目的地衬底。

此外，对芯片的弱化结构也作了相应的改进，US2020176285A1、US2020177149A1和US2020176671A1中通过设置断裂分离组件等结构或是对牺牲层的开口设置等方式，降低转移过程中元件受到的应力。

2017~2021年，X公司还针对采用微转印进行转移后的Micro-LED与目标基板之间的键合方式不断提出改进，包括设置连接柱，例如US2017256521A1、US2017287789A1、US2017047303A、US2020177163A1、US2021043816A1、US2021280506A1和US2021002128A1等申请中提出了通过设置一个或多个电连接衬底及多个连接柱的微转印组件，实现转印后芯片与基板的电连接，并改进了连接柱的结构、形状和位置等相关设置。US2018174932A1、US2019157532A1和US2021351146A1等申请涉及使用微转印印刷将LED电互连到衬底上的接触垫的结构及方法。

4.5.1.7 尤尼卡尔塔

尤尼卡尔塔是一家总部位于美国马萨诸塞州剑桥市的科技公司。该公司开发了一种通过激光束对源基底的快速扫描，让超小超薄的分立元件直接脱离源基板而集成到目标基板上的技术，称为激光选择性释放（Laser-Enabled Advanced Placement，LEAP）技术。

该技术最初是由美国北达科他州州立大学的教授Val R. Marinov在2008~2013年研发的。随后Marinov和Kliger在2013年共同创立了尤尼卡尔塔，推动该技术的商业化。该技术研发的初衷，其实是为转移RFID芯片而非Micro-LED，然而2016年，Kliger和Marinov决定将研发重点转向LED，包括Micro-LED和Mini-LED应用。2021年2月3日，Kulicke&Soffa（K&S）公司宣布已100%收购尤尼卡尔塔。收购包括尤尼卡尔塔的专利组合和其他知识产权。在K&S第二财政季度完成收购之前，K&S公司与尤尼卡尔塔进行了广泛合作，加速推动LED芯片转移技术商业化的进程。

（1）专利态势和技术布局分析

尤尼卡尔塔从2015年开始针对Micro-LED微显示屏提出8项专利申请。这8项专利技术主题都是基于激光转移选择性释放技术，具体见表4-5-6。

表4-5-6　尤尼卡尔塔涉及 Micro-LED 微显示屏的专利申请

序号	专利公开号	发明名称	申请日
1	WO2016022528A1	设置便于组装的超小或超薄分立元件	2015-08-04
2	WO2017123780A1	放置超小或超薄分立元件	2017-01-12
3	WO2017189367A1	将电子组件连接至基板	2017-04-21
4	WO2018231344A1	将分立元件并行组装到基板上	2018-04-25
5	WO2020168174A1	用于组装离散组件的动态释放带	2020-02-14
6	WO2020252161A1	利用光学系统特性调整的分立组件装配体的位置误差补偿	2020-06-11
7	WO2020252164A1	用于在离散组件组装中位置误差补偿的材料在离散组件组装中借由光学系统特性之调整的位置误差补偿	2020-06-11
8	WO2021126580A1	用于接收分立元件的黏合带	2020-12-07

尤尼卡尔塔涉及 Micro-LED 微显示屏的专利申请全部是 PCT 申请，之后进入中国、美国、韩国、日本和欧洲地区。从图4-5-18中可以看出，中国占比31%，为最高，美国占比27%，位居第二，由此可见，尤尼卡尔塔非常重视中国和美国的市场。

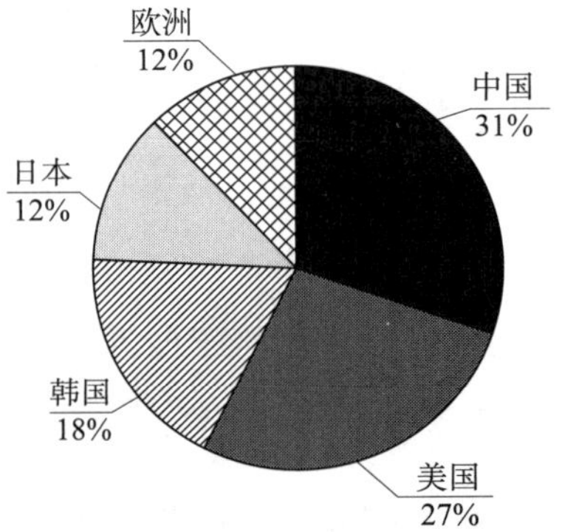

图4-5-18　尤尼卡尔塔 Micro-LED 微显示屏专利申请目标地分布

（2）技术路线分析

尤尼卡尔塔研发的激光转移技术中，有一种称为 DRL 的特殊材料。这种材料，在激光照射时，会推挤芯片，让芯片剥离。因此该动态释放层也能将转移过程中位置错误的状况减到最少，同时让 LED 晶粒免受激光影响。

WO2016022528A1 公开了设置便于组装的超小或超薄分立元件，包括从过渡操纵件释放分立元件并将分立元件沉积在操纵件基板上，再将操纵件基板附装到分立元件，并从分立元件移除操纵件基板。其中，释放层是紫外光敏材料。紫外光敏感性响应于紫外光的施加而引起黏合强度的降低。

WO2017123780A1 公开了一种放置超小或超薄分立元件的方法，具体为通过改变动态释放层至少一部分的化学结构或化学组成或这两者，降低释放层与分立组件之间的附着性来从释放层释放分立组件，后续再进行激光辅助分离。其中该动态释放层包括紫外敏感材料。

WO2017189367A1 公开了将电子组件连接至基板的方法，在第二基板上形成导电特征，一个或多个导电特征电气连接至第一基板的相应电气连接特征；将位于第二基板和第一基板之间的电子组件电气连接至一个或多个导电特征。

尤尼卡尔塔还结合多束和单束激光，能在转移过程中避开损坏的晶粒，只转移完好的。透过切换不同激光模式，可以有效并准确地传输 LED 芯片。

WO2018231344A1 中照射动态释放层的顶表面上的多个区域，在每个被照射区域中引起塑性变形，使得至少一些分立元件同时从所述第一基板释放。其中至少一个光学元件被配置为将来自所述源的激光束分离成多个小束，各小束具有照射图案。所述照射图案包括激光能量的多个小束，所述照射图案的各小束被配置为对给定分立组件上的特定位置进行照射。

WO2020252161A1、WO2020252164A1 则针对转移过程中分立组件的对准提出了改进，包括确定分立组件和目标基板上的目标位置之间的对准误差，基于该对准误差来确定光束偏移特性；以及将指示该光束偏移特性的信号提供至激光辅助转移系统的光学元件，该光学元件被配置为根据光束偏移特性来调整光束图案相对于分立组件的位置。

此外，还对释放和接收分立元件的相关部件作了改进。WO2020168174A1 涉及用于组装离散组件的动态释放带，离散组件总成为动态释放带，包括柔性支撑层和布置于该柔性支撑层的动态释放结构；以及离散组件，黏着至该动态释放带。该方法包括照射该动态释放结构以从该动态释放带释放该离散组件。WO2021126580A1 中公开了用于接收分立元件的黏合带，包括真空吸盘和胶带，胶带包括柔性聚合物基底，以及黏合剂模具捕获膜，黏合剂模具捕获膜设置在所述柔性聚合物基板上，面向所述柔性聚合物基板的前表面，通过施加到柔性聚合物基板的后表面的吸力将胶带保持在真空卡盘上。

4.5.2　中国重点申请人

4.5.2.1　上海显耀

上海显耀成立于 2015 年，总部位于上海浦东，在安徽合肥设立子公司。上海显耀一直在 Micro-LED 微显示屏领域深耕细作，拥有自主集成电路设计、MOCVD 材料生长、Micro-LED 混合集成技术加工制造、封装测试、软件硬件驱动设计等技术。其自主研发及制造超微型显示面板，强力推动混合现实、汽车、半导体设备等领域的技术发展。基于掌握显示屏的核心技术，上海显耀实现集成电路与显示屏的交叉覆盖，实现“芯屏契合”，具体产品主要包括单色/三色显示板、AM-μLED 微显示开发套件、

AM－μLED 显示屏、AM－μLED 光引擎和光模组等。

2020 年 8 月，上海显耀宣布开发自发光单面板彩色 Micro－LED 微显示屏，用于增强现实领域，如图 4－5－19 所示。开发中的彩色面板拥有 5μm 的彩色像素周期，红、绿、蓝的子像素仅为 2.5μm。彩色微显示屏对角线尺寸为 0.22 英寸，分辨率达到了 qHD 960×540。基于在单色面板积累的经验，上海显耀利用传统的Ⅲ～Ⅴ族薄膜工艺可以将 InGaN 和 AlInGaP 外延集成在一起。结合有效的侧壁钝化处理、微透镜阵列优化光束，以及对小尺寸效应不敏感的独家外延材料，上海显耀实现了高效率的彩色子像素。

图 4－5－19　0.22 英寸单面板彩色 Micro－LED 微显示屏以及和显示模组概念

（1）专利态势和布局分析

图 4－5－20 所示，上海显耀从 2015 年起，便持续提出针对 Micro－LED 微显示屏的专利申请，从 2019 年开始具有较大增长。

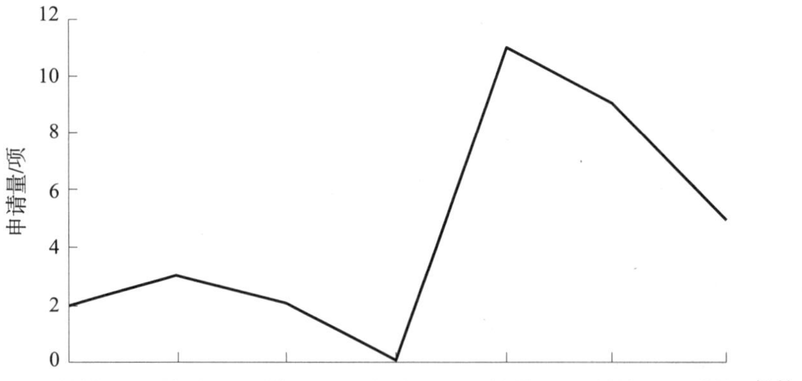

图 4－5－20　Micro－LED 微显示屏上海显耀全球专利申请趋势

上海显耀大都通过 PCT 的方式提交申请，如图 4－5－21 所示，相关专利进入中国、美国、欧洲、韩国等国家和地区，覆盖比较全面。由于大部分都是 2020 年左右提出的申请，因此在中国的申请大多数还处于在审状态，具体如图 4－5－22 所示。

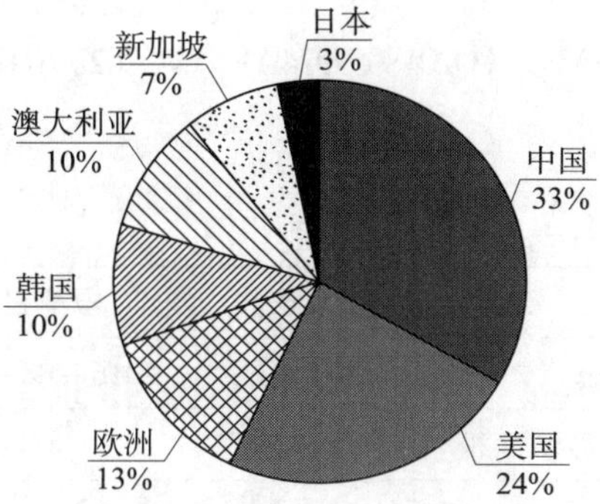

图4-5-21 Micro-LED微显示屏上海显耀目标市场分布

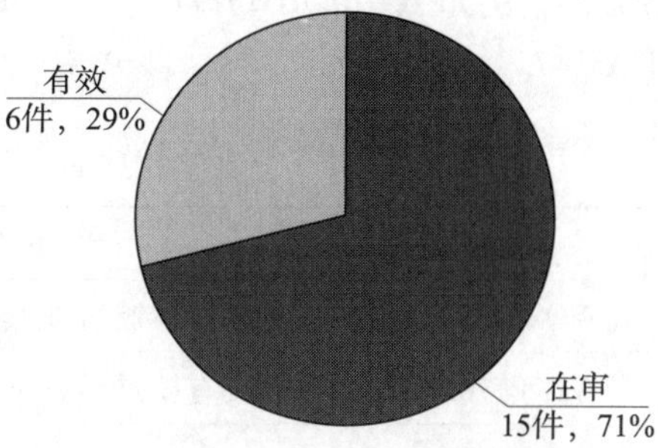

图4-5-22 Micro-LED微显示屏上海显耀在华发明专利申请法律状态

（2）技术路线分析

上海显耀涉及Micro-LED的专利申请共32项，具体涉及单片集成方面的27项，显示面板的5项。其中，基于单片集成实现全彩显示方面的有14项，芯片结构的4项，光学设计的5项。

上海显耀最早于2016年8月26日提交的申请WO2017037530A1（最早优先权为2015年9月4日）中公开了单片集成技术，具体公开了驱动器电路晶片102，包括以阵列布置的多个驱动器电路104；形成在驱动器电路晶片102上方的接合金属层107；并且水平连续的功能器件外延结构层105形成在键合金属层107上并覆盖驱动器电路104。

基于该单片集成技术，上海显耀于2018年3月19日提出了堆叠设置的多色LED结构以实现全彩显示的申请WO2018175338A1，后又相继提出了WO2020257391A1、WO2020257680A1、WO2021202521A1、WO2021048622A1和WO2021048624A1等利用堆叠多色LED的像素单元及显示面板的申请。

WO2018175338A1中通过堆叠Micro-LED的层制造半导体器件。外延结构是未图案化的（例如，未被图案化成单独的Micro-LED），对于对准的要求显著放宽。Micro-LED的多个层被堆叠在包括驱动器电路的基础衬底的顶部上。层被填充并且被平坦化，以使得下一层的未图案化的外延结构被键合。这样进行重复来构建层的堆叠。

上海显耀后续又针对超薄外延层的LED芯片结构于2019年7月17日分别提交了CN110473942A、CN110518102A、CN110534622A 、CN110534624A。其中CN110473942A中公开了采用了半导体超薄外延结构的LED芯片，利用应力调节层来调节第一导电类型外延层中由于生长产生的应力，减小应力对发光层的影响，提高发光层发光效率。进一步地，在应力调节层顶部生长第一导电类型位错微调层，来控制进入发光层的位错浓度，提高发光层的发光效率。由于外延结构非常薄，在制备器件的过程中，对外延结构的刻蚀并不会造成外延结构的侧壁倾斜度很大，近似垂直。由于刻蚀后的外延结构顶部和底部的面积相近，与传统发光外延芯片相比，该发明的外延结构所在芯片单位面积的数量有效增加，提高了芯片集成度，提高了器件单位面积的发光效率。

此外，上海显耀还针对LED的发光效果提出了在LED阵列上设置微透镜阵列等相关光学设计方案，例如WO2017037529A1、WO2017146806A1、WO2018057974A1、WO2022067176A1，参见表4-5-7。

表4-5-7 上海显耀 Micro-LED 单片集成技术相关专利申请

序号	专利公开号	发明名称	技术路线	申请日
1	WO2017037530A1	半导体装置及其制造方法	单片集成	2016-08-26
2	WO2017037529A1	具有微透镜阵列的LED显示面板	微透镜阵列	2016-08-26
3	WO2017112675A1	通过对齐键合和去除基板来制作半导体设备	对准	2016-12-20
4	WO2017146806A1	具有集成微透镜阵列的显示面板的制造	微透镜阵列	2016-12-20
5	WO2018057974A1	具有集成微反射器的微显示面板	微透镜阵列	2017-09-22
6	WO2018111752A1	胶黏剂对微结构的传质	单片集成	2017-12-11
7	WO2018175338A1	通过堆叠 Micro-LED 层来制造半导体器件	全彩	2018-03-19
8	CN110534624A	用于生长半导体超薄外延结构的一种外延层	超薄外延层	2019-07-17
9	CN110473942A	一种超薄LED芯片	超薄外延层	2019-07-17
10	CN110518102A	一种用于半导体超薄外延结构的应力调节层	超薄外延层	2019-07-17
11	CN110534622A	一种半导体超薄外延结构	超薄外延层	2019-07-17
12	WO2020257391A1	用于同轴多色LED的系统和方法	全彩	2020-06-18
13	WO2020257680A1	用于多色LED像素单元的系统和方法	全彩	2020-06-19
14	WO2021048623A1	制造多色发光像素单元的方法	全彩	2020-09-11
15	WO2021048622A1	一种多色LED像素单元及 Micro-LED 显示面板	全彩	2020-09-11
16	WO2021048624A1	一种多色LED像素单元及 Micro-LED 显示面板	全彩	2020-09-11
17	WO2021048625A1	一种多色LED像素单元及 Micro-LED 显示面板	全彩	2020-09-11
18	WO2021067357A1	具有集成微透镜阵列的显示面板的系统和制造方法	微透镜显示	2020-09-30

续表

序号	专利公开号	发明名称	技术路线	申请日
19	CN112951958A	一种同轴生长 NPN 双色外延结构	全彩	2021 - 01 - 29
20	CN112951959A	一种同轴生长 NPN 双色外延结构	全彩	2021 - 01 - 29
21	CN112968086A	一种同轴生长 NPN 双色外延 Micro - LED结构	全彩	2021 - 01 - 29
22	CN112968087A	一种同轴生长 NPN 双色外延 Micro - LED结构	全彩	2021 - 01 - 29
23	WO2021202521A1	用于具有堆叠接合结构的多色 LED 的系统和方法	全彩	2021 - 03 - 30
24	WO2021247887A1	用于具有垂直发光的多色 LED 像素单元的系统和方法	全彩	2021 - 06 - 03
25	WO2021247894A1	用于具有水平光发射的多色 LED 像素单元的系统和方法	全彩	2021 - 06 - 03
26	WO2022067176A1	具有集成离轴微透镜阵列的显示面板	微透镜阵列	2021 - 09 - 27
27	WO2022144752A1	一种 Micro - LED 结构及包括该 Micro - LED 结构的 Micro - LED 芯片	单片集成	2021 - 12 - 27

4.5.2.2 南方科技大学和思坦科技

（1）南方科技大学

刘召军是南方科技大学电子系副教授，其课题组专注于 Micro - LED 发光材料、器件设计与制备、彩色化等研究领域。该课题组以南方科技大学作为申请人针对 Micro - LED 相关技术共提出 19 件专利申请，参见表 4 - 5 - 8。

表 4 - 5 - 8 南方科技大学刘召军课题组有关 Micro - LED 微显示屏专利申请

序号	专利申请公开号	发明名称	申请日
1	CN108321281A	一种微 LED 显示面板及微 LED 显示装置	2018 - 03 - 30
2	CN208157445U	一种微 LED 显示面板及微 LED 显示装置	2018 - 03 - 30
3	CN108364604A	一种 Micro - LED 显示系统	2018 - 04 - 16
4	CN208157018U	一种 Micro - LED 显示系统	2018 - 04 - 16

续表

序号	专利申请公开号	发明名称	申请日
5	CN108666212A	一种 LED 芯片制作方法	2018-05-02
6	CN108899333A	一种 Micro-LED 显示面板及其制造方法	2018-07-17
7	CN108899332A	一种 Micro-LED 显示面板及其制造方法	2018-07-17
8	CN108987424A	一种 Micro-LED 显示面板及其制造方法	2018-07-17
9	CN108987446A	一种 Micro-LED 显示面板及其制造方法	2018-07-17
10	WO2018219199A1	（PCT 未进入指定国，优先权 CN107170876A 申请日：2017-05-27，驳回）一种 Micro-LED 显示器件的制备方法	2018-12-06
11	WO2019001183A1	（PCT 未进入指定国，优先权 CN107331758A 申请日：2017-06-27，授权）一种 Micro-LED 显示器件的制备方法	2019-01-03
12	WO2020057584A1	（PCT 未进入指定国，优先权 CN109256351A 申请日：2018-09-20，授权）微型芯片的批量转移装置以及转移方法	2019-09-19
13	CN110690247A	一种显示装置及 LED 芯片的巨量转移方法	2019-10-16
14	CN111697113A	一种 Micro-LED 器件的制备方法及 Micro-LED 器件	2020-06-15
15	CN112097911A	微型 LED 阵列热稳定性判定方法、装置、计算机设备及介质	2020-09-08
16	CN113437185A	一种高效制备 Micro-LED 芯片的方法和系统	2021-06-23
17	CN113285001A	一种 Micro-LED 显示器件及其制备方法	2021-06-23
18	CN113782554A	Micro-LED 显示面板及其制备方法和显示装置	2021-09-06
19	CN113690171A	一种 Micro-LED 芯片的巨量转移方法	2021-09-08

刘召军课题组在基于量子点颜色转换层的 Micro-LED 全彩显示、Micro-LED 器件转移以及 Micro-LED 器件的效率衰减等方面取得了研究进展，并提出一系列申请。

其中针对全彩显示方面，于 2018 年 7 月 17 日提出 4 件相关专利申请 CN108899333A、CN108899332A、CN108987424A、CN108987446A，主要技术方案为 Micro-LED 显示面板中第一颜色像素和第二颜色像素通过有机发光材料分别发出第一颜色的光和第二颜色的光，第三颜色像素通过 GaN 量子阱层发出第三颜色的光，通过有机发光材料和 GaN 量子阱层配合发光，实现了 Micro-LED 显示面板的全彩化显示。针对 Micro-LED 器件效率衰减方面，课题组主要观点是 Micro-LED 器件的效率衰减是由器件侧壁的刻蚀损伤所导致的，于 2020 年 6 月 15 日提出的专利申请

CN111697113A 公开了通过等离子体对外延层进行处理，降低侧壁表面态的形成，降低器件表面缺陷密度。

Micro-LED 单片集成技术是课题组重要的研究方向，例如2018 年5 月2 日提交的专利申请 CN108666212A 中涉及一种 LED 芯片制作方法，可以直接将切割后的衬底设置在需要放置各个单颗 LED 芯片的位置，然后完成形成外延层和电极等操作，直接在特定位置形成一个个完整独立的单颗 LED 芯片，不再需要进行 LED 芯片的巨量转移。而后在2021 年9 月6 日提出了专利申请 CN113782554A，该申请中通过刻蚀 LED 外延结构，形成多个 LED 柱，倒置 LED 柱和衬底，置于驱动基板上，向衬底施加力以剥离衬底，使 LED 柱转移至驱动基板上。

该课题组也申请了关于巨量转移方向的专利，包括微转印技术。CN113690171A 在转印印章设置孔洞，通过抽气吸附芯片，在印章吸附 LED 芯片时无须对准。CN109256351A 还公开了真空吸附的方式进行拾取。

此外，该课题组还提交了关于自组装技术的转移方式的申请，CN110690247A 中将三种 LED 芯片截面设置不同形状，驱动背板设置有多个磁性电极，形成凹槽。

值得注意的是，有3 件 PCT 申请 WO2018219199A1、WO2019001183A1 和 WO2020057584A1 均未进入指定国。其国内优先权申请 CN107170876A（申请人变更为思坦科技）被驳回，另外 2 件专利 CN107331758A（申请人变更为思坦科技）、CN109256351A 均获得授权。

（2）思坦科技

思坦科技成立于2018 年10 月，由南方科技大学刘召军副教授等海内外高层次人才团队和南方科技大学公司联合创建，获得科技部成果转换引导基金天使轮投资，并且获得了中芯聚源、小米、红杉中国等企业领投的数轮融资。思坦科技是一家 Micro-LED 全套解决方案技术提供商，在深圳龙华已建成国内第一条 Micro-LED 专用中试线，2019 年4 月实现了第一批小批量出货，2019 年8 月已具备2～6 英寸第三代半导体产业技术中试能力。2022 年已成功开发定制化的 1～50μm 的 Micro-LED 发光芯片，能搭配超小尺寸像素的 Micro-LED 发光芯片的基于硅基 CMOS 驱动电路矩阵，并通过自主开发的单片集成技术和硅基 CMOS 驱动技术，研发出最小可做到亚微米级、适用于增强现实/虚拟现实、智能穿戴的高分辨率显示屏的小尺寸 Micro-LED 微显示模组。

思坦科技在中国共申请专利288 件，其中涉及 Micro-LED 的专利申请共67 件，发明专利申请49 件，实用新型专利申请18 件。图4-5-23 为 Micro-LED 微显示屏领域思坦科技公司专利申请总体态势。可以看出，思坦科技从 2017 年开始申请与 Micro-LED 相关的专利，到2019 年达到一个高峰，2020 年申请量虽有回落，但 2021 年开始迅猛增长，申请量达到40 件。

图4-5-24 为思坦科技涉及 Micro-LED 微显示屏领域的专利申请法律状态。思坦科技大都采用同日提交发明专利申请和实用新型专利申请的方式，并且从 2019 年开始申请量逐渐增长，因此大多发明专利申请处于在审状态。

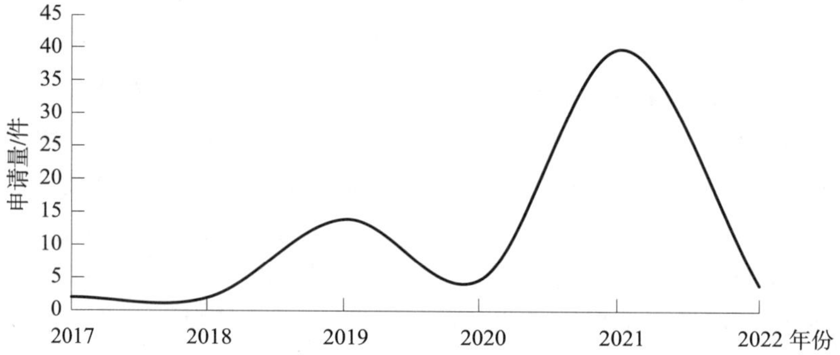

图 4-5-23　思坦科技 Micro-LED 微显示屏申请趋势

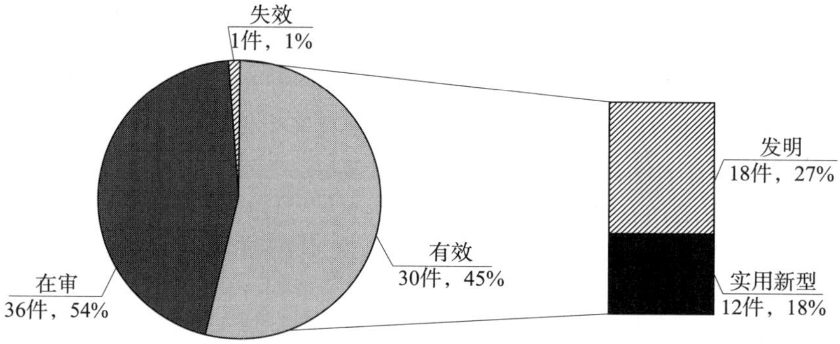

图 4-5-24　思坦科技 Micro-LED 微显示屏专利申请法律状态

在思坦科技关于 Micro-LED 微显示屏的 67 件专利申请中，涉及 Micro-LED 巨量转移方向的申请有 19 件，具体包括微转印、自组装方面，涉及单片集成方向的申请 4 件，涉及芯片结构的申请共 24 件，涉及全彩显示的申请 3 件，涉及检测修复方向的申请 4 件，涉及显示面板的申请 10 件，还包括其他相关技术的申请 3 件。

在涉及巨量转移的多项专利申请中，主要包括了微转印技术（CN114284401A、CN113990765A、CN114335260A、CN110429051A）、自组装技术（CN110611018A、CN110660712A、CN114420799A、CN211088294U），还涉及了静电吸附技术（CN114420802A）。

CN114284401A 中在载体基板上设置第一胶层，将载体基板与生长基板键合，通过第一胶层黏取多个 Micro-LED 芯片；在转移基板上设置第二胶层，将载体基板与转移基板键合，处理掉第一胶层，通过第二胶层黏取多个 Micro-LED 芯片；在目标基板上设置目标电极，将转移基板与目标基板键合，处理掉第二胶层，通过目标电极与多个 Micro-LED 芯片的电极键合，完成转移。

CN110429051A 中的转移技术，采用弹性膜转移芯片，通过拉伸弹性膜，调整芯片之间的间距，实现了芯片转移时的密度调整。

专利申请 CN112750935A、CN113451352A、CN114420818A、CN216054766U 等涉及芯片的弱化结构，在芯片主体相对两侧设置连接桥，当芯片与衬底剥离时，连接桥受应力断裂，防止单个芯片脱落及相互碰撞，提高转移精度，从而快速实现巨量转移。

思坦科技2019年10月30日提交了关于单片集成技术的专利申请CN110649140A，第一晶圆包括多个呈矩阵排列的LED驱动芯片，第二晶圆包括多个呈矩阵排列的LED芯片；将第一晶圆与第二晶圆键合，以形成双层晶圆板，将双层晶圆板进行切割，以获得多个显示芯片模组。2021年1月25日又针对LED中金属焊接层位置稳定性提出了专利申请CN112786768A 、CN216054775U，在p型GaN层上的导电层处形成通孔，导电层通过通孔形成基于钝化层的凸起；将金属焊接层生长在钝化层和导电层上，解决了焊盘在回流成焊球的过程中会使焊球的位置发生一定的偏移，导致Micro－LED阵列结构的封装失效的问题。

（3）产学研模式

在对专利数据进行梳理时发现，思坦科技涉及Micro－LED微显示屏专利申请中有4件的原始申请人是南方科技大学（参见表4－5－9），后在2019年12月左右变更为思坦科技。这些专利申请中，有2件是在2017年提出的，早于南方科技大学刘召军课题组提交关于Micro－LED专利申请的时间，其他2件也都是2018年较早时间申请的，属于课题组早期的研究成果。

表4－5－9 申请人由南方科技大学变更为思坦科技的Micro－LED微显示屏专利申请

序号	专利申请公开号	发明名称	法律状态	申请日
1	CN107170876A	一种Micro－LED显示器件的制备方法	驳回	2017－05－27
2	CN107331758A	一种Micro－LED显示器件的制备方法	授权	2017－06－27
3	CN108615742A	一种显示面板制作方法、显示面板及显示装置	在审	2018－07－10
4	CN110310907A	一种Micro－LED芯片转移方法及显示装置	授权	2019－07－02

2017年5月27日提交的专利申请CN107170876A、2017年6月27日提交的专利申请CN107331758A涉及全彩显示方面，采用具有凹陷图案的模板转印的方式将量子点材料涂覆于Micro－LED芯片阵列上。具体地，将不同量子点材料错位打印至转印模板的不同凹陷处，可以实现不同量子点材料的同时转印，同时避免了不同量子点之间的相互影响；还采用多个转印模板，通过多次错位转印实现不同量子点材料的序列转印，提高了高分辨彩色化显示质量，同时转印时间短，易于大批量快速生产。

CN108615742A涉及全彩显示方面，通过两次电泳沉积，分别在透明导电层上形成第一颜色量子点发光层和第二颜色量子点发光层，实现了全彩Micro－LED像素阵列制备。

CN110310907A涉及巨量转移方面，通过按照阵列行和阵列列切割外延片，形成多个Micro－LED芯片；将Micro－LED芯片对准转移至驱动基板上，每一个Micro－LED芯片与驱动电路单元对应电连接。

4.5.2.3 君万微电子

君万微电子成立于2016年，总部位于中国上海，研发生产中心于2021年搬迁至浙江绍兴柯桥，并成立全资子公司。该公司是国内较早从事 Micro - LED 技术研发与生产的企业，拥有独立自主开发的 Micro - LED 微显示芯片核心技术与生产工艺，已顺利实现高亮度、高分辨率单色芯片的批量生产。2022 年 5 月，君万微电子展示了全彩色硅基 Micro - LED 微型显示器，正常工作亮度 20000 nit，峰值亮度超过 10 万 nit，采用 RGB 接口技术，像素密度约达 1500PPI。

（1）企业专利情况

君万微电子涉及 Micro - LED 的专利申请共 6 项，2 项是 2016 年申请的，其余 4 项都是在 2017 年提出申请，之后就没有针对 Micro - LED 技术提出相关的申请。6 项申请中大部分是在中国提出的，仅有 1 项是通过 PCT 的方式提出的，并进入中国国家阶段。这些专利申请都是基于单片集成技术，通过像素化颜色转换实现全彩显示，具体如表 4 - 5 - 10所示。

表 4 - 5 - 10　君万微电子涉及 Micro - LED 微显示屏专利申请

序号	公开号	发明名称	法律状态	技术路线	申请日
1	CN105742307A	一种彩色微显示器件及制备方法	授权		2016 - 04 - 26
2	WO2018121611A1	基于Ⅲ - Ⅴ族氮化物半导体的 LED 全彩显示器件结构及制备方法	CN106876406A 在审	像素化色转换	2017 - 12 - 27
3	CN106024825A	基于氮化物 LED 阵列的无间隙微显示器	在审		2016 - 06 - 30
4	CN109036258A	彩色微显示器件及其制作方法与彩色图像的显示方法	在审	白光结合动态滤光器	2017 - 06 - 09
5	CN109036153A	一种 LED 微显示阵列倒装芯片及制作方法	授权		2017 - 06 - 09
6	CN106206605A	彩色微显示器件及其制作方法与彩色图像的显示方法（微透镜）	驳回	微透镜	2017 - 06 - 09

（2）重点专利分析

WO2018121611A1 中公开了 LED 微像素及各颜色转换膜均通过厚度很小的第一导电类型Ⅲ ~ Ⅴ族氮化物层相连接，既可以缩小相邻 LED 微像素之间的间距，以提高其分辨率，又可以降低相邻颜色转换膜之间的串扰，从而显著提高该发明的显示器件结构的对比度，也可以采用白光转换膜结合滤光膜。

CN109036258A 中通过白光 LED 微显示模组在形成每一帧图像的时间内，将待显示彩色图像中不同的子色场灰度信息按任意顺序依次显示，动态滤光器位于白光LED微显示模组出光面的一侧，适于依据白光LED微显示模组中红色子色场灰度信息、绿色子色场灰度信息及蓝色子色场灰度信息的显示时间同步实时地对白光LED微显示模组发出的白光进行红光滤光、绿光滤光及蓝光滤光，以最终呈现所需的彩色图像。

4.5.2.4 康佳

2019年，康佳和重庆璧山合资成立重庆康佳光电技术研究院有限公司，投资300亿元建立重庆康佳半导体光电科技产业园，进入Micro-LED显示技术研发、生产和销售全领域。2022年9月，重庆康佳半导体光电产业园宣布正式投产，标志着康佳全面进入Micro-LED产业化。康佳已建成完整制程的巨量转移中试线、Micro-LED直显量产线，具备全面检测能力的Micro-LED检测中心和Micro-LED芯片量产线。康佳在巨量转移技术和芯片微小化技术等多个领域做到行业领先，正在加快将核心技术成果转化为产业动能。

检索结果表明康佳一共有339项涉及Micro-LED微显示屏的专利技术，中国申请340件，本小节将对这些专利进行详细的分析。

（1）技术布局分析

从图4-5-25可以看出，康佳在全部技术分支都进行了专利布局。其中巨量转移的占比最多，占38%；其次是芯片和显示面板，各占22%，全彩、检测修复和单片集成分别占9%、7%和2%，可见巨量转移技术分支是其研发重点。在巨量转移分支中，七种转移路线康佳均有涉及，并且还有不少其他转印路线的尝试，在转印路线中，占比最多的是微转印技术，其次是选择性释放和自组装技术。

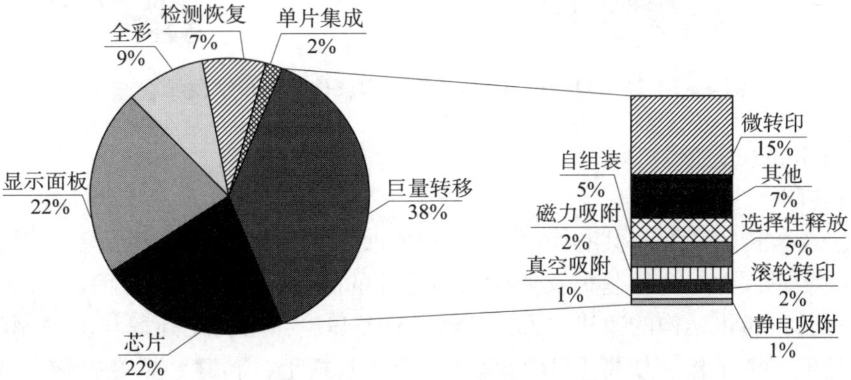

图4-5-25 康佳Micro-LED微显示屏专利技术分解

图4-5-26示出了Micro-LED微显示屏康佳的目标市场分布。从康佳专利申请进入的国家来看，主要的目标市场着眼于中国本土，有少量的专利申请进入美国等其他国家。但是康佳339项专利中，其中有56项为PCT申请，可见其有进入多个国家的意向。

如图4-5-27所示，在康佳的所有中国专利中，有效的专利占总申请量的56%，其中发明102件，实用新型88件，处于审查中的专利有143件，占总量的43%。

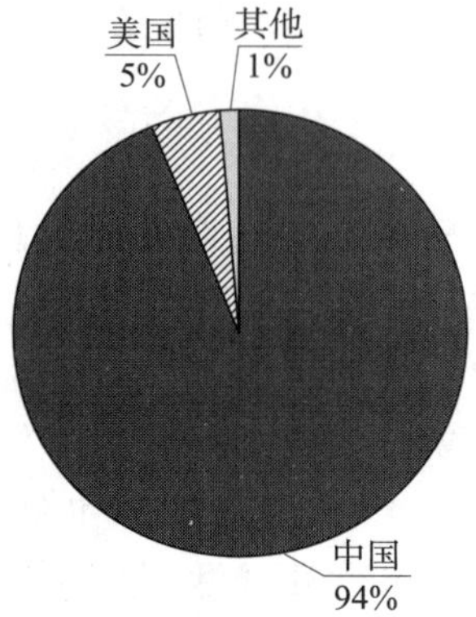

图4-5-26 Micro-LED微显示屏康佳目标市场分布

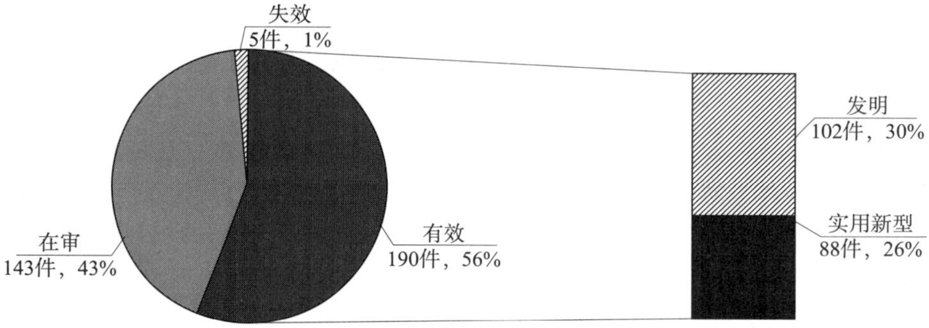

图4-5-27 Micro-LED微显示屏康佳专利申请法律状态

（2）技术路线分析

1）微转印

康佳涉及微转印的专利共有54件，其技术改进的路线主要包括：牺牲层和弱化结构、芯片高度一致性、转移基板及转移头、芯片的间距调整等几个方面。

在牺牲层和弱化结构的改进方面，CN113330549B利用黄光制程与干蚀刻的方法在LED上蚀刻出支撑结构，使得LED牢靠地固定在基板上，转移装置在拾取LED时，支撑结构断裂。CN113903695A在将Micro-LED芯片从生长基板转移至转移基板上后，通过将转移基板与各Micro-LED芯片之间的黏附层部分去除，未去除部分则作为将各Micro-LED芯片支撑于转移基板上的支撑体，降低黏附层对Micro-LED芯片的黏附强度。CN112967987B在芯片承载部件中设置可以受热变形的变形区，在变形区变形前承载LED芯片，变形后降低LED芯片与芯片承载部件的接触面积。

在利用微转印方式进行巨量转移的过程中，芯片高度不一致，有些芯片会因高度不足而导致贴合不完全，因此，多个芯片高度一致，有利于提高转移的成功率。

CN112967961B 在第一暂态基板上涂覆阻光的第一黏附胶；在生长基底上涂覆第一负性光刻胶；以第一暂态基板作为掩模板，对第一负性光刻胶进行曝光和显影；固化曝光后的第一负性光刻胶；将第一暂态基板贴合于生长基底上。这样使得第一负性光刻胶和第一黏附胶厚度互补，以此控制光刻胶的厚度，从而使得多个 Micro－LED 之间能够保持高度一致。CN112968106B 在芯片远离生长基板的一侧表面覆盖第一胶层；提供表面覆盖有未固化的第一热固性材料层的第一暂态基板，将第一胶层与第一热固性材料层贴合；固化第一热固性材料层，以使第一胶层上的凹凸面和第一热固性材料层的凹凸面配合，生成平整层，以便于转移芯片。

在转移基板及转移头的改进方面，CN112967983B 中转移系统包括临时基板和转移设备，临时基板的第二表面相对第一表面是一个倾斜的表面，转移设备具有转移基板和多个转移头，转移基板第四表面相对第三表面是一个倾斜的表面，多个转移头间隔地位于第四表面，转移头背离转移基板的一侧表面与第四表面平行。这样使得芯片更容易脱离该倾斜的表面，可以降低芯片脱离临时基板的难度。CN112992722A 中的转接板包括基板以及层叠于基板上用于黏接并转移 LED 的键合胶层。键合胶层采用有机硅或丙烯酸材料制备，厚度 H 和孔隙率 P 满足一定的条件。键合胶层在第一温度 T_1 环境下具有第一黏合力 F_1，并在高于所述第一温度 T_1 的第二温度环境 T_2 下具有低于第一黏合力 F_1 的第二黏合力 F_2。CN112967986B 在衬底表面设置弹性胶层，并在弹性胶层上设置包括镂空区域的掩模版，然后并透过掩模版对弹性胶层进行蚀刻，待蚀刻完成后，去除掩模版以得到转移构件。CN113228243A 中转基板涂布有黏着层，黏着层黏性与温度大小成正比，在剥离原生基板时，让黏着层的温度增加，从而增加黏着层的黏性；转移后利用冷却装置对黏着层进行快速冷却，降低黏着层的黏性，从而加快将芯片从中转基板剥离。

在芯片的间距调整方面，CN110998822B 中温控装置通过对正负热膨胀材料层进行温控，使得凸起转移头间距发生变化，抓取不同间距的微器件。CN111052342B 中伸缩板上设置黏性层，伸缩板用于根据温度变化进行伸缩，以调整黏性层上黏附的微器件的间距。

2）选择性释放

康佳主要利用激光来选择性释放 Micro－LED 芯片，技术改进的路线主要包括红绿蓝三色芯片的转移、对准定位以及激光器光斑的控制等方面。

在红绿蓝三色芯片的转移方面的改进，CN110998824A 采用激光照射的方式使结合在第一载板上的 LED 发生脱落，同时利用基板交错转移的概念，将脱落的 LED 交错转移至第二载板上，使第二载板上均匀地分布红色 LED 晶粒、绿色 LED 晶粒以及蓝色 LED 晶粒。同时，将红绿蓝三种 LED 晶粒转移至同一载板上，也可使 LED 晶粒设计排列更为紧密。CN113497011A 中显示背板上设置有不同高度的凸台承载 Micro－LED芯片，不同颜色的芯片具有不同的高度，用相同的方法分次转移高度不同的 Micro－LED 芯片。

在对准定位方面，CN111540705A 在接收装置上设置具有对应凹槽的光刻胶层，从而对落下的LED芯片进行卡位。CN113451274B中LED芯片组件包括多颗LED芯片和至少两个标记基础件，标记基础件与LED芯片在同一生长基板上形成，可以随着LED芯片一起被转移到暂态基板上，用于在LED芯片转移过程中起定位作用。CN112968078B在相邻两个Micro-LED之间形成具有阻挡和拉力作用的光固胶，保持了Micro-LED之间的间距。

另外，CN112992665B、CN112967946A、CN112967975A对激光器进行改进，从而提高光斑控制的精确度。

3）单片集成

在单片集成方面，康佳有7件相关的专利，如表4-5-11所示。

表4-5-11 单片集成康佳专利

序号	公开号	发明名称	技术路线	申请日
1	CN111033748B	一种发光二极体组件及其制备方法、显示器的制备方法	对准	2019-11-26
2	CN111048634B	一种Micro-LED转移方法及背板	键合	2019-12-26
3	CN113451449A	一种RGB外延结构及其制造方法与应用	全彩	2020-05-19
4	CN113937122B	LED显示面板及制备方法、电子设备	全彩	2020-07-16
5	CN114335285A	微型元件结构及其制作方法、芯片的转移方法	键合	2020-09-28
6	CN215933607U	背板组件、显示面板及显示装置	对准	2021-09-17
7	US2022181531A1	显示模块及其制造方法和电子设备	外延结构转移之后再图案化	2022-01-06

在对准方面的改进，CN111033748B在基板上设置阻光件和LED后，直接将LED与背板连接，只需要将LED组件最边缘的两个电极与背板的对应电极对准，并实现LED与背板的连接。CN215933607U在背板组件上方的晶圆组件与背板组件进行对位过程中，先将晶圆组件上芯片的电极与背板组件上对应位置的焊盘进行粗对位，然后利用多个凸起单元对焊盘上方芯片电极的限位，使得芯片的电极精准地落在对应位置的焊盘上，从而完成背板组件与晶圆组件的精准对位。

在选择性地键合合格Micro-LED方面，CN111048634B在生长基板上制作Micro-LED晶粒阵列，对Micro-LED晶粒进行检测，在合格的Micro-LED晶粒的金属层上增设金属层，以使合格的Micro-LED晶粒的高度大于不合格的Micro-LED晶粒的高度；将Micro-LED晶粒阵列与显示背板金属键合，将Micro-LED晶粒阵列与生长基板剥离。CN114335285A中多个芯片阵列排布地设置在基板上，每相邻的两个芯片之间连接有一个桥接件；桥接件与芯片的侧面连接，且桥接件突出于芯片的出光面，能方便后续转移基板将多个芯片整体进行转移。桥接件还有利于有缺陷的芯片的剥离。

在全彩方面，CN113451449A 在衬底上依次生长 GaN 缓冲层、第一未掺杂 GaN 层、第二未掺杂 GaN 层和 n 型 GaN 层；用钝化层作为保护，经选择性刻蚀、生长蓝光多量子阱层、绿光多量子阱层和红光多量子阱层阵列，在蓝光多量子阱层、绿光多量子阱层和红光多量子阱层上生长 p 型 GaN 接触层，直接将芯片键合到相应驱动电路板上。CN113937122B 将多颗倒装 LED 芯片以电极背向基板的方式转移至基板上形成 LED 芯片层，LED 芯片层中包括红、绿、蓝三种颜色的倒装 LED 芯片；在 LED 芯片层上生长出与倒装 LED 芯片的电极电连接的 TFT 驱动电路层。

另外，US2022181531A1 中外延结构和背板通过第一子金属层和第二子金属层接合，然后衬底被移除，半导体结构被图案化以形成彼此分离的多个发光单元，也即对外延结构转移之后再图案化，从而避免了巨量转移。

4.5.2.5 歌尔股份

歌尔股份成立于 2001 年 6 月，总部位于山东潍坊，2008 年 5 月在深圳证券交易所上市，是全球布局的科技创新型企业，主要从事声光电精密零组件及精密结构件、智能整机、高端装备的研发、制造和销售。

2010 年，歌尔股份成功进入苹果公司供应链，给 iPhone、iPad 供应扬声器模组、麦克风，以及有线耳机等，苹果公司长期作为歌尔股份的第一大客户。

2012 年，歌尔股份就已经布局光学零组件，2016 年起，歌尔股份独家供应索尼 PS VR 和脸谱旗下的 Oculus 几款虚拟现实头显。在国内品牌中，歌尔股份也对 Pico Neo、华为 VR Glass 等中高端品牌供货，其中国内排名前列的虚拟现实品牌 Pico Neo 是由小鸟看看发布的，其背后的第一大股东正是持股 35.08% 的歌尔集团。几家虚拟现实厂商先行者几乎被歌尔股份掌握，全球 70% 的 PC 端虚拟现实产品都已经由其代工。

在企业投资方面，2017 年 1 月，歌尔股份以 2460 万美元收购 Kopin 约 10% 股份用于加强在小型化、轻量化的虚拟现实征集设计方案能力；2018 年 12 月，与威福光学合作提前布局光波导技术；2019 年 6 月，成立青岛虚拟现实研究院进行虚拟现实、增强现实领域的软硬件技术研究。

歌尔股份进行的布局已颇为完整——从上游精密元器件、模组，到下游的智能硬件，从模具、注塑、表面处理，再到高精度自动线的自主设计与制造，产品涉及微型扬声器、微型麦克风、虚拟现实/增强现实、蓝牙耳机、MEMS、有线/无线耳机、智能穿戴设备。

（1）专利态势和布局分析

图 4-5-28 所示，歌尔股份涉及 Micro-LED 微显示屏的专利申请在主要集中在 2015 年和 2017 年，分别有 12 项；而在 2018 年后申请量逐渐减少，2018 年仅有 3 项；到 2019 年和 2020 年则分别提交了 1 项相关申请。

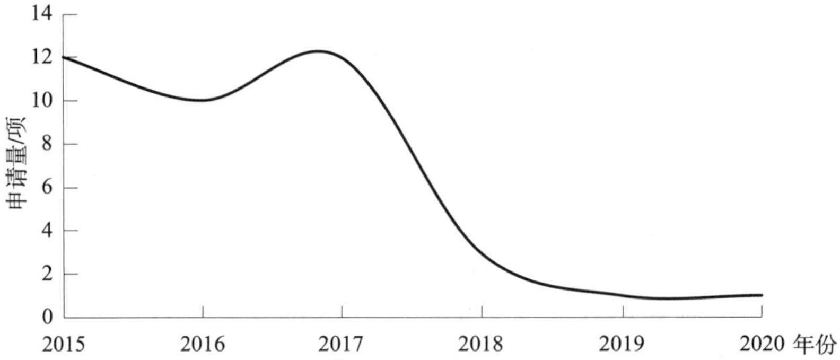

图4－5－28　歌尔股份 Micro－LED 微显示屏专利申请趋势

歌尔股份提交的专利申请大多是通过 PCT 进入指定国的方式，如图4－5－29所示，相关专利常会指定中国、美国、欧洲和日本，少部分仅在中国提交了申请。

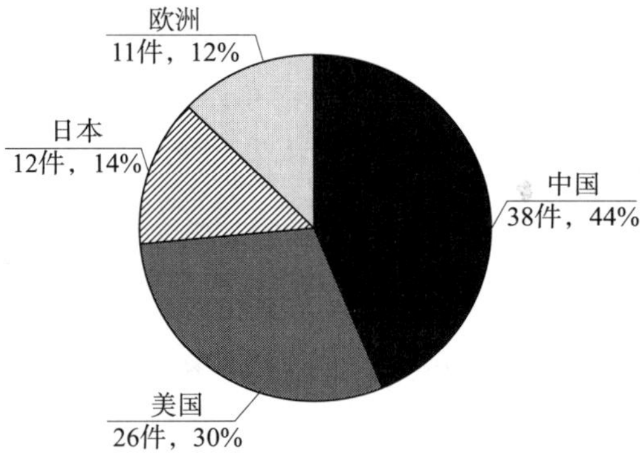

图4－5－29　歌尔股份 Micro－LED 微显示屏专利申请目标地分布

歌尔股份涉及 Micro－LED 微显示屏的申请共39项，其中涉及巨量转移的申请23项、全彩显示的2项、单片集成的3项、修复检测的5项、芯片结构的3项以及显示面板的3项。其中巨量转移技术方向中还具体分为激光剥离选择性释放技术和自组装技术。

（2）技术路线分析

歌尔股份在2015年4月1日就针对巨量转移中的激光剥离选择性释放技术提交了 PCT 申请 WO2016154956A1，同时还进入中国、美国、欧洲、日本，均获得授权。其主要技术方案为在激光透明的原始衬底上形成 Micro－LED；使 Micro－LED 与接收衬底上预先设置的接垫接触；并且从原始衬底侧用激光照射原始衬底，以从原始衬底剥离 Micro－LED。

WO2017066921A1 中经由第一接合层将激光透明原始衬底上的 Micro－LED 暂时接合到载体衬底上；用激光照射原始衬底，以剥离选定的 Micro－LED；在第一接合层上执行部分释放，以将选定 Micro－LED 转印到载体衬底；经由第二接合层将载体衬底上的 Micro－LED 暂时接合到转移头衬底上；在第一接合层上执行完全释放，以将

Micro－LED转印到转印头衬底；将转移头基板上的所述Micro－LED接合到接收基板上；以及通过释放第二接合层来移除转移头基板，以将Micro－LED转移到接收基板。

进一步地，其还提出一系列涉及转移元件结构的专利申请。WO2017075776A1中在激光透明的原始衬底的背面形成掩模层，其中Micro－LED位于原始衬底的正面。使用掩模来选择要剥离的Micro－LED，可以简化对激光束的控制。CN113421839A中在承载衬底上涂覆牺牲层，所述牺牲层完全覆盖Micro－LED及其之间的空隙；对牺牲层进行构图，暴露要拾取的Micro－LED。WO2018035668A1在承载衬底的第一表面、第二表面及接收衬底的第三表面中的至少一面上形成保护层，使待转印的Micro－LED与第三表面上的垫接触；用激光从第一表面照射待转印的Micro－LED，以从载体衬底剥离待转印的Micro－LED，保护层经配置以保护所述第三表面免受所述激光的照射。

基于激光剥离技术，歌尔股份又于2015年7月14日一日提交了3件相关的PCT申请，分别是：WO2017008251A1，其中公开了一种倒装裸片的组装方法及芯片与基板的键合方式；WO2017008253A，其中利用静电力、电磁力等非接触的作用力，使Micro－LED与接收衬底上预先设置的接垫接触；WO2017008254A1，其中Micro－LED是横向Micro－LED，其P电极和N电极位于同一侧；使横向Micro－LED的P电极和N电极与接收衬底上预先设置的接垫接触；从原始衬底侧用激光照射原始衬底，剥离横向Micro－LED；采用横向Micro－LED可以省略Micro－LED转移之后的N金属电极处理。

2016年4月28日还提交了一件针对红光LED的制备方法的专利申请CN105826435A，并获得授权。具体为使用激光从承载衬底侧照射基础Micro－LED，以剥离基础Micro－LED衬底；将基础Micro－LED接合到显示背板；以及在基础Micro－LED上覆盖红色荧光粉，以形成能发射红光的红色荧光粉Micro－LED。

2016年11月7日，歌尔股份还提交了一件涉及选择性释放的专利申请WO2018082100A1，其中拾取单元将电流加载到Micro－LED；通过拾取单元向Micro－LED加载电流，以加热Micro－LED与承载衬底之间的接合层使其熔化，以释放Micro－LED。

除了激光选择性释放转移技术，歌尔股份的专利中也涉及了单片集成技术。其2017年8月30日提交的一件专利申请CN107579143A中记载，将多个LED晶片按照预设排布图案键合在背板上，并对多个LED晶片进行刻蚀处理得到裸露出LED表面导电层的晶片，再把电极板键合在裸露出LED表面导电层的晶片上，再进行切割，得到待封装的LED器件。

2017年11月30日，歌尔股份提交了一件PCT申请WO2019100433A，公开了无须经过热辅助技术对衬底上的LED颗粒进行巨量矩阵转移的方法，先将衬底上的LED单晶层与显示背板上的金属层直接进行键合后，再对LED单晶层上的衬底进行剥离，之后在显示背板上对LED单晶层和金属层进行刻蚀而形成LED阵列。

2017年12月4日提交的另一件PCT申请WO2019109390A1，公开了另一种单片集成方法，可实现一次性转移多种颜色的Micro－LED。按照蓝色Micro－LED、绿色

Micro－LED、红色 Micro－LED 的先后顺序，在同一 GaAs 原始衬底上外延生长其中两种或三种颜色的 Micro－LED；在接收衬底上外延生长对应于 Micro－LED 的凸点电极；使两种或三种颜色的 Micro－LED 与接收衬底上的凸点电极键合；去除 GaAs 原始衬底。

此外，歌尔股份还针对转移后的芯片键合方式提出了一些方案。WO2016183845A1 提出了在激光透明的原始衬底上形成 Micro－LED；在接收衬底上设置各向异性导电层；使 Micro－LED 与接收衬底上的各向异性导电层接触；从原始衬底侧用激光照射原始衬底，以从原始衬底剥离 Micro－LED；以及对各向异性导电层进行处理，使得 Micro－LED 与接收衬底上的接触垫电连接。WO2018191883A1 中公开了在转移期间使用导电抗蚀剂作为接合材料，用于在接收基底上的电极与 Micro－LED 阵列中的 Micro－LED 的 p 金属之间进行互连。

第5章　光波导专利技术分析

5.1　概　况

5.1.1　产业概况

光波导因其轻薄和外界光线的高穿透特性，被认为是消费级增强现实眼镜的最优光学方案。基于综合性能和规模量产优势，业内普遍认为未来增强现实眼镜中光波导技术将成为主流。

阵列光波导的代表公司是以色列的鲁姆斯。2000年，鲁姆斯首先提出“几何光波导”的概念并一直致力于优化迭代，使增强现实设备以眼镜形式存在成为可能。鲁姆斯最初推出的几何光波导方案结构较为简单，只实现了一维方向的扩瞳，为了进一步提升增强现实近眼显示设备的性能，提出了二维扩瞳方案，即在两个区域内分别设置一组反射阵列，实现两个方向的扩瞳，最终获得了较为理想的眼动范围。在国内方面，灵犀微光D-40阵列光波导模组生产线已经进入投产阶段，并且推出了阿拉丁系列增强现实眼镜。2021年12月，灵犀微光发布旗下首个轻薄型增强现实眼镜参考机型阿拉丁Zero，终端形态轻薄，基于AW70s阵列光波导模组，将光机重量控制在10g，在重量、造型和佩戴感等方面实现很大提升。珑璟光电阵列光波导模组也已量产。

2002年，诺基亚的Tapani Levola博士发明了用于近眼显示的衍射光波导技术，在推动增强现实行业快速发展方面，起到了关键性作用。得益于光通信行业设计和制造技术的积累，表面浮雕光栅目前占据市场主流，比如微软的HoloLens，其他的代表性公司像奇跃公司、迪斯帕列斯、维盛公司、威福光学也采用此方案，它跟半导体工艺有相似之处。衍射光波导的大批量生产通过复制工艺实现，这种大规模的制造工艺依赖于高折射率的光学树脂。复制工艺包括热压法、紫外线纳米压印光刻法和微接触压印法（软光刻）。其中紫外线纳米压印光刻法是表面浮雕光栅波导批量生产中的常用方法。

国内方面，表面浮雕光栅光波导产业成熟较晚，珑璟光电自2019年开始加大投入，已设有衍射光波导微纳实验室，建成纳米压印实验线，并于2021年推出新一代衍射光波导产品，已走通了整套纳米压印流程，具备小批量出货的能力。成立于2019年的北京至格科技采用IDM模式，自主掌握“光栅设计”“光栅母版加工”“纳米压印生产”三大核心技术，拥有功能完备的光栅母版加工中心和衍射光波导生产线，成功研发并量产增强现实衍射光波导产品。此外，灵犀微光、驭光科技等国内公司也均在该领域进行研发布局。值得一提的是，国内大企业也通过注资的方式进军该领域，其中歌尔股份在2018年和2019年先后两次投资光波导设计公司威福光学，获得了威福光学33%的股权。

体全息光栅波导具有衍射效率极高、视场角大、透明度极高、结构轻薄、可大面积制备、加工周期短、成本低、良率高等特点，但其工艺难度较大，对材料、系统设计、制造工艺要求较高。受到可利用材料的限制，体全息光栅波导在视场角、光效率、清晰度等方面都还未达到与表面浮雕光栅同等的水平。

采用体全息光栅波导方案的厂家比较少，早期有代表性的厂家为索尼公司和迪斯帕列斯，其开发了体全息波导的加工工艺流程，使用双束干涉曝光法在附着在卷胶上的光敏聚合物膜内形成体全息波导，通过注射成型法形成高质量的环烯烃聚合物塑料波导。随着该技术的日渐成熟，参与全息光栅衍射波导光学研究的公司数量不断增加，包括英国的威福光学，以及美国苹果公司收购的Akonia等。迪斯帕列斯也推出双层全彩体全息光栅波导，该结构通过利用多个单色光栅进行彩色实现，可有效减少系统颜色的串扰，但效率不高，且因其双层波导结构，制造难度更大。

在国内方面，灵犀微光围绕理论设计、体全息光栅波导制备、体全息材料研制、光机整体设计等方面进行研发，并且相继取得进展。据相关报道，灵犀微光绕开迪斯帕列斯在银盐感光材料上的专利把控，从2014年开始，采用聚合物分散液晶技术路线，从材料配方到制备条件、制备方法到定制生产设备，基本打通了整条生产流程，预计随着工艺工装的磨合，2023年、2024年该公司将有望实现小批量体全息镜片量产。成立于2019年的奥提赞具有体全息光波导从材料配比到生产工艺、生产制造全流程工艺产线。2021年8月，光粒科技发布了全息树脂光波导Holoresin，良率高达95%以上，年产量可达10万片以上，并于同年9月推出使用该技术的增强现实全息智能泳镜产品Holoswim。

综合来看，阵列、表面浮雕光栅、体全息三条波导路径本身并无技术优劣之分，都是利用反射或者衍射等光学现象达到扩展出瞳的效果，为增强现实眼镜提供虚实融合器。除体全息技术之外，阵列和表面浮雕光栅都具有一定的技术成熟度，并进入小批量量产阶段。

从技术路线层面，阵列光波导采用光学冷加工技术，极度考验供应商对产线、工艺和产品良率的把控能力，具备较高门槛，仅有极少数供应商实现产业化。表面浮雕光栅衍射物理过程本身对于角度和波长的选择性导致了色散问题的存在，图像偏色/失真严重、光效过低。体全息光波导在理论和工艺上仍在探索阶段，随着加工技术与材料的成熟完善，未来会具备较高的可加工性、成本可控性和批量生产稳定性，现已成为国内外标杆企业研发创新的聚集区。

5.1.2 重点专利技术发展

光波导技术被认为是增强现实显示技术中光学器件的优选光学方案。随着微软HoloLens两代产品以及Magic Leap One等设备对光波导的采购和量产，光波导逐渐成为研发热点。

光波导方案主要包括阵列光波导方案、表面浮雕光栅光波导方案和体全息光波导方案。阵列光波导方案使用阵列的部分透射部分反射薄膜镜来达到显示虚拟信息的目的，具有轻薄、眼动范围大且色彩均匀的优势，但工艺流程复杂，良率提升难度极大。表面浮雕光栅光波导方案可以用纳米压印工艺进行大批量生产，具有大视场和大眼动范围的优势，但也会带来视场均匀性、色彩均匀性和微纳加工工艺方面的挑战。体全息光波导方案在色彩均匀性和实现单片全彩波导上均有优势，但是在大规模量产和大视场上受到了限制。

上述各技术分支的技术路线图如图 5 – 1 – 1 所示。

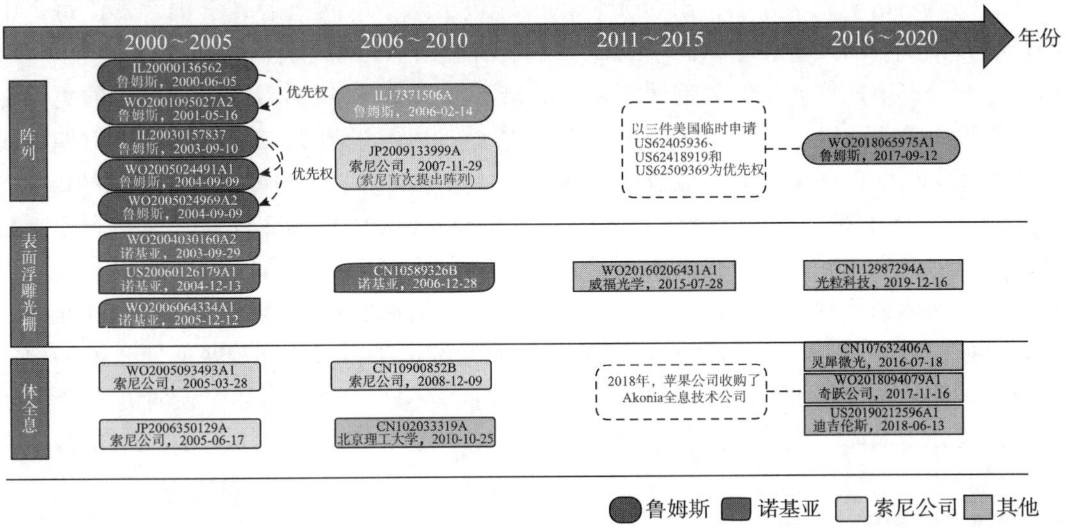

图 5 – 1 – 1　光波导技术路线

5.1.2.1　阵列光波导

2000 年，以色列鲁姆斯首先提出“阵列光波导”。2000 年 6 月 5 日，鲁姆斯提出阵列光波导的专利申请 IL20000136562（基板引导的光束扩展器），并于 2001 年 5 月 16 日以此申请为优先权，申请了 PCT 专利申请 WO2001095027A2，在该申请中公开了阵列光波导的原理性方案。

2003 年 9 月 10 日，鲁姆斯提出专利申请 IL20030157837（基板引导的光学设备），并于 2004 年 9 月 9 日以此申请为优先权提出 2 件 PCT 申请 WO2005024491A1 和 WO2005024969A2，经统计，扩展同族专利申请 46 件，扩展同族被引频次 557 次。该申请中限定阵列光波导的部分反射表面的至少一个主要表面涂覆角度敏感反射涂层。

2007 年 11 月 29 日，索尼公司提出的专利申请 JP2009133999A（其中国同族专利为 CN101446684B）公开了一种图像显示设备，第一光学构件在光导板内全反射光，第二光学构件使传播的光从光导板出射。这是索尼公司首次提出的几何阵列光波导方案，该方案与鲁姆斯的技术主要不同在于，对于成像装置发出的光在准直光学系统与光导板的入射角进行了限定。

为了进一步提升增强现实近眼显示设备的性能，鲁姆斯在一维扩瞳方案的基础上提出了二维扩瞳方案。2017 年 9 月 12 日鲁姆斯以 3 件美国临时申请 US62405936、

US62418919 和 US62509369 为优先权，提出 PCT 申请 WO2018065975A1（使用矩形波导的孔径倍增器），经统计，其扩展同族申请 69 件，同族被引频次 59 次。

5.1.2.2 表面浮雕光栅光波导

诺基亚早在 2002 年就提出一种用于改善出射光瞳扩展器中光分布颜色均匀性的方法和系统，以 2002 年 9 月 30 日为优先权日的 PCT 申请 WO2004030160A2 提出通过使用具有多个层的基板来实现一种颜色的全内反射发生在不同的层表面。

以 2004 年 12 月 13 日为优先权日的 PCT 申请 WO2006064334A1 公开了一种扩展出射光瞳的通用衍射光学方法，出射光瞳扩展器包括两个中间衍射光学耦合器，每个中间衍射光学耦合器设置在输入光学元件和一个出射光学元件之间。

色散是影响成像质量的关键因素之一。诺基亚于 2004 年 12 月 13 日申请的美国专利 US20060126179A1 公开了一种出射光瞳扩展器，出射光瞳扩展器包括具有附加衍射光栅的多个层，以便为具有较低量的那些颜色分量增加衍射光的量，降低色散的影响。

2015 年 7 月 28 日，威福光学提出的 PCT 申请 WO2016020643A1 提出了一种出瞳孔径扩展衍射光学波导设备，交叉光栅可以由具有产生多个有效衍射光栅的柱的规则阵列的光子晶体来代替。这是较早提出的光子晶体作为浮雕光栅衍射元件的专利申请。

光粒科技于 2019 年 12 月 16 日申请的发明专利申请 CN112987294A 公开了一种二维波导，缺陷轨道与折光扩瞳区边缘之间为光子晶体区，光子晶体区设置有多个散射柱以形成光子晶体，提升扩瞳衍射效率。这是国内较早提出的关于光子晶体光栅的专利申请。

5.1.2.3 体全息光波导

体全息光波导是通过双光束激光全息曝光技术直接在微米级光聚合物材料内干涉，从而获得折射率周期性变化的纳米级光栅结构，在理论上具有更好的成像效果。但是相对于具有更高衍射效率的表面浮雕光栅，它对入射光的波长与衍射角要求更高。体全息光栅虽然可能前期造价高，但相对于几何光波导中的其他方案及浮雕光栅方案来说，产能要高很多。

索尼公司推出过一款高亮度的单绿色体全息光栅波导，采用双面体全息光栅作为入耦合端，达到了 85% 的透射率，显示亮度为 1000cd/m^2。但因体全息光栅的厚度较小，该系统效率较低，此外，仅能用于单色显示，现已停产。同时，索尼公司也较早对体全息光波导进行专利布局。以 2005 年 3 月 28 日申请的 PCT 申请 WO2005093493A1 公开了一种虚拟图像显示装置，其中第一全反射全息图光栅，其衍射并反射光板和从外部入射到导光板上的、具有不同行进方向的一组平行光束，从而满足内部全反射；第二衍射体全息光栅衍射并反射由导光板全内反射并引导的平行光束组，从而偏离内部全反射调节并从导光板发射出去。索尼公司于 2005 年 6 月 17 日申请的专利 JP2006350129A 公开了一种光波导，其中第一和第二反射型体积全息光栅的全息表面上干涉条纹的间距彼此相等，在至少第二反射型体全息光栅中，干涉条纹和全息图表面之间形成的角度在全息图内相对于主入射光束连续地或逐步地变化，以便满足布拉格条件。

北京理工大学王涌天教授团队最早于2010年10月25日申请的发明专利CN102033319A提出一种应用全息元件的视度型显示装置。这是国内较早提出关于近眼显示的体全息光栅的发明专利申请。

灵犀微光最早于2016年7月18日申请的发明专利CN107632406A提出了一种全息波导，光栅均为电控布拉格全息聚合物分散液晶光栅，可对像差以及视场进行精确控制。

2018年苹果公司收购了Akonia全息技术公司。

2017年开始，奇跃公司申请了多项液晶光栅的专利申请，其中2017年11月16日提出PCT申请WO2018094079A1公开了一种空间可变液晶衍射光栅，衍射光栅中包括多个不同的聚合物分散液晶层。

2018年6月13日，迪吉伦斯提出的美国专利申请US2019212596A1（中国同族为CN111902768A）公开了一种全息聚合物分散液晶（Holographic Polymer Dispersed Liquid Crystal，HPDLC）材料体系，用于制备体全息光栅。

5.2 专利申请趋势和未来发展

5.2.1 全球专利总体趋势及预测

图5-2-1示出了光波导全球范围内的申请趋势。可以看出，2012年之前，全球申请量缓慢增长。2012年谷歌的Google Glass一经发布，即变成了当时科技界的新潮，进而带动相关产业的研发布局。自2013年开始，光波导的申请量逐年迅速增长，到2020年，受全球经济增长放缓的影响，申请量小幅下滑。预计未来随着经济复苏以及消费级产品的需求不断提升，专利申请量仍将保持增长。

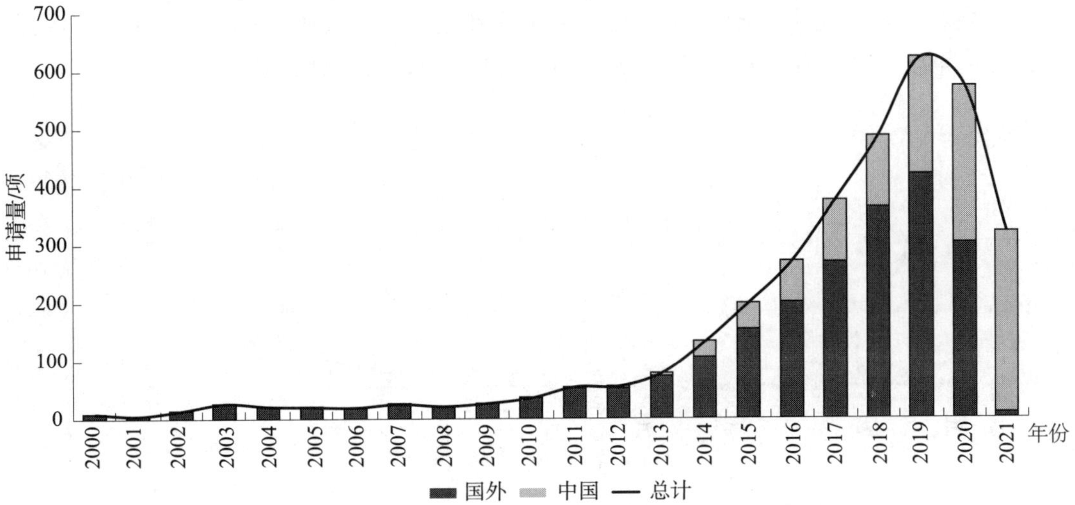

图5-2-1 光波导全球专利申请趋势

图5-2-2示出了光波导技术生命周期。可以看出，从2015年开始，光波导技术专利申请量和申请人数量均呈明显上升趋势，表明随着近眼显示领域市场不断扩大，光波导技术相对于其他光学方案优点明显，越来越多的申请人投入光波导技术的研发布局，该技术仍处于技术成长期。

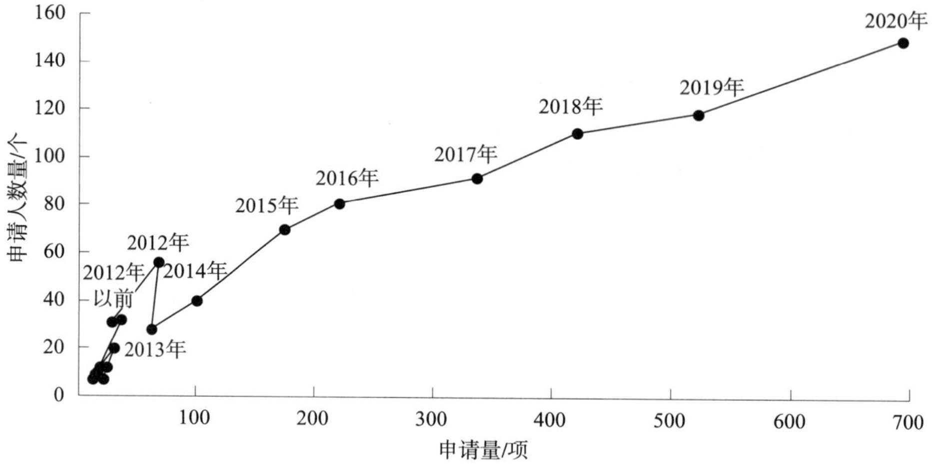

图5-2-2 光波导技术生命周期

图5-2-3和图5-2-4示出光波导主要国家或地区的申请量趋势申请量占比。可以看出，中国、美国和日本占据申请量前三位：美国在光波导技术领域起步较早，且有众多科技巨头公司，微软、苹果公司、谷歌、脸谱等纷纷通过并购或者自研进军头戴显示光波导领域，年申请量自2015年后迅速增长，但2019年后有所下降；申请量排名第三的日本拥有索尼公司、精工爱普生等光学器件制造领域的传统巨头，占有先天技术优势，年申请量2015~2019年保持平稳，但2019年后有所下降；虽然我国光波导技术领域研发布局起步晚于外国，但近年来发展迅猛，自2013年后申请量增长迅猛，无论是申请总量还是年度申请量，均已跃居全球第一，大有迎头赶上之势。

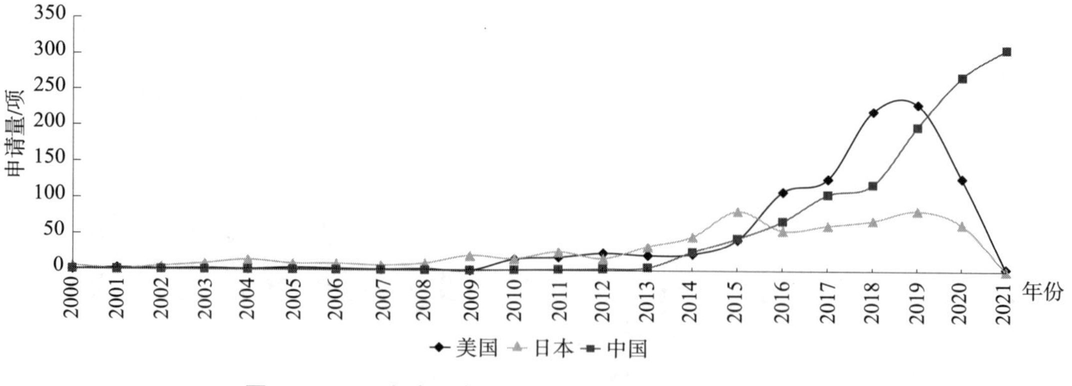

图5-2-3 光波导中国、美国、日本专利申请量趋势

从图5-2-5光波导各技术分支申请量来看，表面浮雕光栅光波导、体全息光栅光波导的申请量明显高于阵列光波导；除此之外，还有大量关于与光波导配合的光机光路等方面的其他外围专利申请。

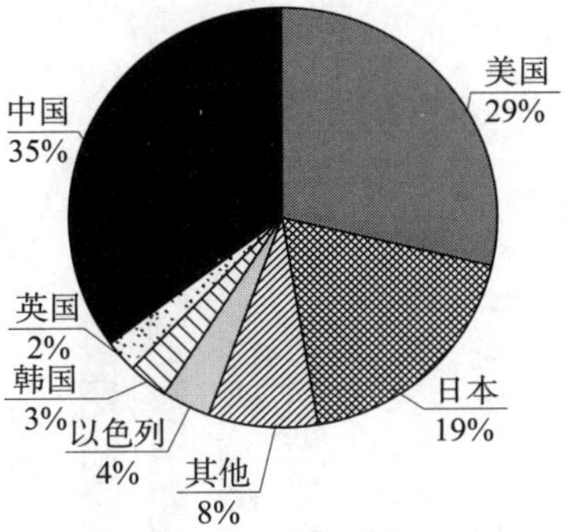

图5-2-4 光波导全球主要国家或地区申请量占比

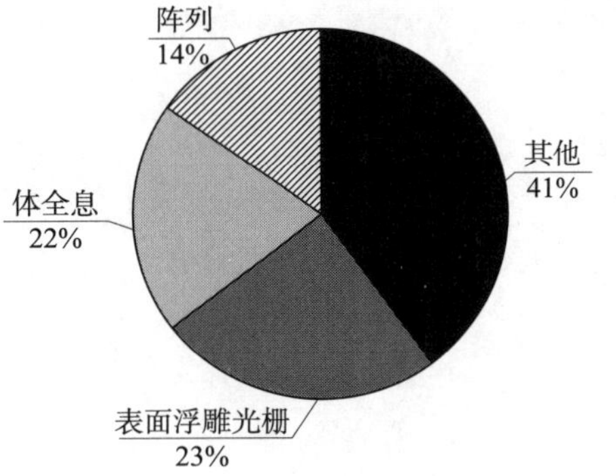

图5-2-5 光波导全球各技术分支申请量占比

从图5-2-6光波导三大技术分支申请量趋势来看，2012年之前，各技术分支申请量呈平稳增长态势。2012年谷歌首次发布Google Glass，头戴显示技术迅速引起业内关注，2012年后申请量开始显著增长。2018年后，表面浮雕光栅光波导、体全息光波导申请量迅速增长，在一定程度上表明全球范围内两者是当前的研究热点。

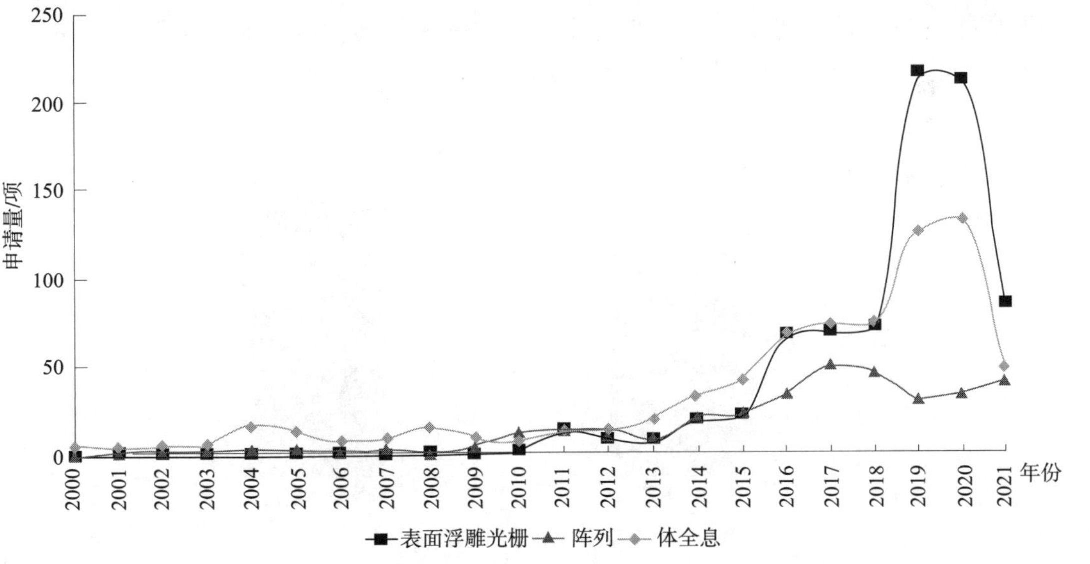

图5-2-6 光波导全球三大技术分支申请趋势

5.2.2 中国专利总体趋势及预测

从图5-2-7所示的我国申请量趋势来看，2012年之前，光波导专利申请较少；

自2012年之后，无论是国外来华申请，还是国内申请人申请，申请量整体呈快速增长态势，国外巨头与国内企业纷纷布局国内市场。

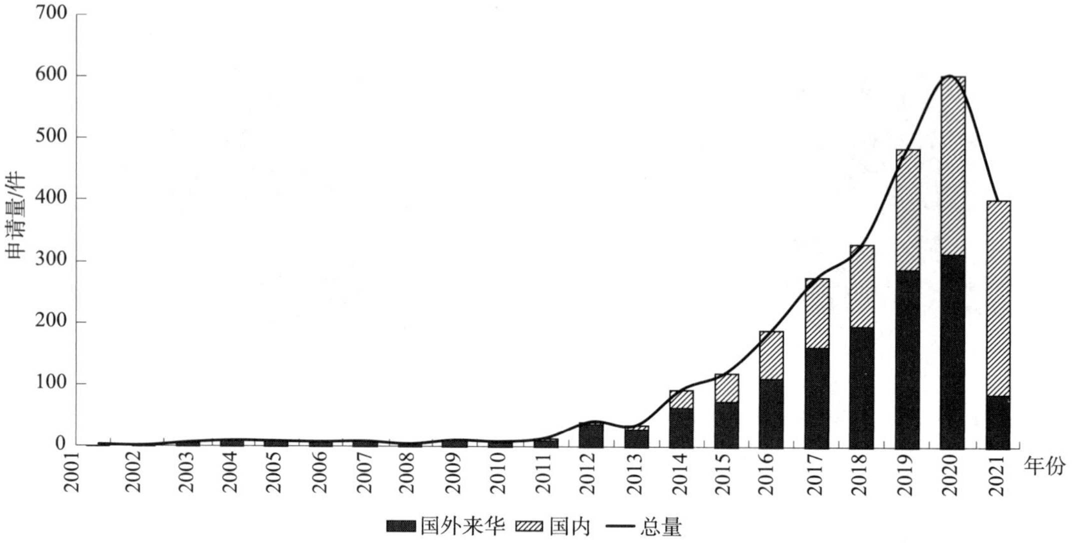

图5-2-7 光波导中国专利申请量趋势

如图5-2-8所示，从专利类型来看，国外来华申请绝大多数为发明专利申请，而国内申请中发明专利申请占比接近七成。如图5-2-9所示，对比国内申请与国外来华发明专利申请的授权率，国内发明申请授权率为31%，国外来华发明申请授权率为38%，这在一定程度上说明国内申请发明专利的质量仍需进一步提高。

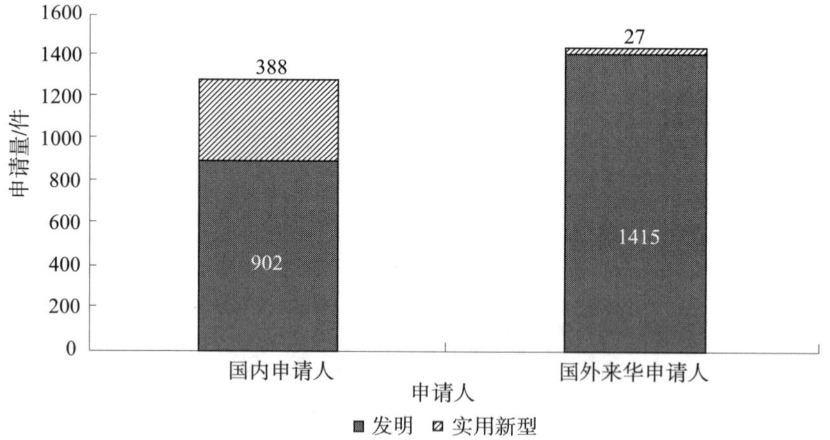

图5-2-8 光波导国内申请与国外来华申请专利类型

从图5-2-10光波导三大技术分支申请量趋势来看，2012年之前，各技术分支申请量呈平稳增长态势。2012年后阵列光波导技术分支专利申请量开始显著增长，在经历2019年的波谷后重回增长态势。表面浮雕光栅光波导、体全息光波导两个技术分支的专利申请量2018年后迅速增长，与全球趋势大体相同。这表明三大技术分支在国内均为热点研究领域，与全球趋势略有不同。

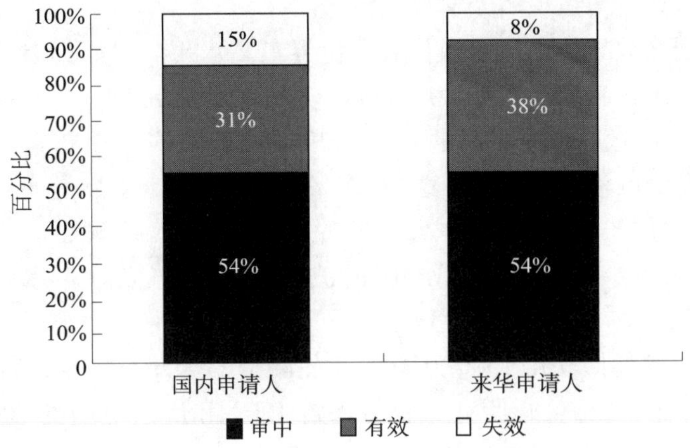

图5-2-9 光波导国内申请与国外来华发明专利申请状态

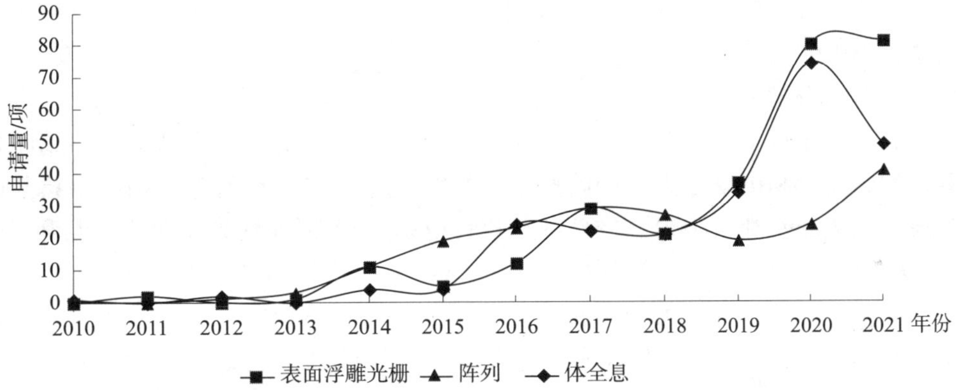

图5-2-10 光波导三大技术分支中国申请量趋势

5.3 重点申请人专利布局分析

5.3.1 国外重点申请人

5.3.1.1 鲁姆斯

（1）企业基本情况

以色列的鲁姆斯成立于2000年，总部位于以色列特拉维夫，是一家专注于增强现实光学器件的技术厂商。与许多增强现实领域创业企业的成长轨迹相似，鲁姆斯创立之初是为空军战斗机飞行员的显示头盔提供技术支持。

鲁姆斯自创立以来一直致力于开发新的增强现实光学技术，拥有阵列光波导核心技术，于2000年左右申请了一系列经典专利，包含设计基本原理、各反射镜的镀膜要求、杂散光抑制和二维扩瞳方法等。经过20多年的发展，鲁姆斯不断迭代更新技术，开发了一系列产品，主要在航空航天等领域销售。根据官网资料显示，鲁姆斯已经累计出货了超过25000台增强现实光学显示模组。

鲁姆斯的阵列光波导技术可以说代表了世界最高水平。鲁姆斯在2021年5月份推出了全球第一款二维扩瞳产品OE－Maximus，其视场角达到50°，分辨率达到2K。

OE－Maximus中光波导透明区的每一条暗条纹都对应一个镀膜面，横向扩瞳涉及14个，垂直耦出区涉及12个，这26个镀膜面镀膜特性都是不同的，是经过精心设计的。一层一层玻璃镀好膜，大片粘贴在一起，然后侧面斜切；最后拼接形成具有完整的耦入区、扩瞳区和耦出区的波导片，再与光学引擎结合在一起，构成完整的模组。

2016年6月，鲁姆斯获得1500万美元B轮融资，资方为中国的盛大集团和上市公司水晶光电。同年12月，鲁姆斯宣布获得来自HTC和广达电脑的3000万美元投资，2017年1月，获阿里巴巴集团600万美元的投资。

（2）企业专利情况

统计表明，鲁姆斯在阵列光波导方面的全球专利申请量总计181项，其中中国专利申请总计101件。

1）专利申请趋势

图5－3－1显示了鲁姆斯阵列光波导全球专利申请趋势。从全球专利申请量的变化来看，鲁姆斯专利申请分为三个阶段：2000年创立之初，鲁姆斯申请了一批经典的阵列光波导相关的专利，2000～2007年，累计申请了45项阵列光波导相关专利，占全部申请量的近1/4，完成了良好的技术储备。2008～2011年，鲁姆斯专注于军用空军飞行员显示头盔的开发，可能由于保密要求等原因，这一时期申请的专利没有公开。随着移动互联网的兴起，人工智能工业革命的到来，2012年成为近眼显示技术成果爆发式出现的一年，尤其是Google Glass的问世，这一新型显示方式极大地推动了可穿戴设备的商业化浪潮，增强现实技术得到了迅速普及发展。鲁姆斯于2015年发布了医用头

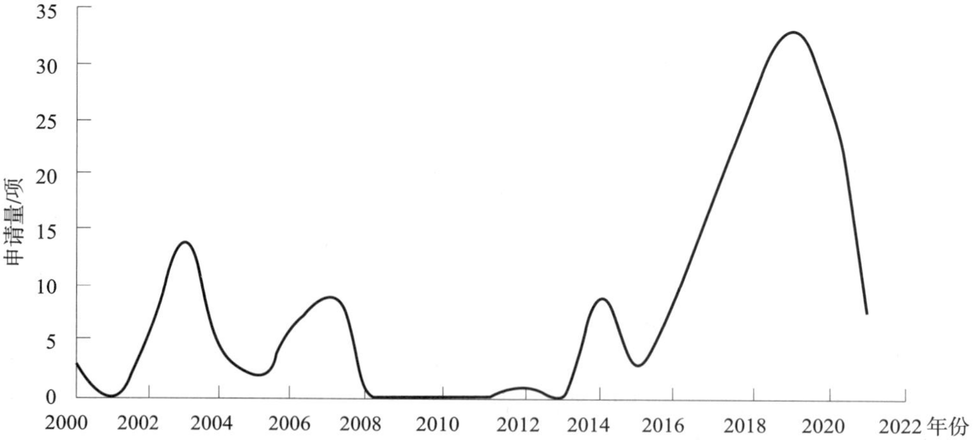

图5－3－1　鲁姆斯阵列光波导全球专利申请趋势

盔产品，这一时期的申请量也出现了一个小高峰。从2016年开始，随着各种增强现实技术的不断发展，增强现实成为全球资本竞相追逐的产业。鲁姆斯先后获得盛大集团、水晶光电、HTC、广达电脑、阿里巴巴等的投资，研发投入力度不断加大，2016年之后申请量呈现迅速增长的趋势。

图5－3－2显示了鲁姆斯阵列光波导世界主要国家或地区的专利布局，反映了鲁姆斯的目标市场情况。可以看出，印度、中国、美国是鲁姆斯最重视的市场，在这三个国家申请的专利占总申请量的83%。

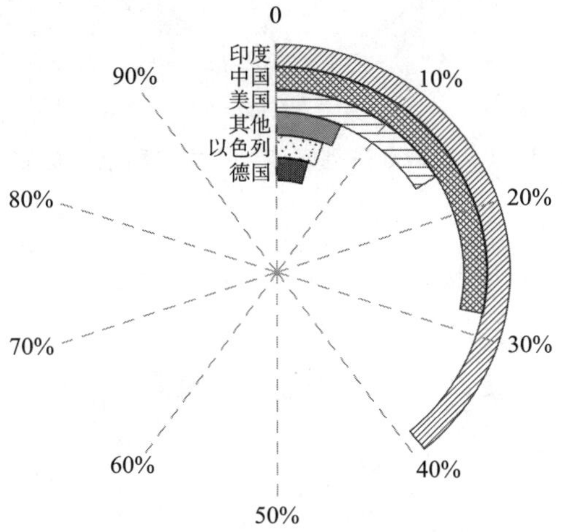

图5－3－2 鲁姆斯阵列光波导全球专利申请目标国分布情况

图5－3－3显示了鲁姆斯阵列光波导中国专利申请趋势，与全球申请趋势保持同步。鲁姆斯最早的核心专利申请2001年进入中国，说明鲁姆斯创立之初对于中国市场就非常重视。从图5－3－4可见，大部分申请是以PCT方式进入中国，说明重要的专利申请基本在中国进行了布局。

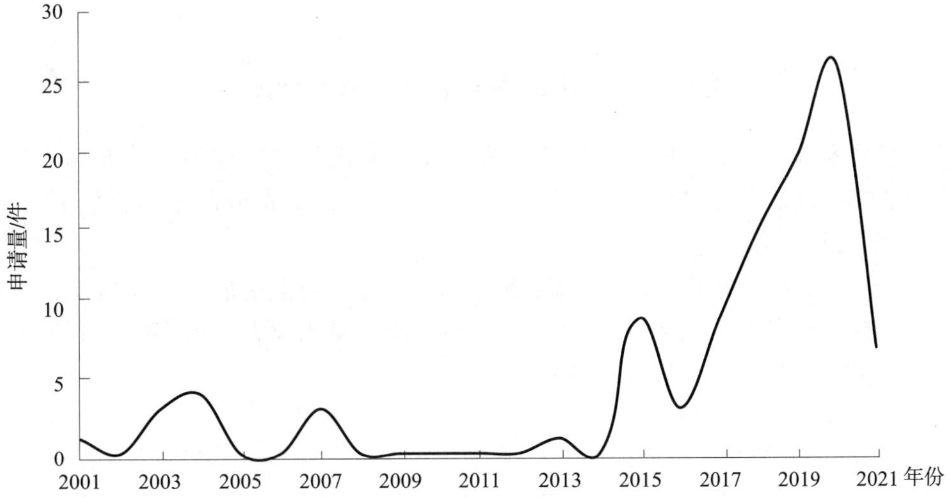

图5－3－3 鲁姆斯阵列光波导中国专利申请趋势

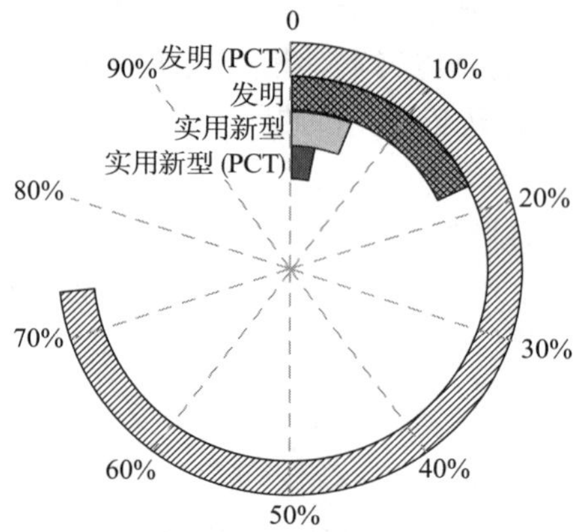

图5-3-4　鲁姆斯阵列光波导中国专利申请类型分布

2）专利技术构成

如图5-3-5所示，在鲁姆斯的专利技术中，反射面和光波导基体之和占23%，涉及光波导本身的技术改进，是阵列光波导的核心技术。光路配合占42%，是实现阵列光波导模组的重要技术。复合光导占10%，是重要的扩瞳技术，鲁姆斯对此也完成了专利布局。

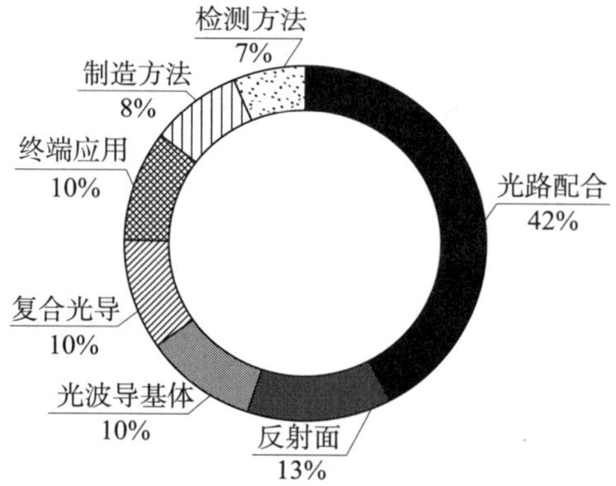

图5-3-5　鲁姆斯阵列光波导专利技术构成

从专利技术构成来看，鲁姆斯在阵列光波导方面进行了完备的专利布局，包括光波导本身的结构设计、光波导的制造和检测方法、扩瞳技术直至光波导模组设计。

3）专利法律状态

图5-3-6显示了鲁姆斯阵列光波导进入中国的专利申请法律状态情况。可以看出，整体授权占比38%。另外，后续在审专利申请数量比较大，占来华专利申请量的57%，这些申请的后续审查结果值得关注。

（3）重要专利申请解析

1）有关阵列光波导反射面的专利申请

阵列光波导中反射面是该技术的核心，鲁姆斯在阵列光波导的反射面方面共申请了10项专利，涉及反射面的角度、涂层、折射率等多个方面的改进。下面对鲁姆斯有关阵列光波导反射面的部分重要专利申请进行详细解析。

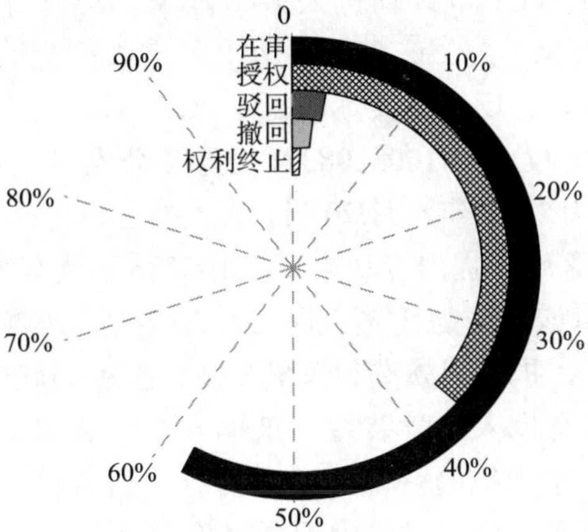

图5-3-6 鲁姆斯阵列光波导中国专利申请法律状态情况

2000年6月5日，鲁姆斯提出阵列光波导的专利申请IL20000136562（基板引导的光束扩展器），公开了阵列光波导的原理性方案，并于2001年5月16日以该申请为优先权，提出了PCT申请WO2001095027A2，同时指定进入15个国家。经统计，其扩展同族专利数量达30件，同族被引用频次总计达到769次。如图5-3-7所示，该PCT申请中公开了一种光学器件，包括透光基板、用于通过全内反射将光耦合到基板中的光学装置，以及多个由基板承载的部分反射面，该部分反射面彼此平行并且均不平行于该基板的任何边缘。该PCT申请于2003年1月7日进入中国国家阶段，并于2009年7月1日获得授权，授权公告号为CN100507636C。

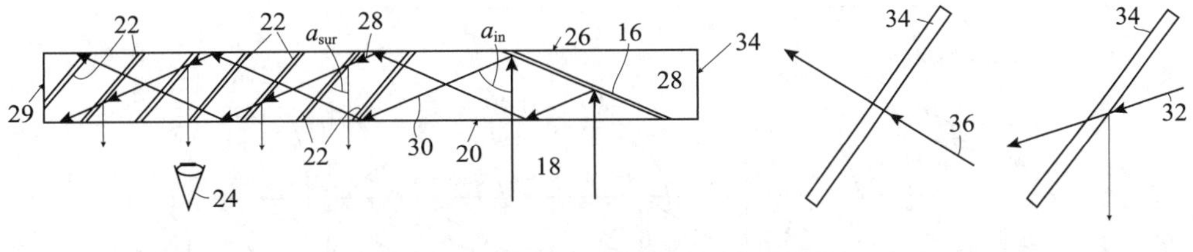

图5-3-7 WO2001095027A2附图

2002年3月21日，鲁姆斯提出专利申请IL20020148804（导光装置），并以该申请为优先权于2003年3月19日提出PCT申请WO2003081320A1，该PCT申请进入20个国家。经统计，其扩展同族专利数量达60件，同族被引用频次总计达到910次。该PCT申请对于阵列光波导中的反射面进行了限定，至少一个反射面为角度选择性反射面。该PCT申请于2004年10月22日进入中国，并于2007年7月18日获得授权，授权公告号为CN1327265C。随后以该专利为母案，鲁姆斯进一步提出两个分案申请，该两个分案申请均获得授权，分案CN101013177B授权公告日为2011年10月5日，分案CN101013178B授权公告日为2012年9月5日。目前母案和分案的专利权均有效。

2003 年 9 月 10 日，鲁姆斯提出专利申请 IL20030157837（基板引导的光学设备），并于 2004 年 9 月 9 日以该申请为优先权提出 2 件 PCT 申请 WO2005024491A1 和 WO2005024969A2，该 2 件 PCT 申请均进入多个国家。经统计，其扩展同族专利数量 46 件，扩展同族被引频次 557 次。该 2 件申请中限定阵列光波导的部分反射表面的至少一个主要表面涂敷角度敏感反射涂层。该 2 件 PCT 申请于 2006 年 4 月 12 日进入中国国家阶段，并已获得授权，CN100529837C 授权公告日为 2009 年 8 月 19 日，CN1867855B 授权公告日为 2011 年 4 月 20 日。

2004 年 6 月 17 日，鲁姆斯提出专利申请 IL162573（具有大孔径的基板引导光学装置），2005 年 6 月 16 日以该申请为优先权提出 PCT 申请 WO2005124428A1，该 PCT 申请进入多个国家。据统计，扩展同族专利数量 8 件，扩展同族被引频次 245 次。该 PCT 申请限定阵列光波导中具有耦入光学装置，该耦入光学装置位于基板中，为部分反射面，使耦合到基板（20）中光线的一部分穿过部分反射表面离开基板，并且光的一部分被反射到基板中。该 PCT 申请未进入中国国家阶段。

2017 年 3 月 22 日，鲁姆斯提出美国临时申请 US62474614，并于 2018 年 1 月 8 日以该申请为优先权提出 PCT 申请 WO2018173035A1（重叠的反射面）。该 PCT 申请进入多个国家。据统计，扩展同族专利数量 23 件，扩展同族被引频次 54 次。如图 5－3－8 所示，该 PCT 申请进一步限定部分反射面之间的间隔，光波导包括最先、中间及最后的多个部分反射的反射面，多个反射面被映射到光波导主表面的几何投影中，相邻的多个反射面形成交叠，并且非相邻的多个反射面的多个起点及多个终点沿着所述光波导的至少一部分形成重合。该 PCT 申请于 2018 年 6 月 6 日进入中国国家阶段，并获得授权 CN109416433B，授权公告日为 2021 年 6 月 1 日，目前该专利权有效。

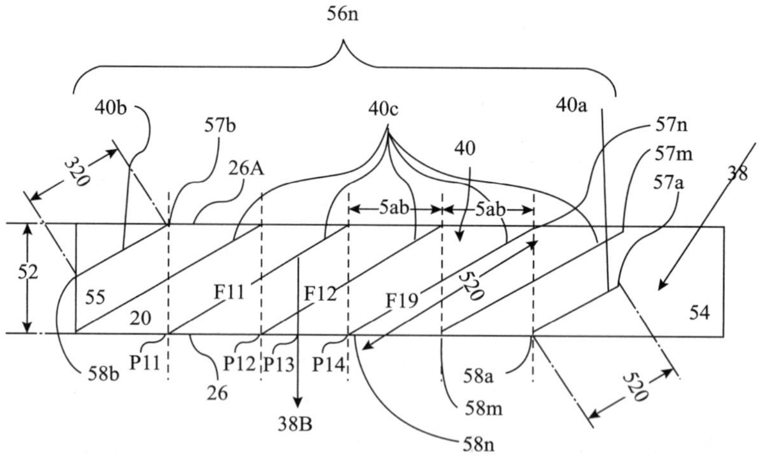

图 5－3－8　WO2018173035A1 附图

2018 年 5 月 23 日，鲁姆斯提出美国临时申请 US201862675205P，并于 2019 年 5 月 23 日以该临时申请为优先权提出 PCT 申请 WO2019224764A1（包含具有部分反射内部表面的光导光学元件的光学系统），该 PCT 申请进入多个国家。经统计，其扩展同族专利 14 件，扩展同族被引频次 12 次。如图 5－3－9 所示，该 PCT 申请进一步限定了反射面的反射率，反射表面被配置为对于与法线成 60°以上的入射角具有高反射率，而对于与法线成小于 35°的入射角具有部分反射率。该 PCT 申请于 2020 年 11 月 13 日进入中国国家阶段，公开号为 CN112119345A，2022 年该申请尚未审结。

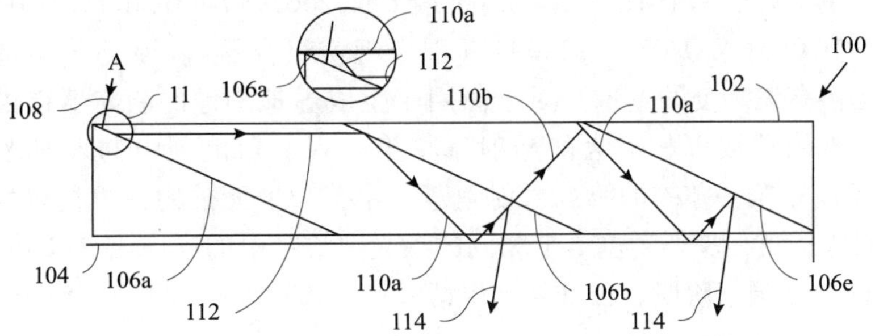

图 5－3－9　WO2019224764A1 附图

2018 年 7 月 16 日，鲁姆斯提出美国临时申请 US201862698300P，并于 2019 年 7 月 16 日以该申请为优先权提出 PCT 申请 WO2020016772A1（采用偏振内反射器的光导光学元件）。该 PCT 申请进入多个国家，据统计，扩展同族专利数量 11 件，扩展同族被引频次 7 次。该 PCT 申请进一步限定反射面具有结构偏振器，所述结构偏振器具有主偏振透射轴，对于平行于所述主偏振透射轴偏振的光基本上是透明的，并且对于垂直于所述主偏振透射轴偏振的光是至少部分反射的。结构偏振器可以为取向敏感偏振反射器。该 PCT 申请 2021 年 1 月 13 日进入中国国家阶段，公开号为 CN112424670A，2022 年尚未审结。

2019 年 12 月 5 日，鲁姆斯提出美国临时申请 US201962943867P，并于 2020 年 12 月 3 日以该申请为优先权提出 PCT 申请 WO2021111447A1（采用互补涂层局部反射器的光导光学元件，以及减少光散射的光导光学元件）。如图 5－3－10 所示，该 PCT 申请提出一种光导元件，其内部部分反射器具有根据互补涂覆方案施加的涂层的光导光学元件，以及具有施加到一个或多个外部表面的一个或更多个区域的反射抑制材料的光导光学元件，以提高均匀性和防止不期望的散射。该光学涂覆方案能够同时满足光谱、偏振和角度均匀性要求。反射抑制材料可减少光导光学元件内的光散射。该 PCT 申请 2022 年 5 月 27 日进入中国国家阶段，公开号为 CN114730080A，2022 年尚未审结。

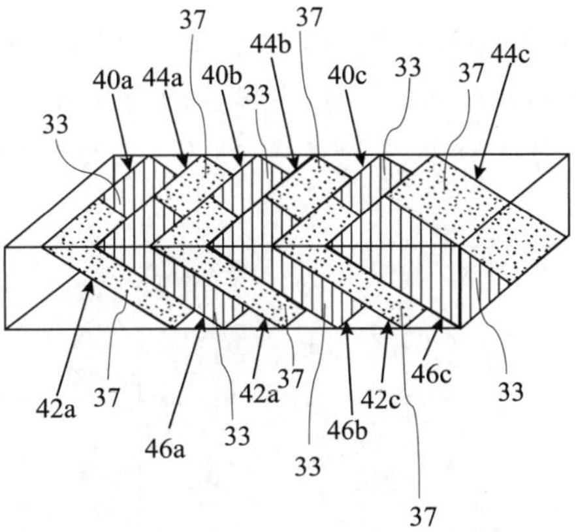

图 5－3－10　WO2021111447A1 附图

2020 年 5 月 6 日鲁姆斯以两件美国临时申请 US201962843644P 和 US201962844771P 为优先权提出 PCT 申请 WO2020225747A1（用于查看场景和近眼显示的透明光导）。该申请进一步限定反射面的反射率，为了减少外部观察时条纹现象，减小小面的反射率，每个部分反射表面的反射率小于13%。每个部分反射表面使得耦合出的光总功率小于传送引入LOE中投影图像的光总功率的1/3。该PCT申请于2021年8月13日进入中国国家阶段，公开号为CN113439230A，2022年尚未审结。

2021年2月22日鲁姆斯以美国临时申请US202062980469P和US202063001567P为优先权提出PCT申请WO2021171289A1（混合现实组合器）。该PCT申请提出：为了减轻伪影，提供高清晰度的图像，对于由用于生成虚拟图像的激光器提供的波长带中的光，小平面被构造成以相对大的透射率将第一入射角范围中的入射光反射到用户EMB中，在不同于第一范围的第二入射角范围中，小平面被构造成具有相对低的反射率并且以相对大的透射率透射基本上相同的激光波长带中的光。该PCT申请于2022年8月10日进入中国国家阶段，公开号为申请CN115104059A，2022年尚未审结。

2）有关复合波导的专利申请

鲁姆斯在复合波导方面共申请了9项专利，涉及阵列光波导二维扩展、多级扩展，以及阵列光波导和衍射光波导的组合等。下面对于鲁姆斯有关复合光导的专利申请进行详细解析。

2017年9月12日鲁姆斯以3件美国临时申请US62405936、US62418919和US62509369为优先权提出PCT申请WO2018065975A1（使用矩形波导的孔径倍增器）。该PCT申请进入多个国家，经统计，其同族申请69件，同族被引频次59次。如图5-3-11所示，该PCT申请提出了二维扩瞳的方案，光学孔径倍增器包括具有矩形横截面的第一光波导（10）和第二光波导（20），在初始传播方向以倾斜耦合角耦合到第一光波导中的图像，通过第一光波导的四次内反射前进，在第二光波导中通过两次反射传播。该PCT申请于2018年3月20日进入中国国家阶段，并获得授权CN108235739B，授权公告日为2021年3月16日，2022年该专利权有效。鲁姆斯基于该中国专利申请进一步提出分案申请，该分案申请已获授权（CN109828376B），授权公告日为2021年5月18日，2022年该专利权有效。

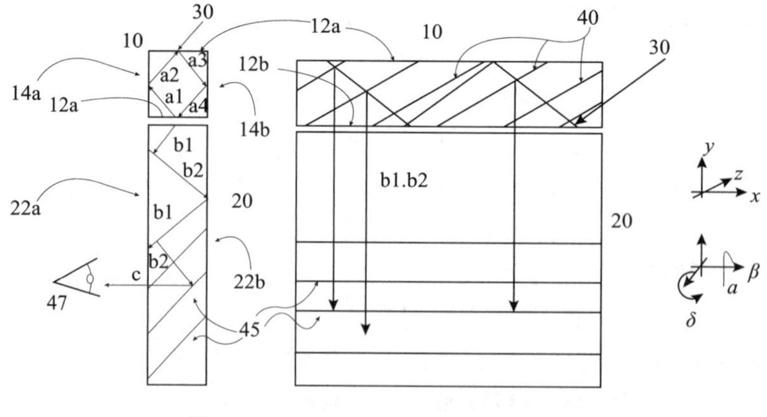

图5-3-11 WO2018065975A1附图

2017 年 2 月 22 日，鲁姆斯申请了美国临时 US201762461805P，2018 年 2 月 22 日以该申请为优先权提出 PCT 申请 WO2018154576A1（导光光学组件）。该 PCT 申请进入多个国家，经统计，其同族专利申请 31 件，同族被引频次 62 次。如图 5－3－12 所示，该 PCT 申请提出了将多面反射技术与衍射技术结合在一起，使用具有相反光焦度的至少两个衍射分量，从而由第一衍射分量引入的色散被第二衍射分量抵消。导光光学组件包括三个光学部件，第一光学部件为衍射组件 5，第二光学部件为数个部分反射表面 40，第三光学部件为衍射组件 25。该方案可达成更有效率的孔径扩张（用于近眼显示），减少扭曲及杂讯，同时也减少系统及各个组件的设计限制。该 PCT 申请 2018 年 2 月 22 日进入中国国家阶段，并获得授权 CN108738358B，授权公告日为 2021 年 3 月 26 日，2022 年该专利权有效。

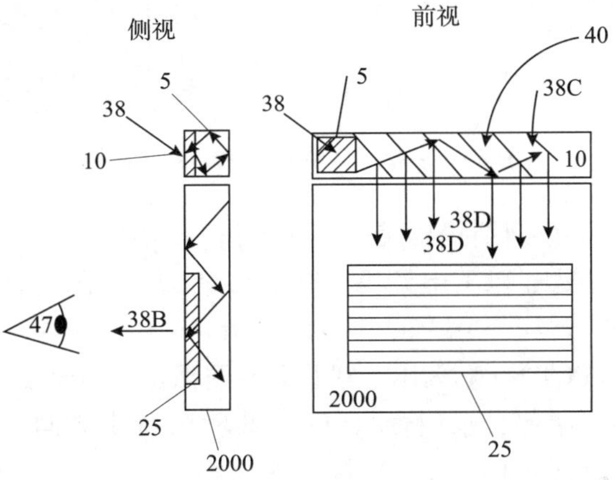

图 5－3－12　WO2018154576A1 附图

2018 年 6 月 26 日，鲁姆斯以 4 件美国临时申请 US15978139、US62619830、US62633095 和 US62645222 为优先权提出 PCT 申请 WO2019142177A1（具有多轴内孔径扩展的光导光学元件）。该 PCT 申请进入多个国家，其同族专利申请 24 件，同族被引频次 34 次。如图 5－3－13 所示，该申请提出：图像投影器具有一小孔径，投射一输入光束，所述输入光束通过具有多于一组平行的部分反射表面或“多个切面”的一光导件而扩展。替代实施例采用多个切面及衍射元件的组合。这减少了对透明光导件外部的孔径扩展的需要，减小了系统的尺寸及重量。该 PCT 申请于 2020 年 2 月 26 日进入中国国家阶段，并获得授权 CN111095060B，授权公告日 2022 年 6 月 3 日，2022 年该专利权有效。鲁姆斯依据该中国专利申请进一步提出分案申请，公开号为 CN114815261A，该分案申请 2022 年尚未审结。

2019 年 9 月 9 日，鲁姆斯以 2 件美国临时申请 US201862728803P、US201962823701P 为优先权提出 PCT 申请 WO2020049542A1（包含二维扩展的光导光学元件的光学系统）。该 PCT 申请进入多个国家，其同族专利申请 17 件，同族被引频次 23 次。如图 5－3－14 所示，该 PCT 申请提出：光导光学元件第一区域 16，具有第一组相互平行的部分反射表面 17；和第二区域 18，具有第二组相互平行的部分反射表面 19，其取向与第一组不同。小平面17为“部分小平面”，使得部分反射特性仅存在于区域（16）截面区域的子区域内。该PCT申请于2021年3月4日进入中国国家阶段，公开号为CN112639574A，该申请2022年尚未审结。

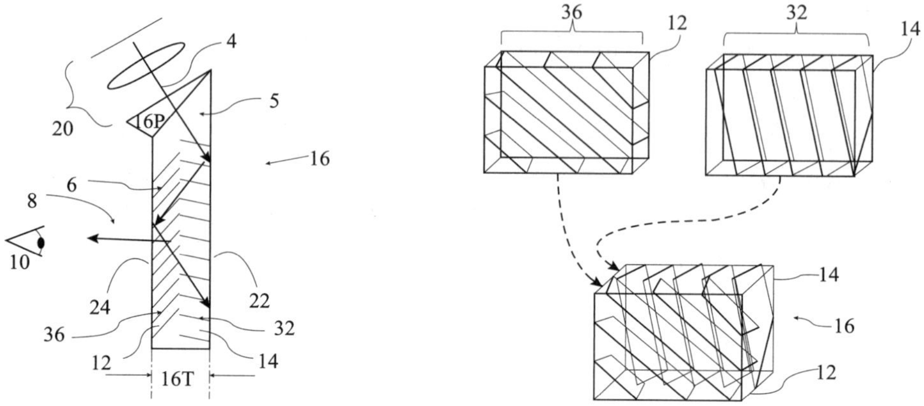

图5-3-13　WO2019142177A1附图

2019年1月24日，鲁姆斯提出美国临时申请US201962796107P，2020年1月26日以该临时申请为优先权提出PCT申请WO2020152688A1（含三级扩展的LOE的光学系统）。该PCT申请进入多个国家，同族申请18件，同族被引频次23次。如图5-3-15所示，该PCT申请提出：为了提高图像的均匀性，光导光学元件具有第一组部分反射面和第二组部分反射面（204、206），两组方向不同；布置在耦合输入区域处的第三组部分反射表面（202）接收从投影仪（2）注入的图像光。该PCT申请于2021年7月22日进入中国国家阶段，公开号为CN113330348A，该申请2022年尚未审结。

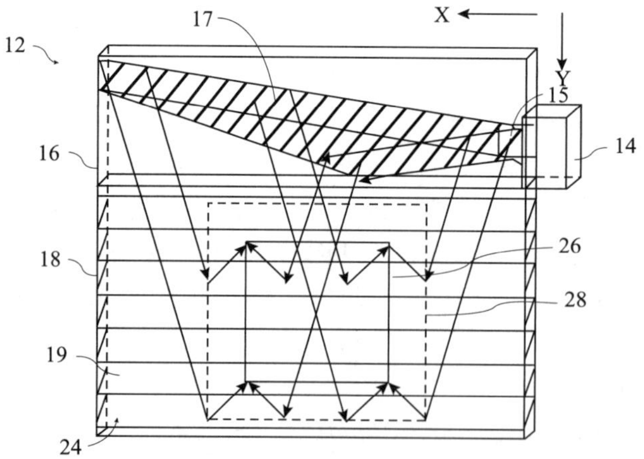

图5-3-14　WO2020049542A1附图

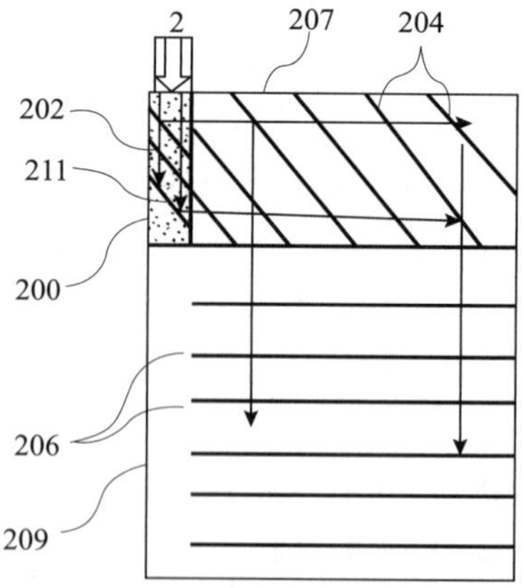

图5-3-15　WO2020152688A1附图

2020年5月24日，鲁姆斯提出美国临时申请US63029496，2021年5月24日以该申请为优先权提出PCT申请WO2021240513A1（复合光导光学元件）。该PCT申请提出：为了减轻暗条纹现象，第一区域 16 中的第一组部分反射表面 17 延伸跨越至少 95% 的厚度；第二区域 18 中的第二组部分反射表面 19 包含在小于厚度的 95% 的子部分内，使得第二组部分反射表面 19 从第二区域 18 的至少一个表面层中排除。通过在一个或两个外表面上向波导添加盖板 32 来避免双重反射，导致小平面有效地与波导的外表面间隔开，从而增强图像的均匀性。该申请尚未进入中国。

2020 年 6 月 1 日，鲁姆斯提出美国临时申请 US63032767，2021 年 6 月 1 日以该申请为优先权提出 PCT 申请 WO2021245664A1（用于近眼显示器的虚拟图像传送系统）。该 PCT 申请提出：图像传送系统包括第一波导，具有输入孔径和第一小平面；第二波导，包括多个第二小平面，接收第一波导反射出的光并输出虚拟图像到眼动框，形成在每个小平面上的部分反射涂层，选自多个不同的部分反射涂层，所述不同的部分反射涂层的数目小于小平面的总数目，所述小平面的总数目等于所述第一多个第一小平面和所述第二多个第二小平面中的小平面的数目之和；在再现所述输入虚拟图像时，所述输出虚拟图像表现出 80% 或更好的保真度。该 PCT 申请于 2022 年 8 月 2 日进入中国国家阶段，公开号为 CN115039001A，2022 年该申请尚未审结。

2017 年 11 月 21 日，鲁姆斯提出美国临时申请 US62588946，2018 年 11 月 21 日以该申请为优先权提出 PCT 申请 WO2019102366A1（用于近眼显示器的光学孔径扩展装置）。该 PCT 申请进入多个国家，经统计，其同族专利申请 18 件，同族被引频次 16 次。如图 5-3-16 所示，该 PCT 申请提出：将楔状构造与部分反射内表面（45，150）阵列进行组合以实现二维孔径扩展。该申请于 2020 年 5 月 19 日进入中国国家阶段，公开号为 CN111373296A，2022 年尚未审结。

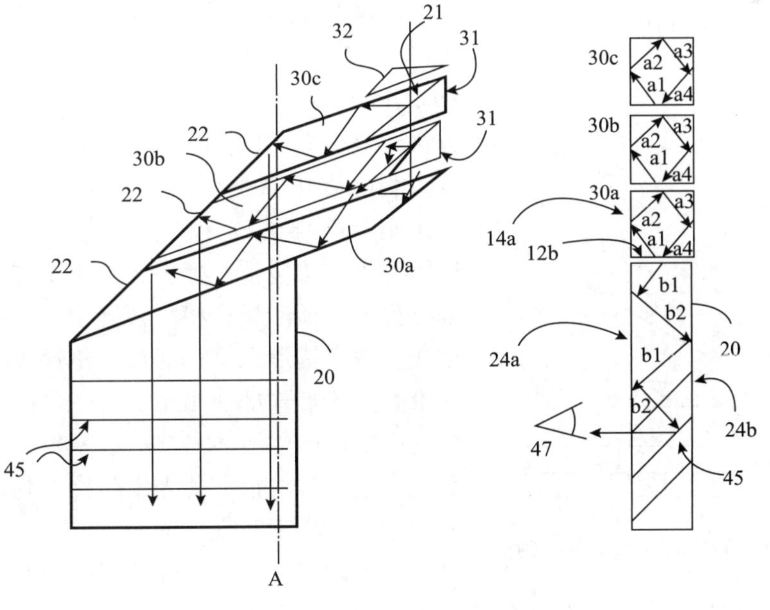

图 5-3-16 WO2019102366A1 附图

2020 年 12 月 30 日，鲁姆斯以 2 件美国临时申请 US62954744、US63005367 为优先

权提出 PCT 申请 WO2021137228A1（包括具有二维扩展的光导光学元件的光学系统）。该 PCT 申请进入多个国家，经统计，已公开的同族专利申请 7 件。如图 5－3－17 所示，该 PCT 申请提出：LOE 的第一区域 16 包括不同的两组部分反射小平面，通常处于不同的（非平行）取向，两组部分反射小平面中的每组独立地将图像视场的不同部分朝向第二 LOE 区域 18 进行引导，以朝向眼动框耦出。该方案可以减小为观察者提供给定视场所需的装置的整体尺寸。该 PCT 申请于 2022 年 6 月 17 日进入中国国家阶段，公开号为 CN114846384A，2022 年尚未审结。

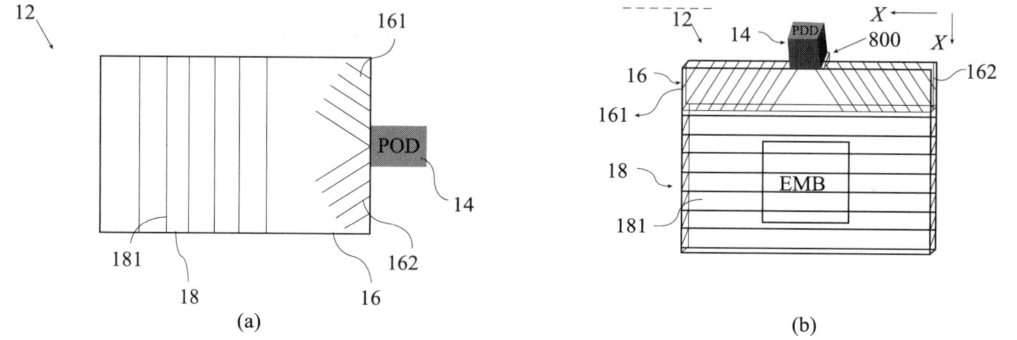

图 5－3－17　WO2021137228A1 附图

3）有关阵列光波导制造方法的专利申请

鲁姆斯在阵列光波导的制造方法方面共申请了 10 项专利，涉及普通波导和复合波导的制造。下面对鲁姆斯在阵列光波导的制造方法方面的重点专利进行详细解析。

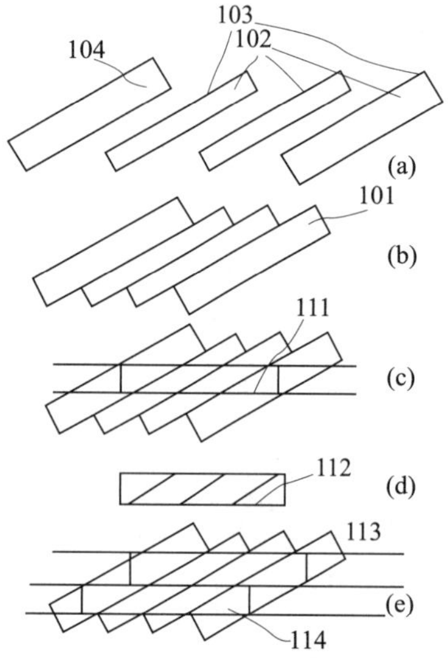

图 5－3－18　WO2016103263A1 附图

2014 年 12 月 25 日，鲁姆斯申请专利 IL236491，2015 年 12 月 23 日以该申请为优先权提出 PCT 申请 WO2016103263A1（用于制造衬底引导的光学装置的方法）。该 PCT 申请进入多个国家，经统计，其同族专利申请 19 件，同族被引频次 88 次。该 PCT 申请是制造阵列光波导的基础专利。如图 5－3－18 所示，该方法包括：提供至少一个透明平板和具有部分反射表面的板；将平板光学附接在一起，以便创建堆叠交错形式部；通过切割穿过几个板，从所述堆叠交错形式部切出至少一个区段；研磨并抛光所述区段以产生所述光波透射基板，其中通过光学无黏合剂过程将板彼此光学附接，附接过程可通过阳极键合过程来实现。该 PCT 申请 2017 年 6 月 23 日进入中国国家阶段，并获得授权 CN107111135B，授权公告日 2020 年 2 月 28 日。鲁姆斯就该中国专利申请进一步提出分案申请，公开号 CN111175879A，2022 年该分案申请尚未审结。

2017 年 4 月 6 日鲁姆斯提出专利申请 IL25164517A，2018 年以该申请作为优先权，分别在日本、美国、欧洲、韩国和中国提出专利申请，经统计，其同族专利申请10件。如图5-3-19所示，该申请提出的制造方法包括：制备图案化衬底，图案化衬底具有光学透明平坦主体，光学透明平坦主体的表面形成有间隔开、平行区域的图案，所述区域具有沿着X轴或Z轴以间隔开的关系布置在$X-Z$平面内的光引导表面，在所述光引导表面之间具有所述衬底的光学透明的间隔物区域；将所述至少一个图案化衬底围封在顶部光学透明衬底与底部光学透明衬底之间，从而沿着Y轴形成一个堆叠在另一个顶部的多个光学透明层的堆叠，其中所述图案位于所述层之间的界面处；沿着与$X-Z$平面相交并且形成预定角度的切割平面，将多个光学透明层的所述堆叠切割成沿着所述X轴和所述Z轴中的所述一者彼此间隔的预定数目的切片，从而界定所述LOE的多个主体，所述主体中的每一者包括完全嵌入在所述LOE主体中的所述至少一个光引导表面。该PCT申请于进入中国国家阶段，并已获得授权CN108693596B，授权公告日2021年10月19日，2022年该专利权有效。

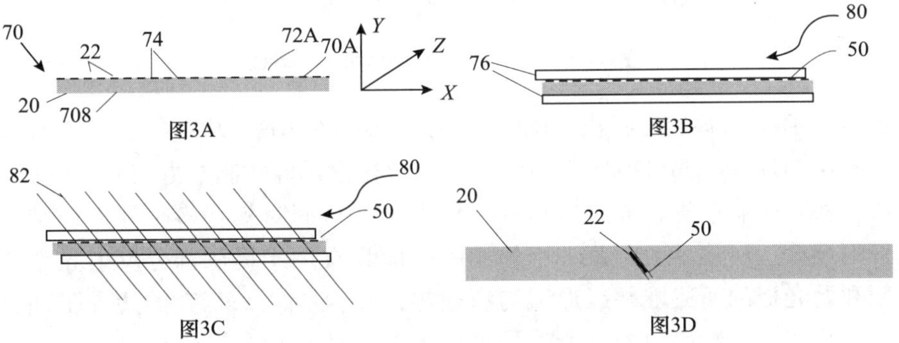

图5-3-19 CN108693596B附图

2019年9月4日，鲁姆斯提出美国临时申请US62895519，2020年8月30日以该申请为优先权提出PCT申请WO2021044409A1（具有二向色光束组合器的光学装置、与二向色光束组合器一起使用的光学装置及其制造方法）。如图5-3-20所示，该方法包括：将多个涂覆表面布置成堆叠体，以便呈现包括周期性形成的区段序列，所述区段序列包括第一区段，所述周期性形成的区段序列通过将所述第一区段重复设定次数而形成，所述第一区段包括：反射或透射具有第一波长范围内波长的光的第一涂覆表面、反射或透射具有第二波长范围内波长的光，并且透射具有所述第一波长范围内波长的光的第二涂覆表面，以及第三涂覆表面，其反射或透射具有在第三波长范围内波长的光，透射或反射具有在第一波长范围或第二波长范围内波长的光；将所述堆叠切片以形成具有至少两个平行的主外表面和多个相邻部分的切片，每个部分具有来自所述两个主外表面之间周期性形成物的一个分段的涂覆表面；以及切割所述切片至少一次以从每个部分形成至少一个基板，所述至少一个基板中的每个基板具有至少两个平行的主表面和来自所述两个主表面之间的周期性形成物单个段的涂覆表面。该PCT申请于2022年2月24日进入中国国家阶段，公开号为CN114341712A，2022年尚未审结。

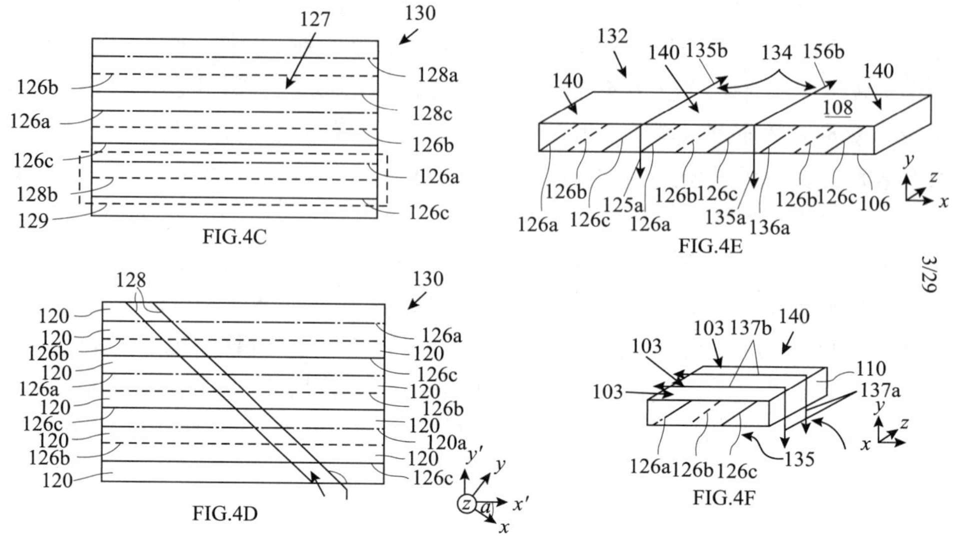

图5-3-20　WO2021044409A1 附图

2020年2月2日鲁姆斯提出美国临时申请US62969103，2021年2月2日以该申请为优先权提出PCT申请WO2021152602A1（光导光学元件的制造方法）。如图5-3-21所示，该方法可以制造复合光导，包括：将多个平行面对板在多个界面处结合在一起以形成板的堆叠，所述界面中每一个处的一个面具有用于提供部分反射光学特性的涂层；切割和抛光板的所述堆叠以形成与所述界面中至少之一相交的边界平面；在所述边界平面处将透明材料块结合到所述堆叠以形成前体结构；沿多个平行平面对所述前体结构进行切片以形成多个切片，每个切片包含用于提供所述LOE有效区域的所述堆叠一部分以及用于提供所述LOE次级区域的所述块的一部分。该申请于2022年7月5日进入中国国家阶段，公开号为CN114930080A，2022年尚未审结。

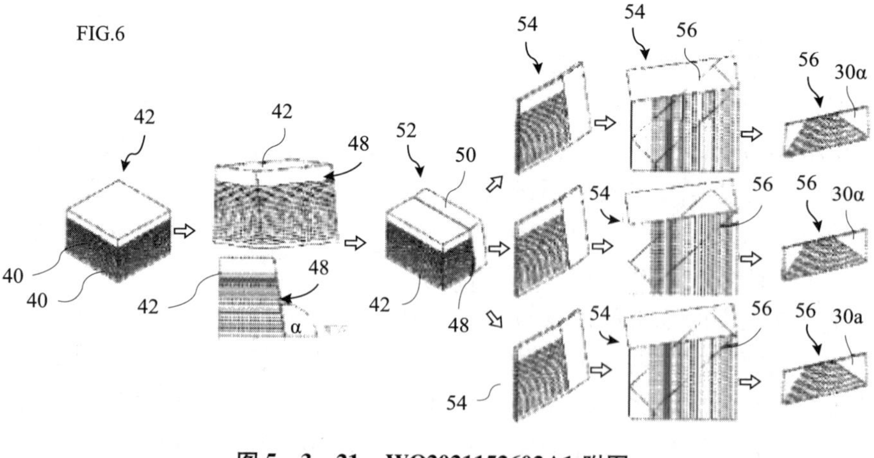

图5-3-21　WO2021152602A1 附图

2020年5月24日鲁姆斯提出美国临时申请US63029500，2021年5月24日以该申请为优先权提出 PCT 申请 WO2021240515A1（复合光导光学元件的制造方法）。该方法包括：提供多个 LOE 前体和多个透明间隔板的结合堆叠，所述堆叠具有第一对平行面，所述堆叠包括沿着垂直于所述一对平行面的所述堆叠长度的交替 LOE 前体和透明间隔板，每个 LOE 前体包括一对主平行表面和相对于所述一对平行表面倾斜地成角度的第一多个相互平行的部分反射内表面；提供第一光学块，所述第一光学块具有第二对平行面和相对于所述第二对平行面倾斜成角度的多个相互平行的内表面，所述内表面至少部分地部分反射，使得所述第一块包括第二多个相互平行的部分反射内表面；将所述第一块结合到所述堆叠，使得所述第一块所述面中的一个接合到所述堆叠的所述面中的一个，并且所述第一多个部分反射内表面不平行于所述第二多个部分反射内表面，从而形成第二光学块；以及通过穿过其间夹有 LOE 前体至少两个连续的间隔板切割第二块来从第二块切出至少一种复合 LOE。该申请尚未进入中国国家阶段。

4）有光阵列光波导测试方法的专利申请

鲁姆斯在阵列光波导的测试方法方面共申请了 8 项专利，参见表 5－3－1，涉及测试反射面的反射率、平坦度、倾斜方向等方面的改进。

表 5－3－1　鲁姆斯有关阵列光波导的测试方法方面的专利申请

序号	公开号	技术详情	技术效果	申请日
1	WO2019197959A1（光学样品表征）CN112005091A（在审）	可旋转组件包括具有中空部圆柱体的容器。容器还包含折射率与圆柱体和涂层板的折射率匹配的流体。光束垂直于圆柱体的表面输入，穿过圆柱体，然后通过流体到达光学样品，在那里光束被透射和/或反射，然后离开圆柱体并被收集以进行分析	表征透射率或反射率	2019－04－07
2	WO2021220267A1（光学样品表征）CN115004000A（在审）	可旋转组件包括具有中空部圆柱体的容器。容器还包含具有已知折射率的流体。光束垂直于圆柱体表面输入，穿过圆柱体，然后通过流体到达光学样品，在那里光束被透射和/或反射，然后离开圆柱体并被收集以进行分析。至少部分地由于光学样品周围的流体，光学样品可以旋转全角度范围（±90°等）以进行光学样品的全范围测试	光学样品的全范围测试	2021－04－25

续表

序号	公开号	技术详情	技术效果	申请日
3	WO2019106637A1（光学器件校准方法）CN111417883A（在审）	沿着位移轴移动显示源以调节显示源和准直棱镜组件之间的距离，显示源和照明模块与照明棱镜组件对准，使得由照明模块发射的光波通过照明棱镜组件到达显示源；在垂直于位移轴的平面上一致地平移显示源，照明棱镜组件和照明模块	照明均匀性	2018-12-02
4	WO2019106636A1（光学器件测试方法和装置，未进入中国）	沿特定轴的光学测试可以评估小平面有效区域上光学引擎传递函数的均匀性，检测从光学设备投射的图像的“污迹”的存在和程度，并检测“白色条纹”（WS 的存在和程度）与楔到 LOE 界面中的散射和衍射有关的现象	反射面质量	2018-12-02
5	WO2020148574A1（光学器件测试方法和装置）CN113272694A（在审）	沿特定轴的光学测试可以评估小平面有效区域上光学引擎传递函数的均匀性，检测从光学设备投射的图像的“污迹”的存在和程度，并检测“白色条纹”（WS 的存在和程度）与楔到 LOE 界面中的散射和衍射有关的现象	检测反射面均匀性	2019-01-20
6	CN112313499A［光导光学元件（LOE）的板之间折射率不均匀性的测量技术，在审］	基于通常用于观察干涉及测试光束的准直的剪切干涉技术，用于分析所生成的干涉图的特征以表征 LOE 中相邻板之间的差异的创新方法	折射率均匀性	2019-06-12
7	WO2022107140A1（基于光学的表面方向验证，未进入中国）	用于验证样品的外部平坦表面之间的角度的光学方法	反射面平坦度	2021-11-18
8	WO2022107141A1（基于光学的内部刻面方向验证，未进入中国）	将在垂直于样品外表面的方向上入射到其上的光重定向到样品中或样品上，使得光撞击到样品的内侧面上	内部刻面的平坦表面的取向	2021-11-18

5）有关阵列光波导光路配合的专利申请

鲁姆斯在阵列光波导的光路配合方面共申请了40余项专利，涉及与光波导配合的照明光源、光学元件等的布置的改进。表5－3－2是有关光路配合的专利申请列表。

表5－3－2　鲁姆斯有关与阵列光波导进行光路配合的专利申请

序号	技术及法律信息	申请日
1	WO2005024492A1 高亮度光学装置，CN100516974C，有效	2004－09－09
2	WO2005124427A1 高亮度光学装置，未进入中国	2005－06－16
3	WO2006013565A1 用于光耦合的光学器件，未进入中国	2005－08－04
4	US20080278812A1 偏光光学系统，未进入中国	2006－11－06
5	WO2007093983A1 基板导向成像透镜，CN101410745B 有效	2007－02－08
6	WO2008023367A1 基片引导的光学装置，CN101542356A 驳回，失效，CN104199187A 驳回，失效	2007－08－21
7	WO2013175465A 头戴式显示器眼球追踪器集成系统，CN104395815B 有效	2013－05－19
8	WO2015162611A1 紧凑的头戴显示系统，CN106461946A 驳回，失效，CN109765690A 在审，CN114114689A 在审	2015－04－21
9	US20150277127A1 光学设备和系统的集合，未进入中国	2015－06－12
10	WO2017199232A1 头戴式成像设备，CN109154720A 视为撤回	2016－05－18
11	WO2018138714A1 增强现实成像系统，CN110431467A 在审	2017－03－15
12	CN108882845A 基于经由光导光学元件的视网膜成像的眼动追踪器，有效	2017－09－12
13	WO2018100582A1 具有紧凑型集束图像投影仪的光学系统，CN208953803U 有效	2017－12－03
14	WO2019016813A1 通过光导光学元件的硅基液晶照明器，CN110869839B 有效，分案 CN114879410 在审	2018－02－22
15	WO2018127913A1 近视显示器的光学系统，未进入中国	2018－01－03
16	TW（CN）I769210B 用于近眼显示器之光学系统，未进入中国	2018－01－04
17	TW（CN）I770234B 通过光导光学元件的矽基液晶照明器，未进入中国	2018－07－19
18	WO2019111237A1 影像投影仪，CN111557092B 授权，有效，CN112119344A 在审	2018－12－10
19	WO2020095311A1 图像投影仪，CN113557708A 在审	2019－05－22
20	DE202019102696U1 基于基片导向的光学系统，降低了场曲效应，未进入中国	2019－05－14
21	US20190346609A1 具有近视眼镜辅助光阑的投影仪配置以及相应的光学系统，CN112119346B 有效	2019－05－14

续表

序号	技术及法律信息	申请日
22	US10571636B2 具有减缓场曲效应的基于基片的光学系统，CN210323582U 有效	2019-05-26
23	WO2020095311A1 用于将图像显示到观察者的眼睛中的显示器，CN215982382U 有效	2019-06-20
24	US20190391408A1 紧凑型光学准直器装置和系统，CN210776031U 有效	2019-06-24
25	US20210141141A 近眼显示器，CN211905857U 有效	2019-07-16
26	WO2020095245A1 带有二向色分束器合色器的光学设备和系统，CN112969955A 在审	2019-11-07
27	WO2020202120A1 气隙自由垂直近视显示器，CN216434536U 有效	2020-04-05
28	WO2020261268A1 光学矫正显示，CN114008512A 在审	2020-06-23
29	WO2020261279A1 基于光导光学元件的眼图成像的眼图跟踪装置和方法，CN114072717A 在审	2020-06-25
30	WO2021048864A1 横向光导管，CN114402246A 在审	2020-07-20
31	WO2021079372A1 采用散光光学器件和像差补偿的显示器，CN114730086A 在审	2020-08-30
32	WO2021053661A1 紧凑型投影机，用于头戴式显示器，CN114424108A 在审	2020-09-07
33	WO2021053665A1 带有光束倍增的图像显示系统，CN114207354A 在审	2020-09-15
34	CN114787687A 基于使用与光导光学元件相关联的光学布置对来自眼睛的光的重定向来进行眼睛跟踪的系统和方法，在审	2020-10-25
35	WO2021124315A1 使用相位图像发生器的图像投影仪，CN114846400A 在审	2020-11-29
36	WO2021191889A1 用于减轻重影的光学设备，未进入中国	2021-02-02
37	WO2022009213A1 用于近眼显示器的 FOV 扩展设备，未进入中国	2021-07-11
38	WO2022044019A1 带中间图像平面的反射式 SLM 图像投影仪，CN114514460A 在审	2021-08-30
39	WO2022070197A1 复合光导光学元件，尚未进入中国	2021-10-01
40	JP2022009123A 基材导波光学装置，CN111240019B 有效，CN107111129B 有效	2021-10-14
41	WO2022091087A1 用于补偿色差的光学元件，未进入中国	2021-10-26
42	WO2022130372A1 基于通过准直元件和光导光学元件的眼睛成像的眼睛跟踪光学系统和方法，未进入中国	2021-12-09

续表

序号	技术及法律信息	申请日
43	WO2022130393A1，带有激光扫描空间光调制器的图像投影仪，未进入中国	2021－12－20
44	CN216118212U 光学系统，有效	2021－06－28
45	WO2021079371A1 激光照明的显示屏具有增强的均匀性和/或眼睛安全性，未进入中国	2020－10－25
46	WO2021117033A1 带有紧凑型投影仪的光学系统，未进入中国	2020－12－06
47	WO2021229563A1 可旋转光导管，未进入中国	2021－02－22
48	WO2022122221A1 激光设备和带有激光设备的投影仪，未进入中国	2021－10－11
49	WO2022120262A1 包括选择性照明的光学系统，未进入中国	2021－12－06

5.3.1.2 微软

（1）企业基本情况

微软是一家美国跨国科技企业，总部设立在华盛顿州雷德蒙德，以研发、制造、授权和提供广泛的电脑软件服务业务为主。

2013年9月3日，微软宣布以54.4亿欧元收购诺基亚手机业务及其大批专利组合。其中，37.9亿欧元用于收购诺基亚的设备与服务部门，16.5亿欧元用于购买其10年期专利许可证。微软同时向诺基亚提供与位置技术相关的专利授权。

2015年1月，微软推出了第一款MR眼镜——HoloLens。整个HoloLens头显相当于一台小电脑，CPU和GPU都有，还有几个摄像头和传感器。第一代HoloLens波导由三层叠加组成，分别传输红、绿、蓝三个波段的光线。

2019年2月，微软第二代HoloLens对外发布，相较于第一代产品，HoloLens 2性能有了不小的提升。HoloLens 2使用MEMS Laser Display作光引擎，激光频谱窄，可以通过精细设计光路来减少色差。第一代HoloLens上的光栅，各项指标都是一致的，第二代周期、深度、倾斜度是变化的。更加困难的是控制误差，误差不能大于5角秒，否则积累下来，光路就会跑偏。据称HoloLens 2光栅的精度需要达到15pm，即氢原子直径的1/7。

HoloLens 2采用表面浮雕光栅（Surface Relief Gratings），在光波导表面雕刻出光栅。光波导精简到两层，一层传输红光与绿光，另一层传输绿光和蓝光。这样既降低了成本，也更通透，能让更多的环境光进入，高透光率对使用体验很重要。

第一代HoloLens光线从波导的边缘（鼻梁处）射入，经过衍射光栅入耦合、全反射传播、衍射光栅出耦合，最后到人眼。这种设计视角范围做到34°已经是极限。要想进一步提高，必须用折射率更大的材质，但成本昂贵而且大规模量产成疑。第二代HoloLens改用蝴蝶式设计，光线从波导上方中央处向两边射入，同样经过入耦合、全反射传播、出耦合，出射到人眼。这种传输方式左右两边都会牺牲一部分FOV，但是最后拼一起，最终视角范围达到52°。HoloLens 2 虽然比前代视场更广，却依然能保持每度47像素的角分辨率，逼近人眼角分辨率极限，而且画质更佳，画面更锐利。

（2）企业专利情况

1）申请趋势

对微软全球专利申请的年度申请趋势进行分析，如图5－3－22所示，微软在光波导方向的申请可以分为以下阶段。

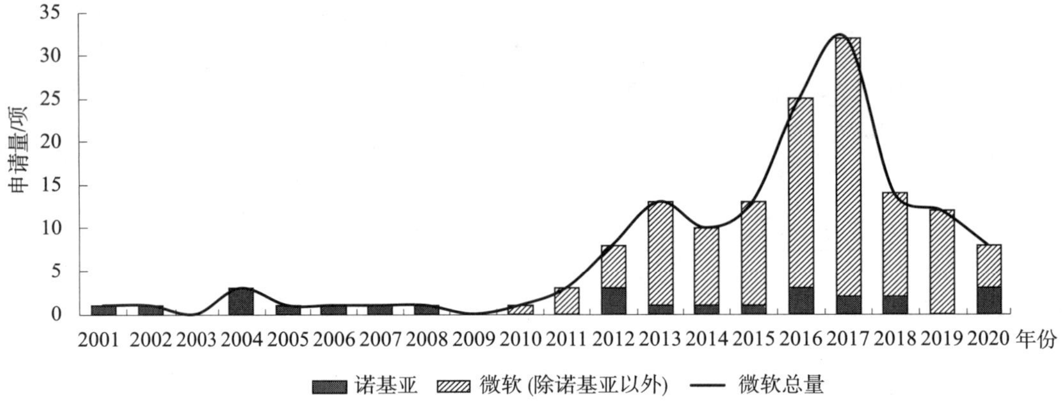

图5－3－22　微软光波导全球专利申请趋势

2001～2011年为技术萌芽期，每年只有一两件专利申请，可以看到主要是诺基亚的申请，这些都属于微软在光波导领域的基础专利。2012～2015年，专利申请量有了一个小高峰，快速增长，这与第一代HoloLens的发布相关。在第一代产品发布之前，企业进行相关的专利布局是与产品发布密切相关的，为了产品的市场进行提前布局。2016～2017年，专利申请量快速增长，达到一个峰值，其后，呈现相对下降的趋势。这是微软在发布第二款产品HoloLens 2前进行产品研发，与技术提升有关；在技术研发和专利布局之后，微软于2019年推出了第二代产品，之后专利申请数量呈现下降趋势，这与技术发展到一定程度，在没有新的产品突破之前，专利申请量相对稳定相关。

2）技术构成

微软在近眼显示光波导方面的申请专利有148项，图5－3－23示出了微软在光波导方面专利申请的技术构成。其中，在衍射光学元件组合（DOE组合）方面的申请占比32%，配合光路占比16%，波导组合占比15%，光栅设计及制造占比13%，终端应用占比13%，其他相关技术占比11%。可见，在微软专利申请中，重点在于对于DOE组合的改进。这也与HoloLens发展过程中对光栅的设置方式进行改进有关，通过改进DOE的设置方式提高了显示视场角。

2015年微软的HoloLens问世后，市场反映的问题在于视场角太窄，亮度低和色彩的均匀性不高。为此，微软在该些方面进行了较多的研发，可以看到，在DOE组合、光栅设计及制造、波导组合等方面的持续研发，使得第二代产品Hololens 2在市场角、亮度和均匀性方面都有较大的提升。

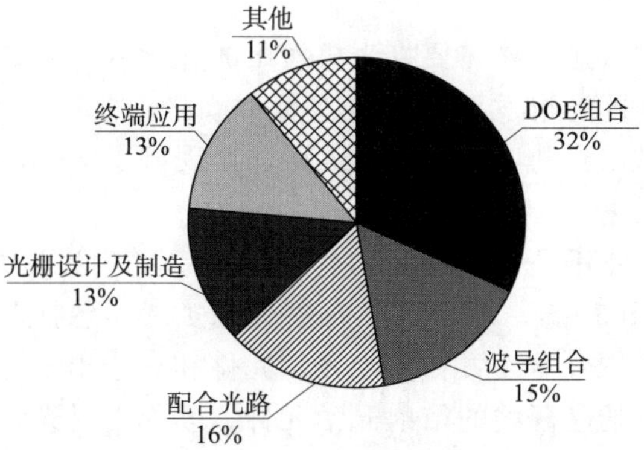

图 5－3－23　微软光波导专利申请技术构成

对于微软来说，近眼显示作为增强现实和虚拟现实的硬件基础，其专利申请不局限于光波导和显示屏这两个涉及硬件的方向。较多的申请从产品应用的不同角度予以研发，在配合光路、终端应用和其他技术方案方面也有相关专利布局，表明微软对于产品实际应用中各个场景和功能的重视。

3）法律状态

对微软的全球专利布局进行分析，统计专利申请的目标市场，从图 5－3－24 可以看到，美国是微软专利的主要目标市场，其次为欧洲和中国。

对进入中国的微软专利申请进行分析。如图 5－3－25 所示，在中国申请的 84 件专利中，全部为发明专利，其中有效专利 50 件，占比为 60%；处于审查中的专利 16 件，占比 19%；另有 18 件发明专利已经失效，占比 21%。

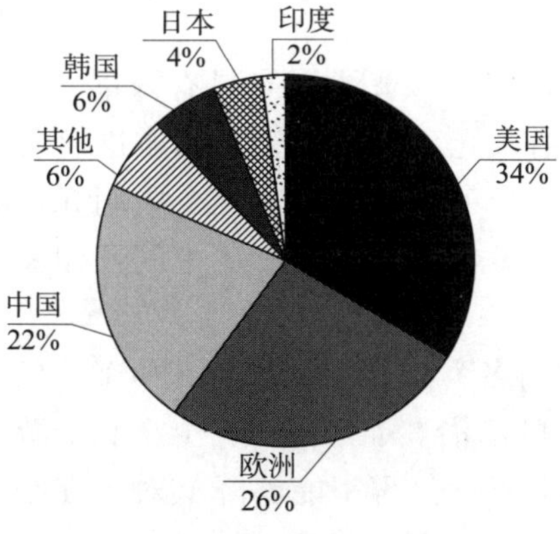

图 5－3－24　微软光波导专利布局目标市场

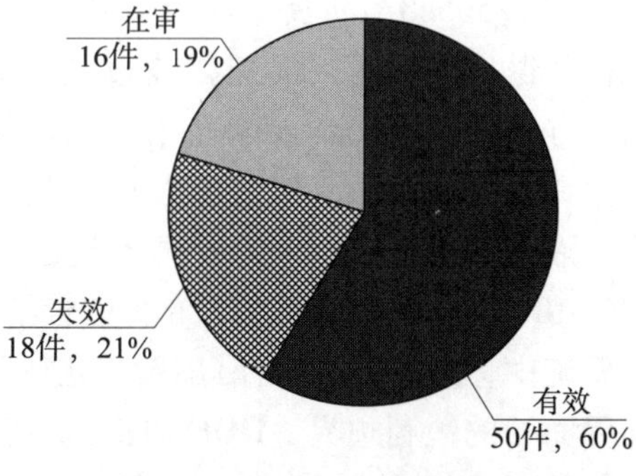

图 5－3－25　微软光波导中国专利申请法律状态

（3）重点专利解析

在光波导方面，微软属于采用表面浮雕衍射光波导技术路线的代表企业，在近眼显示装置中主要集中在 DOE 组合方面，还在波导组合和光栅参数方面进行研究。此外，微软围绕近眼显示的配合光路和终端应用也进行了相应的布局。

1）DOE组合

在近眼显示系统中，光波导需要将光机发出的光导入人眼，光在光波导中必须经过耦入和耦出的过程，即光机发出的光通过耦入光栅，进入波导内，并在其中进行全反射传播，最后再由耦出光栅将光传递到人眼，实现显示图像的传输。其中，光栅的参数影响着光传递的质量。

WO2006064334A1公开了一种扩展出射光瞳的通用衍射光学方法，最早优先权日为2004年12月13日。图5-3-26示出了出射光瞳扩展器包括两个中间衍射光学耦合器，每个中间衍射光学耦合器设置在输入光学元件和一个出射光学元件之间。其使用具有在特定方向上定向的光栅线的衍射光学元件，改善出射光瞳扩展器中的两个光学元件之间的光学耦合，进而优化出射光瞳延伸效率。

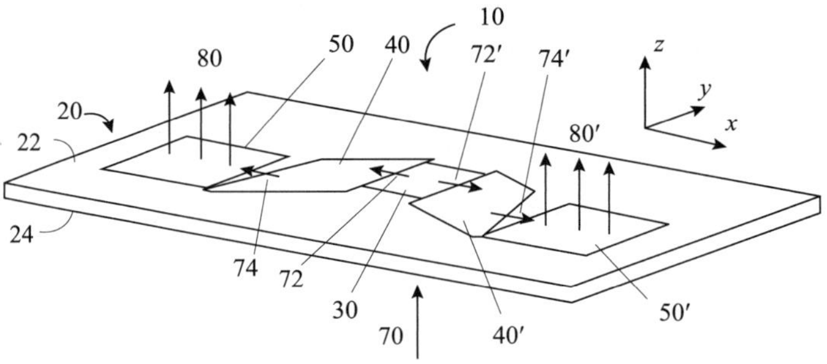

图5-3-26　WO2006064334A1附图

在CN101589326B中，光通过光栅被衍射高达四次至除了零以外的衍射级，以便扩展光束，即一次通过输入光栅，两次通过交叉光栅，以及一次通过输出光栅。其通过光栅周期改进将光从输入光栅耦合到输出光栅的整体效率。

CN107250888A涉及一种用于显示系统的光学波导，该光学波导具有入耦光栅、中间光栅和退出光栅。入耦光栅被布置成接收多个输入光束，每个光束基本准直且在唯一向内方向上被定向到入耦光栅，由此该多个输入光束形成虚拟图像。中间光栅和退出光栅具有显著大于光束的直径的宽度。其中，所述入耦光栅和所述中间光栅基本上毗连，沿公共边界在宽度上分开不超过100μm。

CN107710051A涉及包括带有结合了衍射光栅的多个衍射光学元件（DOE）的波导光学系统中，上游DOE后沿出射光进入下游DOE的前沿。通过减少在上游和下游DOE之间界面处的锐利边界，DOE边沿的梯度轮廓使得光学分辨率能够降低对于在制造期间发生的DOE之间的未对准的敏感度。

在CN107735716A的光学显示系统中，一个或多个DOE中的光栅可具有其中光栅可以倾斜或闪耀的非对称轮廓。DOE中非对称光栅可通过减小在显示器中表现为暗条纹的光学干涉所导致的“条纹化”，而在光学显示系统中增加显示均匀度。

在光波导中，为了让人眼在与光机出口大小相同的范围内看到图像，衍射光波导需要将出瞳扩大，通常需要多块衍射光学元件如耦入光栅、耦出光栅或转折光栅进行组合，从而实现扩瞳显示，以获得极强的沉浸感和良好的视觉体验。因此，对于不同光栅之间的组合和设置关系也是重点改进的方向。

CN105705981B 描述了用于创建波导显示器按时间排序的视野小块的光栅配置。非输出衍射光栅和输出衍射光栅的配对被激活以按时间顺序创建的若干个视场角小块。非输出光栅的示例是输入光栅和折叠光栅。对于被用于构成配对的一组至少三个光栅，每一个非输出光栅与每一个输出光栅配对。配对的数量以及因此视场角小块的数量等于非输出光栅的总数与输出光栅的总数的乘积。

CN110809730A 包括多个 DOE。图 5－3－27 示出了，第一 DOE 被配置为以输入传播角接收光信号并且基于光谱来衍射该光信号，使得一个光谱的光主要在第一方向和路径上被衍射，并且第二光谱的光主要在不同的第二方向和路径上被衍射。第一 DOE 被配置为将光衍射到第二 DOE 中。第二 DOE 被配置为将光衍射到第三 DOE 中。第三 DOE 被配置为将光衍射到眼动范围中，该眼动范围保持输出传播角与输入传播角基本平行。针对每个路径的光栅矢量的总和基本等于零。

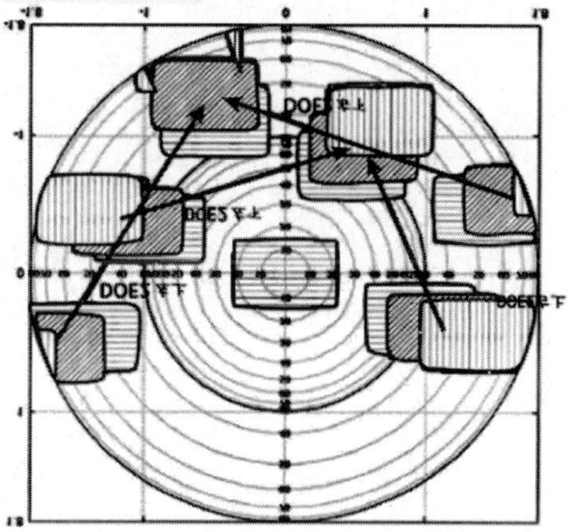

图 5－3－27 CN110809730A 附图

US10620440B2 中波导包括被配置为接收光学光的多个光学输入端口、被配置为输出光学光的至少修改部分至少一个光学输出端口，以及多个传输信道，每个传输信道耦合到多个光学输入端口中的一个并且被配置为将光学光从相应的光学输入端口传输到至少一个光学输出端口。图 5－3－28 示出了多个传输信道被布置为，使得从多个传输信道中的至少第一传输信道衍射的光学光在至少一个光学输出端口处与从多个传输信道中的至少第二传输信道衍射的光学光部分重叠。

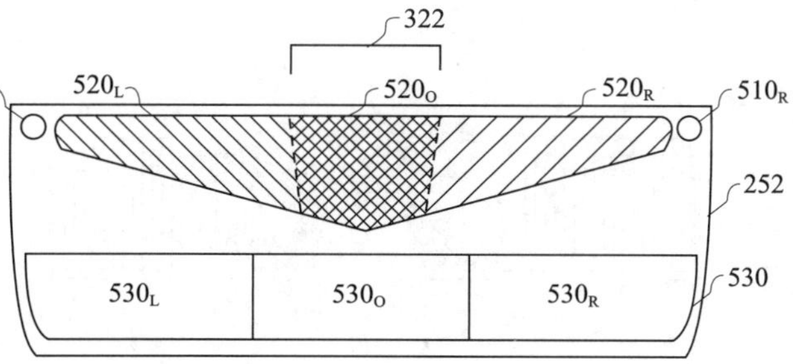

图 5－3－28 US10620440B2 附图

2）波导组合

由于波导中不同颜色的光波长不同，通过衍射后产生的图像存在鬼影、重影、像差、彩虹条纹等多种现象。为了提高显示均匀性和显示质量，可通过组合多层波导的方式获得好的显示效果和不同深度的图像。

US2004062502A1 是诺基亚于 2002 年 9 月 30 日提交的一件美国临时申请 US100261236A 的公开文件。以该申请作为最早的优先权文件，诺基亚提出了 PCT 申请 WO2004030160A2。在该 PCT 申请中提出一种用于改善出射光瞳扩展器中光分布的颜色均匀性的方法和系统。图 5－3－29 示出了使用具有多个层的基板来使得一种颜色的全内反射发生在不同的层表面。

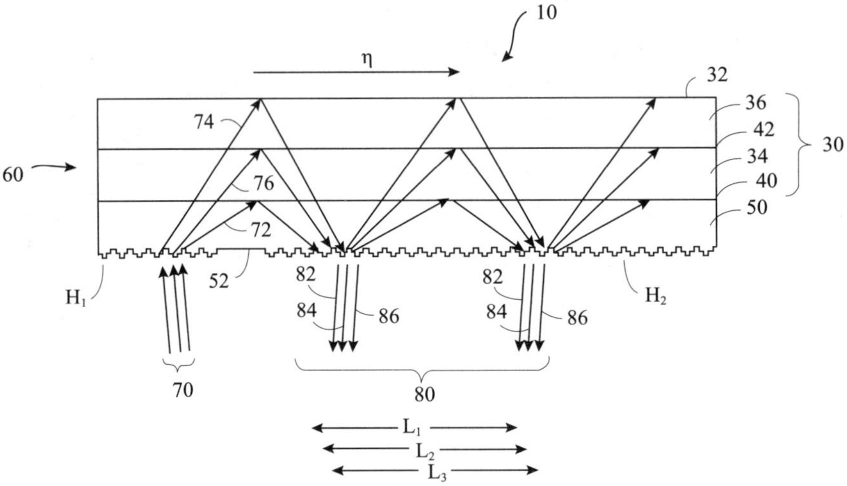

图 5－3－29　US2004062502A1 附图

US2018188540A1 公开了多色光输出耦合装置，包括第一向外耦合衍射光学元件和第二向外耦合衍射光学元件。图 5－3－30 示出了第一外耦合衍射光学元件和第二外耦合衍射光学元件中的每一个包括具有第一重复衍射间隔 d1 的第一区域，以及与第一区域相邻具有不同于第一间隔 d1 的第二重复衍射间隔 d2 的第二区域；第一向外耦合衍射光学元件的第一区域叠加在第二向外耦合衍射光学元件的第二区域上并与第二区域对准。

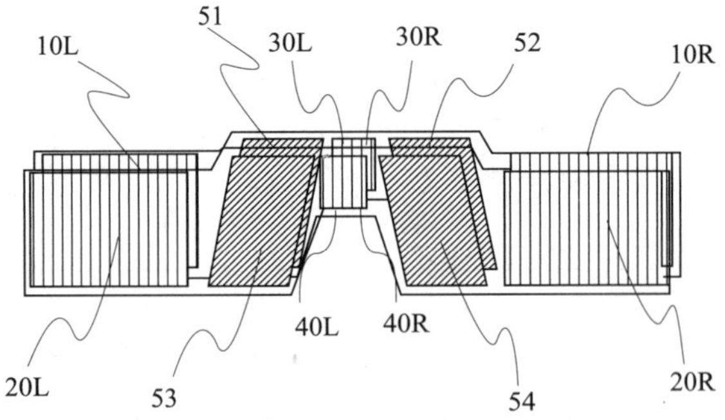

图 5－3－30　US2018188540A1 附图

CN105393161B 公开了近眼显示系统，包括：由所述近眼支撑结构支持的近眼显示器，所述近眼显示器包括具有多个层的波导；具有用于多个层每层的输入光栅的波导，并且具有输入光栅的所述层中的至少一个层具有通过包括，第一颜色的第一波段和在可见光谱中邻近所述第一颜色的第二颜色的第二波段的波段延伸的波长段，所述第一波段窄于所述第一颜色的完整光谱带宽；由所述近眼支撑结构支持的图像生成单元；以及所述波导被光学耦合到所述图像生成单元用于接收图像光。

US2017357089A1公开了一种具有用于提供大FOV的光波导的装置。第一光引擎以第一中心角将光投射到第一波导的输入衍射耦合器中，第一波导的输出耦合器将光投射出第一光波导，第二光引擎以大于第一中心角的第二中心角将光投射到第二波导的输入衍射耦合器中，第二波导的输出耦合器将光投射出第二光波导以与从第一光波导投射出的光相交，第一波导可以用于将图像的第一部分投影到用户视觉的中心部分中，第二波导可以用于将图像的第二部分投影到用户视觉的外围部分中。

US2018231779A1公开了近眼显示系统包括第一和第二光波导。第一光波导被配置为通过第一进入孔径接收第一图像，沿着第一光波导扩展第一图像，并且释放扩展的第一图像。所述第二光波导被配置为通过第二进入孔径接收第二图像，以沿着所述第二光波导扩展所述第二图像，并且释放扩展的第二图像以与所述扩展的第一图像重叠。

US2021096371A1包括被配置为以入射角接收光的第一光波导和以与第一光波导不平行的关系定位的第二光波导。

US2022137408A1公开了一种被配置用于在组合全息和现实世界图像的混合现实显示系统中使用的光学组合器包括透视波导的组装件，所述透视波导被布置在堆叠中以根据从全息图像源接收的RGB（红色、绿色和蓝色）组成颜色分量提供全色全息图像。每个波导（每个RGB颜色分量一个波导）包括设置在光学组合器中堆叠波导的内表面上的入耦合DOE（衍射光学元件）、中间DOE和出耦合DOE。每个外耦合DOE包含衍射透镜功能，以在混合现实显示器上设定深度处渲染外耦合全息图像。

3）其他改进

在一些申请中，虽然涉及了光波导，但是其发明点不在于对光波导的改进，而在于近眼显示与光波导相关的其他涉及硬件或软件之间的配合。该类专利申请被标引为涉及光波导的配合光路和终端应用，其包括以下方面：深度图像（CN104641278A）、眼睛追踪（CN105849621B）、交互（CN104995583A）、聚焦（CN104641635A）、应用菜单（CN105393192A）、涂层材料（CN109073885A）、弯曲光路（CN107111137A），还有涉及三维显示、虚拟图像、视线追踪、视图恢复、偏振配合、吸光材料、光学配合元件等各个应用方面的改进。

5.3.1.3 奇跃公司

（1）企业基本情况

奇跃公司成立于2011年，总部位于美国佛罗里达州劳德代尔堡。公司创始人罗尼·阿博维茨（Rony Abovitz）曾是MAKO外科手术机器人公司的创始人。

2014年10月，奇跃公司获得由谷歌领投的5.42亿美元B轮融资，同时，谷歌新任首席执行官（CEO）桑达尔·皮猜（Sundar Pinchai）出任该公司董事。2016年2月，奇跃公司在C轮融资中获7.935亿美元的投资，阿里巴巴、谷歌都参与本轮融资，完成C轮融资后，奇跃公司的估值至少已达到45亿美元。

2017 年 12 月，奇跃公司公布了旗下第一款增强现实眼镜产品 Magic Leap One，官方称为“Creator Edition 版本”。2018 年 8 月，该产品正式发售，水平视场角40°，采用光波导技术。

2022 年 9 月 30 日，Magic Leap 2 上市，旨在企业级增强现实眼镜领域占据一席之地，尤其是在医疗保健、国防和公共部门、制造业和工业环境三个行业领域。与第一代设备相比，Magic Leap 2 以更小的形状参数提供了 2 倍的视场，视场角达到了 70°，并实现了 2 倍的图像质量提升、2～3 倍的颜色均匀性提升，以及彩虹伪影 100 倍的减少。

Magic Leap 2 是第一款将调光器集成到光学堆叠中的通用增强现实设备，支持两种类型的调光功能：全局调光，可自动调光环境，以确保明亮区域中的数字内容清晰、可靠和充满活力；分段调光，使应用能够调光显示器的特定区域，并使特定内容区域（如文本、视频或指令集）更易于查看。

奇跃公司开发了一套解决方案来解决常见的佩戴不适问题，允许在近（37cm）和远（无限）距离查看内容。这包括稳健的眼动追踪、焦平面的智能选择，以及自动显示校准。Magic Leap 2 使用 2 个无障碍摄像头追踪每只眼睛，并使用 6 个 LED 照明和产生眼睛“闪烁”，从而提高渲染、图像质量和舒适度。

独特的喷墨和纳米压印光刻技术是提高显示性能的关键因素。通过精确控制穿过波导的树脂体积，这种纳米压印工艺实现了更高的均匀性和效率性能。奇跃公司的纳米压印工艺为波导结构提供了诸多选择。奇跃公司的创新团队可以开发 1D、2D 和 3D 纳米结构，并在单个波导元件内组合不同类型的结构。

（2）企业专利情况

1）申请趋势

奇跃公司致力于衍射光波导的设计和制造，在衍射光波导方面的全球相关专利申请总计 184 项，其中中国专利申请 100 件。从图 5－3－31 所示总体趋势来看，奇跃公司专利申请量从 2016 年出现明显增长，这一年奇跃公司完成了 C 轮融资，并且为配合 2017 年 Magic Leap One 上市申请了多项专利，完成了基本专利布局。2016 年以来申请量保持在每年近 20 项，说明奇跃公司在不断研发新技术，为后续产品进行新的专利布局。

2）技术构成

奇跃公司在衍射光波导方面的专利申请主要是表面浮雕光栅光波导，相关专利申请涉及光栅结构及其制造方法、波导基体的改进、波导组合、DOE 组合以及光机方面的改进，还有一些专利申请涉及光波导在终端增强现实眼镜中的后端应用，这部分内容不作为本课题的主要研究内容。值得注意的是，奇跃公司申请了多件有关液晶体全息光栅光波导技术的相关专利，说明奇跃公司的技术路线有所扩展，具体技术构成见图 5－3－32。

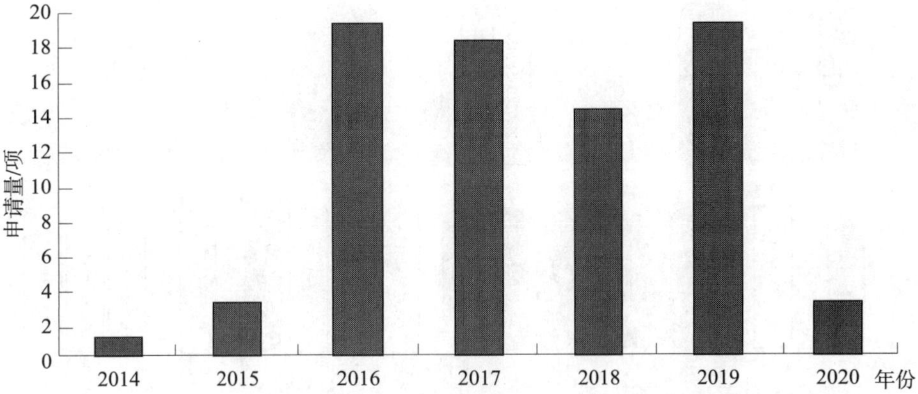

图5-3-31 奇跃公司光波导历年全球专利申请量

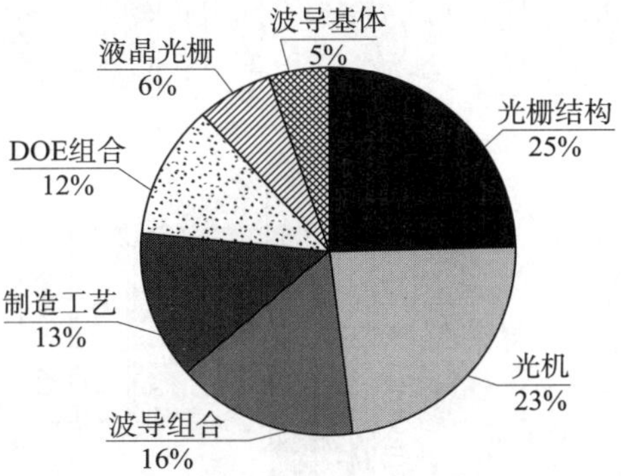

图5-3-32 奇跃公司光波导技术构成

3）来华专利申请法律状态

奇跃公司在中国提交了100件专利申请，全部为发明专利申请，其中37件获得了授权，63件尚未审结。

4）重点专利解析

奇跃公司在衍射光波导方面的独特技术是采用纳米压印技术制作表面浮雕光波导，下面是奇跃公司的技术发展路线图，参见图5-3-33。

下面对奇跃公司的重点专利技术进行解析。

2016年11月3日奇跃公司提出PCT申请WO2017079480A1（用于重定向光的超表面和制造方法）公开了通过纳米压印技术制作多层级表面浮雕的方法，该申请进入中国国家阶段并获得授权CN108474901B。2017年10月25日提出的PCT申请WO2018081305A1（用于增强现实系统的耦出光栅）公开了具有多层级表面浮雕结构的光栅。该申请进入中国国家阶段并获得授权CN109891282B。2017年5月5日奇跃公司提出PCT申请WO2017193012A1（具有非对称结构的表面浮雕的光栅结构），提出一种具有用于重定向光的非对称光栅的超表面及其制造方法，该申请进入中国国家阶段并获得授权CN109476175B。

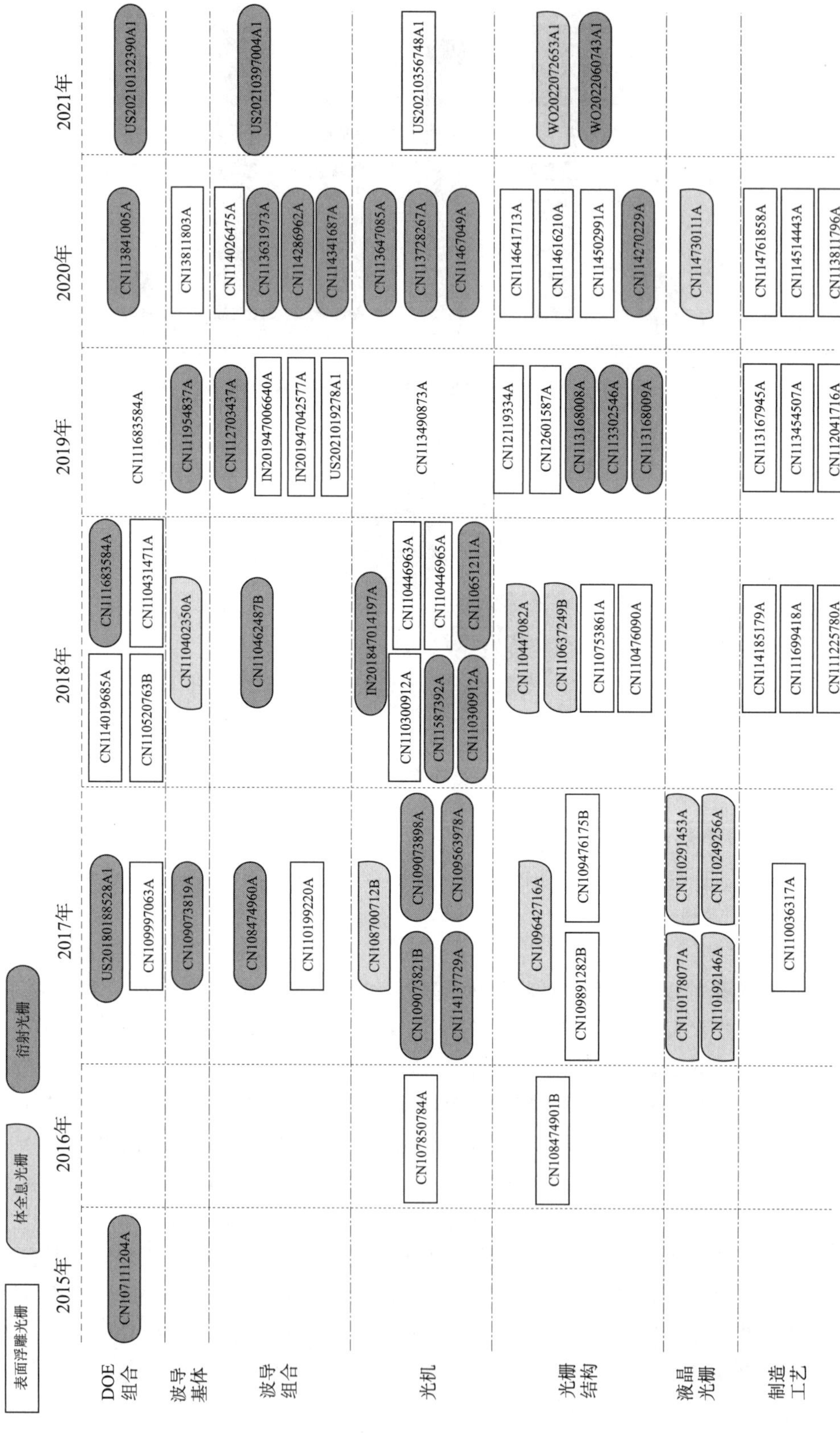

图 5-3-33 奇跃公司光波导技术路线

2019年4月1日，奇跃公司提出PCT申请WO2019195186A1（混合聚合物波导和用于制造混合聚合物波导的方法），公开了波导由两个或两个以上不同材料层形成，较薄层包括凸起和凹陷的图案以形成例如衍射光学元件。该申请进入中国国家阶段公开为CN112041716A，2022年尚未审结。同日奇跃公司提出PCT申请WO2019195174A1（具有集成光学元件的波导及其制造方法），公开了将表面浮雕光栅集成在聚合物波导基体上的方案。该申请进入中国国家阶段，公开号为CN112119334A，2022年尚未审结。

2017年10月3日，奇跃公司提出PCT申请WO2018067500A1（制作非均匀衍射光栅），公开了制作深度不同的表面浮雕光栅的方法。该申请进入中国国家阶段，公开号为CN110036317A，2022年尚未审结。2018年11月6日，奇跃公司提出PCT申请WO2019090328A1（利用阴影掩模实现可调梯度图案化的方法和系统），公开了利用阴影掩模制作深度变化的表面浮雕光栅的方法。该申请进入中国国家阶段，公开号为CN114185179A，2022年尚未审结。

2018年10月17日奇跃公司提出PCT申请WO2019079480A1（用于铸造聚合物产品的方法和装置），公开了制作表面浮雕光栅光波导的那么压印设备。该申请进入中国国家阶段，公开号为CN111225780A，2022年尚未审结。

为了实现二维扩瞳，奇跃公司相继提出多件二维表面浮雕光栅的专利申请。2017年11月16日提出PCT申请WO2018094093A1（使用交叉光栅的波导光复用器），公开了在波导上采用两个交叉衍射光栅的技术方案以进行二维扩展。该申请进入中国国家阶段，公开号为CN110199220A，2022年尚未审结。2018年1月25日，奇跃公司提出PCT申请WO2018140651A1（由具有不同取向的纳米梁的超表面形成的衍射光栅），公开了表面浮雕光栅包括交叉方向上两组或两组以上纳米梁。该申请进入中国国家阶段并获得授权CN110520763B。奇跃公司还提出多方向扩展的专利申请，2018年12月14日提出PCT申请WO2019118930A1（用于增强现实显示系统的目镜），公开了采用多方向光瞳扩展器的技术方案，多方向光瞳扩展器包括2D网格布置的阵列。该申请进入中国国家阶段，公开号为CN111683584A，2022年尚未审结。

2019年11月15日，奇跃公司提出PCT申请WO2020102759A1（用于目镜的叠加衍射光栅），公开了将多个表面浮雕光栅施加在基板的单侧面的方法。该申请进入中国国家阶段，公开号为CN113167945A，2022年尚未审结。2021年9月14日，奇跃公司提出PCT申请WO2022060743A1（增强现实显示系统的目镜），公开了在基板的单侧设置二维光瞳扩展器的技术方案。该申请尚未进入中国国家阶段。

2019年11月20日，奇跃公司提出PCT申请WO2020106824A1（用于增强现实显示系统的目镜），公开了在波导基板的两侧设置组合式光瞳扩展器的方案。该申请进入中国国家阶段，公开号为CN113302546A，2022年尚未审结。2019年12月20日，奇跃公司提出PCT申请WO2020132484A1（用于促进波导内的全内反射的气穴结构），公开了在基板两侧设置表面浮雕光栅，并在光栅两侧设置盖层的技术方案。该申请进入中国国家阶段，公开号为CN113454507A，2022年尚未审结。

2018年12月28日，奇跃公司提出PCT申请WO2019136008A1（基于结合有无机材料的聚合物结构的光学元件），公开了制造不同材料的表面浮雕光栅的方法。该申请进入中国国家阶段，公开号为CN111699418A，2022年尚未审结。2020年11月4日，奇跃公司提出PCT申请WO2021092068A1（具有包括多种材料的光重定向结构的超表面以及制造方法），公开了制造具有不同折射率材料的表面浮雕光栅的方法。该申请进入中国国家阶段，公开号为CN114641713A，2022年尚未审结。

奇跃公司还提出了多项采用高折射率材料的衍射光波导的专利申请。2019年3月12日，奇跃公司提出PCT申请WO2019178060A1（基于折射率极高的目镜基板的观察光学组件架构），公开了使用高折射率材料铌酸锂制作导光基板的技术方案。该申请进入中国国家阶段，公开号为CN111954837A，2022年尚未审结。2020年3月11日，奇跃公司提出改进的方案，在PCT申请WO2020185954A1（具有高折射率材料的波导及其制造方法）中公开了制作高折射率材料的波导并对波导进行图案化的方法，其中将材料层设置在衍射特征上方，材料层具有小于1.8的折射率。该申请进入中国国家阶段，公开号为CN113811803A，2022年尚未审结。同日，奇跃公司提出另一件PCT申请WO2020185832A1（制造具有图案化基于锂的过渡金属氧化物的显示设备的方法），公开了波导上形成具有高折射率的衍射光栅，例如由Li基氧化物形成的衍射光栅。该申请进入中国国家阶段，公开号为CN113811796A，2022年尚未审结。2020年7月2日，奇跃公司提出PCT申请WO2021034413A1（使用高折射率材料的平坦光谱响应光栅），公开了表面浮雕光栅的突起材料和突起之间基板区域的材料分别针对可见光中不同波长的光进行色散。该申请进入中国国家阶段，公开号为CN114270229A，2022年尚未审结。

2020年7月16日，奇跃公司提出PCT申请WO2021016028A1（制造衍射光栅的方法），公开了通过设备主模板在波导基板上压印闪耀光栅图案的方法，主模板1100上限定了多个设备模板区域1104，不同的设备模板区域1104在不同的非正交方向上布置或延伸，在多个方向上衍射的闪耀衍射光栅图案。该申请进入中国国家阶段，公开号为CN114514443A，2022年尚未审结。同日，奇跃公司提出另一件PCT申请WO2021016045A1（具有偏振敏感性降低的衍射光栅的显示设备），公开了闪耀光栅具有降低的偏振敏感性，衍射特征被蚀刻到铌酸锂的高折射率基板中。该申请进入中国国家阶段，公开号为CN114502991A，2022年尚未审结。2020年9月11日，奇跃公司再次提出PCT申请WO2021050924A1（带有具有降低的偏振灵敏度的衍射光栅的显示装置），公开了设置在衍射光栅的第一层和第二层，第二层为金属材料。该申请进入中国国家阶段，公开号为CN114616210A，2022年尚未审结。

奇跃公司还提出了动态可调光栅的专利申请。2019年8月28日，提出PCT申请WO2020047150A1（成像系统中的动态入耦合光栅），公开了采用动态输入耦合光栅，动态输入耦合光栅可以是包括压电材料层和换能层；同时使用输入光束调制和调制的输入光束的对应扫描，可以使用简化的光源，该光源沿着固定的一维传播路径传播输入光束，从而允许光源具有相对于将二维光场透射至非动态输入耦合光栅上的设备和方法的降低的尺寸。该申请进入中国国家阶段，公开号为CN112601587A，2022年尚未审结。

2020年8月14日，奇跃公司提出美国申请US11169380B2（具有像素阵列的透视显示器中的重影图像减轻），公开了包括动态调暗组件703，动态调暗组件包括可变双折射基元，其包括多个像素，每个像素具有独立可变的双折射。该方案使得增强现实装置能够以比传统上可能更宽的各种环境光照条件来使用。该申请的技术首次被应用于Magic Leap 2。该申请进入中国国家阶段，公开号为CN11467049A，2022年尚未审结。

为了扩大视场，奇跃公司提出了多项专利申请。2018年3月20日，奇跃公司提出PCT申请WO2018175488A1（用于组合视场的具有不同衍射光栅的堆叠波导），公开了采用多个波导堆叠，并且衍射到每个波导中的可见光在其内部传播相应的FOV，使得多个波导被配置为衍射组合的FOV内的可见光，该组合的FOV是连续的并且大于相应FOV中的每一者。该申请进入中国国家阶段并获得授权CN110462487B。2018年3月21日，奇跃公司提出PCT申请WO2018175546A1（用于具有宽视野的波导投影仪的方法和系统），公开了使用多个正交光瞳扩展器OPE向公共出瞳扩展器EPE传送光，增加公共EPE提供的视野，而无须增加EPE的尺寸。该申请进入中国国家阶段，公开号为CN110431471A，2022年尚未审结。2018年5月16日，奇跃公司提出PCT申请WO2018213388A1（用于混合现实的系统和方法），公开了在波导基体的两侧分别设置正交光瞳扩展器，出射光瞳扩展元件将来自这两个正交扩展器的子光束分成出射的耦出子光束阵列。该申请进入中国国家阶段并获得授权CN110678802B。奇跃公司随后继续提出分案申请，公开号为CN114019685A，2022年该分案申请尚未审结。2020年6月18日，奇跃公司提出PCT申请WO2020257469A1（用于增强现实显示系统的目镜），公开了通过将输入图像每个颜色分量FOV的不同子部分通过堆叠中不同目镜波导的分割传播，可以实现FOV的增大。该申请进入中国国家阶段，公开号为CN114286962A，2022年尚未审结。

为了增加图像深度，使人眼适应虚像更舒适，奇跃公司于2017年12月27日提出美国专利申请US20180188528A1（双深度出瞳扩展器），公开了堆叠波导包括出瞳扩展（Exit pupil expansion，EPE），EPE具有子区域，每个子区域被配置成向外耦合光线以及使光发散或准直，好像该光从不同于EPE的其余部分的深度发出的深度一样。子区域或区可以具有更高或更低的光功率，以便在眼眶内的不同位置聚焦的虚像。该申请未进入中国国家阶段。2020年1月29日，奇跃公司提出PCT申请WO2020160188A1（串列耦入光学元件），公开了每个深度平面对应三个波导集，三个波导集中每个波导输出一种颜色，第一投影仪输出针对第一深度平面的第一波长光和第二波长光，第二投影仪输出第三波长光。该申请进入中国国家阶段，公开号为CN113631973A，2022年尚未审结。

为了抑制伪影，2015年9月29日，奇跃公司提出PCT申请WO2016054092A1（用于从波导中输出不同波长光的架构和方法），公开了内耦合光学元件是波长选择光学元件，将不同波长的光进行偏振，使其到波导中沿不同方向传播。该申请进入中国国家阶段，公开号为CN107111204A，2022年尚未审结。2017年5月10日，奇跃公司提出PCT申请WO2017197020A1（成像波导上的分布式光操纵），公开了在堆叠波导组件中，波导可以包括滤色器、分布式滤光器和/或切换材料。波导可以分别与特定设计波长相关联。波导包括耦入光学元件，被配置为使处于设计波长的光偏转到关联的光分布元件，并且关联的波长选择区域被配置为衰减不在设计波长处的光，从而减轻伪影。该申请进入中国国家阶段，公开号为CN109416432A，2022年尚未审结。2018年2月15日，奇跃公司提出了PCT申请WO2018152337A1（包括伪影抑制的投影仪架构），公开了利用包含滤色器的分裂光瞳设计，使得在分布式光瞳系统的子光瞳位置处能够进行光谱滤波以减轻伪影。该申请进入中国国家阶段，公开号为CN110300912A，2022年尚未审结。2020年10月8日，奇跃公司提出PCT申请WO2021072111A1（用于增强现实/混合现实应用的颜色选择波导），公开了制造能够减轻杂散光耦合到波导中的颜色选择聚合物波导目镜的方法，目镜层的聚合物中掺杂具有选定色彩特性的染料或颗粒，以衰减不期望的光波长。该申请进入中国国家阶段，公开号为CN114761858A，2022年尚未审结。2020年10月28日，奇跃公司提出美国专利申请US20210132390A1（用于可穿戴显示系统的眼镜），公开了波导包括不同的区域，每个区域具有不同的光栅结构，不同的光栅结构被配置为根据不同光栅矢量来衍射光，从而提高图形的均匀性。

针对波导组合体，奇跃公司申请了相关制造方法专利。2019年4月1日，奇跃公司提出了美国专利申请US20210109278A1（具有集成间隔的波导，具有边缘吸收器的波导及其制造方法），公开了在每个波导的主表面上设置间隔物，在相对的主表面上设置凹口，凹口与间隔物的位置和尺寸对准，从而形成波导的自对准叠层。该申请尚未进入中国国家阶段。2020年6月23日，奇跃公司提出PCT申请WO2020263866A1（具有集成间隔物的波导及相关系统和方法），公开了波导的主表面上设置间隔物，间隔物定义相邻的波导之间的距离，相邻的波导使用间隔物上的黏结剂结合或与上层波导的凹口配合。该申请进入中国国家阶段，公开号为CN114341687A，2022年尚未审结。

2017年开始，奇跃公司还申请了多项液晶光栅的专利申请。2017年11月16日，奇跃公司提出PCT申请WO2018094079A1（空间可变液晶衍射光栅），公开了衍射光栅中包括多个不同的聚合物分散液晶层，其中微滴在主体介质中包含衍射图案，通过切换微滴的折射率进行衍射光栅的开关。该申请进入中国国家阶段，公开号为CN110192146A，2022年尚未审结。同日，奇跃公司提出另一件PCT申请WO2018094096A1（用于重定向具有宽入射角范围的光的多层液晶衍射光栅），公开了多个光栅堆叠结构，每一个包括多个液晶材料子层，每个液晶材料子层包括横向延伸的重复单元，液晶层的重复单元彼此横向偏移并且限定倾斜角，形成光栅结构堆叠的光栅结构具有不同大小的倾斜角。该申请进入中国国家阶段，公开号为CN110178077A，2022年尚未审结。2017年12月7日，奇跃公司提出PCT申请WO2018106963A1（基于胆甾型液晶的衍射装置），公开了衍射装置包括胆甾型液晶（CLC）层，CLC层包括多个手性结构，手性结构液晶分子的布置在与层深度方向垂直的横向方向上周期性地变化，以提供衍射光栅。该申请进入中国国家阶段，公开号为CN110249256A，2022年尚未审结。

针对液晶光栅的制造方法，奇跃公司于 2017 年 12 月 13 日提出 PCT 申请 WO2018112101A1（使用具有表面对准图案的软压印复制对液晶图案化），公开了液晶光栅的制造方法，通过可重复使用的对准模板接触来图案化液晶聚合物层的软压印对准工艺来制造液晶光栅。该申请进入中国国家阶段，公开号为 CN110291453A，2022 年尚未审结。2020 年 11 月 19 日，奇跃公司提出 PCT 申请 WO2021102165A1（用于对液晶层进行图案化的方法和系统），公开了通过纳米压印对准层来图案化液晶层来创建光学母版，光学母版位于光对准层上面。光学母版被照射，并且传播通过纳米压印对准层和液晶层的光被衍射，并且随后撞击光对准层。入射的衍射光使液晶层中的图案被转移到光对准层。该申请进入中国国家阶段，公开号为 CN114730111A，2022 年尚未审结。

5.3.1.4 迪斯帕列斯

（1）企业基本情况

迪斯帕列斯成立于 2015 年，总部位于芬兰埃斯波。迪斯帕列斯出身于芬兰 VTT 技术研发中心，专注于开发表面浮雕光栅光波导，以无晶圆厂方式营运，只进行光栅与光学镜片原型的设计，然后委托代工者量产。

2021 年 11 月，迪斯帕列斯宣布已完成由 Atlantic Bridge 领投、新投资者 CCB Trust 和 Flashpoint 跟投的 3300 万美元 B 轮融资。包括 Lifeline Ventures、VTT Ventures、Finnish Industry Investment 和 3M Ventures 在内的所有老股东也参与了该轮融资。截至 2022 年，迪斯帕列斯总融资额达到 5000 万美元。

2022 年 3 月，诚瑞光学母公司——瑞声科技控股公司与迪斯帕列斯宣布建立战略合作伙伴关系。两家公司的合作推动迪斯帕列斯将现已大量生产的透明光波导显示器用于增强现实和混合现实可穿戴设备市场。两家公司正在合作为客户提供高质量的波导显示器，这些显示器具有行业领先的外形尺寸、图像质量和清晰度。

迪斯帕列斯波导显示器的输出耦合光栅只会在镜片上显示一个灰色区域，但因为尺寸非常小，几乎不会影响透明度。迪斯帕列斯的独创性在于将 RGB 三色都并入一层波导进行传输，单层设计使迪斯帕列斯产品更为轻量。迪斯帕列斯选择蚀刻工艺制造光波导，可以获得更大的视场角。

（2）企业专利情况

迪斯帕列斯专注于开发表面浮雕光栅光波导，在表面浮雕光栅光波导方面的全球申请量总计 34 项，其中在中国的专利申请 33 件。

1）申请趋势

迪斯帕列斯成立于 2015 年，还属于初创公司。该公司成立之初，申请了一系列原创专利。参见图 5－3－34，从全球申请趋势来看，2017 年申请量达 19 项，2018 年继续申请了 8 项，之后申请量有所回落。2021 年迪斯帕列斯公司 B 轮融资成功，预计后续将有更多资金投入技术研发。

2）技术构成

迪斯帕列斯以无晶圆厂方式营运，只进行光栅与光学镜片原型的设计，其专利申请集中在光栅设计、制造等方面。具体技术构成如图 5－3－35 所示。

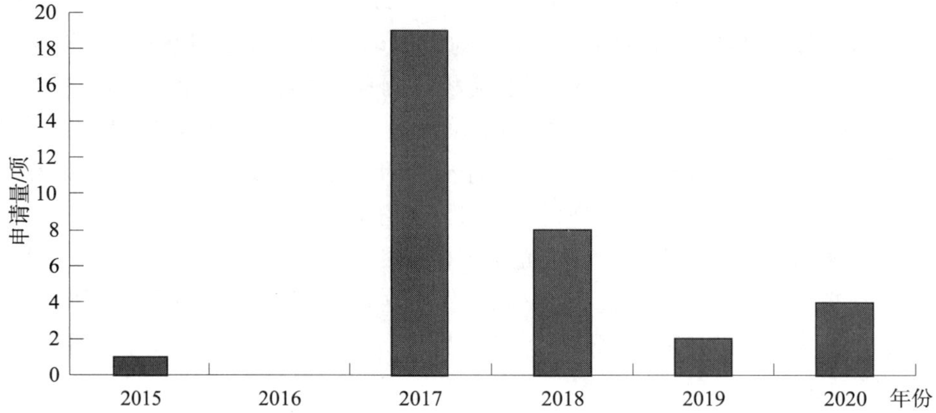

图5－3－34　迪斯帕列斯光波导历年全球专利申请量

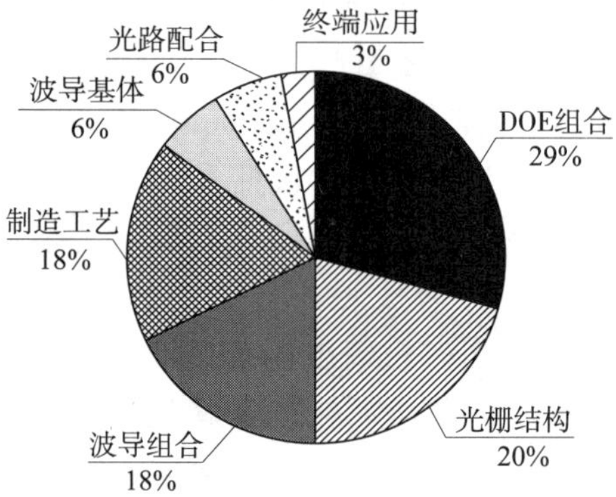

图5－3－35　迪斯帕列斯光波导全球技术构成

3）来华专利申请法律状态

迪斯帕列斯的33件来华专利申请中，有20件获得授权，尚有13件处于在审状态。

4）重点专利解析

表5－3－3为迪斯帕列斯表面浮雕光栅衍射光波导相关专利列表。

表5－3－3　迪斯帕列斯表面浮雕光栅衍射光波导相关专利

申请日	公开号	技术分支	技术效果	同族数量/件
2018－05－08	WO2018206847A1 （具有可变衍射效率的衍射光栅和用于显示图像的方法）	光栅结构	提高衍射效率	12
2018－12－10	WO2019122505A1 （光波导和衍射波导显示器）	光栅结构	提高衍射效率	11

续表

申请日	公开号	技术分支	技术效果	同族数量/件
2018－12－20	WO2019122529A1（具有新颖光栅结构的波导显示器和显示元件）	光栅结构	消色差	9
2019－02－25	WO2019185975A1（衍射光栅）	光栅结构	改善显示设备的入耦合布置和/或出耦合布置中的颜色分离	13
2019－03－04	WO2019185976A1（波导元件）	光栅结构	消除像差	13
2021－05－25	WO2021240060A1（出射光瞳扩展器）	光栅结构	均匀性	3
2021－09－20	WO2022064101A1（用于增强现实显示的光波导）	光栅结构	抑制色散	3
2018－12－04	WO2019122502A1（无干涉波导显示器）	波导基体	抑制杂散光	11
2018－12－20	WO2019122527A1（阶梯波导元件、个人显示装置和产生图像的方法）	波导基体	外表面原则上可以是完全任意的	11
2018－05－22	WO2018220272A1（制造主板的方法和主板）	制造工艺	适合于大规模生产	8
2018－05－18	WO2018220269A1（制造可变效率衍射光栅的方法和衍射光栅）	制造工艺	允许生成具有局部变化的衍射效率的高质量光栅	7
2018－05－22	WO2018220271A1（制造高度调制的光学衍射光栅的方法）	制造工艺	制造具有局部变化的衍射效率的光栅的情况下放宽了制造约束	14

续表

申请日	公开号	技术分支	技术效果	同族数量/件
2018-05-18	WO2018220270A1（高度调制衍射主板及其制造方法）	制造工艺	生成要在冲压技术中使用的高质量的经高度调制母板	8
2018-05-18	WO2018220264A1（制造衍射光栅的方法）	制造工艺	高质量光栅	10
2021-06-09	WO2021255332A1（光学元件的制造方法、光学元件和制造光学元件的装置）	制造工艺	降低成本	3
2016-04-08	WO2016162606A1（光学透视显示元件和利用这种元件的装置）	波导组合	提高出耦合效率	10
2018-05-08	WO2018206848A1（衍射显示器、用于其的光导元件和投影仪以及用于显示图像的方法）	波导组合	扩大视场角	9
2018-12-14	WO2019122513A1（多光瞳波导显示元件和显示装置）	波导组合	提高图像资料和衍射效率	12
2018-12-20	WO2019122528A1（多层波导显示元件）	波导组合	控制耦出光在空间上的量，减轻条纹	11
2019-03-22	WO2019185989A1（波导显示元件）	波导组合	较高的耦合效率，增大了亮度和/或允许降低功耗	14
2019-04-10	WO2019202205A1（用于显示应用的衍射出射光瞳扩展器布置）	波导组合	大出射光瞳的紧凑型衍射光导	12

续表

申请日	公开号	技术分支	技术效果	同族数量/件
2018-05-03	WO2018202951A1（显示元件、个人显示装置、在个人显示器上产生图像的方法和用途）	DOE 组合	减小尺寸	11
2018-05-18	WO2018220266A1（具有双周期光栅的衍射元件）	DOE 组合	扩大视角	9
2018-12-11	WO2019122508A1（衍射波导元件和衍射波导显示器）	DOE 组合	消除条纹	12
2019-01-30	WO2019155117A1（具有光栅反射镜衍射显示元件）	DOE 组合	提高衍射效率	11
2019-02-19	WO2019185973A1（出射光瞳扩展器）	DOE 组合	提高亮度、均匀度和/或色彩平衡	12
2019-03-08	WO2019185977A1（用于显示器应用的波导元件和波导堆叠）	DOE 组合	在保持提供大 FOV 的能力的同时，防止了层之间的交叉耦合均匀性	11
2019-03-11	WO2019185978A1（具有反射器表面的波导显示元件）	DOE 组合（衍射和反射结合）	提高亮度，提供节省波导表面积	13
2020-04-15	WO2020212647A1（新型光栅布置）	DOE 组合	有效地使用波导面积	8
2021-10-12	WO2022079353A1（眼镜装置的光导、眼镜装置以及光导的操作和制造方法）	DOE 组合	均匀性	3

续表

申请日	公开号	技术分支	技术效果	同族数量/件
2018-05-18	WO2018220265A1（投影物镜及波导显示装置）	光路配合	减小尺寸	11
2018-12-14	WO2019122516A1（激光投影仪和衍射显示装置）	光路配合	提高图像质量和衍射效率	11
2018-12-18	WO2019122521A1（改进亮度的波导显示器）	终端应用	改善亮度	11

5.3.1.5 威福光学

（1）企业基本情况

威福光学成立于2014年，总部位于英国牛津。威福光学在增强现实衍射光波导及核心模组领域，与微软、苹果公司同处于全球第一阵营。

2018年12月，威福光学宣布完成2600万美元（约合2000万英镑）C1轮融资，由威福光学最大股东、欧洲著名风险投资公司Octopus Ventures领投，老股东戈壁创投、IP集团、博世创投跟投，同时引入了新投资方及战略合作伙伴歌尔股份和Optimas Capital Partners。

2019年9月，威福光学宣布，获C2轮1300万美元融资。继2018年12月最初筹资2600万美元之后，公司在本轮融资的最后阶段又筹得1300万美元。投资方包括现有投资者Goertek以及新投资者Hostplus。

2021年5月，智能手机应用程序Snapchat的创建者Snap宣布收购威福光学，此次收购总额超过5亿美元，收购完成后大约125名威福光学员工将成为Snap硬件部门的一部分。

（2）企业专利情况

威福光学的核心技术是表面浮雕光栅光波导，全球相关专利申请总计27项。

1）申请趋势

威福光学属于初创公司，2014年成立以来，申请了一系列专利，完成了专利的初始布局。参见图5-3-36，从申请趋势来看，申请量呈现逐年递增的趋势。完成C轮融资之后，预计将有更多资金投入研发。

2）技术构成

威福光学作为初创公司，专利申请集中在表面浮雕光栅光波导的设计和制造、光波导模组的设计等方面。具体技术构成如图5-3-37所示。

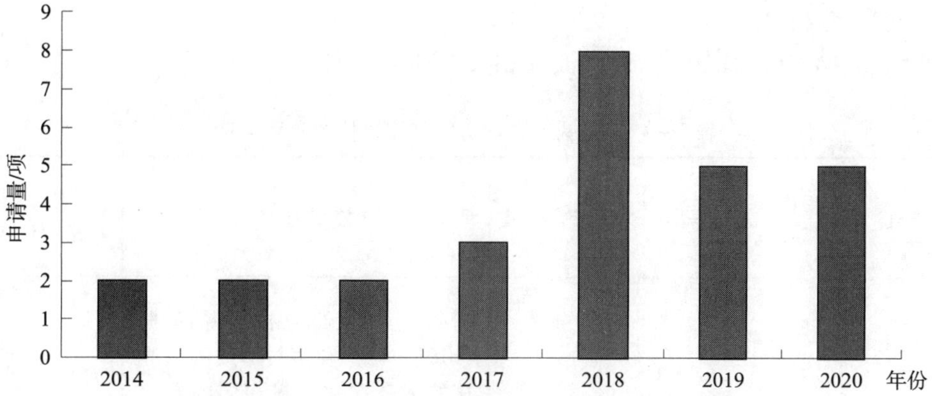

图 5-3-36 威福光学光波导历年全球专利申请趋势

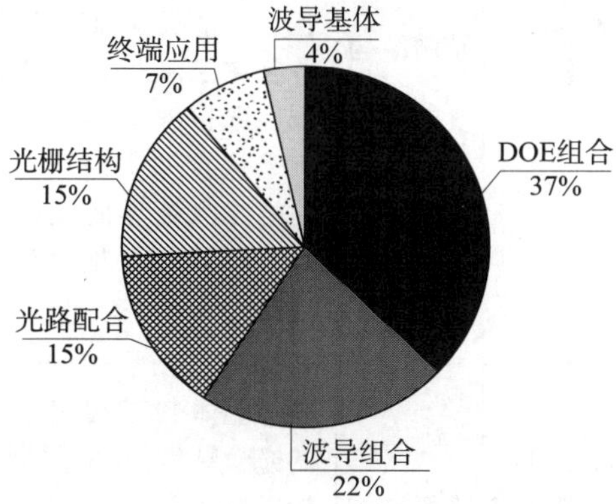

图 5-3-37 威福光学光波导全球技术构成

3）来华专利申请法律状态

威福光学来华专利申请总计 35 件，如图 5-3-38 所示，其中 24 件获得授权，10 件处于在审状态，1 件失效。授权专利中发明 14 件，实用新型 10 件。

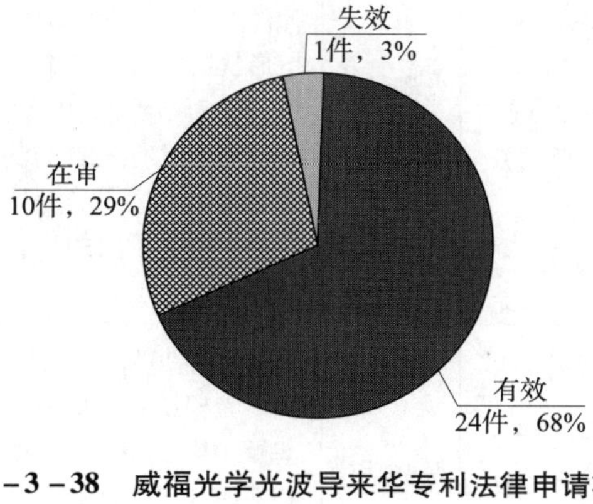

图 5-3-38 威福光学光波导来华专利法律申请状态

4）重点专利申请解析

表5－3－4为威福光学衍射光波导相关专利申请列表。

表5－3－4　威福光学衍射光波导相关专利申请

申请日	公开号	技术分支	技术方案	同族数量/件	同族被引频次
2016－06－01	WO2016198832A1（光学显示装置）	光栅结构	衍射光学元件包括闪耀光栅（619、719）和由与形成闪耀光栅的聚合物基材料相同的聚合物基材料形成的残留层（617、717）。残留层（617、717）定位成与基板（611、711）相邻，并且在二者之间设置折射率失配。选择残留层的深度，使得对于选定的入射角，被光栅衍射的光和被界面反射的光重新组合并且相长地干涉，以经历薄膜干涉	9	10
2018－03－16	WO2018178626A1（增强现实或虚拟现实显示的波导）	光栅结构	光子晶体12是设置在波导14内的光学结构10的阵列，光学结构以阵列进行布置，以在波导中提供彼此交叠的衍射光学元件（H1、H2、H3）	17	10
2020－02－03	WO2020188234A1（用于增强或虚拟现实的改进的角均匀性指南）	光栅结构	波导包括光子晶体中的多个光学结构。多个光学结构被布置在阵列中以提供至少两个衍射光学元件。多个光学结构分别具有如下形状：包括十二个大致上直的边，这十二个边中的六个边在第一角度处具有各自的法向量，并且这十二个边中的另外六个边在与第一角度不同的第二角度处具有各自的法向量	8	4
2021－06－29	WO2022002945A1（用于增强现实显示的光学设备）	光栅结构	光栅元件111、112、113限定不规则光栅结构。每个光栅元件是基板101的表面上的脊，其具有基本上矩形的横截面，并且通过光栅元件的宽度、间距和高度的变化来提供不规则性	3	0

续表

申请日	公开号	技术分支	技术方案	同族数量/件	同族被引频次
2018-03-06	US11054647B1（EYELENS 波导）	波导基体	提供了弯曲波导，使用独特的衍射光栅图案来改进波导的形状因数和可用性。波导30的周边34可以形成有角度的边缘36（例如，基本上为V形的边缘）。倾斜边缘36具有第一表面38和第二表面40，第一和/或第二表面38、40可包括表面光栅，被构造成衍射光	2	0
2018-07-24	GB201812023D0（用于增强现实或虚拟现实显示的设备，撤回）	波导组合	光学结构包括第一波导10和第二波导20，其间具有（蓝光）滤光片14。第一衍射输入2从投影仪12接收彩色光（RBG），并将彩色光的第一部分衍射到第一波导中。第一输入衍射光栅还将有色（RGB）光的第二部分通过（蓝光）滤光器14传输到第二波导中的第二衍射输入6。然后，第二部分（RG）光被衍射到第二波导中。第一和第二输出衍射元件将来自第一和第二波导的光的第一和第二部分朝向观察者衍射。该布置改善了输出图像的色均匀性	2	0
2018-08-20	GB201813535D0（增强现实显示器的光学结构，撤回）	波导组合	光学结构具有两个波导4、6和一个彩色滤光片7，该彩色滤光片配置为接收来自投影仪2的彩色光并将彩色光分成第一和第二波长范围，使得第一和第二波长范围分别在彼此偏移的方向上指向第一和第二波导。反射表面9可以将第二波长范围反射到衍射元件10	2	0

续表

申请日	公开号	技术分支	技术方案	同族数量/件	同族被引频次
2018-12-11	WO2019115998A1（增强现实或虚拟现实显示装置）	波导组合	第一输出衍射光学元件104和第二输出衍射光学元件108被配置成分别沿朝向波导法向量成不同角度的方向将光耦合到第一波导110和第二波导120以外。以这种方式，光沿朝向输入衍射光学元件的位置向后倾斜的方向被耦合到波导以外。这可以使在波导的一侧注入光，并且从波导的另一侧沿朝向输入位置向后倾斜的方向耦出光。提供水平线之下的观看	4	2
2019-04-03	WO2019220072A1（增强现实显示的光学结构）	波导组合	仅使用两个波导来提供全色图像彩色投影仪（2）发出三原色的窄光束。在所投影的光束的路径中设置有一对波导（4、6）。第一输入光栅（8）将第一原色波长和第二原色波长耦合到第一波导（6）中，并且使得经衍射的光的第二原色波长和第三原色波长沿朝向第二波导4的方向被耦合出第一波导。第二输入衍射光栅（10）接收耦合出第一波导（6）的光并对第二原色和第三原色进行衍射，使得它们被耦合到第二波导（4）中	8	3
2020-01-20	WO2020178545A1（展示增强现实或虚拟现实）	波导组合	第一投影仪（2）沿与波导法向量成第一角度的方向向第一输入光栅（6）提供光，并且第二投影仪（12）被配置成沿与波导法向量成第二角度的方向向第二输入光栅（16）提供光，其中第一角度范围和第二角度范围不同但是部分交叠	8	1

续表

申请日	公开号	技术分支	技术方案	同族数量/件	同族被引频次
2021-04-07	WO2021204891A1（光学器件）	波导组合	第一波导的第一表面包括第一定位元件27，使用定位元件将第一波导布置在相对于第二波导的固定位置。第一定位元件是纳米压印光刻NIL结构，第一定位元件包括：亲水区域，其适于吸引黏合剂；或适于排斥黏合剂的疏性区	1	0
2015-07-28	WO2016020643A1（出瞳孔径扩展衍射光学波导设备）	DOE组合	该装置包括波导（12）以及三个线性衍射光栅H0、H1、H2。两个光栅H1、H2彼此覆盖。交叉光栅H1、H2可以由具有产生多个有效衍射光栅的柱（20）的规则阵列的光子晶体（19）来代替	34	228
2017-09-29	WO2018091862A1（光学设备）	DOE组合	输出光栅结构包括具有相对于彼此成60°角的凹槽的线性光栅或具有以规则三角形晶格布置的柱（20）的光子晶体（19）。输出光栅结构（H1、H2）在两个垂直方向上具有可变的衍射效率，使得第一衍射级的光功率在输出结构中的不同位置处基本恒定	3	4
2018-08-20	WO2019048821A1（在增强现实或虚拟现实设备中使用的光学设备）	DOE组合	该显示器包括波导（2）、输出元件（4）和多个输入衍射光栅（6、8、10、12）。输入光栅（6、8、10、12）相对于y轴线被设置成与输出元件（4）交错配置。每个输入光栅和具有距输出元件（4）不同的间隔距离的另一输入光栅相邻。这可以改善来自输出元件（4）的照明的均匀性	15	2

续表

申请日	公开号	技术分支	技术方案	同族数量/件	同族被引频次
2020-03-23	WO2020217044A1（增强现实显示装置）	DOE组合	被定位在波导（306）中或波导（306）上的返回衍射光学元件（307、309、312），该返回衍射光学元件（307、309、312）被配置成接收来自输出衍射光学元件（304）的光并且将接收的光衍射，使得光朝向输出衍射光学元件（304）返回	8	0
2019-07-24	WO2020084275A1（增强现实或虚拟现实显示设备）	DOE组合	输出衍射光学结构（60）包括第一部分（62）和第二部分（64）。第一部分（62）包括第一衍射光学元件（30），第二部分（64）包括第二衍射光学元件（32），第一衍射光学元件30和第二衍射光学元件32在波导中或在波导上彼此叠覆	8	2
2019-08-07	WO2020065251A1（增强现实或虚拟现实显示设备）	DOE组合	中间衍射光学结构（6、8；106）包括衍射构件，其以与从输入衍射光学结构接收的光所成的第一角度定向以在中间衍射光学结构内提供第一衍射和第二衍射，以向输出衍射光学结构耦合光。第一衍射以第二角度向衍射构件耦合来自输入衍射光学结构的光，使得在中间衍射光学结构中的多个间隔位置处提供第二衍射，从而提供光的一维扩展。第二衍射向输出衍射光学结构耦合光	8	4

续表

申请日	公开号	技术分支	技术方案	同族数量/件	同族被引频次
2021－04－07	WO2021204894A1（光学器件）	DOE组合	输入光学元件（21）接收入射在波导的第一侧上的光（41）并且将接收的光反射到波导中的输入反射表面；中间衍射光学元件（24）从第一方向接收波导中的光，并在垂直于第一方向的第二方向提供接收光的扩展。通过提供具有反射输入和输出元件的光学装置，以及被配置为在波导中垂直于传播方向扩展光的中间衍射光学元件，该光学装置能够扩展光而不会造成效率和均匀性损失	1	0
2021－09－01	WO2022049104A1（用于增强现实或虚拟现实显示的衍射光栅和用于增强现实或虚拟现实显示的衍射光栅）	DOE组合	光栅包括交错矩形光栅（1213），其包括第一矩形周期性阵列（1211）和第二矩形周期性阵列（1212）。第一光学结构阵列（1211）和第二光学结构阵列（1212）在至少一个特性上彼此不同，或者第一光学结构阵列（1211）偏离第二光学结构阵列（1212），其中第一阵列的光学结构与第二阵列的光学结构重叠	1	0
2021－12－07	WO2022122766A1（光学装置）	DOE组合	第一输入衍射光学元件（3），将光的第一部分耦合到波导中，沿着第一全内反射光路P2，允许光的第二部分通过；第二输入衍射光学元件（4），布置在波导的第二表面上，接收第二部分光，使其捕获在波导内，沿第二个全内反射光路P4，P4偏离第一全内反射光路P2；光被耦合出波导的位置的第一图案和第二图案作为组合图案重叠。通过提供两个输入衍射光学元件，与仅使用一个输入衍射光学元件可以实现的间隔相比，可以减小组合图案中的间隔	1	0

续表

申请日	公开号	技术分支	技术方案	同族数量/件	同族被引频次
2015-12-22	WO2016113528A1（显示系统）	光路配合	前输入投影仪（34）通过前表面投射多色光，后输入投影仪（36）通过后表面投射多色光。沿波导（32）的宽度，以交错配置来设置多个前输入投影仪和多个后输入投影仪（34、36），并且邻近的前输入投影仪和后输入投影仪的相应边缘沿波导的宽度对准，以允许对光进行连续投射	13	17
2020-11-09	WO2021094706A1（投影显示器以及增强现实或虚拟现实装置）	光路配合	波导包括具有多个线性衍射特征的输入光栅4，以及LED阵列，该LED阵列被构造成形成照射瞳，该照射瞳作为入瞳8被光学中继到输入光栅上，使得在输入光栅处，入瞳具有在与线性衍射特征平行的方向上比在与线性衍射特征垂直的方向上更大的形状	5	0
2020-05-21	WO2020260853A1（光瞳中继系统）	光路配合	激光扫描投射系统包括被构造成朝向一对偏振分束器6发射光的激光源2。所述偏振分束器将光通过多个四分之一波片8引导到多个反射镜12a、12b、12c上	8	0
2019-09-12	US11113889B1（可调波导组件和具有可调波导组件的增强现实眼镜）	终端应用	波导眼眶能够相对于支撑架移动，以将眼眶定位在佩戴者的眼睛前方	2	2

5.3.1.6 维盛公司

（1）企业基本情况

维盛公司是美国一家智能眼镜创业公司，成立于1997年，总部位于美国纽约州罗切斯特。

维盛公司曾获得美国国防部高级研究计划局一份为期1年、价值100万美元的合同，为持久近距空中支援（Persistent Close Air Support，PCAS）项目研究和开发用于联合终端攻击控制器（Joint Terminal Attack Controllers，JTAC）新一代光学显示系统。维盛公司为PCAS开发高清微型显示器和透视光学系统，该系统以维盛公司获得专利的“叶片”（Blade）光学系统为基础。

维盛公司在2013年的国际消费类电子产品展览会（International Consumer Electronics Show，CES）上公布了M100智能眼镜。M100的外形看上去与蓝牙耳机的造型很像，包含一片虚拟现实目镜。

2015年1月2日，维盛公司宣布，英特尔已对该公司投资2480万美元，以加速其智能眼镜的推出。

在2018年的CES电子展上，维盛公司发布了Vuzix Blade智能眼镜。2019年2月，维盛公司发布了首款面向消费者的Vuzix Blade智能眼镜，它被设计成智能手机的伴侣，右侧镜片上设置了全彩色透明显示屏。

Vuzix Blade眼镜利用光波导技术，基于诺基亚发明的表面浮雕光栅制造工艺。Vizux Blade眼镜采用了具有角度的光栅来引导光线在光波导中传播，光波导分为两部分，一部分负责显示可见光中的蓝色和绿色区域，另一部分负责显示绿色和红色区域。为了避免图像边缘出现色差，两种光波导的位置必须对齐。维盛公司发明了独特的制造工艺，先设计并制造一个母版，母版外涂覆光聚合物，然后将母版压在透明的玻璃基片上，让基片在紫外光下曝光。这样光聚合物涂料就会凝固，将光栅模板的纹理压印在玻璃基片上。

2022年8月，维盛公司宣布，已与美国军工巨头L3Harris Technologies公司签署协议，为军事应用头戴系统开发定制的波导光学引擎。

2022年9月，维盛公司宣布推出其新款智能眼镜产品Vuzix Blade 2，这是一款基于该公司流行的Blade外形的增强现实工业解决方案产品。Vuzix Blade 2采用超亮波导光学元件，提供了一个私有、超亮的显示屏，无论是在室内还是在阳光下使用，都能提供24位全彩图像。该设备还可提供用于矫正视力的处方镜片。

（2）企业专利情况

1）申请趋势

维盛公司在表面浮雕光波导方面的相关专利申请总计28项，其中中国申请专利15件。图5－3－39示出了维盛公司光波导全球专利申请的发展趋势。从总体申请趋势来看，早期维盛公司从事军品研发，并未公开其技术；2013年在CES上展出其面向消费者的产品，相关专利技术才公开；2015年获得英特尔投资，研发投入增加，专利申请量也出现了显著增长。随着Blade系列增强现实眼镜的推出，2017～2020年申请量持续增长，预计增长趋势还将继续持续。

2）技术构成

维盛公司专注于表面浮雕光栅光波导的研发，其专利技术主要集中在光波导光栅的设计和制造，以及光波导模组的设计。具体技术构成如图5－3－40所示。

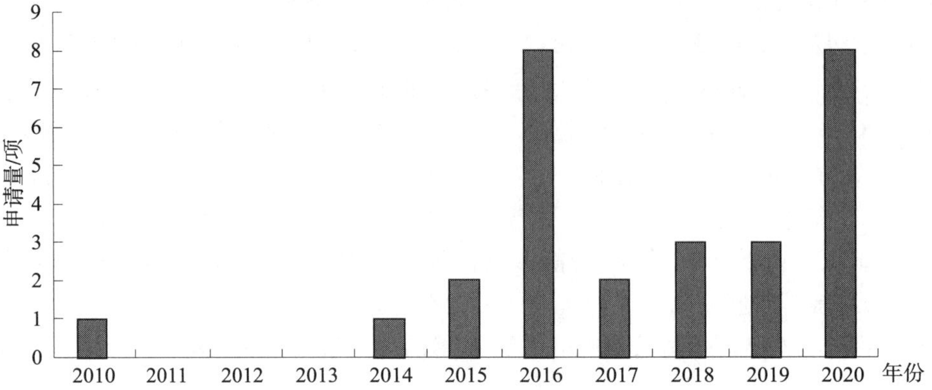

图5-3-39　维盛公司光波导全球专利申请的发展趋势

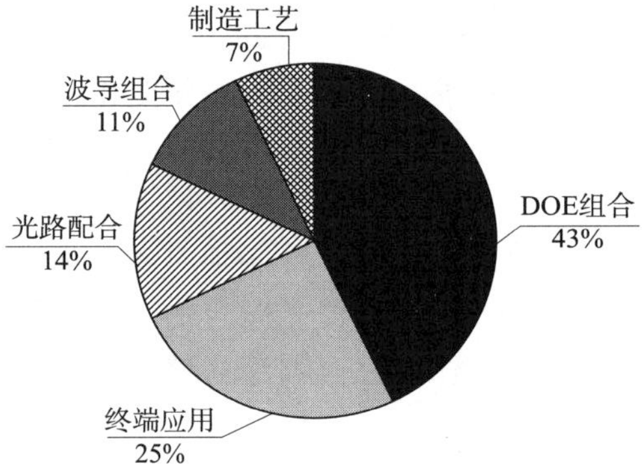

图5-3-40　维盛公司光波导相关专利的技术构成

3）来华专利申请法律状态

经统计，维盛公司的中国申请专利总计15件，更多专利申请并未进入中国。这15件专利申请中7件已经获得授权，8件尚未审结，具体情况如表5-3-5所示。

表5-3-5　维盛公司光波导中国专利申请法律状态

公开号	发明名称	法律状态	授权日
CN108604018B	双面成像光导	有效	2021-02-26
CN108474879A	具有嵌入式二向色滤光器的双面成像光导	有效	2020-11-03
CN108700714A	具有枢转成像光导的头戴式显示器	在审	
CN106489177B	具有自发光微显示引擎的近眼显示器	有效	2020-06-16
CN107430283A	具有光学耦合的头戴式成像设备	在审	
CN113508328A	用于近眼显示器的虚拟图像的颜色校正	在审	
CN113678053A	大衍射光栅图案的数字写入	在审	
CN113728260A	平行板波导	在审	

续表

公开号	发明名称	法律状态	授权日
CN110869834A	具有分区域衍射光栅的固定焦点图像光导	在审	
CN108139593A	具有反射转向阵列的成像光引导	有效	2021-02-26
CN112867959A	用于最优效率的波导转向光栅设计	在审	
CN113366371A	近焦矫正性 AR 眼镜	在审	
CN111742254A	具有圆偏振器的图像光导	有效	2022-09-02
CN108885310B	具有二向色性反射器的双通道成像光导	有效	2020-10-23
CN109073909B	具有反射转向阵列的成像光导	有效	2021-10-08

4）重点专利解析

维盛公司光波导重点专利如表5-3-6所示。

表5-3-6　维盛公司光波导重点专利

申请日	公开号	技术分支	技术概况	同族数量/件	同族被引频次
2011-09-13	US20120062998A1（适用于近眼显示的棱柱形多波导）	波导组合	由多个部分自主的波导组装用于近眼显示的波导。部分自主的波导在输入和输出耦合之间通过公共长度重叠。每个部分独立的耦合都传播一定范围的角度定向的子束，以传输图像信息。除了在波导的耦合端，沿着任何一个波导传播的成角度定向的子束都保留在与其他波导隔离的同一波导内	2	402
2017-12-13	WO2018125576A1（带有光束分离器的导光板用于双重图像）	波导组合	使用两个或更多个光导的光学成像装置，该两个或更多个光导可以在无限远和近场焦点处形成虚拟图像，同时允许视图的真实世界场景内容的可见性。透镜L2有助于校正由透镜L1引起的环境视图或视觉场景内容的焦点变化	3	3

续表

申请日	公开号	技术分支	技术概况	同族数量/件	同族被引频次
2018-10-06	WO2019071244A2（减少串扰的多通道波导）	波导组合	堆叠波导，其具有布置在波导上的多个衍射光学器件以减少光学串扰。左耦入衍射光学器件和右耦入衍射光学器件位于波导的相对侧上并且沿着相应的顶部平坦表面和底部平坦表面相对于彼此偏移	6	3
2017-01-05	WO2017120326A1（具有反射转向阵列的成像光导）	DOE组合（衍射波导和反射结构组合）	光束扩展器分别具有入耦合衍射光学元件IDO和出耦合衍射光学元件ODO，并且使用用于二维束扩展的反射器阵列代替转折光栅，该布置可以提高效率和亮度	8	11
2017-01-05	WO2017120320A1（具有二向色反射器的双通道成像光导）	DOE组合（衍射波导和反射结构组合）	具有用于朝向观看者眼箱指引第一和第二波长范围的光的第一和第二色彩通道的波导。每个色彩通道都具有用来将承载图像的光束衍射到波导中的入耦合衍射光学器件和具有部分反射表面和平行的二向色性滤波器表面的反射器阵列	9	38
2017-01-05	WO2017120341A1（双面成像光导）	DOE组合	第一入耦合衍射光学件具有第一入耦合光栅向量，而所述第二入耦合衍射光学件具有第二入耦合光栅向量；所述第一入耦合光栅向量远离所述第二入耦合光栅向量25°～40°来定向	9	30

续表

申请日	公开号	技术分支	技术概况	同族数量/件	同族被引频次
2017-01-05	WO2017120334A1（具有嵌入式二向色滤光器的双面成像光导）	DOE组合	通过构造具有二向色涂层的成像光导来解决由入耦合衍射光学件之间的光交互引起的串扰的问题。二向色片夹在形成在顶涂层和底涂层上的面对面入耦合之间。每个二向色片在衬底表面的一小部分上延伸	9	25
2017-12-13	WO2018125574A1（具有光栅扩展分布的成像光导）	DOE组合	通过使用衍射阵列执行衍射功能，并不需要在光路中设置转向光栅TG，该衍射阵列执行在x和y方向上转向和扩展光束并提供扩展的输出的双重功能。耦合输出衍射光学元件包括衍射阵列，可以认为在结构上形成在单个表面上形成的衍射元件或光学元件的不相交，互不重叠的子集的并集	3	17
2018-05-03	WO2018213009A1（带有聚焦衍射光栅的固定焦点图像光导）	DOE组合	划分成区域Zn的二维阵列的耦出衍射光学器件，每个区域Zn内的线性衍射光栅特征平行延伸，并且一行区域中的每个线性衍射光栅特征也平行延伸。因此，每行内的区域的光栅矢量$\boldsymbol{k}$平行延伸。在每行内，光栅节距（周期d）在每行的区域之中以逐步的方式逐渐变化	8	3

续表

申请日	公开号	技术分支	技术概况	同族数量/件	同族被引频次
2019-06-12	WO2020009788A1（优化效率的波导转向光栅设计）	DOE组合	入耦合、转向和出耦合衍射光学器件由所述波导的平面中的相应光栅矢量限定，每个光栅矢量具有垂直于周期性的特征阵列的取向和与特征的节距成反比的长度；所述入耦合和出耦合衍射光学器件的光栅矢量具有不同的长度，并且所述入耦合、转向和出耦合衍射光学器件的光栅矢量总和基本为零	6	5
2021-06-09	WO2021252672A1	DOE组合	出耦衍射光学器件212包括两个或更多个区，每个区的衍射特征与相邻区的衍射特征不同	1	1
2021-07-07	WO2022011026A1	DOE组合	出耦衍射光学器件ODO包括复合衍射图案，复合衍射图案由六边形单位单元复制和连续布置形成，单位单元包括在y轴方向上的顶点和顶点之间的垂直偏移	1	0
2021-08-24	WO2022046789A1	DOE组合	图像光导可以具有形成在平面波导的第一表面上中的第一入耦衍射光学器件、第二入耦衍射光学器件和出耦衍射光学器件。第一和第二入耦合衍射光学器件包括两组周期性光栅结构。第一组周期性光栅结构和第二组周期性光栅结构交叉	2	0

续表

申请日	公开号	技术分支	技术概况	同族数量/件	同族被引频次
2020-01-14	WO2020150276A1（大衍射光栅图案的数字写入）	制造工艺	一种制造衬底的方法，包括：提供具有平坦表面的衬底，其中涂层与所述平坦表面耦合；提供光束写入系统；提供衍射光栅布局图案，包括三个衍射光栅，将衬底定位在光束写入系统中将三个衍射光栅的第一多个衍射特征、第二多个衍射特征和第三多个衍射特征之一与所述光束写入系统第一方向平行对准；经由光束写入系统将衍射光栅布局图案写入所述涂层中	5	1
2020-02-21	WO2020172610A1（平行板波导）	制造工艺	波导组件具有第一表面和处于距第一表面一定距离的第二表面，以产生一定厚度的坯件。第一涂层施加到第一表面，从而形成第三表面；第二涂层施加到第二表面，从而形成第四表面。第三表面和第四表面是平坦的，可操作地透射通过所述坯件的载像光束的波长的1/4内	5	1
2016-01-06	WO2016112130A1（具有光学耦合的头戴式成像装置）	光路配合	光学耦合器接收沿着第一轴线的中心投影光束，第一轴线相对于波导平面成钝角，并且光学耦合器使中心投影光束重定向成沿着第二轴线，第二轴线相对于波导表面成锐角	11	26

续表

申请日	公开号	技术分支	技术概况	同族数量/件	同族被引频次
2017－12－13	WO2018125577A1（带有偏振分离器的双图像光导）	光路配合	分束器包括偏振分束器和反射表面，所述反射表面将投射光束的第一部分和第二部分朝向所述第一扩束器和所述第二扩束器引导，其中所述第一扩束器和所述第二扩束器两者位于所述投影仪和所述分束器之间且在相应的第一反向方向和第二反向方向上	3	0
2019－01－28	WO2019156839A1（带有圆偏振器的图像光导）	光路配合	位于图像光导和盖之间的圆偏振器以阻止来自外壳的杂散光的反射而使杂散光返回到波导中	8	1
2021－09－01	WO2022051407A1（具有LED投射器阵列的智能眼镜）	光路配合	图像源还包括位于距所述第一发光二极管阵列有效焦距处的第一透镜系统和位于距所述第二发光二极管阵列有效焦距处的第二透镜系统。来自所述第一发光二极管阵列和所述第二发光二极管阵列中的对应发光二极管的光对准以在图像中形成单个像素	1	0
2016－09－09	WO2016011367A2（具有自发光微显示引擎的近眼显示器）	终端应用	该光源可控制成单独调制来自每个像素的光输出以优化虚拟图像相比于通过该光学器件可见的瞬间真实世界场景的对比度，包括光传感器，其用于检测瞬时真实世界场景内的光水平和驱动电子器件以根据来自瞬时真实世界场景的感测的光来控制来自个体像素的光输出的调制	9	72

续表

申请日	公开号	技术分支	技术概况	同族数量/件	同族被引频次
2017-01-05	WO2017120346A1（头戴式显示器，带感应成像灯）	终端应用	支架将成像光导支撑在观察者的前方，并提供铰链，用于调节波导相对于投影仪的角度。针对虚拟图像的视图不仅随着波导移动，而且虚拟图像在波导内移动，从而允许虚拟图像在用户的视线中的更好定位	8	27
2020-01-24	WO2020113245A2（近焦点矫正AR眼镜）	终端应用	位于所述图像光导与眼箱之间的矫正性光学器件减少了针对观看真实世界对象和虚拟对象两者的观看者像差	7	0
2021-01-05	WO2021141898A1（带枢轴波导和摄像头的近眼显示器）	终端应用	平面波导经由光学模块与相机耦合，由此穿过平面波导的第一视图与相机的第二视图相同地定向	4	0

5.3.1.7 苹果公司

（1）公司情况

苹果公司是美国一家高科技公司，由苹果电脑公司2007年更名而来，核心业务为电子科技产品，总部位于加利福尼亚州的库比蒂诺。苹果公司由史蒂夫·乔布斯（Steve Jobs）、斯蒂夫·沃兹尼亚克（Stephen Wozniak）和罗恩·韦恩（Ron Wayne）在1976年4月1日创立，在高科技企业中以创新而闻名，知名的产品有Apple电脑、Macintosh电脑、Macbook笔记本电脑、iPod音乐播放器、iTunes商店、iMac一体机、iPhone手机和iPad平板电脑等。

2018年苹果公司收购了Akonia全息技术公司。Akonia总部设在美国科罗拉多州，成立于2012年，公司创始科学家都是贝尔实验室全息技术研发团队的核心成员，目的是开发基于全息术的先进光学技术，最初专注于“全息数据存储”，后来将重心转向为增强现实的眼镜制作，Akonia拥有超过200项与这类技术相关的专利，并以此在2012年筹集了1000多万美元资金。Akonia表示，它的显示技术允许“薄而透明的智能玻璃镜片，显示充满活力、全彩色、宽视场的图像”。

Akonia的HoloMirror技术为最终实现轻量级、宽视场和低成本消费的增强现实头显带来了新的可能性。Akonia的HoloMirror采用了与薄全息或表面起伏光栅完全不同的方法，开创了商用体全息反射式波导光学元件（体全息 + 波导），并在性能上高于其他全息元件。仅利用单层介质，Akonia 的体全息 + 波导不仅可以产生当今最薄的全彩增强现实头显，而且能够显著降低整体系统的复杂性，提供了性能、透明度和低成本的独特组合，而这可能将彻底改变增强现实眼镜行业。根据 Akonia 的官方信息，其旗舰产品 HoloMirror 能够通过单层介质再现全彩色的宽视场图像。与波导技术相比，HoloMirror的设计可以降低系统复杂性，支持其集成至如同普通眼镜样式的小型设备中。

（2）专利情况

1）申请趋势

从图 5 - 3 - 41 中可以看到，苹果公司在光波导方面的布局是从 2016 年开始；Akonia涉及体全息光波导技术的专利申请主要是在 2016 年和 2017 年，该公司的申请量与苹果公司专利申请量相当，而在 2018 年苹果公司收购 Akonia 公司之后，基本上相关专利通过苹果公司进行申请。

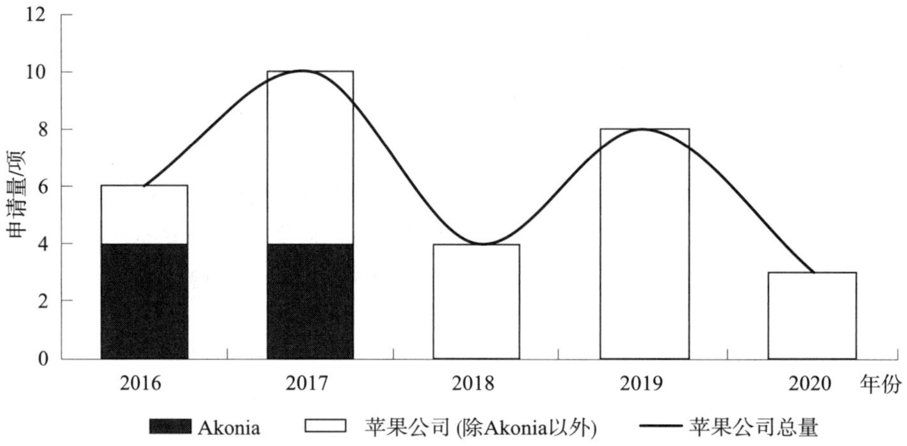

图 5 - 3 - 41 苹果公司光波导相关专利全球申请态势

2）技术构成

苹果公司在全息光波导方面的专利共31 项。对31 项专利涉及的技术进行梳理，如图 5 - 3 - 42 所示，主要包括光栅设计及制造（12 项）、DOE 组合（5 项）、光路配合（8 项）以及终端应用（6 项）这五个主要方面，其中 Akonia 的专利主要涉及在光波导中的光栅设计及制造和 DOE 组合的布局，属于涉及全息光波导的重要专利。

3）目标市场

从对苹果公司的全球专利布局进行分析，统计专利申请的目标市场，从图 5 - 3 - 43可以看到，美国是苹果公司的主要目标市场，其次为中国、欧洲、日本和韩国。

4）法律状态

对苹果公司进入中国的专利申请进行分析，如图 5 - 3 - 44 所示，全部为发明专利，44% 的专利申请处于授权有效状态，47% 的专利申请处于审查过程中，有 3 件发明专利已经失效，相关专利值得关注。

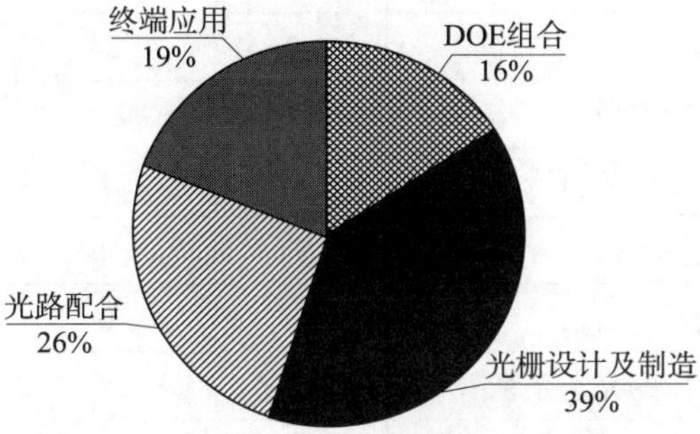

图5-3-42 苹果公司光波导相关专利的技术分支分布情况

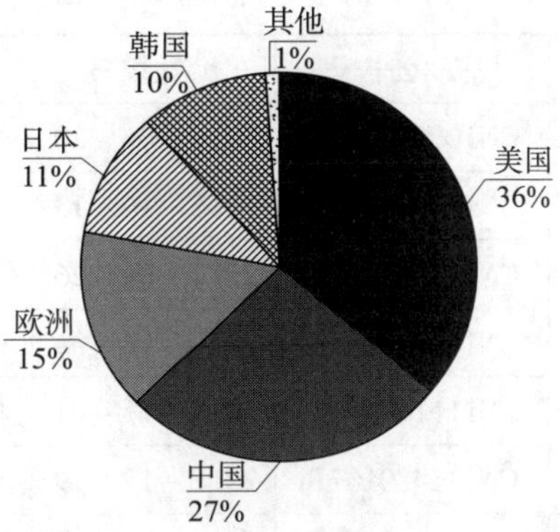

图5-3-43 苹果公司光波导相关专利全球目标市场分布

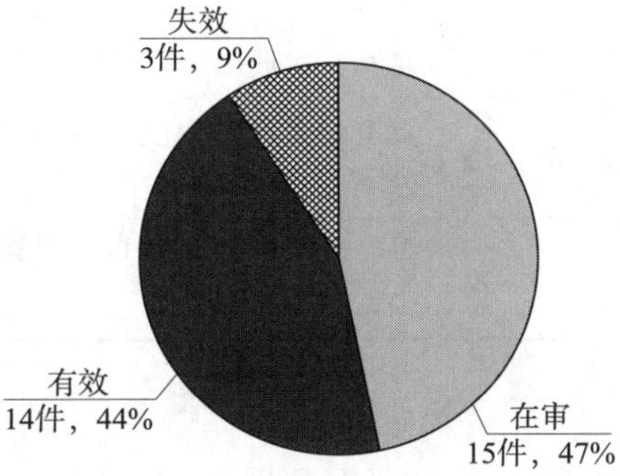

图5-3-44 苹果公司光波导中国专利申请的法律状态

（3）重点专利申请解析

1）光栅设计及制造

对于体全息光波导来说，全息光栅制造技术是其中的关键技术。苹果公司有12项涉及光栅设计及制造的专利，占据了39%的比例。对这些专利进行分析，如表5-3-7所示，苹果公司围绕光波导中全息光栅的反射轴（CN108885347A）、偏斜轴（CN110073252A）进行角度设置，对光栅中的条纹节距和周期进行控制（CN111051938A），在全息光栅制造过程中对光栅频率（CN111247465A）、光栅频率和方向变化关系（CN111480107B）以及照射光束（US11119261B1）要求进行设置；进一步地对全息光栅衍射元件在光波导中的位置和形状进行设置，形成相位光栅（CN111836993A）、分束器（CN110908113A）、角度滤光器（CN114026486A）和分辨率增强全息元件（US2021405380A1）；为了对光进行定向，CN110941089A和CN113508321A中耦合器形成不同方向的光学结构。为了提高光波导的视场角、均匀性和衍射效率，这些专利围绕全息光栅的具体结构、参数特征以及相应的制备工艺进行布局。

表5-3-7　苹果公司光栅设计及制造相关专利申请

序号	公开/公告号	优先权日	发明名称	同族数/件	施引数量/件
1	CN108885347A	2016-06-20	光瞳扩展	19	24
2	CN110073252A	2016-10-13	空间变化的倾斜镜	63	136
3	CN111051938A	2017-09-26	具有体相位光栅的显示器	4	7
4	CN111247465A	2017-10-04	梳状移位式斜交镜	9	2
5	US11119261B1	2017-11-01	相干斜交镜	2	0
6	CN111480107B	2017-12-19	具有色散补偿的光学系统	9	5
7	CN111836993A	2018-02-28	扫描镜显示设备	5	15
8	CN110908113A	2018-09-14	波导显示系统	2	7
9	CN110941089A	2018-09-24	具有交错式光重定向器的光学系统	3	3
10	CN113508321A	2019-05-30	具有光扩展耦合器的光学系统	8	1
11	CN114026486A	2019-09-19	具有眩光抑制角度滤光器的光学系统	4	1
12	US2021405380A1	2019-12-12	具有分辨率增强全息元件的光学系统	2	0

2）DOE组合

对于光栅元件，在光波导上根据耦入区域和耦出区域的光栅衍射元件进行设置。在光波导中，CN110352370A对不同光衍射元件进行组合，实现复用，在多个图像平面中向用户呈现图像。CN114721083A和US20210247610A1中对多个光学衍射元件进行组合，其中设置有用于均光的衍射元件和滤光的元件；CN114721083A中对光均化结构沿波导的纵向维度均化输入光来产生纵向均化光，US20210247610A1包括衍射光栅结构是角度选择透射滤光器（ASTF）插入光路从光路中去除高角度光。CN110582717B和CN112997107A通过多个全息图组合实现扩展视角、提高耦出区域并均匀显示。

3）配合光路

在显示图像和衍射光波导之间通常需要设置相应的光学组件或配合部件，使得光能够进入光波导耦入区域中。如表5-3-8所示，苹果公司通过设置偏振改变元件、光重定向元件，在输入端设置透镜、棱镜等光学元件，以实现图像光与光波导之间的高质量传输。

表5-3-8　苹果公司配合光路专利申请

序号	公开号	申请日	涉及技术	同族数量/件	施引数量/件
1	US2017363811A1	2016-06-20	极化管理	4	3
2	CN109416470A	2016-06-21	用于显示器的光学系统	10	16

续表

序号	公开号	申请日	涉及技术	同族数量/件	施引数量/件
3	US2018149791A1	2016-11-29	输入耦合	3	22
4	CN110603476A	2017-05-17	具有视力矫正的头戴式显示设备	10	31
5	CN110573932A	2017-06-06	具有显示器的电子设备的光学系统	11	1
6	CN114026485A	2019-09-19	反射棱镜输入耦合器的光学系统	5	0
7	US2022004005A1	2019-09-25	提供场角相关光瞳尺寸的光学系统	2	0
8	US2022011496A1	2020-01-16	梯度折射率光学结构的光学系统	2	2

4）终端应用

对于衍射光波导来说，进一步是作为整个近眼显示系统中的一部分，属于终端应用。US20190285897A1 组合器和引擎可以被布置为投射具有不同视场和分辨率的光场，以匹配眼睛的视敏度。CN110520825A 执行注视跟踪以及对外部场景进行成像的光学系统。US20210026146A1 头戴式设备可以包括波导组件的布置，该波导帮助保持组件对齐，同时可使头戴式设备轻巧。US20210405379A1 使用镜头进行中心凹可以最大限度地提高眼盒处图像的分辨率，而不会增加显示模块的尺寸。US20210405378A1 光学组合器可以用高分辨率光和低分辨率外围光覆盖真实世界的光。CN113302548A 包括具有光学组合器的显示器。图像光的第二部分可包括通过辅助设备来认证该头戴式设备的认证码，用于防止该周围环境中的相机设备在用户佩戴该头戴式设备时，从该用户捕获准确的面部识别信息的图案。

5.3.1.8 索尼公司

（1）公司情况

索尼公司在早期开发过一款头戴显示器，但是因为分辨率过低的问题，没有太多的反响。OLED 面板问世后，索尼公司于 2012 年 2 月 23 日首次发布 HMZ-T1 头戴显示器，随后开发了 HMZ-T 系列头戴显示器。

2015 年，索尼公司使用全息光栅和波导技术研发了 Smart Eye Glass 眼镜。其中的光栅耦合器为通过光全息曝光技术获得，微显示器图像经光波导传输至佩戴者视野，设计视场角为 25°左右，但仅能显示单一绿色的图像。

索尼公司的第一代虚拟现实产品发售于 2016 年。索尼公司利用自身游戏平台优势，从内容端向虚拟现实渗透。索尼公司推出了虚拟现实产品 PlayStation VR。PlayStation VR 采用了 5.7 英寸的 OLED 屏幕，分辨率 1920×1080，刷新率 120Hz，视野约 100°。

2022年1月，在举行的CES电子展上，索尼公司宣布了下一代虚拟现实头盔（PS-VR2）的新细节，以及一款适配PSVR2的新游戏。

（2）企业专利情况

统计表明，索尼公司在光波导方面的全球专利申请量总计99项，其中中国专利申请总计66件。

1）专利申请趋势

图5-3-45显示了索尼公司光波导全球专利申请的发展趋势。从全球专利申请量的变化来看，索尼公司的专利申请量虽然在一些年份有所波动，但是整体上保持相对稳定上升的趋势。这与索尼公司较早开始近眼显示的专利布局有关，可以看到从2004年开始，索尼公司就开始了相关的申请，之后随着技术的发展，尤其2015年以后，各种虚拟现实和增强现实技术不断发展，索尼公司的申请量也相对增长。

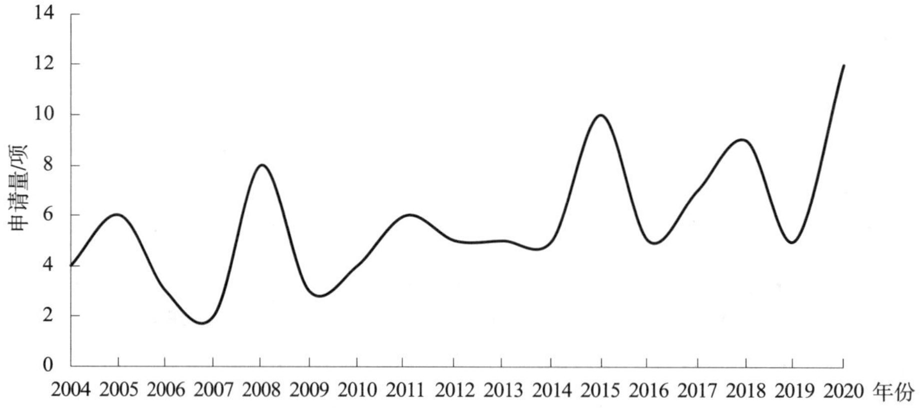

图5-3-45 索尼公司光波导全球专利申请的发展趋势

图5-3-46显示了索尼公司在全球主要国家或地区的专利布局，显示了索尼公司的目标市场情况。从图中可以看出，日本、中国、美国是索尼公司最重视的市场，在这三个国家申请的专利占总申请量的79%，其次是欧洲和韩国市场。

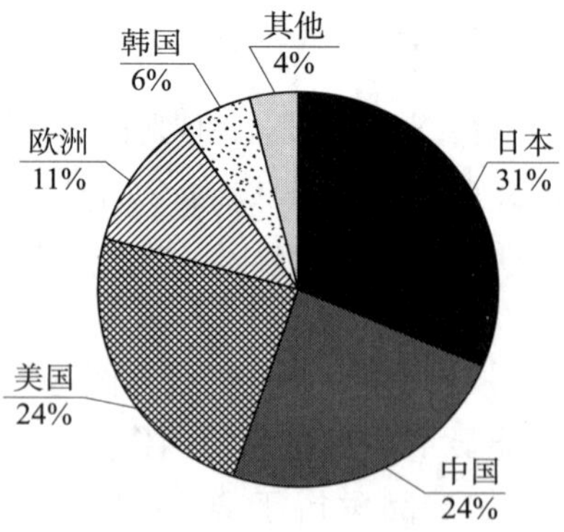

图5-3-46 索尼公司光波导相关专利的全球目标市场分布

2）专利技术构成

如图5-3-47所示，在索尼公司的专利技术中，光栅设计及制造、DOE组合以及波导组合的占比为40%，这是衍射光波的重要技术发展方向，属于研发的重点；几何光波导占19%，属于索尼公司的另一个布局方向；配合光路占13%，框架占14%，终端应用占11%，可见索尼公司在光波导的模组配合和应用方面也进行了布局。因此，索尼公司在各个分支方向都有专利申请布局，总体上专利技术分布比较均衡。

3）专利申请法律状态

图5-3-48示出了索尼公司进入中国的专利申请的法律状态情况。可以看出，已审结的专利申请中46%处于有效状态，有27%的专利已失效。另外，审查中的专利申请数量占中国专利申请量的27%，这些申请的后续审查结果值得关注。

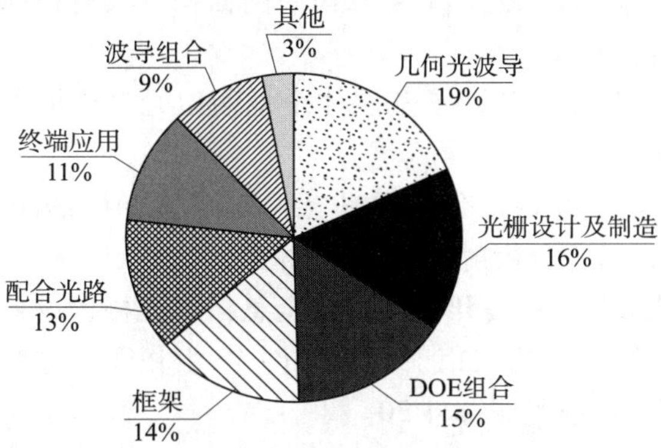

图5-3-47 索尼公司光波导相关专利的技术构成

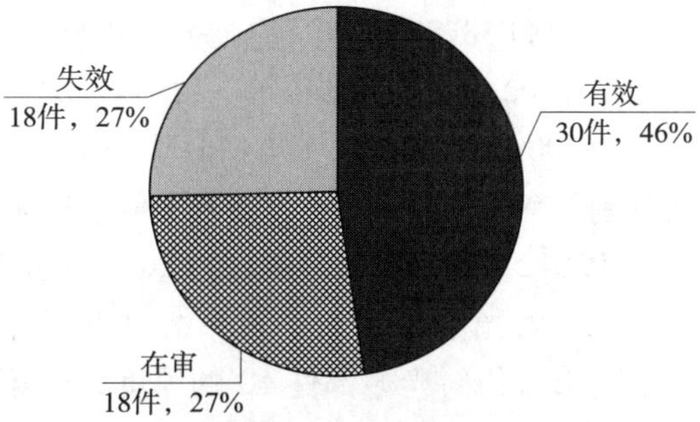

图5-3-48 索尼公司光波导中国专利申请的法律状态

（3）重点专利申请解析

1）光栅设计及制造

对于光波导来说，光栅设计及制造是其中的核心技术。索尼公司在衍射光波导方面采用了体全息光栅技术，对于体全息光栅的具体制造方法以及参数和结构设置进行研发，主要包括以下专利申请。

① 涉及材料和制造方法

CN101900852B（申请日为2008年12月9日）公开一种全息记录膜及其制造方法与图像显示设备，通过利用参考激光束和物体激光束照射树脂获得叠层结构，在保持被限定在感光材料层的表面上的干涉条纹的间距的值不变的情况下，使M个感光材料层的表面上的干涉条纹的倾斜角彼此不同。

JP2013117743A（申请日为2013年3月18日）提供一种全息记录膜，其中衍射光栅层具有不同倾斜角（倾角）的干涉条纹是多层的。全息记录膜由感光材料制成，并且是M层，其中形成具有所需间距和倾斜角的干涉条纹。

CN107533318A（申请日为2015年4月27日）公开一种全息记录组合物，至少包含第一光聚合单体的光聚合化合物，对光聚合无活性的黏合剂树脂和光聚合引发剂。

通过光聚合的第一光聚合单体的极性改变使所述光聚合化合物与所述黏合剂树脂的相容性比聚合之前减少，所述光聚合化合物在聚合之前的相容性较高。

CN113168129A（申请日为2018年12月11日）提供一种全息记录组合物，包含杂多酸、光聚合性单体、光聚合引发剂和在存在酸的情况下在可见光区域具有吸收的增感染料。

② 光栅参数的改进

CN100470281C（申请日为2005年6月17日）公开了第一和第二反射型体全息光栅的全息表面上干涉条纹的间距彼此相等。

CN1940610A（申请日为2005年9月29日）公开了每个干涉条纹与第一部件的每个表面形成在其间形成倾斜角度。

JP2008020770A（申请日为2006年7月14日）公开了第二衍射网格构件具有衍射区域和非衍射区域。

JP2008058777A（申请日为2006年9月1日）公开了三层体全息衍射光栅干涉条纹的节距P2和P3基本相等，并且与节距P不同。

US20090303212A1（申请日为2008年6月10日）公开了体全息光栅的衍射结构包括分别与N种波长带相对应的N种干涉条纹，并且衍射/反射平行光束。

JP2012159856A（申请日为2012年4月25日）公开了反射体全息衍射光栅，设置有第二衍射光栅部件40，第一衍射光栅部件30和第二衍射光栅部件40由相同的材料构成，第二衍射光栅部件40的厚度大于第一衍射光栅部件30。

WO2022053871A1（申请日为2020年9月8日）公开了至少一种波导材料包括在第一结构和第一凹槽之间交替的第一图案。第一图案在衬底的至少第一部分上具有基本相同的第一间距。

2）DOE组合

对于光波导，衍射光学元件的组合是研发的重点，索尼公司DOE组合的重要专利申请如表5－3－9所示。

表5－3－9　索尼公司DOE组合专利申请

序号	公开（公告）号	优先权日	技术方案	同族数量/件	施引数量/件
1	CN101174028B	2004－03－29	第一反射体全息光栅和第二反射体全息光栅，使得当光从光波导片中出射时不满足全反射条件	41	867
2	CN107003528A	2014－11－27	第一全息衍射光栅、第二全息衍射光栅和第三全息衍射光栅的倾斜角和间距满足预定关系	9	37
3	US20190331921A1	2017－01－20	第二偏转单元通过全反射使在导光板内传播的光偏转而在内部传播	6	15

续表

序号	公开（公告）号	优先权日	技术方案	同族数量/件	施引数量/件
4	JP2017223986A	2017－08－29	第一和第二全息衍射光栅设有第一偏转装置和第二偏转装置	2	1
5	CN110537136A	2017－04－28	从图像形成装置的图像形成区域的中心点射出的光的单位向量和光从导光板射出时的单位向量方向相反	9	5
6	CN113272717A	2019－01－16	从图像形成设备发射的光的一部分入射到第一偏转部件，并且光经由导光板和第二偏转部件从第三偏转部件被发射	7	1
7	CN111819488A	2018－03－13	通过将由第一偏振部件偏振的光的传播方向正投影到光导板而确定的方向与通过将由第二偏振部件偏振的光的传播方向正投影到光导板而确定的方向相反	7	4
8	WO2021199958A1	2020－03－31	在导光板上的各光学元件的晶格矢量之和为零	1	0
9	WO2022097374A1	2020－11－06	对多个光对光学衍射系统的入射角中的至少一个具有入射角选择性	1	0

3）波导组合

将至少两个波导进行组合，以实现宽视角以及颜色均匀显示，索尼公司重点专利申请如表5－3－10所示。

表5－3－10　索尼公司波导组合重点专利申请

序号	公开（公告）号	优先权日	技术方案	同族数量/件	施引数量/件
1	JP2007011057A	2005－06－30	多个导光板被配置为注入具有不同行进方向的平行光束组，并通过全反射在内部传播	2	115
2	JP2009186794A	2008－02－07	衍射光栅部件具有相同的内部反射率。光学装置移动时也不易在图像中产生颜色不均和亮度不均的结构	2	63

续表

序号	公开（公告）号	优先权日	技术方案	同族数量/件	施引数量/件
3	CN107924061B	2015-09-02	光学装置至少设置有夹在第一玻璃板与第二玻璃板之间的震动吸收层	5	19
4	CN112805611A	2018-10-15	一种消除视角差的图像显示装置，其中的光调整单元调整从光学引擎发出的图像显示光	4	2

4）几何光波导

索尼公司在几何光波导路线进行专利布局。其中基于2007年的CN101446684B进行了一系列的专利布局，在该专利的基础上进行了多维度的改进，相关重点专利申请如表5-3-11所示。

表5-3-11　索尼公司几何光波导相关专利申请

序号	公开（公告）号	优先权日	技术方案	同族数量/件	施引数量/件
1	CN101446684B	2007-11-29	光线经过准直光学系统的节点并且分别以 $\theta1$ 角和 $\theta2$ 角入射时，满足预定角度关系	13	209
2	CN102736248A	2009-07-22	光束扩展部扩展从图像生成装置沿 Z 方向射出的光并将所扩展的光射出到光导部	9	197
3	CN102809821B	2011-06-01	调节从外部入射外界光的量的控光装置被设置在光学装置的出射光的区域中	10	247
4	CN102830490A	2011-06-16	调节从外部入射外界光的量的调光器被布置在光学装置的输出光的区域中	8	141
5	CN104067159B	2012-01-24	在从所述图像形成装置输出的光所入射到的所述光学装置的区域中提供了屏蔽在外部光的入射所述光学装置中的光屏蔽构件	14	156

续表

序号	公开（公告）号	优先权日	技术方案	同族数量/件	施引数量/件
6	CN103309035B	2012-03-14	从图像生成装置输出并在点（0，$Y1$，$Z1$）入射的光与ζY平面形成角度θZ并与XZ平面形成角度θY，且当$Z1 \neq 0$时，满足$\theta Z \neq \theta Y$	10	132
7	CN104204905A	2013-01-10	微透镜阵列包括与每个像素相对应的微透镜，光的入射立体角ω_{in}和发射立体角ω_{out}满足预定角度关系	12	106
8	CN104755994B	2013-07-04	光反射构件被布置成面向图像形成装置且光学器件位于这两者之间	9	65
9	JP2014078022A	2013-11-29	显示设备组件包括显示设备和用于测量显示设备移动速度的速度测量设备	2	14
10	CN104834092B	2014-02-10	控制单元被配置为基于温度测量单元的温度测量结果来控制图像形成单元的操作	11	49
11	CN104834093A	2014-02-10	光接收装置，被配置为检测从图像形成装置输出的光	10	46
12	JP2016105177A	2015-12-24	布置用于调节从外部入射的外部光的量的调光装置，调光装置和导光板被密封	2	4
13	JP2020160459A	2020-06-05	图形的虚像相对应的调光器区域的阴影率设置为高于调光器其他区域的阴影率，使阴影率高的区域重叠	2	0

5.3.1.9　迪吉伦斯

（1）公司情况

迪吉伦斯成立于2003年，总部位于美国加利福尼亚州桑尼维尔，是一家致力于开发光波导技术的显示技术厂商。随着光波导有望成为增强现实头显和眼镜的重要技术部分，迪吉伦斯正在争夺成为该技术的领先供应商。

迪吉伦斯采用“主动式”的全息图像波导技术，类似全息镜面的光学元件，能够在被电流激活时转换状态。光线从源显示屏上射出，分别走红色和蓝绿色波导，最后经过多层电流转换全息光学元件（厚度仅1μm），再射出到眼睛里。

迪吉伦斯已经在CES 2022大会发布了新一代的近眼光学技术：全彩Crystal 30第二代波导。全新的Crystal 30波导是市场最高效的衍射波导，可帮助迪吉伦斯合作伙伴创造支持室内和室外明亮环境的XR101体验。

（2）企业专利情况

统计表明，迪吉伦斯在衍射光波导方面的全球专利申请量总计36项，其中中国专利申请总计22件。

1）专利申请趋势

图5-3-49显示了迪吉伦斯光波导全球专利申请趋势。从全球专利申请量的变化来看，迪吉伦斯专利申请分为两个阶段：2012~2016年，公司开始在可切换全息光栅方面进行专利布局；2016年之后，随着近眼显示技术的爆发，公司不断获得融资，加大研发投入，专利申请量呈现迅速增加的趋势。

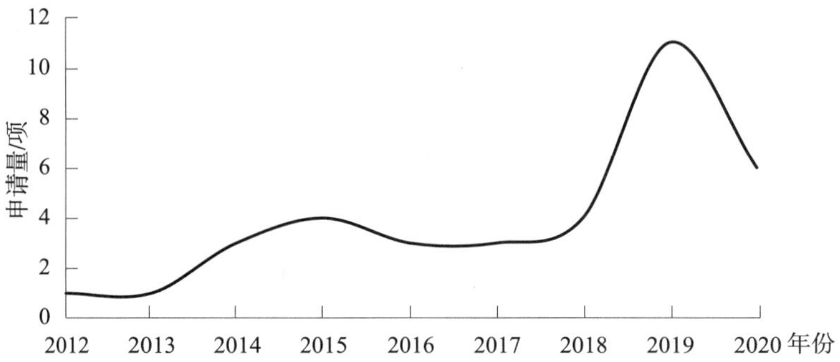

图5-3-49　迪吉伦斯光波导全球专利申请态势

2）技术构成

图5-3-50所示，在迪吉伦斯的专利技术中，光栅设计及制造、DOE组合的占比为87%，系在衍射光波导核心技术方面进行的布局，属于研发的重点；迪吉伦斯也发布了增强现实产品，涉及产品终端应用的专利申请量占比13%。

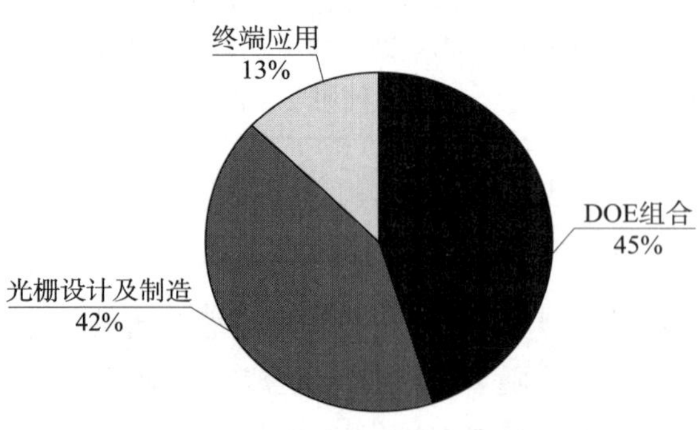

图5-3-50　迪吉伦斯光波导相关专利的技术构成

3）目标市场和法律状态

图5-3-51显示了迪吉伦斯在全球主要国家或地区的专利布局，显示了迪吉伦斯的目标市场情况。可以看出，迪吉伦斯在全球各个主要国家或地区进行了布局，按照申请量的排名，相关的目标市场依次为美国、欧洲、中国、日本和韩国。

图5-3-52显示了迪吉伦斯的中国专利申请的法律状态情况。可以看出，已审结案件有效率占27%。另外，后续在审专利申请数量比较大，占中国专利申请量的68%，这些申请的后续审查结果值得关注。

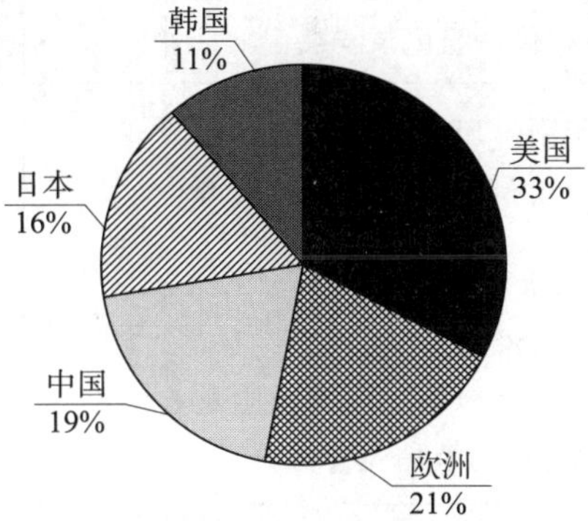

图5-3-51　迪吉伦斯光波导相关专利的全球目标市场分布

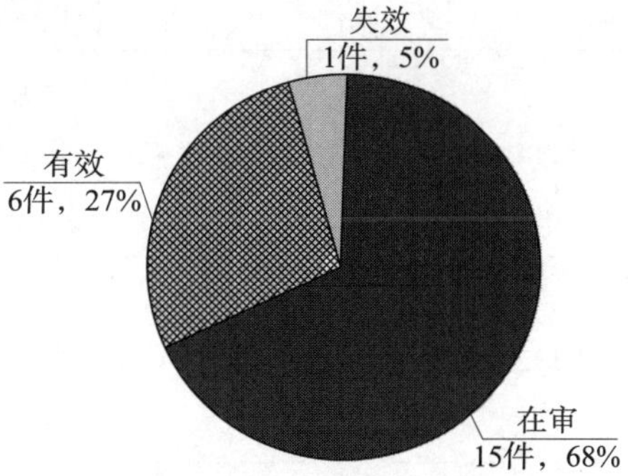

图5-3-52　迪吉伦斯光波导中国专利申请的法律状态

（3）重点专利申请解析

1）光栅设计及制造

迪吉伦斯在全息材料、制备工艺和光栅参数方面共申请了9项专利。这些专利涉及可切换全息光栅的具体制造。这种全息光栅不同于常规的全息光栅，衍射效率可通过电场进行调节，实现光栅性能的可控。表5-3-12是相关专利申请列表。

表5-3-12　迪吉伦斯光栅设计及制造相关专利申请

序号	公开（公告）号	优先权日	技术方案	同族数量/件	施引数量/件
1	US20180210396A1	2014-08-08	提供了一种用于从单个母版产生具有多个全息处方的全息图的方法	5	30
2	CN111902768A	2018-01-08	取决于应用，HPDLC材料体系可以以许多不同的方式配制	45	55
3	US20190212557A1	2018-01-08	提供了结合了布拉格光栅的波导来产生平视显示器的系统和方法。该显示器可以呈现数据而无需用户将视线从通常的视线移开	4	16

续表

序号	公开（公告）号	优先权日	技术方案	同族数量/件	施引数量/件
4	CN114341686A	2019-07-22	一种全息记录系统，其包含：第一可移动平台，支撑用于曝光的多个波导单元；至少一个主光栅；和至少一个激光源，其配置成通过朝向所述至少一个主光栅引导光而提供一组记录波束	6	3
5	CN114450608A	2019-08-29	深表面起伏光栅（SRG）可实施为聚合物表面起伏光栅或真空布拉格光栅（EBG）	7	8
6	CN113728075A	2019-02-22	全息聚合物分散液晶配方，其包括单体、光引发剂以及包含三联苯化合物和非三联苯化合物的液晶混合物	6	5
7	CN114207492A	2019-06-07	设置一个与复用光栅重叠的分束器层。由一个或多个介电层提供所述分束器。所述分束器可对一种偏振敏感	7	3
8	WO2022015878A1	2020-07-14	一种全息混合物，包括用于通过全息曝光形成光栅的纳米粒子	1	1
9	US20220043287A1	2020-08-10	由波导支撑的可切换拉曼-纳特光栅，用于提供在第一电压下的第一偏振方向灵敏度和在第二电压下的第二偏振方向灵敏度	1	0

2）DOE组合

对于光波导来说，耦入、耦出以及相应偏折区域中光栅的形状、位置以及相互配合关系都对光的传输产生影响，迪吉伦斯采用主动式全息光栅的组合。表5-3-13是相关专利申请列表。

表5-3-13　迪吉伦斯DOE组合相关专利申请

序号	公开（公告）号	优先权日	技术方案	同族数量/件	施引数量/件
1	CN103562802A	2012-04-25	第一光栅元件和所述第二光栅元件分别具有第一规格和第二规格	56	1180

续表

序号	公开（公告）号	优先权日	技术方案	同族数量/件	施引数量/件
2	US20160209657A1	2013－05－20	在波导的光学表面附近设置有至少一个光栅薄片	7	239
3	US20170276940A1	2014－09－19	可切换光栅将光衍射到空间光调制器上，图像传输波导中的可切换光栅将从空间光调制器调制后的图像衍射到波导路径中	5	63
4	US20180232048A1	2014－09－26	提供了一种物体跟踪器，从物体的至少一个表面反射的图像光被光栅薄片偏转到朝向检测器的第二光路中	7	219
5	CN107873086A	2015－01－12	波导在外表面之间具有防止在波导内传播的任何光线与外表面中的至少一个光学相互作用的横向折射率变化	18	190
6	CN107466372A	2015－02－12	一种光学波导包括至少两个全内反射表面并且包含光栅	17	108
7	US20180059305A1	2015－03－16	具有光轴的光导管，与光导的反射表面的细长部分光学接触的光耦合元件；与耦合元件光学接触的光波导	7	50
8	CN108474945B	2015－10－05	输入耦合器、折叠光栅和输出光栅中的至少一个是滚动 ***k*** 向量光栅并且折叠光栅是双重交互光栅	13	161
9	CN109154717B	2016－04－11	可切换光栅和无源光栅中的至少一个提供第二光栅配置，以用于在第二时间间隔中内投射结构照明	8	56
10	CN109073889B	2016－02－04	至少一个光栅薄板，用于将所述光朝向外部对象衍射	6	90
11	CN111386495A	2017－10－16	可切换光栅具有传播原始图像的光的第一配置和用于传播具有与对应的角位移的移位后图像的光的其他配置	9	27
12	CN108780224B	2016－03－24	输入耦合器被配置成促使第一偏振光沿第一全内反射路径行进并且促使第二偏振光沿第二全内反射路径行进	10	84

续表

序号	公开（公告）号	优先权日	技术方案	同族数量/件	施引数量/件
13	CN110383117A	2017-01-26	波导设备，能够将去条带化光学器件结合到波导设备中，提供均匀的输出照明	10	61
14	CN112088332A	2018-03-16	波导包括双折射光栅层和双折射控制层	11	20
15	CN113424095A	2018-12-11	第一多路复用光栅和第二多路复用光栅在与光束扩展正交的方向上将相应光谱带引导出波导	7	9
16	US20200225471A1	2019-01-14	波导和显示器结合有至少一个光控制层	2	6
17	CN113728258A	2019-03-12	配置为将具有第一偏振状态的光的至少一部分朝着第一多个光栅元件和第二多个光栅元件耦合的至少一个输入耦合器	8	8
18	US20200341194A1	2019-04-26	具有第一和第二全内反射表面的至少一个波导衬底	2	17
19	US20220197026A1	2020-12-21	调制深度大于跨越聚合物光栅结构的至少一部分的光栅间距	3	1

3）终端应用

迪吉伦斯将主动式的光栅应用到近眼显示系统中，以实现系统的视场清晰、校正颜色以及提高舒适度和分辨率的效果。相关专利如下。

US20180188542A 提供一种光学显示器，配置为单独操作或与用作 HUD 的头戴一体地操作，波导被解耦或耦合。

US20200348519A1 涉及具有广角外围视场的波导显示器的系统和方法。其中，该波导具有不与框架邻接的外边缘，该波导通过提供空气的空间与 PGU 隔开，实现视线通畅。

WO2021138607A 涉及模块化波导显示器，采用模块化框架；波导透镜被配置为连接到模块化框架以将一个或多个波导定位在模块化框架前面的波导透镜内。

WO2021262759A 涉及用于基于波导显示器的实时颜色校正的系统和方法。

WO2022099312A 公开了通过单独的输入耦合器将图像投影到波导中并通过输出元件投影图像，减轻重量并提高投影图像的舒适度和分辨率。

5.3.2　中国重点申请人

5.3.2.1　灵犀微光

（1）企业基本情况

灵犀微光成立于2014年，致力于增强现实技术研发，相继完成了六轮融资，投资机构包括红杉资本、东方富海、和君资本等著名投资机构。公司在阵列光波导、表面浮雕光栅光波导、体全息光栅光波导等方面均有一定的技术储备，其中阵列光波导模组量产产能达到了年产10万片。2021年12月，灵犀微光推出增强现实眼镜阿拉丁Zero参考机型，整体重量仅为38.6g，此后又相继推出了迭代机型阿拉丁Zero 2.0和双目显示的阿拉丁Bi，其中阿拉丁Bi可以达到40°视场角，重量仅50g。

（2）企业专利情况

统计表明，灵犀微光申请近眼显示光波导技术相关专利共计45项，其中中国专利申请共计43件。中国专利申请的类型以及法律状态如表5-3-14所示。

表5-3-14　灵犀微光光波导中国专利申请的类型及法律状态　单位：件

法律状态	发明	实用新型
在审	16	0
有效	5	13
失效	9	0

（3）重要专利

灵犀微光的专利技术涉及阵列光波导、体全息光波导以及其他简单光路配合等方面，其中阵列光波导（20件）占比46.5%，体全息光波导（13件）技术占比30.2%，其他简单光路配合（10件）占比23.3%。可见阵列光波导技术以及体全息光波导技术是该公司的核心专利技术。

1）阵列光波导

灵犀微光申请了一系列阵列光波导专利，主要目的均是增大视场角以及扩瞳，采用的技术多涉及阵列光波导组合技术。

2016年1月29日申请的发明专利CN107024769A提出了一种基于波导的显示系统，第一耦出光束成像形成的第一子图像与第二耦出光束成像形成的第二子图像拼接成待显示图像，通过图像拼接的方式可以增大视场角。在此基础上，2021年8月4日申请的发明专利CN113504603A提出了一种改进方案，在减少光学器件的基础上，仍然可以实现画面的划分，通过图像拼接增大视场角。

对于阵列光波导，灵犀微光还提出了一系列波导组合的技术方案。2021年8月4日申请的发明专利CN113504606A提出了一种光波导装置，在实现大视场角的同时，减少了边界光线以外的冗余结构，从而减小了光波导装置的体积，减小了第一分束镜的个数。同日灵犀微光还申请了技术方案相似的发明专利CN113504601A和CN113504604A。

此后，2021年11月10申请的一系列专利CN113885212A、CN114167600A、CN114167601A对于阵列光波导的排布形式作了进一步的改变，以达到不同的扩瞳效果。

2）体全息光栅

体全息光栅是灵犀微光的重点技术之一，主要涉及采用聚合物分散液晶技术（PDLC）制备可切换体全息光栅的技术。该公司最早于2016年7月18日申请的发明专利CN107632406A提出了一种全息波导，光栅均为电控布拉格全息聚合物分散液晶光栅，可对像差以及视场进行精确控制。

此后，灵犀微光提出了一系列基于PDLC的全息波导专利申请。其中，2017年6月16日提出发明专利申请CN107272202A的美国同族已授权。该专利公开了一种波导显示装置，在中继光学系统后层叠设置两层HPDLC，在T1内生成中间视场图像，在T2内生成第一视场图像，在T3内生成第二视场图像，其中，中间视场图像、第一视场图像和第二视场图像共同构成完整的视场，用于扩大视场角。

3）阵列与衍射组合光波导

2017年9月4日，灵犀微光提出发明专利申请CN107462993A，公开了一种衍射元件与阵列光波导组合的技术方案，耦入元件为复用全息光栅，耦出元件为反射面阵列。由于光栅能够轻易地将光偏折较大的角度，因此可避免只用反射面阵列时体积较大的缺点。

可见，灵犀微光的核心专利技术主要包括阵列光波导与体全息光波导两大技术。其中，阵列光波导主要涉及不同波导阵列的组合，以实现大视场及扩瞳；而体全息光波导主要采用了电控PDLC技术，从而实现衍射效率、视场角可调以及优化像差。

5.3.2.2 珑璟光电

（1）企业基本情况

珑璟光电成立于2014年，是专业从事增强现实光波导显示技术和产品开发的“国家高新技术企业”，阵列光波导和衍射光波导是公司的两大产品线，其开发的衍射光波导DWG－1可以达到40°视场角。

（2）企业专利情况

经统计，该公司申请增强现实光波导技术相关专利共计79项，中国专利申请79件，其中发明专利申请47件，实用新型专利申请32件，专利类型以及法律状态如表5－3－15所示。

表5－3－15 珑璟光电光波导中国专利申请的类型及法律状态 单位：件

法律状态	发明	实用新型
在审	35	0
有效	10	32
失效	2	0

（3）重要专利申请

整理珑璟光电涉及光波导的79件中国专利申请可知，各技术细分主要包括DOE组合（22 件）、波导组合（10 件）、体全息光栅工艺（9 件）、光路配合（38 件）。

1）DOE 组合

针对“不同分区的光栅参数不同”技术方案存在加工难度大的技术问题，珑璟光电于 2020 年 6 月 24 日申请的发明专利 CN111679361A 提出了一种光波导及近眼显示系统，其中光波导的耦出区域包括多个像素化排列的分区，未设有光栅结构的分区用于全反射传播所述光束，设有光栅结构的分区用于耦出部分光束，以及扩展传播部分光束。

针对“部分图像光束没有完全耦出，能量利用率不佳”的技术问题，珑璟光电于 2020 年 7 月 14 日申请的发明专利 CN111679362A 提出了一种光波导及近眼显示系统，其中光波导包括波导基底、耦入区域、耦出区域和回光区域。当图像光束传播到耦出区域边缘时，由于回光区域的作用，部分图像光束会反向传播回到耦出区域，提高二维扩展衍射光波导的能量利用率。

珑璟光电于 2022 年 3 月 4 日申请的发明专利 CN114527536A 提出了关于表面浮雕光栅与体全息光栅的拼接组合的技术方案，表面浮雕光栅和体全息光栅拼接，在大尺寸下，能够较好地满足光波导的衍射效率要求，耦出的光线亮度均匀、视场角较大。

为了解决衍射光栅设计方案自由度不高、衍射效率较低、衍射均匀性难以控制的技术问题，珑璟光电提出了一系列关于 DOE 浮雕光栅结构的专利申请。

2019 年 3 月 7 日申请的发明专利 CN109696717A 提出了一种多矩形结构周期的衍射光栅，衍射光栅的基材上均蚀刻有多个矩形，且每个矩形的线宽和相邻矩形的间距均不同。2020 年 1 月 10 日提出的发明专利 CN111103655A 公开了一种用于衍射光波导的六边形柱状结构，耦出光栅设置有用于衍射图像光线的多个正六棱柱；正六棱柱分区的相邻间隔距离逐渐减小且呈轴对称分布。为了利于彩色显示，2022 年 3 月 9 日申请的发明专利 CN114578480A 作了进一步的改进，光栅单元包括自下而上依次交替层叠设置的 M 个第一子光栅和 N 个第二子光栅，所述第一子光栅的横向特征尺寸大于所述第二子光栅的横向特征尺寸，光栅单元具有伞形结构，使得该二维光栅有利于对多波长光线的干涉调制。

珑璟光电于 2022 年 3 月 7 日申请的发明专利 CN114325909A 提出了一种二维光栅及其形成方法，包括凸设或凹设于波导片表面的若干个条带状结构，可以解决亮度均匀性的问题。2022 年 3 月 23 日申请了两件发明专利 CN114384618A 和 CN114660692A。CN114384618A 公开了一种二维光栅及其形成方法，对 CN114527537A 公开的方案作了进一步改进，提高衍射光波导中的二维光栅的调节自由度，以控制耦出效率分布，实现更好的出瞳均匀性和视场均匀性。

此外，为了对不同耦出区域不同衍射级次之间的衍射效率进行更自由灵活的调整，使得眼动范围内人眼观察到的像效果更好，2022 年 5 月 13 日申请的发明专利 CN114624802A 进一步提出了一种具有光子晶体的二维光栅，包括平铺排列的矩形重复单元，其中心设置有光子晶体，二维光栅能够通过调节光子晶体及其主体部和副支部的尺寸、形状等优化参数，实现高自由度的能量分布调节。

2）波导组合

珑璟光电于2018年8月29日申请的发明专利CN108873355A公开了一种近眼显示装置，包括第一衍射光栅、第一波导层、第二衍射光栅和第二波导层，通过由两个衍射光栅分色后耦合进入不同的波导层，虚拟图像经分光分色后光线在个别波导器件的多个含分光薄膜的平行四角棱镜斜面反射后输出耦合，能够解决透射型头戴显示器的色散和鬼影问题。

为了在扩大视场角的同时减小装置的体积，并克服垂轴像差场曲和畸变，2018年8月29日申请的发明专利CN108983425A提出了一种二维出瞳扩展波导近眼光学显示装置。这也是珑璟首次提出的通过波导组合进行二维扩瞳的专利申请。

为了实现双目输出且结构紧凑，2018年8月29日申请的发明专利CN110146980A提出了一种基板引导光学器件，包括左基板、右基板、多个左部分反射表面和多个右部分反射表面，左基板与右基板通过胶合剂层黏接，显示源设置于所述胶合剂层的正上方。

上述专利公开的均是阵列位于不同的光波导中。为了进一步减小体积，降低成本，珑璟光电还提出了在一体式光波导结构中耦入和耦出区域设置不同的阵列结构的技术方案。2021年8月6日申请的发明专利CN113341577A提出了一种双目近眼显示设备，两个光机出射的图像光线分别通过耦入组件耦入一体式光波导结构后，分别通过转折组件转折调整光路后，再分别通过耦出组件输出到用户的左右眼，且其中转折组件中的转折区域和耦出组件中的耦出区域皆为阵列结构。

可见，珑璟光电的阵列组合方案通过不同波导的组合以及一体化波导内的不同阵列设置形式的组合，可以实现体积小、眼动范围大等多种需求。

3）体全息光栅工艺

为了提升体全息光栅的制作效率、视场角和亮度均匀性，珑璟光电提出了一系列关于体全息光栅的曝光工艺。

2021年9月10日申请的发明专利CN113835145A提出了一种全息光栅的制作装置，第三子光束经棱镜透射后与第一子光束形成干涉条纹对全息干板的第一区域进行曝光，第四子光束经棱镜反射后与第二子光束形成干涉条纹对全息干板的第二区域进行曝光，形成全息光栅。该制作装置能同时曝光两个区域，制作全息光栅的效率高。

2022年1月20日申请的发明专利CN114089459A提出了一种体全息制作装置，包括激光光源、分光单元、第一反射单元、第二反射单元、第一棱镜、体全息膜和至少一片渐变衰减片，同时通过对曝光后的体全息膜进行切割。同日申请的发明专利CN114089470A公开的全息光波导制作装置，与上述专利的主要不同点在于采用了异形棱镜替代第一棱镜；通过多束激光对所述全息干板进行一次曝光，后续能避免所需光栅中混叠多种复合光栅，提高体全息光波导的视场角大小和视场亮度均匀性。同日申请的发明专利CN114089469A提供了一种体全息光波导的制作方法，提供一全息干板和一棱镜，所述棱镜内设有一空腔；将所述全息干板置于所述空腔，与CN114089470A的主要不同点在于通过折射率匹配液对所述空腔进行填充。

此外，出于减小体积、优化光路等方面的目的，珑璟光电还申请了一系列与光波导件简单配合的光机光路设置方面的发明专利申请，如表5－3－16所示。

表5－3－16 珑璟光电光机光路相关专利

公开号	发明名称
CN106226902A	用于增强现实显示的交互头戴显示设备
CN109387947A	一种3D近眼优化显示装置及方法
CN109445109A	一种透光板
CN110146981A	一种增强现实眼镜
CN110146986A	一种增强现实显示光学系统
CN110196496A	一种可调节焦距的近眼显示设备
CN111090172A	一种利用电致色变材料调节透明度的近眼显示系统及设备
CN111123519A	一种透明度可手动调节的近眼显示系统及设备
CN111103692A	一种自动调节透明度的近眼显示系统及设备
CN111103691A	一种利用液晶调节透明度的近眼显示系统及设备
CN111258053A	一种目镜镜头及近眼显示系统
CN112764227A	一种近眼显示系统
CN112965247A	一种投影光学系统及近眼显示设备
CN113093383A	一种AR眼镜
CN113093384A	一种AR眼镜
CN112987164A	光波导组件和头戴显示设备
CN112987166A	光波导组件和头戴显示设备
CN113064285A	一种偏振分光棱镜和近眼显示系统
CN114675424A	一种光机模组及近眼显示设备

5.3.2.3 至格科技

（1）企业基本情况

至格科技成立于2019年7月，专门从事增强现实衍射（表面浮雕光栅）光波导研发，核心业务包括光栅设计、光栅母版加工、纳米压印生产，拥有较为完备的光栅母版加工中心和衍射光波导生产线。其增强现实衍射光波导产品已量产，采用顶投式设计的光波导TDDW40PLUS和TDDW40C视场角可达到50°。

（2）企业专利情况

统计表明，至格科技申请近眼显示光波导技术相关的专利共计18项，中国专利申请18件，其中发明专利申请14件，实用新型专利申请4件，法律状态如表5－3－17所示。

表5-3-17 至格科技光波导中国专利申请的类型及法律状态 单位：件

法律状态	发明	实用新型
在审	10	0
有效	4	4

（3）重要专利

至格科技专门从事增强现实浮雕光栅光波导技术研发，专利技术涉及DOE组合、表面浮雕光栅制备工艺等，具体如下。

1）DOE组合

至格科技于2020年2月26日申请的发明专利CN111175881A中，第一光栅部包括沿二维方向周期性排布的光栅单元，光栅单元在第一光栅部俯视视角下的边界为由至少两条曲边连接围成的形状。其可以仅用两片光栅即完成成像效果，相较于三片光栅的方案更加紧凑。

2020年5月14日申请的发明专利CN111308598A中，波导内传播光线入射到第一区域时会发生衍射，从而向波导外耦合出光；波导内传播光线入射到第二区域时不会发生衍射，会在波导内发生全反射，继续沿波导传播，使光线均匀。

2020年6月19日申请的发明专利CN111552030A中，在波导本体的第一区域设置有第一光学元件，第一光学元件使得光耦合入波导本体内并使光在波导本体内在至少两个维度扩展。

2020年7月14日申请的发明专利CN111722317A中，通过沿光束方向逐渐减少区域的尺寸，减少对光束的阻挡，逐步增加光束与出瞳扩展光栅的接触面积，从而使可衍射光束的光栅面积增大，逐渐增加衍射向耦出光栅光束所携带光通量占本次衍射入射达出瞳扩展光栅光束所携带光通量的比值。

2021年3月19日申请的发明专利CN112684536A中，可以使从波导基体相同范围内耦合出的光束能量趋于均匀。

2022年1月28日申请的发明专利CN114384703A中，沿着波导基体从第一光学元件的第一区域传播到第一光学元件的第二区域的光，通过第二区域时使至少部分光能够反向传播，提高光能量利用率。

2）浮雕光栅工艺

2020年6月9日申请的发明专利CN111257997A将两次纳米压印缩减为一次纳米压印，同时粘贴到波导衬底上的软膜衬底或压印胶均是柔性材料，可以粘贴在弯曲的曲面上。

CN114185122A公开了一种表面浮雕光栅工艺，在基材上制作第一掩模，采用第一入射角对所述第一掩模进行离子束倾斜刻蚀，得到第二掩模，采用第二入射角对所述第二掩模进行离子束倾斜刻蚀，得到闪耀光栅。该发明实现对闪耀光栅的第一底角和第二底角的同时控制。

CN114791642A公开了一种工艺边的制作方法，先在待光刻基材的某一位置制作参考光栅，再利用参考光栅进行扫描锁定。该发明解决了扫描锁定曝光中参考光栅与待光刻样品振动频率不一致问题，消除杂散光。

CN217467372U 中激光束的光强分布信息被检测组件所检测，由调整组件调整第一反射镜和第二反射镜中的至少一个，从而调节激光光束射入扩束组件的位置和角度，并最终使激光束经过第一透镜组汇聚之后准确地通过针孔滤波器。

CN114966930A 用于调整激光透过率的透过率调整部件，通过调制曝光量分布制作占宽比随位置分布可调的全息光栅，实现对光栅不同区域衍射性能的调制。

CN115144944A 公开了利用莫尔条纹，直观地判断待制备的一维光栅平行光产生干涉条纹的周期是否符合预期，方向是否与基板上已经制备完成的光栅对齐，从而实现简便但准确地调制出制备周期和方向均符合预期的光栅结构的平行光。

5.3.2.4 光粒科技

（1）企业基本情况

光粒科技于 2017 年 2 月成立，聚焦消费级增强现实眼镜市场，着力发展光场引擎和衍射光波导。在 2019 年 9 月发布首款太阳镜形态的光场眼镜 Lightin 1，同月发布消费级增强现实眼镜 Lightin 2。2022 年 1 月发布 Lightin 系列迭代产品——Lightin Me。这是一款具有双目全彩衍射光波导的增强现实智能眼镜。Lightin Me 从外观设计到核心技术全部由光粒科技自主研发，所有部件及软件系统均为国产定制第五代 Lightin 系列产品。光粒科技选择衍射光波导方案来实现轻薄的目标，也更容易配合后端光机实现光场的多景深。

（2）企业专利情况

统计表明，光粒科技申请近眼显示光波导技术相关的专利共计 61 项，其中中国专利申请 60 件。中国专利申请的类型和法律状态如表 5－3－18 所示。

表 5－3－18　光粒科技光波导中国专利申请的类型和法律状态　　单位：件

法律状态	发明	实用新型
在审	28	0
有效	9	23

可以看出，光粒科技大多数发明专利申请处于在审状态，在仅有的 9 件已结案件中均获得了授权，这表明该公司的技术研发水平较高。

（3）重要专利

光粒科技的专利技术覆盖了 DOE 组合（21 项）、波导组合（5 项）、衍射光波导的制备工艺（4 项）、体全息光栅材料（17 项）等方面，还涉及可变光栅以及阵列光波导等技术。其中，DOE 组合以及体全息光栅材料是该公司的核心专利技术。

1）DOE 组合

光粒科技 DOE 组合重要专利如下。

CN112485865A 公开了 4 个输入耦合分区可以分别包括 4 种不同结构的衍射光栅，

可以将4个不同视场的光线以不同的方向输入，可以扩大视场。

CN112987294A公开了缺陷轨道与折光扩瞳区边缘之间为光子晶体区，光子晶体区设置有多个散射柱以形成光子晶体，提升扩瞳衍射效率。

CN111323923A公开了在光波导上设置两层衍射光栅，对光机入射光线进行衍射，避免大量的光线因二次衍射而耦出光波导，降低光线在光波导中传播的不均匀性，提高增强现实显示的图像亮度。

CN111624696A公开了点光栅组包括至少两种点光栅，每种点光栅均在波导单元表面离散均匀分布，且各种点光栅均匀混合分布；每种点光栅均用于对耦入波导单元的光束进行衍射并按照预定角度范围耦出；且每种点光栅的光栅周期不同，以使各种点光栅可衍射光束入射的角度范围各不相同，扩大颜色种类，增大视场角。

CN113433612A公开了，耦入光栅包括不相互贴合的设置在波导元件上的第一衍射光栅、第二衍射光栅以及第三衍射光栅，分别用于将不同波长范围内的光波耦入至波导元件内，减小长度方向的尺寸。

CN110109255A公开了通过在波导的另一面放置多个元件，即可以在不改变其他参数的情况下，有效增加耦出光阵列密度。

CN115097565A公开了，体全息光栅阵列包括多个依次首尾相接的体全息光栅；各个体全息光栅依次对波导元件内的投影光线分别按照不同的比例进行部分透射和部分衍射，利用该体全息光栅阵列代替耦出光栅，实现投影光线的扩瞳输出。

2）全息材料

全息材料是体全息光波导技术的难点之一。针对全息材料，光粒科技申请了一系列用于形成体全息薄膜的光致聚合物材料专利，具体如表5-3-19所示。

表5-3-19　光粒科技全息材料重要专利

公开号	申请日	技术概要
CN112764159A	2019-10-21	光波导元件包括至少两个载体与光致聚合物膜形成的层叠体，其中所述光致聚合物膜位于至少两个载体之间；所述光致聚合物膜具有至少一个光耦入区域和至少一个光耦出区域；所述光耦入区域与光耦出区域不相连；并且所述光耦入区域和光耦出区域的位置分别具有光栅结构。光致聚合物膜源自于光致聚合物组合物
CN112759698A	2019-10-21	光致聚合物组合物包括如下组分：书写单体、基质单体，以及光引发剂体系，所述书写单体包括折射率为1.55以上的丙烯酸酯类单体和/或环氧类化合物；所述基质单体包括折射率为1.5以下的含氟丙烯酸酯类单体，和/或，取代或未取代的脂肪酸乙烯酯

续表

公开号	申请日	技术概要
CN112759701A	2019-10-21	组合物包括如下组分：书写单体、基质单体，以及光引发剂体系，所述书写单体包括折射率为1.55以上的丙烯酸酯类单体和/或环氧类化合物，并且，所述书写单体的平均官能团数为大于2；所述基质单体包括折射率为1.5以下的可聚合单体
CN112764159A	2019-10-21	光致聚合物组合物包括如下组分：聚合活性单体、染料化合物、引发剂、成膜组分，以及增塑剂；聚合活性单体与成膜组分的折射率差（$n_{聚合活性单体}-n_{成膜组分}$）值在0.075以上
CN112759708A	2019-10-21	用于衍射光栅的光致聚合物组合物包括如下组分：环氧化合物、丙烯酸酯类单体、成膜组分、增塑剂以及光引发剂和共引发剂
CN112759959A	2019-10-21	一种绿敏型光致聚合物组合物以及光栅，所述组合物包括如下组分：聚合活性单体；染料化合物，所述染料化合物至少在532nm光波长附近具有激发活性；引发剂；成膜组分以及增塑剂。所述聚合活性单体与成膜组分的折射率差（$n_{聚合活性单体}-n_{成膜组分}$）值在0.075以上
CN111045295A	2019-12-25	一种金属纳米颗粒掺杂的光致聚合物组合物以及光栅，所述光致聚合物组合物包括：书写单体、基质、光引发剂体系，以及贵金属前驱体，所述贵金属前驱体中包括贵金属的酸和/或其盐
CN113527143A	2020-04-20	一种书写单体及其制备方法以及光致聚合物组合物及其光栅。书写单体为含有芴基的氨基甲酸酯丙烯酸酯单体
CN113527929A	2020-04-20	一种光致聚合物组合物以及光栅，其中所述光致聚合物组合物包括：单体、交联剂、成膜组分、光引发剂体系以及溶剂
CN113527930A	2020-04-20	光致聚合物组合物包括如下组分：折射率为1.55以上的、包含丙烯酸酯类单体和/或环氧化合物的单体组合物，成膜组分，光引发剂体系，以及链转移剂和/或自由基清除剂；其中以所述组合物的总重量计，所述链转移剂和/或自由基清除剂的含量为0.05%~0.5%

续表

公开号	申请日	技术概要
CN113534607A	2020-04-20	光致聚合物组合物包括如下组分：书写单体、基质，以及光引发剂体系，其中，所述光引发剂体系包括光敏型染料化合物和共引发剂，所述光敏型染料化合物和共引发剂的重量比为1：（10~3），所述光敏型染料化合物包括三芳基甲烷染料
CN112300098A	2020-10-29	一种环硫/环氧书写单体，如式（Ⅰ）所示；其中，所述X为缺少a+a′个H形成的烷烃基团、含硫醚的基团、含醚键的基团、芳烃基团、环烷烃基团或杂环基团；所述Y与Y′各自独立地为亚烷基、亚芳基、S与O中的一种或上述基团中的两种或两种以上通过单键连接形成的基团；所述n与n'各自独立地为0~2的整数；所述Z与Z′各自独立地为S或O；且所述X、Y、Y′、Z与Z′中至少有一个包含S
CN115167075A	2022-08-08	分散型染料大分子引发的光致聚合物、光栅及其制备方法，包括：聚合单体10wt%~50wt%；成膜剂10wt%~40wt%；分散型染料大分子0.1wt%~5wt%；引发剂0.5wt%~5wt%；溶剂10wt%~40wt%；增塑剂0~30wt%；所述分散型染料大分子包括分散助剂、染料和连接子

3）波导组合

光粒科技申请关于波导组合的技术方案，主要集中在通过波导组合形成不同深度的图像，以解决辐辏调节的问题，重要专利如表5-3-20所示。

表5-3-20 光粒科技波导组合重要专利

公开号	申请日	技术概要
CN110133801A	2019-06-17	第一个图像源发出光，在人眼中形成一个深度的光学成像。第二个图像源发出光，形成另一个深度的光学成像。两个深度的光学成像缓解视疲劳
CN110161701A	2019-06-17	在液晶层施加电场控制的情况下，实现两个深度的光学成像。有两个深度之后，可以用算法来处理在两个深度上图像的灰度，合成在两个深度之间任一深度的图像，两个深度的图像需交替显示
CN108873346A	2018-07-10	通过双层波导和深度调制模块实现多深度光场显示，有效解决了调节辐辏冲突的问题

4）阵列光波导

光粒科技也涉足阵列光波导的研发及专利布局，其中2020年6月28日申请的发明专利CN111562644A公开了一种光波导，在波导单元上设置反射元件，所述反射元件是在反光面上设置多个离散分布的小面积且反射率大小相同的反射元件，并且通过改变反射元件的面积占比改变整个波导单元的反射率。该技术方案无须各个波导单元采用具有不同反射率的反射膜，可以降低工艺难度。

5）制造工艺

光粒科技在光栅设计以及体全息元件制造方面也进行了一系列的专利布局，如表5-3-21所示。

表5-3-21　光粒科技光波导制造工艺重要专利

公开号	申请日	技术概要
CN107797177A	2017-11-17	周期渐变光栅显示波导包括：前表面和后表面，前表面上设置有光栅结构，光栅结构的周期和倾斜角沿水平方向在像素级上离散变化。制作周期渐变光栅显示波导的方法为纳米打印或压印
CN110244393A	2019-06-17	选择一块玻璃板作为基板，在玻璃板上涂上一层聚合物。然后通过采用激光刻蚀，对上述所涂敷的聚合物进行垂直激光刻蚀，形成超结构浮雕光栅。最后通过成熟的微结构转移技术，将超结构浮雕光栅的结构转移到金属模板上。利用该金属模板，在机械压力作用下，在涂有聚合物的增强现实眼镜波导上进行压模，从而实现基于超结构浮雕光栅的增强现实眼镜波导
CN114488392A	2020-11-13	波导结构为非一体结构，而是分体式的两块子波导相互贴合形成，避免两个光栅层加工过程相互干扰影响光栅层的工作性能问题，在一定程度上提高双面光栅波导的工作性能
CN114442212A	2022-02-14	直接在光学元件的表面设置液态光敏材料并对该液态光敏材料进行曝光形成直接在光学元件的光学界面表面成型的体全息光栅，无须对体全息光栅和光学元件之间进行胶合
CN114721081A	2022-04-21	低黏结力全息膜包括依次叠置的基底、低黏结力层、光学膜层、全息曝光后的光致聚合物薄层与保护膜层。采用低黏结力层加全息膜层的结构，使得既能保证全息膜的曝光均匀性，又能在全息曝光处理后具有低黏、易撕取、不残胶

6）光栅调节

光粒科技于2022年4月6日申请的发明专利CN114690428A提出了一种光栅调节方式，驱动装置可以基于耦入光栅的材质不同采用不同的方式改变耦入光栅的厚度，提升投影光线的耦入波导元件的衍射效率。

5.3.2.5 枭龙科技

（1）企业基本情况

枭龙科技成立于2015年，获得来自京东方、立讯精密等上市集团，戈壁创投等VC机构，北京理工大学及政府等机构的数亿元投资。公司的第一款增强现实智能眼镜产品XLOONG X100于2016年3月发布，并于2017年3月以及2020年1月发布了迭代产品XLOONG X200、XLOONG X300。

（2）企业专利情况

统计表明，枭龙科技共申请近眼显示光波导技术相关的专利27项，中国专利申请27件，其中发明专利申请18件，实用新型专利申请9件，法律状态如表5－3－22所示。

表5－3－22　枭龙科技光波导中国专利申请的类型和法律状态　　单位：件

法律状态	发明	实用新型
在审	10	0
有效	6	9
失效	2	0

（3）重要专利

出于提升衍射效率和光线均匀性以及增大视场角等目的，枭龙科技申请了一系列DOE组合的相关专利，主要是对转折光栅作了一系列的改进，具体如表5－3－23所示。

表5－3－23　枭龙科技DOE组合重要专利

专利公开号	申请日	技术概要
CN110515210A	2019－09－03	两个转折光栅区域的相邻边之间设有交错开的缝隙，交错开的缝隙内间隔设置两个入射光栅区域，两个入射光栅区域相互错开设置，两个入射光栅区域产生的衍射光能经两个转折光栅区域衍射后形成中间无间隙的光束向出射光栅传导

续表

专利公开号	申请日	技术概要
CN111123523A	2020-01-17	为了使光束按照期待方向扩展和传输，入射光栅的光栅沟槽方向竖直，第一转折光栅的光栅沟槽方向相对于入射光栅的光栅沟槽方向顺时针旋转45°；而第二转折光栅和第三转折光栅的光栅沟槽方向相对于入射光栅的光栅沟槽方向逆时针旋转45°，且与第一转折光栅的光栅沟槽方向垂直
CN111123524A	2020-01-17	一种能扩瞳且出光均匀的衍射波导，均光光栅阵列中包括第一类子光栅、第二类子光栅和空白区域，并通过优化各个子光栅和空白区域，实现均匀的纵向扩展，相比于传统一维衍射波导，不损失光效的前提下提升光栅波导的出瞳尺寸和出光均匀性
CN111240015A	2020-01-17	一种双侧对射出光均匀的衍射波导，由于光束分别经两块转折光栅由两侧进入出射光栅，横穿出射光栅的光强度衰减被抵消，直接提升出光均匀性
CN111679360A	2020-06-22	两个入射光栅+两个转折光栅+出射光栅的光栅波导结构，通过设计入射光栅、转折光栅和出射光栅的视场角，使得不同的入射光栅+转折光栅传导的光线范围互补，不同的入射光栅+转折光栅的视场角叠加在一起，拼接成更大的视场角
CN112965167A	2021-03-24	通过将左转折光栅和右转折光栅分别设置于入射光栅的两侧，使得入射光栅产生的衍射光束均得到有效利用
CN113433621A	2021-06-24	通过在转折光栅周围设置两个回转光栅组成的双回转光栅组合，可使传导出转折光栅且不能被传导至出射光栅的衍射光再次被衍射回并传导至出射光栅，提高系统能量利用率
CN113433622A	2021-06-24	高光效光栅波导元件，主要由光学基板和位于光学基板表面的光栅组成；其中，光栅分成四个区域：入射光栅、入射回转光栅、转折光栅和出射光栅

5.3.2.6 驭光科技

驭光科技成立于2016年，以微纳光学元件（DOE、ROE）的设计和制造为核心技术。其产品分为“微纳光学器件”和“光学模组系统”两大类，重点产品包括衍射光学元件、增强现实衍射光波导、微透镜阵列等光学器件。其增强现实衍射光波导专利技术从2021年开始布局，主要涉及DOE组合技术，核心技术在于一维光栅和二维光栅的设置方式，以使光分布均匀，提高设计自由度。具体如所表5-3-24所示。

表5-3-24 驭光科技光波导重要专利

公开号	申请日	技术概要
CN113960796A	2021-10-15	耦出光栅形成在随机分区区域上，该随机分区区域包括具有随机形成的形状、大小及/或位置的多个分区。衍射光波导的耦出光栅包括形成在该多个分区中的多个子光栅，并且至少部分分区中的子光栅具有不同的光学结构
CN114545549A	2022-01-13	耦出光栅包括形成有二维光栅的二维区域和形成有一维光栅的一维区域。耦出光栅中各一维光栅/区域相对于二维光栅/区域处于光传播路径的下游，耦出光栅既通过上游的二维光栅实现了二维扩展，又通过一维光栅实现了光利用/耦合效率的提高
CN115166895A	2022-01-13	耦出区域的混合光栅包括分别形成在不同分区中的多个耦出光栅和至少一个回光光栅，并且至少一个回光光栅位于耦出光栅之间，提供更加明亮的显示，提升出光均匀性
CN115166896A	2022-01-13	衍射光波导中由于将耦出端回光光栅的各光栅分为具有不同光学结构的多个子光栅，改善衍射光波导的出射光场均匀性
CN115166897A	2022-01-13	通过提供耦入端回光光栅以及/或者改进回光光栅的布置方式，提高了衍射光波导的光耦合效率，并且有力地改善了衍射光波导出射光场的光能量分布均匀性
CN114637067A	2022-03-15	二维光栅结构包括多个周期性结构，二维光栅周期性结构的形状可以是多边形，第三耦出光栅可以位于第一耦出光栅和第二耦出光栅之间，耦出光栅可以包括多条具有宽度的光栅线，每个光栅线包括连续连接排布的多个周期性结构

续表

公开号	申请日	技术概要
CN114637116A	2022-03-15	附加光栅结构为一维光栅，有利于提高整个耦出光栅的耦出效率，同时也有利于提升耦出光场中两侧区域的亮度，从而改善均匀性
CN114910991A	2022-04-15	能够利用第二耦出光栅获得较好的二维扩瞳效果的同时，还能利用第一耦出光栅和第三耦出光栅提高耦出效率，并且通过补光可以避免在边界区域出现明显的亮暗分界，从而达成不同区域之间较高的均匀性和较高整体耦出效率兼得的效果
CN114994825A	2022-05-13	光栅结构包括沿一平面布置成阵列的多个光学单元结构，光学单元结构为柱状结构，并具有平行于所述平面的横截面，横截面整体上具有两端小、中间大的形状
CN115047565A	2022-05-13	光学单元结构易于加工且耦出效率高、均匀性好
CN115113323A	2022-07-04	使用一套光机实现双目显示
CN114935790A	2022-07-21	两个第一耦出区域分别设置于第二耦出区域的两侧。在每个第一耦出区域和第二耦出区域之间均设置有过渡区
CN115185029A	2022-09-07	光栅结构的栅线具有顶端窄、底端宽的截面轮廓，该截面轮廓包括6个特征点，利用对这些特征点的参数的控制，可以实现对截面轮廓的调节

5.3.2.7 奥提赞

奥提赞成立于2019年，主要从事增强现实光学显示技术与光波导的研发与制造。其核心技术为体全息光波导技术，包括PDLC光栅、光波导组合技术以及全息光栅制备工艺等方面。

（1）全息聚合物分散液晶体全息光栅

奥提赞体全息光栅重要专利如表5-3-25所示。

表5-3-25 奥提赞体全息光栅重要专利

公开号	申请日	技术概要
CN111123525A	2020-01-21	波导基体上的可见光、近红外全息光栅为反射型全息光栅、透射型全息光栅组成的可见光、近红外全息光栅，实现人眼追踪

续表

公开号	申请日	技术概要
CN111158149A	2020-01-21	输入光栅包括叠加的上电控光栅、下电控光栅，均为通电后透明的全息聚合物分散液晶光栅。上电控光栅的光线衍射方向向右，下电控光栅的光线衍射方向向左，两片光栅处于交替加电状态，左右眼图像经过人眼在脑中合成3D图像
CN111538118A	2020-06-03	光栅阵列，包括设于波导基体上的输入光栅阵列和输出光栅阵列；每个输入光栅的聚合物、液晶的分布不同，每个所述输出光栅的聚合物、液晶的分布不同，将与其相对应的入射角的光线耦合输出时，还原入射光线的角度相位信息

（2）光波导组合

奥提赞于2021年3月29日提出的发明专利CN113009698A公开了一种彩色显示系统，包括第一全息波导、第二全息波导、至少两个不同颜色的单色显示器，第一波导基底上设有三个分别对红光、绿光、蓝光敏感的耦合输入全息光栅，耦合输出全息光栅对白光敏感，光栅对白光敏感，即该光栅可将全部可见光对应波长的图像光进行衍射，提升彩色显示系统亮度。

（3）全息光栅制备工艺

奥提赞于2021年3月29日申请的发明专利CN113031140A公开了一种全息光栅的制备系统，摒弃衰减片，不再通过改变全息材料的曝光光强来改变全息光栅的衍射效率，而是通过改变全息材料不同区域的曝光时间来达到全息光栅各区域内效率不同的目的；设置移动挡板，通过控制系统控制移动挡板按预设参数移动，使得射向全息材料的第一分光光束和第二分光光束的横截面积按要求变化，则第一分光光束和第二分光光束在全息材料上形成干涉条纹的区域也按要求变化，以达到控制全息材料不同区域曝光时间的目的，制得衍射效率按照需求分布的全息光栅。

5.3.2.8 北京理工大学

北京理工大学是较早开展虚拟现实研究的高校之一，其中光电学院先后成立虚拟现实/增强现实技术及应用国家工程实验室、光电成像技术与系统教育部重点实验室、信息光子技术工业和信息化部重点实验室等国家级重点实验室，就增强现实显示光波导技术而言，长期致力于全息显示、衍射光学和几何光波导等方面的研究。此外，北京理工大学还与华为开展合作，共同提出3项PCT国际申请。

（1）专利概况

北京理工大学共申请近眼显示光波导专利23项，其中中国专利申请22件，中国专利申请的法律状态如表5-3-26所示。

表5-3-26 北京理工大学光波导中国专利申请的类型和法律状态 单位：件

法律状态	发明
在审	6
有效	11
失效	5

（2）重点专利

1）体全息光波导

北京理工大学王涌天教授团队最早于2010年10月25日申请的发明专利CN102033319A提出一种应用全息元件的视度型显示装置，这是国内较早提出的关于近眼显示体全息光栅的发明专利申请。

2）DOE组合

针对如何提高视场角，北京理工大学刘娟教授团队首先提出通过设置曲面排布的蝇眼透镜以增大视场角的技术方案。2016年5月10日申请的发明专利CN105898276A提出一种基于非周期全息微透镜阵列的近眼三维显示系统，非周期全息微透镜阵列结合了曲面排布式微透镜阵列的特性，因此具有更大的视场角，且可同时校正成像像差。2016年11月29日申请的发明专利CN106383406A与上述专利的不同点在于，还包括一耦入全息元件。

拼接图像是另一种增强视场角的技术方案。最早于2016年11月25日申请的发明专利CN106483660A提出了一种大视场全息波导近眼显示系统，多个第一多功能定向复杂全息结构按照设定规则排布于波导的一侧，且每个第一多功能定向复杂全息结构均对应设有一个光源，且多个光源发出的光线分别沿不同的方向射出拼接形成观看视角。2017年4月21日申请的发明专利CN106950697A提出了一种多区视场角扩大及波导分层彩色显示系统，包括三个微显示器以及三组衍射耦合器，其中每一组衍射耦合器中包括一个输入耦合器和一个输出耦合器，每组衍射耦合器具有不同角度的视场角，最终不同角度不同视场的图像相叠加，从而增大进入人眼的图像视场。2020年12月21日申请的发明专利CN112612138A提出了第一偏振光栅，用于将所述会聚光分成以不同角度出射的两束光，第二偏振光栅平行于所述第一偏振光栅间隔布置，两束旋转方向相反的圆偏振光经由该第二偏振光栅衍射出横向错位的两束成像光束进入眼睛，能够扩大视角。

此外，北京理工大学还提出了一种基于DOE光栅实现人眼追踪的技术方案。2018年9月6日申请的发明专利CN109116566A提出了一种宽视角的波导显示器，包括第一输入耦合器、第一输出耦合器、第二输入耦合器、第二输出耦合器、图像加载器、红外探测器及光波导。第二输入耦合器用于将携带有人眼信息的红外光传输进所述光波导，第二输出耦合器用于将经过所述光波导传播后的所述携带有人眼信息的红外光输出，红外探测器用于接收所述携带有人眼信息的红外光。

关于提升光均匀性，2022年1月13日申请的发明专利CN114371528A提出了一种衍射光栅，光束在耦出光栅中交替衍射，每次衍射时均有预设比例的能量耦出光栅，能够提升均匀性。

与华为公司作为共同申请人，北京理工大学于2021年1月7日申请的PCT国际申请WO2022147719A1提出了一种波导系统，耦合输出衍射元件相对波导的表面倾斜设置，可以提升边缘的衍射光质量。

3）浮雕光栅光波导

北京理工大学于2017年5月25日申请的发明专利CN107144904A涉及一种浮雕光栅，通过将针对红光的第一浮雕光栅、针对绿光的第二浮雕光栅和针对蓝光的第三浮雕光栅叠刻在同一基材表面形成所述消色差光栅，实现图像信号的无色差显示，与体全息光栅相比，减低了光栅制作工艺的复杂度。

4）阵列光波导

此外，北京理工大学早在2014年就申请过阵列光波导技术相关专利。2014年4月9日申请的CN103941398A中，只有在入射图像所在较窄波段内的光线才能经入射反射器件进入导光板内全反射传播，继而成像，而其他波段的光线在这些反射器件的反射面上都会大部分透射过去，所以外部场景的光线可以透过，从而实现透射式显示。2014年6月25日申请的CN103885184A公开了一种投影式平面波导头盔显示器，解决了现有头盔显示器体积大的问题。

5.3.2.9 东南大学

东南大学显示技术研究中心从2013年开始致力于波导显示技术的自主研制与开发，提出并研制实现了基于偏振体全息光栅的衍射光波导近眼显示模组，对精准衍射光学成像设计、高一致性衍射光波导器件制备等核心技术进行了一系列专利布局。

（1）专利概况

东南大学共申请近眼显示光波导相关专利共25项，其中中国申请专利25件，均为发明专利申请，其法律状态如表5-3-27所示。

表5-3-27 东南大学光波导中国专利申请的类型和法律状态 单位：件

法律状态	发明
在审	6
有效	14
失效	5

（2）重点专利

1）体全息光波导

东南大学最早于2016年1月19日申请的发明专利CN105487170A提出了一种全息光波导，光学耦出端为偏振全息液晶光栅，光取向层上记录有呈周期性结构的偏振全息图案。光学耦入端为与光学耦出端相同的偏振全息液晶光栅。该专利理论上可以使衍射效率达到100%，同时能抑制零级波，消除共轭像。2017年3月15日申请的发明专利CN106873062A提出了一种高衍射效率的体全息光栅结构，在玻璃基底表面上旋涂光致聚合物层，在光致聚合物层表面上旋涂银纳米颗粒层，利用金属纳米颗粒共振的近场增强效应，提高了体全息光栅的衍射效率。2017年9月22日申请的发明专利CN107703571A提出了另一种光栅，掺杂金纳米颗粒的体全息光栅在单体和金纳米颗粒的双扩散作用下，最终形成折射率和吸收调制的混合型光栅，提高视场角。

2）DOE组合

DOE组合是东南大学在增强现实显示光波导领域的另一重点专利技术分支。采用不同类型的光栅进行组合是较为少见的一种DOE组合形式。2016年3月4日申请的发明专利CN105549150A提出了一种体全息光栅与浮雕光栅组合形式的光栅结构，在入耦合衍射光学元件中集成反射型体全息光栅和亚波长一维金属纳米光栅，使光子再次进入反射型体全息光栅，发生衍射并进入波导，提高光能利用率，抑制传输中的杂散光。2018年1月8日申请的发明专利CN108254925A在耦出光栅上也设置了浮雕结构，使得衍射进入眼的光束能量最高，从而实现高效率全息波导显示。

东南大学还申请了一系列关于DOE组合技术的专利以提高色彩均匀性和衍射效率，具体如下。

2016年9月27日申请的发明专利CN106646870A中，将叠层反射型体全息光栅内嵌于波导中，可通过两次布拉格衍射减小光栅矢量与入射光束的夹角，从而控制不同入射角的色域变化，从而实现不同视角的色域均匀性。

2016年5月23日申请的发明专利CN105807348A中，入射端光栅包括第一反射型体全息光栅、第二反射型体全息光栅，出射端光栅包括第三反射型体全息光栅、第四反射型体全息光栅。

2017年6月8日申请的发明专利CN107329261A中，入耦合光栅为反射式复合光栅，其包含2种光栅分量，分别为左视场补偿光栅和右视场补偿光栅。使用复合光栅作为入耦合光栅，抵消了左右视场偏折光栅造成的相位积累。

2018年10月31日申请的发明专利CN109917547A中，包含一个传播蓝、绿色的蓝绿色波导层和一个传播红色的红色波导层。起到耦合作用的彩色体全息光栅能够将蓝绿波段和红色波段的光分别耦合到两个波导中来实现基于全彩耦合波导的显示系统，提升衍射效率和视场角。

2019年11月13日申请的发明专利CN110824613A中，入耦合装置由左旋圆偏光入耦合光栅和右旋圆偏光入耦合光栅组成，出耦合装置由左旋圆偏光出耦合光栅和右旋圆偏光出耦合光栅组成，提高衍射效率和视场角。

2021年6月9日申请的发明专利CN113341569A中，利用偏振体全息液晶光栅的叠层复合结构，入耦合部件的左旋圆偏光光栅将左旋偏振图像衍射，右旋圆偏光光栅将右旋偏振图像衍射，两种图像发生布拉格衍射后进入波导介质，在波导介质中以相同的传播角度范围通过全内反射进行传播。左旋偏振图像经过左旋圆偏光转向光栅后被衍射实现转向，最后经过出耦合部件被衍射出波导，形成左视场；右旋偏振图像经过右旋圆偏光转向光栅后被衍射，最后经过出耦合部件被衍射出波导，形成右视场，最终完成左、右视场的拼接。该专利可提高视场角。

2022 年 1 月 27 日申请的发明专利 CN114578561A，基于多层体光栅的大视场高亮度全息波导系统及制备方法，通过设计多层独立的体光栅结构，解决现有技术手段通过复合光栅扩大衍射响应带宽而导致衍射效率降低的问题。同时通过增加体光栅的层数来扩大衍射响应带宽从而进一步扩大 FOV，具有可扩展性、大视场、高亮度。

3）光栅设计方法

此外，东南大学还申请了一系列光栅设计方法相关的专利，具体如下。

2019 年 9 月 16 日申请的发明专利 CN110579876A，根据追迹不同角度耦合到波导内的载像光波在波导内的传播过程及在输出耦合光栅出的耦出情况，分析整个出瞳范围内所有光波的能量分布；利用全息曝光技术，在记录光栅时，通过精密控制曝光区域各部分的物光和参考光的能量比、偏振、曝光及预曝光时间，对于记录材料进行双光束干涉曝光，以制备效率分布均匀的输出耦合光栅，提升亮度均匀性。

2019 年 9 月 16 日申请的发明专利 CN110824708A 公开了一种全息波导显示系统视场角带宽扩展方法。结合反射式体全息光栅 Kogelnik 耦合波理论模型扩大单个体全息光栅的衍射角带宽，在记录光栅时，通过使物光和参考光同步且对称地相对于记录材料的表面法线而变化，同时记录数个互相平行但长度不同的光栅矢量，最终使光栅选择角得到成倍的扩展，扩大视场角。每层光栅采用同一波长不同入射角度的记录光曝光，由于曝光时的记录角不同，效率曲线会向左右平移，多重光栅的衍射效率就是单个衍射光栅的效率之和。

2020 年 7 月 10 日申请的发明专利 CN111948820A 公开了一种快速计算全息波导显示光效的方法。计算各个部分对输入光线能量造成的损失，结合微显示像源的图像亮度和光输出计算最终光效，能够快速计算输入单位光通量时输出图像在各个方向上的亮度，基于能量利用率、像源发出的总能量和像源的亮度，得到全息波导系统在各个视场下的光效。

2020 年 10 月 23 日申请的发明专利 CN112099228A 公开了一种基于 RCWA 的偏振体光栅（PVG）衍射光线追迹仿真系统及方法。利用 RCWA 分析理论，将各向异性周期性光栅结构展开为傅里叶级数，利用边界条件求解出入射光线的衍射特性，然后结合蒙特卡罗方法对光线追迹算法进行优化，提高了仿真精度和运算速度。

第6章　硅基液晶显示屏专利技术分析

本章将从硅基液晶显示屏的技术分析入手，结合产业和市场情况，对硅基液晶显示屏密切相关专利的申请趋势、重点申请人和重点技术发展路线进行分析和研究。

6.1　概　况

6.1.1　技术概况

硅基液晶（LCoS）显示屏结合了CMOS集成电路工艺和LCD技术，基本光学原理类似于反射型液晶显示器。与一般薄膜晶体管液晶显示器（TFT－LCD）的不同之处在于，TFT－LCD面板的上、下两面均以玻璃作为基板，硅基液晶显示屏仅有上面采用玻璃基板，下面利用的是硅衬底及金属－氧化物－半导体场效应晶体管（Metal－Oxide－Semiconductor Field Effect Transistor，MOSFET）驱动液晶偏转。在显示图像期间，光线通过透明基板照射到液晶中，被像素电极反射，再次通过液晶层，从透明基板射出到外部。

硅基液晶显示屏的制作过程分为两部分，前一部分为CMOS的制造，后一部分为液晶面板的贴合封装。CMOS和液晶面板都属于成熟的技术，但使二者的像素精准对应，贴合封装难度很高，因此封装技术是硅基液晶显示屏制作的关键技术，需要不断改进才能满足产业化的发展趋势。封装技术大致可分为前工序和后工序，前工序的任务是通过贴合、切割制作液晶空盒，后工序的任务是往前工序制作的液晶空盒中灌注液晶、封装，从而制作成微显示器。

硅基液晶显示技术涉及多个高技术前沿领域，主要有液晶成盒技术（面板制造）、驱动技术、检测技术、彩色图像技术、光路系统设计技术等。

6.1.1.1　液晶成盒技术（面板制造）

（1）反射面技术

反射面光滑度受加工工艺和环境清洁程度的影响。硅基液晶发展初期，由于反射镜之间采用分割带和埋置电路的方式，硅基板的表面相当粗糙，严重影响液晶分子定向的质量，因而造成光调制功能的下降。在硅基液晶显示屏中，反射镜面的粗糙度须在1/10光波长以下，达到这个平整度是硅基液晶显示屏制作中的一大难题。传统的机械碾磨技术很难达到显示屏反射镜面的要求。后来，化学机械抛光（Chemical Mechanical Polishing，CMP）工艺的引进和应用，提供了解决这个问题的技术基础，可大大提高表面光滑度。但是，常规CMP处理后的表面还是难以满足高质量显示器的要求。于是提出了镶嵌处理法和自准直绝缘体填充法（SIFT）以提高硅基板的表面质量。镶嵌处理法是在事先磨平的基板上将反射镜和接线柱的位置刻蚀成型，然后填镀上一层铝，最后，用CMP把多余的铝层打磨掉。处理后的表面将不存在镜与镜之间的沟槽。SIFT是在抛光的基板上将电极接柱刻蚀成型，接着镀上一薄层铝并将其成型为镜面阵列，然后蒸镀上一层SiO_2，使其将镜阵的沟槽填充，最后用CMP把多余材料打磨掉。

（2）配向技术

垂直配向向列（VAN）液晶的可调双折射模式中，在阈值关闭状态电压下，液晶的双折射接近于零，这使得器件在整个可见光谱范围内实现高对比度。较低的预倾斜角度是在投影图像中实现高对比度和良好质量的重要因素。通过施加与输入图像信号相对应的电场，液晶分子发生旋转并远离垂直状态。一定范围内的预倾斜角度适合产生高对比度和良好的均匀图像，并且不产生液晶的混乱取向。但是，由于有机配向层会发生降解，显示器件寿命较短。为了解决这个问题，日本的胜利公司（JVC）率先提出使用无机配向层的液晶配向方法。

（3）遮光层技术

为了获得明亮的显示图像，通常使用亮度非常高的光源。但是，在这种情况下，部分光线会侵入硅基板中。侵入光（也称为散射光、无用光）若入射到硅基板中，则产生电荷载流子，引起开关晶体管的误动作，导致显示品质的劣化。因此，为了消除侵入光，通常设置金属层作为遮光层，并尽可能减小相邻的遮光层埋入绝缘层的横向的长度。另外，还会在像素电极的下表面上以及金属层的上表面上形成光吸收效果优异的TiN等薄膜。

（4）封装技术

反射型液晶显示元件受到来自电路基板、封装体的力，而对反射型液晶显示元件的玻璃基板施加外部应力，或施加热应力时，构成玻璃基板的玻璃材料自身表现出双折射，与液晶层的双折射重叠而使图像的品质劣化。另外，若对反射型液晶显示元件过度施加热应力，或该元件自身的温度过度上升，则液晶层的单元间隙会因硅基板与透明玻璃基板间的热膨胀率差而发生变化，这也会导致图像品质的劣化。因此，对于反射型液晶显示元件，如何进行散热、应对热膨胀率的差异，成为用于维持良好图像品质的重要技术。

6.1.1.2 驱动技术

在硅基液晶显示屏中，通过施加适当的驱动电压给每个像素驱动液晶。具体包括两种类型的像素寻址电路：基于动态随机存取存储器（DRAM）电路的模拟驱动方案和基于静态随机存取存储器（SRAM）电路的数字驱动方案。

6.1.1.3 检测技术

检测技术是控制硅基液晶显示屏质量的关键。硅基液晶显示屏需要一些不同于普通集成电路和液晶显示器的特殊电参数与光参数的检测技术，由于其包括不透明的硅基板，因此检测设备和方式也与LCD有所不同。

6.1.1.4 彩色图像技术

为实现彩色显示，硅基液晶显示屏主要采用两种系统，分别为三面板系统和滤色器单面板系统。三面板系统主要用于家庭影院投影仪，使用三个硅基液晶显示屏，每个显示屏由光学系统提供的红色、绿色和蓝色光投射，该系统可使用 LED 或激光器作为光源。滤色器单面板系统在顶部金属层上集成滤色器，使得光学系统仅需要白光作为输入。这种设计使用面板上的滤色器来产生彩色图像。

6.1.1.5 光学系统设计技术

（1）偏振分光棱镜光学系统

常规的偏振分光棱镜（Polarization Beam Splitter，PBS）光学系统，包括 LED 阵列、导光板、PBS、硅基液晶显示屏。LED 阵列发出光束，导光板将该光束分为 S 偏振光束及 P 偏振光束，反射该 S 偏振光束并透射该 P 偏振光束。硅基液晶显示屏用于将该 S 偏振光束调制成具有 P 偏振态的信号光，并反射该信号光，投影镜头用于投射该信号光。然而，PBS 和 LED 照明系统具有体积大、重量大的问题。

（2）前照式硅基液晶显示屏

Himax 公司最早引入了新的前照式硅基液晶显示屏光学系统以减小光学引擎的尺寸和重量。前照式硅基液晶显示屏将 PBS 和照明系统集成到面板封装中。前照式硅基液晶显示屏为增强现实设备的两个最关键的参数——重量和尺寸，提供了改进的解决方案。

6.1.2 产业概况

（1）产业发展情况概述

硅基液晶显示屏的发展并非一帆风顺，在诞生初期被普遍看好。日本 JVC 在 1997 年开发出名为直接驱动图像光学放大器（Direct - Drive Image Light Amplifier，D - ILA）技术的硅基液晶显示屏，并推出 1.3 英寸的商品化硅基液晶显示屏，1998 年开始制造D - ILA 投影机，2004 年发布第一款 1280 × 720 的背投电视。Aurora Systems 公司于 2000 年开发出的硅基液晶显示屏背投彩色电视机，具有高分辨率、低价格、反射式成像的特点。此后，飞利浦 2001 年推出单片硅基液晶显示屏。索尼公司于 2004 年开发出名为 SXRD 的硅基液晶显示屏投影机。

但是，随着液晶显示技术趋于成熟，LCD 电视价格大幅度下降，超薄电视成为主流，背投电视地位逐渐边缘化，应用硅基液晶显示屏技术于背投电视的厂家减少。硅基液晶显示屏的发展在 2004 年之后陷入低谷，惠普、东芝、三星、飞利浦、英特尔相继退出硅基液晶显示屏产品的开发和生产，中国的许多厂商也放弃了硅基液晶显示屏，转向生产 LCD 和 DLP 产品。

其中，JVC 和索尼公司仍然坚持硅基液晶显示屏的研发和生产。索尼公司 2005 年推出高端的 Qualia 设备，2007 年推出顶级 SRX - R220 型硅基液晶显示屏投影机。2016 年 JVC 开发了当时世界上最小的 0.69 英寸 4K 像素 D - ILA 硅基液晶显示屏。

随着虚拟现实/增强现实技术的发展，硅基液晶显示屏开始应用于增强现实产品，这为硅基液晶显示屏带来了新的发展机遇。硅基液晶显示屏在小型化、高分辨率、高解析度方面更有技术优势。2015 年 1 月，微软推出采用硅基液晶显示屏的全息影像头盔HoloLens 1。2018 年 8 月，豪威科技与奇跃公司合作的首款应用硅基液晶显示屏的增强现实头显 Magic Leap One 正式发售。2018 年 10 月 31 日，豪威科技宣布推出行业首款具有集成驱动和存储功能的 1080P 硅基液晶显示屏——OP02220。

相对于其他增强现实显示屏解决方案，HTPS – LCD 是索尼公司及精工爱普生拥有专利权，DLP 的专利技术掌握在意法半导体的手中，而硅基液晶显示屏还没有专利垄断的问题。并且，相比于 Micro – LED 和硅基 OLED 显示屏，硅基液晶显示屏的成本相对较低，可见，硅基液晶显示屏仍然是优秀的增强现实显示屏解决方案。

（2）产业链情况

从产业链来看，硅基液晶显示屏上游可以包括基础材料、零组件产业、生产设备；中游主要为半导体显示面板制造、配套电子器件的组装和模组的生产制造；下游则包括各类显示终端应用。上游基础材料至少包括：硅基板、反射材料、滤光材料、液晶材料、ITO、玻璃基板、光源芯片、光学膜、导光板、偏振分光镜等；中游面板制造至少包括：LCoS 芯片、驱动集成电路、光源模组、LcoS 模组等；下游终端产品包括：背投电视、投影机、增强现实/虚拟现实、抬头显示、全光通信、生物医药、激光加工等，如图 6 – 1 – 1所示。

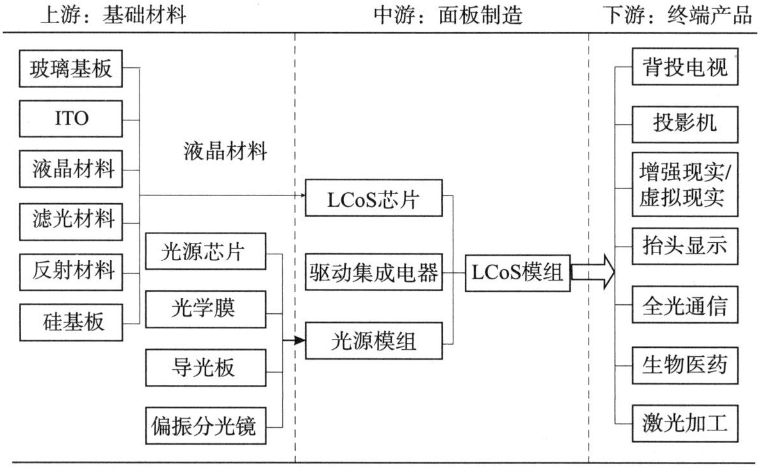

图 6 – 1 – 1　硅基液晶显示屏产业链

6.1.3　产业需求

硅基液晶显示屏采用半导体产业和液晶产业成熟的技术，许多公司可以跳过核心专利门槛来开发属于自己的产品。但是，由于硅基液晶显示屏在研发中涉及整个显示器件的设计、制造到光学系统的整合，有相当程度的技术难度，行业内尚未出现龙头企业，相关企业所开发的硅基液晶显示屏各有专用的 ASIC、光学引擎等，并且零件和装配生产各自为政，无法标准化，加之硅基液晶显示屏后工序成品率有待提高，因此目前很难达到量产的经济规模。硅基液晶显示屏的成本优势需要规模化的制造，而规模化的制造必须建立在统一的行业标准上。显然，解决这些难题的关键是着手建立硅基液晶显示屏上下游产业链的联合，推进产业标准化。

6.2　专利申请趋势和未来发展

6.2.1　全球专利总体趋势及预测

数据统计显示，硅基液晶显示屏密切相关的全球专利申请总计 2167 项。图6－2－1示出了硅基液晶显示屏全球专利申请趋势。可以看出，硅基液晶显示屏的专利申请自 1993 年开始出现，但在 2000 年以前，申请量较小，2000 年以后迎来一波迅速增长。2007～2012 年，由于超薄液晶显示技术发展迅速，硅基液晶显示屏的市场受到影响，企业研发投入下降甚至退出市场，相关申请量有所回落。随着虚拟现实/增强现实技术的发展，硅基液晶显示屏获得新的应用场景，从 2012 年开始，硅基液晶显示屏的相关申请量呈现波动增长的态势。中国申请人在硅基液晶显示屏方面的专利申请从 2000 年开始，经历了 10 年的波动期后，在 2011 年后大致呈现持续增长的态势。随着增强现实技术的发展，硅基液晶显示屏成为主流的近眼显示解决方案之一，未来申请量还将迎来新的增长。

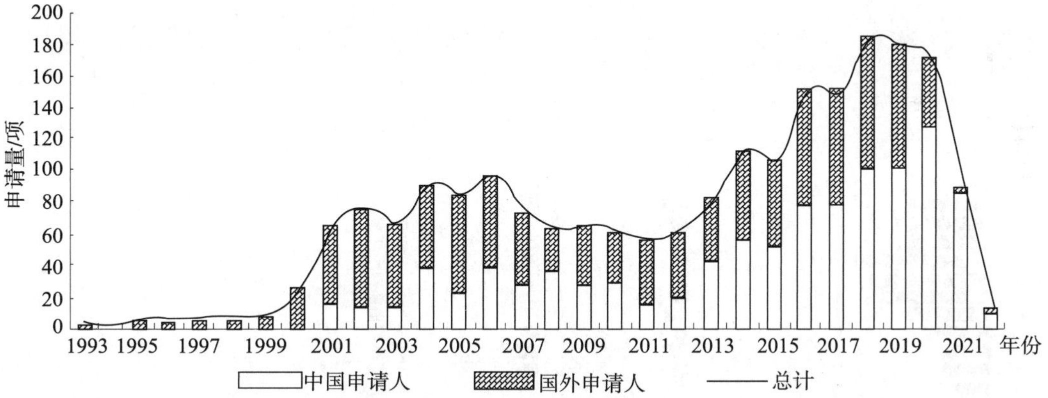

图6－2－1　硅基液晶显示屏全球专利申请趋势

图6－2－2 显示了硅基液晶显示屏相关专利全球目标市场分布。可以看出，硅基液晶显示屏目标市场主要集中在中国、美国、日本、欧洲、韩国，其中，中国成为第一大目标国，美国位居第二。

图6－2－3 显示了硅基液晶显示屏相关专利技术构成。可以看出，硅基液晶显示屏技术中有关面板技术的专利申请占比最大，达 37%，外部电路、为硅基液晶显示屏面板提供照明的前端光路、具体应用场景下的后端光路的改进占比均为 12%，硅基液晶显示屏在终端的应用而不涉及本身关键技术改进的专利申请比例也较大，占 25%，说明随着硅基液晶显示屏的应用场景的扩大，其技术将获得进一步发展。

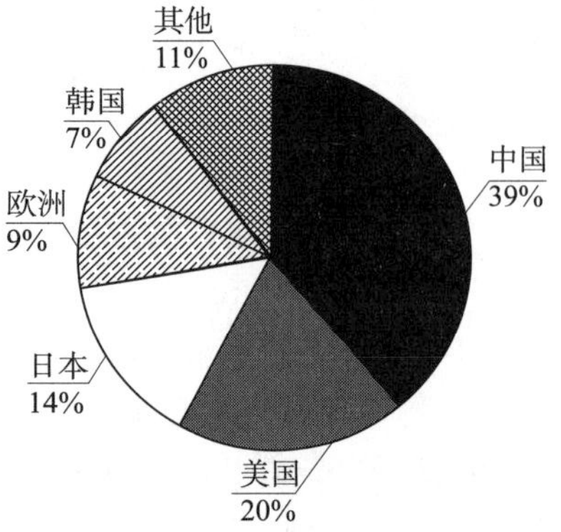

图6－2－2　硅基液晶显示屏相关专利全球目标市场分布

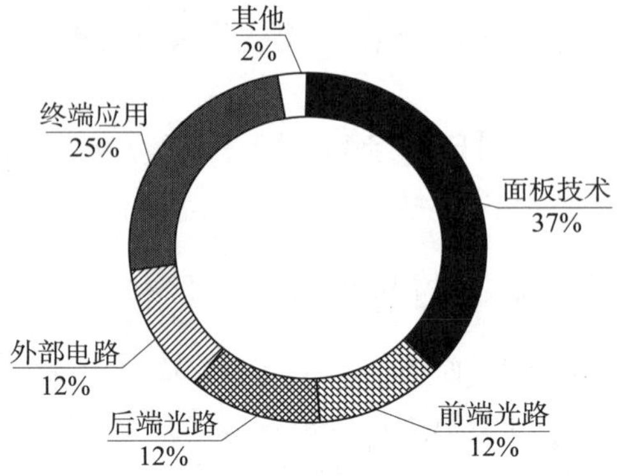

图6－2－3　硅基液晶显示屏专利技术构成

图6－2－4显示了硅基液晶显示屏各技术分支专利申请发展趋势。可以看出，最初关于硅基液晶显示屏的研发主要集中在面板及外部电路技术上；随着硅基液晶显示屏技术逐渐成熟，开始趋于实用，关于前端光路设计的占比增加，并且一直保持稳定的比例；自2009年开始，硅基液晶显示屏的应用市场拓宽，后端光路和终端应用的申请占比增速较快。

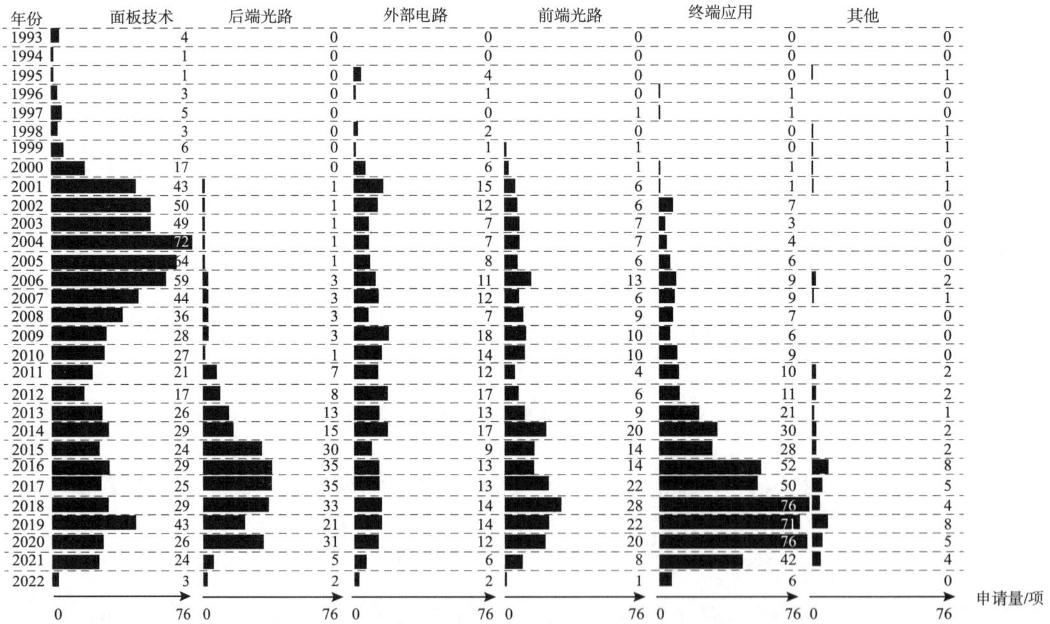

图6－2－4　硅基液晶显示屏各技术分支全球发展趋势

6.2.2 中国专利总体趋势及预测

数据统计表明，硅基液晶显示屏相关中国专利申请总计1641件，其中，国内申请958件，国外来华申请683件。图6－2－5示出了硅基液晶显示屏中国专利申请趋势。可以看出，2000年之后国内申请和国外来华申请同时开始涌现，国内申请的增长速度略大于国外来华申请的增长速度。可见中国申请人在加紧研发硅基液晶显示屏相关技术，国外企业也十分重视在中国的专利布局。从发展趋势来看，国内申请人在硅基液晶显示屏方面的申请量未来仍会呈现持续增长态势。

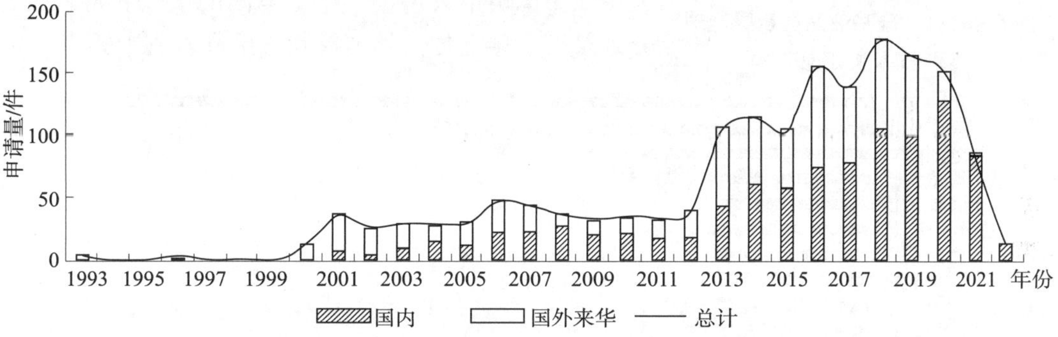

图6－2－5　硅基液晶显示屏中国专利申请趋势

图6－2－6显示了硅基液晶显示屏中国专利申请的技术来源地分布情况。可以看出，国内申请人的申请占比达58%，国外来华申请中美国、日本、英国的申请较多。

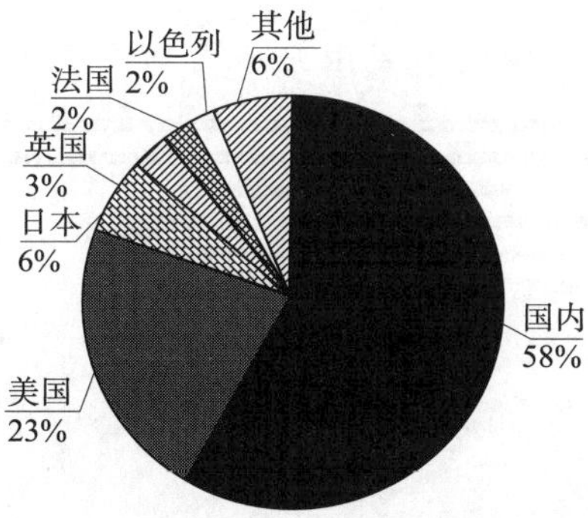

图6－2－6　硅基液晶显示屏中国专利申请技术来源地分布

6.3 主要技术创新区域分析

6.3.1 全球主要技术创新区域

硅基液晶显示屏全球专利技术来源地如图6－3－1所示，从专利申请人的国别来

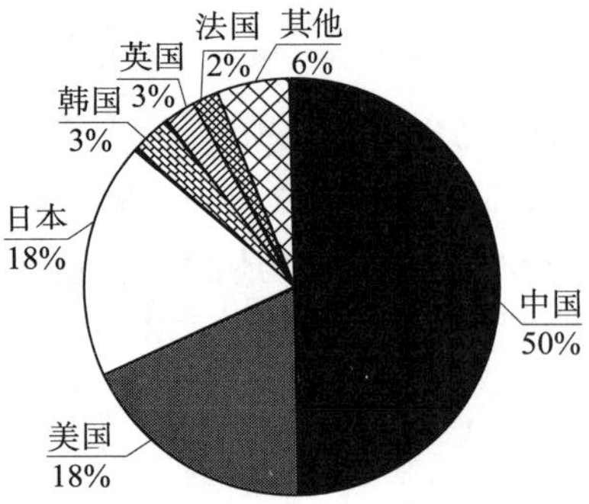

图6-3-1　硅基液晶显示屏全球专利技术来源地分布

看，中国、美国、日本是主要创新来源地。中国作为全球新兴经济体的代表，以50%的占比成为全球最大的硅基液晶技术来源地，美国和日本以18%的占比并列第二。

图6-3-2显示了硅基液晶显示屏领域全球专利申请量排名前十位的申请人，其中，日本JVC的申请量为226项，位居第一，中国奇景光电的申请量位居第二，日本的索尼公司位列第三。在排名前十的申请人中，中国申请人占据5席。美国的微软和奇跃公司分列第五、第七位。韩国仅有三星进入前十。

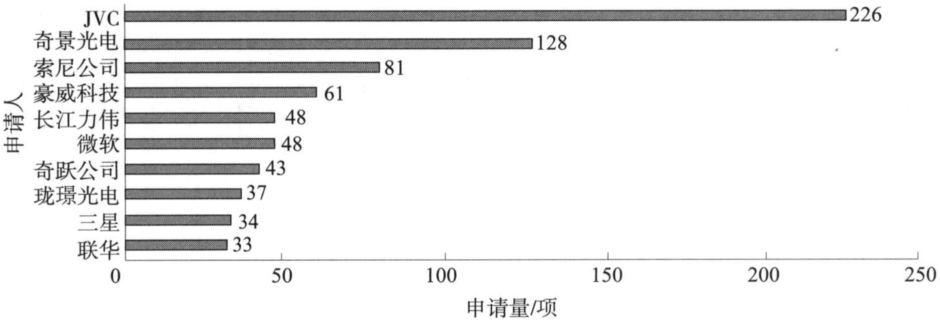

图6-3-2　硅基液晶显示屏全球主要申请人

6.3.2　中国主要技术创新区域

图6-3-3显示了硅基液晶显示屏相关中国专利申请的区域分布。可以看出，台

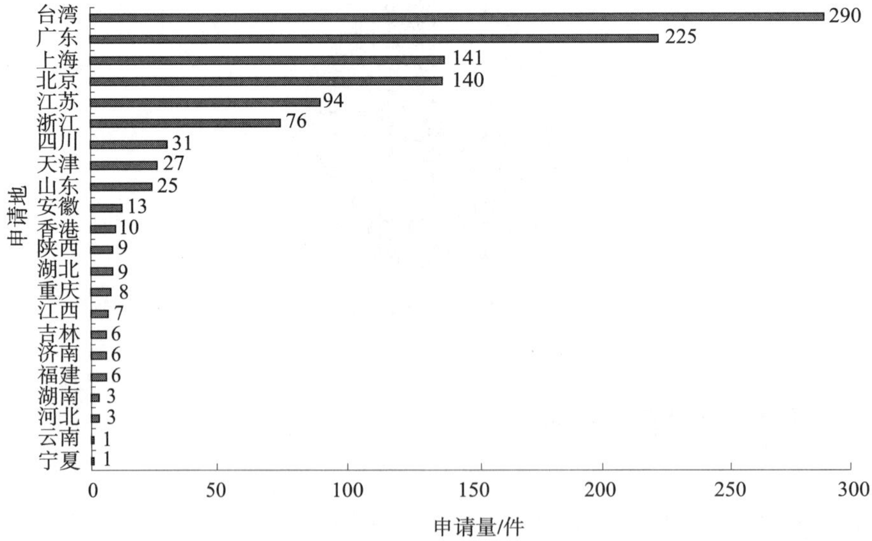

图6-3-3　硅基液晶显示屏国内申请人区域分布

湾的申请量最大，广东、上海申请量分位列第二、三位，北京、江苏、浙江占据第四、五、六的位置。可见，台湾在硅基液晶显示屏领域具有专利技术优势。

图6-3-4显示了硅基液晶显示屏国内申请量排名前十的申请人，全部为企业，主要包括半导体企业和显示屏制造商。其中，奇景光电的申请量最大，豪威科技位居第二，长江力伟、珑璟光电、联华、中芯国际的申请量基本持平，占据第三至六位，理想境界、舜宇光学、歌尔股份、灵犀微光分别位于第七至十位，申请量相对较少并且差别不大。

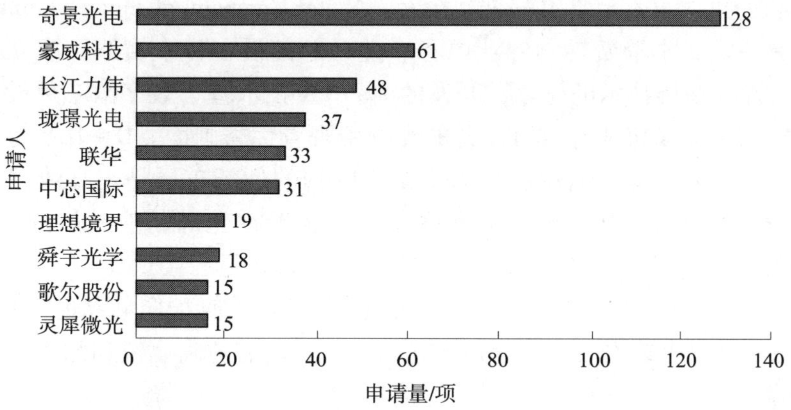

图6-3-4　硅基液晶显示屏领域国内主要申请人

6.3.3　中国专利申请法律状态分析

图6-3-5显示出了硅基液晶显示屏技术中国专利申请的类型和法律状态。从专利申请类型来看，发明专利申请占总申请量的83%，实用新型占17%，说明了硅基液晶属于研发门槛较高、技术含量较高的领域。从法律状态来看，发明专利申请中获得授权且有效的专利占32%，失效申请专利占27%，处于审查中的专利申请占24%。实用新型专利中12%（以全部专利为基础）维持有效。

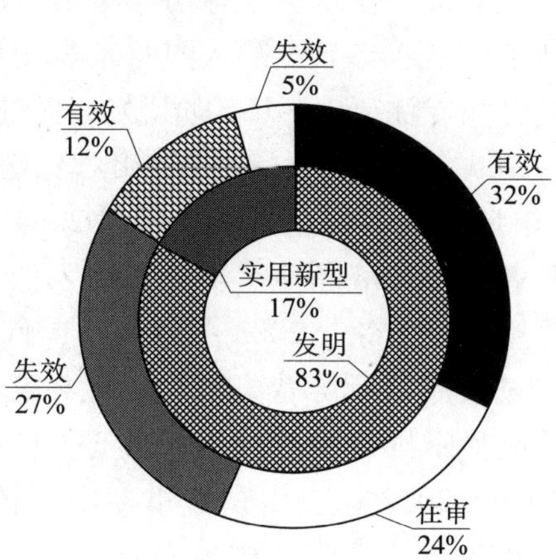

图6-3-5　硅基液晶显示屏技术中国专利申请类型和法律状态

6.4 重点申请人专利分析

6.4.1 国外重点申请人

6.4.1.1 JVC

（1）企业基本情况

日本胜利公司（日本ビクター株式会社，Victor Company of Japan，Limited，英文简称为 JVC）是一家日本消费性与专业电子企业，总部设在日本横滨，成立于 1927 年。JVC 是硅基液晶显示屏技术的先驱，开发的 D－ILA 技术基于数字微芯片设计进行了创新，使观众能够从录像机或计算机设备的光源中观看优秀画面。D－ILA 为一种硅基液晶显示技术，对 CMOS 电子器件和高密度像素阵列的创新布局是在高清图像中再现所有细节的关键。通过将矩阵寻址开关和电子设备放置在光调制液晶层的正后方，JVC 创建了一个具有“三维”布局的 D－ILA 芯片，从而获得了接近 90% 的填充率，并且几乎消除了令人讨厌的“网格”或“纱窗效应”。结合垂直配向液晶的高速响应，JVC 的 D－ILA 技术可以再现平滑、无噪声的运动图像，具有清晰、锐利的高清图像和胶片般的图像质量。

2020 年 10 月 28 日，JVC 宣布了开发的 HMD（头戴式显示器）概念机。该设备通过使用自主研发的镜面显示器实现了宽视角和高分辨率显示效果。JVC 于 2020 年 12 月展示了其企业级 XR 头显 HMD－VS1W，该头显采用了双 5.5 英寸 LCD 面板，单眼分辨率为 2.5K，刷新率 72Hz，视场角达 120°。

（2）企业专利情况

统计表明，JVC 在硅基液晶显示屏方面的全球专利申请量总计 226 项，其中中国专利申请 7 件。

1）申请趋势

图 6－4－1 显示了 JVC 硅基液晶显示屏全球历年申请量的趋势。JVC 于 1993 年开始进行硅基液晶显示屏专利布局，这与 JVC 购入图像光学放大器（ILA）技术的时间基本吻合。1995 年开始，JVC 开始专注于 D－ILA 的研发，并陆续提交相关申请，一直到 1997 年，即 JVC 定义的 D－ILA 技术元年，维持着相对稳定的申请量。1999 年，JVC 实现了 2K 级清晰度之后，申请量开始快速增长。虽然 2004 年飞利浦、英特尔等相继退出硅基液晶显示屏背投业务，硅基液晶显示屏技术陷入低谷，但 JVC 并未明显受到市场信心不足的影响，而是坚持了下来。2003～2007 年，JVC 一直保持着较高的申请量。2007 年，JVC 展出了硅基液晶显示屏背投电视，并在北美市场取得产品和市场的战略性成功，业界对硅基液晶显示屏背投产业重树信心，产业复苏。2008 年，受金融危机影响，申请量回落。2009～2012 年，申请量重新恢复较高水平。2013～2019 年，申请量回落并呈波动态势。2020 年，JVC 总体核心收入大幅下降，研发进度放缓，之后没有进一步公开硅基液晶显示屏相关专利技术。

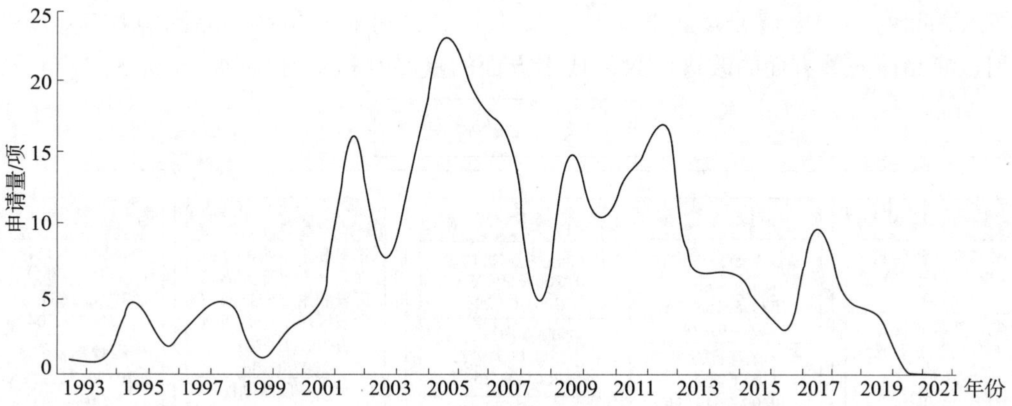

图6-4-1 JVC硅基液晶显示屏全球专利申请趋势

2）技术构成

图6-4-2显示出了JVC硅基液晶显示屏相关专利技术构成。JVC的226项专利中，有143项涉及面板技术，占比63%；72项涉及外部电路，占比32%；11件涉及前端光路，占比5%。可见JVC的研究更侧重于硅基液晶显示屏芯片本身及驱动技术。在143项面板技术中，有54项涉及封装技术，22项涉及遮光层，20项涉及反射面技术，12项涉及内部驱动，6项涉及配向，11项涉及检测技术。可以看出，JVC的专利对于面板的各个技术点均有涉及，其中，研发重点主要在于封装技术、遮光层和反射面技术。封装技术是影响硅基液晶显示屏良率和成本的关键技术，也是业界的难点，遮光层和反射面则是影响硅基液晶显示屏显示效果的重要因素。JVC硅基液晶显示屏图像显示相关专利技术构成如图6-4-2所示。

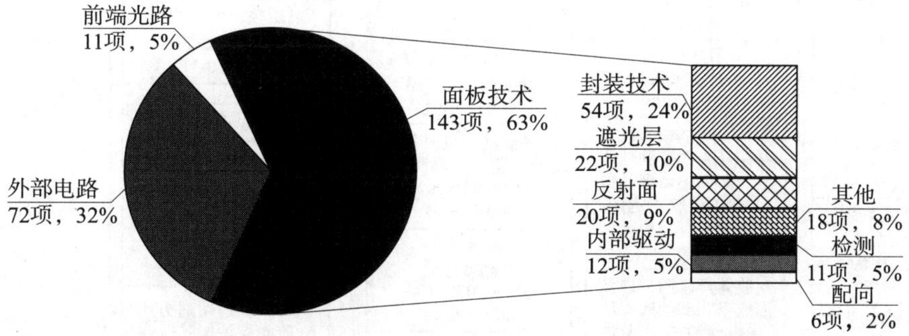

图6-4-2 JVC硅基液晶显示屏图像显示相关专利技术构成

（3）重点专利解析

JVC在硅基液晶显示屏方面的核心技术是面板技术和外部驱动技术，而面板技术中的研发重点是封装技术、遮光层技术和反射面技术。下面对这些技术相关专利进行具体分析。

1）封装技术

JVC关于封装技术的申请共计54项，涉及整个封装流程中的各个方面。JVC在封装技术方面的专利申请涉及封装工艺、应力相关、间隙均匀性、晶圆级加工、密封、切割、液晶填充等方面的改进，封装技术方面的重要专利如图6-4-3所示。

图6-4-3 JVC封装技术重要专利

2）遮光层技术

JVC在遮光层技术方面申请了22项专利，包括对遮光层形状和位置的改进、设置光吸收结构、设置防反射膜以控制光线方向等多种方案，遮光层技术方面的专利如图6-4-4所示。

3）反射面技术

JVC在反射面技术方面共申请20项专利。在传统的反射型有源矩阵显示面板中，像素电极和反射层的反射率很小，不能实现所需的亮度。为小型化和高分辨率化，需尽可能减小像素电极尺寸，为增大开口率，像素间隙也趋向于越来越小，面板可靠性变低。JVC针对反射面的改进提出了平坦化、增大反射面、间隙改进、材料改进、外围电极设计等技术方案，相关专利如图6-4-5所示。

4）配向技术

JVC有关配向技术的专利申请共6项。下面对这些专利进行详细解析。

US2002145692A1提出在衬底托盘在层沉积室中间歇地或顺序地移动的同时，通过真空沉积以与衬底表面上的法线的方向成45°～60°范围内的角度，用氧化硅的蒸发颗粒照射两个衬底中的至少一个，以在其上形成对准层，使配向层可以以3°～10°范围内的层沉积角度形成，该角度是比常规预倾角相对更大的角度。

进一步地，JP2004163921A提出，通过调节蒸发角来获得传统方法从未实现的超过3°的预定预倾角，以减小取向错乱的影响以及充分确保图像对比度。

JP2006106165A针对取向膜老化的问题提出，相对于电压的施加，液晶层每单位面积电阻R_{lc}与所述取向膜每单位面积电阻R_{al}的关系相对于显示灰度级数n具有“$R_{lc}/R_{al}>n$”的关系。即使取向膜由于老化而劣化，仍保持优异的灰度显示，并因此保持高显示质量。

JP2008276061A通过对成为遮光层的膜的表面照射离子束而形成取向层，或者通过将利用基于斜向蒸镀的成膜方法成膜的无机硅氧化膜用作取向层，能够减少取向层厚度不均、条纹的产生，实现高品质的图像显示，并且耐光性优异且可靠性高。

JP2011095570A提出使液晶取向膜的膜表面层的晶体缺陷密度比膜内部层的晶体缺陷密度高，膜表面层为利用不具有长链烷基的表面活性剂进行了表面修饰的硅系绝缘膜的斜向蒸镀取向膜，实现液晶配向膜的均匀的表面修饰，获得稳定的液晶分子的配向状态。

5）外部电路

JVC在外部电路方面的专利申请总计72项，主要利用独特的数字背板矩阵寻址开关设计确保了最高水平的彩色和灰度再现，获得了宽动态范围，使图像像胶片一样平滑自然，无可挑剔地再现了原始源中包含的所有细节和信息。数字背板基本器件结构与传统模拟D-ILA相同，使用垂直配向向列液晶，并在帧时间内响应脉宽调制（PWM）信号的平均RMS电压。高速SRAM用于硅背板，与传统的模拟硅基液晶显示屏器件不同，不需要在像素或任何特殊的光阻挡层处存储电荷。所有像素使用的驱动电压都是共同的，并且来自背板外部。针对外部电路，JVC的重要专利技术如下。

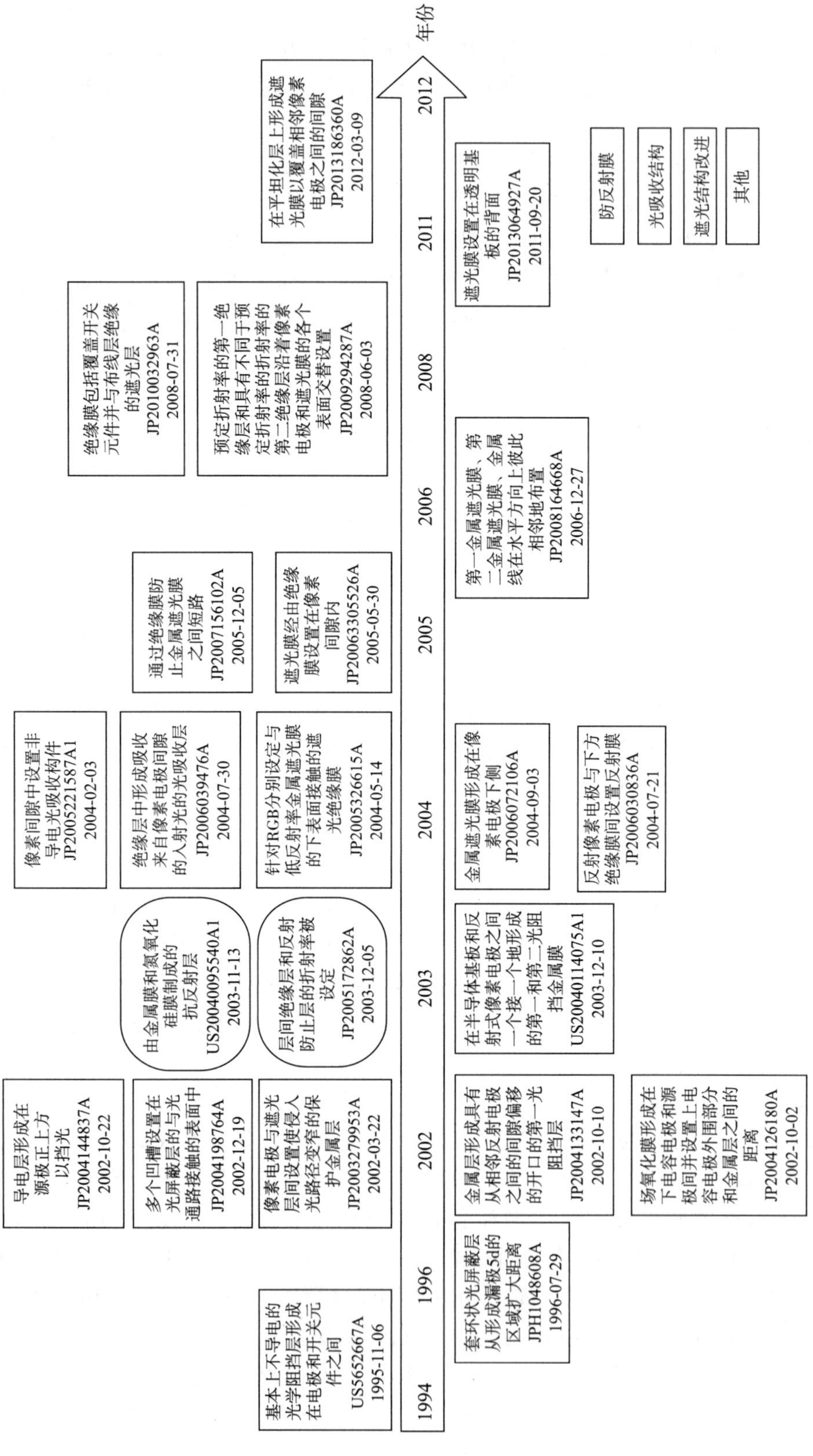

图6-4-4　JVC遮光层技术相关专利

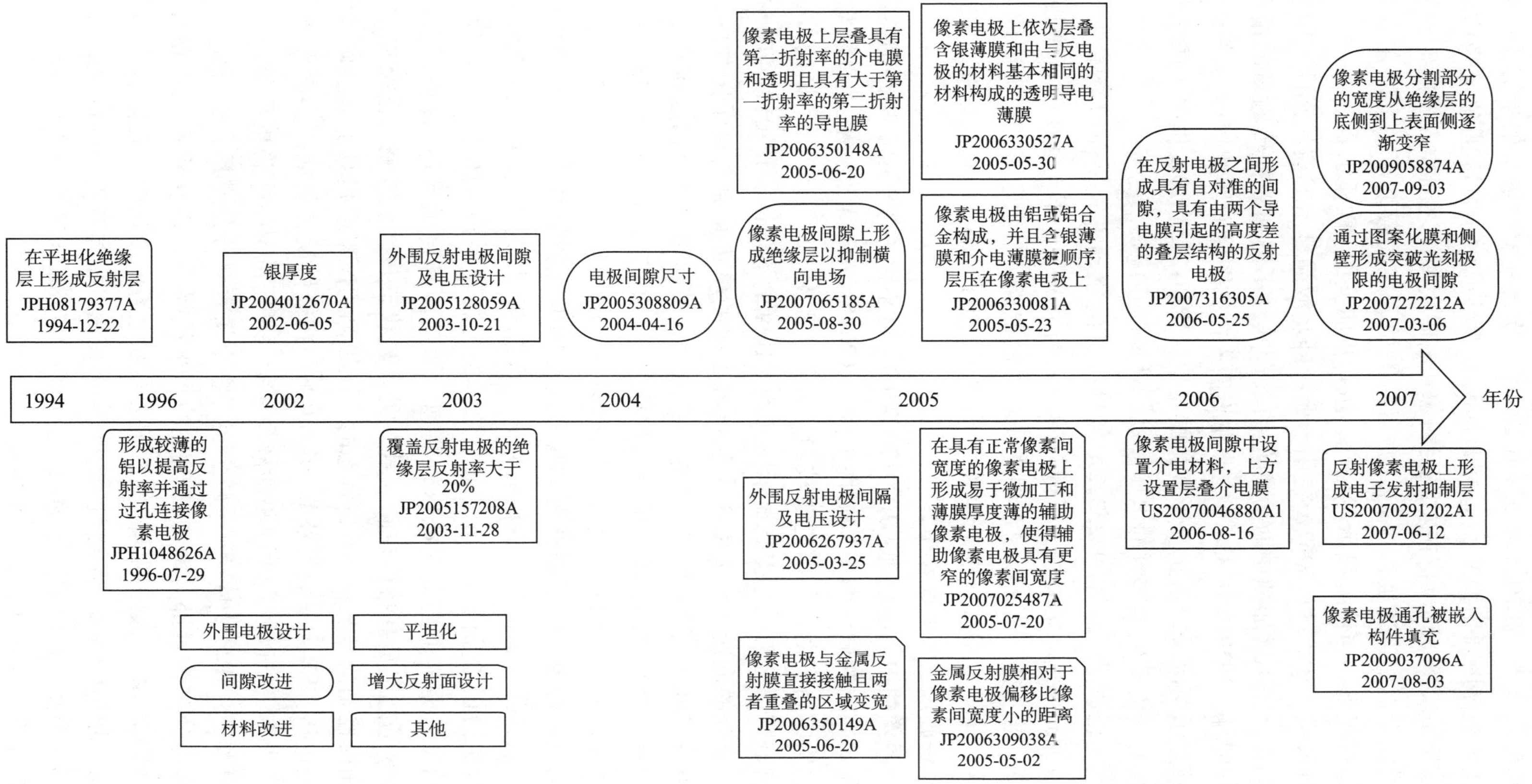

图 6-4-5　JVC 反射面技术相关专利

关于插黑显示改进：JP2005181559A 实现了一次重写整个屏幕的批转移型硅基液晶显示屏，并在场顺序图像切换时，通过叠加具有 2 秒或更小宽度的预定峰值脉冲来插入黑色显示。JP2012088536A 将在左眼用图像和右眼用图像之间插入了黑信号的图像数据写入速度设定为例如该速度的 8 倍，并且将黑插入期间被缩短，可以在不增加计数器时钟频率的情况下，与传统显示器相比，进行更明亮的 3D 显示。

关于闪烁改进：JP2011118067A 将用于驱动硅基液晶显示屏液晶元件的驱动模式分为三个驱动模式，在不增加帧中时分颜色的数量并且不增加数据传输量的情况下，减轻了色分离和闪烁。JP2012103356A 能够在不插入内插图像而增加帧频的情况下，在同一帧的图像被显示两次时，防止重影现象的发生。JP2012133010A 提出了防止与特性劣化相关数据线的最大寄生电容阱的电压波动，从而防止闪烁。

关于驱动电压改进：JP2009223322A 通过改进的驱动方式，使得液晶驱动电压降低，即使在为了提高生产率而增加了液晶的容限的情况下，驱动速度也比常规液晶快。JP2012047776A 通过使关于虚拟像素中心线对称地布置每个像素中的正极侧像素电路部分和负极信号侧像素电路部分中的电路元件和布线彼此成对，在不增加像素间距的情况下向液晶元件施加正常的驱动电压。

关于显示图像的均匀性改进：JP2012027169A 最小化了像素中源极跟随器晶体管的阈值电压变化而导致的显示图像均匀性下降。JP2016177034A 通过在垂直消隐期间内，由参考电压供给电路产生的参考电压被施加到第一晶体管，直到下一帧的像素信号被输入第一保持电容部分为止，提高显示图像的对比度的均匀性。JP2016177033A 通过屏蔽部分和布线部分的设计，减少由于寄生电容引起的串扰并提高显示图像的对比度的均匀性。JP2016177035A 的垂直扫描电路被配置为，使得可以针对构成在液晶显示单元上显示图像的每一帧改变像素电路的垂直扫描方向，提高显示图像对比度的均匀性。

关于高速驱动下的图像显示改进：JP2013148847A 在像素部分的垂直扫描方向之外提供了一个电流消耗组，用于消耗驱动像素部分的电流源的电流。当交流电以较高速度驱动液晶显示元件时，抑制垂直扫描方向上的亮度不均匀。JP2013225029A 通过第一信号保持装置保持正图像信号，通过第二信号保持装置保持负图像信号，根据极性开关脉冲切换信号，提高了当交流电以较高速度驱动液晶显示元件时显示图像的质量。JP2013225028A 通过当负载特性控制信号 B 处于高状态并且正极侧的栅极控制信号 S + 或负极侧的栅极控制信号 S - 处于高状态时，正极侧的像素或相对于液晶显示体在负极侧施加有电极电压 VPE，每个信号 B、S + 和 S - 在极性反转周期内多次设置为高电平状态，提高了当交流电以较高速度驱动液晶显示元件时的显示图像的质量。

关于噪声改进：JP2011043791A 减少当将整个像素部分分成具有多行作为一组并按时分驱动的多组分割像素部分时可能出现的水平线噪声，以实现高质量的图像显示。JP2012185339A 抑制由于操作期间根据图案的布线电容的变化而引起伪信号的产生，并提高显示质量。JP2012083677A 通过采用其中不使用灯信号执行 DA 转换的结构来解决灯信号的波形变形而导致显示图像的问题。JP2012177822A 减少由于灯信号失真而引起所谓的“黑色浮动”图像噪声，并实现高质量的图像显示。

关于功耗改进：JP2012113072A 通过像素分别采样并以两个保持电容保持正图像信号和负图像信号，进一步减少了像素的电流消耗。JP2015179138A 在不显著改变电路配置的情况下，减少了对由多个像素组成的图像显示单元的写入操作而导致的功耗。

关于信号设计改进：JP2012185412A 通过能够在像素中保持多种类型的视频信号来实现表面顺序操作。JP2013225017A 通过用于选择性地将正图像信号或负图像信号提供给像素驱动电极的开关装置，以及比图像信号的一个垂直扫描周期短的预定周期，提高显示图像的质量。JP2013105166A 通过增加 DAC 的位数而不增加 DAC 的计数器时钟频率抑制成本增加的配置。JP2013161002A 通过模拟 SW 和预充电单元的设计实现了在像素测试期间从像素高速读取测试信号。

总体来看，虽然 JVC 自主研发且相当成熟的 D－ILA 技术具有优异的显示效果，但可能由于过于昂贵，JVC 主要将其应用于投影机产品。JVC 的 HMD 产品并未采用 D－ILA，而是采用了价格更为低廉的 LCD。硅基液晶显示屏的显示效果优于 LCD，这是毋庸置疑的。另外，虽然 JVC 还未将其 D－ILA 技术应用于头显产品，但随着虚拟/增强显示技术的发展，JVC 仍有入场可能。并且，JVC 的专利申请较早，布局较为全面，但是大部分申请未进入中国，国内企业在研发过程中可以借鉴相关专利技术。

6.4.1.2 索尼公司

（1）企业基本情况

索尼公司和 JVC 同属于硅基液晶显示屏领域在全球占重要地位的先驱。索尼公司自身拥有雄厚的 LCD 研发经验和技术基础，从 2004 年开始相继推出硅基液晶显示屏高清电视和投影机。

（2）专利基本情况

1）专利申请趋势

统计表明，索尼公司在硅基液晶显示屏方面的专利申请总计 81 项，其中中国专利申请 49 件。图 6－4－6 显示了索尼公司硅基液晶显示屏全球专利申请趋势。索尼公司从 1999 年已经开始对硅基液晶显示屏进行研发和专利布局，2001～2006 年的申请量达 44 项，占总申请量的 54%，这一时期是研发活跃期。从总体趋势来看，2009 年之后，索尼公司在硅基液晶显示屏领域的专利申请量呈震荡下降的趋势，表明其对硅基液晶显示屏的研发投入有所下降。

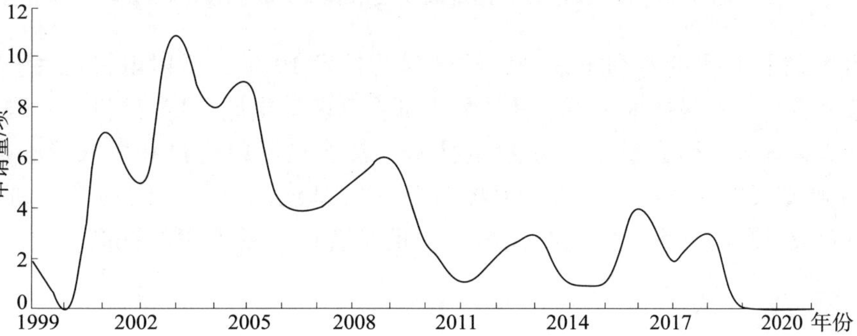

图 6－4－6　索尼公司硅基液晶显示屏的全球专利申请趋势

2）来华专利申请的法律状态

索尼公司在中国的专利申请总共49件，其中，有效的专利18件，在审状态的7件，失效状态的24件，如图6-4-7所示。可见，来华申请中近一半专利已经失效，并且在审的申请量并不大，说明索尼公司在硅基液晶显示屏方面在中国市场的投入变少。

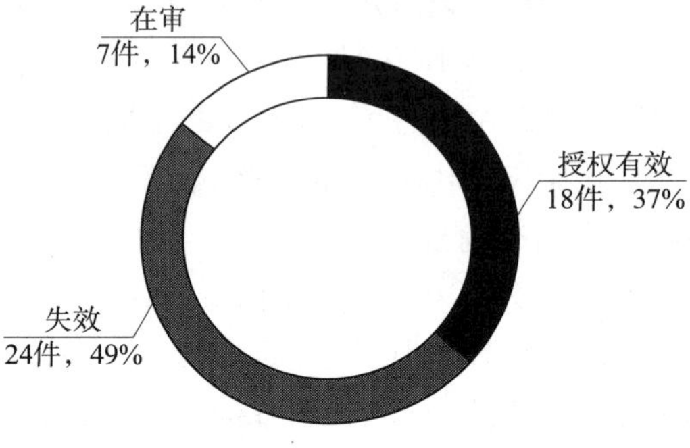

图6-4-7　索尼公司硅基液晶显示屏来华专利申请的法律状态

（3）专利技术构成

如图6-4-8所示，索尼公司关于硅基液晶显示屏的81项专利申请中，涉及面板技术的共51项，占63%；涉及近眼显示中与硅基液晶显示屏匹配使用的前端光路的共10项，占12%；涉及后端传导光路的5项，占6%；涉及硅基液晶显示屏终端应用的10项，占12%；涉及外部电路的5项，占6%。由此可见，索尼公司的技术研发主要集中在硅基液晶显示屏面板技术上。

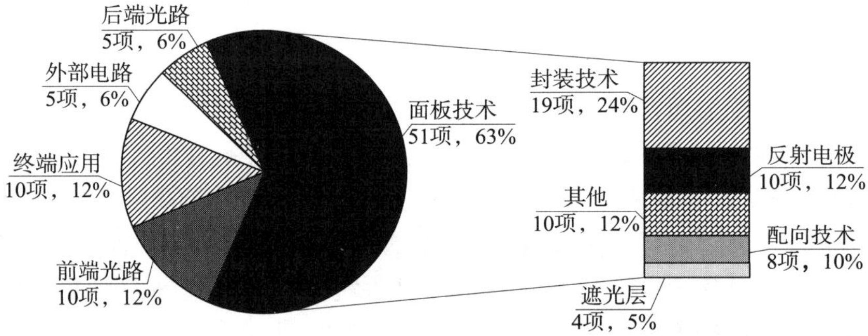

图6-4-8　索尼公司硅基液晶显示屏相关专利技术构成❶

在51项面板技术的专利申请中，涉及封装技术19项，反射电极相关技术10项，配向技术8项，遮光层技术4项，其他如内部像素驱动电路、LC材料、检测技术共10项。从申请量看来，研发重点是在封装技术，其次是反射电极相关技术、配向技术、LC材料和遮光层技术。这几个方面基本囊括了硅基液晶显示屏区别于普通LCD的技术，其中面板封装的良率、液晶与反射电极的结合以及反射率的提高，也一直是硅基

❶ 该图各分项之和不等于100%，为数据修约所致，特此说明。后文类似情况不再赘述。

液晶显示屏需要解决的关键技术问题。

(4) 重点专利技术解析

根据索尼公司的研发重点，课题组选择硅基液晶显示屏面板技术中的重点技术分支进行专利解析，包括封装技术、反射电极相关技术、配向技术、遮光层技术，以期梳理出索尼公司在面板技术方面的技术脉络。

1) 封装技术

硅基液晶显示屏的封装技术是硅基液晶显示屏生产制造的一大难点，体现在诸多方面：①硅基液晶显示屏中的硅片和玻璃是两种不同的材料，伸展系数、膨胀系数等多种参数都不同，将它们牢固地黏合在一起，灌入液晶且不渗漏是一个技术难点；②硅基液晶显示屏有一面为不透明的硅片，导致任何标记都不易看见，硅片又非常脆，对准、切割的难度较大，导致良率低；③由于硅基液晶显示屏的面积很小，厚度很小，任何微小的灰尘在放大成像的过程中都会暴露无遗，保证表面的洁净至关重要，因此硅片和玻璃要经过多道工序才能保证表面洁净；④由于硅基液晶显示屏结构的特殊性，液晶盒厚很小，保持液晶间隙的均匀性难度较大。索尼公司关于封装技术的重要专利如表6-4-1。

表6-4-1 索尼公司硅基液晶显示屏封装技术重要专利

申请日	公开号	技术方案要点	技术效果	被引用次数
1999-08-25	JP2001066642A	封框胶厚度大于液晶层厚度	实现均匀间隙	1
2003-05-09	JP2004333986A	设置不同功能的双重密封结构	实现均匀间隙	6
2003-07-02	JP2005024922A	透明基板和密封材料的侧表面涂覆有光吸收材料	消除边缘显示不均匀	1
2003-10-29	JP2005134567A	液晶面板中产生的热量经由导热填料从散热部件有效地排放到外部	散热	27
2004-03-23	JP2005274665A	像素电极和金属膜形成在像素电极基板上的密封部分外表面之内	防潮	20
2004-09-14	JP2006086226A	在元件的衬底上形成沟槽，在沟槽附近形成伪沟槽，并且具有对准标记，其中元件形成衬底和可识别材料至少埋入沟槽中	对准	29
2005-06-17	JP2006350045A	显示区域内不散布间隔物S；液晶L热膨胀时从显示区域A1进入缓冲区域A2	实现均匀间隙	5

续表

申请日	公开号	技术方案要点	技术效果	被引用次数
2005－12－02	CN1782795A	导电颗粒表面设置有凸起形状	稳定的导电连接	20
2006－02－05	CN1815317A	通过用紫外射线辐射来固化，之后以高于紫外可固化黏合剂的玻璃态转变点的温度加热	防潮	5
2006－04－04	JP2007279173A	设置应力层	实现均匀间隙	1
2006－05－11	JP2007304297A	切割的步骤和工艺	抑制切割制程的缺陷	1
2007－05－10	JP2008281727A	液晶面板中反射侧基板的外侧上的表面上形成膜，通过从膜施加的应力来校正衬底的曲率	实现均匀间隙	1
2017－01－17	CN108604033A	设计硅基板的形状	实现均匀间隙	3

通过分析可以看出，索尼公司的封装技术主要从实现均匀盒间隙、良好散热、改进对准标记结构、防潮防污染、良好的电连接、切割良率、提高显示区域边缘的光均匀性等多个方面来提高良率。

2）反射电极相关技术

反射电极是硅基液晶显示屏的关键部件，具有反射从相对基片一侧入射的光线的功能，以及把电压施加到液晶上的功能。反射电极的材料，通常使用用于大规模集成（LSI）工艺中并且将铝（Al）作为主要成分的金属材料，而与反射电极相对的透明电极通常采用ITO材料。

索尼公司在反射电极技术方面的专利申请总计10项，相关重点专利申请的具体信息如表6－4－2所示。

表6－4－2　索尼公司硅基液晶显示屏的反射电极技术相关专利申请

申请日	公开号	技术方案要点	技术效果	被引用次数
2002－05－10	JP2003057674A	覆盖在像素电极上金属膜的标准电极电势，与像素电极的标准电极电势相反	防止电池效应	17
2002－06－06	JP2004012795A	在像素电极上覆盖与透明电极相同材料的导电薄膜	防止电池效应	4
2002－07－05	JP2004038004A	像素电极的表面上形成绝缘薄膜，再覆盖与透明电极为相同的材料的导电薄膜	防止电池效应，相邻像素之间避免短路	1

续表

申请日	公开号	技术方案要点	技术效果	被引用次数
2002－11－19	JP2004170604A	在像素电极的下层形成阶梯状部分，并在阶梯状部分处形成中断的状态	防止电池效应	1
2003－03－07	JP2004271800A	反射型像素电极具有在其外周的倾斜形状	消除或最小化取向缺陷	9
2003－07－02	JP2005024923A	反射像素电极的四个角部被切除	消除取向缺陷	8
2019－03－19	CN111971615A（在审）	设置增反射层和厚度调整层	提高反射率和抑制取向不均	0

索尼公司反射电极相关专利技术主要解决以下两方面的问题。一是分别由ITO和铝所制成的两个电极具有互不相同的标准电极电势，会产生电池效应。这会导致在不同帧周期即使施加相同绝对值的两极性电压至反射电极，也会有不对称的电压被施加到液晶上，最终从时间跨度上看，显示面板的反射率不稳定，造成闪烁。二是硅基液晶显示屏中的各像素周边为容易产生缺陷的区域，影响图像质量，硅基液晶显示屏又不能像普通的透射性LCD一样以黑色矩阵来遮盖缺陷区域，导致从空间上跨度上看，显示面板的反射率不均匀，因此必须最小化或完全消除有对准缺陷的区域，保持像素区域中的光量能均匀配置，整体上能够调节并提高像素区域的反射率。索尼公司的上述反射电极相关专利技术，分别从时间上（体现为防止电池效应）、空间上（体现为消除不同区域的液晶分子取向不均）两个方面来实现显示区域反射率的稳定和提高。索尼公司早期申请主要着眼于如何防止电池效应，后期着眼于消除不同区域中液晶分子的取向不均，分别采用了改变像素电极本身的形状以及增设中间膜层的技术手段来使整个像素区域实现光量的均匀。

3）配向技术

索尼公司的硅基液晶显示屏技术普遍采用垂直配向的方式，其中“垂直配向液晶材料”是指具有负的介电各向异性｛与液晶分子长轴平行的介电常数ε（//）和垂直的介电常数ε（⊥）之差Δε［＝ε（//）－ε（⊥）］为负｝的液晶材料，在施加电压为零时，液晶分子与基板面大致垂直地取向，提供常黑模式的显示。为了实现垂直配向，利用氧化硅的斜向蒸镀膜形成取向膜，初始预倾角通过改变斜向蒸镀时蒸镀颗粒向基板的入射角度来控制。

索尼公司在配向技术方面共申请了8项专利，主要通过设置多层膜结构，或者改进单层膜的添加材料来保持配向层的结构稳定，提高可靠性，从而实现均匀取向。相关重点专利的具体信息见表6－4－3。

表6-4-3　索尼公司硅基液晶显示屏配向技术相关专利

申请日	公开号	技术方案要点	技术效果	被引用次数
2003-09-02	JP2005077900A	多层膜结构：垂直取向+倾斜取向	抑制取向缺陷	43
2004-01-30	JP2005215419A	多层膜结构：非晶质透明导电膜+倾斜取向膜	控制无机取向层的颗粒柱状叠层的角度或密度	13
2004-09-13	CN1607440A	多层膜结构：第一倾斜蒸镀取向膜+第二倾斜蒸镀取向膜，且在沟槽区域对称形成	避免像素间凹槽结构而导致的未对准和不均匀取向	34
2005-06-14	JP2006349795A	单层膜结构：去除光反射电极表面上的自然氧化膜，然后形成取向膜	取向膜的柱状结构不会紊乱，不受自然氧化膜凹凸的影响，提高取向层的可靠性	1
2005-07-25	JP2007033588A	单层膜结构：混合无机材料形成取向膜	缓和内部应力，柱状结构整齐，可靠性高；防止水分浸入导致的劣化	3
2005-10-20	JP2006079118A	多层膜结构：垂直取向+倾斜取向	保持取向特性，抑制离子通过取向层的传导并实现长期可靠性	4
2006-07-05	CN1896817A	单层膜结构：配向膜包含吸湿元素	稳定取向	17

4）遮光层技术

为了得到明亮的显示图像，一般使用非常强的照射光。而在硅基液晶显示屏中反射电极不仅是反射板而且兼作像素电极，在反射电极间会形成有间隙的状态，因此会出现应被反射电极反射的光从该间隙入射而进入晶体管的不良情况。光向晶体管入射产生光载流子，由此产生不期望的信号，最终导致画质的降低。因此，为了避免强入射光对硅基板内部晶体管照射形成光生载流子和产生漏电流，影响驱动电路的性能，通常在电路走线层和金属反射层之间添加一层金属遮光层，实现对入射光的屏蔽目的。

索尼公司在遮光层技术方面共申请4项专利。最早申请的JP2000206519A公开了在像素电极和晶体管之间设置遮光层。在此基础上，由于晶体管的漏极需要连接到位于遮光层上方的像素电极，因此需要设置贯穿遮光层并与遮光层绝缘的导电连接部，JP2005049676A 公开了在狭缝周边部形成凹槽来防止导电连接部与遮光层短路。但是在防止两者短路的同时，又不可避免要设置间隔从而导致漏光，因此 JP2005077918A 公开了三层导电遮光层的结构，在间隔区域内设置一导电遮光层，其与晶体管、导电连接部连接，相当于作为导电连接部的一部分，同时屏蔽该间隔内侵入的入射光，而该导电遮光层又与其余两层遮光层不同层，且通过绝缘层实现了绝缘，因此同时优化了遮光和绝缘的效果。JP2006072069A 则改变了惯有思路，不再设计和形成专用的遮光层，只要统一地形成电介质部即可，因此不需要对一般反射型液晶显示装置的制造工艺进行大规模的变更，能够容易且低成本地制造，且提高设计的自由度。

总体来看，索尼公司在硅基液晶显示屏领域的专利布局较早，从申请的主题看，涉及面板的设计和制造多个方面，其中多数为早期专利，已经期满或接近保护期满。索尼公司在中国申请的专利近一半已经失效，这些专利可作为国内企业对硅基液晶显示屏进行研发的技术基础。

6.4.2 中国重点申请人

6.4.2.1 奇景光电

（1）企业基本情况

奇景光电成立于 2001 年，是一家专注于影像显示处理技术的公司，提供使用硅基液晶显示屏的微型投影解决方案，产品可用于虚拟现实装置以及其他消费性电子产品。奇景光电的全资子公司立景光电成立之初，专注于大尺寸硅基液晶显示屏的研发，逐年累积进而成为全球硅基液晶显示屏的领导厂商。近年逐渐由大尺寸硅基液晶显示屏转型研发微型硅基液晶显示屏技术，2012 年 4 月谷歌发布的 Google Glass、2015 年 1 月微软发布的 HoloLens 1 采用的就是奇景光电的硅基液晶显示屏。奇景光电是硅基液晶显示屏阵营的主要供货商之一，同时生产以白光光源为主的 Color Filter 硅基液晶显示屏和 RGB Sequential 光源的硅基液晶显示屏。从紧凑性来说，奇景光电的硅基液晶显示屏表现更为优异，能搭配高度整合的偏光组件及 LED 光源，使用极小封装体积创造出高亮度及低耗电的显示模块，从而适用于近眼显示设备。

（2）专利基本情况

奇景光电在硅基液晶显示屏方面共申请 128 项专利，其中，中国专利申请量总计 55 件。图 6-4-9 显示了奇景光电关于硅基液晶显示屏全球专利申请趋势。2004 年奇景光电在硅基液晶显示屏方面的申请量出现第一个波峰，这一时期，奇景光电与索尼公司、JVC 等企业相继推出基于硅基液晶显示屏的投影设备，从而引发了全世界范围内的关注。但不久之后硅基液晶显示屏阵营就陷入低谷，惠普、东芝、三星、飞利浦、英特尔相继退出硅基液晶显示屏产品的开发和生产，奇景光电的申请量在这之后也呈下降趋势。随着增强现实技术的发展，硅基液晶显示屏获得了新的发展机遇，2008 年前后，奇景光电的申请量又出现峰值。随着增强现实技术的不断发展，作为增强现实产品中的主要显示屏技术之一，硅基液晶显示屏的市场有所回暖，奇景光电的申请量也保持在一定水平。

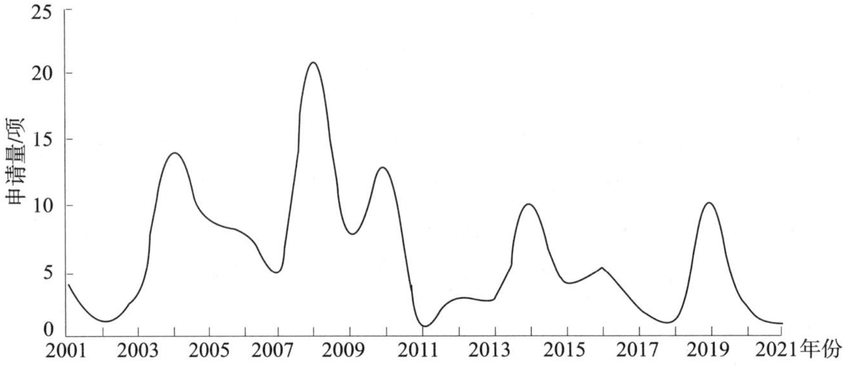

图6－4－9　奇景光电硅基液晶显示屏全球专利申请趋势

（3）专利技术构成

奇景光电在硅基液晶显示屏方面的全球专利申请共128项，其中涉及面板技术的有83项，外部电路的有29项，在近眼显示中前端光路的6项，后端光路的5项，终端应用的5项，可见奇景光电专利技术的重点是在硅基液晶显示屏面板和驱动电路。

进一步梳理奇景光电关于硅基液晶显示屏面板的专利申请，其中涉及封装技术的申请24项，反射电极相关的申请8项，用于空间分色的彩色滤光片（CF）的申请12项，内部电路的申请10项，遮光技术的申请4项，配向技术的申请11项，检测技术的申请5项，其他技术（包括散热、导热、光学补偿层等部件）的申请9项。图6－4－10显示了奇景光电硅基液晶显示屏专利技术构成情况。

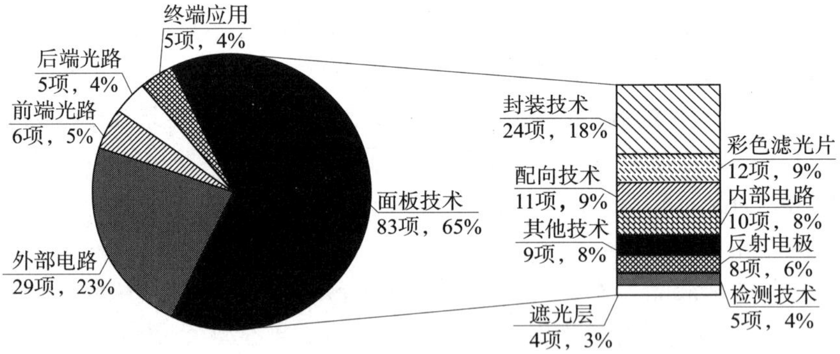

图6－4－10　奇景光电硅基液晶显示屏专利技术构成

可以看出，奇景光电的专利布局较广，对产业的上、中、下游的技术都有所涉及。对于申请量最大的硅基液晶显示屏面板技术，奇景光电的专利技术主要涉及反射电极技术、封装技术、配向技术、彩色滤光片等方面的改进，相关专利如表6－4－4所示。

表6-4-4 奇景光电硅基液晶显示屏面板技术相关专利

技术分支	申请数量/项	公开号
封装技术	24	TW（CN）200739171A、TW（CN）101071211A、TW（CN）I306530B、TW（CN）I289696B、TW（CN）200612167A、US20090195739A1、CN101493618B、CN1612006A、CN100535717C、CN102053432A、CN102147542A、CN1700062A、CN1758098A、TW（CN）201122647A、TW（CN）I329217B、US20150277167A1、US10831073B1、TW（CN）I291585B、TW（CN）201115235A、TW（CN）201541168A、CN105093605A、CN111198460A、US20200379286A1、US20210116731A1
彩色滤光片	12	TW（CN）200407611A、CN102736308B、CN102540556A、TW（CN）200619787A、CN101515098A、CN102540548A、TW（CN）200846721A、US20120075736A1、CN100582904C、TW（CN）200608108A、TW（CN）201207472A、CN108873446A
配向技术	11	CN103576390A、TW（CN）I289707B、TW（CN）I314664B、TW（CN）I486690B、CN102087441B、TW（CN）594185B、TW（CN）201616200A、CN105572950A、TW（CN）I289697B、CN106526979A、TW（CN）202109145A
内部电路	10	US20090267877A1、TW（CN）I300212B、CN101592832A、CN101539699A、CN101630491A、TW（CN）200945304A、TW（CN）201003194A、TW（CN）201003842A、CN101634784A、TW（CN）I420475B
反射电极	8	US20090015742A1、TW（CN）200617544A、CN104035226A、TW（CN）201500823A、TW（CN）201530217A、TW（CN）M368813U、TW（CN）200801643A、CN101539694A
检测技术	5	US20120062263A1、CN102411236B、TW（CN）541428B、CN101520581B、TW（CN）201409435A
遮光层	4	US20110018801A1、TW（CN）I318716B、TW（CN）201105127A、CN101997012A
其他技术	9	CN101625490A、TW（CN）201222102A、CN102486588A、US20210223612A1、TW（CN）M393697U、US20120120355A1、US20170052411A1、TW（CN）201710763A、US20160109737A1

（4）专利技术解析

奇景光电的专利布局重点在硅基液晶显示屏的制造。半导体CMOS制造工艺在半导体行业已有成熟的设计、仿真、制作及测试技术，因此本小节重点选择奇景光电有关硅基液晶显示屏面板中的封装技术、反射电极、配向技术、彩色滤光片相关专利进行解析。另外，在外部电路方面，奇景光电申请了29项专利，本小节也将对相关专利进行技术解析。

1）封装技术

奇景光电在硅基液晶显示屏面板的封装技术方面共申请24项专利，主要是通过设计封框胶的结构、位置来提高密封性，通过特殊的对准标记来实现精确对准，通过设计导电体的位置和结构实现与外部电路的良好电连接。表6－4－5列出了奇景光电在封装技术方面的重要专利。

表6－4－5　奇景光电关于封装技术的重要专利

申请日	公开号	技术方案要点	技术效果	被引用次数
2001－06－12	TW（CN）I289696B	面板封装：采用具有均匀压力的治具	实现均匀盒间距	42
2003－10－01	TW（CN）I306530B	面板封装：一框胶环绕于主动区域之外，一间隙支撑体设于框胶与主动区域之间	避免框胶污染液晶分子层	56
2004－05－20	CN1700062A	外部电路的封装：金属垫的设置	良好气密性	4
2004－10－10	CN1758098A	面板封装：封装胶体覆盖第一接点与第二接点，并包覆焊线	降低热应力的作用	4
2006－05－10	CN101071211A	外部电路封装：保护结构覆盖周边电路区的图案化电路	可防止图案化电路在裂片制程中受损	4
2009－04－09	US20090195739A1	面板封装：两基板的对准标记图形互补	精确对准	17
2009－10－27	CN102053432A	面板封装：配合倾斜蒸镀设置框胶	防污染	6
2010－02－08	CN102147542A	面板封装：胶框设置于配向层的凹槽	防污染	6
2014－03－28	US20150277167A1	面板封装：导电连接器包括导电粉末	良好的电连接	2

续表

申请日	公开号	技术方案要点	技术效果	被引用次数
2019-09-10	CN111198460A	面板封装：框胶和导电层均设置于第一基板的凹槽中	实现均匀盒间隙	0
2019-12-03	US10831073B1	面板封装：阻挡层邻近导电黏合剂设置，并且设置在电极层和晶片之间	防污染	2
2020-08-20	US20200379286A1	面板封装：导体设置在密封剂和显示面板的边缘之间，导电突起包括金属颗粒	减少导电复合材料的量，防止间隙不均匀	0
2020-12-24	US20210116731A1	面板封装：显示面板的密封剂在连续的图案中具有各种宽度	密封剂不易变形，间隙均匀，尺寸可更致密	0

2）反射电极

硅基液晶显示屏的像素电极通常为反射像素电极，由于像素电极可覆盖晶体管，因此具有较大开口率。但是当硅基液晶显示屏的像素密度增加时，像素尺寸减小，而相邻两像素电极之间的间距宽度具有下限，因此当像素尺寸较小且但相互间距宽度不能更小时，则像素的开口率降低，导致反射率降低。另外，由于像素之间的间距小，像素电极、晶体管电路会对相邻像素的电场产生影响，液晶分子产生不期望的倾斜，此现象称为边缘场效应，最终显示区域的反射率不均匀。因此，提高反射率和消除边缘场效应，也是硅基液晶显示屏面板中必然会面临和待解决的关键问题。

奇景光电在反射电极技术方面共申请8项专利，其中重要专利具体信息如表6-4-6所示。

表6-4-6　奇景光电反射电极技术重要专利

申请日	公开号	技术方案要点	技术效果	被引用次数
2004-11-23	TW（CN）200617544A	像素电极具有截角	减小边缘场效应	24
2008-09-25	US20090015742A1	增设控制电极，设置在相邻的像素电极之间	减小边缘场效应	43

续表

申请日	公开号	技术方案要点	技术效果	被引用次数
2014－03－12	TW（CN）201500823A	像素电极具有相对于显示区域的所有边而倾斜的斜边	减小边缘场效应	4
2006－09－07	TW（CN）200801643A	凹面镜的像素电极	提高反射率	0
2008－03－17	CN101539694A	增设折射率匹配层	提高反射率	7
2014－03－03	TW（CN）201530217A	双反射镜层的设计	提高反射率	3

由此可见，奇景光电针对提高反射率这一问题，主要通过增加功能层（反射层、折射率匹配层）或者设置凹面反射电极来提高反射率；针对反射率的均匀性问题（边缘场效应引起），主要通过改进电极边缘部分形状或者增设控制电极来使面板整体呈现均匀的反射率。

3）配向技术

奇景光电在配向技术方面共申请11项专利，其中重要专利相关信息如表6－4－7所示。

表6－4－7　奇景光电配向技术重要专利

申请日	公开号及发明名称	技术方案	附图	技术效果
2001－12－14	TW（CN）I289697B 反扭转向列式液晶面板	像素电极组由两像素电极所组成，以沟槽相隔；突起物设置于两像素电极组之间，下板配向膜系设置于像素电极组及突起物上	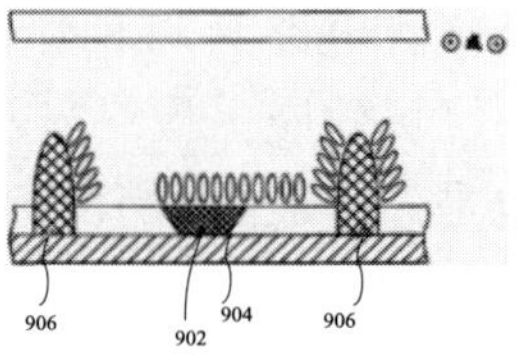	减小边缘场效应
2001－12－18	TW（CN）I289707B 具有斜面结构之液晶面板	像电极、反射层、由复数层薄膜所组成的薄膜层，其中，薄膜层中的薄膜系由黄光制程所形成，且薄膜层与下板配向膜形成斜面结构	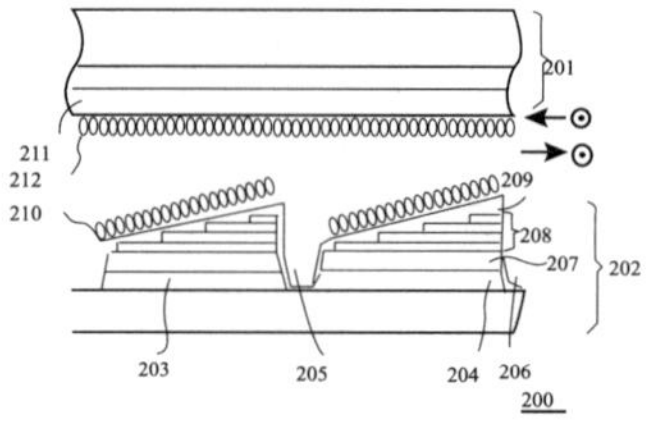	减小边缘场效应

续表

申请日	公开号及发明名称	技术方案	附图	技术效果
2004-11-10	TW（CN）I314664B 液晶配向结构及其制造方法	有机材料层之表面具有第一微沟槽结构。无机材料层形成于第一微沟槽结构上，且表面具有第二微沟槽结构	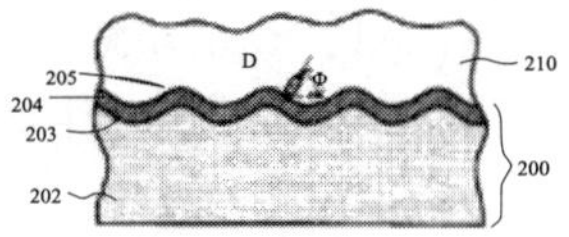	提高液晶配向结构的可靠性
2010-07-02	CN102087441B 反射式液晶面板	第一配向方向与第二配向方向具有夹角，且夹角实质上是落于68°和85°之间	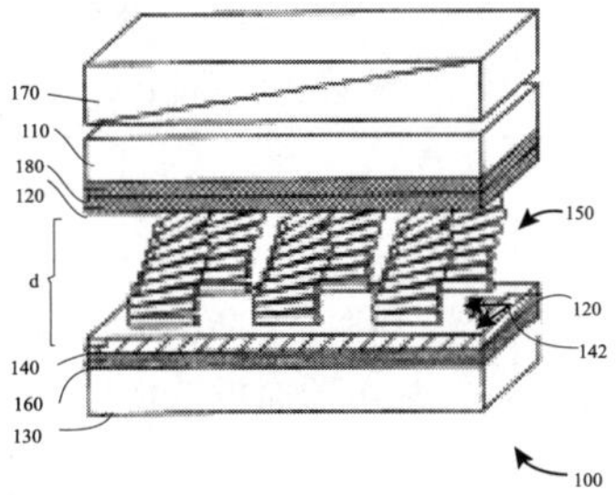	提高反射率
2012-07-11	TW（CN）I486690B 显示器	第一基板具有第一凹陷，位于显示区与第一框胶涂布区之间的区域，第一配向膜配置于第一基板与液晶层之间且填入第一凹陷	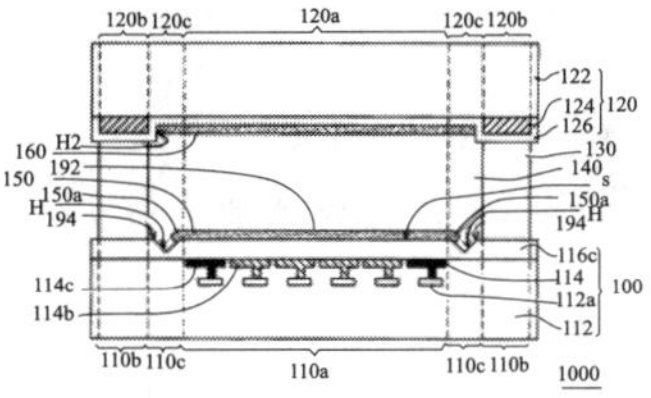	避免水氧侵蚀

可以看出，奇景光电通过在像素之间设置凸起，或者使像素在厚度方向上倾斜来使得整个像素区域配向均匀，消除边缘场效应；通过无机+有机材料形成微沟槽，提高配向结构的可靠性；通过调整上、下配向层的夹角，调整面板的反射率；在配向层的周边设置凹陷使其位于封框胶区域内来实现防水氧侵蚀。

4）彩色滤光片

空间混色法充分利用人眼有限分辨力这一特征实现对显示图像的视觉混色。空间混色法一般有两种实现方式：滤色膜法和三色光源法。滤色膜法通过将一个像素分为相邻的3个子像素并在每个子像素上覆盖红、绿、蓝三基色滤色膜，由于人眼的分辨率有限，无法区分3个子像素的发光界限，因此产生了视觉混色效果。这种方法的缺点是子像素的错位问题可能引起显示分辨率的降低。奇景光电关于在硅基液晶显示屏中设置彩色滤光片的专利申请总计12项，相关重要专利申请如表6-4-8所示。

表6-4-8 奇景光电关于彩色滤光片的重要专利申请

申请日	公开号及发明名称	技术方案	技术效果	被引用次数
2003-11-05	TW（CN）200407611A 彩色液晶显示元件及其制造方法	彩色像素设置于下基板且被多个沟槽相互隔离，每一彩色像素包括一位于下基板之像素电极及位于像素电极上之一彩色滤镜，光吸收层设置于沟槽中	减小边缘场效应	23
2004-12-03	TW（CN）200619787A 液晶显示面板	彩色滤光膜具有高介电常数	产生足够的电压差，提高对比度	10
2007-05-22	TW（CN）200846721A 显示器面板结构	复数个遮蔽层，分别包围对应之彩色滤光片，其中每一该遮蔽层借由一导线连接对应之像素电极	减少彩色滤光片上直流电荷，获得正常电压差	7
2010-09-28	US20120075736A1 滤光器及其制造方法	在基板的第一区域和第二区域的第一部分上形成第一过滤层，在第二区域和第一区域的第二部分和第二区域的第三部分上形成第三滤光层	改进彩色滤光片的形成步骤和工艺，降低成本	5
2011-10-09	CN102540556A 硅基液晶显示装置的彩色滤光物及其制作方法	第一色彩点、该第二色彩点与该第三色彩点分别包括至少一开口	提高穿透率	11
2012-03-30	CN102736308B 显示装置及其制造方法	设置彩色滤光层和像素电极的形状，任何一个色区域部分重叠于二个相邻接的子像素电极	减小边缘场效应	19

从上述专利可以看出，对于单片式空间分色的硅基液晶显示屏显示面板，首先，彩色滤光片都设置在硅基半导体基板一侧，这解决了硅基液晶显示屏本身尺寸较小，在制作过程中难以对准，子像素的错位问题引起显示分辨率的降低的技术问题；更进

一步地，对彩色滤光片的细节的改进，从多个角度提高了显示质量。例如，为了减小边缘场效应，TW（CN）200407611A 采用在彩色滤光片之间设置吸光层的手段，CN102736308B 则通过使彩色滤光片与相邻的像素相重叠来解决。TW（CN）200619787A 选用高介电常数的材料制作彩色滤光片，TW（CN）200846721A 则通过使彩色滤光片周围的屏蔽层与电极点连接，从而减少直流电荷来提高对比度。

5）外部电路

硅基液晶显示屏的显示驱动方式有模拟驱动法和数字驱动法。模拟驱动法是利用 DRAM 结构来实现像素的不同灰阶显示。输入显示信号经过数模转换器（DAC）转换为模拟电压信号，模拟电压信号与公共电极信号电压差为像素两端电压。通过控制电压差便可实现对像素电压的调制，进而实现灰阶显示控制。

数字驱动法一般可以利用 SRAM 结构来实现像素的不同灰阶显示，即对不同灰阶的控制是通过对像素开关的导通时间进行调制来实现的，即脉宽调制型（PWM）控制方法。数字驱动的像素抛开了对存储电容的需求，对减小显示芯片面积十分有利。但要求对硅基液晶显示屏配套非常复杂且高速的控制接口，设计复杂度和技术成本提高，而且可能会存在液晶的延迟响应和边缘场效应等因素，导致图像显示的灰阶线性度和整屏一致性不够理想等问题。

奇景光电关于硅基液晶显示屏外部电路的重要专利申请如表 6－4－9 所示。

表 6－4－9　奇景光电硅基液晶显示屏外部电路的重要专利

申请日	公开号及发明名称	技术方案	技术效果	被引用次数
2005－04－13	TW（CN）200615896A 微型显示器的黑框装置及其驱动方法	将黑框分割为数个组成部分，每一组成部分的电极极性与相邻像素的电极极性、闸极驱动器的扫描方向相符合，使得每一组成部分的极性反转与相邻像素的极性反转维持一致	减小边缘场效应	2
2005－04－26	CN1819002A 单晶硅液晶显示面板的驱动系统与方法	连续驱动控制模组、多工器处理 RGB 数据；共用电位转换器转换 RGB 数据的电位，模数转换器得到对应的数据电压；共用单一增益缓冲器则跟随转换后的 RGB 数据电压	使载入数据间的耦合效应减至最低、避免时钟馈通效应	42

续表

申请日	公开号及发明名称	技术方案	技术效果	被引用次数
2006-06-07	TW（CN）200803458A 头戴型显示器之影像调整装置及方法	一种头戴型显示器之影像调整装置包含第一及第二影像装置，结合于控制单元；控制单元选择性设定像素中部分为显示像素，其余部分为非显示像素，借以决定显示区域位置	简化结构、降低头制造成本	46
2008-04-11	CN101295080A 硅基液晶显示器及其封装	一种 LCoS 的显示器，包括第一印刷电路板、接口模块、第一硅芯片，以及扁平电缆；处理区包含处理单元。金属层电连接显示区与处理区；扁平电缆是用来电连接接口模块与处理单元	降低成本并改进系统集成性、晶元容纳更多芯片	34
2009-09-11	US20100066767A1 LCoS 集成电路及使用其的电子设备	LCoS 集成电路包括嵌入在 LCoS 集成电路中的温度传感器，用于感测温度并根据该温度输出温度感测信号。处理器根据温度感测信号输出冷却器控制信号	散热控温	17
2017-08-04	CN107886909B 伽马校正方法及相关电子装置	一种伽马校正方法包含：设定一组原色以满足一第一伽马位准；接收一像素值；调整像素值，调整后像素值根据一查找表以使得一白色部分满足一第二伽马位准	减小边缘场效应	7
2019-05-16	US10777153B1 硅基液晶显示器的像素电压的计算方法	一像素的多个灰阶值被转换至多个颜色值，计算电路根据颜色值取得反射率拟合函数的至少一个参数，根据对应的灰阶值执行伽马校正以取得反射率，并根据上述参数与反射率计算出像素电压	减小边缘场效应	0

续表

申请日	公开号及发明名称	技术方案	技术效果	被引用次数
2019-08-14	US20210048701A1 液晶显示装置	介电层具有与焊盘重叠的第一开口。填充图案设置在第一开口内且具有通孔，通孔与焊盘重叠。第一导体设置在第一开口中，经由通孔电连接到第一焊盘	改善条纹缺陷	0

总体来看，对于减小硅基液晶显示屏的边缘场效应这一技术问题，从奇景光电的专利申请来看，可通过对彩色滤光片［如TW（CN）200407611A、TW（CN）201207472A、CN102540548A、CN102736308B］、反射电极［如TW（CN）200617544A、TW（CN）M368813U、TW（CN）201500823A］、配向技术［如TW（CN）I289697B、TW（CN）I289707B］、外部电路［如TW（CN）200615896A、CN107886909B、US10777153B1］等四个方面进行改进来解决。

索尼公司的硅基液晶显示屏面板主要是针对投影应运而生的，形式是采用三片式的空间混色结构，因此索尼公司关于硅基液晶显示屏面板的专利申请中并没有布局彩色滤光片的专利申请。而奇景光电作为硅基液晶显示屏阵营主要的供货商之一，同时生产以白光光源为主的Color Filter硅基液晶显示屏和RGB Sequential光源的硅基液晶显示屏，其中单片式Color Filter硅基液晶显示屏为其独创，拥有成熟的量产技术，是主要产品之一，因此奇景光电在这方面有一定的技术优势。

奇景光电的硅基液晶显示屏，将源极驱动驱动器和栅极驱动器、时序控制芯片都整合于硅基半导体基板，整个电路系统变得更简单，使整个光学引擎的体积减小，适用于近眼显示设备。

从专利申请情况来看，奇景光电的研究覆盖范围较广，研发和专利布局重点在硅基液晶显示屏显示器件本身。

6.4.2.2 豪威科技

（1）企业基本情况

豪威科技是全球排名前列的中国半导体设计公司。集团总部位于上海，研发中心与业务网络遍布全球，年出货量超过123亿颗。

2016年，由中信资本、北京清芯华创投资管理有限公司和金石投资有限公司组成的财团，以19亿美元的价格收购了美国豪威，使其成为北京豪威全资子公司Seagull International的子公司。2017年，豪威科技建立全球第一条12英寸硅基液晶显示屏投影显示芯片生产线，实现了小批量生产。2018年8月，豪威科技与奇跃公司合作的首款增强现实头显Magic Leap One正式发售，使用了豪威科技的OP02222场序制彩硅基液晶显示屏组件。2018年10月31日，豪威科技宣布推出行业首款具集成驱动和存储功能的1080P硅基液晶显示屏——OP02220，像素分辨率为1920×1080，采用4.5μm像素架构技术，显示器对角线长度可达0.39英寸。该微显示器适用于可穿戴的增强现实应用，也可用于通用投影和微型投影仪市场。2019年，珑璟光电与豪威科技正式宣布建立战略合作关系，就使用硅基液晶显示屏技术落实增强现实眼镜的设计和开发开展深度合作。2019年8月28日，韦尔斥资近160亿元人民币完成对北京豪威85.53%股权的收购。

（2）企业专利情况

统计表明，豪威科技在硅基液晶显示屏方面的全球专利申请量总计61项，其中中国专利申请54件。

1）申请趋势

图6-4-11显示了豪威科技硅基液晶显示屏全球专利申请趋势。豪威科技于2012年开始布局硅基液晶显示屏相关专利，2016年被中国公司收购后，研发力度加大，申请量出现峰值；之后虽然一直持续布局相关专利，但年申请量并不高。另外，韦尔的财报显示，2021年，韦尔盈利能力同比增长率大幅放缓，2022年前三季度财报扣非净利润为负增长，因此，豪威科技在硅基液晶显示屏方面的发展可能还需要更多市场力量、资金力量的带动。

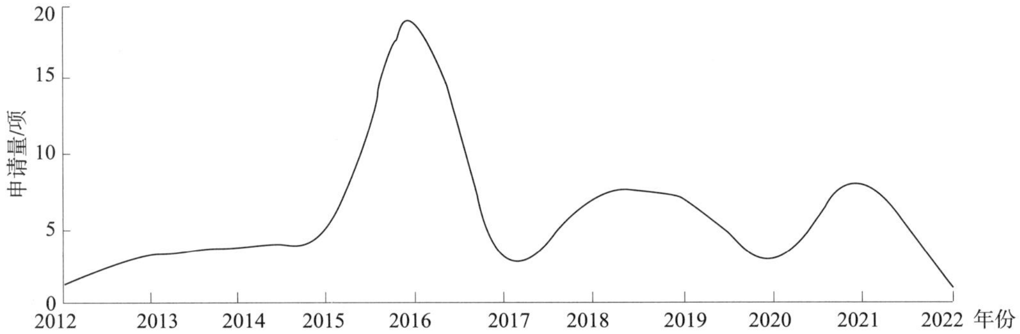

图6-4-11　豪威科技硅基液晶显示屏全球专利申请趋势

2）技术构成

豪威科技延续了美国豪威的经营模式，主要采用无晶圆厂轻资产模式，将晶圆生产、加色及芯片封装等业务外包给其他合作方，其本身仅从事设计和测试业务。因此，豪威科技专利技术主要集中在硅基液晶显示屏面板的设计方面。豪威科技的61项专利申请中，涉及面板技术的有49项，涉及外部电路的有4项，涉及前端光路的有3项，后端光路的有1项，终端应用的有4项。涉及面板技术的49项中，有17项涉及封装技术（包括贴合、填充、封装等），有15项涉及反射面相关技术，4项涉及检测技术，3项涉及配向技术，10项涉及其他技术。图6-4-12显示了豪威科技硅基液晶显示屏各技术分支的专利分布情况，可以看出，面板的封装、反射面相关技术是其研究的重点。

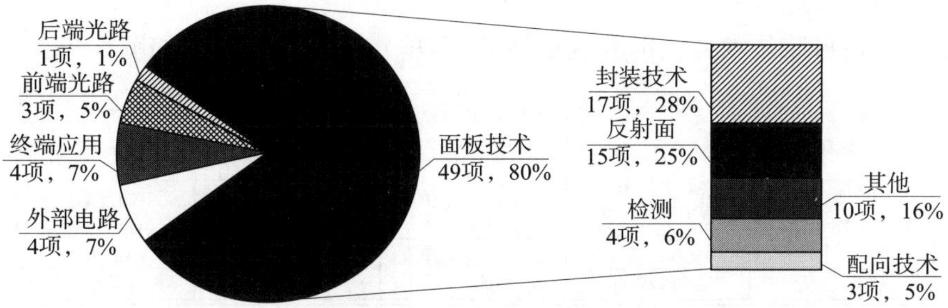

图6-4-12 豪威科技硅基液晶显示屏专利技术分布

3）专利申请法律状态

豪威科技在硅基液晶显示屏方面的中国申请专利共计54件。图6-4-13显示了豪威科技的中国专利申请法律状态，有效专利27件，占比50%；失效专利申请13件，占比24%，其中12件被驳回，1件主动撤回；在审专利申请14件，占比26%，其中13件正在进行实质审查，1件处于公开状态。

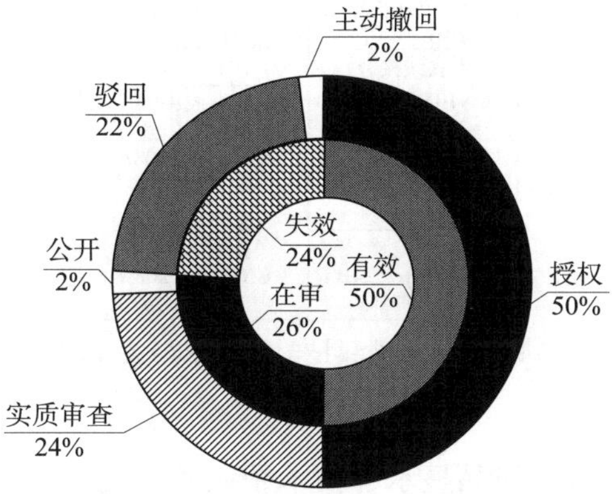

图6-4-13 豪威科技硅基液晶显示屏相关中国专利申请法律状态

豪威科技在硅基液晶显示屏方面的美国申请专利共计7件，其中，有效专利5件，审查中专利申请2件。

（3）重点专利解析

豪威科技有关硅基液晶显示屏的61项专利申请中，涉及面板技术的专利申请有49件，可见其研发重点在于面板技术。下面主要针对面板技术中的封装技术、反射面相关技术、检测技术等进行分析。

1）封装技术

硅基液晶显示屏芯片的制程分为单颗制程和晶圆级制程：单颗制程对电路和版图的要求低，但成本较高，生产效率较低；晶圆级制程能够提高生产效率，但对电路和版图的要求很高，良率较低。虽然硅基液晶显示屏在2000年左右已经开始产业化，国内也有很多不同规模的硅基液晶显示屏公司，但仍然很难买到硅基液晶显示屏产品，其组装工艺存在的诸多问题可能是导致该现象的原因之一。豪威科技作为硅基液晶显示屏芯片整体方案的解决商，在封装技术方面的专利涉及密封、注入、单片化工艺、电连接等方面的改进方案。

豪威科技在封装技术方面的专利申请共17项，具体技术分布如图6-4-14所示。

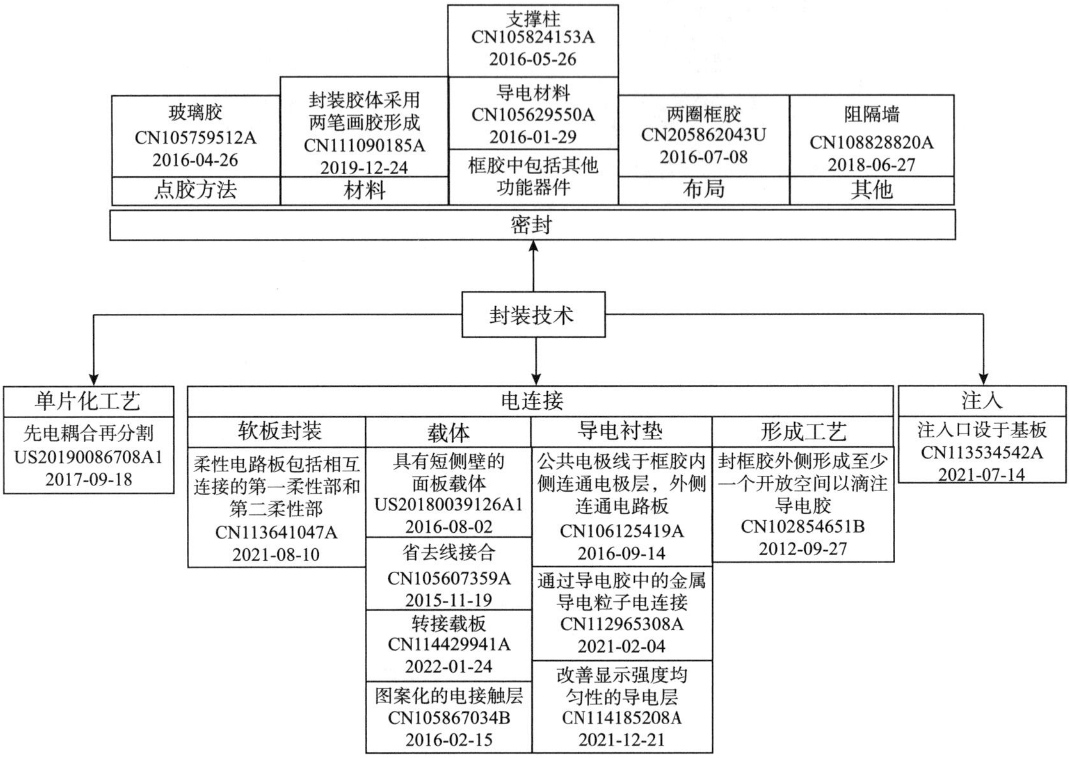

图6-4-14　豪威科技封装技术相关专利申请

2）反射面相关技术

反射面相关技术属于硅基液晶显示屏技术领域的研究热点，豪威科技有关反射面电极相关技术的专利申请共15项，涉及对制作步骤的调整、金属层本身的改进、金属层形成后的工艺改进、与其他光学元件配合等，相关专利技术分布如图6-4-15所示。

3）检测技术

对于硅基液晶产品的检测，传统的测试设备在调整位置时无法直接观测转接板与影像测试板是否有效对准，且不足以应付不同尺寸类型的硅基液晶显示屏产品。针对上述问题，豪威科技提出了两种技术方案，并就这两种技术方案提交了4件申请。其中，CN107688249A、TW（CN）I575280B提供了一种包含智能接触判断装置的液晶面板测试平台，通过设置至少一个LED，以利于判断转接板与影像测试板是否对准，从而能够实现准确对准。CN107688248A、TW（CN）201741640A提供了一种包含伸缩转接器的硅基液晶测试平台，伸缩转接器的长度可以增加或减少，从而不必费时更换转接器，解决了应付不同尺寸类型的硅基液晶显示屏产品的问题。

6.4.2.3　中芯国际

（1）企业基本情况

中芯国际成立于2000年4月，是一家集成电路芯片代工和制造企业，总部位于上

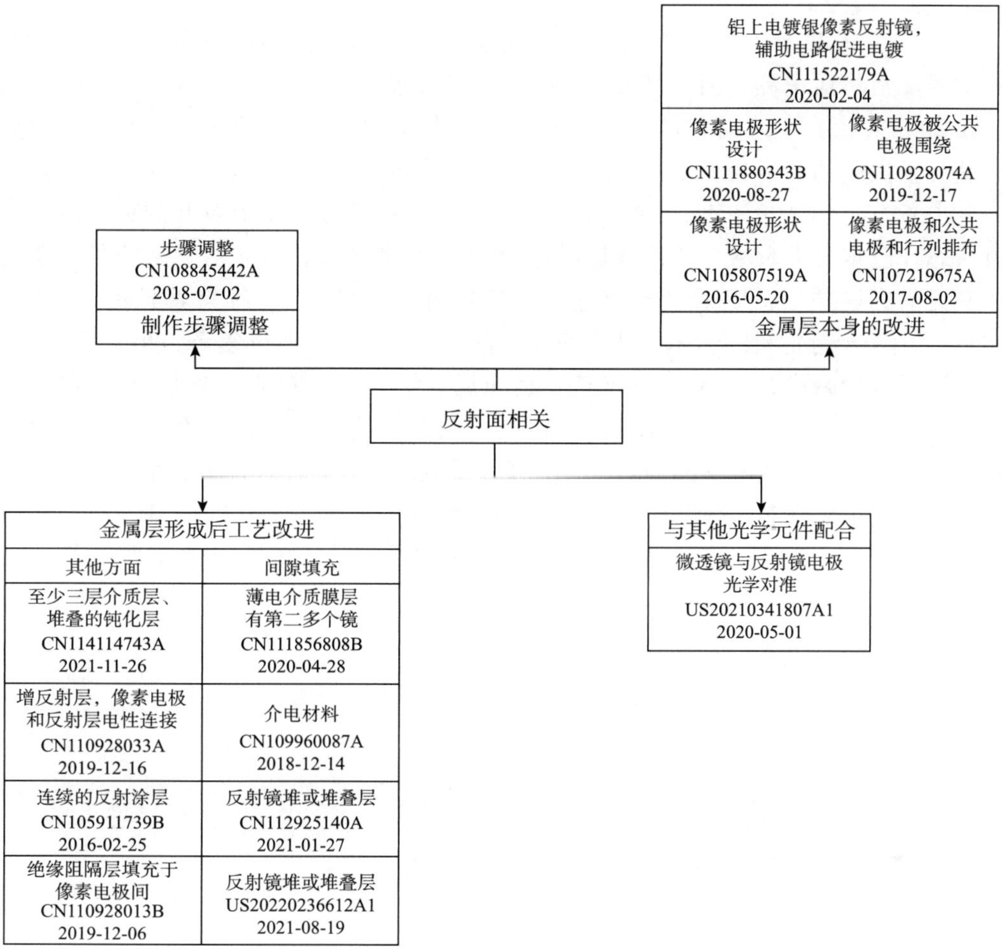

图 6-4-15　豪威科技反射面技术相关专利申请

海市浦东新区。中芯国际向全球客户提供 0.35μm 到 45/40nm 芯片代工与技术服务。除了高端的制造能力之外，中芯国际还为客户提供全方位的晶圆代工解决方案，以一站式服务满足客户的不同需求。

2003 年底，中芯国际和 Brillian 公司宣布针对 Brillian 公司的 HDTV 产品硅底板事宜签订了供应协议。中芯国际底板工艺结合 Brillian 公司的 Gen Ⅱ硅基液晶显示屏模块构造工艺，使硅基液晶显示屏 HDTV 产品的性能和质量都有了新的突破——达到 2500∶1 的图像对比度。

2006 年，Aurora 宣布其数字硅基液晶面板芯片已在中芯国际成功量产。由 Aurora Systems 设计的数字硅基液晶平板芯片包含 1080P 像素（1920×1080）和 720P 像素（1280×720），中芯国际具有高性能、低缺陷硅基液晶平板和系统光学的技术能力。

（2）企业专利情况

统计表明，中芯国际在硅基液晶显示屏方面的全球专利申请量总计 31 项，其中中国专利申请 29 件。

1）申请趋势

图6－4－16显示了中芯国际硅基液晶显示屏全球专利历年申请量。中芯国际本身业务主要涉及集成电路芯片，因此，在2003年以前，并无硅基液晶显示屏的专利申请。在2003年底，中芯国际和Brillian公司宣布针对Brillian公司的HDTV产品硅底板事宜签订了供应协议；随后，中芯国际开始提交硅基液晶显示屏相关的专利申请，2003～2005年，申请量不大；2006年，中芯国际宣布其分辨率1080P的硅基液晶显示屏背板芯片已正式进入量产，并批量供应全球主要的硅基液晶显示屏系统集成制造商IDM和无晶圆客户后，申请量迅速增长，2006年与2007年均维持着较高的申请量。2008年，由于金融危机的影响，申请量回落；2009年，申请量复苏，但在2010年以后，申请量开始减少，2014年完成其专利布局。结合申请趋势、企业动态可以看出，中芯国际本身在硅底板工艺方面具有一定的相对成熟的技术基础，而硅基液晶显示屏芯片需要将硅底板工艺与液晶面板工艺结合，并且硅基液晶显示屏芯片对显示效果有较高的要求，因此中芯国际在制造硅基液晶显示屏的过程中，针对硅基液晶显示屏芯片会遇到新的技术问题，在其生产过程中也不断地针对技术特有的问题进行研发和改进。

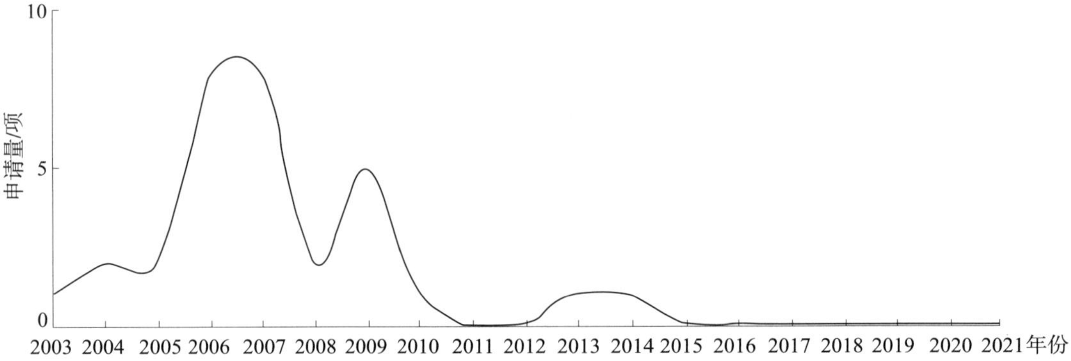

图6－4－16　中芯国际硅基液晶显示屏全球专利申请趋势

2）技术构成

中芯国际在硅基液晶显示屏方面的专利申请主要集中在面板技术，其中，有23项涉及反射电极相关技术，5项涉及内部电路，2项涉及检测技术，其他申请1项。图6－4－17显示了中芯国际硅基液晶显示屏各技术分支的专利分布情况，可以看出，反射电极相关技术是其研究的重点。

3）中国专利申请法律状态

在中芯国际的31项专利申请中，中国专利申请29件，其中有效专利16件（占比55%），9件专利未缴年费专利权终止，4件被驳回。

（3）重点专利解析

中芯国际涉及硅基液晶显示屏面板技术的31项专利，主要包括反射电极相关技术、检测技术、内部电路。下面对相关专利进行解析。

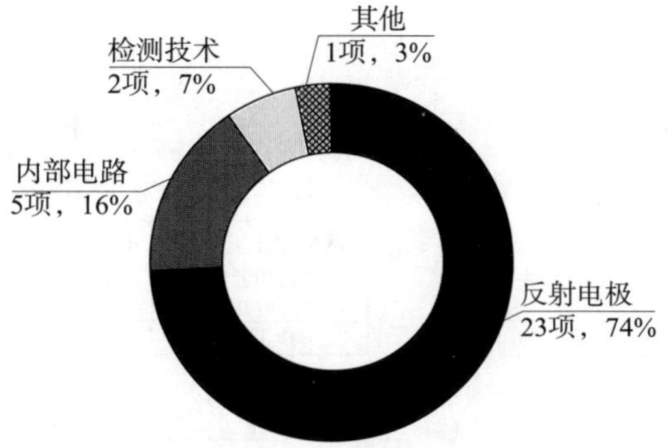

图6-4-17 中芯国际硅基液晶显示屏相关专利技术分布

1）反射电极相关技术

金属层被用作反射电极，反射电极的质量高低对显示效果会产生直接影响，反射电极的反射率、尺寸均一性、对光串扰的影响在研发中备受关注。为了获得高反射率，通常需要化学机械平坦化（CMP）被用来实现平滑的结构。然而，CMP工艺会产生许多问题，例如金属表面的凹陷、微划痕和氧化等。这些问题会影响硅基液晶显示屏镜面的反射率，进而对器件的性能产生影响。

中芯国际针对CMP工艺的问题提出了23项专利，包括针对CMP工艺本身的改进、反射电极的金属层形成前的工艺改进、金属层本身的形成方法和材料的改进、金属层形成后的工艺改进、舍弃CMP工艺等。可见，中芯国际针对反射电极形成工艺的整个流程投入了较多的研发力量，针对流程的前段、中段、后段以及替代方案均进行了专利布局，针对光串扰也提出了反射镜形状的设计改进方案。图6-4-18显示了中芯国际围绕反射面形成工艺的专利技术布局。

2）检测技术

现有技术在硅基液晶显示屏像素单元驱动电路的结构设计中加入一个像素驱动电极数据读取晶体管，不符合器件小型化发展趋势的要求；另外，现有检测方法只能对CMOS基板上50%的电路部分进行检测。为解决上述问题，中芯国际在CN100483188C中提出在CMOS基板内部对应每一像素单元增加一个MOS晶体管以输出测试信号，并通过在工艺制造过程中在晶片表面覆盖一层辅助金属层，再对该金属层与表面的反射电极间形成的电容进行充、放电测试，实现了对CMOS基板整体结构的检测，提高了生产效率，降低了生产成本。在CN101106105A中提出晶圆级检测方法，包括：首先，形成一层辅助金属层；其次，形成像素辅助电容；再次，获得检测数据并分析检测数据，检测出硅基液晶显示屏基板缺陷；最后，移除所述辅助金属层，既可检测出硅基液晶显示屏基板缺陷，又不改变基板结构。

3）内部电路

随着对显示器高解析度的不断要求，每个像素面积也逐步缩小，受面积限制，难以同时获得高性能像素开关电路和较大的电容保持电位；为了获得更佳的反射性，铝顶部金属变得甚至更薄，但是也使得将顶部金属用作焊盘变得更不可行，所以通常需

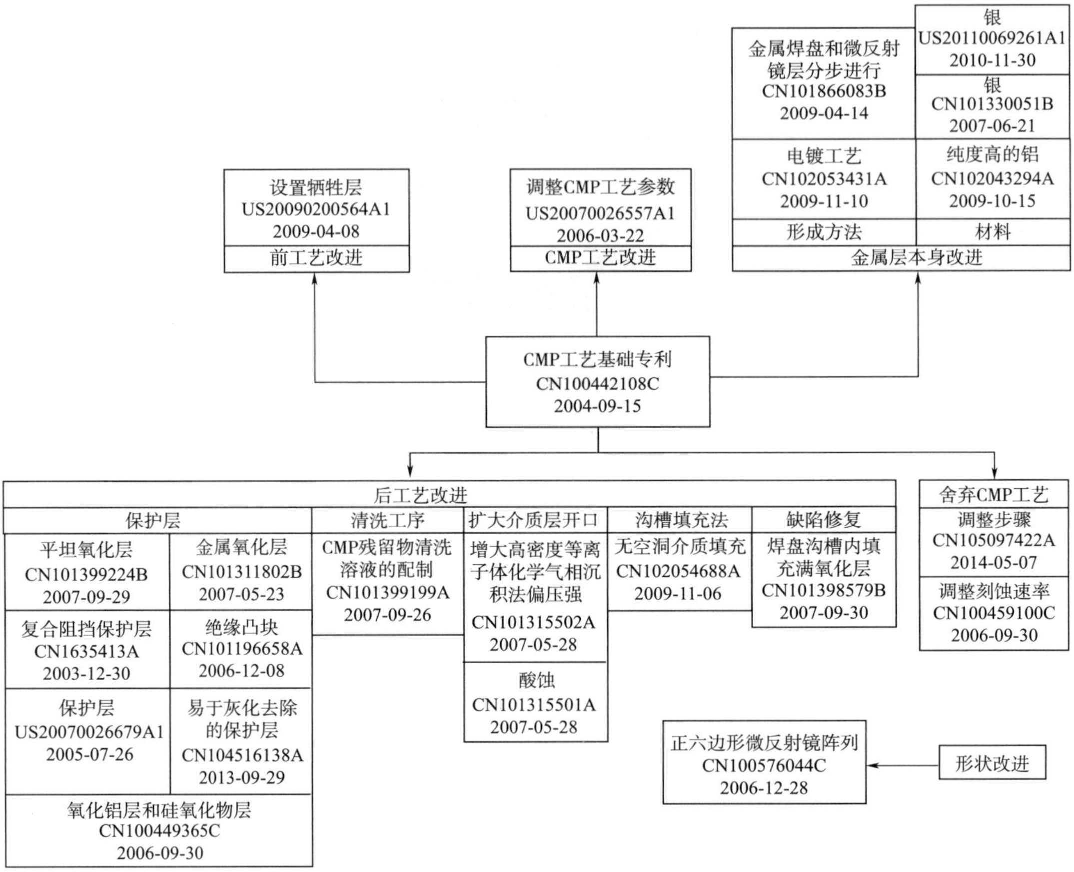

图6-4-18　中芯国际硅基液晶显示屏反射电极工艺专利布局

要额外的钝化蚀刻，将焊盘开放下至较厚的后续金属层来进行芯片焊接，与传统工艺无法兼容。为了提高像素面积利用率，并使硅基液晶显示屏的制作工艺与传统工艺技术相兼容，中芯国际提出了多件改进电容器结构及制作工艺的相关申请。

CN100517038C 通过把位于像素开关电路层上的光屏蔽层接地，形成了由微反射镜层－绝缘层－光屏蔽层所构成的金属－绝缘层－金属（MIM）第二电容器，所述第二电容器和像素开关电路层的第一电容器相并联共同作为像素开关电路层的电容。US20110237009A1 提出，将遮光层接地，形成由微镜层、绝缘层和遮光层组成的 MIM 电容器。像素开关电路层上形成屏蔽层。因此，像素开关电路和电容器是垂直分布的，即开关电路和电容器都具有一个像素大小的允许设计面积。

CN101620347A 提出了一种器件，通过提高全面利用有限的层堆叠的效率，同时提高甚至最大化硅基液晶显示屏背板驱动器芯片的性能，从而进一步提高性价比。该器件与传统工艺技术相兼容而无须对传统的设备和工艺进行大量修改。

CN102221761B 提出了存储电容器上极板同作为反射电极使用，有效简化器件结构，降低工艺复杂度。

CN101398578A在绝缘层上形成导电保护层，在后续光刻与刻蚀工艺中保护绝缘层，不受等离子体损伤，从而减小电容器漏电，提高电容器可靠性。

6.4.2.4 南开大学 - 深圳市长江力伟 - 上海慧新辰

（1）申请人基本情况

深圳市长江力伟股份有限公司（以下简称“长江力伟”）成立于2011年5月，专业从事硅基液晶显示屏核心技术的研发、硅基液晶显示屏生产及应用方案开发和产业化。长江力伟在成立初期，是国内唯一一家掌握硅基液晶显示屏芯片设计和封装核心技术的企业。公司在深圳投资建设了国内第一条硅基液晶显示屏芯片及封装生产线，填补了国内在该技术领域的空白。在虚拟现实产品应用方面，该公司也掌握了较为领先的硅基液晶显示屏核心技术以及硅基液晶显示屏系统芯片设计的关键技术和流片资源，具有从芯片设计、流片、液晶封装成型到系统接口电路配置的产业链雏形。

长江力伟由深圳市力伟数码技术有限公司（以下简称“力伟数码”）和武汉长江通信产业集团（以下简称“长江通信”）共同发起成立，长江力伟和深圳市力伟翔科技有限公司（以下简称“力伟翔”）之间存在投资和技术合作关系，力伟数码和天津力伟创科技有限公司（以下简称“力伟创”）之间存在投资和技术合作关系（图6-4-19）。根据专利申请的统计数据，长江力伟、力伟数码、力伟翔、力伟创这四家企业在硅基液晶显示屏领域的研发团队人员高度重叠，主要形成了以南开大学的代永平教授为首的创新团队。

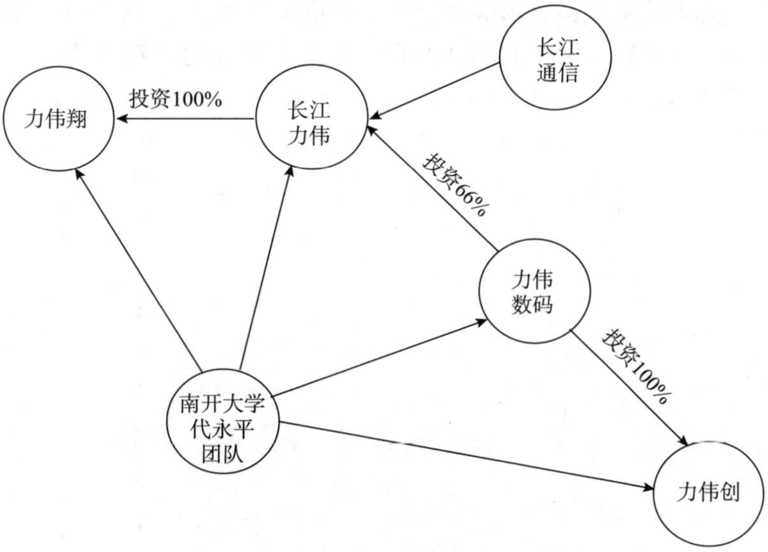

图6-4-19 长江力伟系的产学研模式

但令人惋惜的是，长江力伟作为国内在硅基液晶显示屏的先驱者，最终还是因市场需求不济于2017年申请破产。其他三家企业也陆续在2018年、2019年被注销。由此也折射出国内硅基液晶显示屏行业的发展道路充满了波折和艰辛。

从专利数据来看，长江力伟、力伟数码、力伟翔、力伟创、南开大学代永平教授团队的专利申请，发明人团队高度重叠，因此，本小节的专利分析不仅仅局限于长江力伟提出的专利申请，同时也包括与其有密切的商业和技术合作或者发明人团队高度重叠的企业和高校申请，在此将其统称为“长江力伟系”。

2018年，上海慧新辰实业有限公司（以下简称“慧新辰”）以300万元的价格将长江力伟生产线纳入麾下，继续进行硅基液晶显示屏芯片的研发。2019年慧新辰推出QHD硅基液晶显示屏光阀产品之后，12月4日，再次推出自主研发的中国首颗0.26英寸720P硅基液晶显示屏芯片。2020年，慧新辰称其自主研发的硅基液晶显示屏芯片即将进入量产。

科研团队方面，以南开大学代永平教授为代表的团队是长江力伟系的重要发明人，南开大学在硅基液晶显示屏芯片、模块、控制电路等方面的研究为国内最早，可以追溯到1998年。南开大学信息学院的科研团队成功研制出了国内首枚硅基液晶显示屏微显示芯片。代永平教授早在南开大学攻读博士期间，就参与了多个与硅基液晶显示屏相关的课题研究，发表了与硅基液晶显示屏芯片设计相关的多篇学术论文。2003年的博士学位论文是《LCoS（硅基液晶）显示器设计》，该设计在首钢日电（SG-NEC）成功流片。从2003年至今，代永平教授一直任职于南开大学电子信息与光学工程学院，硅基液晶显示屏显示是其主要研究方向。

（2）专利基本情况

本小节分析的长江力伟的专利技术，包括长江力伟系和慧新辰的专利。

1）专利申请趋势

长江力伟系关于硅基液晶显示屏的全球专利申请共48项，图6-4-20显示了其专利申请发展趋势。从专利申请量的趋势上看，长江力伟系的专利申请始于2003年，到2013年，申请量出现峰值，与2012年Google Glass的问世给硅基液晶显示屏研发带来的积极影响有关。2016～2019年，长江力伟因为经营状况等原因，专利申请中断。2020年及之后的申请，都是南开大学代永平团队在继续硅基液晶显示屏研究，并提交4项专利申请。

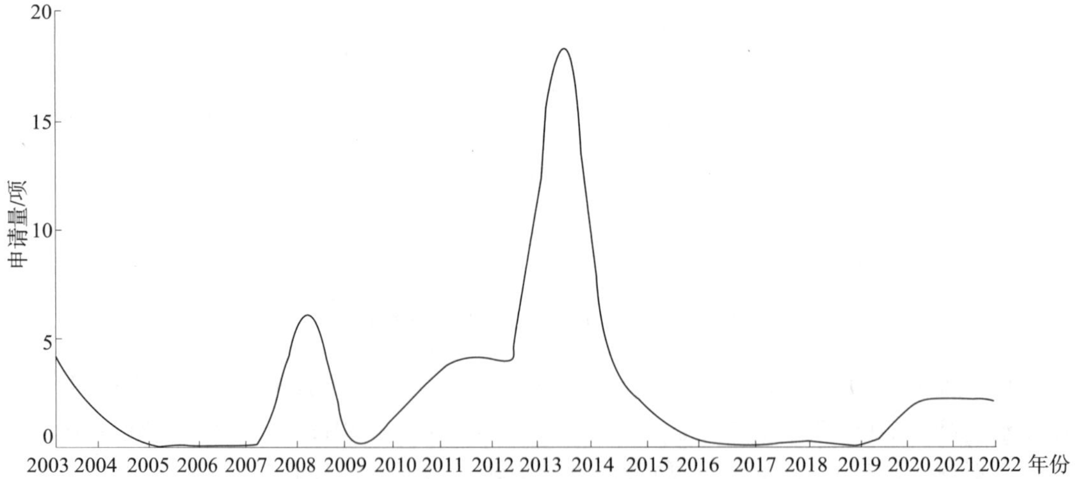

图6-4-20 长江力伟系硅基液晶显示屏相关全球专利申请趋势

以慧新辰作为申请人提交的硅基液晶显示屏的专利申请共9项，均在2019年提交，说明慧新辰将继续保持对硅基液晶显示屏的研发。

2）专利法律状态

长江力伟系在硅基液晶显示屏方面的中国专利申请共48件。其中，9件（包括发明和实用新型）处于有效状态，仅占其总申请量的19%；39件都处于失效状态，占其总申请量的81%（参见图6-4-21）。慧新辰的6件实用新型专利申请均为有效状态，3件发明申请处于在审状态。

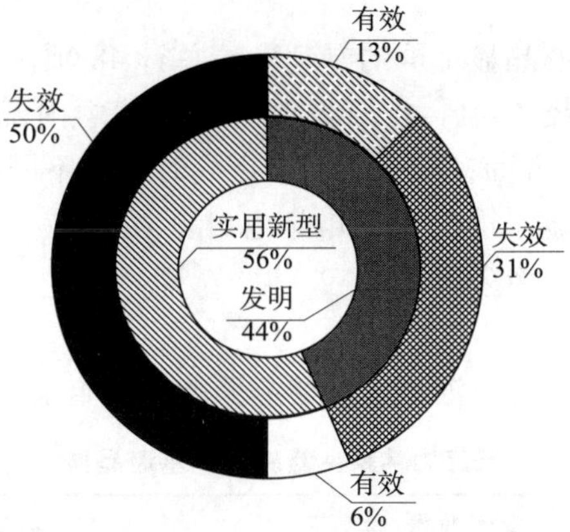

图6-4-21 长江力伟系硅基液晶显示屏中国专利申请法律状态

在39件失效专利申请中，实用新型专利申请24件，发明专利申请15件。进一步查看失效的发明专利申请，仅2件因被驳回而失效，其余13件发明专利申请，有些在审查员已经发出授权通知书后，因申请人2015年陷入了经济纠纷而进入了财产保全程序，在该过程中未能及时办理登记手续而被视为放弃取得专利权，最终失效，如CN103236246A、CN103235449A、CN103345913A、CN103606362A这4件专利申请；有9件申请是因为未缴年费导致专利权终止的，追踪查看未缴年费的原因，同样存在因为2015年的经济纠纷而未按时缴纳费用的，还有因为代理机构的原因未按时缴费的。申请人在后期又针对多件专利申请提交了请求恢复权利的申请，但终因超过恢复期限的原因而未能恢复。可见，其中多件失效申请都不是因为没有技术价值或授权前景才失效的。尤其像CN101908327A（同族为WO2012006810A1、US2012050245A1）、CN101916553A（同族为WO2012006797A1、US2013100180A1）这2件申请，在国际检索报告中对新颖性和创造性均给出肯定意见，美国同族的审查过程中也仅指出了形式缺陷。CN101908327A的审查员发出第一次审查意见通知书后，代理人没有及时答复导致该申请视为撤回，申请人后续提交了请求恢复权利的申请，并陈述了因为更换代理机构等原因导致未如期答复的理由，但由于已过请求恢复权利的期限，最终还是失效；CN101916553A的审查员已经发出授权通知书，该申请也涉及了更换代理机构等事务，且申请人在2015年陷入了经济纠纷，涉及财产保全一系列手续，最终没有按时缴费导致了该申请失效。这2件申请的美国同族，也是最终因为程序上的原因失效，属于专利资产的损失。失效专利见表6-4-10。

表6-4-10 长江力伟系失效的发明专利申请

法律状态	数量/件	公开号
失效	15	CN1432994A CN100593751C CN101916553A CN101908327A CN102305978A CN102289092A CN102998799A CN103236246A CN103235449A CN103345913A CN103442200A CN103442187A CN103606362A CN104036746A CN104282341B

3）专利技术构成

长江力伟系关于硅基液晶显示屏的专利申请总计48项。其中，涉及面板技术的申请22项，外部电路的申请20项。在面板技术的申请中内部电路有13项，占比较高（部分专利改进点包括多个方面，同一专利申请同时包括不同的技术分支）。

慧新辰关于硅基液晶显示屏的专利申请总计9项。其中，涉及涉及面板技术的申请7项，涉及检测技术的申请2项。

（3）专利技术解析

长江力伟系和慧新辰在硅基液晶显示屏方面的专利申请见表6-4-11。

表6-4-11 长江力伟系-慧新辰硅基液晶显示屏专利申请

申请人	技术分支	申请数量/件	公开号
长江力伟系	面板技术	22	CN2636277Y CN2802729Y CN203324621U CN203397671U CN203325415U CN204557029U CN111429860B CN111429861B CN112946932B CN112946933B CN102305978A CN202230270U CN102289092A CN202256956U CN203275827U CN203376538U CN203376534U CN201167094Y CN201159815Y CN100593751C CN201196721Y CN201293898Y
	外部电路	20	CN2634585Y CN1432994A CN2622805Y CN104282341B CN204143880U US20120050245A1 US20130100180A1 CN103345913A CN203775299U CN103442200A CN103442187A CN203773915U CN203775322U CN203775321U CN203590363U CN103606362A CN104036746A CN203895098U CN103236246A CN103345908A
	检测技术	2	CN112946932B CN112946933B
	前端光路	4	CN201203739Y CN202939361U CN102998799A CN103235449A
	终端应用	4	CN202939361U CN102998799A CN203775299U CN203590363U
	其他	2	CN102798977B CN202870387U

续表

申请人	技术分支	申请数量/件	公开号
慧新辰	检测技术	2	CN211426657U CN110781636A
	面板技术	7	CN110727148A CN210835534U CN110568674A CN211412554U CN211424971U CN210966172U CN210986608U

由表6－4－11可以看出，长江力伟系的专利申请主要集中在面板技术、外部电路两个方面，慧新辰的专利申请继续在面板技术和检测技术方面进行改进。结合其技术内容，选择以下重点专利申请进行解读和分析。

1）长江力伟系关于硅基液晶显示屏面板的申请

对长江力伟系在硅基液晶显示屏面板这一技术分支内的专利申请作进一步细分，发现主要集中在显示区域内部的驱动电路、封装技术上，少量涉及反射电极相关技术和由滤色片实现空间分色的彩色显示技术。

由于对显示器高解析度、高分辨率的需求越来越高，每个单元像素的面积越来越小，像素密度增大，因此难以获得较大的存储电容，增大存储电容器的单位电容值来提高硅基液晶显示屏的效能显得尤其重要。从表6－4－12中可以看出，长江力伟系关于面板的内部驱动电路的申请，主要是通过改进和优化晶体管、存储电容的设计，实现减小像素尺寸、降低成本的目的；另外，硅基液晶显示屏芯片的封装、贴合需要很高的净化等级，且对精度要求很高，通常组合机不能方形圆形兼用，使得硅基液晶显示屏的封装贴合效率以及良率难以提升。同时，封口胶的固化效果也直接影响封装的良率。长江力伟系关于面板封装技术的申请主要是集中在改进生产设备来提高产品的良率。

表6－4－12 长江力伟系硅基液晶显示屏面板相关专利

申请日	公开号及发明名称	技术方案	技术效果
2003－06－13	CN2636277Y 硅基液晶显示器用高反射率薄型镜面电极	反射面/电极相关： 改进LCoS中的反射面，引入整平工艺，镜面电极采用300nm厚的纯Al膜制，铝含量大于99.99%	避免镜面电极Al膜沉积较厚形成“铝丘”、提高反射率
2008－11－20	CN201293898Y 空间混色硅基液晶显示器	彩色显示： 正菱形透基色光片集成进硅基液晶显示器件的结构中，Λ形像素单元和V形像素单元三基色光片构成且相邻设置	结构简单、体积小、成本低

续表

申请日	公开号及发明名称	技术方案	技术效果
2004－10－19	CN2802729Y 硅基液晶显示芯片的像素单元存储电容器	内部集成电路： 利用栅氧化层具备较高单位电容值的优势，采用并接NMOS源漏电极到地，从而在每个像素单元中形成高密度存储电容，如此可以采用标准单层多晶硅CMOS器件工艺实现硅基液晶显示屏芯片生产	可减少掩模板数量和制作步骤、增加产量及减少成本
2008－05－16	CN101281333A LCoS芯片像素器件结构及其制备方法	内部集成电路： 像素单元包括p＋－i－P电容器和NMOS管，NMOS管的漏极与电容器的上极板相连接，栅极向两边延伸与两个相邻像素单元中的NMOS管的栅极相连形成一条扫描线，扫描线由一条矩形N型掺杂多晶硅构成	缩小像素单元尺寸
2013－06－21	CN203325415U 由同型MOS晶体管与MOS电容器构成的像素单元电路	内部集成电路： 同型的晶体管和电容器形成电学串联，且电容器的源极和漏极悬空，在实际器件结构中不设置	减小电容器面积
2015－04－30	CN204557029U 一种增大LCoS像素单元电路存储电容的器件结构	内部集成电路： 通过合理利用现有工艺金属层来制造高密度叠层式金属电容，深注入P＋形成窄平板型电容器，并使上述两种电容器与像素单元的像素电容并联	增大像素单元电路存储电容
2020－04－26	CN111429860B 数字型11T1C硅基液晶显示芯片像素电路及其驱动方法	内部集成电路： 由11个MOS晶体管和1个电容器构成的硅基有源寻址矩阵像素单元电路	减少使用MOS管的数量、缩小像素电路空间尺寸

续表

申请日	公开号及发明名称	技术方案	技术效果
2021－03－30	CN112946932B 配置 NMOS 放大器可测模拟型硅基液晶显示芯片像素电路及其驱动方法	内部集成电路： 在每一个像素单元电路中设置了第1模拟电平线、第2模拟电平线分别与像素输出电极之间可控制连通；由10个 MOS 晶体管、2个 MIM 电容器、1个寄生电容器构成的硅基有源寻址矩阵像素电路，且内置放大器	便于测试、避免串扰、可与常规半导体生产工序匹配
2011－08－31	CN102305978A 硅基液晶屏生产系统及其生产方法	封装设备： 生产线的设计，一边压挤硅基液晶屏达到规定的硅晶圆与氧化铟锡玻璃之间的间隙值而成型，一边对图案框胶进行紫外曝光固化	成本低、组装品质好、常温下进行固化
2013－05－31	CN203275827U 硅基液晶显示模组	封装结构： 印刷电路板的边缘在与绑定区相应的位置内凹，使得印刷电路板在绑定区的宽度小于其他部分的宽度	较好地适配装配宽度
2013－07－18	CN203376538U 一种硅基液晶屏边框图形绘制装置	封装设备： Z 滑块、X 滑块及载物平台的相对运动控制点胶装置绘制框胶图案，与玻璃基板表面无直接接触	避免污染、提高良品率和精度
2013－08－07	CN203376534U 一种硅基液晶屏贴合机构	封装设备： 对平台、贴合系统、移载系统进行了优化设计和调整	降低机构的累计误差

2）长江力伟系关于外部电路的专利申请

硅基液晶显示屏芯片是把显示矩阵和外部驱动电路集成在一个芯片上，从而实现显示器本身的轻巧和微型化，因此外围的驱动电路是否能满足微型化的设计要求至关重要。长江力伟系关于硅基液晶显示屏外部驱动电路的专利申请，主要是通过相应的算法、数据处理来优化视频信号，在兼顾显示质量的同时，保证微型化并降低系统功耗。相关专利申请见表6-4-13。

表6-4-13　长江力伟系硅基液晶显示屏外部驱动电路相关专利申请

申请日	公开号及发明名称	技术方案	技术效果
2003-03-04	CN2634585Y 硅上液晶场序彩色显示控制器	将存储器和场序显示控制器集成在一起，处理红绿蓝各8位的数字视频输入信号，驱动SVGA分辨率的场序彩色模式的LCoS芯片	微型化
2003-03-04	CN1432994A 硅上液晶子场数据动态暂存场序彩色数据处理器	采用15组8位的移位寄存器组成动态的数据暂存电路，在数据输入时钟的控制下，把依次输入的相邻4个像素的红绿蓝数据分别读出，存入缓冲存储器	微型化、优化芯片版图面积、降低系统功耗
2013-04-27	CN103236246A 基于硅基液晶的显示方法及显示装置	对原始图像数据对应的$P \times Q$图像阵列数据进行压缩，得到目标图像数据对应于$R \times Q$图像阵列数据	降低数据处理量、增加单位面积中列驱动器的可设计面积
2013-07-19	CN103345908A 一种硅基液晶场时序彩色显示方法和系统	将输入的预设场数据经过倍频处理以产生帧率更高的倍频数据组；在视频输入数据的场同步信号的一个场时间周期内输出所述倍频数据组内的数据，倍频数据组包括六个子场的并行红绿蓝数据，且输出倍频数据组内数据的顺序为两个红色、两个绿色、两个蓝色子场数据	提高亮度和饱和度
2014-10-27	CN104282341A 硅基微显示器集成异步传输移位寄存器电路及实现方法	异步传输移位寄存器电路，每一个单元都在输入数据到来后启动双向工作时钟，而在本级数据输出变为低电平以后关闭双向工作时钟	微型化、降低功耗
2010-07-13	CN101908327A WO2012006810A1 US2012050245A1 一种LCoS显示器的电荷共享系统及其共享方法	控制电路用于输出控制所述第一开关模块中开关闭合的信号，实现所述像素阵列中相邻两个像素的短接；所述控制电路用于输出控制所述行驱动电路的信号，实现所述像素阵列中同一列上第$i+1$行像素存储电容对第i行像素存储电容的充电	降低功耗

续表

申请日	公开号及发明名称	技术方案	技术效果
2010-07-13	CN101916553A WO2012006797A1 US2013100180A1 一种彩色 LCoS 显示芯片及其驱动控制方法	通过电路优化设计，在一块芯片上完成多系统集成	微型化、降低成本
2013-10-09	CN103345913A 彩色时序 LCoS 显示方法、驱动装置及其系统	在每一帧时间内，从三色数据中选择两色数据存储于数据缓存器，在连续三帧时间内，从输入三色数据中选择的两种颜色数据组合方式两两相异	降低数据缓存器的成本
2013-11-27	CN103606362A 液晶显示器的数字脉宽调制灰度的方法及液晶显示器	第一比较器模块将第 $a-2$ 位数转换为 1 位脉宽数据，读写控制模块读取并写入缓存，后续将第 $a-1$、a 位数据写入缓存，第二比较器模块先后根据第 $a-1$、a 位数据输出像素电压	兼顾响应速度和芯片存储空间

3）慧新辰关于硅基液晶显示屏面板的专利申请

慧新辰在 2019 年集中提出了 7 项有关硅基液晶显示屏的专利申请，其中 4 项涉及面板封装的生产设备，3 项涉及硅基液晶屏中的间隔件，都属于硅基液晶显示屏面板的封装技术。主要专利申请的信息见表 6-4-14。

表 6-4-14 慧新辰硅基液晶显示屏面板技术相关专利申请

申请日	公开号及发明名称	技术方案	技术效果
2019-10-18	CN211412554U LCoS 点胶恒温控制装置	划线点胶作业过程中，恒温结构环绕包围点胶阀，且根据划线点胶作业需求，设定划线点胶阀所需恒温的温度	控温、提高点胶质量
2019-10-18	CN211424971U LCoS 干燥装置	盖板设有红外加热板以及温度检测器，红外加热板与输送结构之间形成干燥空间	控温

续表

申请日	公开号及发明名称	技术方案	技术效果
2019-10-18	CN210966172U LCoS 生产设备的洁净装置	洁净吹淋结构的优化设计	降低对材料的污染
2019-10-18	CN210986608U LCoS 芯片贴装设备	PCB 拼板、贴装结构以及对位结构的配合	自动化、提高生产效率
2019-10-24	CN110727148A 液晶芯片封装结构、方法、投影显示器及投影显示系统	硅基芯片和透明基板之间密封设置有液晶层，在密封胶内设置支撑件，通过支撑件的支撑作用，在芯片和透明基板之间形成一定的存储空间	控制液晶层的厚度
2019-09-27	CN110568674A 一种 LCoS 芯片	在硅基芯片上的多个像素电极之间的间隔槽内设置绝缘体，绝缘体与间隔槽的侧壁围合形成凹陷区，通过在凹陷区内设置隔离件，使隔离件完全填充该凹陷区	提高显示效果

从技术上看，长江力伟系的专利申请涉及的领域主要集中在面板内部电路设计、外部电路和产线封装设备上。慧新辰专利申请涉及的领域以下游生产线设备的居多。

长江力伟最初的模式实质上也是产学研一体化的雏形，受限于经营管理与对知识产权保护和运用经验的不足，其专利布局并未达到预期的效果，但是其技术的公开对于行业技术研发具有积极意义。

6.5 重点专利分析

6.5.1 早期基础专利

英国的航向信标情报有限公司在 1993 年 11 月 8 日提交的申请号为 GB9322948.2 的专利申请，通过《保护工业产权巴黎公约》在 1994 年 11 月 7 日进入中国，申请号为 GB94117847.1（CN1103960A，公开日 1995 年 6 月 21 日），扩展同族有 16 件，进入国别包括俄罗斯、德国、韩国、西班牙、英国、伊朗、马来西亚、中国、日本、美国、澳大利亚、印度、新加坡，其扩展同族被引用次数为 33。该申请是关于硅基液晶显示屏的早期基础专利之一，主要针对当时的透射有源矩阵显示器进行改进，提出 TFT 是制作在玻璃衬底上的半导体薄膜，需要特殊的加工工艺，而 TFT 的电流－电压特性又不同于制作在单晶硅上的那些晶体管的电流－电压特性，因此该申请以在单晶硅大圆片上制作高质量的晶体管和电路来取代在玻璃衬底上制作的 TFT。同时，该申请指出让像素以反射方式工作，可使入射光通过液晶单元多次，对入射光能有效利用，因此提出采用金属电极作为反射器。这实质就是现在的硅基液晶显示屏的雏形，其结构如图 6－5－1 所示。

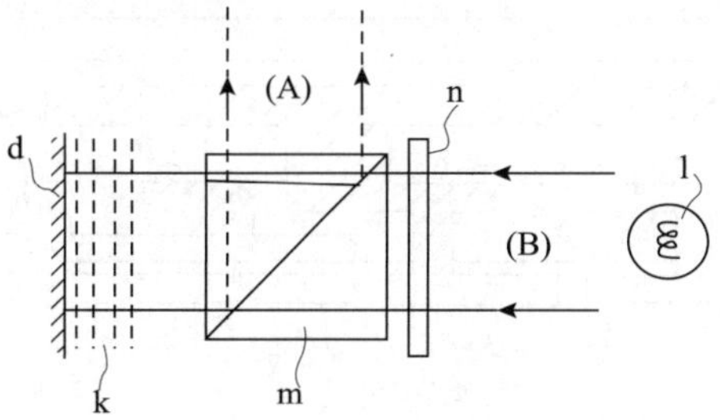

图 6－5－1　CN1103960A 附图

该申请公开了以单晶硅作为衬底，其上制造出金属一氧化物半导体（MOS）晶体管以及驱动电路，铝或与微制造工艺和其他材料相容的任何其他金属，可制成金属电极 d 与晶体管连接，配向层为聚合物涂层，液晶分子初始状态大体平行排列，施加电压来控制液晶的双折射，从而操纵出射光束的偏振，以提供通/断状态以及多个灰度。该申请还提出对于宽带光源，可能需要一滤色器 n，且可以借助涂覆技术把滤色器结合进液晶单元。可以把红色、绿色和蓝色像素复合在同一显示器上，或用三个分立的显示器。由此可见，CN1103960A 已经初步、全面地提出了硅基液晶显示屏的基本结构和工作原理，属于硅基液晶显示屏早期的基础专利。CN1103960A 已经涉及了反射电极、配向层、滤色器的设置，但还没有公开现在硅基液晶显示屏通常具有的遮光层。

JPH08179377A 是日本 JVC 在 1994 年 12 月 22 日提出的关于反射型有源矩阵显示面板及其制造方法的申请。其公开了在包括像素电极 9 的单晶硅衬底 1 上形成绝缘膜 11；通过 CMP 技术抛光绝缘膜 11 的表面，在平面化绝缘膜 11 上蒸镀介电镜膜 12 作为反射层，像素电极 9 的表面也被平面化。JPH08179377A 与 CN1103960A 不同的是，并非直接采用反射像素电极，而是像素电极结合反射层形成反射硅基液晶显示屏面板。其结构如图 6－5－2 所示。

US5652667A 是日本 JVC 在 1995 年 11 月 6 日向美国提出的申请（最早优先权日为 1995 年 2 月 3 日），在 JPH08179377A 的基础上，进一步指出入射光 18 的大部分虽然被光反射膜 15 反射，但一部分的入射光 18A 会透过光反射膜 15 照射开关元件 1。特别是，若入射光量变强，则光反射膜 15 的透射光量也变得相当大。若这样透过的入射光 18A 照射由 MOS 晶体管构成的开关元件 1，则在该部分产生光载流子，在基板 10 为 P 型半导体且源极 8 为 N 型半导体的情况下，产生的电子流入源极 8 而使电容器 3 的电荷泄漏，由此源极电压下降，像素电极 2 的电压下降而变动，无法充入与影像信号对应的电荷，即产生光电导而电容器 3 的电荷泄漏。为解决该问题，该申请提出了绝缘挡光层 20 形成在像素电极 2 和开关元件 1 之间除了开孔 14 之外基础结构的几乎整个区域上。因此，穿透光学反射器 15 的泄漏光 18A 几乎被挡光层 20 吸收，并且不到达开关元件 1（参见图 6－5－3）。

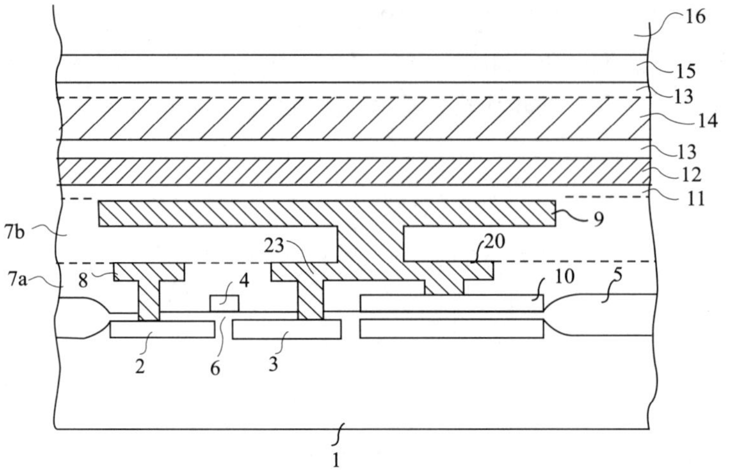

图 6-5-2　JPH08179377A 附图

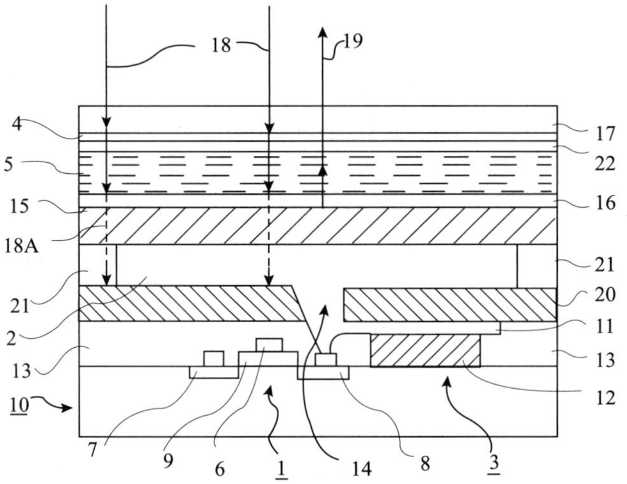

图 6-5-3　US5652667A 附图

由此看出，CN1103960A 中记载了反射像素电极、配向层和彩色滤光片的配置，JPH08179377A 中记载了电极结合反射层来实现反射另一种方式，US5652667A 记载了进一步结合遮光层的技术方案。上述 3 件专利申请作为硅基液晶显示屏的基础专利，是现在硅基液晶显示屏发展的起点。

硅基液晶显示屏与现有 TFT-LCD 以及集成电路 CMOS 工艺的差异点，主要体现在其中反射电极技术、遮光技术、配向技术以及后续的成盒封装技术。在上述早期专利的基础上，各企业和研发单位分别进行进一步改进，以期得到合格、能用于近眼显示设备的硅基液晶显示屏面板。下面将对硅基液晶显示屏中涉及的关键技术的发展进行解析。

6.5.2　关键技术发展路线

结合前文梳理的硅基液晶技术概况、重点申请人专利申请情况，综合考虑检索得到的2167项专利申请的标引信息，课题组确定了对于近眼显示设备中硅基液晶显示屏面板来说，其中反射电极技术、遮光技术、配向技术、彩色滤光片以及封装技术这5项为关键技术。下面通过对各自分支下的重点专利申请进行分析以了解该技术的发展脉络。其中所列出的重点专利申请，除了前文提及重点申请人的代表专利申请，还包括结合标引信息，通过统计专利族的同族数量和被引用频次而得到的硅基液晶显示屏领域的其他重要专利申请。

6.5.2.1 反射电极技术

硅基液晶显示屏面板中的反射电极技术是影响反射率和显示质量的关键因素。

（1）反射率

JVC的JPH1048626A（1996-07-29）[1] 专利申请公开了一种提高反射率的方法，反射像素电极层的厚度为0.1~0.6m，反射电极层主要由铝组成的材料通过溅射形成。

JVC的JP2004012670A（2002-06-05）专利申请进一步公开了具有改进的反射率的硅基液晶显示屏面板，在反射电极上，在铝或铝合金电极上设置有厚度为10~30nm的银或银合金层。

JVC的JP2005157208A（2003-11-28）专利申请则在反射电极上覆盖绝缘层，设置该绝缘层由反射率大于20%的材料制成，从而抑制入射光散射。

JVC的JP2005308809A（2004-04-16）专利申请公开了相邻的反射像素电极之间具有间隙的宽度为100~400nm，从而减少入射光侵入下方的半导体开关元件。

JVC在2005年提出多件申请JP2006330081A（2005-05-23）、JP2006330527A（2005-05-30）、JP2006350148A（2005-06-20），都是通过改进覆盖于像素电极上的材料来进一步提高反射率；同年JVC还提出JP2006309038A（2005-05-02）、JP2006350149A（2005-06-20）、JP2007025487A（2005-07-20）等申请，公开了通过增加辅助电极以及金属膜来增大反射面的面积，得到更高的反射率。

JVC提出的JP2007316305A（2006-05-25）中，在反射电极之间形成具有自对准的间隙，具有由两个导电膜引起高度差的叠层结构的反射电极，可进一步提高反射率。

奇景光电的TW（CN）200801643A（2006-09-07）是通过设置凹面镜形状的反射电极来提高反射率。

2012年O'CALLAGHAN MICHAE等人提出US20140009731A1（2012-07-09），针对像素间隙减小之后，间隙导致的衍射效应会带来反射率下降的技术问题，通过使用具有高填充因子的反射器并在反射器和液晶层之间布置透明像素电极阵列来提高面板中的光学效率。

奇景光电的TW（CN）201530217A（2014-03-03）专利申请是通过设置双层反射镜层来提高反射率。

豪威科技的CN105911739B（2016-02-25）专利申请公开了每一个像素电极具有第一反射率的顶表面，具有超过第一反射率的增强反射率的反射涂层连续覆盖在像素

[1] 括号内为申请日，有优先权的，指优先权日。后文类似情况不再赘述。

电极和其间的基板表面上，从而增加硅基液晶显示屏面板中的像素的反射率的方法。

豪威科技的CN108845442A（2018－07－02）专利申请，将原来设置在像素电极层上方的反射镜堆改换为设置在像素电极层下方。这一方面可以降低传统反射镜堆设置在像素电极层上方时引起的光衍射，进而实现更高的反射率；另一方面，有利于降低像素电极的厚度，且能够避免施加的电压被在反射镜堆上产生压降，从而解决了反射镜堆引入的额外负载降低液晶层上施加电压的问题。

JVC的JP2020056814A（2018－09－28）专利申请公开了反射增强膜布置在驱动基板的整个表面上。通过堆叠一个或多个介电组件形成反射增强膜，每个介电组件包括一组具有不同折射率的两个堆叠的介电膜，对反射增强膜第一层中的介电膜进行平坦化。

索尼公司的CN111971615A（2019－03－19）专利申请公开了将低折射率膜和高折射率膜设置在像素电极与配向膜之间，光学路径长度调整层设置在像素电极与第一区域R1中的低折射率膜之间，由此减少了干涉条纹的生成。

豪威科技的CN110928013A（2019－12－06）专利申请公开了相邻两个像素电极的侧壁的顶部相对于底部靠拢，位于衬底上并填充于相邻两个像素电极侧壁之间的绝缘阻隔层可避免杂光反射进入硅基液晶面板中，使得光反射率得到提高。

豪威科技的CN112925140A（2021－01－27）专利申请公开了在相邻的反射像素电极之间设置有反射镜堆或至少一组由自上而下分布的第一高折射率绝缘层和第一低折射率绝缘层构成的堆叠层，从而增加了像素间隙的反射率，且减少了衍射噪声。

（2）工艺改进

富士通提出的JP2001242485A（2000－02－28）专利申请指出现有的CMP技术可能使得残留SOG的绝缘物质附着在反射电极上，会导致反射电极上液晶间隙的变化。针对该技术问题，该申请提出先在反射电极上形成SiN膜作为覆盖膜，再将SOG膜涂覆到SiN覆盖膜上，然后通过抛光使SOG膜的表面平坦化。由于SiN覆盖膜的硬度高于SOG膜，在覆盖膜暴露后抛光速度会变慢，因此可以在抛光至反射电极之前完成抛光，从而保护反射电极被过度抛光，维持平坦性。

中芯国际提出的CN1635413A（2003－12－30）专利申请通过在反射电极上形成上硬下软的双层结构的复合阻挡保护层，CMP则停止于复合阻挡保护层的上表面，然后蚀刻去除复合阻挡保护层，露出金属反射层的上表面，从而避免了CMP对金属反射层的不良影响，保证了金属反射层的表面平整。相对于富士通的JP2001242485A（2000－02－28）专利申请在反射电极上还保留了SiN膜，中芯国际的CN1635413A（2003－12－30）专利申请暴露出了反射电极，能够具有更好的光效。

中芯国际提出的CN1704809A（2004－06－02）专利申请为解决现有技术在制造反射薄膜时平滑铝/氧化物的化学机械平坦化会产生铝表面的凹陷、微划痕和氧化的问题，提出了使用图形曝光技术在中间电介质层的内部形成复数个凹陷区域，中间电介质层的其他部分保持完整，铝层（或其他反射层或多层）来填充凹陷区域进而形成对应于每个所述凹陷区域的复数个电极区域。

中芯国际提出的US20070026679A1（2005－07－26）专利申请公开了利用触摸抛

光工艺处理覆盖铝层的上表面的区域，以将铝层上表面的表面粗糙度减小到小于5Å，以在铝层上形成镜面，从而提高反射率。

中芯国际提出的CN101154621A（2006－09－30）专利申请针对现有技术的化学机械抛光工艺在晶圆表面产生同心圆环状凹槽的缺陷，提供了一种晶圆平坦化方法，通过调整对绝缘氧化层的刻蚀速率大于对抗刻蚀层的刻蚀速率，来得到无凹陷缺陷的反射电极。

中芯国际提出的CN101330051A（2007－06－21）专利申请包括形成覆盖多个晶体管器件的第一电介质层以及形成覆盖第一电介质层的第一金属层、形成覆盖第一金属层的第二电介质层、形成基本上由覆盖第二电介质层的含银材料制成的多个像素区。根据该工艺可降低成本。

（3）消除不利电场影响

索尼公司在2002年提出了多件申请JP2003057674A（2002－05－10）、JP2004012794A（2002－06－05）、JP2004012795A（2002－06－06）、JP2004038004A（2002－07－05）、JP2004170604A（2002－11－19），主要是针对液晶层两侧的ITO和铝制成的两个电极具有互不相同的标准电极电势，内部会产生电池效应这一现象而提出的。电池效应会导致在不同帧周期即使施加相同绝对值的两极性电压至反射电极，也会有不对称的电压被施加到液晶上，最终导致从时间跨度上看，显示面板的反射率不稳定，造成闪烁。上述申请分别通过替换像素电极的材料，或者在像素电极上覆盖能减小电池效应的材料、使覆盖材料形成断层等手段来解决反射率不稳定的问题。

索尼公司提出的JP2004271800A（2003－03－07）专利申请通过将反射像素电极的角部切除来避免边缘场效应；JP2005024923A（2003－07－02）专利申请通过使像素电极的外周边缘在厚度方向上倾斜，形成上大下小的梯形电极来使得像素电极的间隙区域也取向均匀，即通过改变像素电极的形状来使得硅基液晶显示屏在整个显示区域都呈现均匀的反射率。

JVC提出的JP2005128059A（2003－10－21）专利申请公开了在图像显示区域的外周的一圈中额外设置反射电极，周边区域与反射电极以规定间隔相邻并围绕反射电极，两者具有相同的电位，从而避免图像显示区域与其周边区域之间边界上的不规则反射。

JVC的JP2007065185A（2005－08－30）专利申请公开了像素电极间隙上形成绝缘层以抑制横向电场，从而保持反射率的均匀性。

奇景光电提出的US20090015742A1（2008－09－25）专利申请公开了具有多个像素电极和控制电极的半导体基板，其中每个控制电极设置在两个相邻的像素电极之间并与其隔离，每个控制电极被抗反射涂层覆盖，从而减小条纹效应。

奇景光电提出的TW（CN）201500823A（2014－03－12）专利申请是通过将像素电极中的每一个设置有相对于显示区域的所有边而倾斜的至少一条斜边，从而减小边缘场效应。

索尼公司提出的TW（CN）201816485A（2017－09－21）专利申请是在不使用间隔件的情况下，改进设置在第一基板和液晶层之间中间层膜的结构，使其具有多个倾斜部分，倾斜部分各自具有面向对应像素电极并且彼此不同的倾斜宽度，从而使得像素区域的光量均匀。

索尼公司的CN112368635A（2019－06－12）专利申请公开了与绝缘层一体形成的抑制凸起，从而克服边缘电场效应造成的显示不均。

豪威科技提出的CN111856808B（2020－04－28）专利申请公开了一种硅基液晶装置镜金属工艺，薄电介质膜层覆盖反射电极侧壁及间隙区域的半导体层。第二多个镜形成在反射电极侧壁之间的薄电介质膜层上，从而获得更小及更紧凑的芯片，具有更高分辨率及更高动态范围。

（4）衍射效应

安徽大学提出的CN104049424B（2014－06－26）专利申请提供一种用于全息视频显示的硅基液晶显示屏空间光调制器（Spatial Light Modulator，SLM）的像素结构。针对像素单元尺寸的减小引发一级衍射效率降低对于实现全息视频显示不利的技术问题，该申请提出像素电极层由第一金属电极层、电介质层和第二金属电极层构成，由多个金属纳米块依次间隔排列构成；所述多个金属纳米块，在入射偏振光磁场方向上的尺寸相同，在入射偏振光电场方向上的尺寸各异。利用金属纳米结构，将硅基液晶显示屏的像素单元划分成多个子单元，通过改变各个子单元的相位调制，产生梯度相位分布，将入射光反射至全息视频显示所需的一级衍射，从而提高硅基液晶显示屏的衍射效率。

菲尼萨公司提出的WO2015077127A1（2014－11－13）专利申请在反射电极上方设置衍射光学元件，衍射光学元件包括第一衍射元件阵列且具有第一折射率，其被具有较低折射率的第二材料包围。

JDS尤尼弗思公司的CN104849903A（2015－02－25）专利申请提出在反射电极上方依次形成隔离层和亚波长金属光栅，由此与反射电极的反射顶面形成反射式双折射波片，在施加电压时，液晶层会对入射到反射电极上的光赋予可变的光学相移，而不需要对器件的反射式电极进行改动。而能够调制光线的相位，也就有可能实现全息显示。

杜尔利塔斯提出的GB2585213A（2019－07－02）专利申请公开了一种硅基液晶空间光调制器（LCoS SLM）装置，电极结构形成在硅背板上，用于在液晶层中产生平行电场。由此由电极结构提供的电场使液晶在旋转平面内基本上旋转90°，因此可以实现完全2p的相位调制，从而可实现全息图像的重建。

豪威科技提出的US20210341807A1（2020－05－01）专利申请公开了多个微透镜与所述多个反射电极光学对准，多个微透镜中的每个微透镜被定位成将所述入射光聚焦在所述多个反射电极中的相应一个上，以此来减少寄生高阶反射和/或横向振荡。

课题组通过对反射电极技术的专利进行分析和梳理，整理出其技术发展路线，见图6－5－4。其中利用衍射效应主要是通过在电极上或者周边设置光学元件，或者改进电极结构调整施加在液晶上的电场，有助于实现全息显示的技术。众所周知，全息显示属于最优的三维显示，无辐辏调节冲突，因此不会像其他三维显示使用户出现疲劳、眩晕等不良反应。通过选择合适型号的液晶材料，配合相应的算法，结合驱动电路提高响应速度，再匹配合适的电极结构，实现全息显示，是未来近眼显示设备的发展方向，从这个角度看，也是硅基液晶显示屏的优势所在。

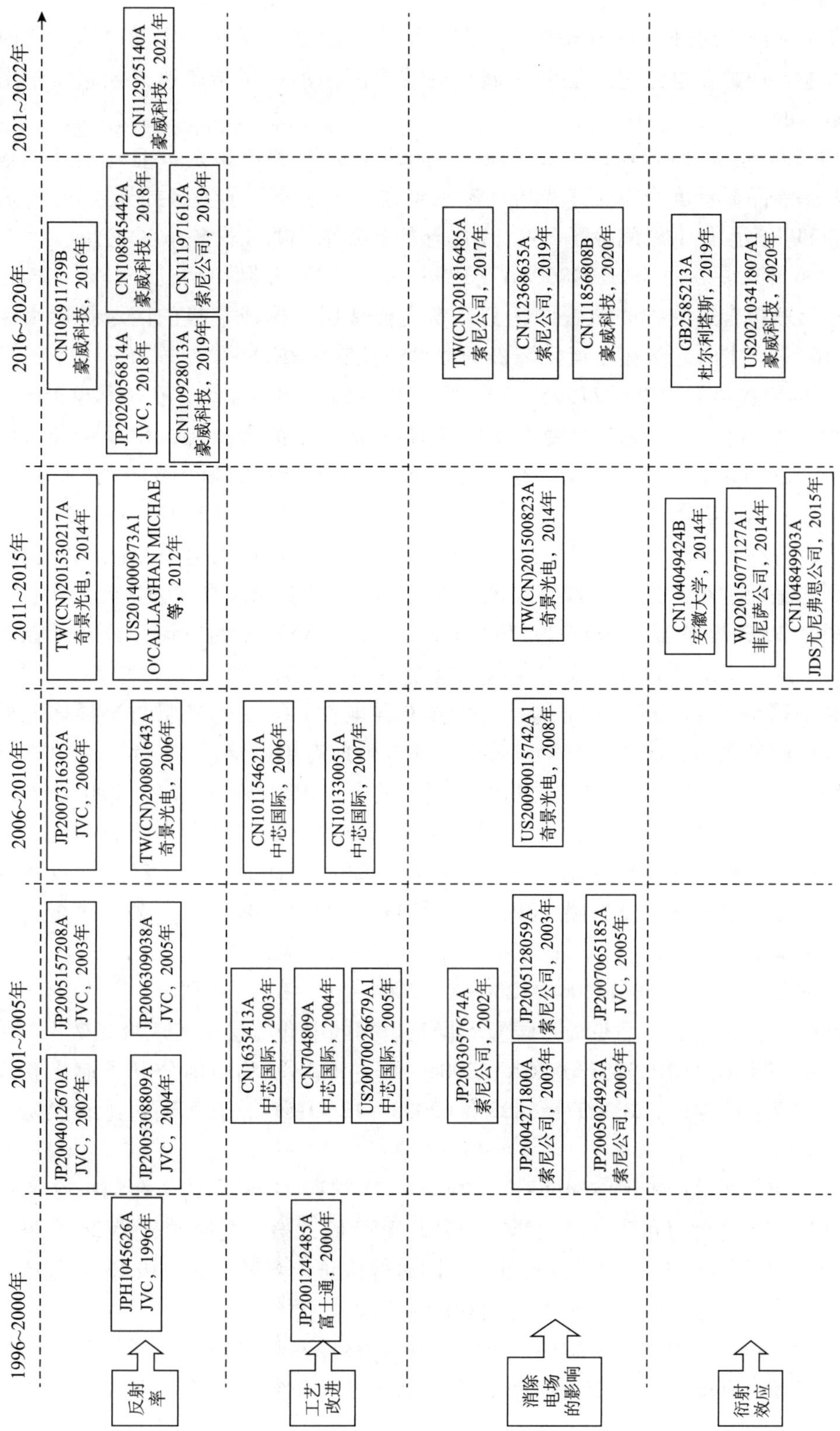

图6-5-4　硅基液晶显示屏反射电极技术发展路线

6.5.2.2 遮光技术

为了避免强入射光对硅基板内部晶体管照射形成光生载流子和产生漏电流，影响驱动电路的性能，通常在电路走线层和金属反射层之间添加一层金属遮光层，实现对入射光的屏蔽目的。

JVC 在 1995 年提出的 US5652667A（1995－11－06）专利申请是目前检索到的最早公开了在硅基液晶显示屏中设置遮光层的专利申请，其中公开了绝缘挡光层 20 形成在像素电极 2 和开关元件 1 之间除了开孔 14 之外的基础结构的几乎整个区域上。

JVC 在 1996 年又提出了 JPH1048608A（1996－07－29）专利申请，公开了在连接反射电极层和漏极接合点的中间位置中，套环状光屏蔽层从形成漏极的区域扩展大距离 X，从而由阱中产生的光载流子流入漏极的概率被控制为≤20%。

JVC 在 2002 年提出的 JP2003279953A（2002－03－22）专利申请，在像素电极与遮光层之间设置有使从像素电极之间侵入光的路径变窄的保护金属层；JP2004133147A（2002－10－10）公开了具有从相邻反射电极之间间隙偏移的开口的第一光阻挡层，因此进入间隙的光被金属层阻挡并且不直接到达下层；JP2004198764A（2002－12－19）公开了多个凹槽设置在光屏蔽层的表面上，用于进一步抑制来自像素电极之间的间隙的光。这些专利均是通过对遮光层结构的改进或者增加额外的金属层来加强遮光效果。

索尼公司在 2003 年提出 JP2005049676A（2003－07－30）专利申请，公开了在遮光层对应于导电连接部的开口处要设置狭缝来缓解应力；JP2005077918A（2003－09－02）则更公开了采用三层屏蔽层的结构，且均具有导电性，第二遮光层与半导体元件和布线层连接，但是在第二遮光层与第三遮光层之间形成有绝缘层。

JVC 在 2004 年提出多件关于遮光结构的申请，其中，JP2005221587A（2004－02－03）、JP2006039476A（2004－07－30）采用在像素间隙中设置非导电光吸收构件，或在绝缘层中形成光吸收层来实现遮光效果；JP2006030836A（2004－07－21）在反射像素电极与下方绝缘膜之间设置反射膜；JP2006072106A（2004－09－03）公开了金属遮光膜形成在像素电极下侧。

索尼公司在 2004 年提出的 JP2006072069A（2004－09－03）专利申请，采用的方案则是不再额外设置遮光层，而是通过设置不同折射率的电介质层来实现吸光效果。

JVC 在 2005 年提出的 JP2006330526A（2005－05－30）专利申请公开了遮光膜经由绝缘膜设置在像素间隙内，JP2007156102A（2005－12－05）公开了通过绝缘膜防止金属遮光膜之间短路。

JVC 在 2006 年提出的 JP2008164668A（2006－12－27）专利申请，在第一金属遮光膜 28 和金属丝 40 之间的间隙中形成第二金属遮光膜 41，第一金属遮光膜 28 和第二金属遮光膜 41 在水平方向上彼此相邻地布置，同时保持防止穿过反射电极 13 间隙的光向朝向像素晶体管方向泄漏的功能（参见图 6－5－5）。

JVC 在 2008 年提出 JP2009294287A（2008－06－03）专利申请，公开了预定折射率的第一绝缘层和具有不同于预定折射率的第二绝缘层沿着像素电极和遮光膜的各个表面交替设置。

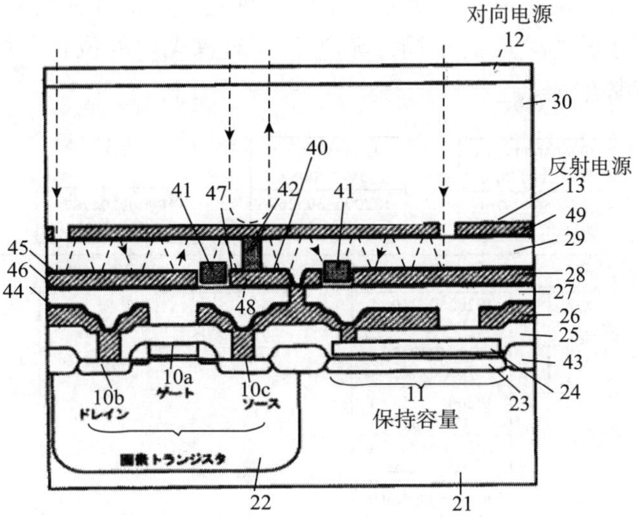

图6-5-5 JP2008164668A 附图

富士通在2011年提出JP2012173470A（2011-02-21）专利申请，公开了覆盖绝缘膜覆盖反射电极的上表面和边缘表面，并且在反射电极之间的区域中，覆盖绝缘膜的上表面位于等于反射电极的底表面或低于其底表面的位置处，在反射电极之间的覆盖绝缘膜上形成遮光膜。遮光膜的上表面位于比反射电极的上表面高的位置。

JVC在2011年提出JP2013064927A（2011-09-20）专利申请，公开了遮光膜设置在透明基板的背面。

JVC在2012年提出JP2013186360A（2012-03-09）专利申请，公开了像素电极12覆盖具有绝缘和透光特性的平坦层14，平坦层14的光学厚度为入射光的波长λ的1/4。遮光膜15施加在覆盖平坦层14表面上间隙13的上部位置，尽可能不覆盖像素电极12的上部位置。通过使遮光膜15的边缘上产生的衍射光透射通过平坦层14，并通过像素电极12反射衍射光并且进一步使反射光透射通过平坦层14，使杂散光和在遮光膜15的边缘上产生的衍射光通过相互干涉效应彼此抵消（参见图6-5-6）。

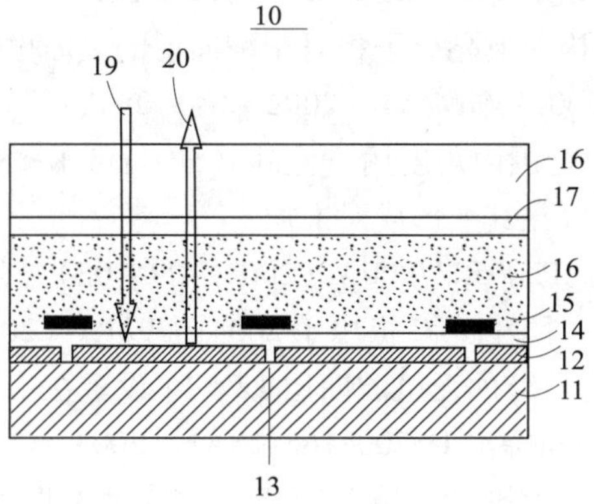

图6-5-6 JP2013186360A 附图

图6－5－7为硅基液晶显示屏遮光技术的发展路线图。在遮光技术这一技术分支，日本企业已经进行了较为全面的布局，尤其JVC对遮光层的位置、结构进行了各种设计和改进，占有优势地位。

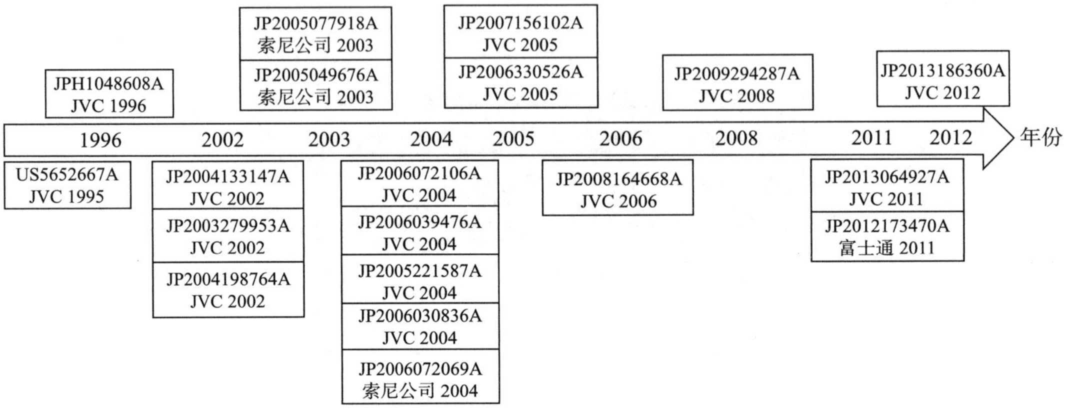

图6－5－7　硅基液晶显示屏遮光技术的发展路线

6.5.2.3　配向技术

在配向技术的早期专利——英国航向信标情报有限公司的专利CN1103960A（1994－11－07）中，配向层为聚合物涂层，液晶分子初始状态大体平行排列。

1996年，美国加州理工学院提出US5880801A（1996－03－07），公开了在常规制造的VLSI集成电路上，创建模拟空间光调制器和智能像素阵列的液晶混合对准向列（HAN）单元的纳米机械制造方法，HAN单元液晶分子的长轴的局部平均方向从顶部基板上的平行配向平滑地变化到底部基板上的垂面配向，底部基板由于其多孔微结构而引起液晶的垂面配向。

2001年奇景光电提出的TW（CN）I289697B（2001－12－14）中，像素电极组由两像素电极所组成，以沟槽相隔；凸起物设置于两像素电极组之间，下板配向膜系设置于像素电极组及凸起物上，液晶层中的液晶分子处于垂直配向模式，由此可以降低边缘场效应和横向电场效应；TW（CN）I289707B（2001－12－18）则公开了薄膜层与下板配向膜形成斜面结构，液晶分子相对于配向层的表面也是呈垂直取向的。

2002年JVC提出US2002145692A1（2002－04－05），通过真空沉积以与衬底表面上的法线方向成45°至60°范围内角度用氧化硅（SiO_x：$1.0 \leqslant x \leqslant 2.0$）的蒸发颗粒照射两个衬底中的至少一个，以在其上形成对准层。

2003年索尼公司提出JP2005077900A（2003－09－02），公开了垂直配向和倾斜配向层叠的多层配向膜结构。同年JVC提出JP2004163921A（2003－10－22），公开了使液晶13的预倾角α为3°至13°的无机配向层12、14设置在一对基板的各个基板侧上。

2003年BRILLIANT公司提出US2004165128A1（2003－05－15），公开了液晶流体分子的表面方位角方向基本上平行于或垂直于入射线性偏振光的偏振方向，此时漏光最小，因为入射线性偏振光所见的有效双折射基本上为零，并且不依赖于液晶流体分子的预倾斜。在透明基板和反射基板之间，当处于“关闭”状态时，液晶流体分子的扭转可以从约 0°变化到约 90°，由此足以克服由于边缘场引起的取向错误的倾斜角，并且同时实现高对比度（参见图 6－5－8）。

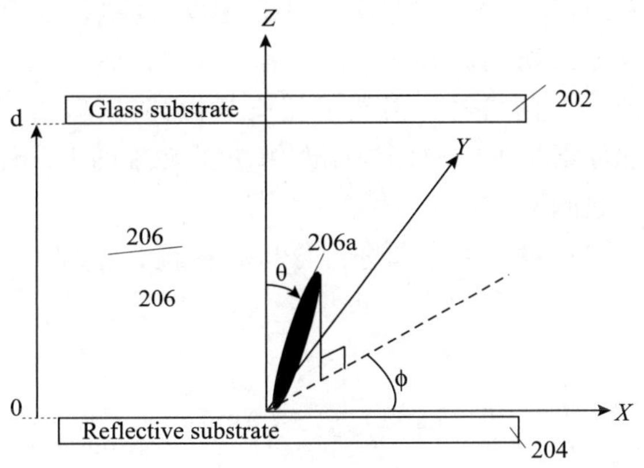

图 6－5－8　US2004165128A1 附图

2004 年索尼公司针对配向技术提出了 JP2005215419A（2004－01－30），通过溅射形成厚度 30～200nm 的非晶质 IZO、非晶质 ITO 等非晶质透明导电膜，再通过斜向蒸镀形成厚度 30～200nm 的 SiO*x* 膜，制成非透明 TFT 基板芯片侧的无机系液晶取向膜，从而控制无机取向层的颗粒柱状叠层的角度或密度。CN1607440A（2004－09－13）则利用第一方向倾斜取向层和第二方向倾斜取向层在像素电极区域层叠，在像素间隙的沟槽中又同时形成对称结构来避免取向不均。

2004 年 JVC 也提出 JP2006106165A（2004－10－01），公开了液晶层的每单位面积电阻（R_{LC}）和取向层的每单位面积电阻（R_{AL}）相对于对应于施加电压显示灰度级的数量（N）满足不等式 $R_{LC}/R_{AL}>N$，由此即使配向层随着老化而劣化，仍保持优异的灰度显示。

2005 年索尼公司提出 JP2007033588A（2005－07－25），采用混合无机材料形成取向膜，JP2006349795A（2005－06－14）则先去除反射电极上的自然氧化膜再形成取向膜，能够使取向膜的柱状结构整齐，不受自然氧化膜凹凸的影响，提高取向层的可靠性。同年索尼公司也提出 JP2006079118A（2005－10－20），仍然是针对的双层取向膜，改进点在于上、下基板上都形成垂直取向和倾斜取向的层叠取向膜的结构。

2006 年 Andy Christopher Van Popta 等人提出 US2008204635A1（2006－09－22），公开了通过倾斜物理气相沉积在衬底上沉积宽带隙半导体材料以形成薄膜结构，薄膜结构是透明、导电和双折射的，同时起到补偿和配向的作用。

2006 年索尼公司提出 CN1896817A（2006－07－05），公开了配向膜包含氧化硅和一种或多种用于捕捉湿气的吸湿元素，从而并不因水的影响而容易改变，确保显示性能的持久可靠性。

2009 年 JVC 提出 JP2011095570A（2009－10－30），公开了一种双层的取向膜，具

体为第一液晶取向膜中第一膜表面层的晶体缺陷密度高于第一膜内层的晶体缺陷密度，第二液晶取向膜中第二膜表面层的晶体缺陷密度高于第二膜内层的晶体缺陷密度，由此可实现液晶分子的稳定取向状态。

2018 年东南大学提出 CN108681157B（2018－05－17），公开了一种 LCoS 液晶屏的屏外光取向方法，具体为先进行 LCoS 液晶盒的封盒，然后从屏外对 LCoS 液晶屏的光取向层进行偏振紫外光垂直照射，实现了玻璃基板和硅基芯片对应像素取向状态的一致，通过掩模板实现像素精度的取向控制，解决了常规的 LCoS 液晶屏制作工艺无法实现像素精度的取向一致问题。

课题组通过对于配向技术相关专利进行分析和梳理，整理出配向技术发展路线图，如图 6－5－9所示。

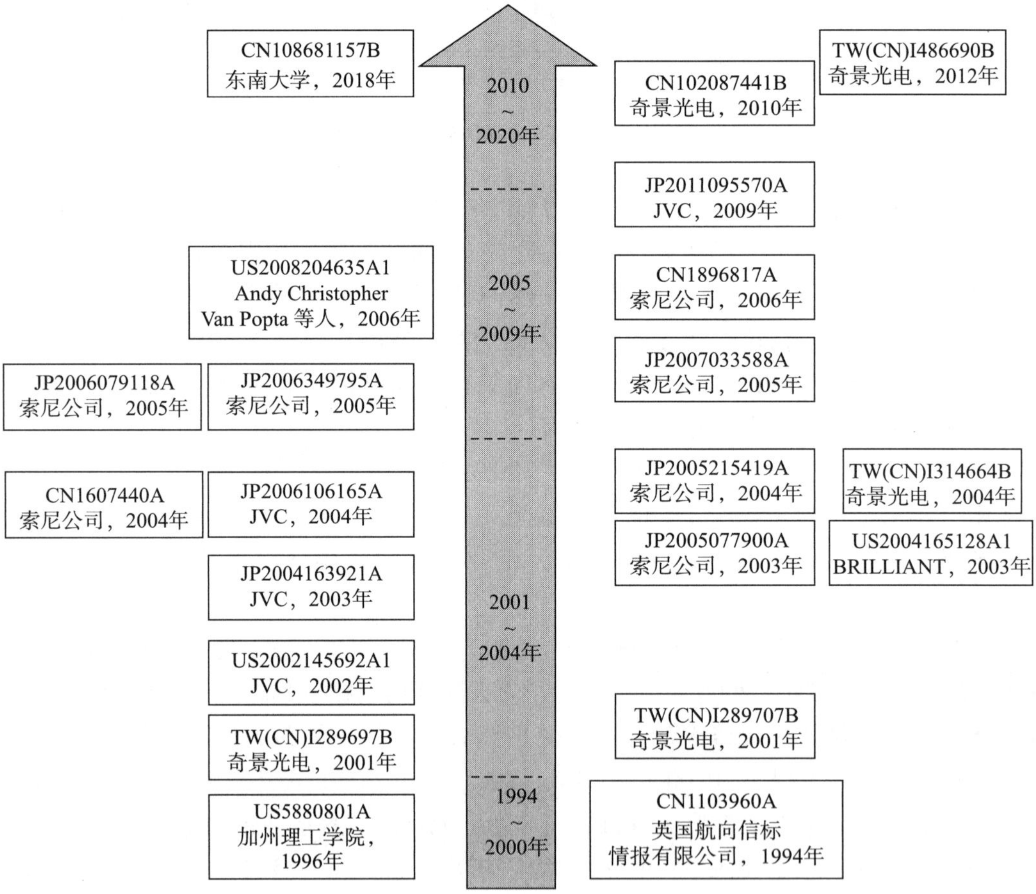

图 6－5－9　硅基液晶显示屏配向技术发展路线

6.5.2.4　彩色滤光片

硅基液晶显示屏为了实现彩色显示，可以采用三片式的空间混色法、单片式的彩色滤光片法以及使用三色光源的时间混色法。JVC、索尼公司等国外企业关于硅基液晶显示屏的早期研发，主要是为了适用于投影仪等产品，因此通常采用的是单色硅基液晶显示屏。但是三片式硅基液晶显示屏显示器中使用的光学引擎必须结合颜色分离和颜色组合功能，以便将光源分成红色光束、绿色光束和蓝色光束，将不同的光束投射到三个不同的硅基液晶显示屏显示面板，并组合从不同硅基液晶显示屏显示面板反射的不同光束以形成彩色图像，因此，三片式硅基液晶显示屏显示器具有大尺寸并且更昂贵。单片式硅基液晶显示屏集成彩色滤光片的显示器，更能适用于微型显示设备。

早期专利 CN1103960A 虽然已经提及了对于宽带光源，可能需要一滤色器 n，且可以借助涂覆技术把滤色器结合进液晶单元，例如可以把红色、绿色和蓝色像素复合在同一显示器上，但并没有公开具体的设置细节。

2002 年奇景光电提出 US2004095527A1（2002－11－15），公开了将彩色像素设置于下基板且被多个沟槽相互隔离，每一彩色像素包括一位于下基板的像素电极及位于像素电极上的一彩色滤镜，光吸收层设置于沟槽中。

2004 年奇景光电提出 TW（CN）200619787A（2004－12－03），公开了彩色滤光膜具有高介电常数，因此可有效地增加液晶层所取得之跨压。

2004 年联诚光电提出 US20060012734A1（2004－07－16），公开了多个微型滤色器位于透明基板的顶表面上，并对应于像素的子像素。由于微型滤色器位于透明基板的顶表面上，热量不会积聚在显示面板的内部部分中，避免显示面板过热对内部元件的损坏；同年，联诚光电还提出 US2006087612A1（2004－10－27），公开了利用微二向色滤光器 44 和光吸收层 42 执行颜色分离和反射功能。微二向色滤光器 44 由多个光学薄膜（诸如氧化钛或氧化钽）堆叠。利用光学薄膜的不同折射率和光学特性，微二向色滤光器 44 能够反射具有在预定波长范围内波长的光束，并且允许具有超过预定波长范围波长的光束穿透，以便实现颜色分离功能。另外，微二向色滤光器 44 具有用于执行反射功能的镜面，光吸收层 42 由诸如铬具有光吸收特性的材料构成，并且旨在吸收穿过微二向色滤光器 44 的光束（参见图 6－5－10）。

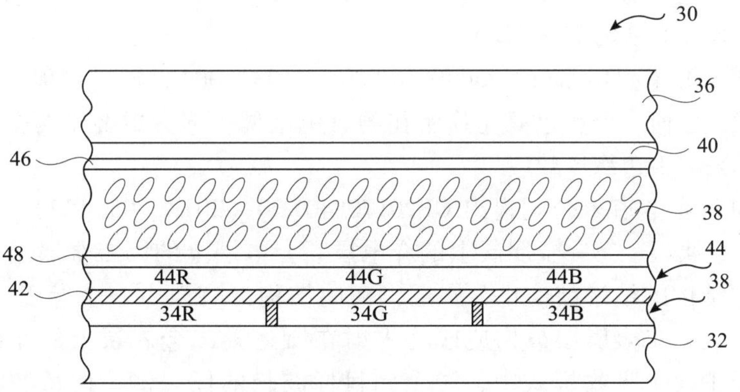

图 6－5－10 US2006087612A1 附图

2006 年联诚光电提出 US2008106677A1（2006－11－03），公开了颜色反射层设置在电极结构层上，当光入射到颜色反射层和电极结构层上时，颜色反射层仅反射特定颜色范围的光。

2007 年奇景光电提出 TW（CN）200846721A（2007－05－22），公开了复数个遮蔽层，分别包围对应的彩色滤光片，其中每一该遮蔽层借由一导线连接对应的像素电极，由此可减少 CF 上的直流电荷，获得正常电压差。

2008 年长江力伟提出 CN201293898Y（2008－11－20），公开了一种空间混色硅基液晶显示器，将正菱形透基色光片集成进硅基液晶显示器件的结构中，∧形像素单元和∨形像素单元三基色光片构成且相邻设置。

2009 年联诚光电提出 US20110051054A1（2009－09－02），公开了设置在像素电极阵列上具有至少两种不同颜色的多个滤色器，其中相邻的滤色器在其间包括间隙，并且滤色器中的至少两个不共面；无机膜设置在滤色器上并且在间隙内，有机膜完全覆盖无机膜。由此可以克服使用常规 CMP 工艺来平坦化滤色器顶部上的膜的缺点，从而解决诸如显示图像上变色和牛顿环的问题。

2010 年奇景光电提出 US20120075736A1（2010－09－28），公开了在基板的第一区域的第一部分和第二区域的第一部分上形成第一过滤层，在第二区域的第二部分上形成第二过滤层，在第一区域的第二部分和第二区域的第三部分上形成第三滤光层。由此通过改进 CF 的形成步骤和工艺，降低成本（参见图 6－5－11）。

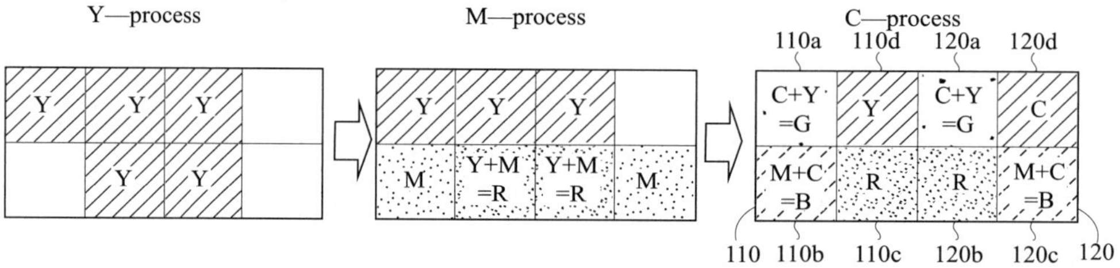

图 6－5－11　US20120075736A1 附图

2011 年奇景光电提出 CN102540556A（2011－10－09），公开了在彩色滤光片中设置开口，从而提高光线的穿透率。

2012 年奇景光电提出 CN102736308B（2012－03－30），通过设置彩色滤光层和像素电极的形状，任何一个彩色滤光片所在的有色区域，部分重叠于两个相邻接的子像素电极，以此来减少边缘场效应。

2017 年剑桥企业有限公司提出 GB201708407D0（2017－05－25），公开了滤光器结构包括第一金属层、第一金属层上的介电层、介电层上的第二金属层。第二金属层包括具有横向结构的纳米结构化金属层，横向结构具有至少一个等于或小于 1μm 的横向尺寸，并且第二金属层被构造成将入射在所述第二金属层上的光耦合到所述滤波器结构的至少两个吸收模式中，一个到目标波长的任一侧，使得滤波器结构在反射或透射光中在目标波长处呈现彩色，从而消除对 RGB 滤光器的要求。图 6－5－12 所示的 MIM 像素设计可以包括多个状态和多个颜色功能，但由于 MIM 几何形状而提供高反射。

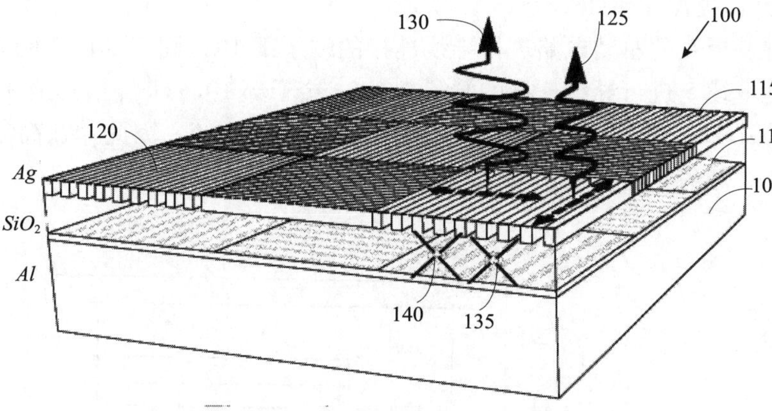

图 6－5－12　GB201708407D0 附图

课题组通过对内置彩色滤光片相关专利进行分析，整理出内置彩色滤光片技术发展路线图，如图 6－5－13 所示。以 JVC、索尼公司为代表的国外企业并未在这方面进行重点布局，在这一技术上，国内企业的专利布局不输甚至优于国外企业。

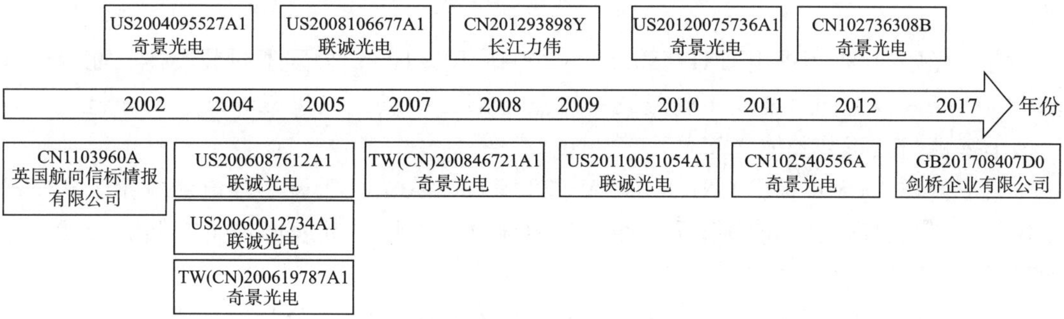

图 6－5－13　硅基液晶显示屏内置彩色滤光片的技术发展路线

6.5.2.5　封装技术

硅基液晶显示屏的成盒封装技术，是影响硅基液晶显示屏良率的关键，原因在于硅片和玻璃是两种不同的材料，伸展系数、膨胀系数等多种参数都不同，硅片又是不透明的，任何对准标记都不易看见，硅片的性质非常脆，对准和切割的难度都较大。因此封装技术是硅基液晶显示屏行业的研发重点，各大企业都在该分支下进行研发和专利布局。通过梳理硅基液晶显示屏相关专利文献，封装技术中主要包括导电体连接技术、散热技术、实现均匀盒间隙技术、防污染技术以及生产设备 5 类。下面结合重点专利文献分别进行分析，梳理技术路线。

（1）导电体连接技术

硅基液晶显示屏面板需要与外部的 PCB 电路板进行电连接，玻璃基板上的透明电极也需要和硅基板上的驱动电路进行电连接。由于硅基液晶显示屏面板结构的特殊性，上述电连接的结构设置和工艺与普通 LCD 都不尽相同。

2005年JVC提出JP2006267413A（2005－03－23），公开了固定部件2的凹部2A内形成有与硅基板6的驱动电路进行导线连接的端子部10，固定部件2的外固定部2C形成有与柔性电缆5进行导线连接的端子部11。端子部10、11经由形成于固定部件2的内部的连通孔12，通过由钨（W）构成的金属线13连接。因此，在高温/高湿度环境下也能防止图像劣化（参见图6－5－14）。

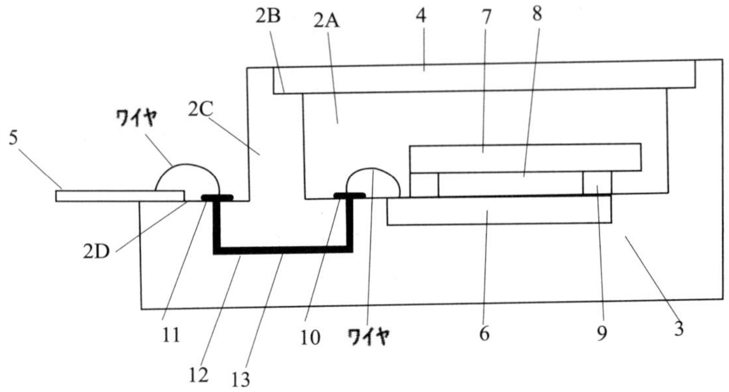

图6－5－14　JP2006267413A附图

奇景光电2004年提出CN1758098A（2004－10－10），公开了封装胶体，配置于硅基板与线路基板上，封装胶体覆盖第一接点与第二接点，并包覆焊线、缓冲材，配置于该上基板与该封装胶体之间。

索尼公司2005年提出CN1782795A（2005－12－02），公开了导电颗粒用于在驱动基板侧电极与对电极之间获得导电性，其中导电颗粒均在其表面设置有凸起形状，从而可以确保稳定的电连接。

美商晶典2014年提出CN104849893B（2014－02－19），公开硅基液晶的晶圆级液晶组装具有一硅基板、一玻璃基板、一环状框胶与至少一转线路导体。硅基板具有至少一纵向硅晶穿孔，且转线路导体与该玻璃基板、硅基板间皆具有电性连接。

奇景光电2014年提出US20150277167A1（2014－03－28），公开了电连接顶层和底层的多个导电连接器，其中每一个包括导电粉末。

豪威科技2016年提出CN106125419A（2016－09－14），公开了公共电极线在框胶内侧连通电极层，外侧连通电路板，从而由于框胶的保护，电极层和公共电极线的连通可靠性也可以得到保证。

JVC 2017年提出JP2018136407A（2017－02－21），公开了键合线4具有弓形环部分4a并且将第一连接端子13连接到第二连接端子51。杆状构件5布置在第一连接端子13和第二连接端子51之间的区域中，该区域朝向环部分4a的弧的中心点。密封树脂6形成在第一基板10和第二基板50上，并密封键合线4和杆状构件5，从而确保即使在恶劣环境中键合线的可靠性（参见图6－5－15）。

奇景光电2020年提出US20200379286A1（2020－08－20），公开了第一导电凸起和第二导电凸起按序设置在第一以及第二基板上，两者接触形成导电部件，其中第二导电凸起的材料可从包括可固化材料的导电复合材料形成，防止或减少导电颗粒的聚集。

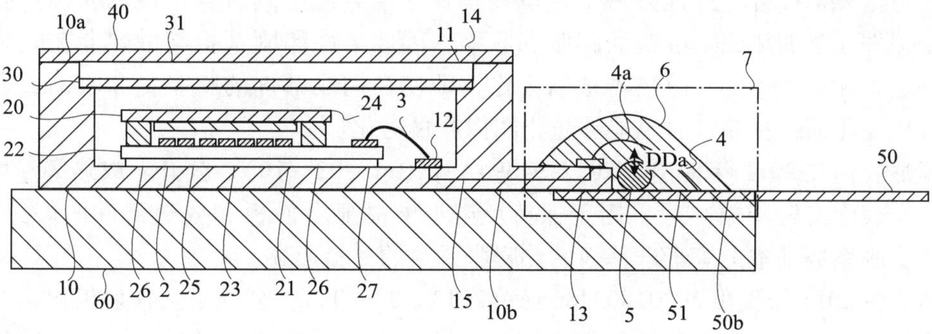

图6-5-15 JP2018136407A 附图

2021 年豪威科技提出 CN114185208A（2021-12-21），公开了硅基板的周边区域沿第一或第二方向设置有导电层，导电层用于与透明电极层电耦合，导电层的阻抗小于透明电极层覆盖像素阵列的部分的阻抗，从而改善显示强度均匀性。

（2）散热技术

硅基液晶显示屏作为反射式液晶显示面板，随着入射到反射型液晶面板的光强度越来越高，硅基液晶显示屏面板的温度显著上升。此外，硅基板、玻璃基板、黏合剂等的膨胀系数不同，形状变化量彼此不同，也容易导致基板的变形。硅基板的变形使液晶层的厚度也会发生微小的变化，最终导致显示面上的光强度变得不均匀。因此散热问题也是硅基液晶显示屏面板面临的关键问题。

JVC 在 2001 年提出 JP2002296568A（2001-03-29），公开了用于冷却和固定的板和反射型液晶单元之间具有 50～500μm 的间隙，并且通过热导率≥0.5W/m·K 的硅酮胶凝剂和厚度为 50～500μm 的黏合剂彼此固定。

JVC 在 2002 年提出 JP2004004397A（2002-06-03），公开了在基板下放置散热片，增强液晶单元辐射效应。

奇景光电在 2004 年提出 TW（CN）200612167A（2004-10-08），公开了封装结构包括用于定位 LCD 面板的散热器。

JVC 在 2005 年提出 JP2007121505A（2005-10-26），公开了导热单元外壳包围液晶显示单元的周围，并且单元外壳支撑防尘基板的周边部分，使得在操作期间在防尘基板上呈放射状产生慢轴的状态下，在光学上抵消因透明基板的温度分布而产生的应力所导致的双折射。

JVC 在 2006 年提出 JP2007199153A（2006-01-24），公开了热辐射构件经由传热材料通过通孔与硅基板的后表面接触，其热辐射构件通过弹簧构件以按压状态固定到盒固定构件。

西铁城在 2006 年提出 JP2008070576A（2006-09-14），公开了柔性印刷板加强件和散热器，加强件具有比矩形显示区域大的通孔和两侧方向上的两个端部处与定位销接合的定位孔，液晶面板通过柔性印刷电路板的一个端部处的窗口部分固定到加强构件，并且散热器的定位销和加强构件的定位孔彼此接合，加强构件的定位孔中的一个定位孔与定位销接合，并且另一个定位孔是在一个方向上具有自由度的长圆形孔，其中每个构件通过加热到定位销而膨胀和收缩，因此柔性印刷基板与散热器在安装部被刚性固定，面板主体部与散热器被软固定，即使在构成部件的膨胀量和收缩量之间因温度环境变化而存在差异时也能够防止图像质量劣化。

索尼公司在2011年提出JP2012194394A（2011-03-16），公开了放热部件与硅基板的一个表面接触释放热量；用于保持反射型液晶显示面板和放热部件的保持部件，使用热膨胀系数基本上等于硅基板的热膨胀系数的材料形成。

JVC在2013年提出JP2015034865A（2013-08-08），公开了热辐射板包括凹入部分，在凹入部分的底表面和硅基板之间的间隙中，第一热辐射材料插入与图像显示区域中心部分相对应的区域中，并且具有比第一热辐射材料黏度低的第二热辐射材料插入中心部分周围的区域中，以便围绕第一热辐射材料。

（3）实现均匀盒间隙技术

维持硅基液晶显示屏面板的均匀盒间隙，是保证图像质量的关键。因此硅基液晶显示屏面板也需要设置维持液晶盒厚的间隔件。间隔件的设置方式有两种：一种是在显示区域的内部、像素间隙之间设置间隔件，这与普通的LCD类似；另一种是仅在像素区域的周边区域设置间隔件，这适用于小尺寸的硅基液晶显示屏面板。

1）在显示区域内部设置间隔件的专利技术

1999年英特尔提出US6208392B1（1999-02-26），公开了使用顶板和硅基板之间的金属支座来限定电光装置，金属支座28可以由常规半导体处理中使用的金属层形成（参见图6-5-16）。

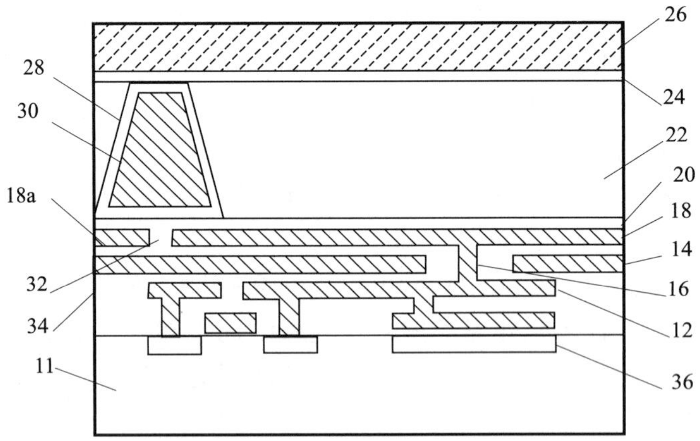

图6-5-16 US6208392B1附图

2004年英特尔还提出US20040224432A1（2003-02-18），其中间隔物占据像素之间的区域，使得它们不干扰光调制并且在放大期间不可见，间隔物使用已知的沉积、光刻和蚀刻技术制造（参见图6-5-17）。

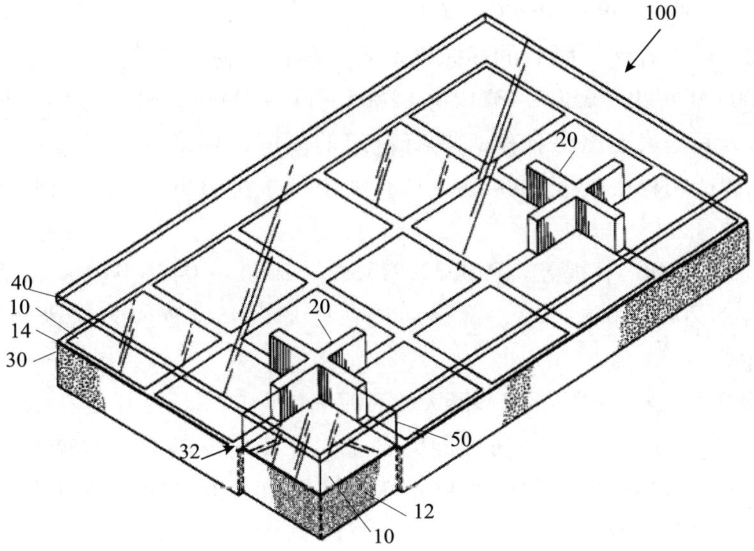

图6－5－17　US20040224432A1 附图

JVC 在 2005 年提出 JP2006267415A（2005－03－23），公开了显示区域内部的柱状间隙物的总面积 S_1 与由像素电极和像素电极间隙组成的像素区域面积 S_2 的比率设定为 0.007（%）$\leqslant S_1/S_2 \leqslant$ 0.027（%）。

2）仅在像素区域的周边区域设置间隔件的专利技术

索尼公司在 1999 年提出 JP2001066642A（1999－08－25），公开了在至少一个基板的显示区域和外围区域之间形成台阶 S1，使得设置在显示区域中液晶的厚度被控制为≤2μm，并且设置在外围区域中黏合剂的厚度被控制为＞2μm，封框胶厚度大于液晶层厚度。

索尼公司在 2003 年提出 JP2004333986A（2003－05－09），公开了采用不同功能的双层密封结构形成均匀盒间隙。

JVC 在 2004 年提出 JP2006184483A（2004－12－27），公开了在外周形成间隔物部分 18、黏合层 20；间隔部分具有延伸部分 30，形成调整液晶量的通路（参见图6－5－18）。

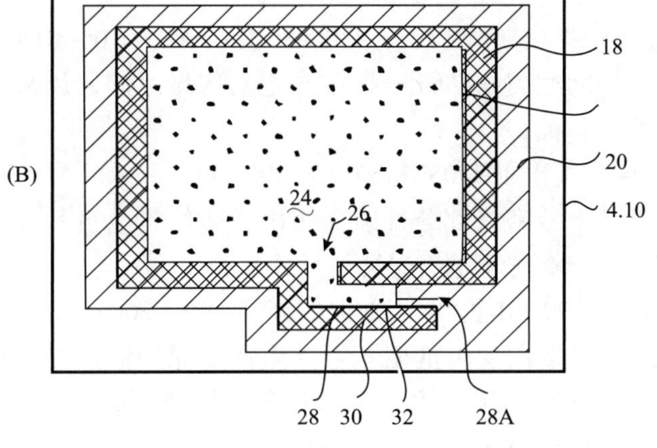

图6－5－18　JP2006184483A 附图

索尼公司在2005年提出JP2006350045A（2005－06－17），公开了在显示区域的周边设置缓冲区域可以容纳膨胀后的多余液晶量，从而维持液晶盒均匀间隙。

JVC在2005年提出JP2007148212A（2005－11－30），公开了环形挡板部分与半导体衬底和透明衬底的表面之一接触，具有特定的高度，环形密封部分包围挡板部分并与半导体衬底和透明衬底的表面接触，具有大于挡板部分的高度，因此形成容纳多余液晶量的缓冲区。

索尼公司在2006年提出JP2007279173A（2006－04－04），在2007年提出JP2008281727A（2007－05－10），都是通过在硅基板上设置应力层来防止基板翘曲，维持均匀盒间隙。

JVC在2007年提出JP2008224925A（2007－03－12），公开了在液晶填充过程之后，测量驱动基板和透光基板之间的静电容量，在测量的同时，根据静电电容的测量值调整驱动基板和透光基板之间的距离，从而通过改善液晶层厚度（单元间隙）的均匀性来大幅改善图像质量。

JVC在2009年提出JP2010181738A（2009－02－06），公开了间隔物具有绝缘层，导电层设置在绝缘层的孔中并与引出电极接触。

索尼公司在2017年提出CN108604033A（2017－01－17），公开了通过调整硅基板形状，使其厚度从中心部到外围部稍微增加，顺应透明基板的变形来获得均匀盒间隙。

AGC株式会社在2017年提出CN109562979B（2017－08－01），公开了选择热膨胀系数与硅基板的热膨胀系数相近的玻璃基板，因此在与硅基板贴合及其后的热处理工序中，能够抑制由热膨胀系数的差引起的残留应变、翘曲的产生。

奇景光电在2019年提出CN11198460A（2019－09－10），公开了框胶和导电层均设于周边区域的凹槽部分，因此液晶有自由设计度，多余的液晶可容纳于凹槽，从而保持均匀盒间隙。

奇景光电在2020年提出US20210116731A1（2020－12－24），公开了显示面板的密封剂在连续图案中具有各种宽度，显示面板包括与密封剂接触的疏水表面，限制密封胶的墨滴；导体至少部分地设置在密封胶的外边缘上的凹部内。

（4）防污染技术

奇景光电在2003年提出TW（CN）I306530B（2003－10－01），公开了一框胶环绕于主动区域之外，一间隙支撑体设于框胶与主动区域之间，用来避免框胶污染液晶分子层以及支撑该第一基板。

索尼公司在2004年提出JP2005274665A（2004－03－23），公开了像素电极和金属膜形成在像素电极基板上的密封部分外表面之内，使像素电极和金属膜不暴露在空气中，能够确保防潮性并能够防止电极侵蚀。

奥罗拉系统公司在2005年提出US20060256267A1（2005－05－10），公开了包括液晶取向层和形成在液晶取向层上的阻挡层。阻挡层保护液晶配向层免受由于杂质的吸附和/或吸收引起的污染。可以使用硅烷或硅氮烷试剂形成阻挡层，而且在形成阻挡层之前或代替形成阻挡层，对液晶取向层的表面进行等离子体清洁。

索尼公司在2006年提出CN1815317A（2006-02-05），公开了用UV射线固化黏合剂，之后再以高于该黏合剂的玻璃态转变点的温度加热该黏合剂，由此增强在黏合剂与衬底之间的黏合力，达到密封效果。

JVC在2007年提出JP2008216777A（2007-03-06），公开了在第一基板和第二基板的第一密封区域和第二密封区域中具有凹槽，从而增强接合强度和密封性，防止湿气等渗透。

JVC在2007年提出JP2008250120A（2007-03-30），公开了包含二氧化硅的防潮层32沿着密封部分的周边部分设置，以便覆盖密封部分的外周表面。

奇景光电在2009年提出CN102053432A（2009-10-27），公开了配合倾斜蒸镀的工艺，在周边区域环绕配向层设置框胶，防止配向层接触外界被污染。

奇景光电在2010年提出CN102147542A（2010-02-08），公开了以透明基板上具有开口的光掩模对配向层进行准分子激光制作工艺，使准分子激光照射并熔融配向层对应于开口的部分，使透明基板上的凸起贯穿配向层的开口，然后移除透明板与光掩模层，将框胶设于基板凹槽，阻隔外界环境中的水气。

JVC在2011年提出JP2012168348A（2011-02-15），公开了密封部具有包括强黏性密封材料、高柔性密封材料和强黏性密封材料的连续层叠结构。

奇景光电在2019年提出US10831073B1（2019-12-03），公开了设置并电耦合在电极层和基板之间的导电黏合剂；阻挡层邻近导电黏合剂设置在所述电极层和所述晶片之间，以阻挡导电黏合剂的颗粒进入电极层和晶片之间的位置。

豪威科技在2021年提出CN113534542A（2021-07-14），公开了将液晶的注入孔设置在玻璃基板上，注入口贯穿玻璃基板，液晶盒的厚度与注入口的宽度相互独立，不再相互牵制影响，避免盒厚变大带来的增加污染物进入空腔内的风险，提升硅基液晶显示屏的制造良率。

（5）生产设备

硅基液晶显示屏面板的生产制造与生产设备密不可分。

2001年奇景光电提出TW（CN）I289696B（2001-06-12），公开了能提供均匀压力的治具，从而保持均匀的单元间隙宽度，以防止牛顿环并显示优异的图像质量。

2001年JVC提出JP2002350875A（2001-05-29），公开了一种制造装置，其第二测量机构在停止施加压力之后测量单元间隙，紫外线照射机构在单元间隙的均匀性进入规定范围时照射密封剂来硬化所述密封剂，密封剂浸渍量测量机构测量液晶注入孔中的密封剂的浸渍量。

JVC在2001年提出JP2003005197A（2001-06-26），公开了生产设备在真空下临时对准两个基板，同时挤压并保持它们，并用外周密封剂形成密封空间；通过按压两个衬底直到获得期望的单元间隙，测量基板的盒间隙，通过用紫外线照射对准基板来执行正式对准。

JVC在2003年提出JP2005165136A（2003-12-04），公开了可以尽可能地提高制造成品率的装置，移动机构能够通过相对于透明电极基板水平移动的像素电极基板来对准像素电极基板和透明电极基板，位置控制装置控制移动机构，使得透明电极基板的先前检测到的缺陷部分被定位成对应于与像素电极基板的图像显示无关的显示不相关区域。

JVC 在 2005 年提出 JP2007093691A（2005－09－27），公开了在检查半导体晶片和板状透明基材之后，执行质量决定并指定 NG 位置，从半导体晶片分割的多个半导体基板中挑选出优异的半导体基板，并且将优异的半导体基板黏附到仅形成在透明基材的 NG 位置之外的密封部。

JVC 在 2006 年提出 JP2008016604A（2006－07－05），公开了两种厚度的切削刃和轮廓保护树脂层。

长江力伟在 2011 年提出 CN102305978A（2011－08－31），公开了一种封装设备，一边压挤硅基液晶屏达到规定的硅晶圆与氧化铟锡玻璃之间的间隙值而成型，一边对图案框胶进行紫外曝光固化。

长江力伟在 2013 年提出 CN203376538U（2013－07－18），公开了点胶设备中，Z 滑块、X 滑块及载物平台的相对运动控制点胶装置绘制框胶图案，与玻璃基板表面无直接接触；同年还提出 CN203376534U（2013－08－07），公开了一种优化的贴合机构，对平台、贴合系统、移载系统进行了优化设计和调整，减小了累计误差。

JVC 在 2013 年提出 JP2015050264A（2013－08－30），公开了一种多片加工制造装置，以高生产率制造贴合基板。

豪威科技在 2016 年提出 CN107688249A（2016－08－05），公开了一种测试平台，针对影像测试板及转接板难以对准的问题，采用智能接触判断；同年提出 CN107688248A（2016－08－05），针对需要不同尺寸的转接器调节镜头位置的技术问题，公开了采用伸缩转换器。

JVC 在 2018 年提出 JP2019159180A（2018－03－15），公开了当布置掩模时，基板中的凹部周围的部分与掩模接触；通过使用氧等离子体对取向膜进行灰化处理来图案化取向膜；使用氩等离子体经由掩模对通过灰化处理而氧化的电极单元进行蚀刻处理，从而可以抑制掩模的翘曲和变形并提高产量。

2019 年慧新辰提出 CN211412554U（2019－10－18），公开了硅基液晶显示屏点胶恒温控制装置，点胶作业过程中，恒温结构环绕包围点胶阀，且根据划线点胶作业需求，设定划线点胶阀所需恒温的温度；CN211424971U（2019－10－18）公开了干燥装置，盖板设有红外加热板以及温度检测器，红外加热板与输送结构之间形成干燥空间；CN210966172U（2019－10－18）公开了硅基液晶显示屏生产设备的洁净装置，对洁净吹淋结构的优化设计。

图 6－5－19（见文前彩色插图第 2 页）为封装技术的分支和发展路线。封装技术主要从散热、防污染、封装设备、导电体连接、实现均匀盒间隙几个方面进行分析。其中保持均匀盒间隙是保证显示质量的关键，在早期曾出现过在显示区域内部设置间隔件的方案，但后来主流的方案都是只在外围边缘区域形成间隔件，结合封胶结构、应力层、液晶量、基板厚度和形状设置等手段来维持均匀盒间隙，以保证开口率和显示质量。

第7章　Pancake专利技术分析

7.1　Pancake概况

Pancake光学方案又名折叠光路方案，属于虚拟现实短焦光学方案中的一种。Pancake没有明确的定义，尺寸标准没有统一规定，得名主要源于其形状薄如“薄饼”(pancake)。Pancake压缩了虚拟现实光学总长，使得虚拟现实眼镜厚度大幅降低，是当前虚拟现实头显轻量化的最佳选择；通过调整透镜组位置来直接调节屈光度，极大地方便近视用户。Pancake方案的用户双眼视场角超200°。目前Pancake方案工艺成熟，成本可控，可以实现大规模的量产。

7.1.1　技术发展概况

Pancake光学方案是基于反射偏振采用多镜片折叠的光路设计，一般包括反射偏振镜、四分之一波片和反射偏振片，光路原理参见图7-1-1。基于Pancake技术方案的虚拟现实眼镜，图像源进入半反半透功能的镜片之后，光线在镜片、相位延迟片以及反射式偏振片之间多次折返，最终从反射式偏振片射出。此种光学方案，能极大地缩小产品体积，是超短焦光学的主要解决方案。

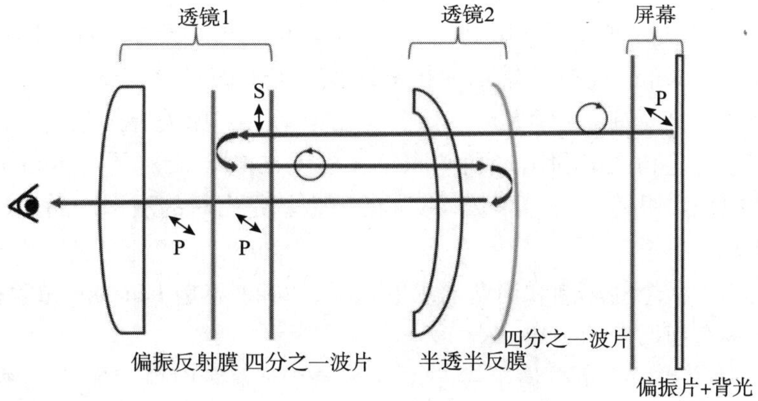

图7-1-1　Pancake光路原理图

Pancake可以细分为两片式和多片式折返方案。其中两片式折叠光路技术生产路线较为成熟，成本可控且成像效果较好，是目前短焦光学方案的主流选择；多片式折返方案利用微显示屏以及更多的镜片堆叠来设计光路，由于相比两片式折返方案，在结构上更加紧凑，因此光学模组体积更小，但是多片式折返方案采用的光学镜片更多，导致组装及镀膜难度更大，较难量产。

根据光学设计方案，贴膜的方式主要包括曲面贴膜和平面贴膜两种。平面贴膜工艺难度较低，但是会牺牲部分光学性能和成像质量。曲面贴膜工艺通过事先制备好的平面膜层，然后通过热弯成型技术使其成为特定的二维曲面，贴于透镜表面。曲面贴膜可以带来更大的视场角和更优质的成像质量，但是曲面贴膜工艺难度较大，容易边缘褶皱和翘起，良率低。由于工艺要求高，膜供应商3M创新等开始推出了贴膜交付方案。

Pancake的光学结构发展于20世纪90年代，通过将偏振引入光路，并且利用PBS具有透射P光反射S光的效果，搭配偏振转换元件，使系统理论效率提升到 $(1/2)^2$ 即1/4，同时也显著改善了图像对比度。但当时受限于虚拟现实/增强现实技术的发展，其并没有真正应用于近眼显示技术中。

2015年开始，为虚拟现实设备"减重"的短焦光学方案就已经有相关产品出现。虽然采用了短焦光学，却舍弃了六自由度（Six Degrees of Freedom，6DoF）空间定位以及计算单元，以分体形态呈现。这种产品形态限制了设备的应用场景，同时难以摆脱线缆束缚。因此，所有虚拟现实硬件公司攻坚的方向，也就转向了能够实现真虚拟现实体验的短焦光学虚拟现实一体机。

2015年eMagin展示了一个极其紧凑的基于Pancake光学方案的虚拟现实头显原型设计。2016年，国内厂商多哚推出首款基于Pancake方案的虚拟现实头显。

2017年美国Kopin公司展示了类似的基于微显示器的Pancake光学设计。

2019年，虚拟现实科技推出第一款基于Pancake的消费级虚拟现实眼镜X1，脸谱提交了Pancake透镜型显示组件的有源对准专利申请，并由美国专利商标局公布。同年，华为也正式推出基于Pancake光学的消费级产品华为VR Glass。

2020年，小鸟看看展示了利用Pancake方案的虚拟现实产品PicoVR Glass。

2021年6月，Kopin宣布已成功为扩展现实（Extended Reality，XR）开发出具有突破性能的全塑料Pancake光学元件。该公司已申请了三项关于全塑料Pancake光学元件的设计、制造工艺和系统利用专利。同年，松下在CES展示了与Kopin合作开发的首款紧凑型虚拟现实眼镜，而"MeganeX"的原型就是当时的演示产品，该头显原型使用Pancake结构。

得益于元宇宙概念的热潮和消费需求的增长，2022年是Pancake光学在6DoF虚拟现实一体机市场全面爆发的一年。

2022年3月，苹果公司申请了关于Pancake光学方案虚拟现实头显纳入眼动追踪系统的专利，并由美国专利商标局公布。

2022年5月，露熙科技官宣其Arpara AIO虚拟现实一体机正式在国内开启预售，Arpara AIO 5K虚拟现实一体机采用的是超短焦Pancake折叠光路技术。

创维于2022年7月25日推出国内首款Pancake超短焦虚拟现实一体机。

2022年7月12日，鱼微阿科技推出虚拟现实眼镜YVR2，它也成为全球首发的Pancake超短焦光学方案的虚拟现实眼镜。

此外，2022年9月，脸谱发布的Oculus Pro也使用了Pancake方案，同时苹果公司即将发布的混合增强头显也将采用Pancake方案。

英伟达公司（NVIDIA）和斯坦福大学联合研制的Holographic Glasses for Virtual Reality也采用了Pancake元件。相干光耦合进入光波导并以θ_c耦合射出，耦合射出的光经过起偏器后变成线偏光，被SLM调制后以衍射角θ_s向用户方向射出，重新射入光波导并经过四分之一波片，四分之一波片用于将线性偏振输入光转换为几何相位（Geometry Phase，GP）透镜所需的右旋圆偏振（Right Circular Polarization，RCP）光。GP透镜进而将RCP光转换为左旋圆偏振（Left Circular Polarization，LCP）光。

由此可见，Pancake光学方案自从进入虚拟现实之后，就获得了业界的重视，并不断改进，各终端厂家不断推出搭载该方案的产品，呈现出非常高的技术热度。

7.1.2 产业概况

Pancake光学模组生产包括光学设计、透镜加工、透镜镀/贴膜、组装、检验（包括点亮检验、调整其他检验等步骤）和封装六个流程，参见图7－1－2。

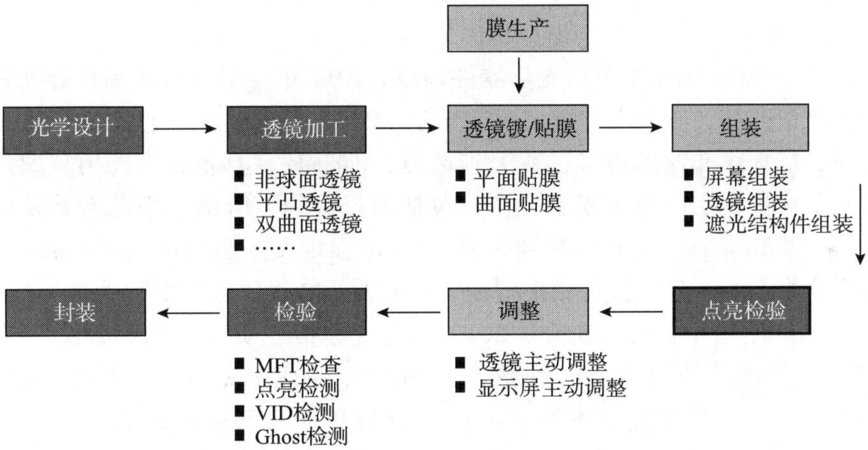

图7－1－2 Pancake光学模组生产技术流程

Pancake元件中，光学膜成本占整体的70%左右，反射偏振膜和四分之一波片的质量以及贴膜的工艺是成像质量的关键因素。2022年，能够用于Pancake模组的达标反射式偏振膜和四分之一波片的供应商以海外为主，包括3M创新、旭化成等，成本高昂，一组透镜的贴膜材料成本达到70～100元。

从整个产业链来看，当前拥有Pancake相关专利或产品的厂商主要分为几种类型：光学厂商、屏幕厂商、整机厂商、设计代工（Original Design Manufacturer，ODM）厂商、生产代工（Original Equipment Manufacturer，OEM）厂商、膜材厂商等，具体总结如下。

关于光学厂商：早期在光学设计、加工等方面有长期的经验积累和优秀研发设计的团队，例如舜宇光学、欧菲光、多哚、惠牛、耐德佳、水晶光电、双莹、多普光电、鸿蚁光电等。

关于屏幕厂商：这类厂商生产微型高分辨率的屏幕，例如美国硅基 QLED 厂商 Kopin，中国硅基 OLED 厂商视涯、华星光电等。

关于整机厂商：包括脸谱、小鸟看看、华为以及苹果公司，企业实力雄厚，研发投入大，能够进行关键技术的自研和预研。

关于 ODM/OEM 厂商：例如歌尔股份、立讯精密等企业，基于整机方案设计和生产制造能力，从整机往上游核心零部件延伸，也拥有相关的 Pancake 专利和成品模组。

最后一种则是手握 Pancake 核心部件——膜材厂商，其反射偏振膜是目前 Pancake 模组厂商难以绕开的关键技术，以美国的 3M 创新为代表，其也联合华硕推出了基于 Pancake 方案的虚拟现实参考设计。

虚拟现实光学产业资本投入大、研发周期长、技术壁垒高，因此拥有较高的进入门槛。目前全球内能够提供高性能光学方案的企业仅有少数几家，而虚拟现实设备对高性能光学方案需求量大，因此虚拟现实光学方案供应商有较大的议价权。头部光学方案供应商量产经验丰富，有相对稳定的供应链和产品定制能力，具备较强的竞争力。

歌尔股份于 2012 年开始布局光学器件领域，2017 年与中国科学院长春光机所合作建立歌尔长光研究院，布局虚拟现实高端光学。2020 年投入 11.1 亿元用于虚拟现实光学模组项目，能提供非球面透镜、菲涅尔透镜、Pancake，具备量产能力。歌尔股份与全球几家头部虚拟现实厂商达成了合作，包括索尼公司、脸谱、小鸟看看及华为。据该公司公告，2021 年该公司在中高端虚拟现实/增强现实产品的市场占有率已达 80%。该公司拥有众多专利、代工优势和虚拟现实行业龙头合作伙伴，持续受益于行业发展。

舜宇光学专注于光学领域研究，2017 年实现虚拟现实菲涅尔镜片的量产，2021 年完成双菲涅尔镜片的研发并实现量产，2022 年完成 Pancake 一体化方案的研发，已实现量产。该公司作为光学方案核心供应商供货于头部虚拟现实厂商。舜宇光学有多年光学方面的积累，在技术研发、结构件、规模化和自动化生产有较大优势，业内口碑良好。

Kopin 是一家微型显示器厂商，致力于研发扩展现实行业的显示模组和光学元件，并推出了全塑料 P95 Pancake 光学模组。据映维网报道，Kopin 定制的 Pancake 光学器件将与该公司的 LCD 结合，作为关键部件供给美国陆军“武器瞄准具系列”（FWS－I）热瞄准系统。

3M 创新从 2017 年开始研发 Pancake 方案，2021 年与华硕合作开发了一款短焦光学一体机 VX6。设备采用 3M 创新研发的新型折叠光学透镜组件，内置曲面玻璃透镜和 3M 创新独有的高锐度反射偏振器（High Acuity Reflective Polarizer）。3M 创新研发的新型 Pancake 镜头有更高的分辨率、透过率和更宽的视场角，能为用户提供更舒适的体验。3M 创新在 Pancake 领域先进的研发和生产能力是其核心竞争力。

7.2 Pancake专利申请趋势和未来发展

本节将从Pancake的专利申请趋势来进行分析，并对未来的发展作出预测。

7.2.1 全球专利总体趋势及预测

如图7-2-1所示，截至2022年10月31日，全球Pancake专利申请总量474项。Pancake领域专利申请量总体呈现增长态势：以2015年为节点，2000~2015年申请量较少，专利申请量增长缓慢，从2015年开始申请量大幅攀升，进入快速增长期。究其原因，2015年可谓是元宇宙爆发年，这一年新成立了很多初创公司，资本投入也很多，元宇宙的风潮，也引发了对于Pancake的研究热潮。2015年eMagin推出的基于Pancake光学的虚拟现实头显原型设计更可谓是引爆了Pancake市场化的热点。随着投入和研究的增多，申请量上升。2019年随着虚拟现实科技推出第一款基于Pancake的消费级虚拟现实眼镜X1，华为也正式推出基于Pancake的消费级产品华为VR Glass，脸谱提交了Pancake透镜型显示组件的有源对准专利申请，产品与专利相互促进，应用有了更多的市场，研究有了更多的突破。

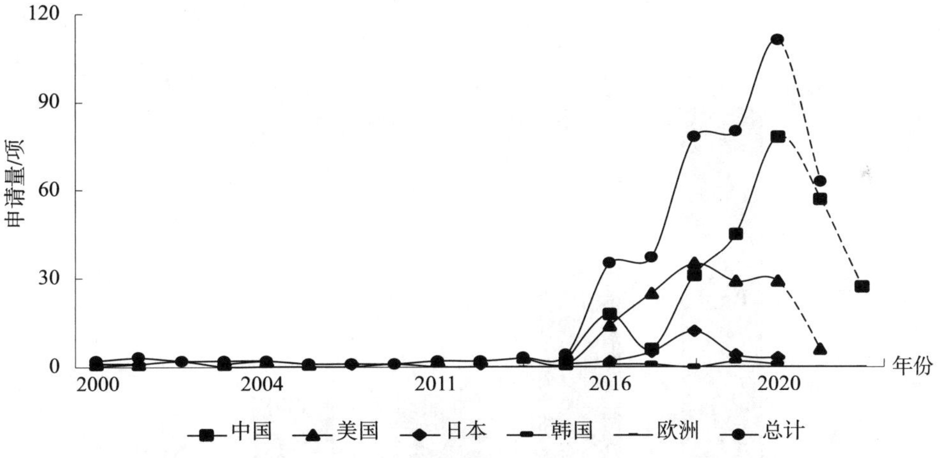

图7-2-1 Pancake全球专利申请趋势

2022年虚拟现实巨头所发布的两款新品Pico 4和Oculus pro均搭载Pancake光学方案，Pancake随之真正进入了商用领域，相信未来的市场份额会越来越大，申请量也会持续增长。

其中，美国的申请趋势也是以2015年为节点，2015~2018年持续增长，2018年之后年申请量有所回落。日本的发展趋势与美国类似，也是在2018年之后有所回落。

从图7-2-2中可以看出，Pancake全球专利来源地主要有中国、美国和日本，其中来自中国的专利申请占56%，来自美国的专利申请占33%，来自日本的专利申请占9%。由此可见，中国在Pancake领域的创新研发活动最为活跃，不仅申请量占一半，而且申请人的数量也较多，进入 Pancake 市场的创新主体快速发展。而美国作为主要的专利来源地之一，贡献了近 1/3 的专利申请量。这与整个近眼显示产业的专利来源地分布也相吻合，体现出中国创新最为活跃，美国创新实力较强的特点。

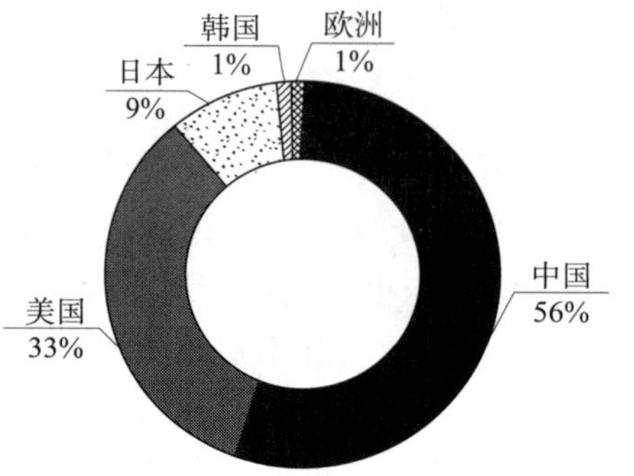

图 7-2-2　Pancake 全球专利申请来源地分布

从图 7-2-3 来看，在中国进行布局的专利申请数量最多，共占 46.4%，其次是美国，共占 26.1%，再次是日本，共占 11.2%，这与虚拟现实产品的市场活跃程度具有相关性。中国目前是虚拟现实产品最大的市场，也是 Pancake 应用最多的市场。

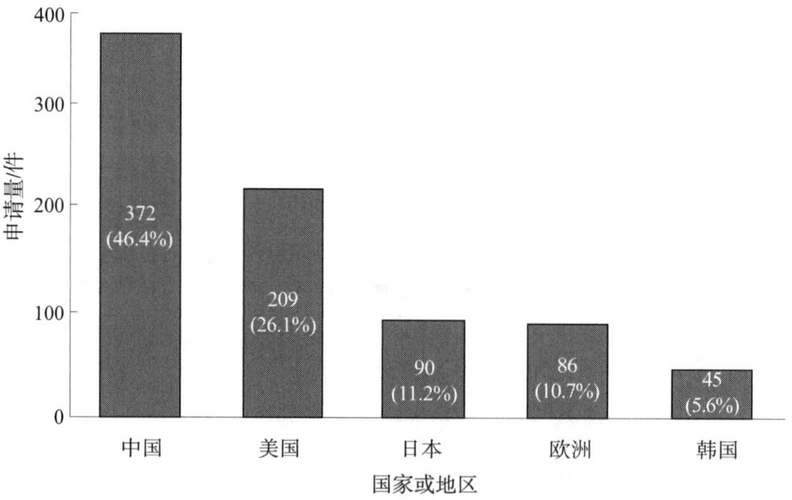

图 7-2-3　Pancake 全球专利申请目标市场分布

从图 7-2-4 来看，Pancake 全球申请量最多的申请人是脸谱，共计 82 项，其次是歌尔股份，共计 68 项，这两家申请人的申请数量较多；再次是双莹，相对而言，申请量总量较低，为 24 项，紧随其后的申请人是 3M 创新，为 17 项；位于前十的申请人还包括多哚、惠牛、舜宇光学、精工爱普生、谷歌、夏普和鸿蚁光电。在全球排名前 20 的申请人中，来自中国的申请人占据了半壁江山。

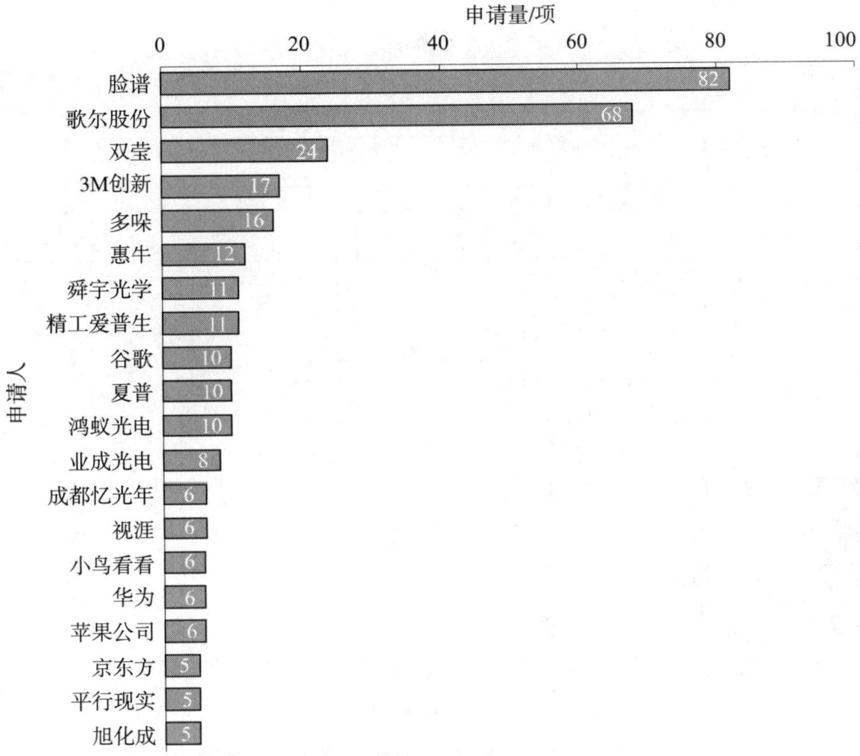

图7－2－4 Pancake全球专利申请人排名

如图7－2－5所示，申请量最高的技术分支是光路结构，占总申请量的68%；其次是关于膜层的改进，占总申请量的11%；有关焦距调节的申请量占7%，其比例与扩展应用技术分支所占的比例相同。还有眼动追踪技术分支占4%，制造方法占3%。

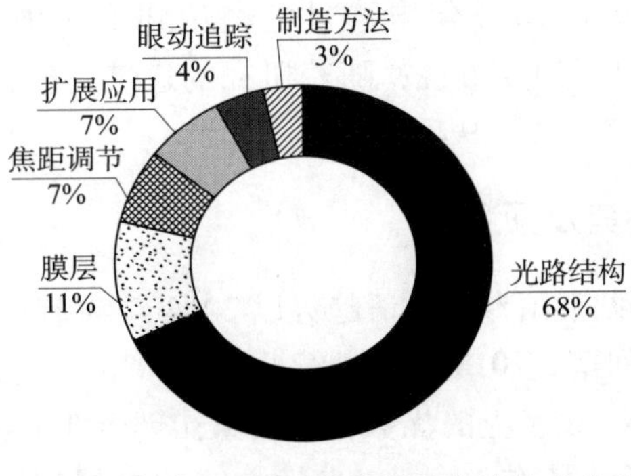

图7－2－5 Pancake全球专利申请技术分支

进一步根据图7－2－6来分析各个技术分支的申请趋势，可以看到，光路结构的专利申请集在2018～2020年，尤其2020年达到申请量的峰值，共计72项，其次是2019年，共申请了53项，再次是2018年，共申请了48项；并且，申请年份也较早，2000就开始了有关光路结构的专利申请，此后持续有申请人对此技术分支进行研究。

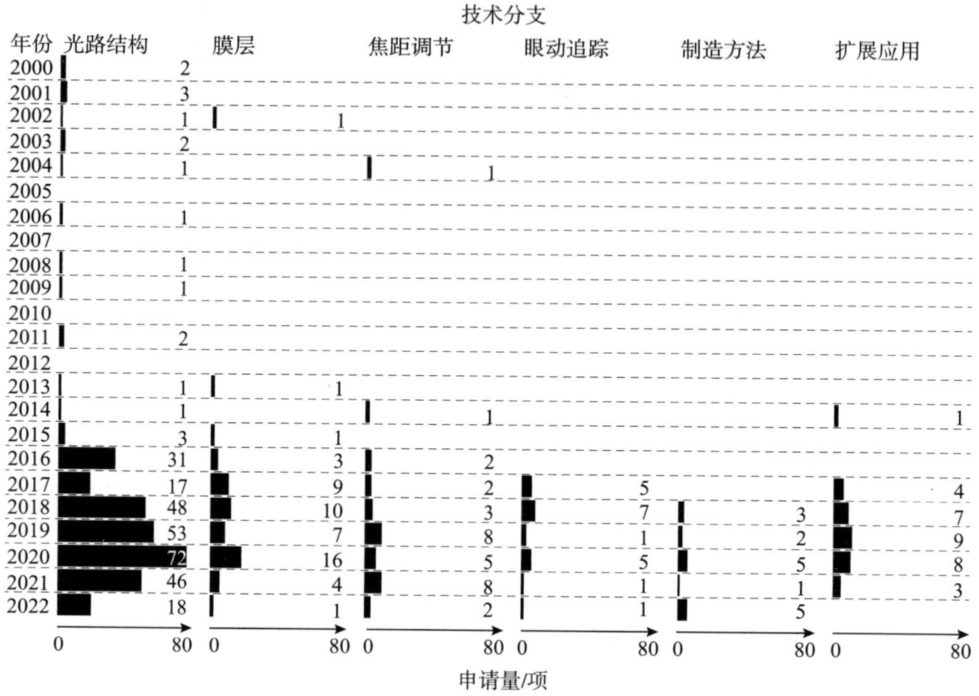

图7-2-6 Pancake技术分支全球专利申请趋势

有关膜层的申请量最多的一年同样也是2020年，焦距调节申请量最多的年份则为2019年和2021年，有关眼动追踪申请量最多的一年是2018年，制造方法这一技术分支开始申请的时间较晚，直到2018年才出现了有关制造方法的申请，制造方法申请量最高的一年是2020年。值得注意的是，虽然由于公开的延后，2022年数据准确性受到影响，但制造方法已公开的2022年申请量已经达到了5项，与2020年齐平，可见2020年有关制造方法的申请颇受重视，随着研究的进展，获得了新的突破。扩展应用的申请量在2019年为最多，共计9项。

7.2.2 中国专利总体趋势及预测

参见图7-2-7，可见中国专利申请趋势以2014年为节点，在2015年达到一个小高峰，随后2016年有所回落，2018年又继续冲高，2020年达到申请量的顶峰。

相应地，由于Pancake技术上的优势，在各家初创企业的技术研发下，国内也有多家虚拟现实企业研发出了装备有Pancake光学方案的虚拟现实一体机。随着各种搭载Pancake的消费品推出，可以想见中国市场上Pancake技术正在逐渐成熟，未来将会有越来越多的产品采用Pancake光学方案。中国巨大的制造业优势，也会使得Pancake技术真正落地。

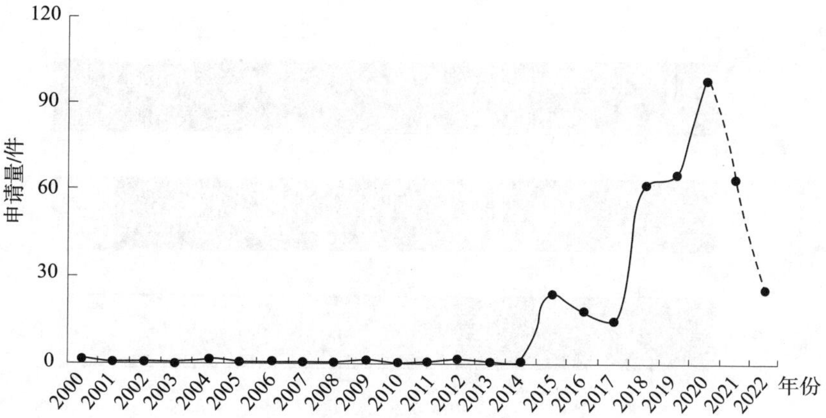

图7－2－7　Pancake领域中国专利申请趋势

从图7－2－8来看，来自中国的专利申请，有效专利占50%，是所有来源地中最高的，可见来自中国的专利申请不仅数量多，而且质量有保障；其中在审的占41%，意味着未来还有很大的发展优势。来自美国的有效专利占38%，在审的占56%，发展情况也很乐观；来自日本的有效专利占44%，在审的占39%；来自韩国的有效专利占50%，在审的占50%，这些均体现了Pancake的发展特点。

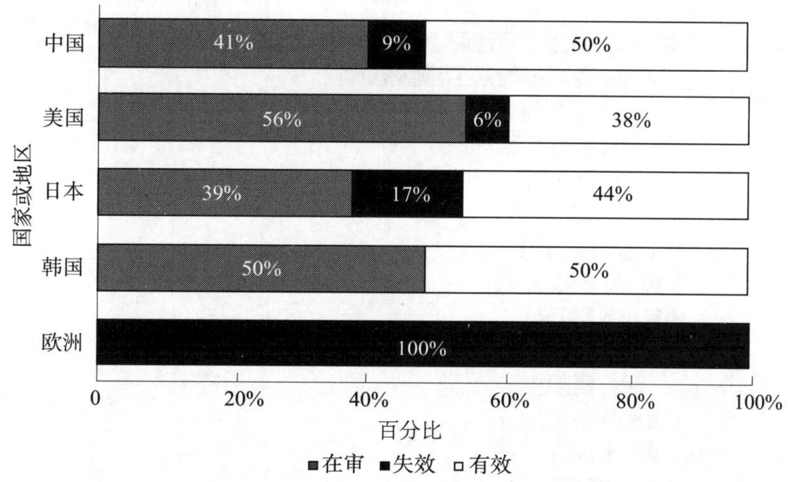

图7－2－8　Pancake中国专利申请主要来源地法律状态

图7－2－9所示，中国有效申请中，发明专利占29%，实用新型专利占60%，一定程度上体现了Pancake领域中国专利质量仍需进一步提升，有效发明专利占比不够高。在审的发明专利申请占70%，在审的PCT发明专利申请占30%，这体现了Pancake作为新兴领域，企业重视全球布局。

图7－2－10展示了Pancake领域中国专利申请人排名，排名第一的是歌尔股份，共69件，其次是3M创新，共41件，再次是脸谱，共37件。歌尔股份以绝对优势占据了Pancake申请量的第一名，在Pancake设计、生产、制造领域均有一定的布局。

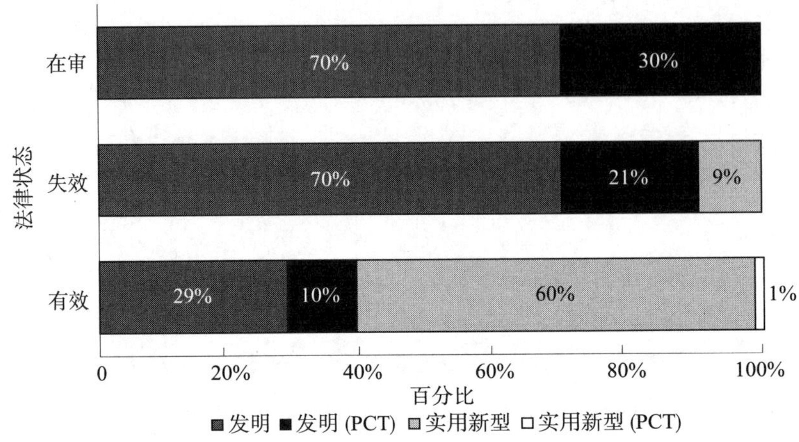

图7-2-9 Pancake中国专利申请类型及法律状态

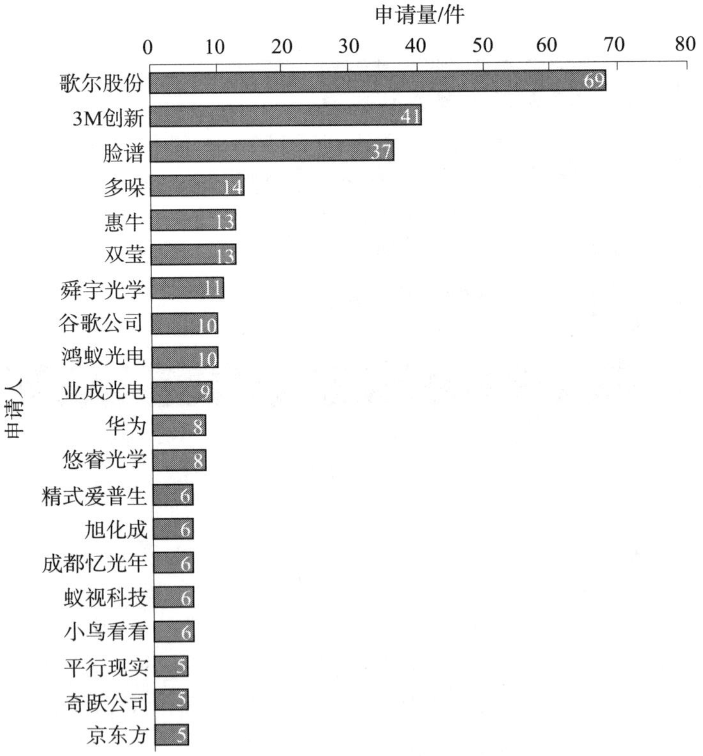

图7-2-10 Pancake领域中国前20位专利申请人排名

7.3 Pancake主要技术创新区域

7.3.1 全球

如图7-3-1所示，Pancake全球主要的技术创新区域为中国和美国。这与元宇宙、虚拟现实/增强现实设备的整体创新区域的活跃程度是分不开的。整个产业的创新，带动了Pancake技术的创新与发展，而Pancake的创新又进一步提升了虚拟现实/增强现实设备的可用性和市场占有率，促使了元宇宙产业的发展与繁荣。

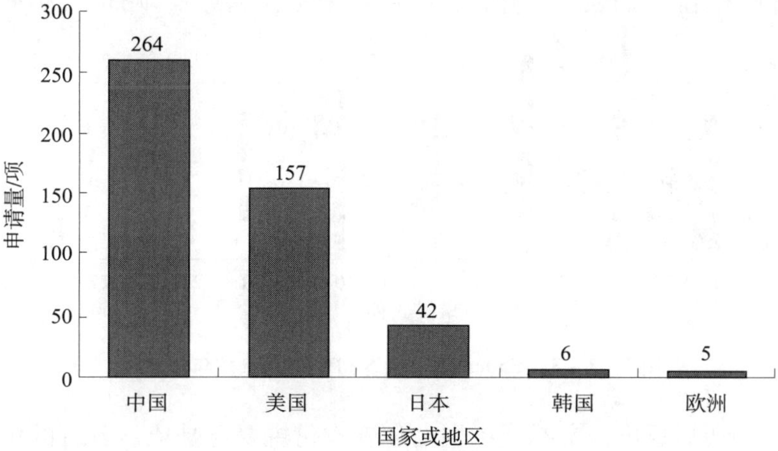

图7-3-1 Pancake全球专利申请来源地

具体分析各主要来源国家或地区的技术分支分布，如图7-3-2所示，美国的研究重点在光路结构、膜层、焦距调节、眼动追踪、扩展应用方面，而中国的研究重点在光路结构、焦距调节、制造方法和扩展应用方面。对比可以看出，美国在膜层上非常具有技术优势，这主要是因为美国的3M创新在膜层领域居于领先的独家地位。同时美国在眼动追踪方面也具有优势。相对而言，中国的优势则在于光路结构和制造方法上，体现了国内企业的创新方向。

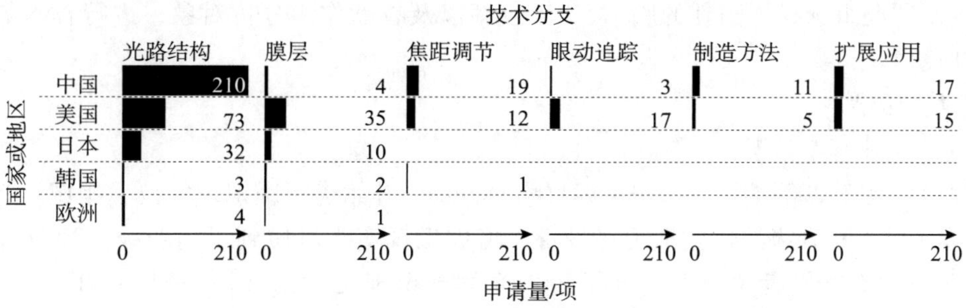

图7-3-2 Pancake全球专利申请主要来源地技术分支分布

7.3.2 中国

中国的主要技术创新区域主要在山东、广东、浙江、上海和北京几个省份。从图7－3－3可以看到，在几个主要创新省份中，广东开始申请的年份最早，其次是浙江；山东的总申请量最高，主要是因为歌尔股份在山东；广东在2020年突然有了爆发性增长，主要是惠牛这一年的申请量较高；北京的申请量高峰出现在2018年，这一年主要是鸿蚁光电参与了市场竞争；浙江则整体呈平稳态势；上海的申请量逐年稳步增长。

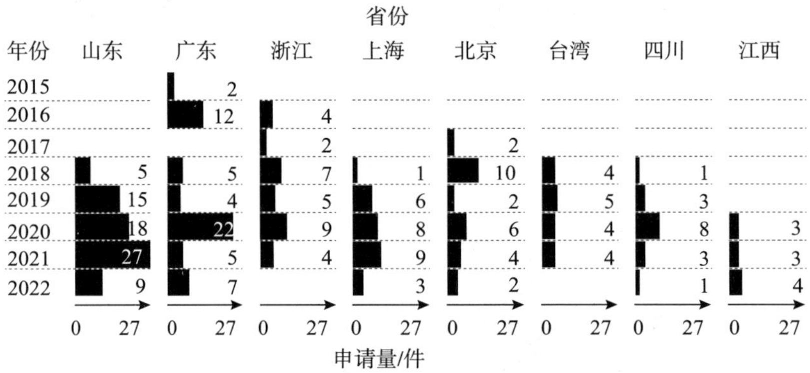

图7－3－3 Pancake中国专利申请省份按年迁移图

从以上分析可以看出，实际上中国的创新省份主要还是依靠各自的优势企业。在如今各地均出台了各种产业促进政策的前提下，成功的优势企业能够带动整个行业的发展，形成聚集性优势。

7.4 重点申请人专利布局分析

7.4.1 国外重点申请人

为了进一步了解国外企业的专利技术情况，结合产品情况、专利申请量以及市场关注度，课题组选择了国外的脸谱、3M创新以及谷歌作为分析对象，进行技术的详细分析和比对。

7.4.1.1 脸谱

（1）企业基本情况

脸谱创建于2004年，于2014年收购Oculus，开始进军虚拟现实技术领域。脸谱收购Oculus后不断升级迭代虚拟现实设备，将虚拟现实头显做到了消费级。2019年，脸谱在Connect 6开发者大会上公开了短焦光学虚拟现实设备（原型机）：Half Dome 3，其中采用了Pancake结构。2021年脸谱改名为Meta，开始转型元宇宙。Meta Oculus是全球虚拟现实头显设备的主要品牌，2021年Oculus出货量占比高达80%。

（2）企业专利申请情况

脸谱在Pancake领域的全球专利申请总计82项，占同期全球申请量的17.26%；在中国提出专利申请35件，占同期中国申请量的8.86%。图7-4-1显示了脸谱在Pancake领域的全球专利申请趋势。由于2021年的部分专利申请数据存在公开时间上的滞后，因此，申请量有所下降。

1）申请趋势

从全球范围来看，脸谱在2016年前没有Pancake相关专利申请，2014年收购Oculus，借助于该公司在此方面的研究，脸谱由此开启了在Pancake方面的研究。其后申请与Pancake全球的发展趋势基本一致，2016~2018年稳步上升，2019~2020年处于相对稳定状态。图7-4-2示出了脸谱在中国的专利申请趋势。可以看出，脸谱从2017年开始在中国对Pancake相关技术继续进行专利布局，之后基本呈稳定上升趋势，说明脸谱重视中国市场，并不断加强专利布局。

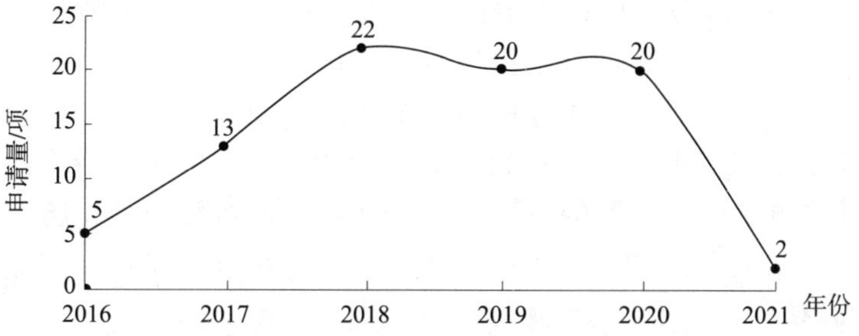

图7-4-1 脸谱Pancake全球专利申请趋势

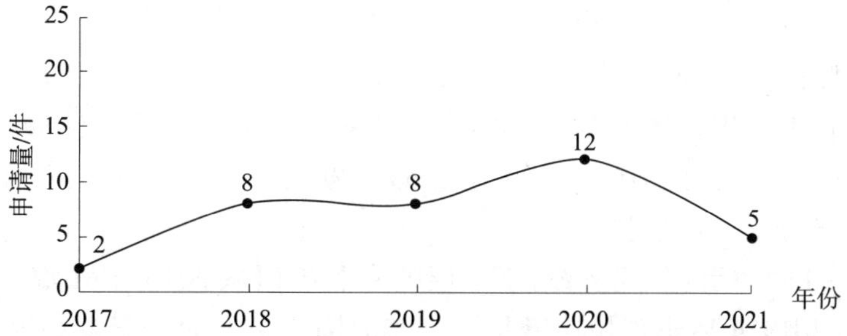

图7-4-2 脸谱Pancake中国专利申请趋势

2）全球专利技术构成

图7-4-3显示了脸谱在全球范围内的Pancake主要专利技术构成。可以看出，脸谱在Pancake领域进行了全面的专利布局，各个技术分支均有涉及，说明其对Pancake技术的研发十分重视，各维度研发全面。

膜层是Pancake的技术核心，也是Pancake结构中成本最高的部分，膜层性能的优劣决定着Pancake结构的成像质量、光学效能、尺寸大小等性能。在全球范围内，脸谱关于膜层方面的改进占33%，占比最高，说明脸谱对核心技术的研发高度重视。

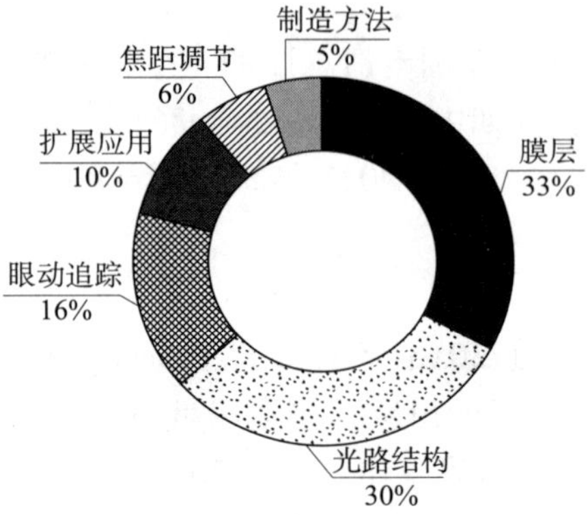

图7-4-3 脸谱全球主要专利技术构成

Pancake光路结构的改进直接关系到其成像质量和光学效能，属于较为传统且易于实现的研发方向。在全球范围内，脸谱关于光路结构改进的占比为30%，仅次于膜层改进，两者之和超过60%，说明脸谱重视对光路结构的研发。

焦距调节的意义一方面在于通过焦距调节适配近视用户，一方面在于通过与眼动追踪技术配合实现动态变焦，缓解视觉调节辐辏冲突，改善由此带来的眩晕问题。因此，其好坏直接影响到用户佩戴的体验感、舒适程度和沉浸效果。脸谱在上述两方面都有研究，两者合起来占比22%，说明脸谱在影响虚拟现实发展的视觉辐辏冲突方面作出了积极的探索。

制造方法，尤其是贴膜方法和透镜装配方法是影响Pancake成像效果的重要因素，配合膜层的研发，脸谱对贴膜方法和透镜装配都有研究。虽然专利申请的数量并不多，仅占5%，但是由于制造方法的申请总量并不多，脸谱的研发相对较早，尤其是针对液晶膜层相关的制造方法来说，其重要性是不言而喻的。

Pancake的扩展应用，代表着今后的发展方向。脸谱在扩展应用方面也进行了布局，在全球范围申请中占比10%，说明脸谱重视发展，为未来的发展进行专利布局。

3）主要技术分支申请趋势

由图7-4-4可以看出，脸谱对于膜层的专利申请从2016年开始，之后一直保持相对大的比例，2019年后出现快速增长。究其原因，一方面在于，2019年以后随着技术进步、生态完善、价格下降等多重因素共同作用，虚拟现实市场需求扩大，脸谱加大了研发力度；另一方面因为脸谱对于膜层的研究不仅包括了常规聚合物光学膜的研究，而且包括了液晶光学膜的研究。围绕光学膜的研究，脸谱对液晶光学膜在Pancake中的应用，包括偏振片、相位延时片和液晶透镜中的应用进行了大量的研究，并对相应的光路结构进行研究。同时，这也说明脸谱不仅重视常规技术的研究，还在积极寻求新的技术路线，以摆脱光学膜方面没有基础专利，受制于人的局面。

从图中可以看出，光路结构的研究一直在脸谱的研发中占有相当的比重。虽然全球范围内基础光路结构的研究日渐成熟，然而由于脸谱大量投入对于液晶膜层的研究，以及液晶膜层在Pancake光路中的大量使用，从而带来对包含此类光学膜的Pancake光路结构的研究，因此脸谱在 Pancake 光路结构方面的申请一直占有相当大的比例。

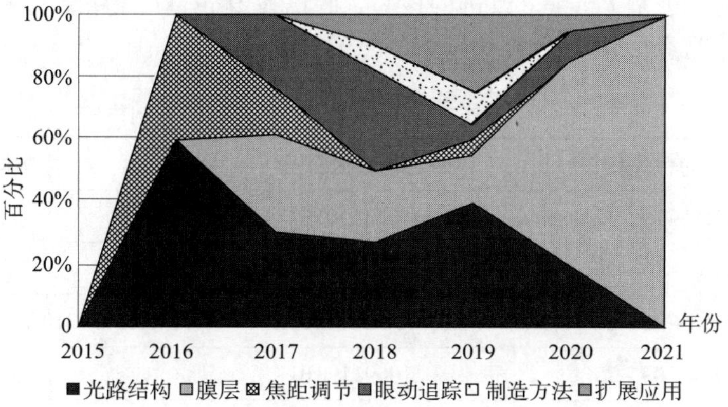

图 7-4-4　脸谱在 Pancake 领域主要研究方向的专利申请趋势

焦距调节和眼动追踪的申请量虽然不是很大，但是由于与其相关的视觉辐辏调节问题是虚拟现实/增强现实产生以来降低用户体验感的顽疾，对于 Pancake 结构也不例外，因此脸谱对于焦距调节和眼动追踪技术的研究，也一直伴随 Pancake 的发展。同时，这也说明脸谱注重产品质量的整体提升，注重用户体验。

4）目标市场

图 7-4-5 显示了脸谱基于 Pancake 技术的专利申请主要目标市场分布。由图可见，脸谱将其本国市场作为主要目标市场，国外市场包括中国、欧洲、日本和韩国等，其中中国是其国外最主要的目标市场，其次是欧洲，韩国和日本也有少量布局。

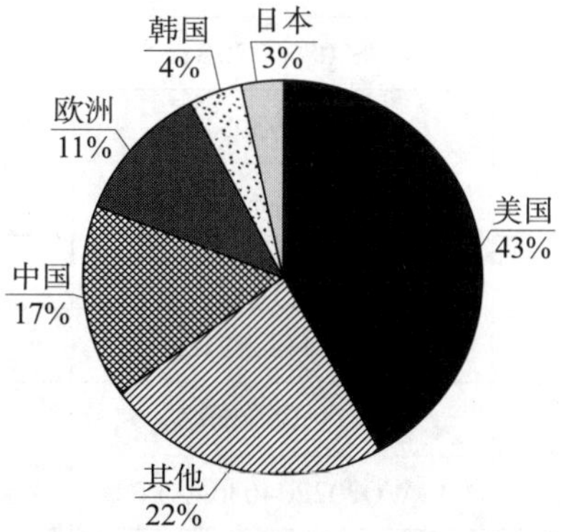

图 7-4-5　脸谱在 Pancake 领域专利申请主要目标市场分布

5）中国专利申请的类型与法律状态

脸谱进入中国的所有专利申请中，有 9% 的申请已经审结，全部获得授权，说明脸谱的专利申请具有较高的申请质量。另外，91% 处于审查状态，有部分申请的同族申请在国外已经获得授权，值得给予关注。

（3）脸谱重点专利申请解析

为了进一步了解脸谱的专利布局情况，下面对其重点专利申请进行解析。

1）有关 Pancake 光路结构方面的专利申请解析

光路结构的改进是 Pancake 改进的核心，脸谱在 Pancake 光路结构方面共申请了 25 项专利。具体情况参见表 7-4-1。

表 7-4-1 脸谱有关 Pancake 光路结构的专利申请

序号	最早的优先权日	专利申请公开号	中国同族
1	2016-10-12	US10394040B2	无
2	2016-10-27	US10416461B2	无
3	2016-03-02	US20170255015A1	CN112987310A　CN108713159B
4	2017-09-21	US10691198B1	无
5	2017-12-12	US10768371B1	无
6	2017-11-20	US11054622B1	无
7	2017-11-27	US10845597B1	无
8	2018-06-22	US10678048B1	无
9	2018-08-17	US11022784B1	无
10	2018-06-04	US20190369390A1	无
11	2018-12-21	US20200200962A1	CN112236712A
12	2019-01-04	US10901217B1	CN111352240B
13	2019-01-25	US10996514B1	无
14	2019-02-19	US10890776B1	无
15	2019-05-29	US11079599B1	无
16	2020-01-06	US20210208389A1	无
17	2019-10-18	US20210116727A1	CN115066639A
18	2020-03-12	US11442272B2	无
19	2020-01-22	CN115066639A	无
20	2020-08-25	WO2022046354A1	无
21	2018-06-07	US11226482B2	无
22	2018-06-18	US11378811B2	CN112534308A　CN112585522A CN112534335A　CN112543880A
23	2019-05-03	US11397329B2	CN112352184A
24	2019-12-04	US20210173134A1	CN114761843A
25	2020-01-22	US11422373B2	CN115066639A

脸谱在光路结构方面的改进涵盖了常规光学部件和液晶材料膜层、非普通透镜等非常规光学部件。为方便起见，此处将包含常规光学部件的改进归为常规光路结构改进，将包含非常规光学部件的改进归为非常规光路结构改进。

常规光路结构的改进方面，主要涉及成像模块的调整和显示模块的调整。

US11226482B2：该申请最早的优先权日为 2018 年 6 月 7 日，于 2018 年 10 月 15 日在美国提出 4 件国内申请，2018 年 12 月 6 日提出 4 件 PCT 国际申请 WO2019236132A1 A1、WO2019236133A1、WO2019236134A1 及 WO2019236135A1，并分别进入中国国家阶段。该项申请的扩展同族专利数量为 24 件，扩展同族被引频次 16 次。技术方案涉及减小光路中的杂散光，具有偏振元件的系统可能引入杂散光和/或重影图像，通过将包括单轴双折射材料的方位角补偿器耦合到光学元件的表面来减小所述光学元件中的应力双折射的光学效应。

US11378811B2：最早的优先权日为 2018 年 6 月 18 日，2019 年 6 月 7 日在美国国内提出申请，2019 年 8 月 12 日提出 PCT 国际申请 WO2019244141A1，并于 2020 年 11 月 26 日进入中国国家阶段，公开号为 CN112352184A，2022 年处于审查阶段。该项申请的扩展同族专利数量为 5 件，扩展同族被引频次 9 次。技术方案涉及场曲校正，通过将弯曲反射偏振器层设置在光学元件第二透镜的曲率上，利用第一光学元件上的部分反射层将显示光反射到第二光学元件上的弯曲反射偏振器，从而达到聚焦图像光并校正场曲的效果（参见图 7 – 4 – 6）。

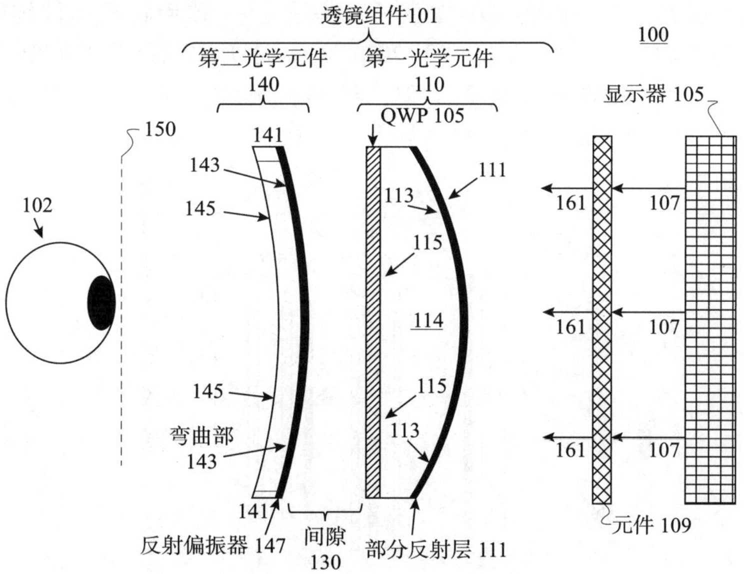

图 7 – 4 – 6　US11378811B2 附图

US20170255015A1：于 2017 年 3 月 1 日提出 PCT 国际申请，并于 2018 年 9 月 10 日进入中国国家阶段，并于 2021 年 2 月 23 日获得专利权。针对该案，脸谱于 2021 年 3 月 4 日提交了分案申请，2022 年还在审查中。申请统计结果显示，该项专利申请扩展同族数为 16 件，被引用次数高达 57。技术方案涉及场曲校正，通过设置场曲校正显示器减轻输出到用户眼睛的图像中的场曲（参见图 7 –4 –7）。

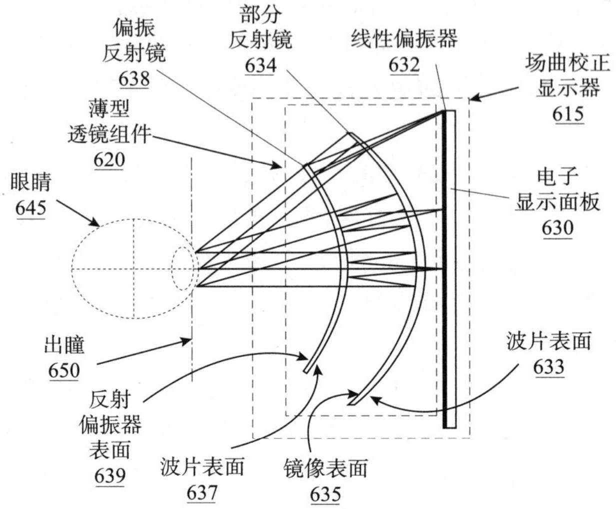

图 7 –4 –7　US20170255015A1 附图

非常规光路结构以包含非常规光学元件为特点，下面就其中的重点专利申请进行分析。

US11422373B2：通过包括衍射和/或全息光学器件来实现光路折叠，从而获得更紧凑和更轻的显示设备，同时改善光学性能（减小像差）。该申请有 4 件优先权申请，最早的优先权日为 2020 年 1 月 22 日，于 2021 年 1 月 19 日提交 PCT 申请，公开号为 WO2021150510A1，该申请进入两个国家，扩展同族有 5 件，中国同族的公开号为 CN115066639A，于 2022 年 9 月 16 日公开（参见图 7 –4 –8）。

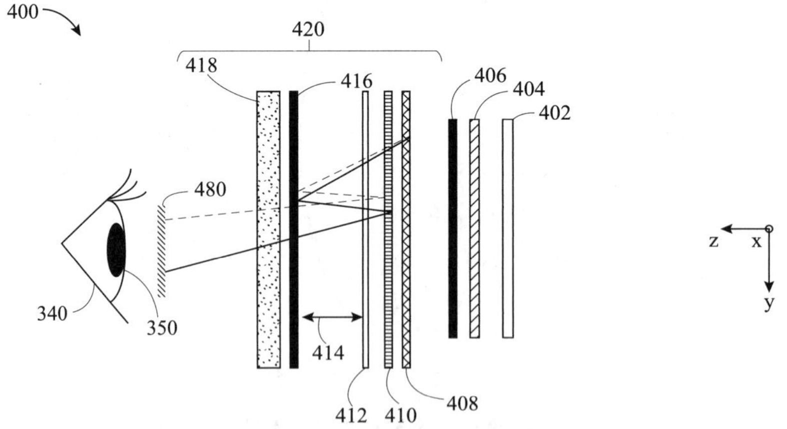

图 7 –4 –8　US11422373B2 附图

US20210173134A1：最早的优先权日 2019 年 12 月 4 日，于 2020 年 11 月 9 日在美国提出申请，2020 年 11 月 29 日提出 PCT 国际申请，并于 2022 年 6 月 2 日进入中国国家阶段，处于审查过程中。该项申请进入3个国家，涉及包含反射偏振器的设备，包括光源、透镜组件、反射镜、反射偏振器和透镜，反射偏振器包括具有手性的双折射介质，并且被配置为将从反射镜输出的图像光的第一部分基本上反射为朝向反射镜的具有预定旋向性的偏振光。反射偏振器包括胆甾型液晶（CLC）圆偏振器用于折叠光学系统中，以代替对准的反射线性偏振器和波片，从而避免反射线性偏振器和波片的对准（参见图7－4－9）。

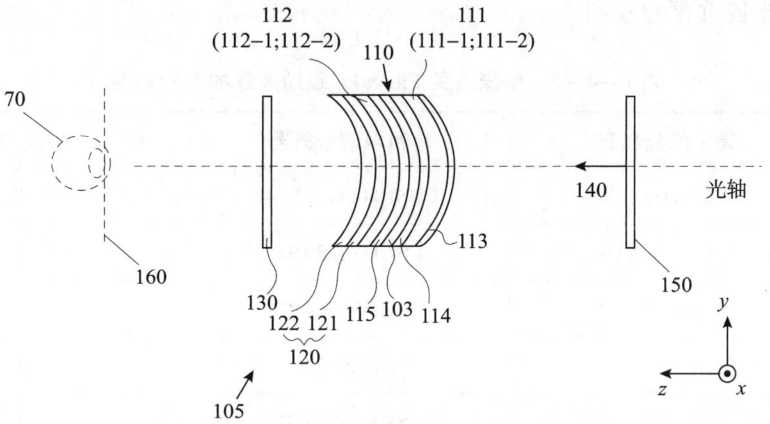

图7－4－9 US20210173134A1附图

2）有关Pancake焦距调节方面的专利申请解析

脸谱在Pancake焦距调节方面，提出了利用包含液晶材料的可切换波片（SHWP）、可调焦透镜来对虚像位置进行调节，共申请了5项专利，其中1项在中国进行了布局。具体情况见表7－4－2。

表7－4－2 脸谱有关Pancake焦距调节的专利申请

序号	最早的优先权日	专利申请公开号	中国同族
1	2016－06－10	US10429647B2	无
2	2016－12－20	US20180172999A1	无
3	2017－03－16	US20180267361A1	无
4	2017－03－28	US20180284464A1	无
5	2019－04－29	US20200341268A1	CN113767318A

2016年的专利申请US10429647B2中，提出调整一个或多个光学元件的形状，更改两个光学元件之间的距离，或同时更改两者，将来自虚拟现实头戴显示器的光聚焦在会聚深度处，以解决视觉辐辏冲突的问题。

US20200341268A1：最早的优先权日为2019年4月29日，2020年4月28日提出PCT国际申请WO2020223220A1，并于2021年10月29日进入中国国家阶段，公开号为CN113767318A，2022年处于审查过程。该项申请的扩展同族专利数量为7件，扩展同族被引频次4次。技术方案涉及色差校正，通过将Pancharatnam Berry相位（PBP）元件130耦合到所述光学透镜上提供色差校正效果，PBP元件130可以是包括液晶（LC）的薄膜。

3）有关Pancake眼动追踪方面的专利申请解析

如表7-4-3所示，脸谱共申请了13项专利，其中1项在中国进行了布局，该项申请也是其比较重要的专利。

表7-4-3 脸谱有关Pancake眼动追踪的专利申请

序号	最早优先权日	专利申请公开号	中国同族
1	2017-09-08	US10488921B1	无
2	2017-11-01	US10474229B1	无
3	2017-12-14	US10466484B1	无
4	2018-01-18	US10429656B1	无
5	2018-01-18	US10429927B1	无
6	2018-01-18	US10429657B1	无
7	2018-04-06	US20190313087A1	CN110426847A
8	2018-06-22	US10606349B1	无
9	2018-11-01	US11372239B1	无
10	2018-12-19	US10634907B1	无
11	2019-02-11	US11366298B1	无
12	2019-05-20	US11366260B1	无
13	2020-01-06	US11294184B2	无

US11366298B1：其扩展同族数为8件，扩展同族被引用频次为7。在大多数情况下，如由眼睛跟踪组件成像的眼睛图像的放大是基于眼睛与眼睛跟踪组件光学元件之间的距离。眼睛图像的大小的变化可能降低眼睛跟踪组件在确定眼睛瞳孔的位置和/或眼睛注视方向时的准确度。因此，需要一种眼睛跟踪组件，可以提供用户眼睛的恒定放大率，而不管用户眼睛与眼睛跟踪组件光学元件之间的距离如何。在该申请中包括偏振敏感全息图（PSH），其允许恒定的光焦度，而不管眼睛与眼睛跟踪组件光学元件之间的距离如何，这允许瞳孔在距第一光学元件332的预定距离范围Δd内的任何地方，而图像350A的尺寸基本保持相同（参见图7-4-10）。

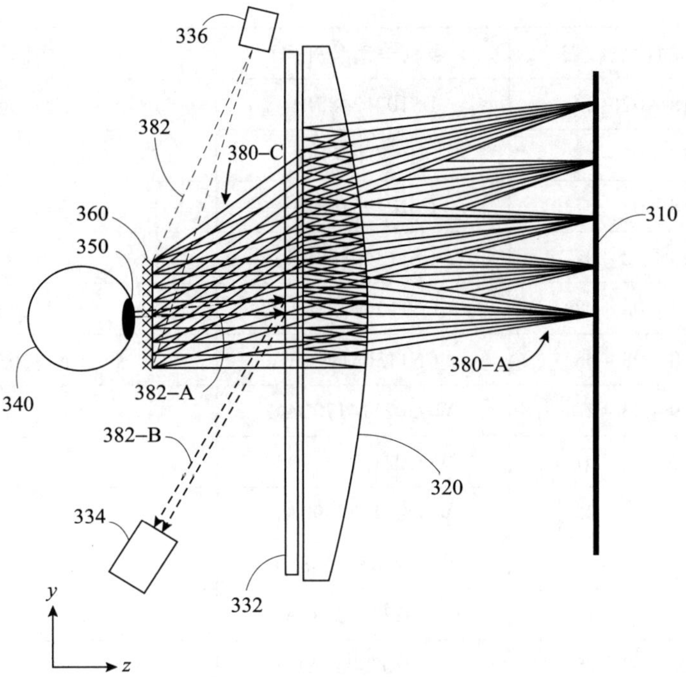

图7-4-10 US11366298B1 附图

4）有关Pancake膜层方面的重要专利申请解析

偏振膜、四分之一延迟膜是Pancake结构的核心组成部分，其好坏决定成像质量的好坏，因此膜层的改进是Pancake改进的核心。脸谱在Pancake膜层改进方面共申请了27项专利，参见表7-4-4。

表7-4-4 脸谱有关Pancake膜层的专利申请

序号	最早的优先权日	专利申请公开号	中国同族
1	2018-08-07	US20200049992A1	CN112543885A
2	2018-05-18	US20190353906A1	CN112136084A
3	2019-04-25	US20200341315A1	CN113767310A
4	2020-06-10	US20210389621A1	无
5	2020-06-12	US20210389513A1	无
6	2020-03-16	WO2021188311A1	无
7	2019-02-05	US20200249475A1	CN113396048A
8	2020-02-25	US2021262116A1	CN115066635A
9	2017-12-05	US10712577B1	无
10	2017-12-15	US10520772B1	无

续表

序号	最早的优先权日	专利申请公开号	中国同族
11	2018-02-09	US10712485B1	无
12	2017-05-17	EP3404475B1	CN110945415B　CN110945415A
13	2018-08-07	US10495798B1	CN112470058A
14	2018-12-07	US11340386B1	无
15	2018-08-08	CN112567288A	CN112567288A
16	2018-08-08	CN113631996A	CN113631996A
17	2019-03-27	WO2021141702A1	无
18	2020-01-07	WO2021173349A1	无
19	2020-02-26	WO2021173590A1	无
20	2020-02-25	US20210325588A1	无
21	2020-04-15	US20220082749A1	无
22	2020-07-28	EP4008754A1	无
23	2020-10-05	WO2022076075A1	无
24	2020-10-05	TW（CN）202227258A	TW（CN）202227258A
25	2020-10-05	WO2022076358A1	无
26	2021-01-29	US20220242100A1	无
27	2021-02-22	WO2022178345A1	无

脸谱在膜层方面的改进包括常规聚合物膜层的改进和含液晶材料层的膜层的改进。其中涉及常规聚合物膜层的改进的专利申请有13项。

常规聚合物膜层的改进主要是光学膜性能的改进。其中有1项申请在中国进行了布局，公开号为CN115066635A。该申请最早的优先权日为2020年2月25日，于2022年9月16日公开，处于审查中。该申请涉及基于固体晶体形成的高折射率光学器件及其制造方法，包括提供至少部分地界定预定的配向图案的配向结构，还包括在配向结构上形成固体晶体。

除了常规聚合物膜层的改进，还包含14项涉及液晶材料的膜层，数量超过了涉及常规聚合物膜层的申请数量，是脸谱的膜层研究的重点。下面对其中的重要专利申请进行解析。

EP3404475B1：最早的优先权日为2017年5月17日，于2018年5月16日在欧洲提出申请，2018年5月2日在中国提出申请，并于2022年9月13日获得专利权，授权公告号为CN110945415B。该申请涉及包含液晶叠层的光学元件，用于针对头戴式显示器（HMD）显示应用，旋转分布在宽的波长和入射角上的入射圆偏振光的偏振（例如，旋向）。

WO2020198199A1：于 2021 年 9 月 23 日进入中国国家阶段，公开号为 CN113631996A，2022 年处于审查阶段。该项申请的扩展同族专利数量为 7 件，扩展同族被引频次 3 次。技术方案涉及光学波片，包括：多个液晶（LC）层，其堆叠在一起，其中，多个 LC 层中的至少一个 LC 层包括 LC 分子，LC 分子能够通过外部场进行平面内切换，以在具有不同相位延迟的状态之间切换光学波片。

US20200049992A1：中国同族的公开号为 CN112543885A，2022 年处于审查阶段。该项申请的扩展同族专利数量为 7 件，扩展同族被引频次 17 次。技术方案涉及用于头戴式显示器的反射式圆偏振器。液晶材料，例如胆甾型液晶，形成的反射圆偏振器可以反射圆偏振光，同时保持反射光的偏手性与入射光的偏手性相同。利用该性质，将其运用到折叠光路中替代传统 Pancake 中的反射性偏振器和波片，能够减小膜层厚度，同时反射线性偏振器和波片的对准，简化加工工艺（参见图 7－4－11）。

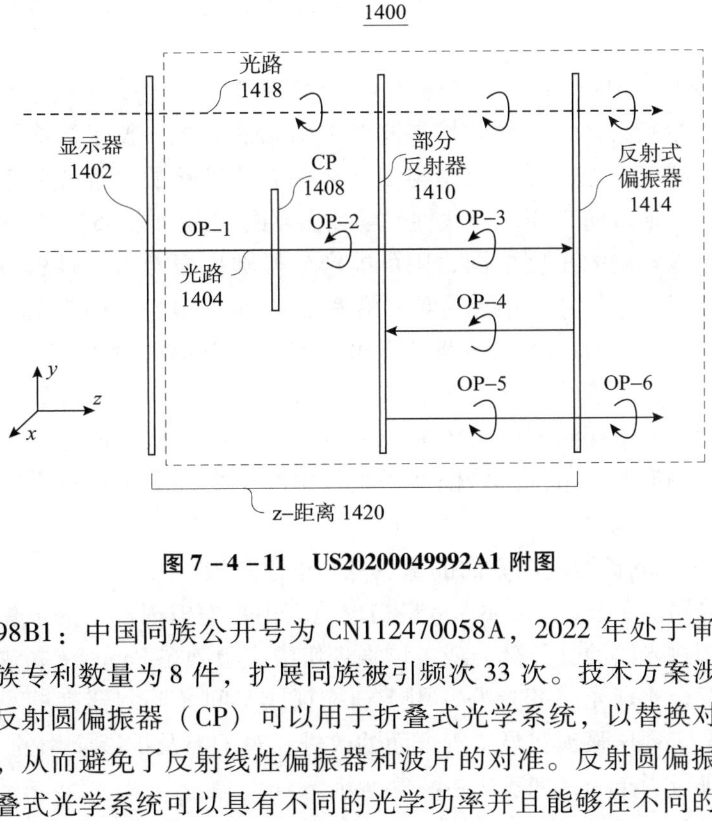

图 7－4－11　US20200049992A1 附图

US10495798B1：中国同族公开号为 CN112470058A，2022 年处于审查阶段。该项申请的扩展同族专利数量为 8 件，扩展同族被引频次 33 次。技术方案涉及可切换式反射圆偏振器，反射圆偏振器（CP）可以用于折叠式光学系统，以替换对准的反射线性偏振器和波片，从而避免了反射线性偏振器和波片的对准。反射圆偏振器可以为可切换式，使得折叠式光学系统可以具有不同的光学功率并且能够在不同的图像平面上中继显示图像。

5）有关 Pancake 制造工艺方面的重点专利申请解析

脸谱有关 Pancake 制造工艺方面改进的专利申请共 4 项，主要涉及贴膜方法和透镜的组装两方面的改进。其中有 3 项在中国进行了布局（参见表 7－4－5）。

表7-4-5 脸谱有关Pancake制造方法的专利申请

序号	最早的优先权日	专利申请公开号	中国同族	法律状态
1	2018-02-09	US11084271B1	无	
2	2019-03-15	US20200292776A1	CN113826035A	在审
3	2018-09-26	US20200096817A1	CN112805609A	在审
4	2019-03-28	EP3948385A1	CN113574433A	在审

US20200292776A1的扩展同族专利数量为6件，扩展同族被引频次1次。技术方案涉及用于自动透镜组装和测试的系统和方法。全自动化组装和测试系统包括第一组装和验证线以及第二组装和验证线。透镜首先在第一组装和验证线中被组装和验证。如果所组装的透镜结构未能通过验证或测试，所组装的透镜结构可以被拆卸并移动到第二组装和验证线，用于在透镜被重新组装之前校正每个透镜的定心、倾斜或偏振效应（例如偏振角）中的至少一种。该方法可以降低制造成本、输出质量控制成本和周期时间。

EP3948385A1：中国同族的公开号为CN113574433A，2022年处于审查阶段。该项申请的扩展同族专利数量为6件，扩展同族被引频次2次。技术方案涉及偏振设备的对准，为了获得圆偏振光，可以使用与四分之一波片堆叠的线性光学偏振器，四分之一波片的光轴精确地取向为相对于线性光学偏振器的透射轴成45°。如果线性偏振器相对于波片的光轴以不同的角度取向，则可能产生椭圆偏振乃至线性偏振。该申请的调准装置包括：偏振器子组件，用于使具有沿着第一轴的宽度的光束偏振；旋转支撑物，用于在偏振器子组件下游的光束的路径中可旋转地支撑偏振设备；检偏器子组件，位于旋转支撑物下游，用于接收通过偏振设备传播的光束；和光电探测器阵列，位于检偏器子组件下游，光电探测器阵列沿着第一轴延伸，用于检测通过检偏器子组件传播的光束；其中，偏振器子组件或检偏器子组件中的至少一个包括具有沿第一轴变化的偏振属性的空间变化偏振元件。

6）有关Pancake扩展应用方面的重点专利申请解析

作为缩短光路的手段，Pancake从最初单纯应用在虚拟现实上的成像模块中，已经开始被扩展应用在光路的其他部分或者增强现实中。脸谱在Pancake扩展应用方面的改进涉及与波导配合实现光路的折叠、用于扫描仪或空间光调制器来缩小体积重量、与透明显示器结合实现增强现实显示等方面的改进。对于涉及扩展应用的8项专利申请，有5项在中国进行了布局，如表7-4-6所示。

表7-4-6 脸谱有关Pancake扩展应用的专利申请

序号	最早的优先权日	专利申请公开号	中国同族
1	2018-08-24	US20200064641A1	无
2	2018-12-04	US10600352B1	CN113826035A

续表

序号	最早的优先权日	专利申请公开号	中国同族
3	2019-04-30	US10955675B1	无
4	2019-09-23	US10989926B1	CN113574433A
5	2019-10-15	US20210109362A1	CN114930224A
6	2019-09-13	US20210084269A1	CN114207503A CN114174896A CN114174897A
7	2019-09-17	CN114144704A	CN114144704A
8	2020-08-17	US20220050286A1	无

CN114144704A：扩展同族数量为21件，在多个国家进行了布局，2022年均在审查中，未授权。CN114144704A涉及折叠光路与透明显示器配合实现增强现实显示，当将头戴式显示设备用于增强现实应用时，期望显示设备将环境光无缝地透射到用户的眼睛，同时将一个或多个图像投射到用户的眼睛。通过折叠光路中透镜的设计，能够以减小的光学像差将图像光投射到用户的眼睛并且将环境光透射到用户的眼睛。

7.4.1.2 3M创新

（1）企业基本情况

3M创新从2015年开始研发折叠光学，2021年与和硕合作开发了一款短焦光学一体机VX6，采用3M创新研发的新型折叠光学透镜组件，内置曲面玻璃透镜和3M创新独有的高锐度反射偏振器（High Acuity Reflective Polarizer）。3M创新研发的新型折叠光学镜头有更高的分辨率、透过率和更宽的视场角，在折叠光学领域，先进的研发和生产能力是其核心竞争力。

（2）企业专利申请情况

3M创新在Pancake方面的全球专利申请总计17项，其中在中国提出的专利申请有41件。

1）申请趋势

图7-4-12显示，2015年开始3M创新有Pancake方面的专利申请，与Pancake发展的起始时间大致相同，说明3M创新对于Pancake的研究开展得比较早，这也使其在高质量反射式偏振膜以及四分之一波片领域一直处于领先地位，并占据市场垄断地位。2015~2017年，3M创新涉及Pancake的专利申请快速上升，这和2015年后Pancake在全球范围内的快速增长一致。2017年后，3M创新Pancake申请量呈逐年递减的趋势，主要原因在于，3M创新的研发重点主要在膜层和Pancake基础成像光路结构，2015年前后在光路结构方面进行了大量的研究，并进行了全面的专利布局，该时期专利申请量最高，这可以从后面的3M创新专利列表中同族专利的数据中看出。而随着2015年以后Pancake在全球的快速发展，大量公司涌入，基础光路结构研究快速增长，技术日

趋成熟，申请量相对减少；在膜层方面，全球范围内，包含液晶材料的透镜、偏振片、可切换四分之一波片开始应用于Pancake，并逐渐成为研发热点，而3M创新光学膜并没有相关方面的研究。另外，3M在焦距调节、眼动追踪方面也没有研究，也是其申请量整体下滑的原因。

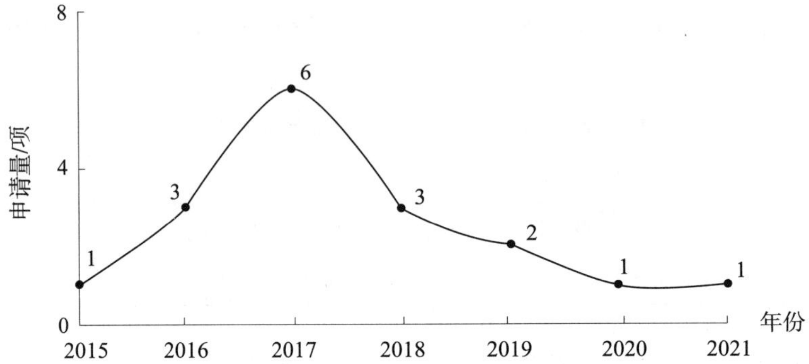

图7－4－12　3M创新Pancake全球专利申请趋势

如图7－4－13所示，3M创新在中国的申请量从2015年开始，整体呈波动下降的趋势。这一方面与其研发的重点技术日趋成熟，全球Pancake技术研发重点的转移有关；另一方面，2015年申请量最多，是因为3M创新对其基础成像光路的技术在中国进行了全面布局，说明3M创新一直非常重视中国市场，在研发的初期就进行了大量的专利布局。

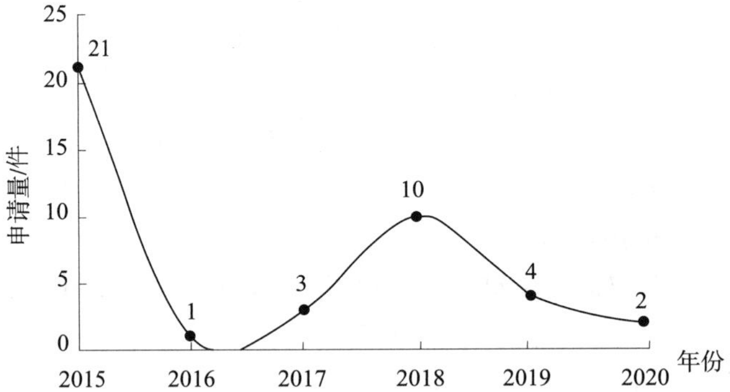

图7－4－13　3M创新Pancake中国专利申请趋势

2）全球专利技术构成

图7－4－14显示了3M创新在全球范围内的主要专利技术构成。可以看出，3M创新对Pancake的研究分布在3个技术分支，光路结构和膜层研究占比达95%，说明其将研究重点几乎全部放在Pancake的两项关键技术上。膜层占32%，还有部分制作方法。3M创新对Pancake的研究开展得相对较早，光路结构的研究占比最多，达63%，说明其在Pancake发展前期开展了大量的研究，尤其是基础研究。另外，3M创新拥有光学膜的核心技术，因此膜层研究在其对Pancake的研究中占有相当的比重。

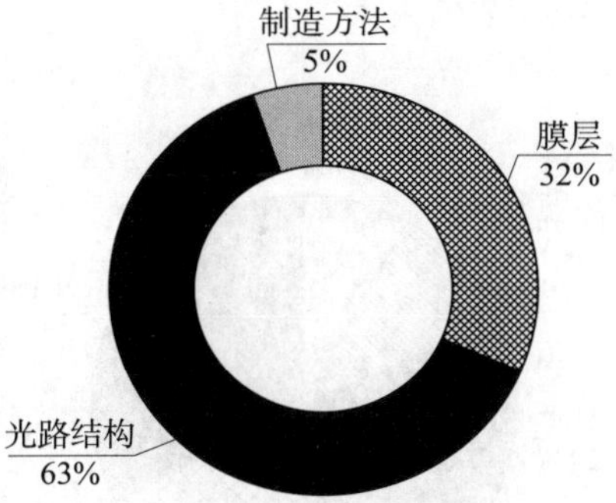

图7－4－14 3M创新Pancake全球专利技术构成

图7－4－15显示了3M创新Pancake领域相关专利申请逐年的变化趋势。可以看出，3M创新对于光路结构和膜层的研究都是从2015年开始，膜层的研究主要集中在2018年之前。光路结构的研究是其研发的重点，制造方法只在2019年出现，说明不是3M创新的研究重点。

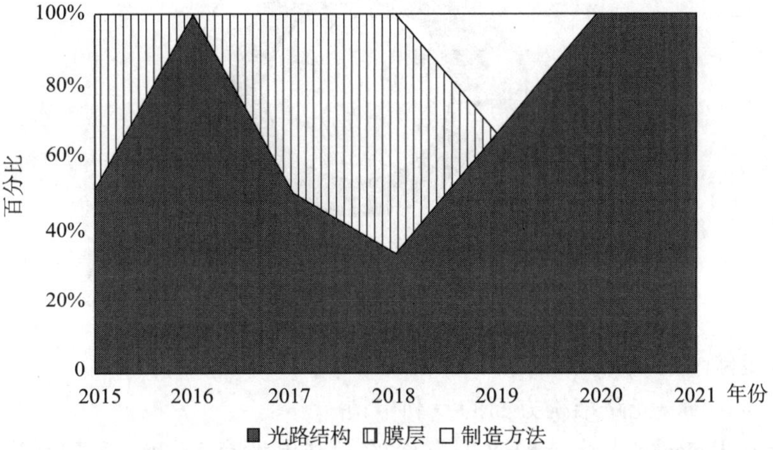

图7－4－15 3M创新在Pancake领域专利申请逐年的变化趋势

3）目标市场

图7－4－16显示了3M创新基于Pancake技术的专利申请主要目标市场分布。可以看出，3M创新将中国作为其最主要的目标市场，申请量高于其在美国国内的申请量，其次是日本，欧洲和韩国也有少量布局。

4）专利类型与法律状态

图7－4－17显示了3M创新在Pancake方面的申请类型和法律状态。从案件申请类型看，除了发明申请，3M创新还申请部分实用新型申请，说明3M创新在专利布局上注重保护的效率，希望利用实用新型专利审查周期短、能够较快获得保护的特点，快速获得专利权。从法律状态来看，3M创新进入中国的所有发明中，有57%获得授权并有效，说明3M创新的申请质量较高。另外，还有37%处于审查状态，有部分申请的

同族申请在国外已经授权，也值得关注。

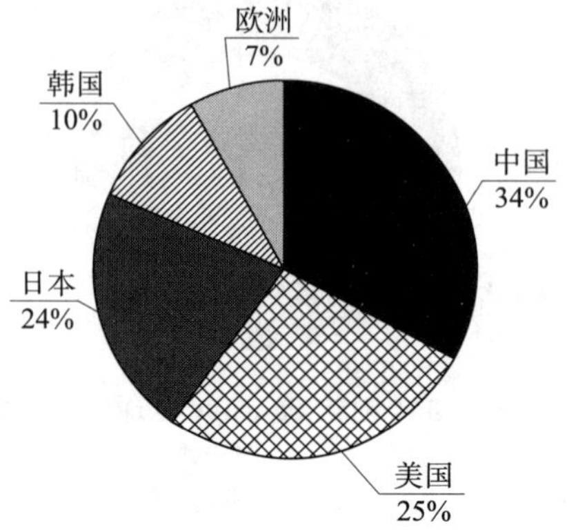

图 7 –4 –16　3M 创新 Pancake 专利申请主要目标市场分布

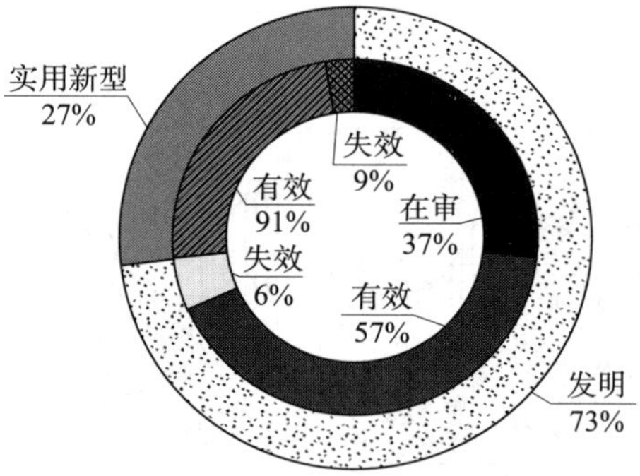

图 7 –4 –17　3M 创新 Pancake 专利申请类型与法律状态

（3）3M 创新重点专利申请解析

1）有关 Pancake 光路结构方面的专利申请

3M 创新在 Pancake 光路结构改进方面的专利申请有 12 项，7 项在中国进行了布局，参见表 7 –4 –7。

表 7 –4 –7　3M 创新 Pancake 光路结构的专利申请

序号	申请日	公开号	中国同族
1	2015 –09 –03	WO2017039719A1	CN107949804B　CN106501930B CN106501893B　CN205139462U CN106501933B　CN106501881B CN106501932B　CN106501955B CN106501935B　CN106501957B CN106501934B　CN205246924U CN205139487U　CN205539750U

续表

序号	申请日	公开号	中国同族
1	2015-09-03	WO2017039719A1	CN106501956B CN106501957B CN106501931B CN205246924U CN205485052U CN205539750U CN205485051U CN205485052U CN205485053U CN205485051U CN205485048U CN205485053U CN205485050U CN205485048U CN205485049U CN205485050U CN106501955B CN205485049U
2	2016-06-09	US10663745B2	无
3	2016-12-20	US11314097B2	CN110088672A
4	2017-03-08	WO2018163035A1	CN110383135A
5	2019-07-22	WO2021014245A1	CN114144716A
6	2018-08-14	WO2020035791A1	CN112585511A
7	2019-05-24	WO2020240354A1	无
8	2017-03-31	US20220011557A1	CN110506228A
9	2020-12-14	WO2022130056A1	无
10	2017-05-16	US20220146803A1	CN212658889U
11	2021-02-17	WO2022175813A1	无
12	2016-06-09	US20220229306A1	无

光路结构是Pancake的基础，3M创新通过调整成像组件、显示模块来进行改进，从而提高成像质量，扩大视场角，提高光效。

在成像组件方面，通过调整透镜、膜层的形状、位置和性能参数来改进成像质量、视场角和光效。

CN107949804B：处于授权保护中。该项申请的扩展同族专利数量为178件，扩展同族被引频次325次。技术方案涉及扩大视场的光学系统，因为正常视力的视场受到面部特征（诸如鼻部或眉部）的限制，并且光学系统的（一个或多个）透镜可被放置成足够接近观察者的眼睛，使得视场不受面部特征的限制。该申请通过使第一透镜具有适合于放置在观看者的眼睛附近并且基本上贴合观看者的面部的轮廓边缘，视场不受面部特征的限制（参见图7-4-18）。

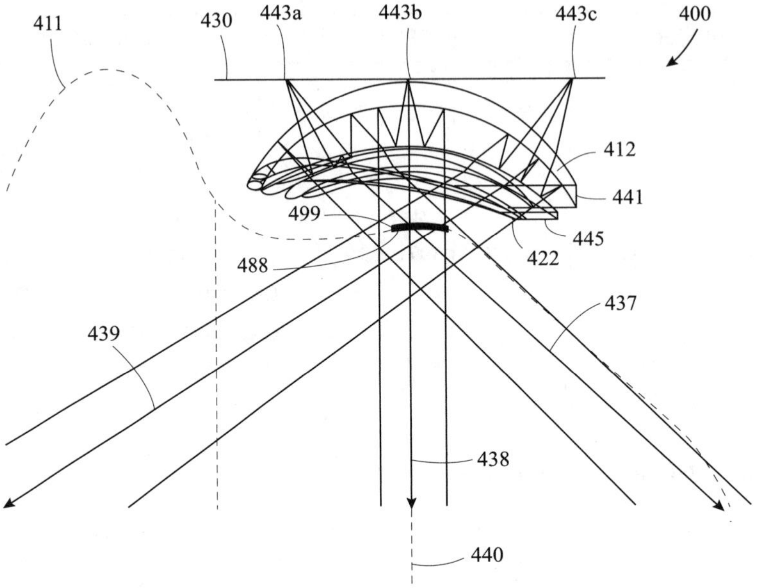

图7-4-18　CN107949804B附图

US11314097B2：该项申请的扩展同族专利数量为26件，扩展同族被引频次9次。技术方案涉及能校正像差的光学系统，包含集成的第一、第二和第三光学组件分别具有第一、第二和第三焦距的光学系统，第三焦距大于第一和第二中的较小者。包括弯曲相位延迟器的集成的第三光学组件能够进行额外的像差校正，同时与仅使用两个一体化光学组件相比保持紧凑的设计，即使当一体化第三光学组件具有相对低的光焦度（相对大的焦距）时也是如此（参见图7-4-19）。

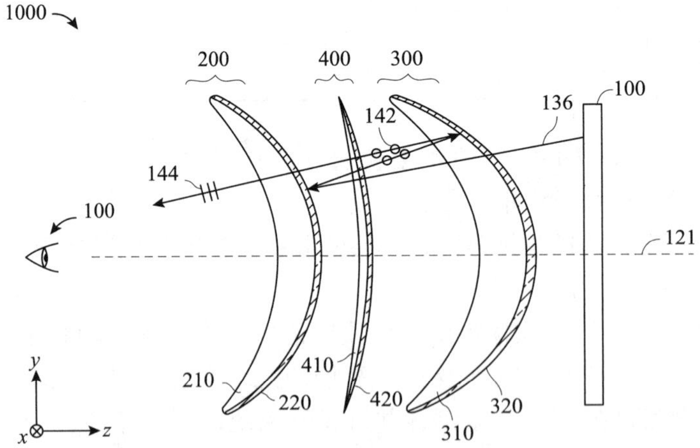

图7-4-19　US11314097B2附图

WO2018163035A1：该项申请的扩展同族专利数量为8件，扩展同族被引频次14次。技术方案涉及用于向观看者显示图像的光学系统，调制光学传递函数（MTF）是图像质量的量度，表征光学系统将对比度从图像11传递到出瞳孔111的能力。光学系统的MTF（和光斑尺寸）可以表示为空间频率的函数。空间频率量化出瞳孔开口处图像中的细节水平，通常以每毫米线对为单位指定。高空间频率的图像比低空间频率的图像具有更多的细节。通过在预定的空间频率处具有指定的例如高MTF提供了观看者在沉浸式三维虚拟环境中的体验。

US20220011557A1：该项申请的扩展同族专利数量为9件，扩展同族被引频次10次。技术方案涉及光学系统，在使用标准四分之一波延迟器的光学系统中，反射偏振器的局部消光态与第一次入射在反射偏振器上光线的偏振态之间以及/或者反射偏振器的局部透光态与第二次入射在反射偏振器上光线的偏振态之间可能存在未对准。选择光学系统中的延迟器层以提供改进的光学性能（例如，增加对比率、减少重影）。延迟器层可具有波长色散曲线，选择该波长色散曲线以在可见范围内的一些波长处提供非四分之一波延迟，或者可选择一个延迟器层以具有第一波长色散曲线，并且可选择另一个延迟器层以具有不同的第二波长色散曲线。使用具有不同波长色散曲线和/或具有可变延迟和/或具有可变快轴取向的延迟器可以用于校正一些光学系统中存在的各种光学缺陷，从而提供改进的光学性能。

US20220146803A1：该项申请的扩展同族专利数量为8件，扩展同族被引频次14次。技术方案涉及光学系统，透镜的像差和光的波状性质可导致来自图像一个点的光分布在出射光瞳开口上，期望减小此类像差，以提供大视场的小斑点尺寸。包括具有双折射和最佳拟合球面的多个光学透镜，与反射偏振器和至少一个延迟层结合使用，使上述问题得以改善。

WO2020035791A1：该项申请的扩展同族专利数量为4件，扩展同族被引频次7次。技术方案涉及向观看者显示图像的光学系统，包括设置在第一和第二延迟器层之间的反射偏振器。通过在预定波长范围内基本反射具有第一偏振态的光并基本透射具有正交第二偏振态的光，回收由每个发光像素发射的至少一部分非偏振图像光，增加由像素化显示器发射并显示给观看者像素化图像的亮度；接收由部分反射器反射的图像射线，并将接收到的图像射线向观察者反射。

WO2020240354A1：该项申请的扩展同族专利数量为4件，扩展同族被引频次3次。技术方案涉及光学系统及制造光学组件的方法。从图像到出射光瞳穿过光学系统时，由于各种像差（包括球面像差、彗形像差、像散等），光斑尺寸会增加。透镜的像差和光的波状性质会导致来自图像的点，除理想点的分布外，分布在出瞳孔上。该申请的系统包括具有一定光学品质的光学透镜，当与反射型偏振器和至少一个延迟层结合使用时，光学镜片提供增强了沉浸式三维虚拟环境的观看者体验。

WO2021014245A1：该项申请的扩展同族专利数量为9件，扩展同族被引频次9次。技术方案涉光学系统，虽然模制塑料透镜的制造成本低于玻璃透镜的制造成本，但模制塑料在偏振光学器件中的应用由于其双折射而受到限制。对于折叠光学器件应用，期望控制折叠光学器件腔中的偏振。除了四分之一波板（QWP）之外，存在于折叠光学器件腔中的双折射材料可使偏振复杂化并损害QWP性能，并且可在系统中产生更多的直射光泄漏。该申请中，包括第一透镜和第二透镜，第一透镜和第二透镜彼此面对并且由气隙间隔开以在第一透镜和第二透镜之间限定有光学腔。光学腔包含设置在第一透镜的主表面上的反射偏振器以及设置在第二透镜的主表面上的光学叠堆。光学叠堆包括吸收偏振器、第一延迟层、部分反射器以及设置在吸收偏振器和部分反射器之间的第二延迟层。第一透镜和/或第二透镜设置在光学腔之外以控制偏振（参见图7－4－20）。

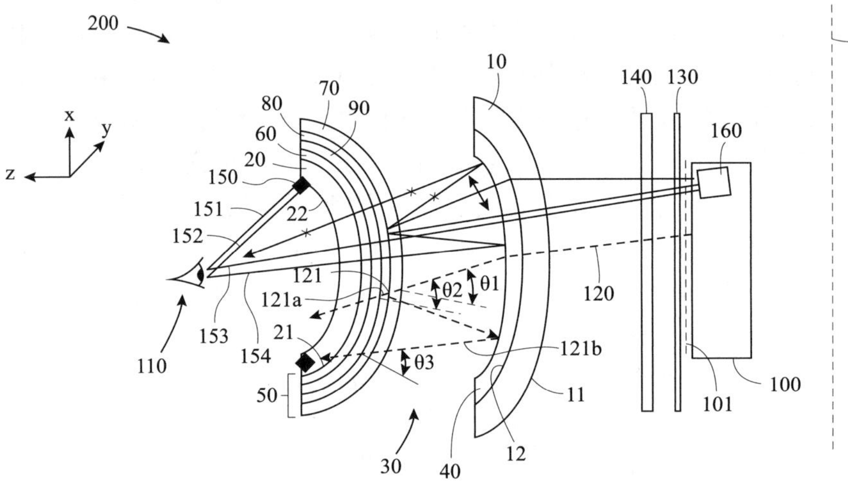

图7－4－20　WO2021014245A1附图

WO2022130056A1：该项申请的扩展同族专利数量为2件，技术方案涉及光学组件，机械不平衡复合聚合物光学镜片，包括镜片表面上的光学功能薄膜（单轴/双轴拉伸光学薄膜，其材料与聚合物树脂相似或不同）可能无法保持形状精度，并且可能无法通过可靠性测试。在分层复合材料中，机械平衡是通过确保材料特性从中心“平面”对称分布来实现的。虽然可以通过使一层比另一层厚来减少弯曲效应，但它可能不会消除这种效应。初始曲率可以改变，使得结构在过程结束时弯曲成所需的形状，但所需的形状可能仅在一个温度下出现，并且可能由于蠕变而容易随时间变化。平衡结构内的弹性（可逆）特性和残余应力可能是有利的。该申请通过设置在透镜表面上具有平衡的单轴/双轴拉伸光学fdm的复合光学透镜，保持和提高形状精度，改善成像质量。

在显示模块调整方面，主要通过调整光重定向元件改变显示器发出光的角度，改变背光单元发出光的角度，来增加光透过率，提高光效。

US20220229306A1：该项申请的扩展同族专利数量为16件，扩展同族被引频次23次。技术方案涉及通过调整显示面板的背光，改变显示面板的光输出，使得其中之一或两者与传统显示系统相比，可以显著增加由显示面板发射通过出射光瞳的光的比例，适当地改变光输出的方向或光输出的准直度（参见图7－4－21）。

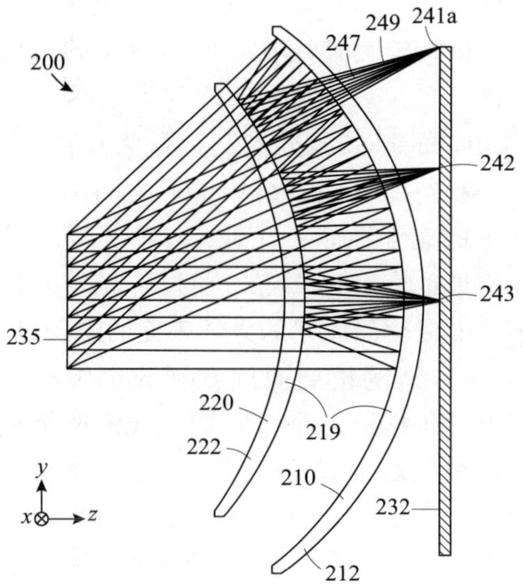

图7-4-21 US20220229306A1附图

2）有关Pancake膜层方面的重要专利申请

3M创新在Pancake膜层方面改进的专利申请共6项，其中5项在中国进行了布局。

表7-4-8 3M创新在Pancake膜层方面改进的专利申请

序号	申请日	公开号	中国同族
1	2015-09-03	WO2017039719A1	同表7-4-7
2	2017-10-25	CN114296173A	CN114296173A CN111279234B
3	2017-10-27	CN111279225A	—
4	2018-02-19	WO2019159139A1	CN111712753A CN114839775A
5	2018-07-13	WO2020012416A1	CN112400125A
6	2017-03-06	US11156757B2	无

膜层方面改进主要通过不均匀的延迟膜、弯曲膜来弥补光学元件的制造差异和不对准造成成像质量的改变，通过调整光学膜、改变延迟膜的参数性能提供增强的光学性能。

CN114296173A：该项申请的扩展同族专利数量为9件，扩展同族被引频次4次。技术方案涉及光学系统中的偏振部件（诸如波片和反射偏振器）可导致光学系统中的误差和错位，诸如通过偏振部件的制造差异或者偏振部件对以斜角入射在该偏振部件上的光的性能差异导致的。例如，在使用标准四分之一波延迟器的光学系统中，反射偏振器的局部消光态与首次入射在反射偏振器上光线的偏振态之间以及/或者反射偏振器的局部透光态与再次入射在反射偏振器上光线的偏振态之间可能存在不对准，从而造成对比度下降，通过包括被构造为使用在空间上变化的不均匀延迟可以补偿上述缺陷，增大光学系统的对比度。

CN111279225A：该项申请的扩展同族专利数量为6件，扩展同族被引频次1次。光学系统中各个光学元件的制造差异或系统中部件之间的不对准，可导致误差诸如降低的亮度和对比度，并且降低光学性能。此外，这些光学元件光学表面的曲率可不同地折射或反射光或者不期望地改变其偏振态，通过将光学元件与被配置为使用空间上变化的不均匀延迟补偿不对准或表面曲率的光学表面的结合可增加光学系统的对比度。

WO2019159139A1：该项申请的扩展同族专利数量为6件，扩展同族被引频次2次。技术方案涉及光学膜以及包括沿一个方向弯曲或沿两个正交方向弯曲的光学膜的装置和系统，光学膜具有有效区域，有效区域具有在两个正交方向上弯曲的表面，其中有效区域表面具有大于0.1的总曲率C；在有效区域的表面上存在至少一个点p0，使得p0处的表面法向方向平行于有效区域的基准平面的法向矢量；有效区域的表面上的每个点p具有p处测量的阻光轴切向和p处局部基准切向之间的线性偏振阻光轴取向角，局部基准切向与基准平面的法向矢量和p0处所测量的阻光轴切向是共面的；并且所有点p的最大线性偏振阻光轴取向角和最小线性偏振阻光轴取向角之间的差值小于2ln（1+12/π）×C度。光学膜的弯曲形状使得图像扩展到最终用户的更高视场。

WO2020012416A1：该项申请的扩展同族专利数量为5件，技术方案涉及部分偏振器的改进，部分反射器具有至少30%的平均光学反射率，并且该反射偏振器对于第一偏振态具有平均光学反射率Rs，对于正交的第二偏振态具有平均光学透射率Tp，并且对于该第二偏振态具有平均光学反射率Rp，其中Tp≥80%，Rp≤1%，以及50%≤Rs≤95%。改善反射的透光态光在光学系统中多次后续反射，在透光态下来自反射偏振器的反射导致对比度降低。

3）有关Pancake制作方法的重要专利申请

3M创新在制作方法方面的改进，涉及将膜层形成在弯曲平面上的方法，具体涉及如下2件专利申请。

CN107949804B：同族专利US9555589B1，公开了通过软化进行贴膜的方法，包括加热光学膜，使光学膜软化；使软化的光学膜与外表面贴合，同时沿至少正交的第一和第二方向远离工具轴拉伸软化的膜，从而导致顺应的光学膜绕着顺应的膜的光轴旋转不对称，其中光轴与光轴重合，冷却贴合的光学膜，得到关于光轴旋转对称的对称光学膜；将光学透镜模制在对称光学膜上，形成光学叠层。而同族专利US20180267222A1中公开通过熔融法将光学膜贴合到曲面上的方法，通过将第一光学膜加热并贴合于曲面，以形成第一曲面光学膜，并将熔融的光学材料模制到第一弯曲光学膜上，从而将光学透镜模制到第一弯曲光学膜上。

WO2020240354A1：该项申请的扩展同族专利数量为4件，扩展同族被引频次3次。技术方案涉及光学系统及制造光学组件的方法。方法权利要求涉及光学组件的制造方法，将基本上平坦的反射偏振器放置在弯曲的第一模具表面上，并且施加压力和热中的至少一者以使基本上平坦的反射偏振器至少部分地适形于弯曲的第一模具表面；提供包括与第一模具表面间隔开并与之对准的第二模具表面的第二模具，第一模具表面和第二模具表面在两者间限定模具腔体；用可流动材料基本上填充模具腔体，可流动材料具有大于反射偏振器的玻璃化转变温度的温度；以及使可流动材料固化以形成黏结到反射偏振器的固体光学元件。通过将镜片插入模制到光学膜上而无须在模制过程之前将光学膜预先成形来形成，可减少或消除缺陷，诸如光学膜的屈曲或撕裂。

7.4.1.3 谷歌

（1）企业基本情况

谷歌成立于1998年9月，是美国的一家跨国科技企业。2012年4月，谷歌推出了划时代的Google Glass眼镜，虽然受限于单反射镜式投影成像结构，其视场角较小，但这一新型显示方式极大地推动了可穿戴设备的商业化浪潮。2014年谷歌以5.42亿美金投资了增强现实设备制造商Magic Leap，之后便推出了虚拟现实头显——Cardboard。2016年又成立了新的虚拟现实部门，以应对Meta及其子公司Oculus所发起的虚拟现实市场竞争。2022年投资Meta VR应用商店。

（2）企业专利申请情况

谷歌在Pancake方面的全球专利申请总计10项，其中有7项在中国进行了布局。

1）申请趋势

如图7-4-22所示，谷歌Pancake相关专利申请从2016年开始，中国国内的布局也是从2016年开始，之后申请量每年2~3项。这说明谷歌没有放弃Pancake，并且也在中国进行了布局。

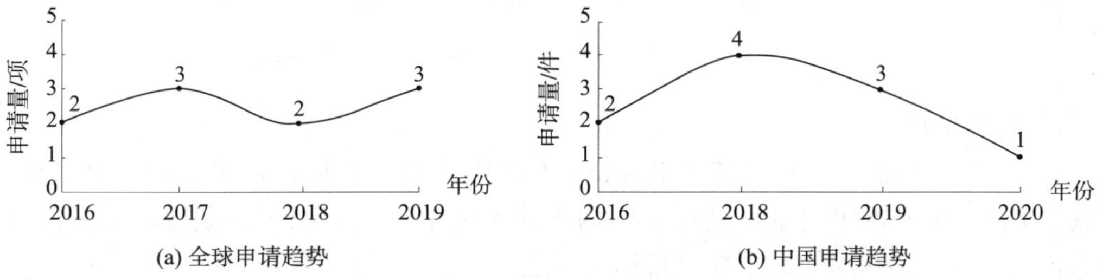

图7-4-22 谷歌Pancake全球和中国专利申请趋势

2）专利技术构成（全球）

图7-4-23中显示了谷歌在全球内的Pancake主要专利技术构成。可以看出，其没有膜层相关的专利申请。除此之外，谷歌在Pancake的几个主要技术分支均有研究。值得一提的是，谷歌在Pancake的扩展应用方面研究较多，占到其总申请量的40%以上。

图7-4-24显示了谷歌在Pancake各技术分支的专利申请量的逐年变化趋势。可以看出，谷歌对光路结构的研究在2016~2017年，而2017年之后没有相关申请。而扩展应用方面，从2017年之后每年均有申请。

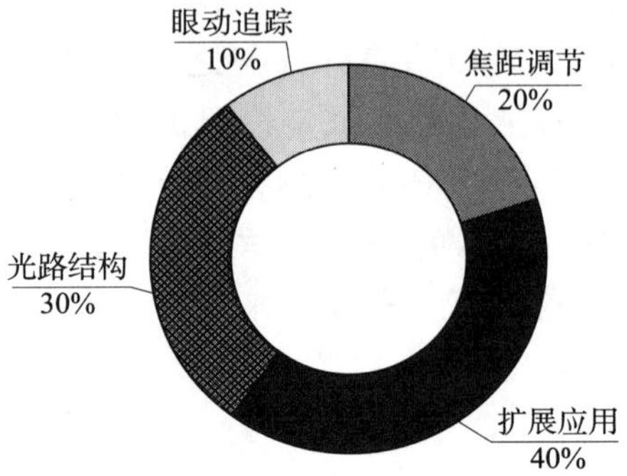

图7-4-23　谷歌 Pancake 全球专利技术构成

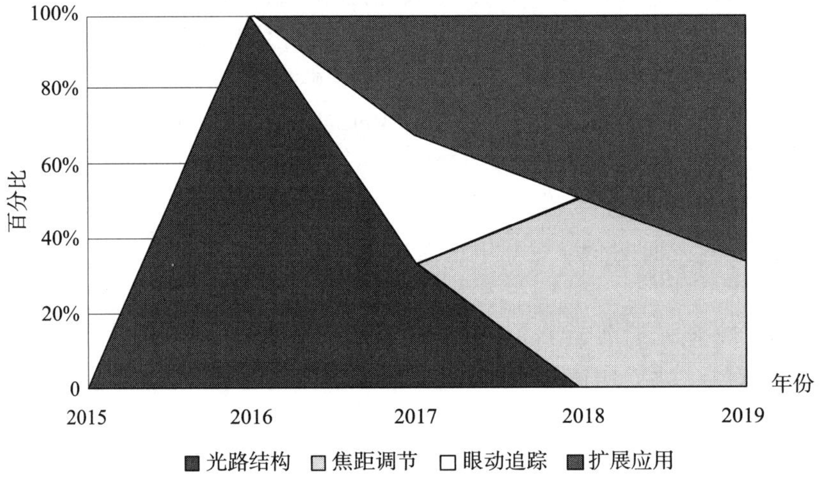

图7-4-24　谷歌 Pancake 各技术分支的申请趋势

3）目标市场

图7-4-25显示了谷歌基于 Pancake 专利申请的主要目标市场分布。可以看出，谷歌在中国、欧洲的申请量与其在美国国内的申请量相同，说明谷歌比较重视国外市场的布局，中国是其国外最主要的目标市场之一。

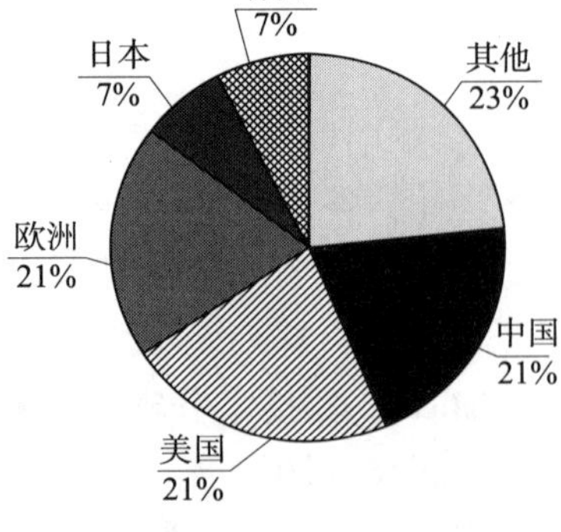

图7-4-25　谷歌 Pancake 专利申请主要目标市场分布

4）专利类型与法律状态（中国）

谷歌在Pancake领域的中国专利申请共10件，均为发明专利申请，审结获得专利权保护的申请有3件，1件失效，6件还处于审查状态。

（3）谷歌重点专利申请解析

谷歌关于Pancake的专利申请共10项，其中包括光路结构、焦距调节、眼动追踪和扩展应用四个方面的改进，如表7－4－9。

表7－4－9 谷歌Pancake专利申请

序号	申请日	专利申请公开号	中国同族	技术分支
1	2016－02－04	US20190086675A1	无	光路结构
2	2016－02－04	US2017227777A1	CN108351526A	光路结构
3	2017－07－11	US20190018255A1	无	光路结构
4	2018－08－31	US10816804B2	无	焦距调节
5	2019－06－19	CN113678051A	无	焦距调节
6	2017－02－23	US20180239146A1	CN110168428A CN113589526A	眼动追踪
7	2017－07－20	EP3596517A1	CN110651206A	扩展应用
8	2018－08－02	US20200041790A1	CN112292629A	扩展应用
9	2019－02－06	US2020249480A1	CN113383261A	扩展应用
10	2019－12－13	WO2021119021A2	CN114450622A	扩展应用

1）有关Pancake光路结构方面的专利申请

谷歌在Pancake光路结构方面共申请了3项专利，主要通过调整透镜组件（包括透镜和光学膜）的位置、调整光学膜叠片进行改进。

US2017227777A1：中国同族为CN108351526A，处于授权保护中。该项申请的扩展同族专利数量为6件，扩展同族被引频次34次。技术方案涉及头戴式显示装置，光学膜处于平坦的滤镜叠片中，减小HMD设备的厚度，同时利用对与移动计算设备显示器进行交互，并与之妥善整合的透镜系统（参见图7－4－26）。

2）有关Pancake焦距调节的重要专利申请

CN113678051A：2022年处于审查过程中。该项申请的扩展同族专利数量为4件，涉及通过采用具有一个或多个压控光学元件的多焦点模块从HMD的单个微显示器提供不同焦距的图像的系统和技术。通过改变施加到一个或多个光学元件的电压，HMD可以改变由微显示器生成图像的焦距。多焦点模块可以包含胆甾型液晶（CLC）元件和偏振器开关。通过控制施加到CLC元件和偏振器开关中的每一个的电压，HMD可以改变通过多焦点模块图像的焦距。因而，HMD可以改变由微显示器生成的任何图像的焦距。

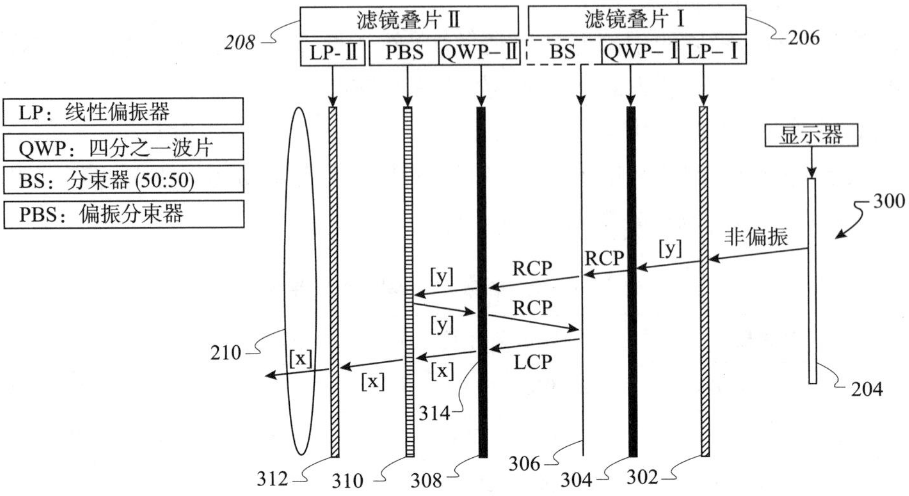

图7-4-26　US2017227777A1附图

3）有关Pancake眼动追踪的重要专利申请

US2018239146A1：中国同族公开号为CN110168428A，处于授权保护中。该项申请的扩展同族专利数量为15件，扩展同族被引频次23次。技术方案涉及头戴式显示器组件，包括：通过使用利用折叠光学路径的光学组件来提供精确的眼睛追踪，能够使用一个或多个反射元件来实现折叠的光学路径，以辅助捕获眼睛的图像。一个示例反射元件包括在偏振器的平坦侧上、在显示面板上，与显示器设备相对，或者以其他方式放置在本文光学组件内的红外（IR）滤光器。另一个示例反射元件包括在光学组件内放置的棱镜元件。在一些实现方式中，反射元件可以是部分反射的层，诸如在偏振器上放置的红外（IR）膜。这类反射元件能够与滤光器和/或在光学组件中的透镜下方放置的红外IR相机组合使用。

4）有关Pancake扩展应用的重要专利申请

谷歌重视Pancake的扩展应用方面，共申请了4项专利，全部在中国进行了布局。涉及与增强现实中波导配合实现光路的折叠，以及与透明显示器结合实现增强现实显示等方面的改进。

EP3596517A1：中国同族公开号为CN110651206A，2022年处于审查过程中。该项申请的扩展同族专利数量为7件。技术方案涉及光学系统，包括：第一滤光器堆栈，被配置为将从显示器接收到的光转换为第一圆偏振；第二滤光器堆栈，被配置为将从外部源接收到的光转换为第二圆偏振；第三滤光器堆栈，被配置为反射具有第一圆偏振的光并且透射具有第二圆偏振的光；以及折射分束透镜，被配置为将从第二滤光器堆栈接收到的光透射到第三滤光器堆栈；其中，第二滤光器堆栈被定向为将从第一滤光器堆栈接收到的光反射到折射分束透镜上，从而为增强现实等应用提供增大的视野（例如，约80°）同时其体积比传统的增强现实光学系统小得多的光学系统。

US20200041790A1：中国同族公开号为CN112292629A，2022年处于审查过程中。

该项申请的扩展同族专利数量为 4 件，扩展同族被引频次 3 次。技术方案涉及反射折射系统，采用折射和反射两者来提供更轻的头戴式显示器（HMD），反射折射 HMD 将至少一个小型电子显示器与两个光学元件组合，该两个光学元件为：偏振滤光器和组合器。组合器也称为反射器，使用自由形式的部分反射壳作为反射器，并且使用反射圆偏振器作为偏振滤光器，反射器能够相对于佩戴者的眼睛沿一条或多条定向轴线弯曲，弯曲的反射器将生成的图像成形或导引到眼睛瞳孔。

US2020249480A1：中国同族公开号是 CN113383261A，2022 年处于审查过程中。该项申请的扩展同族专利数量为 5 件，扩展同族被引频次 7 次。技术方案涉及，一种系统包括用于朝向系统的朝向眼睛侧发射光的电子显示器。分束器接收来自显示器的发射光。分束器包括 PBS 膜和反射镜涂层，以利用不同光路生成两个正交偏振状态，从而在系统的朝向眼睛侧创建第一焦平面和第二焦平面。至少一个液晶开关被定位在系统的显示器和朝向眼睛侧之间的光路中以接收来自显示器的光。

WO2021119021A2：中国同族公开号是 CN114450622A，2022 年处于审查过程中。该项申请的扩展同族专利数量为4 件。技术方案涉及光学组合器，包括：波导棱镜，被配置成将来自显示面板的显示光经由全内反射来从波导棱镜的近端传送到波导棱镜的远端；以及传出耦合界面，被设置在波导棱镜远端处的波导棱镜面对眼睛的表面处，传出耦合界面具有包括折射分束凸透镜的多个偏振相关层。使用波导将表示来自微型显示器或其他显示器的显示图像的光传送到穿戴者的眼睛，并且该传送的显示光可以在光学组合器处与来自近眼显示系统的现实世界场景组合，以向用户呈现组合的显示/场景影像。

由上述分析可以看出，谷歌对于 Pancake 的研究涉及多个技术分支，即涵盖了成像模块的基础研究方面，又比较注重与辐辏调节相关的焦距调节和眼动追踪技术研究，并且在扩展应用方法方面，谷歌进行了积极的尝试。虽然谷歌在虚拟现实产品方面没有获取成功，但并没有放弃相关技术，尤其是热点技术的研究，而且积极将其扩展到增强现实中。

7.4.2　中国重点申请人

7.4.2.1　歌尔股份

（1）企业基本情况

歌尔股份成立于 2001 年 6 月，主要从事声光电精密零组件及精密结构件、智能整机、高端装备的研发、制造和销售，是全球最大的增强现实/虚拟现实 ODM 企业，提供非球面透镜、菲涅尔透镜、折叠光路模组等多种虚拟现实光学解决方案，以及 Freeform，BirdBath、棱镜等增强现实光学解决方案，并在衍射光波导、微显示等前沿增强现实/虚拟现实光学技术上持续进行研发投入。

（2）企业专利申请情况

歌尔股份在 Pancake 领域的全球专利总计 68 项，其中在中国提出的专利申请 69 件。

1）申请趋势

图 7 – 4 – 27 显示了歌尔股份在全球和中国的 Pancake 申请趋势（其中全球以最早

优先权日计，中国以申请日计）。关于 Pancake 的专利申请，在国内是从 2015 年开始的，而从 2016 年开始，国内外多家公司的产品开始应用 Pancake 结构。歌尔股份作为国内最大的 ODM 厂商，在承接加工任务的过程中，开始针对 Pancake 进行研究并于 2018 提出专利申请。可以看出，2018 年之后，申请量逐年上升，中国申请趋势与全球申请趋势相同。这说明歌尔股份重视知识产权保护，在国内积极进行专利布局。

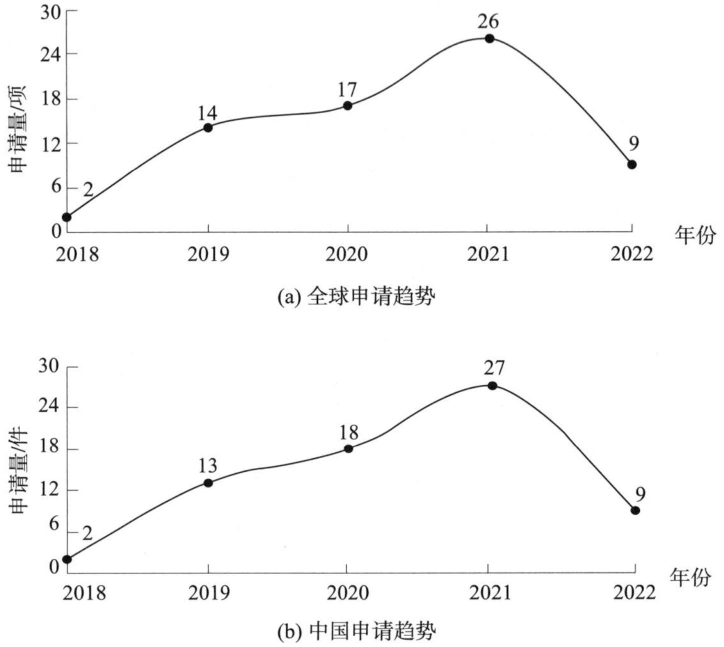

图 7-4-27　歌尔股份 Pancake 专利申请全球和中国趋势

2）专利技术构成

图 7-4-28 显示了歌尔股份在 Pancake 领域专利申请的技术构成。可以看出，其关于光路结构的改进的专利申请占比非常大，占 88%；占据第二位的制造方法仅 6%，而关于膜层、焦距调节、眼动追踪和扩展应用的占比就更小。这与歌尔股份在行业中的技术积累和定位十分相关。在代工与供货的过程中，发现和解决光路结构带来的诸如鬼影、相差、透镜防尘等问题成为歌尔股份专利发明构思的主要来源，因而占比最大。而在制造时调整工艺以提高产品性能、降低制造难度，诸如调整贴膜方式以防止褶皱、对准光轴、减少杂散光等，也相继出现。而歌尔股份在眼动追踪、焦距调节、扩展应用方面处于行业跟随的地位，专利占比很低。

3）主要技术分支申请趋势

图 7-4-29 为歌尔股份 Pancake 领域专利申请的技术构成年份变化趋势。可见从 2020 年起，歌尔股份开始了制造方法、扩展应用的研究，膜层研究始于 2021 年，占比逐渐增加，焦距调节的研究出现最晚。

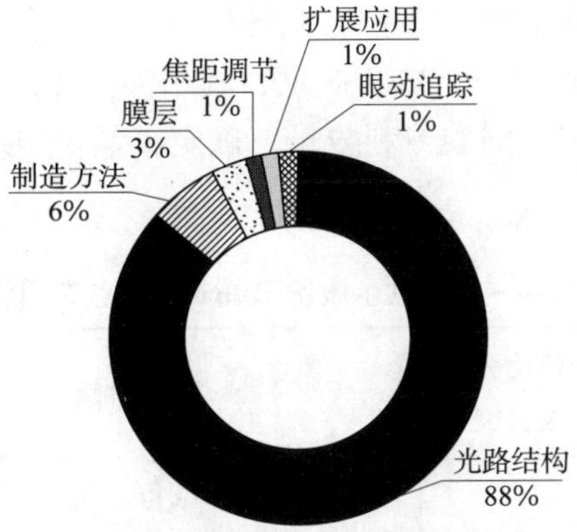

图7-4-28 歌尔股份Pancake专利申请技术构成

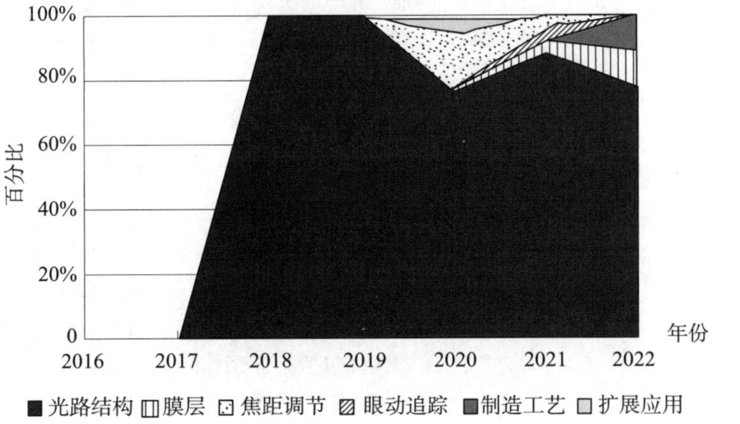

图7-4-29 歌尔股份Pancake主要技术分支申请占比趋势

4）专利类型与法律状态

图7-4-30显示了歌尔股份Pancake领域中国专利申请类型与法律状态。实用新型专利占比35%，比例较高，且均已授权并维持有效。可见，在歌尔股份的供货过程中，进行了许多便于制造、提高产品性能且适于应用的改进。发明专利占比仅65%，其中仅18%已授权并维持有效，78%的专利申请还在审查过程中。

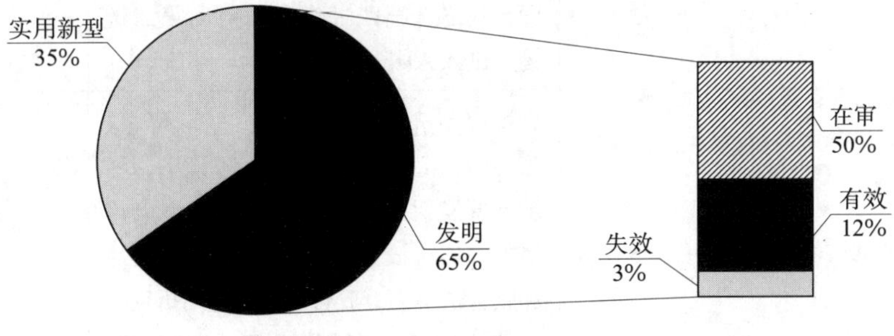

图7-4-30 歌尔股份Pancake中国专利申请类型与法律状态

（3）歌尔股份技术发展路线与重点专利解析

歌尔股份 Pancake 相关专利申请有 68 项，其中涉及光路结构改进的 60 项，制造方法 4 项，膜层 2 项。根据扩展同族专利数量，确定了其 13 项重点专利，具体解析参见表 7－4－10。

表 7－4－10　歌尔股份 Pancake 重点专利解析

序号	公开（公告）号	最早优先权日	技术方案	技术效果
1	CN209070229U	2018－08－08	虚拟现实显示设备，包括：沿光线入射方向依次同轴而设的第一透镜以及第二透镜；第一透镜上远离第二透镜的第一光学面上设有半透半反介质膜，靠近第二透镜的第二光学面上设有四分之一波片；第二透镜上靠近第一透镜的第三光学面上设有偏光膜；其中，四分之一波片的快/慢轴与偏光膜的偏振方向呈 45°夹角	减小光路结构尺寸
2	CN109765691A	2019－03－08	光学系统包括显示单元与镜组，镜组包括第一透镜与第二透镜；第一透镜包括第一工作表面与第二工作表面；第二透镜包括第三工作表面与第四工作表面；第一工作表面为凸面且为非球面结构，并镀有分光膜；第三工作表面为凹面；显示单元发出的光线从第一工作表面后进入第一透镜，依次经过第二工作表面以及第三工作表面，在第四工作表面发生反射后，再依次经过第三工作表面以及第二工作表面，光线在第一工作表面发生反射，再依次经过第二工作表面以及第三工作表面，最终从第四工作表面射出第二透镜后进入人眼	减小光路结构尺寸
3	CN209496201U	2019－03－28	虚拟现实光学系统包括：显示屏幕、第一四分之一波片和胶合透镜组，显示屏幕发射成像光束；沿成像光束传播方向依次设置有第一四分之一波片和胶合透镜组；胶合透镜组包括折反射组件，折反射组件用于对射入胶合透镜组内部的成像光束进行偏振和反射	减小尺寸提交、减少鬼影

续表

序号	公开（公告）号	最早优先权日	技术方案	技术效果
4	CN110320668A	2019－07－04	光学系统沿光线传输方向依次包括显示单元、分光器、第一透镜、第一相位延迟器、第二透镜、偏振反射器以及出瞳面；第一透镜包括靠近显示单元的第一表面与靠近第二透镜的第二表面；第二透镜包括靠近第一透镜的第三表面与靠近出瞳面的第四表面；光学系统满足以下关系：其中，$\Phi1$ 表示第一透镜的透射光焦度，$\Phi2$ 表示第二透镜的透射光焦度	减小或避免鬼像
5	CN111413751B	2020－03－31	贴膜装置包括光源、相机、用于放置待贴膜透镜承载台以及用于固定膜材的固定件，承载台设于光源与相机之间，膜材设于光源与待贴膜透镜之间，承载台开设有通孔，以保证光源发出的光线通过通孔传输至相机	减小贴膜透镜和膜层光轴对准误差
6	CN111929906A	2020－09－25	图像显示结构包括：显示屏幕、透明板、成像透镜和第一四分之一波片，显示屏幕用于发射显示光线；透明板设于显示光线的出射方向；成像透镜设于显示屏幕和透明板之间的光路中，成像透镜具有面向显示屏幕的第一表面和背向显示屏幕的第二表面，透明板具有面向成像透镜的内表面和背向成像透镜的外表面，成像透镜的第一表面设置分光膜，透明板的内表面设置偏振反射膜；第一四分之一波片设于分光膜和偏振反射膜之间的光路中。该发明的技术方案能够减少了产品体积，便于用户随身携带	减小光路结构尺寸

续表

序号	公开（公告）号	最早优先权日	技术方案	技术效果
7	CN213780422U	2020-11-04	用于抑制杂散光的衍射光波导镜片，包括衍射光波导以及设置在衍射光波导耦入区域的反射式偏振装置和波片装置，反射式偏振装置和波片装置的轴向角度叠合，入射光依次经过反射式偏振装置和波片装置，使得入射光偏振方向改变，衍射光波导反射后再经过波片装置，使得入射光偏振方向再次改变，再一次入射到反射式偏振装置反射后第三次经过波片装置，第三次改变偏振方向后进入衍射光波导，入射光经过多次偏振方向改变和反射进入衍射光波导，不影响入射光线的同时将零级反射衍射光反射回衍射光波导	提高衍射效率并且降低杂散光的影响
8	CN112596238A	2020-12-21	成像光路包括：显示屏幕和胶合镜组，显示屏幕发射光线；胶合镜组设于光线的出射方向，胶合镜组包括面向显示屏幕设置的第一透镜，第一透镜面向显示屏幕的表面为第一表面，第一表面朝向显示屏幕凸起，第一表面设置半反半透膜；胶合镜组还包括四分之一波片和偏振反射膜，四分之一波片和偏振反射膜沿光线的传播方向依次设置，并且位于第一透镜背离显示屏幕的一侧	减少灰尘沉积在透镜的表面、提高光效

续表

序号	公开（公告）号	最早优先权日	技术方案	技术效果
9	WO2022184062A1	2021－03－01	光学显示系统包括：显示单元，产生第一影像光和第二影像光，其中第一影像光处于第一偏振态，第二影像光处于第二偏振态，第一影像光和第二影像光由同一显示面板产生；分辨率增强光学单元，用于提高第一图像光相对于第二图像光的分辨率；放大光学单元，用于放大来自分辨率增强光学单元的第一图像光和第二图像光。可以在偏振反射器之前或/和之后放置偏振偏转器，偏振偏转器还可以放置在第一光学单元之后。偏振偏转器可以是两个或两个以上的电/无源Pancharatnam－Berry偏转器或其他光学器件可以实现成像移位，用于眼动追踪	眼动追踪
10	CN113848598A	2021－09－29	贴膜方法应用于镜片组件，镜片组件包括光学镜片、第一透明基板和第一膜层，贴膜方法包括：将第一膜层贴覆于第一透明基板的贴覆面，其中，第一透明基板包括面向光学镜片的胶合面和背离光学镜片的贴覆面；对第一透明基板进行弯折处理，以使第一透明基板的胶合面和光学镜片的光学面形状相同；将弯折处理后的第一透明基板设于光学镜片的光学面	减少曲面贴膜产生的褶皱
11	CN114296170A	2021－12－24	入射介质和出射介质之间设置截面包括多个等边三角形的锯齿状结构，并且在该锯齿状结构上镀设有偏振分离膜，达到将P偏振光与S偏振光进行分离的目的	降低制作难度，扩展光路设计自由度

续表

序号	公开（公告）号	最早优先权日	技术方案	技术效果
12	CN114942524A	2022-07-26	光学模组包括透镜组，透镜组包括至少一个透镜；光学模组还包括分光元件、第一相位延迟器及偏振反射元件，其中，第一相位延迟器位于分光元件与偏振反射元件之间，至少一个透镜位于分光元件与第一相位延迟器之间；光学模组还包括第二相位延迟器，第二相位延迟器位于分光元件背离至少一个透镜的一侧；其中，第一相位延迟器被配置为通过切割处理在其侧边上形成垂直于自身的快轴方向的弦切段；第二相位延迟器被配置为使其至少一个侧边与自身的快轴方向平行，并使得弦切段与该侧边平行	抑制杂散光
13	CN114942523A	2022-07-26	光学模组包括分光元件、第一相位延迟器及偏振反射元件，其中，第一相位延迟器位于分光元件与偏振反射元件之间；光学模组还包括第一透镜及可变焦透镜；第一透镜位于分光元件与偏振反射元件之间；可变焦透镜位于第一透镜的任一侧；可变焦透镜包括至少一个可变焦表面，可变焦表面被配置为能够在驱动下发生面型变化	视度调节

7.4.2.2 惠牛

（1）企业基本情况

惠牛创立于2017年，是国家高新技术企业，也是全球首家共轴空导增强现实光学方案供应商。公司产品包括增强现实共轴空导光学模组、虚拟现实超薄光学模组、VR-FPV光学模组和光学量产测试平台。在虚拟现实光学模组领域，惠牛持续升级低鬼影性能和量产工艺，新品将超短焦方案的鬼影降到3%左右，达到跟传统菲涅尔方案相当的水平。

（2）企业专利申请情况

惠牛在 Pancake 方面的全球专利申请总计 15 项，申请集中在 2020～2021 年，其中包括 8 项实用新型专利，除实用新型专利授权外，发明专利没有获得授权。有两项申请了 PCT 申请，处于指定期内，根据国际检索报告的结果，两项申请均有 XY 文献。由于惠牛起步较晚，针对的又是基础光路结构的研究，应注意规避相关的授权专利。

（3）惠牛重点专利申请解析

惠牛关于 Pancake 的专利申请共 12 项，其中包括光路结构、焦距调节和膜层三个方面的改进。

表 7-4-11　惠牛 Pancake 专利申请

序号	最早的优先权日	专利申请公开号	技术分支
1	2020-02-25	CN211375190U	光路结构
2	2020-06-15	CN212460193U	光路结构
3	2020-10-26	CN112305764A	光路结构
4	2020-10-26	CN213715607U	光路结构
5	2020-10-26	CN213715608U	光路结构
6	2020-10-26	CN213780542U	光路结构
7	2020-10-26	WO2022088836A1	光路结构
8	2020-12-10	CN213843674U	光路结构
9	2020-12-10	CN213987036U	光路结构
10	2020-12-10	WO2022121344A1	光路结构
11	2020-11-13	CN213600993U	焦距调节
12	2021-02-07	CN112817082A	膜层

惠牛的专利申请以光路结构的改进为主，主要通过光学膜层的设置来改善成像质量，包括设补偿膜、增透膜来减少漏光，消除鬼影，校正色差，进行色散补偿等。

在焦距调节方面，惠牛在 2020 年申请了实用新型专利 CN213600993U，涉及多焦面显示。两片透镜可沿垂直于变焦透镜的光轴方向相对移动以改变变焦透镜的焦距，产生多个焦平面，以适应人眼的注视方向，从而缓解视觉辐辏冲突带来的视觉疲劳等现象。

在膜层方面，惠牛在 2021 年申请了 CN112817082A，涉及色散补充结构，通过将补偿膜设于相位延迟片的入射光路或出射光路，减少偏色现象以及杂散光的产生。

7.4.2.3　多哚

（1）企业基本情况

多哚成立于 2011 年，是一家专注于虚拟现实软硬件技术研究及应用开发的科技公司。2015 年，多哚在 CES 展会发布首台使用第一代轻薄光学模组方案的样机，2016 年推出国内首款基于Pancake光学方案的虚拟现实头显Dlodlo VR1，2019年初实现多种超短焦光学模组不同系列版本的成熟量产并对外推广，尤其实现了镜片表面瑕疵要求高于军工最高等级的高品质模组型号的成熟量产，并已经向近百家合作企业稳定出货近两千台合作样机。

（2）企业专利申请情况

1）基本情况

多哚在Pancake方面的全球专利申请总计16项，有3项在国外进行了布局。多哚在Pancake方面的申请集中在2015年和2016年，并且都是光路结构的改进。2015年，多哚就Pancake成像光路结构在国内分别申请了发明和实用新型专利，同年申请了PCT申请，进入5个国家，并且同族专利中有多件在欧洲、美国、日本、韩国、澳大利亚均已获得授权。在上述专利申请基础上，多哚在2016申请了14项专利，通过光学膜和透镜结构位置的改进、透镜焦距的调整来扩大视场角，改善成像质量。CN105093555A、US20190033581A1和EP3260908A4均提出PCT国际申请，表7-4-12中列出了其国外同族情况，其中有25件申请在国外获得了授权。这说明多哚在国外进行了积极的布局，并且获得很好的效果，也说明我国企业因早期对Pancake光路结构改进的研究在全球中占有一席之地。

表7-4-12　多哚有关Pancake的重点专利申请

最早的优先权日	专利申请公开号	同族专利		技术分支
2015-07-13	CN105093555A	CN105093555A CN105093555B WO2017008414A1 KR20170008134A AU2017100077A4 JP2017021321A JP5973098B1	AU2015268733A1 KR101699842B1 US20170017077A1 EP3118666A1 US20170017078A1 US9690097B2 US9759915B2	光路结构
2016-01-28	US20190033581A1	US20190033581A1 EP3410176A1 JP2019506636A KR102083468B1 WO2017128187A1	KR20180105217A JP6641021B2 JP2019506636A5 EP3410176A4	光路结构
2016-03-21	EP3260908A4	WO2017161486A1 KR20180131578A EP3260908A1 KR102257640B1 US20180164590A1 US10018845B2 JP2018513392A	EP3260908B1 ES2875125T3 JP6340085B2 EP3260908A4 EP3260908B8 PT3260908T	光路结构

2）专利类型与法律状态

图7－4－31为多哚在Pancake领域的中国专利申请类型和法律状态。可以看出，多哚同时申请了发明和实用新型的保护，已结案件中授权发明申请比例较高，说明多哚的申请质量较高。

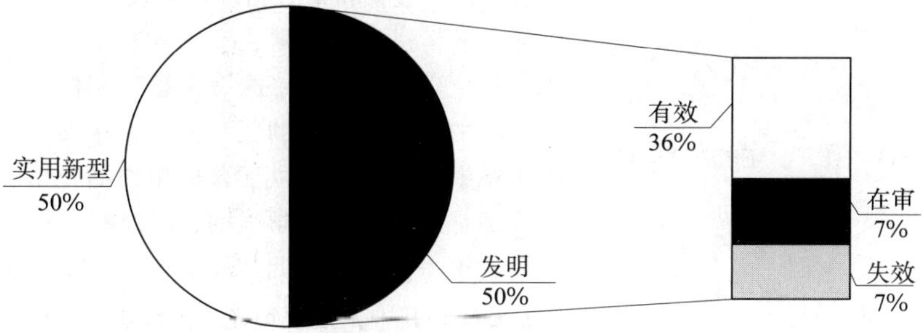

图7－4－31 多哚Pancake中国专利申请类型与法律状态

（3）多哚重点专利申请解析

多哚在Pancake方面的申请全部为光路结构的基础研究。CN105093555A、US20190033581A1和EP3260908A4代表了其研究的主要内容，表7－4－13给出详细的解析。

表7－4－13 多哚Pancake重点专利申请解析表

序号	最早的优先权日	公开（公告）号	技术方案	技术效果
1	2015－07－13	CN105093555A	短距离光学放大模组包括依次排列布置的第一45°相位延迟片、部分透射部分反射曲面镜片、第二45°相位延迟片和反射式偏振片	减小体积
2	2016－01－28	US20190033581A1	一种短距离光学放大模组、眼镜、头盔及虚拟现实系统，放大模组包括依次排列布置的反射式偏振片、第一相位延迟片、第二透镜和第二相位延迟片，在反射式偏振片、第一相位延迟片、第二透镜和第二相位延迟片中任一个光学元件的两侧任一位置还设有第一透镜；第二透镜中、靠近第二相位延迟片的光学面为半透射半反射光学面；第二透镜的第一焦距 f_2 满足条件：$1F \leqslant f_2 \leqslant 2F$，$F$ 为光学放大模组的系统焦距	减小色散

续表

序号	最早的优先权日	公开（公告）号	技术方案	技术效果
3	2016-03-21	EP3260908A4	依次布置的反射偏振片、第一相位延迟板、第二透镜和第二相位延迟板，其中：第一透镜进一步设置在反射偏振片、第一相位延迟板、第二透镜和第二相位延迟板中的任何一个的任一侧上；在第二透镜中，与第二相位延迟板相邻的光学表面是透射反射光学表面；以及第二透镜的第一焦距 f_2 满足以下条件：$1.2F \leq f_2 \leq 2F$，其中 F 是短程光放大模块的系统焦距	减小体积

7.4.2.4 舜宇光学

（1）企业基本情况

舜宇光学是一家主要从事光学及科学仪器的设计、研发、生产和销售业务的投资控股公司，作为光学方案核心供应商供货于 Oculus、HTC、小鸟看看等虚拟现实厂商。舜宇光学 2017 年实现虚拟现实菲涅尔镜片的量产，2021 年完成双菲涅尔镜片的研发并实现量产，2022 年完成 Pancake 一体化方案的研发，已实现量产。

（2）企业专利申请情况

舜宇光学关于 Pancake 的专利申请从 2018 年开始，共有 11 项，其中包含 6 项实用新型专利，其中 3 项申请了 PCT 国际申请，1 项申请在中国获得授权。其专利申请主要涉及光路结构和扩展应用 2 个方向的研究。

（3）舜宇光学重点专利申请解析

在光路结构的调整方面，舜宇光学主要通过合理选取半透半反光学薄膜在镜头中的位置，并合理分配透镜组中各透镜的光焦度、中心厚度以及各透镜之间的轴上间距等，使得目镜具有轻薄化、短工作距离、高成像品质等至少一个有益效果，比如表 7-4-14 中的 CN108303796B。

另外，舜宇光学还积极尝试将含有 Pancake 的成像镜头应用于增强现实中，比如表 7-4-14 中 CN108957732A、CN114690414A 的成像镜头，设置于图像源组件和波导组件之间的光路中，用于先对来自图像源的图像光进行成像处理，再将该图像光传递至近眼显示器件的耦入区域，达到缩短光路、减小体积的作用。

表7-4-14 舜宇光学Pancake重点专利申请解析

序号	最早的优先权日	公开（公告）号	技术方案	技术效果
1	2018-04-09	CN108303796B	在一个或多个透镜中的任意一个透镜的非球面镜面上，镀有半透半反射光学薄膜。其中，反射式偏振片至半透半反射光学薄膜在光轴上的距离 L_m 与反射式偏振片至目镜的像源面在光轴上的距离 L_d 满足 $0.25 < L_m/L_d < 0.75$	减小体积
2	2018-08-02	CN108957732A	反射式线偏振片，设置在第一透镜的靠近像源的表面上或者设置在第二透镜的表面上；反射式圆偏振片，设置在第一透镜的表面上，反射式圆偏振片位于反射式线偏振片的远离像源的一侧；四分之一 λ 波片，设置在反射式线偏振片和反射式圆偏振片之间，其中，第一透镜具有正光焦度或者负光焦度，第二透镜具有负光焦度，第一透镜的材料的阿贝数 $V_{d1}>50$，第二透镜的材料的阿贝数 $V_{d2}<30$	减小体积
3	2020-12-30	CN114690414A	基于波导的增强现实装置，包括设置于该图像源组件和该波导组件之间的光路中的一平面折叠光组件，其中该平面折叠光组件具有光焦度，并且该平面折叠光组件包括相互叠置的多个平面光学元件，以通过该多个平面光学元件可选择偏转角度地折叠该图像源组件和该波导组件之间的光路	与波导系统结合实现光路折叠

7.5 重点专利分析

7.5.1 总体技术发展路线图

通过梳理各个技术分支的重点专利可以获得该技术领域的总体技术发展路线图，下面结合图7-5-1（见文前彩色插图第3页）逐一进行介绍。

7.5.2 关键技术发展路线

（1）光路结构方面

20 世纪 90 年代，通过将偏振引入光路，搭配偏振分束器与偏振转换元件，Pancake结构以其较小尺寸、较高的光效和较好的图像对比度成为近眼显示下一代光学方案的希望。Pancake 领域光路结构方面的全球专利申请分为两个阶段：20 世纪 90 年代至 2014 年为缓慢发展阶段，申请人集中于日本和美国；2015 年至今为爆发式增长阶段，美国保持着稳定的研究状态，日本申请趋势走低，中国申请人大量涌现。

Pancake 领域光路结构方面的第一项申请由奥林巴斯提出。该申请公开号为 US5659430A，最早优先权日为 1993 年 12 月 21 日。该申请通过设置第一、第二半透明反射表面的曲率，能够矫正场曲，减小相差，通过偏振光学元件的引入来切断不希望的闪耀光斑，最终得到了高分辨率和大出瞳直径的 Pancake 光路结构。1994 年，奥林巴斯又提出了 3 项关于 Pancake 光路结构方面的申请，之后便停止了申请，自此，其在 Pancake 领域所有方面的申请也都终止。

随后的 20 年里，诸如夏普（如公开号为 JP2012508392A 的专利申请）、飞利浦（如公开号为 US6421183B1 的专利申请）、美能达（如公开号为 US7095538B2 的专利申请）、精工爱普生（如公开号为 EP0825470B1 的专利申请）、索尼公司（如公开号为 JP2005148655A 的专利申请）、微软（如公开号为 US20160187654A1、US20130033485A1 的专利申请）等公司，均提出了关于 Pancake 光路结构方面的专利申请，通过设计光路结构，实现诸如减小尺寸、减小鬼影和漏光、矫正像差、增大视场角等作用。

2014 年，eMagin 申请了公告号为 US11256102B2 的专利，采用 Pancake 折叠光路结构实现头戴显示器紧凑的外形。

2015 年，3M 创新申请了公开号为 WO2017039719A1 的专利，涉及一种包括至少第一透镜、部分反射器以及反射偏振器的光学系统，通过贴近人眼布置，使得透镜形状适应人脸形状，起到改善视场的作用。同年，多哚申请了公开号为 CN105093555A 的专利，通过依次排列布置的第一 45°相位延迟片、部分透射部分反射曲面镜片、第二 45°相位延迟片和反射式偏振片，以扩大近眼显示光学模组的视场角，并减小杂散光。

2016 年，3M 创新申请了公开号为 US20220229306A1 的专利，涉及显示系统和光导，通过调整显示系统的发光角度，改善光效；同年，其还申请了公开号为 US11314097B2 的专利，涉及一种光学系统，通过增加带有弯曲延迟器的第三光学组件，设计中间透镜焦距为三者中第二大，用以提高对比度，降低失真。同年，脸谱申请了公告号为 US10394040B2 的专利，涉及包括煎饼镜头块的头戴式显示器，通过设置曲面的四分之一波片，提高吞吐量，抑制杂散光，提高对比度。同年，苹果公司申请了公开号为 US20180039052A1 的专利，涉及一种头戴式显示器，技术方案为：设置产生图像的像素阵列；线性偏振器，与图像相关的光通过该偏振器；第一平面四分之一波片，接收来自线性偏振器的光；平凸透镜元件，具有凸面和相对的平面；凸面上的部分反射镜；反射偏振器；第二平面四分之一波片，其中第二平面四分之一波片位于反射式偏振器和部分反射镜之间。该方案可以显著减小头戴显示器的体积。同年，谷歌申请了公开号为US20190086675A1的专利，设计一种具有更高光学性能的紧凑型近眼显示光学器件，通过透镜与光学膜的配合，以更好地实现系统的紧凑型。

2017年，3M创新申请了公开号为WO2018163035A1的专利，涉及一种光学系统，通过调制传递函数，使得折叠结构具有高视场、高对比度、低色差、低失真和/或高效率。同年，脸谱分别申请了公告号为US11054622B1和公告号为US10768371B1的专利，前者涉及在简单表面上带有光学延迟器的折叠观察光学器件，通过设计透镜和显示器之间的距离，使透镜和膜层配合调节，满足紧凑设计要求和性能折中的条件；后者具有高分辨率插图的多路复用光学组件，通过在光路中增设多路复用光学组件，实现不同分辨率的调整。同年，谷歌申请了公开号为US20190018255A1的专利，涉及包括折射分束凸透镜的紧凑型近眼光学系统，通过折射光束分离凸透镜减小杂散光。

2018年，创维申请了公告号为CN208156319U的专利，涉及一种短距离放大光学模组及系统，采用第一成像透镜和第二成像透镜对图像光线进行反射放大，扩大了视场角，缩小了短距离放大光学模组的尺寸，使结构更紧凑、重量更轻、佩戴更舒适，采用反射放大避免因折射而产生光损和光学成像质量较差的问题，采用两个成像透镜避免了小曲率半径引入的边缘视场像差较大的问题，并且降低了成像透镜的加工难度。同年，华为申请了公开号为EP3764149A4的专利，涉及一种光学成像系统，包括第一像差补偿透镜组、偏光片、光学成像模块及显示器，显示器、第一像差补偿透镜组、偏光片及光学成像模块依序排列，该系统能够实现在较大的视场角下减小光学成像系统的尺寸和重量，获得较高的成像清晰度的效果。同年，脸谱分别申请了公开号为US20190369390A1、公告号为US11226482B2的专利，分别涉及减少鬼像的波片配置的光学组件和带方位角补偿的逆序交叉煎饼透镜。前者通过减少显示光相遇的次数，减小近眼显示装置重影；后者通过增设耦合到光学元件的表面的方位角补偿器，实现方位角的补偿。

2019年，脸谱申请了公开号为US20210116727A1的专利，涉及包括法拉第旋转器的光学装置，在第一偏振敏感反射器和第二偏振敏感反射器之间加入法拉第旋转器，用以增加视野。同年，小鸟看看申请了公开号为CN110456509A的专利，涉及一种用于头戴设备的显示光学装置，包括由背光模组、微透镜阵列和液晶模组组成的图像系统，其中背光模组出射的光线经由微透镜阵列和液晶模组，并出射至折叠光路系统；还包括折叠光路系统，被配置为用于将光线多次反射，以形成折叠光路。该显示光学装置具有亮度高的特点。同年，宏碁申请了公告号为US11209653B2的专利，涉及一种近眼显示设备，包括具有显示元件的至少一个显示单元和光学系统，显示元件提供光束，光束包括具有不同图像信息和不同偏振态的第一光束和第二光束，光学系统包括沿光轴依次排列的第一半反射元件、第一偏振转换元件和偏振反射器，偏振反射器使得具有第一偏振态的光束通过并反射具有第二偏振态的光束，第二光束的光路与像距大于第一光束的光路与像距，且第一光束与第二光束由至少一个显示单元发出以形成合流光束，该设备可以显著减小近眼显示设备体积。同年，歌尔股份申请了公开号为

CN109765691A的专利，涉及一种光学系统，包括显示单元与镜组，通过设计镜组中透镜表面形状以及各表面对偏振光的作用，解决了现有技术中虚拟现实产品中的光学系统尺寸大，导致产品尺寸及重量大、用户佩戴舒适性差的问题。

2020年，Kopin申请了公开号为WO2022038777A1的专利，涉及一种内视型宽视场图像显示装置，包括目镜光学系统（OC）、圆偏振器和从用户的眼睛侧依次排列的显示元件，包括第一透镜、第二透镜、反射偏振片、四分之一波片和半透半反镜，通过设计两透镜排列方式，并调节目镜光学系统和透镜的光焦度关系，实现显示装置宽视场、高分辨率。同年，脸谱申请了公告号为US11422373B2的专利，涉及用于折叠光路的全息光学组件、Pancake结构与和全息器件结合，进一步实现尺寸的减小。

2021年，Kopin又申请公了开号为WO2022157881A1的专利，涉及一种窥视型图像显示装置，具有堆叠的透镜、半透明镜、反射偏振原件，通过设计透镜光焦度关系，并在透镜第一表面旋涂硬涂层，实现显示装置的小尺寸、宽视角、更高的分辨率和耐刮擦性能。同年，露熙科技分别申请了公开号为CN113805343A、CN113805342A的专利，两者均涉及反射偏振式虚拟现实眼镜。前者包括图像源、起偏器、反射器、目镜，用于对线偏振光进行转换得到平行光，能够有效解决虚拟现实眼镜视场小、眼动范围小、佩戴有眩晕感、成像模糊和边缘失真变形等问题；后者包括起偏器、分束器和检偏器，起偏器用于对纵向光和横向光中的一种透射，另一种遮蔽，并对透射的进行转换得到圆偏振光，分束器用于对圆偏振光的一部分透射得到第一透射光，另一部分反射得到第一反射光，检偏器用于将第一透射光进行反射至分束器，继而得到第二透射光和第二反射光，并对第二反射光进行透射得到出射光能够有效地增加眼动范围，并能消除折返式系统杂散光，提高图像清晰度。

2022年，鱼微阿科技申请了公开号为CN114384702A的专利，涉及一种虚拟现实光学系统，包括第一透镜、第二透镜、第三透镜、偏振反射器、四分之一波片、部分反射镜和显示屏，通过降低偏振反射器与四分之一波片的角度调整难度，可降低贴膜工艺难度，只需旋转偏振反射器和四分之一波片所在透镜的相对角度即可，提高生产加工良率，节省成本，能获得较大的眼动范围和视场角。

（2）膜层方面

Pancake中使用的膜层主要是偏振片和四分之一波片。2015年前，专门针对Pancake的膜层并不多，而且以已有膜层的使用为主，比如2002年申请的专利GB2384059A中提到，现有技术中使用的偏振选择光学元件是由3M创新制造的被称为双增亮膜的偏振选择光学元件。

材料方面以常规的聚合物光学膜为主，比如2015年株式会社钟化的专利申请US20180147776A1中对偏振片材料进行了改进。2016年，旭化成的US11236209B2公开了制作双折射材料的树脂组合物。

2015年，3M创新提交了专利申请CN107949804B，该申请包含的多件同族专利涉及膜层。其中，US9952371B2公开了，关于穿过该多层反射偏振器顶点的光轴基本旋转对称，并且沿着与该光轴正交的第一轴和第二轴凸出的多层反射偏振器。

2015 年以后，随着 Pancake 在全球热度的增加，专门应用于 Pancake 的相关申请逐渐增加，出现了将液晶膜层应用于 Pancake 相关申请。

2017 年，脸谱的专利申请 US10712485B1 中公开了用于控制光取向材料的光轴的制造系统。照明系统用偏振光照射在弯曲的光学表面上形成的光取向材料。偏振光在沉积在弯曲光学表面上的光取向材料上形成图案。在一些配置中，制造系统在形成的图案上施加液晶层。液晶层包括液晶指向矢，其取向由形成的图案确定。

2017 年，3M 创新的专利申请 US11156757B2 公开了包括多个干涉层的光学膜，其中每个干涉层主要通过光学干涉反射或透射光，干涉层的总数小于约 1000。

也是 2017 年，美国沃斯特克公司的专利申请 WO2019066674A1 公开了曲面上具有纳米网格极化器的光学器件及其制造和使用方法。

2018 年，脸谱申请了多项有关 Pancake 膜层的专利。其中，专利申请 US20190353906A1 公开了包括形成在光学透明基板上的液晶材料层的偏振体全息元件。CN112567288A 公开了可转移薄膜光学器件和头戴式显示器，可转移薄膜光学器件包括提供至少一个预定光学功能的薄膜层，薄膜层被配置为可移除地附着到基板，使得用于薄膜层的至少一个预定光学功能的分子图案在移除后被保留。US10495798B1 公开了液晶反射圆偏振器可用于折叠光学系统中，以代替对准的反射线性偏振器和波片，从而避免了反射线性偏振器和波片的对准。

2018 年，3M 创新的专利申请 WO2019159139A1 公开了光学膜具有在两个正交方向上弯曲的有效区域。光学膜的边缘被布置为，在反射型偏振成像透镜的有效区域中光学膜的各段之间形成接缝。

2019 年，脸谱公开的专利申请 CN113631996A，包括堆叠在一起的多个液晶（LC）层。多层 LC 层中的至少一个 LC 层包括 LC 分子，该 LC 分子能够通过外部场进行平面内切换，以在具有不同相位延迟的状态之间切换光学波片。

2020 年，脸谱的专利申请 US20210389621A1 公开了可切换多层胆甾型液晶反射偏振器。多层胆甾型液晶层包括第一胆甾型液晶层和第二胆甾型液晶层，第一胆甾型液晶层具有以第一螺旋结构排列的液晶分子，第一螺旋结构具有用于第一波长范围的光的第一节距范围，第二胆甾型液晶层具有用于第二波长范围的光的第二螺距范围的第二螺旋结构，第二波长范围不同于第一波长范围。

脸谱的专利申请 WO2022076075A1 公开了获得各向异性聚合物薄膜的方法，将夹子阵列附接到复合薄膜的相对边缘，夹子阵列包括多个可滑动地设置在靠近复合薄膜第一边缘的第一轨道上的第一夹子和可滑动地设置在第二轨道上的多个第二夹子。通过增加第一夹子和第二夹子之间的距离，沿横向向复合薄膜施加正的面内应变。

2021 年，脸谱的专利申请 WO2022178345A1 公开了可以用作圆反射偏振器的具有手性双折射介质是胆甾型液晶（CLC），也称为手性向列液晶。CLC 用于光学元件中，以根据入射光的旋向性来反射或透射入射光。

国内企业在膜层改进方面的专利申请相对较少，但是近几年也有探索。2021 年，歌尔股份申请的专利 CN114296170A 中，公开含有锯齿状结构的偏振器件，通过在入射介质和出射介质之间设置截面包括多个等边三角形的锯齿状结构，并且在该锯齿状结构上镀设有偏振分离膜，达到将P偏振光与S偏振光进行分离的目的。偏振器件结构较为简单，且制作工艺容易控制，易于批量生产；并且色散较小，对镜片的曲率几乎没有限制，从而极大地扩展了光路设计的自由度。

（3）焦距调节方面

焦距调节技术几乎伴随着Pancake在虚拟现实中的应用而出现，相关申请最早出现在2004年。美国申请US2009052838A1中记载了通过常规的机械调焦技术以及铁电可切换半波方式来进行焦距的调节，从而提供改变光学系统的配置而无须物理地移动任何光学器件的方法，以及紧凑、耐用、快速可调的光学封装。

2016年，脸谱的专利申请US10429647B2中通过改变扁平透镜块的一个或多个光学元件的形状和/或通过改变两个光学元件之间的距离或两者，即使用变焦元件来调整在虚拟现实头戴式设备的显示器上呈现的虚拟场景。同年，脸谱的专利申请US20180172999A1中，提到头戴式显示器（HMD）包括用于在各种焦距处呈现图像的多焦点块。多焦点结构包括串联定位的一个或多个光学部件，使得来自电子显示器的光在从多焦点结构输出之前被接收并穿过一个或多个光学部件中的每一个至少一次。一个或多个光学部件包括可切换半波片（SHWP），SHWP具有使多焦点结构在第一焦距处输出图像光的第一状态，以及使多焦点结构在另一焦距处输出图像光的第二状态。

2017年，脸谱的专利申请US20180284464A1中，公开了具有偏振元件的多焦点光学系统，像素级偏振器具有使其在第一方向上线性偏振光的第一配置和使其在不同于第一方向的第二方向上线性偏振光的第二配置。多焦点结构被配置为部分地基于像素级偏振器的配置输出不同焦距的图像光。

2018年，谷歌的专利申请US10816804B2中，通过包含将透镜元件430在一个或多个方向450上横向平移透镜元件432的机构，来改变光学轮廓，并且因此改变所得配置的光焦度和焦距。

同年，苹果公司的专利申请US20200096770A1公开了利用液体调焦的Pancake结构，透镜模块包括第一流体填充室和第二流体填充室以及第一柔性膜和第二柔性膜；以及控制电路，被配置为控制透镜模块以调节第一柔性膜的曲率和第二柔性膜的曲率。

2020年开始，中国企业的专利申请中陆续出现焦距调节相关的申请。京东方的专利申请US2022197072A1，公开了利用液晶透镜实现焦距调节，当液晶透镜在第一相位延迟量和第二相位延迟量之间切换时，近眼显示装置中的光的光路改变，使得近眼显示装置可以以两个焦距成像。

2020年，华为的专利申请CN114675417A中通过变焦透镜调节虚像位置以实现在图像的预设场景类型不同时，可以将虚像形成在不同的位置。变焦透镜为液晶透镜、液体透镜或几何相位透镜。

2021年业成光电与英特盛联合申请的CN113376841A和2022年歌尔股份的申请CN114942523A中均提到通过液晶透镜实现变焦。2021年视涯的申请CN113866982A公开了通过使可移动折返镜组的至少部分组件可沿光轴前后移动，以改变近眼显示光学模组的屈光度。

2021鱼微阿科技的专利申请CN113960798A通过串联 n 个液晶偏振透镜的方式，可实现 $2n$ 个焦距选择，且屈光度调节范围在0D～10D或以上。

（4）眼动追踪方面

有关Pancake结构中眼动追踪技术的记载出现在焦距调节技术出现之后。眼动追踪的意义在于与焦距调节配合，实现焦距的实时调整，以解决视觉辐辏调节冲突的问题。

2017年，谷歌的专利申请US2018239146A1，公开了能够使用一个或多个反射元件来实现折叠的光学路径，以辅助捕获眼睛的图像。反射元件可以是部分反射的层，诸如在偏振器上放置的IR膜。

同年，苹果公司的专利申请US11301036B1，提到当在头戴显示装置中使用具有折反射透镜的目镜并且显示器移动得更靠近目镜（并且因此更靠近眼睛）时，存在目镜和显示器之间空间少，使得难以装配眼睛跟踪系统的技术问题。在该申请中，使用选择性失真的折反射透镜（其使来自显示器的光失真但不使来自光源的光失真）允许眼睛跟踪系统被放置得非常靠近目镜，而不会经历来自目镜的失真。

2018年，脸谱的专利申请US10606349B1，公开了用于眼动追踪的红外透明的背光设备，相机部件被配置为通过背光设备、显示面板在第二光学频带中捕获眼睛的图像。眼睛跟踪系统至少部分地基于所捕获的图像来确定眼睛跟踪信息。

2019年，脸谱的专利申请US11366260B1，公开了利用偏振体全息（PVH）层来反射IR光，实现眼动追踪。其中光学系统包括光学透镜、布置在光学透镜上方的第一偏振体全息（PVH）层，以及布置在光学透镜与第一PVH层之间的第二PVH层。第一PVH层和第二PVH层被配置为反射大致相同波长的IR光。

2020年，华为的专利申请WO2022111601A1中，热镜设置在透镜组（22）的发光侧；光束被眼球反射以形成指向透镜组的第一光束和第二光束（211b）；第一光束被热镜反射N次以形成第三光束；第二光束被热镜反射M次以形成第四光束；光学元件能够允许第三光束进入图像传感器并阻挡第四光束进入图像传感器，防止光束以不同的路径进入相机模块，从而提高眼球运动跟踪精度。

2020年，高通公司的专利申请WO2022120301A3，设置具有光引导机构的基板，将从用户的眼睛反射的红外光引导向透镜模块内的眼睛跟踪相机。

2022年，鱼微阿科技的专利申请CN114660803A，在红外摄像头与人眼之间设置有显示屏、第一透镜和第二透镜，且第二透镜的上下两端均设置有红外LED，通过屏下的红外摄像头，将眼动追踪的光路设计和空间需求压缩到很小的空间内，在空间有限的情况下实现眼动的图像获取并通过屏幕背光时序，避开屏幕干扰，获取更清晰的眼睛图像。

（5）制造方法方面

Pancake的制造方法主要包括贴膜方法、成像组件的组装以及检测校准。制作方法相关的专利申请也是伴随着2015年Pancake技术的兴起而出现的。

2015年，3M创新提交了专利申请CN107949804B，该申请包含多件同族专利。其中 US9555589B1 公开了通过软化进行贴膜的方法，包括加热光学膜，使光学膜软化；使软化的光学膜与外表面贴合，同时沿至少正交的第一和第二方向远离工具轴拉伸软化的膜，从而导致顺应的光学膜绕着顺应的膜的光轴旋转不对称，其中光轴与光轴重合，冷却贴合的光学膜，得到关于光轴旋转对称的对称光学膜；将光学透镜模制在对称光学膜上，形成光学叠层。而 US20180267222A1 中公开通过熔融法将光学膜贴合到曲面上的方法，通过将第一光学膜加热并贴合于曲面，以形成第一曲面光学膜，并将熔融的光学材料模制到第一弯曲光学膜上，从而将光学透镜模制到第一弯曲光学膜上。

2018 年，脸谱的专利申请 US11084271B1，公开了将平面膜片层压到光学元件的弯曲表面上的方法。部分地基于光学元件的弯曲表面来确定平面膜片的一个或多个切口；沿着所确定的平面膜片的一个或多个切口切割平面膜片以形成层压样品；并且层压样品具有多个应力消除边界，这些边界对应于所确定的平面膜片的一个或多个切口；层压样品被层压到光学元件的弯曲表面以在光学元件上形成层压层；并且多个应力消除边界中相邻的应力消除边界彼此接触，使得层压涂层是跨曲面的连续膜。

2018 年，威尔乌集团的专利申请 US20210072533A1 中公开贴膜过程中减少误差的方法，确定将要包括在透镜组件中的模制透镜或偏振分束器中至少一个制造误差的程度，制造误差的程度包括以下至少之一：模制透镜中的应力双折射量；或者偏振分束器中的偏振变化。确定将要包括在透镜组件中空间变化延迟器的校正因子，并通过应用校正因子形成空间变化延迟器。

同年，脸谱的专利申请 US20200096817A1，公开了基于显示镜头组件的主动校准，将第一透镜相对于第二透镜定位，以将第二透镜的反射偏振器与第一透镜的四分之一波片对准。对准系统相对于第二透镜定位第一透镜以将第二透镜的反射偏振器与第一透镜的四分之一波片对准。对准系统围绕光轴旋转第一透镜以将四分之一波片定位在第一透镜上，使得四分之一波片和第二透镜上的反射偏振器成一个角度，这样光通过第一透镜和第二透镜时基本上是圆偏振的。

2019 年，脸谱的专利申请 US20200292776A1 公开了自动镜片组装和测试的系统和方法。对第一透镜或第二透镜中的至少一个进行光学中心测量；以及当光学中心测量不满足预定光学中心条件时，进行光学中心调整。包括对第一透镜或第二透镜中的至少一个进行偏振测量，以及当偏振测量不满足预定偏振条件时执行偏振角度调整，组装第一透镜和第二透镜以形成光学组件。EP3948385A1 公开了用于对准偏振装置的方法，通过偏振器子组件对具有沿第一轴的宽度的光束进行起偏；通过旋转支架将偏振装置可旋转地支撑在光束的路径中；在分析器子组件处接收通过偏振装置传播的光束；和通过设置在分析器子组件下游并沿第一轴延伸的光电探测器阵列检测传播通过分析器子组件的光束；其中至少一个偏振器或分析器子组件包括空间变化的偏振元件，该偏振元件具有沿第一轴变化的偏振特性。

2020 年，歌尔股份的专利申请 CN111413751B 公开了一种贴膜方法，膜材设于光源与待贴膜透镜之间，承载台开设有通孔，以保证光源发出的光线通过通孔传输至相机，准确地确定膜材光轴的方向。WO2021196746A1 公开了光学系统组装方法，包括透镜位置调整、点胶操作和调整透镜之间的距离，控制边缘贴合，将透镜组合与结构件配合连接。CN111798527A 公开了透镜表面处理方法。

2020 年成都忆光年的专利申请 CN111855152A，公开了一种虚拟显示测装方法，应用于虚拟显示测装系统，通过显控模组控制旋转机构、夹持机构、位移调节机构、真空吸盘机构、摄像模组和位置检测模组，在不需要人为参与的情况下，就能够对待测虚拟显示模组的第一镜组进行快速正确的装配。

2021 年，歌尔股份的专利申请 CN113848598A 公开了一种贴膜方法，对第一透明基板进行弯折处理，以使第一透明基板的胶合面和光学镜片的光学面形状相同；将弯折处理后的第一透明基板设于光学镜片的光学面。该申请能够完成光学镜片的曲面贴膜，减少褶皱情况的发生。

2022 年奇景光电的 CN114509876A 公开了显示模块的制造方法，包括对第一消色差四分之一波片进行抗反射处理；将显示屏、线偏光片与第一消色差四分之一波片依序贴合，将低反凸透镜、第二消色差四分之一波片、反射偏光膜、圆偏光片与光学功能片依序贴合，或者将低反凸透镜、圆偏光片、反射偏光膜、第二消色差四分之一波片与光学功能片依序贴合，以形成凸透镜组件；将低透高反镜装配在支架里通过主动对位机台将装配有低透高反镜的支架组装到显示屏。

（6）扩展应用方面

在将 Pancake 结构应用到虚拟现实的探索过程中，人们也尝试将其应用到其他结构中，扩展了该结构的应用场景。

也是在 2017 年，耐德佳提出了专利申请 CN107024773A，将折叠光路作为成像部件，与透明显示器结合，实现增强现实显示，让用户同时观察到虚拟图像和现实图像；同年 7 月谷歌申请的专利 EP3596517A1，同样将折叠光路用作增强现实光路中的成像部件。

2018 年，脸谱的专利申请 US10600352B1，Pancake 结构与可在阻挡环境光的正常模式或允许环境光对用户可见的透视模式下切换的显示设备结合，实现正常模式或透视模式。

2019 年，脸谱的专利申请 US20210109362A1 将 Pancake 结构用于头戴显示设备的多通道扫描仪中，通过减小扫描仪的体积重量来减轻整个显示设备的体积重量。同年，脸谱另一项申请 CN114144704A，将 Pancake 用作增或现实成像部件的同时，进一步包含了布拉格光栅，以进一步减小体积重量。

2020 年，舜宇光学申请了 CN114690414A，将 Pancake 扩展应用到波导系统中，在图像源组件和该波导组件之间的光路中设置折叠光组件，以通过多个平面光学元件可选择偏转角度地折叠该图像源组件和波导组件之间的光路，使来自图像源组件的图像光在平面折叠光组件内被多次折返的同时被会聚或发散之后，先从该波导组件的耦入区域耦入，再从该波导组件的耦出区域耦出。

第8章　近眼显示产业收购和投资分析

8.1　整体情况

在公司法上，收购是指一家企业以购买全部或部分股票的方式购买另一家企业的全部或部分所有权，或者以购买全部或部分资产的方式购买另一家企业的全部或部分所有权，是通过控制股权而成为一家公司的大股东的过程。通常，收购都是为了取得另一家公司的控制权，以实现一定经济目标，包括扩大生产规模，优化产业结构、产品结构、资本结构，增强生产经营的稳定性，或者拓展企业经营范围。即俗称的“买买买”，一家企业把想要拓展经营范围的公司或者能够增强自身实力的公司买下来。

投资一般是把钱投给别人，让别人经营，通过企业的增长或者上市，获得收益。而接受投资的企业的行为即为融资。每家企业的成长都离不开资金支持，融资是公司根据自身的生产经营状况、资金拥有的状况，以及公司未来经营发展的需要，通过科学的预测和决策，采用一定的方式，从一定的渠道向公司的投资者和债权人去筹集资金，组织资金的供应，以保证公司正常生产需要、经营管理活动需要的理财行为。融资的一般顺序为种子轮、天使轮、A轮、B轮、C轮等。种子轮：启动资金，就是创业者有自己的创意和想法，但是缺乏足够的资金，于是寻找出资人；天使轮：已经起步但尚未完成产品，模式未被验证，但需要资金扩大规模；A轮：有团队，有以产品和数据支撑的商业模式，拥有业内领先地位，此时公司已经进入正常的运行轨道，商业模式稳定，运营稳定，这个时候往往会出现两种情况，或者企业盈利欠佳，创业者寻求更大资金支持，找有实力的机构和个人来投资，或者企业盈利可以，有实力的机构和个人希望加入该公司，帮助其快速扩大规模，找到创业者提供更多的资金；B轮：商业模式已经充分被验证，公司业务快速扩张，企业原有的业务和商业模式已经很成熟，但是利润不够高，希望发展新业务来拓展公司利润，这一阶段往往会寻求更多的资金来源；C轮：商业模式成熟，拥有大量用户，在行业内有主导或领导地位，就是企业已经实现盈利，而且基本比较平稳，为成为公众公司作最后阶段准备，即企业上市最后冲刺阶段性融资。

通过比较分析，虚拟现实/增强现实产业，尤其是近眼显示产业的初创公司异常繁多，创业市场无限繁荣。面对这种百家争鸣的形势，国外巨头更倾向于通过收购模式获得具有技术优势的初创企业的控制权，来丰富自己的研发实力，提高产品性能，同时也能够防止竞争对手的突袭。而国内资本则更倾向于通过投资模式参与初创公司的融资，等待公司的进一步发展。

8.2 苹果公司收购情况分析

8.2.1 情况介绍

苹果公司 CEO 库克曾表示："增强现实是一项与 iPhone 一样具有广阔前景的技术。以后的某个时间起，增强现实会变成像一日三餐那样平常，会成为人们生活的一部分，就像手机一样。"尽管苹果公司的虚拟现实/增强现实设备仍然处于保密状态，迟迟未面世，但公开资料显示，其布局相关技术已超过 10 年，主要战略是通过并购和自研两种方式布局底层技术和关键零部件，将自有资源进行整合，自建闭环生态。

参见图 8－2－1，2010 年，苹果公司以 2900 万美元价格收购瑞典面部识别技术公司 Polar Rose，开启了其在虚拟现实/增强现实领域的布局。2010～2014 年，苹果公司陆续又收购了室内定位公司 Wifi SLAM、以色列实时 3D 运动捕捉公司 PrimeSense 以及 Micro－LED 显示屏公司 Luxvue 来启动自己的研发。2016～2017 年，陆续将室内定位公司 Indoor、瑞士面部识别和动作捕捉公司 Faceshift 等虚拟现实/增强现实公司收入麾下。

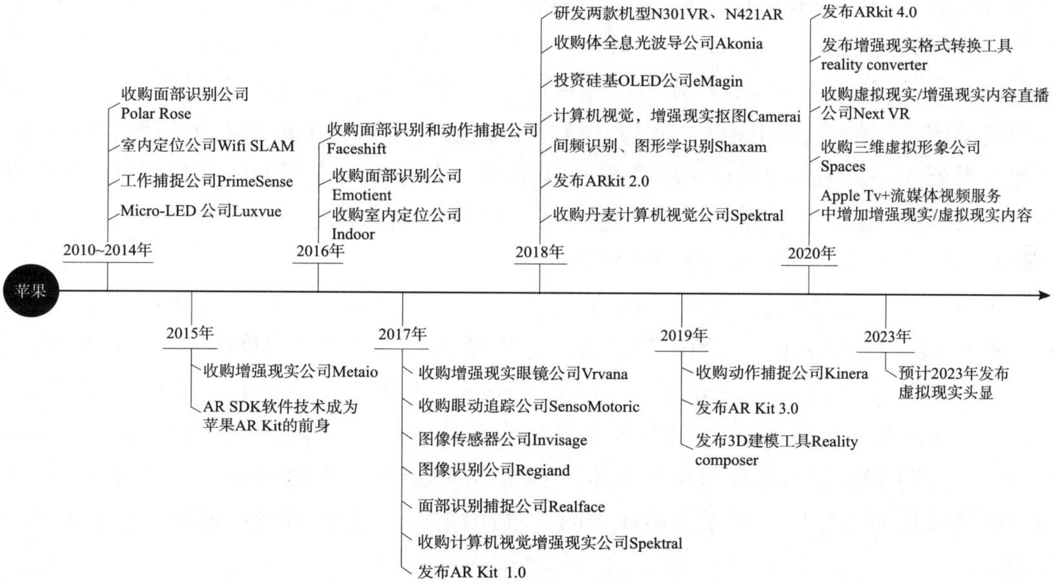

图 8－2－1 苹果公司收购概况

2018 年 10 月，苹果公司收购丹麦计算机视觉公司 Spektral。Spektral 的技术能以智能的方式将照片和视频中的人和物体从原始背景中分离出来，并叠加新背景。这种解决方案基于深度神经网络和谱图理论。苹果公司可以将该公司的技术整合到 iPhone 自带的相机、信息和剪辑应用，推进增强现实技术的过程中也可以大规模应用这项技术。2020 年，苹果公司花费 1 亿美元收购拥有拍摄、压缩、传输等 26 项虚拟现实专利技术的 NextVR，三个月后又收购与数字和三维重建相关度很高的虚拟现实虚拟会议初创公司 Spaces。Spaces 于 2016 年由梦工厂动画的两位虚拟现实技术元老联合创办，一直以来与微软、NBC 环球等公司均有业务往来。

自研方面，AR Kit 6.0 是苹果公司的重要布局。苹果公司同时在从底层操作系统、软件开发、内容平台继续整合资源，自建闭环生态。苹果公司以手机为基础推出开发工具 AR Kit 自建生态，现在的手机生态上已经发展到了 AR Kit 6.0 时代。

在苹果公司上述不断“买买买”的策略下，市场一直预测苹果公司会推出自己的虚拟现实产品。但颇为遗憾的是，苹果公司的虚拟现实产品发布时间一再推迟，截至 2022 年 10 月尚未正式推出。

苹果公司涉及近眼显示技术的收购为 2014 年收购 Micro – LED 公司 Luxvue、2018 年收购体全息光波导公司 Akonia 和投资硅基 OLED 公司 eMagin。下面本报告将从苹果公司对这三家公司的投资并购行为来分析苹果公司在近眼显示技术中的市场优势和技术关注点。

8.2.2 苹果公司收购 Luxvue

苹果公司是最不遗余力推动 Micro – LED 显示屏市场的厂商之一，也是技术储备最全面的厂商之一。从战略角度来看，显示屏的发展趋势是从 LCD 液晶屏走向 OLED 屏，而 OLED 屏又是三星一家独大，从 OLED 屏的技术储备上看，苹果公司并不占据优势。布局 Micro – LED，可以减少在显示屏领域对三星的依赖，如果苹果公司 Micro – LED 显示屏技术成熟，势必会引发效仿效应，这个潮流会延伸到整个消费电子甚至其他领域。因此苹果公司不断发力 Micro – LED 显示屏市场，组建了一支庞大的项目团队，每年都在 Micro – LED 显示屏开发上花费数亿美元。而从专利数据来看，苹果公司在 Micro – LED 显示屏上的专利布局依靠收购完成。

2014 年，苹果公司公司收购 Luxvue，正式开始研发 Micro – LED 显示屏技术。在完成收购 Luxvue 的第二年，市场就开始猜测并传闻苹果公司将很快推出 Micro – LED 显示屏产品。2016 年 7 月苹果公司点燃“6 FHD Micro – LED”试点项目，据说正在开发面向未来 Apple Watch 的 Micro – LED 显示屏技术表型。但事与愿违，从当年传闻在 Apple Watch 3 上应用 Micro – LED 显示屏技术，到 2020 年最新一代的 Apple Watch 6 上，苹果公司依然采用 OLED 屏；苹果公司在 Micro – LED 显示屏上的研发也遇到了业界共有的难题。

Luxvue 成立于 2009 年，专注于 Micro – LED 技术的研发，拥有的 Micro – LED 显示屏相关专利数量是各家厂商当中最多的。2013 年获 2500 万美元融资，在此之前还融资了 1800 万美元。从方案上来看，巨量转移技术主要分为拾取放置、激光转移、自组装、转印技术。Luxvue 公司主要采用拾取放置技术的静电吸附技术。该公司开发出了具有双极结构的转移头，并申请了专利 US9548233B2，其中，具体技术方案为转移头凸起的平台部分有两个硅电极，当转移头抓取基板上的 Micro – LED 时，两个硅电极分别施加正负电压，便可实现对 Micro – LED 的抓取。

Luxvue 从 2012 年开始申请专利，最初布局转移技术专利，之后陆续朝驱动、应用等专利技术拓展，到2016年5月19日共在Micro－LED领域布下223项专利申请，其中170项专利获得授权。在170项获得授权的专利中，共有165项专利权在被收购后于2016年4月15日转移给了苹果公司，该些专利权均处于有效状态。

在Luxvue被苹果公司收购后，除了165项专利权被转移给了苹果公司，同时转移的还包括Luxvue主要研发团队。Bibl Andreas是Luxvue公司的CEO，同时也是Luxvue研发团队的主要成员。在Luxvue的223项专利申请中有173项专利的发明人包括Bibl Andreas。在2016年5月19日之后，苹果公司依然有58项专利申请的发明人为Bibl Andreas，且申请时间从2016年一直持续到2022年。这58项专利申请中，有50件在美国已获得授权，有8件因为时间关系依然在实质审查中。这也就意味着Bibl Andreas作为原Luxvue的CEO，在公司被收购后，一直在苹果公司担任主要研发人员，且在Micro－LED显示屏领域拥有着惊人的研发能力。

Higginson John A.、Hu Hsin－Hua同样也是Luxvue研发团队的主要成员。在2016年5月之后，Bibl Andreas、Higginson John A.和Hu Hsin－Hua三人共同作为发明人的专利申请有14件，此外Bibl Andreas还与Higginson John A.共同作为发明人申请了8件专利，Bibl Andreas与Hu Hsin－Hua共同作为发明人申请了10件专利。Luxvue研发团队的其他人员，Golda Dariusz、Law Hung－Fai Stephen、Sakariya Kapil V.、Mcgroddy Kelly仍然都在苹果公司中从事研发工作。专利申请趋势具体参见表8－2－1。

表8－2－1 Luxvue发明人专利申请趋势 单位：件

发明人	2012年	2013年	2014年	2015年	2016年	2017年	2018年	2019年	2020年	2021年	2022年
Bibl Andreas	51	57	44	26	16	13	9	9	7	4	3
Hu Hsin－Hua	44	24	13	11	7	4	4	3	4	1	1
Higginson John A.	33	10	8	4	9	3	3	3	2	0	0
Sakariya Kapil V.	3	10	7	7	2	4	4	3	2	2	3
Golda Dariusz	11	13	9	5	4	1	1	0	0	0	0
Law Hung－Fai Stephen	25	3	2	1	1	0	1	1	1	0	0
Mcgroddy Kelly	1	6	7	2	1	3	1	1	2	1	0
Griggs Charles R.	0	3	4	3	0	3	0	2	1	2	1

Luxvue的发明人Bibl Andreas等人在2013年3月15日所提交的申请US13842925及US13842879，涉及一种具有集成缺陷检测测试的LED显示器的制造方法，显示基板包括像素区域和非像素区域，子像素阵列和相应的底部电极阵列位于像素区域中，Micro－LED器件阵列接合到底部电极阵列，一个或多个顶部电极层形成与Micro－LED器件阵列电接触，一对冗余的Micro－LED器件接合到底部电极阵列，对Micro－LED器件阵列进行成像以检测不规则性。该专利申请于2016年2月2日获得授权；2015年7月13日，针对该申请又进行了完全接续案申请US14798298，该完全接续案于2018年1月9日获得授权；又于2017年11月30日继续进行接续案US15828069，于2019年9月

10日获得授权；2019年8月1日进行接续案US16529670，2021年3月30日获得授权；2021年2月26日进行接续案US17186362，2022年7月5日获得授权；2022年5月31日申请接续案US17804715，截至2022年底在实质审查中。通过该案不断进行接续申请的情况，可知苹果公司在收购Luxvue后，一直持续不断在Micro－LED显示屏领域注入资金，进行研发和专利布局。

量子点技术未来能够将线宽做到5μm以下，寿命可以达到10000h，量子效率提升到95%以上。随着新的荧光材料的不断涌现和喷墨、光刻、转印技术的不断成熟，量子点技术也在不断发展。2016年，苹果公司提交了一件涉及量子点技术的专利申请US15740739，名称为“量子点集成方案”（Quantum Dot Integration Schemes），将量子点技术和Micro－LED显示屏集成到一起。该案不仅获得授权，且其接续案US16375614、US16860757也获得授权。该专利的主要发明人正是Luxvue的CEO Bibl Andreas。一些被列为该专利发明人的苹果公司工程师包括高级模块工艺工程师Elmar Gehlen、从高通来到苹果公司的硬件工程师Ion Bita、Luxvue LED设备技术总监及硬件工程师Kelly McGroddy、从奇景光电来到苹果公司的高级硬件开发工程师Roland Van Gelder，以及从新兴显示技术公司QD Vision来到苹果公司的Jonathan Steckel，其中Roland Van Gelder提出了最好的硅基液晶微显示器解决方案。苹果公司正是通过收购专利和吸纳相关技术人员充实自己的研发团队，来提升自己的研发能力。

8.2.3 苹果公司收购Akonia

Akonia是由全息技术学家成立于2012年的光学公司，宣传语是“光速般的创新”，其最初的目标是研发全息数据存储，后来改为开发增强现实眼镜显示技术，为智能眼镜中的透明显示元件制作全息反射和波导光学元件。Akonia称其显示技术可以应用在“轻薄、透明的智能镜片上，显示出鲜艳的全彩色、完整视场角图像”。Akonia的团队于20世纪90年代开始在贝尔实验室从事全息数据存储工作，然后于2000年作为InPhase Technologies从贝尔实验室分离出来，但该公司最终破产。Akonia成立于2012年8月，从InPhase获得了数百万美元的资产和整个专利组合，并于2012年8月成功完成种子轮融资，融资总计获得资金1160万美元，投资方为Acadia Woods Partners。Akonia采用了全新的全息方法，利用其高性能光聚合物，以及在单层聚合物中组合大量全息图的专业知识，以更好地控制正被重新定向到眼睛的图像的质量和尺寸。

2018年8月，苹果公司收购了Akonia，以专注于开发增强现实光波导显示技术，开发出一款眼镜片大小、完全透明、亮度足够、用户在户外使用且可以量产的廉价光学屏幕。

截至2022年10月19日，Akonia已经获得了和全息系统和材料相关的167项专利。且截至该日期，苹果公司并未对Akonia所拥有的专利进行权利变更，即所有的专利依然在Akonia名下，而非以苹果公司为申请人。

分析Akonia所拥有的专利，其中有一部分是从InPhase获得的专利，这些专利于2012年10月从InPhase转移至Akonia，且大部分已失效。另一部分则是2012年10月之后 Akonia 所申请的以增强现实光波导和全息为主题的专利申请，共计 46 项。其中 2017 年申请量最高，为 18 项。在 2018 年被苹果公司收购之后，Akonia 专利申请趋势维持平稳态势。

在研究团队方面，Akonia 的联合创始人兼 CEO Ayres Mark 和联合创始人兼 CEO Anderson Kenneth 共申请专利 31 项，且两人一直从 2014 年持续申请至 2021 年。另外，还有 Adam Urness 和 Friso Schlottau 作为团队的核心研究人员，从 2016 年持续申请至 2021 年，参见表 8－2－2。

表 8－2－2　Akonia 主要发明人申请趋势　　单位：件

发明人	2014 年	2015 年	2016 年	2017 年	2018 年	2019 年	2020 年	2021 年
Ayres Mark	2	2	4	15	4	3	1	3
Anderson Kenneth	2	2	4	14	3	2	1	3
Adam Urness	0	0	4	15	4	3	1	3
Friso Schlottau	0	0	3	15	4	2	1	3

Akonia 的专利申请的发明人团队由以上 4 人组成，2019～2021 年的主要申请均是由 4 人作为共同发明人完成的。

8.2.4 苹果公司收购 eMagin

2018 年，由 OLED 微型显示器制造商 eMagin 发行的一笔 1000 万美元的新股由苹果公司、Valve 和 LG 等公司收购。

eMagin 成立于 1993 年，自 2016 年以来，一直在开发专有的 Direct Patterned Display（dPd）技术。dPd 即在亚像素级采用单独的红色、绿色和蓝色 OLED 堆栈，并且不需要滤色器。2020 年，eMagin 在 0.9 英寸的显示屏上实现了 7500nit 的亮度。2021 年，eMagin 推出了一款 WUXGA（1920×1200）像素分辨率的全彩色 OLED 微型显示器原型产品，其亮度可达 10000nit，这是当时世界亮度最高的高分辨率、全彩色 Micro－OLED 显示屏。所述的 Micro－OLED 使用磷光红色和绿色以及荧光蓝色发射器，所以蓝色子像素更大，以实现合适的颜色平衡。设备采用单 OLED 堆栈，但 eMagin 的路线图包括其他改进，例如可实现 10000nit 的串联 OLED。eMagin 的路线图将全彩峰值亮度设定为 30000nit。2022 年，eMagin 又展示了一款 4K Micro－OLED 微型显示器，其分辨率为 3600×4000、刷新率为 120Hz，尺寸为 2.1 英寸，专用于开发超短焦虚拟现实头显 Pancake 方案，这又是目前市面上分辨率最高的 Micro－OLED 显示屏，其亮度也相当高，在快速响应模式（低视觉暂留）下可达到 1000nit。

eMagin 公司的专利技术——dPd，是一种没有使用传统 Micro－OLED 显示屏方案的新技术。该方案摒弃了以往的白光加彩色滤光片的组合，而是直接采用 RGB（红、绿、蓝）三原色组合，其光损较从前有了大幅降低，并能实现更高的亮度。dPd 技术的另一个重要方面是能够实现高分辨率的高填充因子（填充因子＝三个子像素的总发射面积除以像素的总面积）。这可以进一步减少或消除纱窗效应。智能手机中的 OLED 显示屏通常只有 20% 的填充系数，而 eMagin 的 Micro－OLED 显示屏则接近 70%。

除了 2018 年苹果公司收购了部分 eMagin 的股票外，包括 dPd 专利发明人在内的数名关键 eMagin 员工都在 2018 年选择离职加盟苹果公司。

8.3 脸谱收购情况分析

8.3.1 情况介绍

脸谱作为全球最大的虚拟现实/增强现实公司，在基础设施到应用全产业链进行布局，对硬件、软件、内容、应用等方面均有所涉及。在 2021 年 10 月 28 日的 Connect 2021 大会上，脸谱 CEO 扎克伯格宣布推出 Meta 品牌，将脸谱更名为 Meta，将现有的应用程序和技术整合到一个新的公司品牌下。脸谱的重点是将元宇宙带入生活，并帮助用户之间建立联系，找到社区和发展业务。

Oculus 硬件设备是脸谱元宇宙生态的入口，Oculus Quest 2 是目前主流的虚拟现实/增强现实头显设备，市场占有率一枝独秀。图 8－3－1 示出了脸谱系列产品。Oculus 2012 年开始推出的 Rift 系列（Oculus Rift DK1、Rift CV1、Rift S），主要为头显。2014 年脸谱收购 Oculus，2016 年发布了 Oculus Rift CV1，2019 年推出了 Oculus Quest，2020 年 10 月发布了 Oculus Quest 2。Oculus Quest 2 目前在虚拟现实/增强现实设备领域一枝独秀，2020 年出货量 280 万台，2021 年累计出货量 1160 万台，2022 年上半年 Quest 2 出货量约 590 万台；截至 2022 第一季度，Quest 2 系列累计出货量约 1770 万台，Oculus 系列产品在虚拟现实市场占有率已超 90%。Oculus Quest 2 以性能、低价、舒适度、内容等迅速打开市场——从 2014 年 7 月的 Oculus Rift 至 2020 年 10 月最新款 Oculus Quest 2 的产品发布，Oculus 的市场占有率从 2020 年的不足 30% 提升至 2022 年第一季度的 90%，2021 年 Oculus 平均市场占有率约为 80%。

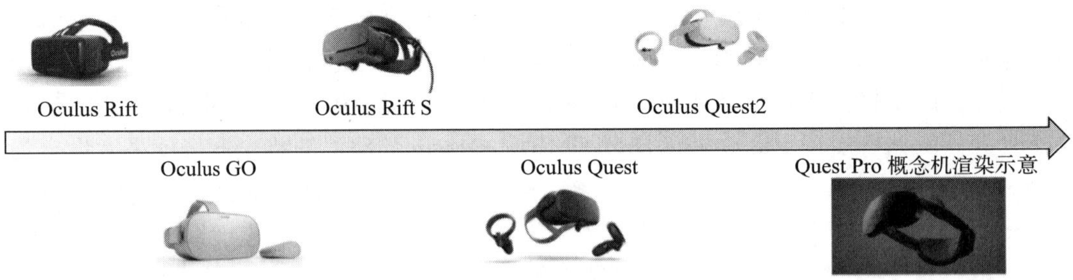

图 8－3－1　脸谱系列产品示意

在 2022 年 10 月 12 日的 Connect 2022 大会上，脸谱如期发布了 Quest 的进阶版——Quest Pro。Quest Pro 采用了更先进的 Pancake 透镜，光学堆栈缩减超 40%。另外，设备的瞳孔间距（IPD）调节范围为 55～75mm，能让用户得到更好的视觉体验并降低眼睛疲劳。最新的虚拟现实 LCD 显示技术让 Quest Pro 与脸谱 Quest 2 相比，中心视图的全视野视觉清晰度提高了 25%，周边区域提高了 50%，色域扩大了 1.3 倍。硬件方面也让用户在虚拟世界的触觉和视觉反馈更加精确，从而营造出更真实的虚拟世界体验。相较于此前的 Quest 系列，此次 Quest Pro 最大的特点在于它升级成为一个全彩混合现实设备。在此前 Quest 2 上，用户只能用 Passthrough 以黑白方式查看设备外部世界，但 Quest Pro 则可以让用户全彩查看周围的物理环境，建立更立体的混合现实世界。

脸谱还在 2023 ~2024 年有望发售代号为 Funston、Stinson、Carsiff 的虚拟现实头显。具体介绍参见表 8 -3 -1。

表 8 -3 -1　脸谱系列产品梳理

产品型号	上线时间	产品类型	产品介绍
Oculus Rift	2014 年 7 月	PC VR	Oculus Rift 是一款为电子游戏设计的头戴式显示器，发布初期也被称为虚拟现实头盔。在当时看来，这款设备很可能改变未来人们游戏的方式；在硬件配置上，Oculus Rift 具有两个目镜，每个目镜的分辨率为 640 × 800，双眼的视觉合并之后拥有 1280 × 800 的分辨率。并且具有陀螺仪控制的视角是这款游戏产品一大特色，这样一来，游戏的沉浸感大幅提升
Oculus GO	2018 年 5 月	一体式（3DoF）	Oculus Go 是 Oculus 推出的首款虚拟现实一体机。由 Oculus 和高通以及小米联合开发，采用了高通骁龙 821 处理器，拥有 5.5 英寸 2560 × 1440 分辨率的 LCD 屏幕。于 2017 年 10 月公布，并于 2018 年 5 月发售；稍晚时候小米以“小米 VR 一体机”之名在中国发布了该产品
Oculus Rift S	2019 年 5 月	PC VR	Oculus Rift S 的面板升级为单独一块 2560 × 1440 分辨率的 LCD 面板，但屏幕刷新率从 90Hz 降低至 80Hz，其次，Oculus Rift S 也内置 Ouclus Insight 内向外追踪技术，但摄像头从 Oculus Quest 的 4 颗升级为 5 颗。另外，Oculus Rift S 还升级了头盔的佩戴结构、音频以及控制器
Oculus Quest	2019 年 5 月	一体式（6DoF）	Oculus Quest 是 Oculus 继 Oculus Go 之后推出的第二款虚拟现实一体机，其机器内采用高通骁龙 835 处理器，相较 Oculus Go 换用了分辨率更低的 OLED 屏幕，使用第二代 Oculus Touch Controller 控制器

续表

产品型号	上线时间	产品类型	产品介绍
Oculus Quest 2	2020年10月	一体式（6DoF）	Oculus Quest 2是Oculus继Oculus Quest之后推出的第三款虚拟现实一体机，其机器内采用高通骁龙XR2处理器，采用了支持120Hz刷新率的LCD屏幕。于2020年10月开售；并于2021年将64GB版本停售，并在同价位将机身储存更新为128GB

脸谱对元宇宙的明确布局，从2014年脸谱收购Oculus开始。从近年来的布局来看，脸谱主要围绕硬件和生态两方发力，以寻求硬件渗透率提升，用户量增加，创作者可以获得更多收入，再推动渗透率提升的螺旋增长。

图8-3-2示出了脸谱收购情况。在硬件方面，脸谱自2015~2019年收购以色列手势控制公司Pebbles，多家计算机视觉公司、面部识别公司、空间音效公司以及Micro-LED显示屏公司InfiniLED。发布Oculus Quest的2019年，脸谱以10亿美元收购脑机接口公司CTRL-Labs；2020~2021年，脸谱在虚拟现实领域的大范围收购仍在继续，包括收购虚拟现实变焦头显技术厂商Lennis、计算机视觉定位公司Scape、增强现实地图数据公司Maplillary以及多家游戏公司。此外，还与Micro-LED显示屏公司PLESSY公司签署授予专利独家许可权合同。

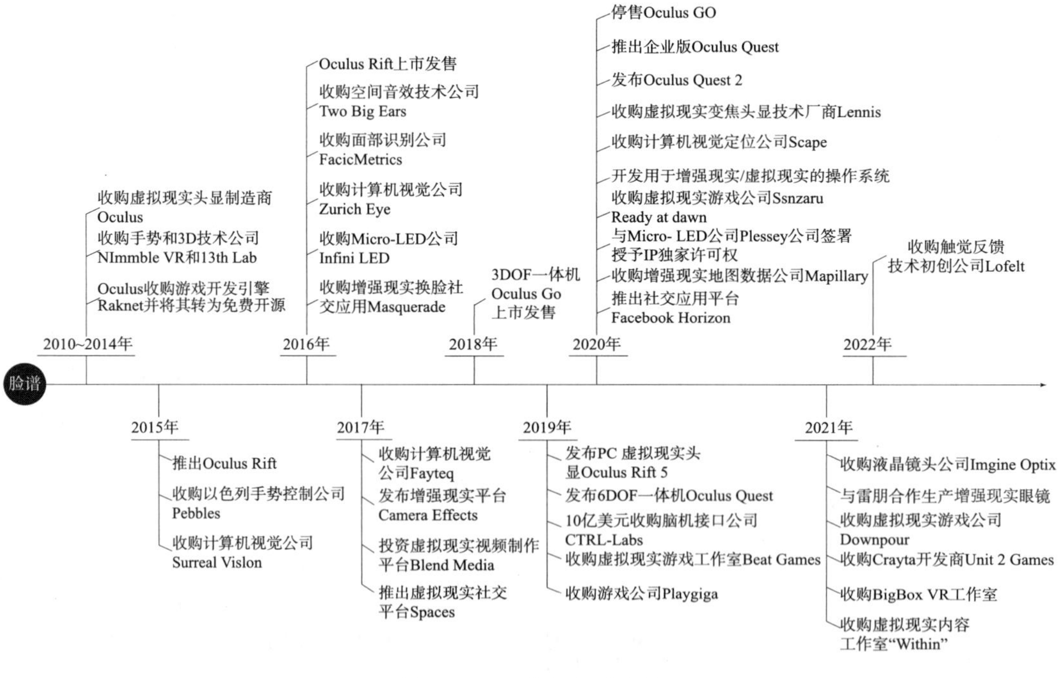

图8-3-2 脸谱收购概况

2021年12月收购了位于美国北卡罗来纳州的光学技术创企Imagine Optix，以通过该公司的可变焦技术解决虚拟现实头显当中的视觉辐辏调节冲突。Imagine Optix靠着开发液晶镜头显示器而声名鹊起，其液晶组件可以帮助虚拟现实头显的镜头变得更加轻薄。该公司生产的液晶组件又薄又轻，可以用来代替由玻璃或塑料制成的较厚透镜。这既有助于缩小虚拟现实头显的尺寸，又允许光学元件利用电子装置改变焦点。这项技术可以用于能够自动校正用户视力的虚拟现实头显上，并根据用户需求调整焦点，或者，正如脸谱在 2019 年通过其 Half Dome 虚拟现实头显原型机所展示的那样，利用这项技术生成变焦光学解决方案来缓解用户在虚拟现实中产生的眼睛疲劳症状。2022 年 9 月 3 日脸谱又收购了总部位于柏林的虚拟现实触觉反馈初创公司 Lofelt。

下文对脸谱在近眼显示领域的投资与收购进行具体分析，即 2016 年收购 Micro - LED 显示屏公司 InfiniLED 和 2020 年与 Micro - LED 显示屏公司 PLESSY 公司签署授予专利独家许可权合同。由此可以看出，脸谱在近眼显示领域集中于屏幕技术的研究。

8.3.2　脸谱收购 InfiniLED

2016 年，脸谱收购了 Micro - LED 显示屏公司 InfiniLED。InfiniLED 成立于 2010 年，最初从爱尔兰廷德尔国家研究所（Tyndall National Institute）剥离出来。廷德尔国家研究院是一个专门针对光子学和微/纳米电子设备的研究中枢，并与考克大学（University College Cork）有着密切合作。

参见表 8 - 3 - 2，InfiniLED 共有 11 项专利申请，涉及 Micro - LED 和硅基液晶，由此可见，该公司专门针对微显示屏进行研究。其中有 6 项在被脸谱收购后，专利权转移给了脸谱。同时，InfiniLED 的主要发明人 Padraig Hughes、William Henry、Christopher Percival 等也均继续在脸谱进行有关 Micro - LED 显示屏的研究。可见脸谱在收购 InfiniLED 之后，持续在该领域投入，试图有所突破。但截至 2022 年 Quest Pro 推出，尚未将 Micro - LED 显示屏应用于产品中。

表 8 - 3 - 2　InfiniLED 专利申请表

序号	公开（公告）号	申请号	标题	申请日	是否转移至脸谱
1	WO2016083289A1	PCT/EP2015077332	Micro - LED device	2015 - 11 - 23	是
2	WO2016062834A3	PCT/EP2015074545	Sub-pixel for a display with controllable viewing angle	2015 - 10 - 22	否
3	WO2016062835A1	PCT/EP2015074546	Display, LED chip therefor, pixel therefor, controlling method therefor, computer program therefor	2015 - 10 - 22	否

续表

序号	公开（公告）号	申请号	标题	申请日	是否转移至脸谱
4	GB2545155B	GB2015015564	Assembly of semiconductor devices	2015－09－02	是
5	WO2016016460A1	PCT/EP2015067749	A colour ILED display on silicon	2015－07－31	否
6	WO2016016461A1	PCT/EP2015067751	A colour inorganic LED dispay for display devices with a high number of pixels	2015－07－31	否
7	US9502595B2	US14705607	Methods and apparatus for improving micro－LED devices	2015－05－06	是
8	US11099063B2	US15103344	Apparatus and methoed for profiling a beam of a light emitting semiconductor device	2014－12－10	是
9	GB2531558B	GB2014018769	Display	2014－10－22	是
10	GB201409251D0	GB2014009251	A colour inorganic LED display device	2014－05－23	否
11	EP2893571B1	EP2013762755	Optical device	2013－08－16	是

8.3.3 脸谱与PLESSEY公司独家许可

2020年，脸谱宣布与Micro－LED嵌入式技术开发商PLESSEY公司达成一份多年协议。据悉，PLESSEY公司将继续研发用于沉浸式产品的嵌入技术，并向脸谱授予专利独家许可权，帮助团队构建用于未来虚拟现实/增强现实产品的原型和开发Micro－LED晶圆。

PLESSEY公司位于英国普利茅斯，原先是一家传统的半导体企业，2016年开始从传统半导体业务转向用于增强现实显示器的Micro－LED显示屏技术。在2019年1月，PLESSEY公司用Nanoco技术将uLED像素尺寸缩小到4μm。它们利用现有的单片硅基GaN工艺来把CFQD量子点集成到蓝色LED晶圆的选定区域，从而增加红光和绿光，开发出硅基GaN原生绿色LED。这使得最小的实际像素尺寸从30μm缩小到仅4μm。

2019年4月初，PLESSEY公司首次实现了晶圆到晶圆的机械键合，并在同年5月实现了完整的电气和机械键合。其团队成功将其单片硅基GaN Micro - LED与Jasper Display Corp的eSP70硅基板技术的晶圆级键合，从而生成了包含可寻址LED的Micro - LED显示器。

2020年2月，PLESSEY公司宣布与紧凑型高分辨率微型显示器面板制造商Compound Photonics US Corporation合作，带来了用于增强现实的0.26英寸1080P uLED显示模块。2020年，PLESSEY公司还与WaveOptics合作开发下一代智能眼镜设计用光学模块。在这次合作中，PLESSEY公司将提供其纯绿色、高亮度的Micro - LED全高清显示屏，而WaveOptics则会提供其最近推出的Katana光波导技术和投影仪设计。

苹果公司曾有意收购PLESSEY公司，但经过一番考虑评估后，PLESSEY公司没有接受苹果公司的橄榄枝，而是投身于脸谱的怀抱，并选择与脸谱签署独家合作协议。这也说明了PLESSEY公司的技术研发能力得到了苹果公司与脸谱的认可。PLESSEY公司除了开发出了绿色LED，还开发了可扩展且可重复的硅基GaN单片工艺。PLESSEY公司目前拥有领先的150mm和200mm晶圆加工设施，以进行LED产品的设计、测试和组装。另外，它们还有一整套完善的光学特性和应用实验室。

分析PLESSEY公司的专利情况，参见图8－3－3，PLESSEY公司前期拥有大量半导体专利，但从2016年开始申请有关Micro - LED的专利，截至2022年总计50项专利申请，授权专利19项。这也体现了其主营业务方向的转变。在与脸谱达成协议的2020年，PLESSEY公司总申请16项专利申请；2021年申请量为19项，为申请数量最多的一年。

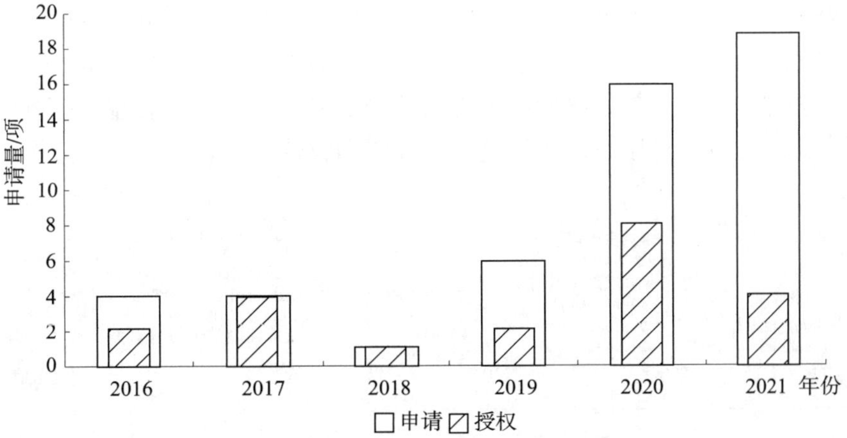

图8－3－3 PLESSEY公司专利申请概况

在发明人方面，参见表8－3－3 PLESSEY公司主要发明人申请趋势。PLESSEY公司的主要发明人团队包括Samir Mezouari、Andrea Pinos、Weisin Tan等。从申请量和发明人来看，2017～2018年的申请量很小，而且都是有关LED照明的技术主题。除了2016年的US10381507B2有关LED芯片及LED芯片的制造方法之外，其他有关

Micro－LED的专利申请实际上都是2019年才提出的。可见PLESSEY公司也是花了数年的时间，从转型到研究的过程中才有了成果。

表8－3－3　PLESSEY公司主要发明人申请趋势　　单位：项

发明人	2016年	2017年	2018年	2019年	2020年	2021年	总计
Samir Mezouari	2	0	0	2	9	13	26
Andrea Pinos	0	0	0	2	9	7	18
Weisin Tan	0	0	0	1	4	6	11
John Whiteman	1	0	0	0	1	5	7

8.4　谷歌收购情况分析

8.4.1　情况介绍

2010年前后，谷歌曾经开发Google Glass，但是市场效果一般；2019年又发布了Google Glass 2代，也未打开市场；谷歌2016年还曾开发了虚拟现实头戴设备“Daydream”系列（连接安卓手机使用），但是市场反响也很平淡。十年来，谷歌一直持续关注着虚拟现实/增强现实领域。

如图8－4－1所示，2015年谷歌花5亿美元投资奇跃公司，2017年投资Micro－LED显示屏制造商Glo，2018年谷歌还收购了光场显示技术厂商Lytro的部分专利并且吸纳其研发人员，2020年谷歌收购了加拿大研发智能眼镜的North公司，2022年收购Micro－LED公司Raxium。其间还收购了一些眼动追踪公司、图像识别技术公司以及虚拟现实游戏公司。可见，谷歌虽然尚未有新的产品发布，但一直在虚拟现实/增强现实领域有所突破，尤其在近眼显示领域进行了投资和收购。

图8－4－1　谷歌收购概况

8.4.2 谷歌投资 Glo

Glo 公司是从瑞典隆德大学独立出来的 Micro - LED 公司。2017 年之前 Glo 已经开发出一种通过在硅衬底上控制生长而制造纳米管 LED 的方法。Glo 的文件显示，通过向谷歌直接释放全部股票购买权，Glo 收到了 1500 万美元的资金。

在 2017 年获得谷歌的投资后，2019 年 Glo 在 CES 2019 上展出了两款 Micro - LED 显示屏产品：其中一款是 1.5 英寸智能手机 Micro - LED 显示器。该显示器在 LTPS 背板上生产，像素密度 264PPI，刷新频率 120Hz，亮度达到 4000nit，比 Apple Watch 搭载的 LGD OLED 显示屏更加明亮；另一款是在 CMOS 背板上生产的 Micro - LED 显示屏，该产品像素密度 1000PPI，亮度高达 100000nit，适用于虚拟现实/增强现实产品。

Glo 开发的技术涵盖了 Micro - LED 设计、制造和集成。它生产的 In Ga N LED 芯片大小在 1.8μm 到 20μm 之间，可以放置在 LTPS 背板或 CMOS 背板上。Glo 还开发了转移技术。

参见图 8 - 4 - 2 Glo 申请概况可以看出，Glo 从 2013 年开始申请有关 Micro - LED 的专利，至 2022 年 10 月共申请了 191 项有关 Micro - LED 的专利。Glo 于 2013 年申请的授权专利 DE602013035532T2 涉及一种包括在平面支撑件上的纳米线阵列的 LED，可以认为是其研究 Micro - LED 的起始点。在 2017 年获得谷歌投资后的 Glo 从申请量上来看并没有很大的增长，但授权量维持了比较平稳的水平。2021 年 5 月，Glo 被 2001 年成立于美国的 Nanosys 收购，以扩大 Nanosys 的知识产权组合和技术产品组合，加快推动其 Micro - LED 和纳米 LED 显示技术在显示器中广泛应用的进程。2022 年 10 月 18 日，美国 Micro - LED 基芯片到芯片光学互连技术开发商 Avicena 宣布，已完成收购美国量子点发光材料和技术供应商 Nanosys 的 GaN 基 Micro - LED 制造工厂及相关的工程团队。因此 Glo 的相关团队最终被 Avicena 收购。Glo 共有 51 项专利被转移至 Nanosys，其中包括 38 项授权发明专利及 13 项专利申请。

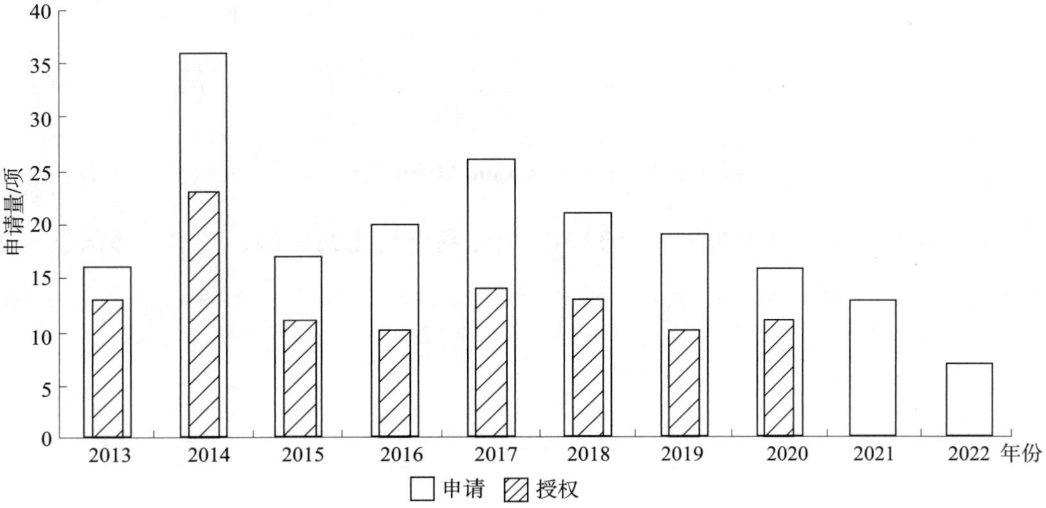

图 8 - 4 - 2　Glo 申请概况

在Glo被收购的过程中，2017年投资于该公司的谷歌，最终并未选择收购Glo，但这并不意味着谷歌对Micro－LED的研发没有兴趣。实际上，谷歌于2022年收购了另一家Micro－LED公司Raxium。

8.4.3 谷歌收购Raxium

2022年3月，谷歌收购了Micro－LED公司Raxium。Raxium成立于2017年，联合创始人中包括美国斯坦福大学电气工程学教授Gordon Wetzstein。到2020年末，该公司累计融资8500万美元，投资人包括Capricorn投资集团、Khosla风投、Vanedge资本公司，公司估值大约为1.12亿美元。截至2020年4月，该公司一共有60名员工。Raxium开发了一种Micro－LED的单片集成工艺，可以通过标准、低成本的硅片来生产Micro－LED显示屏。Raxium尚未推出成熟商用的显示屏产品，但是其技术能够帮助谷歌提升显示屏的解决方案。

如图8－4－3所示，Raxium所申请的专利数量并不多，总计26项，且仅有2020年1项专利获得授权。且仅有2项专利于2022年5月4日被转移至谷歌。其中有18项专利的发明人为He Gang。WO2020210563A1这项专利申请被转移至谷歌，涉及不同发光结构在同一基板上的单片集成技术。该技术是Raxium的核心技术之一，发明人也包括He Gang。

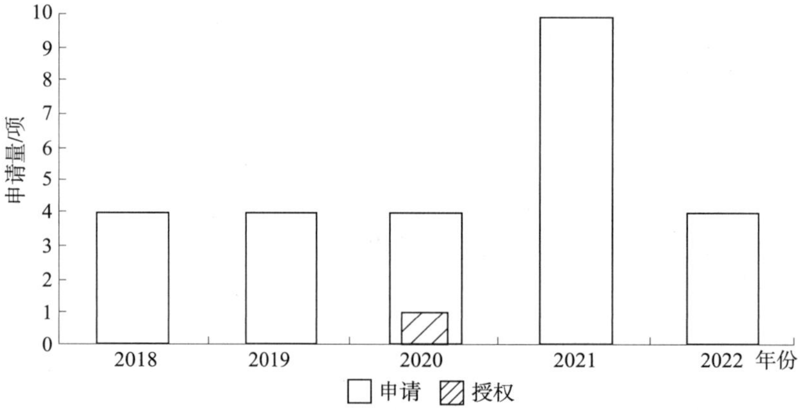

图8－4－3 Raxium申请概况

参见图8－4－4，WO2020210563A1这项专利申请也在中国、日本、韩国进行了布局。

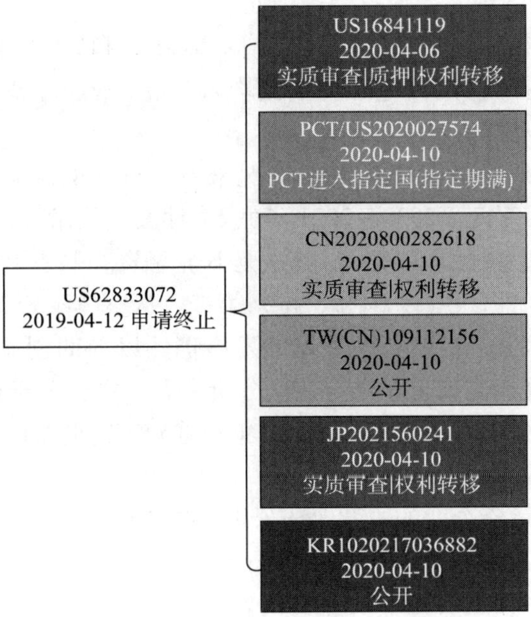

图 8-4-4 WO2020210563A1 布局示意

8.5 国内投资概况

由于国内近眼显示行业多数企业尚处在中早期创业阶段，极其依赖外部融资和并购进行生产研发活动，投融资活动仍是当前国内近眼显示行业至关重要的事件。

（1）虚拟现实/增强现实行业重焕活力

截止 2021 年，我国虚拟现实/增强现实行业共发生了 535 起投融资事件。投融资活跃度先升后降，行业投融资热度在 2015 ~ 2016 年起步时期达到最大值，于 2016 年达最高峰，2016 年行业投融资事件数量达 241 起[1]，随后股权投融资数量开始下降。从金额来看，2018 年股权投融资金额数额最大，为 46.65 亿元。2021 年，虚拟现实/增强现实行业仅发生 26 起融资事件，但总投资金额达到 32.2 亿元，同比增长 147.7%，接近 2016 年峰值。截至 2022 年 8 月 15 日，我国虚拟现实/增强现实行业发生融资事件 26 起，融资金额为 17.6 亿元。数据显示，2022 年上半年国内虚拟现实/增强现实行业共完成 68 起投融资事件，涉及金额合计 61.9 亿元，同比上涨 67%，远超全球平均水平。[2] 可以看到，资本对虚拟现实/增强现实行业的信心、对未来科技的投入让虚拟现实/增强现实行业在困难中增添一份希望。

---

[1] 童锡来. 收藏！2021 年中国 VR/AR 行业投资融资事件汇总及分析（全）［EB/OL］.［2021-06-07］. https://ecoapp.qianzhan.com/detials/210607-e559594d.html.

[2] 价值研究所，中美科技巨头死磕元宇宙［EB/OL］.［2022-10-20］. https://new.qq.com/rain/a/20221020A07EZ600.

（2）虚拟现实/增强现实行业投融资仍处于早期阶段

从单笔融资金额来看，2014～2021年，除2020年和2021年的单笔融资金额上升到5亿元以上外，其他年份的单笔融资金额均未超过5亿元。2021年单笔融资金额上升至6.8亿元。[1]

从2020～2021年股权投融资的轮次情况来看，行业的融资轮次仍然处于早期阶段，C轮后的融资寥寥无几。2020～2021年共57件股权投融资事件中，数量最多的是战略投资，共有15件，占比26.32%；其次是B轮融资，共有10件，占比为17.54%；A轮融资事件数量为8件，占14.04%，位列第三。从整体融资情况来看，A轮一直到B轮的投融资比例非常大，说明行业整体的发展仍然以前期创业为主。2016年尽管融资事件和融资金额水涨船高，但是结合轮次分析来看，主要由于行业处于“风口”，普遍存在早期创业公司融资上涨的情况。2021年随着元宇宙概念的爆火，叠加5G技术快速发展致使行业快速复苏。

从2018～2021年融资企业的主营业务分析，投资热点从2019年的硬件和软件逐渐转移到2022年的内容制作与分发以及在各行业的应用。根据对行业投资主体的总结，目前我国行业的投资主体主要是非实业类的资本投资主体，代表性投资主体有华创资本、招商局资本等，实业类的投资主体有歌尔股份、联合光电和字节跳动等。

（3）虚拟现实/增强现实行业投融资集中在北京

从行业的企业融资区域来看，北京的融资企业最多，截至2022年8月累计达到46起，其中2021年累计达到9起，而2021年全国整个行业仅有融资事件26起，由此北京区域的投融资活跃度可见一斑。

（4）投融资集中在头部企业

总体来看，成功完成大额融资的企业都是在产业链关键环节、具有核心技术和竞争力的企业。国内资本告别大水漫灌，已经开始寻找和投资这几年在虚拟现实/增强现实细分赛道里活下来的头部企业。

2019～2022年我国近眼显示行业的主要投融资事件如表8－5－1所示。

表8－5－1　2019～2022年我国近眼显示行业的主要投融资事件[2]

时间	公司名称	轮次	金额	投资方	主营业务
2019年1月	Nreal 太若科技	A轮	1500万美元	顺为资本、华创资本、洪泰智造、新松投资、爱奇艺	光学器件

[1] 前瞻经济学人.「投资视角」启示2022：中国虚拟现实（VR）行业投融资及兼并重组分析（附投融资汇总、产业园区和兼并重组等［EB/OL］.［2022－09－18］. https://baijiahao.baidu.com/s?id=1744275747925163284&wfr=spider&for=pc.

[2] 该表根据公开资料整理。

续表

时间	公司名称	轮次	金额	投资方	主营业务
2019 年 1 月	驭光科技	B 轮	1 亿元人民币	云沐资本、清控银杏创投、凯辉基金、百度风投、顺为资本、启迪之星、联想创投、中关村启航基金	光学器件
2019 年 2 月	Nreal 太若科技	A + 轮	1600 万美元	光大控股、华创资本、顺为资本	光学器件
2019 年 5 月	耐德佳	A 轮	1 亿元人民币	泰豪集团、联想创投、爱建资本	光学器件
2019 年 9 月	驭光科技	B + 轮	数亿元人民币	招商局创投、凯辉基金、联想创投	光学器件
2020 年 2 月	小派科技	A + 轮	未披露	张江集团	整机
2020 年 2 月	鲲游光电	B 轮	2 亿元人民币	愉悦资本、招银国际	光学器件
2020 年 5 月	视涯	战略融资	未披露	小米集团	显示屏幕
2020 年 6 月	耐德佳	战略融资	未披露	歌尔股份、理光科技	光学器件
2020 年 7 月	至格科技	股权融资	数千万元人民币	启迪之星、清控银杏	光学器件
2020 年 7 月	光粒科技	战略融资	未披露	朴盈投资	光学器件
2020 年 7 月	珑璟光电	B 轮	数千万元人民币	中信证券、雷石投资、汉能集团	光学器件
2020 年 8 月	芯视半导体	A + 轮	数千万元人民币	洪泰智造、元贞价值投资	显示屏幕
2020 年 9 月	珑璟光电	B2 轮	数千万元人民币	雷石投资	光学器件
2020 年 9 月	Nreal 太若科技	B 轮	4000 万美元	势能资本、快手、红杉资本中国	光学器件
2020 年 10 月	小派科技	B 轮	2000 万美元	创东方投资、泰豪集团、常春藤资本	整机
2020 年 10 月	锐思华创	Pre - A 轮	数千万元人民币	东方富海	显示屏幕
2020 年 11 月	像航科技	融资	数千万元人民币	盈趣科技狮吼基金、如东鑫濠产业基金	光学器件
2020 年 12 月	珑璟光电	B3 轮	数千万元人民币	汉能投资集团	光学器件
2020 年 12 月	小鸟看看	B 轮	1.93 亿元人民币	钥石财富、中电中金基金、中金资本	整机

续表

时间	公司名称	轮次	金额	投资方	主营业务
2020年12月	谷东科技	战略融资	数千万元人民币	广州城投凯得资本	阵列与全息光波导
2021年1月	理湃光晶	A轮	数千万元人民币	云辉资本、凯风创投、天邑股份	光学器件
2021年2月	珑璟光电	B4轮	数千万元人民币	深创投	光学器件
2021年3月	至格科技	A轮	数千万元人民币	中芯聚源、方广资本、清控银杏	光学器件
2021年3月	太若科技	B2轮	未披露	中金资本	光学器件
2021年3月	小鸟看看	B+轮	2.42亿元人民币	基石资本、深圳市伊敦传媒投资基金、建银国际	整机
2021年6月	惠牛	A轮	未披露	未披露	光学器件
2021年9月	Nreal太若科技	C轮	1亿美元	光源资本、蔚来资本、云锋基金	光学器件
2021年9月	小派科技	B+轮	数千万元人民币	联合光电	整机
2021年9月	KATVR虚现科技	A+轮	数千万元人民币	分享投资	交互技术
2021年11月	光粒科技	A+轮	数亿元人民币	风和投资、常春藤资本、线性资本	光学器件
2022年3月	Nreal太若科技	C+轮	6000万美元	光源资本、阿里巴巴	光学器件
2022年3月	灵犀微光	B轮	约亿元人民币	国投美亚基金、富智康、美迪凯、北京天和创投、深圳五道投资	光学器件
2022年3月	惠牛	A轮	数千万元人民币	北京仓廪投资、新加坡ZELOS MEGATRENDS基金	光学器件
2022年5月	驭光科技	战略投资	2亿元人民币	歌尔股份	光学器件
2022年5月	耐德佳	B+轮	未披露	联想创投	光学器件
2022年6月	山河光电	A轮	数千万元人民币	舜宇产业基金、经纬创投、中科创星	光学器件
2022年6月	芯视佳	战略融资	未披露	中微半导体	显示屏幕

8.6 灵犀微光融资情况

2022年3月9日，灵犀微光宣布完成约亿元级B轮融资，融资方包括国投美亚基金、富智康、美迪凯、北京天和创投与深圳五道投资等。该轮融资完成后，灵犀微光将持续在增强现实光波导研发方面攻坚克难，集中解决阵列波导自动化生产问题，为其全面走向消费端市场铺路；继续推进体全息光波导技术研发及大批量量产。

灵犀微光，成立于2014年底，是一家为消费级增强现实提供光波导技术的公司。灵犀微光专注于增强现实底层技术光学显示，主攻核心器件光学引擎，是全球范围内为数不多的几家光波导技术拥有者。灵犀微光已为多家知名品牌厂商提供核心技术。基于灵犀的光学显示方案，增强现实设备厂商能够开发出如普通眼镜一般的增强现实眼镜。灵犀微光此前推出了阵列光波导模组AW60系列、AW70系列、AW80系列（均已量产）。此外，灵犀微光在行业首创基于阵列方案的二维扩瞳技术增强现实光学模组，2022年已就透光度和光能利用率实现突破，普遍透光度可以达到82%以上，且光损耗更小，画面更清晰。

参见表8-6-1，2017年8月，灵犀微光获红杉资本中国基金数千万人民币的A轮融资；2019年5月，灵犀微光再获舜宇光学领投的数千万元A+轮融资，并在无锡设厂，实现国内光波导从样片到可量产消费品的转变。2021年，灵犀微光率先发布轻薄型增强现实眼镜参考机型阿拉丁Zero，推进增强现实光波导技术向消费级市场迈进。传统认为，由于阵列光波导在工艺方面采用光学冷加工工艺，即多片光学玻璃切割、铣磨、镀膜、胶合、抛光等工艺，因此在量产性和良率方面有天然劣势且成本居高不下。但实质上，灵犀微光通过自研精度实时监测和补偿体系，找到精度的平衡点，在制造过程中加入特殊材料，改变了加工属性，使得光波导多重耦合的高精度加工难题得到解决。灵犀微光通过多年的工艺积累和打磨，成功实现了光波导量产性，且良率可达85%以上，具有里程碑意义。

表8-6-1 灵犀微光融资情况

日期	融资轮次	融资金额	投资机构
2022-03-09	B轮	约亿元人民币	国投美亚基金、富智康、美迪凯、北京天和创投与深圳五道投资
2021-08-13	Pre-B轮	数千万元人民币	领投机构：中银粤财基金 跟投机构：远方资本、谢诺金融、金雨茂物、和君资本
2019-05-14	A+轮	数千万元人民币	领投机构：舜宇光学 跟投机构：中关村发展启航基金

续表

日期	融资轮次	融资金额	投资机构
2017-08-07	A轮	数千万元人民币	红杉资本中国基金
2016-04-11	Pre-A轮	1500万元人民币	西部资本、和君资本、东方富海
2015-09-01	天使轮	300万元人民币	西交科创基金、和君资本

随着增强现实产业的发展、元宇宙概念的火爆，以体全息波导光栅技术为导向的消费级增强现实终端愿景被大厂频频提及。作为专注增强现实光波导研发及量产的厂商，除阵列光波导技术外，灵犀微光也在体全息波导光栅和表面浮雕光栅技术上深耕多年。

灵犀微光已实现体全息材料自主研发、生产，掌握聚合物分散液晶配置配方，完成了首批材料的合成；在体全息光栅波导制备方面实现红蓝单片和红绿单片波导片试制，完成了单片双色波导拍摄和单片三色波导样片的试制；在光机方面完成单绿色体全息波导光机整体设计，进行了单绿色全息波导模组试制，完成全彩小口径光机（投影光机部分）光学设计。伴随着2021年年中完成由中银粤财基金领投，金雨茂物、远方资产、谢诺金融和和君资本跟投的数千万元Pre-B轮融资，灵犀微光在体全息波导光栅技术上的研发积累也已经宣告完成。灵犀微光已完成在无锡产线千平级的工房洁净间搭建，首批体全息光波导镜片将在2023年实现全线量产。下一步，灵犀微光将加大研发投入力度，从多种技术路线探索规模化生产的技术可行性。

为进一步提升阵列波导镜片的规模化生产效率和良率，灵犀微光宣布与美迪凯合资近亿元成立杭州灵犀美迪凯显示技术有限公司[1]，共同在阵列波导的光学冷加工方面展开合作，二者强强联合，为消费级市场出货做好准备。

8.7 字节跳动收购情况分析

在2021年8月收购虚拟现实硬件公司小鸟看看后，字节跳动正式进入虚拟现实行业，在其互联网、短视频的内容运营思路，以及新消费的营销、渠道模式之下，虚拟现实一体机从此前笨重的高端可选消费产品的定位，逐步成为高性价比的泛娱乐消费工具。字节跳动基本是内容和硬件双线布局，先是快速出击，抢夺入口，收购小鸟看看后，再大力补贴硬件销售、市场营销和内容产出，持续利用本身的内容优势布局元宇宙。

8.7.1 情况介绍

字节跳动近2年来，一直在布局硬件赛道。2021年7月，在小鸟看看收购达成前，

[1] 猎云网．加速AR光波导全面量产，灵犀微光获亿元级B轮融资［EB/OL］．［2022-03-09］．http://baijiahao.baidu.com/s?id=1726785756485886668&ufr=spider&for=pc.

字节跳动还特意请业界资深工程师李晓凯担任其硬件技术主管。2021 年 4 月，字节跳动斥资 1 亿元人民币投资主打元宇宙概念的游戏公司代码乾坤，并于同年 5 月花费 40 亿美元收购了游戏公司沐瞳科技。

2021 年 12 月，字节跳动关联公司北京量子跃动科技有限公司投资杭州李未可科技有限公司，投资后字节跳动持股 20%。此次的融资用于产品研发与知识产权的持续孵化。李未可科技有限公司已于 2022 年 10 月发布户外可穿戴双目增强现实智能眼镜脸谱 Lens，该款增强现实眼镜的显示部分搭载了上海显耀 0.13 英寸 Micro – LED 微显示屏，采用衍射光波导方案，将“单机双目”技术应用在了消费级领域，从而避免单目佩戴的不适感。同时，还将光波导的厚度从 0.75mm 降低至 0.5mm。此前公司开发了同名虚拟知识产权“李未可”。李未可科技有限公司成立于 2021 年 10 月，创始人茹忆曾任天猫精灵的产品总经理、小米电视合伙人，并参与打造了小米电视和阿里巴巴第一款人工智能语音助手天猫精灵，在智能硬件方面有丰富经验。

2021 年 10 月，字节跳动关联公司北京量子跃动科技有限公司投资深圳市光舟半导体技术有限公司（以下简称“光舟半导体”），光舟半导体成立于 2020 年 1 月，由增强现实光学专家朱以胜联合业界科学家共同创办，致力于光波导（衍射光学芯片）、光引擎（微投影模组）、光学模组、微纳半导体材料与工艺等高端先进技术开发与制造。同时，字节跳动关联公司北京量子跃动科技有限公司还投资上海云脉芯联科技有限公司（以下简称“云脉芯联”），云脉芯联是一家专注于数据中心网络芯片和云网络解决方案的创新企业。

2021 年 11 月，字节跳动关联公司北京量子跃动科技有限公司投资众趣（北京）科技有限公司（以下简称“众趣科技”）。据官网显示，众趣科技是一家虚拟现实数字孪生云服务提供商。

字节跳动于 2022 年收购北京波粒子科技有限公司（以下简称“波粒子”），波粒子由小米曾经虚拟现实项目的主要负责人马杰思创办，是专注于二次元虚拟社交的创业公司。2022 年 3 月马杰思入职字节跳动，并负责小鸟看看社交业务，波粒子的相关团队也已全数并入小鸟看看社交中心。资料显示，马杰思曾先后在格灵深瞳和 HTC 等公司工作，他还曾加入 HTC 公司旗下的 VIVE 团队，担任虚拟现实业应负责的职务。字节跳动具体收购情况参见表 8 – 7 – 1。

表 8 – 7 – 1　字节跳动收购及投资情况

公司名称	领域	时间	方式
代码乾坤	游戏	2021 年 4 月	投资
沐瞳科技	游戏	2021 年 5 月	收购
小鸟看看	虚拟现实硬件	2021 年 8 月	收购
云脉芯联	大数据中心和云计算基础设施	2021 年 10 月	投资

续表

公司名称	领域	时间	方式
光舟半导体	光波导	2021 年 10 月	投资
众趣科技	虚拟现实数字孪生云服务	2021 年 11 月	投资
李未可	眼镜	2021 年 12 月	投资
波粒子	虚拟现实社交	2022 年 3 月	收购

8.7.2 字节跳动收购小鸟看看，对标脸谱

小鸟看看的中文名称是北京小鸟看看科技有限公司，成立于 2015 年 4 月，由现任 CEO 周宏伟发起。周宏伟早年毕业于哈尔滨工业大学，曾在歌尔股份任职近十年，小鸟看看产品也主要由歌尔股份代工。该公司从成立之初，便致力于打造研发虚拟现实内容及应用，覆盖产业上下游，为消费者提供从端到端的产品与服务全体验。

小鸟看看是专注于硬件的虚拟现实企业，参见图 8 -7 -1 小鸟看看品牌发展历程，2015 年以来小鸟看看已推出手机盒子 1 个系列、一体机 2 个系列共计 11 款产品，2015 年 12 月和 2017 年 5 月曾推出两款手机盒子产品 Pico 1 和 Pico U，虚拟现实一体机产品包括 NEO 系列和小怪兽 G 系列。2021 年 5 月，小鸟看看发布了虚拟现实一体机小鸟看看 NEO3 系列，该系列产品均搭载高通骁龙 XR2 芯片，配备小鸟看看自研的 6DoF 追踪系统，并采用 4K LCD 液晶屏，支持 90Hz 刷新率。2022 年 9 月，小鸟看看 Neo 4 系列产品发布，采用 Pancake 光学方案，降低头显厚度和重量，应用彩色透视功能（See - Through），实现瞳距无级调节，实现裸手识别，其中 Pro 版本实现眼球追踪和面部识别。小鸟看看历代产品详情参见表 8 -7 -2。

字节跳动通过收购和投资，在内容、硬件、底层技术及元宇宙方面均有布局，通过自建、并购、战略投资的方式构建国内较完善的虚拟现实生态。对比字节跳动收购小鸟看看与脸谱收购 Quest，可以看到：①字节跳动和脸谱拥有中美两国顶级的互联网生态；②字节跳动和脸谱均通过收购硬件厂商的方式进入虚拟现实行业，小鸟看看硬件各项参数足以和 Quest 媲美；③小鸟看看在内容层面的投入策略也全面对标 Oculus；④差异：脸谱强于社交，字节跳动强于短视频；在虚拟现实生态上，脸谱软硬兼备，布局早且元宇宙战略更加长远，打造全球顶尖虚拟现实游戏，其虚拟现实内容生态年入 10 亿美元；字节跳动在内容端强于娱乐性内容，而游戏偏弱，硬件及底层技术均通过并购、投资的方式进入。Quest 和小鸟看看背靠“大树”的生态差异决定了二者虚拟现实内容基因差异：Quest 内容强于游戏，小鸟看看内容强于视频内容。

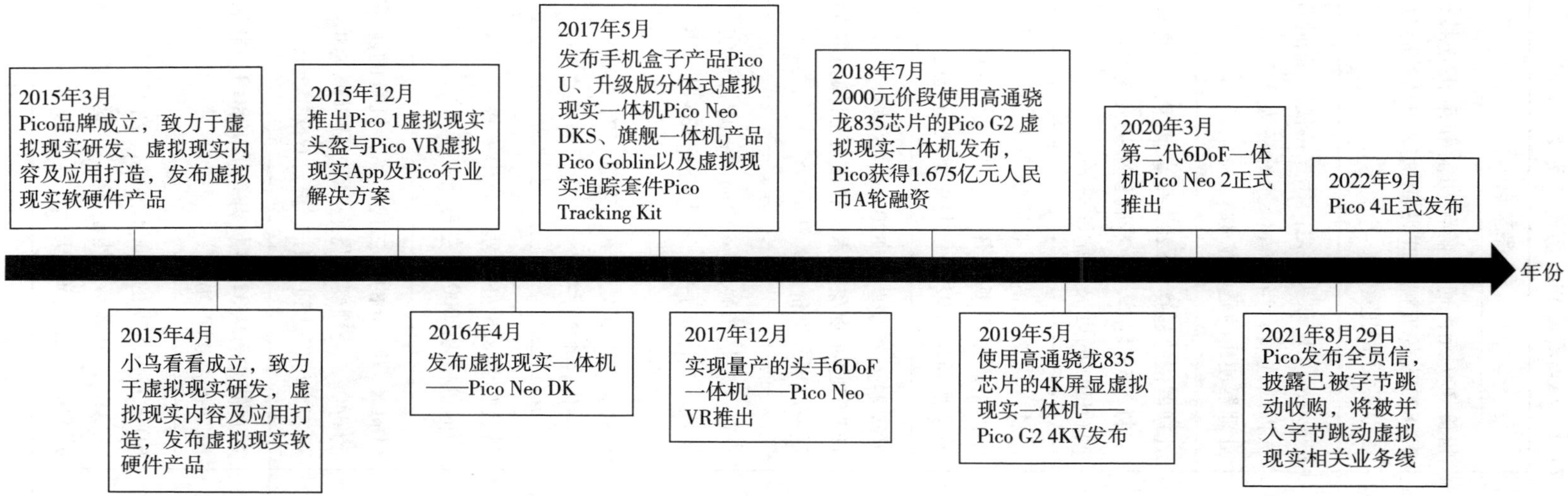

图8-7-1 小鸟看看品牌发展历程

表8-7-2　小鸟看看 Pico 历代产品设备梳理

产品名称	发售时间	产品亮点	头显类型
Pico 1	2015年12月15日	售价399元，通过蓝牙功能和手机连接，0~800度的近视用户使用这款产品的时候可以不用戴眼镜	虚拟现实 手机盒子产品
Pico Neo DK	2016年4月19日	Pico Neo DK 和头显之间用连接使用 Type C 数据线连接，当时售价的价格为3399元，处理器使用的是骁龙820	虚拟现实 一体机产品
Pico Neo DKS	2017年5月	处理器依然是骁龙820。屏幕使用的是高清定制2.5K屏幕，屏幕刷新率提升为90Hz，刷新的时间更快只需11毫秒	虚拟现实 一体机产品
Pico U	2017年5月	一款入门级别的虚拟现实手机盒子产品，镜片采用聚甲基丙烯酸甲酯（PMMA）材质，视场角为92°，支持配戴眼镜使用	虚拟现实 手机盒子产品
Pico Goblin	2017年5月	处理器依然是骁龙820，设备融合了高速TFT和脉冲现象技术，杜绝了图像拖影的现象出现，售价269美元	虚拟现实 一体机产品
Pico Neo 1	2017年12月	全球首款量产的6DoF Pico Neo 虚拟现实一体机，支持双手柄，搭配骁龙835处理器	虚拟现实 一体机产品
Pico Goblin 2	2018年7月	搭载骁龙835处理器，重量只有268g，比上一代轻40%左右	虚拟现实 一体机产品
Pico G2 4K	2019年5月	搭载骁龙835处理器，分辨率提升为4K，当时价格为2000元左右	虚拟现实 一体机产品
Pico Neo 2	2020年3月	6DoF Pico Neo 的第二代产品，机身的重量为340g，处理器为骁龙845，分辨率为4K，刷新率可以达到75Hz，售价699美元	虚拟现实 一体机产品
Pico G24 KS	2020年7月	部存储空间从32GB提升到了128GB，电池容量也提高了20%	虚拟现实 一体机产品
Pico Neo 3	2021年5月	6DoF Pico Neo 的第三代产品，处理器为骁龙XR2，分辨率依然是4K。屏幕刷新率高达90Hz，售价390美元	虚拟现实 一体机产品

小鸟看看新款硬件性能、技术实力足以和 Quest 媲美。如图 8－7－2 所示，以 Pico Neo 3 为例，硬件参数指标略超 Quest 2，在屏幕、视场角等方面优于 Quest 2，具体为：①Quest 2 采用前置电池方案，易受力不均匀有下坠感，头显重量 503g，Pico Neo 3 采用后置电池方案，佩戴舒适感更好，头盔重量 395g；②Quest 2 屏幕分辨率1832×1920，采用 Fast－LCD 显示屏方案，Pico Neo 3 屏幕分辨率 3664×1920；③Quest 2 电池容量 3640mAh，Pico Neo 3 电池容量 5300mAh；④视场角方面，Pico Neo 3 略好于 Quest 2。对比最新上线的 Pico 4 和 Quest Pro，二者除了共同新增功能面部识别、眼球追踪，最大的亮点是都采用 Pancake 光学方案，同时在瞳距调节、视场角、分辨率方面较市面上其他产品有较大改善。对比小鸟看看和脸谱的专利应用数，两家公司整体数量接近，技术储备实力上也逐渐接近，其中涉及虚拟现实核心技术的数据处理的输入/输出过程、图形阅读和机械模式转换的专利应用数也相当。

参数	Quest 2	Pico Neo 3
屏幕	LCD(1832×1920)	LCD(3664×1920)
视场角	88°	98°
运行内容	6GB	6GB、8GB
存储	64GB、256GB	128GB、256GB
电池续航	2~3h	约2.5h
IPD(物理调节)	58mm、63mm、68mm	58/63、5/69mm，适配范围54~73mm
重量	507g	620g(200g电池重量分布在后脑勺位置)

(a) Quest 2和Pico Neo 3硬件参数对比

Pico		Quest	
应用领域分类	专利量/件	应用领域分类	专利量/件
数据处理的输入/输出过程	123	数据处理的输入/输出过程	124
图形阅读	74	图形阅读	75
机械模式转换	74	机械模式转换	75
程序控制设计	33	图像分析	37
电视系统的零部件	24	字符和模式识别	29
彩色电视的零部件	24	图像增强	26
数字数据处理器零部件	19	3D图像的加工	18
图像分析	17	电视系统的零部件	16
图像增强	15	数字数据处理零部件	16
集电器	14	光导	14

(b) Pico和Quest品牌各领域专利应用数以比

图 8－7－2　小鸟看看与 Quest 对比

8.8　小米投资情况分析

2015 年，小米开始看好虚拟现实头显行业，2016 年推出首款小米虚拟现实眼镜，在后续几年里，小米陆续推出了小米虚拟现实眼镜 Play2、Oculus Go 小米虚拟现实一体机等硬件。尽管最近几年来，小米一直没有推出虚拟现实/增强现实领域新的设备，但是从近期的消息来看，小米正在密切关注虚拟现实/增强现实领域。

从投资领域来看，小米在虚拟现实硬件、内容以及供应链领域的投资布局不断，详情参见表 8－8－1。

表 8－8－1　小米投资概况

公司名称	领域	时间	方式
视涯	显示屏幕	2020 年 5 月	战略投资
纵慧芯光	传感器	2020 年 12 月	战略投资
华景传感	传感器	2021 年 4 月	战略投资

续表

公司名称	领域	时间	方式
当红齐天	内容制作	2021年10月	B轮融资
至格科技	衍射光栅	2021年12月	独家投资
蔚领时代	云渲染	2022年4月	战略投资

2020年5月，小米投资视涯，该公司是一家从事Micro-LED显示技术开发的公司。

2021年10月，当红齐天宣布完成数亿元人民币的B轮融资，由小米战略投资、建银国际领投，野草创投、联想创投跟投。当红齐天成立于2015年，是一家致力于创造极致的沉浸式体验、集“XR内容制作+载具研发+数字运营整体解决方案及产品落地”于一体的文化科技公司，拥有虚拟现实品牌So Real。

小米还于2021年12月投资了光学硬件的制造商至格科技。至格科技成立于2019年7月，由清华大学精密仪器系光栅与测量实验室孵化而成。2021年12月，至格科技宣布完成A+轮融资，由小米产投独家投资。

2022年4月，小米投资蔚领时代。蔚领时代是一家视频云解决方案服务商，于2019年1月成立，专注于提供视频云解决方案，主要为云游戏需求方提供技术解决方案。除了2022年4月的战略融资，小米曾在2021年4月和12月为蔚领时代注入数亿元人民币融资。

8.9 以高校为支撑的创新团队研究

耐德佳成立于2015年，主要从事增强现实及虚拟现实智能眼镜光学模组的设计、研发、生产及技术支持。研究主要核心团队，可以看到耐德佳主要脱胎于北京理工大学光电学院。

参见表8-9-1，创始人兼CEO程德文为北京理工大学光电学院教授，其实验室为北京理工大学光学成像与计算实验室，长期在光学设计、自由曲面光学、虚拟现实/增强现实与近眼显示技术、计算光学与计算成像等方向开展深入研究。北京理工大学光学成像与计算实验室的王涌天教授，现任北京理工大学信息与电子学部主任，为耐德佳的专家顾问。联合创始人兼首席运营官（COO）段家喜为北京理工大学光学成像与计算实验室的2019级博士生。首席技术官（CTO）王其为为北京理工大学光学成像与计算实验室的2013级硕士、2017级博士。王其为在硕士期间发表论文《超薄波导透射式近眼显示光学系统设计》《基于高斯括号法的液体透镜调焦眼底相机光学系统设计》，博士期间发表论文《几何阵列分光波导近眼显示关键技术研究》。该实验室的2015级博士生姚成也于博士毕业后进入耐德佳，博士期间发表论文《基于透镜阵列的近眼光场显示技术研究》。

表8-9-1 耐德佳创新团队

姓名	职位	简介
程德文	创始人兼 CEO	北京理工大学光电学院教授
王其为	CTO	北京理工大学2017级博士生
段家喜	联合创始人兼 COO	北京理工大学2019级博士生
侯伟洪	联合创始人兼首席制造官（CPO）	—
王阳	联合创始人兼首席信息官（CIO）	—
姚成	—	北京理工大学2015级博士生

王其为于2022年以北京理工大学为申请人申请了专利CN202210774827.2（发明名称为“一种二维衍射波导显示系统及其显示均匀性优化方法”）和专利CN202210774828.7（发明名称为“基于粒子群的二维衍射波导显示系统及其均匀性优化方法”）。姚成也于2018年申请专利CN201810762738.X，发明名称为“光学透视式三维近眼显示系统及显示方法”，该专利获得授权。姚成于2018年以发明人身份申请了另一件名称为“基于小型阵列图像源的光场显示单元及使用其的三维近眼显示装置”发明专利申请CN201810154739.6，其申请人即为苏州耐德佳天成光电科技有限公司，并于2020年4月22日转移给北京耐德佳显示技术有限公司。

从以上核心成员的背景可以看到，耐德佳的技术研发实力基本来源于北京理工大学光学成像与计算实验室，将实验室的科研成果成功转化为生产线上的产品，并参与市场竞争。

从专利数据来看，如表8-9-2所示，共有9件原始申请人为北京理工大学的专利申请，权利被转移至耐德佳。这9件专利申请的发明人均以程德文研究团队为基础，已获得授权，为发明专利，申请时间为从2008~2014年，即耐德佳成立前一年。这9件发明专利涉及自由曲面棱镜和平面波导，与耐德佳后来的研发方向基本一致，可认为是耐德佳赖以起家的核心专利。

表8-9-2 北京理工大学转移至耐德佳的专利申请

序号	申请号	发明名称	申请日	发明人	法律状态
1	CN201410240121.3	一种真实立体感的光场头盔显示系统	2014-05-30	王涌天、宋维涛、程德文、刘越	授权
2	CN201410238755.5	一种真实立体感的光场头盔显示装置	2014-05-30	王涌天、宋维涛、程德文、刘越	授权
3	CN201410222654.9	一种用于头盔显示器的可调节视度的光学系统	2014-05-23	程德文、许晨、王涌天、刘越	授权

续表

序号	申请号	发明名称	申请日	发明人	法律状态
4	CN201410143847.5	一种投影式平面波导头盔显示器	2014-04-10	程德文、宋维涛、王涌天、刘越	授权
5	CN201210344356.8	具有扩展边缘的双视场自由曲面棱镜头盔显示器用光学系统	2012-09-17	王涌天、王庆丰、程德文	授权
6	CN201110404197.1	自由曲面双焦面单目立体头盔显示器装置	2011-12-06	程德文、王涌天、刘越	授权
7	CN201010621156.3	一种光学透射投影式立体头盔显示器	2010-12-24	程德文、王涌天、翁冬冬、刘越	授权
8	CN200910089422.X	目镜	2009-07-20	程德文、王涌天	授权
9	CN200810167800.7	轻小型大视场自由曲面棱镜头盔显示器光学系统	2008-10-08	程德文、王涌天、刘越、常军	授权

在耐德佳成立之后，如表8-9-3所示，2018~2022年，程德文依然以发明人身份、以北京理工大学为申请人申请了28件专利申请，其主题主要涉及自由曲面透镜。同时，从2016年开始，程德文又以发明人身份、以耐德佳为申请人每年均提交专利申请，涉及近眼显示系统、阵列波导、多棱镜等技术点。

表8-9-3　耐德佳成立后程德文为发明人的专利申请情况　单位：件

申请人	2016年	2017年	2018年	2019年	2020年	2021年	2022年
北京理工大学	0	0	4	7	3	5	9
耐德佳	5	16	3	8	13	10	2

耐德佳的CTO王其为虽然2016年仍然是北京理工大学光学成像与计算实验室的硕士，2022年才博士毕业，但如表8-9-4所示，从2016年开始，即以发明人身份、以耐德佳为申请人申请专利，共计43件。实际上根据查询结果，王其为在2016年即成为耐德佳的自然人股东，在博士期间，一直参与耐德佳的研发。

表8-9-4　王其为申请年份数据

年份	2016	2017	2018	2019	2020	2021
申请量/件	3	13	8	5	7	7

此外，虽然北京理工大学将一部分专利权转让给了耐德佳，但分析耐德佳的所有股东的认缴出资方式均为货币，并未有专利作价入股的情况。对于以技术研发为立足点的初创高科技企业来说，专利价值的研究仍然值得进一步探讨。

第9章　近眼显示专利分析主要结论和建议

前述各章分别从定量的专利统计角度和定性的关键技术点角度，对近眼显示技术密切相关专利申请的整体发展态势进行了研究，对由专利数据所反映出的近眼显示技术发展趋势、创新聚集区情况、重点申请人、重点专利技术路线等指标进行了重点研究。特别是针对近眼显示技术涵盖的技术路线多样性的特点，基于广泛的行业调研，重点选择了 Micro - LED 微显示器、光波导技术、硅基液晶显示器、Pancake 技术四个重点技术分支进行了深入研究。

本章将综合前述各章的专利分析结果，结合近眼显示技术的技术发展现状、行业发展情况、市场情况和企业情况进行总结，并基于分析结论对我国近眼显示技术行业发展提出参考性建议。

9.1　总体发展态势专利分析结论

近眼显示技术在信息技术工业革命中成长，在人工智能工业革命中引领浪潮。数据统计显示，全球与近眼显示技术密切相关专利申请总计 28049 项，中国专利申请总计 20217 件，其中国内申请人的申请总计 11493 件，国外来华 8724 件。

从总体态势来看，近眼显示技术的发展呈现如下特点。

相关专利申请量较大，并且该技术尚处于技术发展期，申请人和申请量都处于快速增长的状态。随着元宇宙概念的推出，市场预期不断增强，专利申请的增长态势仍将持续。

日本、中国和美国是近眼显示技术的主要来源地。我国近眼显示技术虽然起步稍晚，但近年来研发活跃，并且，由于中国具有巨大的市场空间，因此成为主要国家或地区申请人专利布局的重点目标区域。

中国申请人的专利申请近年来呈现活跃态势。2016 年以来，专利申请量出现爆发性增长，表明在我国产业政策的驱动下，创新主体加大了研发投入，创新成果不断涌现。国外来华申请主要来自日本、美国、韩国，国外来华申请量整体上呈增长态势，说明对于中国市场的重视程度不断增强。

中国技术创新区域集中在广东、北京、江苏、台湾、上海，相关区域产业政策促进，产业园区助力，近眼显示技术得以快速发展。

从专利申请总量来看，日本、中国和美国申请人占据一定优势，传统显示行业的厂商积极寻求在近眼显示技术领域的发展。

排名前 20 的申请人中，大多是显示屏厂商和液晶材料提供商，这说明传统显示行业的厂商积极寻求在近眼显示技术领域进一步发展。

传统显示行业的厂商，如京东方、华星光电、康佳、天马微电子等在近眼显示领域技术创新成果显著。也可以看到，众多光学公司，如歌尔股份、维信诺、珑璟光电、舜宇光学等也积极投入近眼显示技术研发。更有华为、OPPO 等传统通信行业的厂商加入近眼显示技术研究，为下一代通信平台的到来储备技术。

近眼显示技术中显示屏和光学设计的各条技术路线发展趋势并不相同；显示屏方面，Micro－LED 是研发热点；光学设计方面，光波导技术是研发热点。国外来华申请人在各技术路线上布局各有侧重。

显示屏方面，Fast－LCD 显示屏发展平稳，Micro－LED 微显示器近年来发展势头强劲，光学设计方面，光波导技术发展势头强劲。其他显示屏和光学设计方案近年来申请量也处于稳步上升阶段。

国外来华申请人在各技术路线上的专利布局各有侧重，例如三星除了在 LCD 显示屏方面进行专利布局，在 Micro－LED 显示屏方面布局明显；精工爱普生、脸谱、奇跃公司和鲁姆斯在光波导方面专利布局明显；默克、DIC 株式会社和捷恩智依托液晶材料的传统技术优势，主要在 Fast－LCD 方面进行专利布局。

9.2 Micro－LED 微显示器专利分析结论

（1）专利申请量增长迅速，处于高速发展期，中国专利申请量占据优势

Micro－LED 显示屏的概念从 2000 年开始提出，2014 年以后研究热度不断提升。尽管 Micro－LED 显示屏在良率、量产性等方面还有待进一步的提高，尚未有成熟的产品统领市场，产业化仍处于起步阶段，但是国内外企业已经在专利布局方面行动，与产业化的进程同步。从 2016 年起大量的创新主体进入这个行业中，在专利申请数量增长的同时，申请人数量的增长也很快，行业处于高速发展期。中国、美国、韩国、日本是该领域的主要创新来源国和目标国。中国专利申请量已经占据优势，众多国内企业进入 Micro－LED 显示屏领域，在全球申请量排名前 25 位申请人中，中国企业占了一半以上。

（2）巨量转移和单片集成两条技术路线并行，巨量转移仍需克服技术难题，尚无法满足近眼显示需要的尺寸精度要求

在巨量转移方面，已经发展了微转印、静电吸附、磁力吸附、真空吸附、选择性释放、自组装、滚轮转移等多条技术路线，不同的申请人侧重不同的路线。其中，申请量最多的是微转印技术。X 公司是最早研发微转印技术的公司，其采用微结构弹性印模来拾取微型芯片，并在印模的黏性、芯片弱化结构、转移后对准度等方面进行了专利布局。脸谱也侧重于微转印技术，从在芯片上形成黏附层、拾取头以及弱化结构多方向进行改进。苹果公司采用静电吸附技术路线，技术核心在于静电转移头的制作。在激光选择性释放技术路线上，美国的尤尼卡尔塔采用的激光转移技术采用 DRL，让 LED 晶粒免受激光影响。三星、IBM 也都在这条技术路线上进行了专利布局。国内企

业歌尔股份较早开展选择性释放技术的研发，采用激光从载体上剥离 Micro - LED 芯片。康佳在微转印方面侧重于弱化结构、芯片高度一致、转移装置的改进，在选择性释放方面侧重于三色芯片的转移、对准定位和激光器光斑的控制等方面。

由于虚拟现实/增强现实微显示器芯片尺寸微小，在满足高像素密度的要求下，Micro - LED 芯片的尺寸必须在 10μm 以下，对巨量转移的精度提出更高的要求。结合相关技术调研，截至 2022 年底，巨量转移还没有任何一条路线能够在各项指标上满足近眼显示的需求，巨量转移在准确度和缺陷率、转移的效率，以及检测和修复技术方面仍然存在很大的难度。

（3）单片集成技术可初步满足近眼显示对于尺寸的需求，相较于巨量转移，是目前更容易实现量产的发展方向

利用单片集成技术，像素尺寸可以通过光刻机加以定义。这样可以使得像素点尺寸更小，像素间距更小，无须利用巨量转移技术进行二次转移，一次性达到高像素、超高解析度的显示。已发布的满足近眼显示尺寸要求的 Micro - LED 显示屏，均采用了单片集成技术。

单片集成技术分为两条技术路线，一条技术路线是转移的外延层尚未图案化，另一条路线是转移已经图案化的发光元件。在转移的外延层尚未图案化的技术路线下，上海显耀申请了多件专利申请，技术比较领先，率先实现了小规模量产。此外 MOJO、法国原子能与替代能源委员会、MICLEDI、脸谱、歌尔股份、京东方等公司也在该技术路线下进行了专利布局。在该技术路线下的细分设计上，各个申请人的方案具有一定的特色，例如上海显耀为了避免连接时短路的设计、MOJO 公司为了高像素密度而做的减薄 GaN、MICLEDI 的划片图式等。在另一条技术路线——转移已经图案化的发光元件的技术路线下，上海显耀同样布局了相关专利。此外，PLESSEY 公司、脸谱、法国原子能与替代能源委员会均进行了专利布局。

（4）在 Micro - LED 微显示屏的全彩方案上，技术路线同样呈现多样化，其中外延生长多色工艺，方式较为简洁，是希望的发展方向

Micro - LED 显示屏的全彩方案包括色转换、外延生长多色、多色外延层层叠、电压或者电流控制的同一像素等多条技术路线，但这些技术也存在一些难度和问题。例如多色外延层层叠工艺较为复杂，存在三色工艺的良率需要将每色工艺的良率相乘得到最后良率的问题，且若多色错开则存在外延层浪费和分辨率损失的问题，若多色重叠则存在相互干扰和遮蔽光损的问题，需要配合布拉格反射层，但这又使工艺步骤增加。色转换工艺如果采用常规量子点，则存在难以高精度图案化的问题，为此也提出了采用有机半导体等方案，但同样需要三色分别高精度图案化，能否满足规模化生产要求尚有待观察。电压或者电流控制的同一像素实现多色的路线在不同颜色光上能达到的最大亮度存在较大差异。外延生长多色工艺，在平面不同位置同时一次生长多色，方式较为简洁，有 UNIVMICHIGAN、英特尔、Aledia 公司、Raxium 等多个申请人在该技术路线下进行了专利布局。

Micro - LED 显示屏未来进入商品化阶段，除了技术发展的演进，还需要观察制程

产能以及良率是否能达到最佳的商转成本。当技术、质量、成本以及市场需求皆达到“甜蜜点”时，才有机会进入下一时代的新型显示器主流地位。

9.3 光波导光学设计方案专利分析结论

（1）在增强现实应用领域，光波导是目前行业公认的理想光学设计方案

从全球光波导专利申请趋势来看，光波导处于研发热点期，未来几年专利申请量仍将处于高位。中国在光波导方面的专利申请量自2014年之后开始出现快速增长态势，预计未来几年将保持增长势头。

（2）产品更新迭代，产业蓬勃发展

在几何光波导方面，鲁姆斯不断迭代更新技术，开发了一系列产品，主要销售给航空航天等领域，已经累计出货了超过25000台增强现实光学显示模组，2021年5月推出了全球第一款二维扩瞳产品OE－Maximus，其视场角达到50°，分辨率达到2K。

在浮雕衍射光波导方面，微软先后推出了HoloLens 1和HoloLens 2，奇跃公司推出了Magic Leap 2，但是在浮雕衍射光波导的量产方面存在困难。国内珑璟光电具备衍射光波导生产线。至格科技拥有较为完备的光栅母版加工中心和衍射光波导生产线，增强现实衍射光波导产品已量产，其采用顶投式设计的光波导TDDW40PLUS和TD-DW40C视场角可达到50°。

在体全息衍射光波导方面，苹果公司一直在准备自己的增强现实产品；索尼公司使用全息光栅和波导技术研发了Smart Eye Glass。其中的光栅耦合器为通过光全息曝光技术获得；迪吉伦斯发布了全彩Crystal30第二代波导，可支持室内和室外明亮环境的XR101体验。杭州光粒科技发布Lightin系列迭代产品——Lightin Me。这是一款具有双目全彩衍射光波导的增强现实智能眼镜。

国内外公司除了专利布局之外，都有相应的产品推出，围绕产品的升级换代，不断进行专利研发。

（3）光波导技术中多条细分技术路线并行，各有优劣势，呈现百家争鸣的态势

光波导技术分成两条技术路线——几何光波导和衍射光波导，几何光波导中阵列几何光波导是主流的方案，而衍射光波导又分为表面浮雕光栅衍射光波导和体全息光栅衍射光波导。阵列光波导、表面浮雕光栅衍射光波导和体全息光栅衍射光波导各有优劣势，尚未出现明显领先的态势。上述每个技术路线，都有多个国内外的知名企业投入进行研发，并围绕关键技术进行布局。

（4）阵列几何光波导技术路线下，以色列公司鲁姆斯掌握基础专利，我国企业需要注意规避知识产权风险

在阵列几何光波导路线下，以色列的鲁姆斯从2000年开始申请相关专利，主要通过PCT方式在主要市场进行了布局，大部分已获得授权；该公司在阵列几何光波导本身的结构设计、光波导的制造和检测方法、扩瞳技术直至光波导模组设计等各个维度都提交了专利申请，在阵列几何光波导技术路线上进行了比较完备的专利布局。鲁姆

斯掌握者阵列几何光波导的基础专利，代表了阵列几何光波导方面的一流水平。

索尼公司在鲁姆斯的阵列几何光波导设计方案的基础上，在2007~2020年，提出多件涉及相应光路结构改进的专利申请，形成了较为完整的光波导模组设计方案专利布局。

国内企业灵犀微光围绕阵列几何光波导方案提出了改进设计，采用波导组合的方式以实现大视场及扩瞳。灵犀微光还提出将衍射元件与阵列光波导组合的技术方案，耦入元件为复用全息光栅，耦出元件为反射面阵列。由于光栅能够轻易地将光偏折较大的角度，因此可以避免只用反射面阵列时体积较大的缺点。此外，珑璟光电、北京理工大学在阵列几何光波导方面也有一些申请，均是在鲁姆斯基础专利的基础上进行的改进。我国企业在阵列几何光波导方面需要注意规避知识产权风险。

（5）表面浮雕光栅衍射光波导技术路线下，出现多个技术细分路线，基础专利掌握在不同申请人手中，但是专利壁垒还比较薄弱，我国企业还有比较大的空间进行后续研发

诺基亚最早提出表面浮雕光栅衍射光波导的技术方案，有三种光栅形态可以选择，即矩形光栅、闪耀光栅和倾斜光栅。微软收购了诺基亚之后，围绕其基础专利，在光栅设计及制造、DOE组合、波导组合等方面进行持续研发；为了配合HoloLens的产品发布，在配合光路、终端应用等方面也进行了专利布局。

之后的奇跃公司、迪斯帕列斯、维盛公司也采用了诺基亚基础专利的方案，但是细分技术路线不尽相同。奇跃公司的技术在于采用独特的喷墨和纳米压印光刻技术制作表面浮雕光波导，奇跃公司的研发团队还开发了1D、2D和3D纳米结构，并在单个波导元件内组合不同类型的结构。迪斯帕列斯以无晶圆厂方式营运，只进行光栅与光学镜片原型的设计，专利申请集中在光栅设计、制造等方面，其独创性在于采用蚀刻工艺制造光波导，可以获得更大的视场角。维盛公司的光波导技术也基于诺基亚的表面浮雕光栅制造工艺，采用具有角度的光栅来引导光线在光波导中传播。在表面浮雕光栅衍射光波导领域，威福光学的技术方案不同于诺基亚，采用光子晶体形成光栅结构，其专利申请集中在光子晶体光栅的设计、光波导组合设计、DOE组合设计等方面。

微软有关表面浮雕光栅衍射光波导的全球专利申请总计148项，其中中国专利申请84件。奇跃公司全球专利申请184项，其中中国专利申请100件。迪斯帕列斯全球申请量总计34项，其中中国专利申请33件。维盛公司全球专利申请总计28项，其中中国申请专利16件。威福光学全球专利申请总计27项，其中中国专利申请35件。国内企业珑璟光电已设有衍射光波导微纳实验室，建成纳米压印实验线，并于2021年推出新一代衍射光波导产品，已走通了整套纳米压印流程，具备小批量的出货能力。珑璟光电提出了一系列关于表面浮雕光栅DOE结构的专利申请，以解决衍射光栅设计方案自由度不高、衍射效率较低、衍射均匀性难以控制的技术问题。至格科技采用IDM模式，自主掌握“光栅设计、光栅母版加工、纳米压印生产”三大核心技术，拥有光栅母版加工中心和衍射光波导生产线，成功研发并量产增强现实衍射光波导产品，其专利技术涉及浮雕光栅DOE组合、浮雕光栅制备工艺等。枭龙科技申请了一系列DOE

组合的相关专利，主要是对转折光栅作了一系列的改进。驭光科技以微纳光学元件（DOE、ROE）的设计和制造为核心技术，其增强现实衍射光波导专利技术从2021年开始布局，主要涉及DOE组合技术，其核心技术在于一维光栅和二维光栅的设置方式，以使光分布均匀，提高设计自由度。北京理工大学和东南大学在衍射光波导方面也进行了研究。

珑璟光电、光粒科技都提出了光子晶体光栅结构的申请，在这一技术细分路线下进行了专利布局。可见，在不同细分技术路线下，掌握基础专利的国外申请人的专利数量和专利深度都还不完善，专利壁垒尚不密集，国内企业在细分技术路线下，尚有一定的发展空间。

（6）体全息衍射光波导技术路线下，关键技术聚合物材料的发展尚不完善，细分技术分支的研究刚刚起步，国内外企业基本同步发展，国内企业有机会在这一技术路线下“换道超车”

体全息衍射光波导技术研发的重点包括聚合物材料、光栅制备技术以及体全息元件组合设计，其中聚合物材料是关键。

早期采用体全息光栅波导方案的代表性厂家为索尼公司和迪斯帕列斯，开发了体全息波导的加工工艺流程。索尼公司在全息光栅设计及制造、DOE组合、波导组合、配合光路、框架以及终端应用方面均进行了专利布局。2018年苹果公司收购了Akonia，开创了商用体全息反射式波导光学元件，通过单层介质再现全彩色的宽视场图像，后续的专利申请主要集中在光栅设计及制造、DOE组合、光路配合以及终端应用方面。

迪吉伦斯采用了与以往技术不同的“主动式”的全息图像波导技术。这一技术使用的是一片基于薄薄的聚合物的液体水晶，能够在被电流激活时转换状态。其专利申请主要集中在光栅设计及制造、DOE组合。

国内公司灵犀微光绕开迪斯帕列斯在银盐感光材料上的专利，从2014年开始围绕PDLC制备可切换体全息光栅进行了一系列申请，从材料配方，到制备条件、制备方法再到定制生产设备，基本打通了整条生产流程，有望实现小批量量产。山奥提赞光晶显示科技公司也致力于研发HPDLC光栅，具有从材料配比到生产工艺、生产制造全流程工艺产线。光粒科技发布了全息树脂光波导Holoresin，良率高达95%以上，其专利技术覆盖了体全息光栅材料、光栅设计、DOE组合等方面，此外还涉及可变光栅以及阵列光波导等技术。其中，DOE组合以及体全息光栅材料是该公司的核心专利技术，特别是申请了一系列用于形成体全息薄膜的光致聚合物材料。珑璟光电近来提出了一系列关于体全息光栅的曝光工艺。北京理工大学和东南大学在偏振体全息光栅方面进行研究和申请。

体全息光波导在理论和工艺上仍处于探索阶段，随着加工技术与材料的成熟完善，未来会具备较高的可加工性、成本可控性和批量生产稳定性，现已成为国内外标杆企业研发创新的聚集区。

9.4　硅基液晶显示屏专利分析结论

1993年，全球关于硅基液晶显示屏的专利申请开始出现，中国申请人从2000年开始布局，并且在2004年以后，每年的申请量都占据全球申请量的一半左右。硅基液晶显示屏作为当前主流的近眼显示解决方案，申请量在未来可能还将迎来新的增长。从专利申请人的国别来看，中国、美国、日本是该领域的主要创新来源地。中国作为全球新兴经济体的代表，以50%的占比成为全球最大的硅基液晶技术来源国，美国和日本以18%的占比并列第二。韩国、英国、法国和其他国家的占比相对较少。

总体来看，硅基液晶显示屏技术呈现如下特点。

（1）作为增强现实设备中采用的主流显示屏，硅基液晶显示屏的核心技术在于面板，面板的基础专利在日本企业手中，我国企业在发展过程中需要注意规避知识产权风险

可应用于近眼显示设备的显示屏技术，包括硅基液晶、DLP、Micro－LED、Micro－OLED和LCD等多项技术。但相比DLP是德州仪器的独家专利的情况，硅基液晶技术的专利壁垒比较薄，国内企业规避的空间很大；相比于Micro－LED、Micro－OLED，硅基液晶的成本较低；相比于LCD，硅基液晶的光利用率高，开口率大，像素亮度高，像素密度大，比较容易达成高的解析度。所以就目前来看，硅基液晶显示屏仍然是优秀的近眼显示解决方案。

结合掌握的全球硅基液晶显示屏专利申请的数据，从专利技术的构成来看，国外企业对硅基液晶显示屏的研发和专利布局较为全面，以JVC、索尼公司为例，其专利申请时间早，掌握着硅基液晶显示屏的基础专利，专利申请覆盖了硅基液晶面板、光机、应用、驱动电路等多个方面。进一步地，针对硅基液晶面板技术，又分别对其中的内部电路、遮光层、反射电极技术、配向、液晶材料，以及封装技术都进行了研究和专利布局，凸显了国外企业的研发实力。国内企业在发展过程中要注意规避来自上述基础专利的知识产权风险。

（2）国内研发硅基液晶显示屏的多数企业技术较分散，尚未形成创新合力

奇景光电以及豪威科技属于国内头部企业，作为全球硅基液晶面板阵营的主要供货商，其专利布局、研发和生产制造的实力与国外大型企业的差距并不大，市场占有率也不输于国外企业。但其他国内企业如中芯国际、慧新辰、南京芯视元、武汉全真，以及曾经风光一时的长江力伟等，在硅基液晶显示屏领域的规模和体量不能与上述大型企业相比。不仅专利数量不如上述企业，从专利布局的表现上看，其技术构成也较为单一，申请的重点各自就集中在一到两个较窄的技术分支上。如中芯国际在硅基液晶方面，布局和研发的重点主要集中在硅基板及其上的反射电极技术上；长江力伟主要集中在外部、内部电路设计和产线设备上；慧新辰主要集中在中下游的封装生产设备上。这些企业覆盖面较窄，且涉及核心技术的专利较少，所以整体技术实力相比大型企业还是有较大的差距。

（3）硅基液晶显示屏应用于近眼显示相关技术研发尚不充分，专利壁垒并不明显，

我国企业有机会切入该技术路线

首先，国外企业早期的专利布局重点在硅基液晶面板上，后期的专利布局重点在光机和应用上。从应用范围来看，早期研发的硅基液晶，主要是为了应用在投影设备上，例如JVC、索尼公司提交的硅基液晶相关的专利申请，多数是应用在投影上且采用的是三片式硅基液晶的空间混色结构，这种应用方式未在硅基液晶中的设置彩色滤光片。但是在近眼显示设备中，如果采用三片式的空间混色结构，会导致体积太大以及成本过高，所以在近眼显示设备中，利用单片硅基液晶来实现彩色显示是降低成本、减小体积的有效方式，预期会是以后的主流方向。而奇景光电作为硅基液晶阵营目前主要的供货商之一，同时生产以白光光源为主的Color Filter硅基液晶和RGB Sequential光源的硅基液晶显示屏，其中单片式Color Filter硅基液晶为其独创，拥有成熟的量产技术，是其主要产品之一。这是国内企业相对国外企业在专利布局中的一个亮点，也是应用于近眼显示设备的硅基液晶显示屏的一个重要的发展方向。

其次，随着微电子技术和液晶材料的发展，硅基液晶显示屏的各项参数指标将在未来得到进一步的提升。除了反射率、帧频速率、灰阶深度等具有共性的技术指标，不同应用对显示屏像素分辨率、尺寸、衍射效率、损伤阈值等参数的要求各不相同。预期在近眼显示应用领域，硅基液晶显示屏的像素尺寸将进一步缩小，同时器件的帧频速度和灰阶深度将进一步提升，才能匹配近眼显示设备用户的需求。

再次，硅基液晶显示屏，用于投影和近眼显示设备，就屏本身及其工作原理而言，虽然并没有太大差别，但用于近眼显示设备硅基液晶显示屏的光机需要更小，而且在近眼显示设备上，基于安全性和用户舒适性体验的考虑，功耗和散热也是必须解决的关键问题。所以如何实现微型化、提高续航能力和散热良好，也是今后的研究重点。

最后，硅基液晶显示屏因其高开口率、高分辨率、高衍射率的优良特性，被广泛应用于计算全息领域。因为分辨率越高，计算全息重构图像效果越好，像素间距越小，衍射角越大，开口率越大，零级光衍射影响越小。这些参数的提升也为计算全息近眼显示提供了重要支持。要想实现基于硅基液晶显示屏的计算全息近眼显示，需要硅基液晶显示屏对光线能同时实现相位调制和振幅调制，不同于现有的硅基液晶显示屏主要是实现振幅调制。驱动和工作原理与现有的硅基液晶显示屏有相同和不同之处，不同之处主要体现在需要选择具有特定性能的液晶材料，并通过提供相应的液晶电压，精准控制液晶偏转角度，实现对硅基液晶显示屏反射光的相位控制。这对液晶材料的选择、输入信号的控制、图像算法都有较高的要求，需要一整套的方案，目前还处于初始研究阶段。安徽大学在2014年提出用于全息视频显示的硅基液晶空间光调制器的像素结构的专利申请，英国的杜尔利塔斯在2017~2021年，也已开始从外部电路、面板、光路和应用等方面布局应用于全息投影的硅基液晶显示屏的专利申请。而正因为全息显示是真三维显示，不会造成辐辏-会聚不匹配而产生眩晕感，能够提升佩戴者的观察体验。所以近年来，随着硅基液晶显示屏加工工艺的提高，通过选择合适型号的液晶材料，配合相应的算法，结合高速的驱动电路，再匹配合适的电极结构，实现近眼设备的全息显示，是未来近眼显示设备的发展方向。这个角度也是硅基液晶显示屏相对于其他显示屏的优势所在。

（4）国外早期基础专利即将保护期满，国内企业可利用这些基础专利作为后续研发基础

以JVC、索尼公司为代表的国外企业，在硅基液晶显示屏领域的专利布局较早，在20世纪90年代就提交了相关的专利申请。而国内以奇景光电，以及豪威科技、中芯国际等为代表的企业，则在2000年以后才开始进行硅基液晶显示屏的研发和专利布局，相对较晚。

根据专利检索数据，早期基础专利虽然主要集中在国外申请人手中，且涉及了硅基液晶面板的设计和制造多个方面，但进入中国并维持有效的专利数量占比也较小，尤其2004年、2005年的申请也已经接近专利保护期限，这些基础专利或重点专利对我国企业形成的专利壁垒较小。国内企业可相对自由地实施这些专利技术，尝试在这些领域进行技术攻关和创新，以期形成部分技术领域的突破。

硅基液晶显示屏的设计、制造及其与光学系统的整合，都属于原理明确、工程实现难的情形。在硅基液晶行业，虽然国外企业并没有形成垄断和专利壁垒，但客观来看，国内企业在技术和研发实力上仍然存在差距。而实质上，硅基液晶以及其他半导体芯片，要能成功流片以及量产，很大程度上还要依赖于未取得知识产权保护的，以图纸、技术资料、技术规范等形式提供的制造工艺、产品设计、工艺流程、配方、质量控制和管理方面的技术知识。这还需要政策的扶持、更多的资本投入，以及科研人员的努力。

（5）硅基液晶显示屏的研发生产投入大，但国内的产业规模较小，市场需求不够，制约了国内具有自主知识产权的芯片企业的发展，产业发展还需要多方努力

硅基液晶显示屏在迎来产业发展机遇的同时，还存在一定的市场风险，主要表现在：①半导体产业受市场经济的波动影响较大；②替代技术的出现形成对现有产业的挤压。包括硅基液晶在内的芯片行业，前期的研发投入都非常大。像曾经的长江力伟，是当时国内首家量产硅基液晶显示芯片的企业，收获了无数荣誉，但因为研发投入太大，而且良率未达预期，所以芯片技术和价格跟国外芯片相比优势并不明显。当时市场也尚未成熟，未能形成产品的规模化应用，导致连年亏损最终破产。慧新辰在购入长江力伟大部分资产后，继续致力于硅基液晶方面的研发，历经4年在2020年研发出无机取向的硅基液晶芯片，并在年底达到量产条件，但仍然面临市场不够大、企业效益不佳的问题。希望随着国内市场芯片短缺这一契机，加上国家政策和资金的扶持，能使国内的芯片企业具有更高的抵御风险的能力，使包括硅基液晶在内的国内芯片产业迎来新局面。

（6）国内企业在发展过程中，需要关注知识产权保护和运用，政府和行业协会要增强对于产学研形式创新主体的扶持和引导

课题组成员在调研过程中了解到部分企业虽然已经有了产品且已商用在终端产品上，但没有相关专利申请。这反映出不少国内企业对知识产权保护和运用的重视程度不够，在自身技术的保护策略和力度上有所欠缺。而曾经辉煌的长江力伟，其模式实

质上是产学研一体化的雏形，但受限于当时市场环境、国外芯片竞争、经济纠纷，其专利布局以及企业效益并未达到预期。长江力伟的专利申请仅有19%处于有效状态，81%都处于失效状态。其中失效的发明专利申请，有因为陷入了经济纠纷而进入了财产保全程序，在该过程中未能及时办理登记手续而被迫失效的；也有因为未缴年费导致专利权终止的，其中同样涉及经济纠纷、代理机构整顿，以及申请人与代理机构的内部矛盾，后期请求恢复权利也因期限原因而失败。所以，应当建设和完善以企业为主体的技术创新体系，推动产学研深度融合，同时加强对代理行业的规范管理，从而推进知识产权的保护和运用。

9.5 Pancake光学设计方案专利分析结论

（1）从Pancake光学设计方案的整体发展趋势来看，其在2014年之后进入快速增长期，预计未来几年专利申请量将继续增长，中国申请发展势头更强劲

2015年以前，Pancake技术发展缓慢，奥林巴斯、夏普、美能达、精工爱普生、索尼公司、微软都进行了探索性研究，但都没有在产业上应用。2014年eMagin针对折叠光路结构提出专利申请US11256102B2并获得授权，2015年eMagin展示了一个极其紧凑的基于Pancake光学的虚拟现实头显原型设计，Pancake技术逐渐走向产业化；2016年，3M创新、脸谱、苹果公司、谷歌均提出了基于Pancake方案的专利申请，至此，Pancake技术进入快速发展期；到2018年，脸谱异军突起，申请量突飞猛进，成为该领域的主力军。国内相关申请从2016年开始出现显著增长，发展势头强劲。

（2）Pancake光学设计方案中传统膜层技术被3M创新垄断，国内企业发展过程中要注意规避知识产权风险

传统膜层材料以聚合物光学膜为主，作为行业巨头，美国3M创新依托材料技术优势，基本垄断了传统膜层的供应。3M创新在2016年左右提出多件应用于Pancake方案的膜层专利申请。我国企业在传统膜层方面难以绕开3M创新的专利，在发展过程中须关注知识产权风险。

（3）Pancake光学模组的制造方法中贴膜工艺是关键技术，工艺侧重点各有不同

3M创新作为膜层技术的领跑者，贴膜方法也同样占据领先位置，2015年提出通过软化法将膜层贴到曲面上的技术，同时还提出了利用热熔法将光学膜贴合模制到曲面上的方法。这些专利技术公开了Pancake光学模组的基础贴膜工艺。脸谱2018年提出在平面膜层层压到弯曲表面上时设置一个或者多个切口来设置应力消除边界，以获得跨曲面的连续膜。威尔乌集团于2018年提出通过校正因子减少贴膜过程中误差的方法。

透镜组装方面，脸谱2018年提出了基于第一透镜相对于第二透镜定位，以将第二透镜的反射偏振器与第一透镜的四分之一波片对准的方法，2019年提出了自动镜片组装和测试的系统和方法。

国内具有光学加工技术优势的企业，例如，歌尔股份，在制造工艺方面具有一定技术储备。歌尔股份于2020年和2021年先后提出了承载台开设通孔以在贴膜过程中准

确确定膜材光轴方向的方法以及弯折透明基板以完成曲面贴膜的方法。2020年成都忆光年提出通过显控模组控，在不需要人为参与的情况下，对待测虚拟现实模组的第一镜组进行快速正确装配的方法。

（4）新型液晶膜层出现，有望成为替代方案。目前液晶膜层的研发刚刚起步，我国企业可在这一方向上开展研发与合作

作为Pancake结构的核心，膜层技术是影响Pancake结构发展的关键因素。除了传统聚合物光学膜层，2017年开始出现针对Pancake的液晶膜层的相关研究。脸谱在液晶膜层方面进行了大量的相关研究，在偏振片、波片、液晶透镜等方面进行了专利布局，申请量不断增加，技术不断完善，有望替代常规膜层，成为未来发展的方向。

（5）Pancake技术中光路结构设计方案百花齐放，国内企业已拥有一定技术储备

3M创新从2015年开始提出多项Pancake光路结构设计专利申请，围绕其基础设计进行专利布局。国内企业多哚作为国内发布首款短焦方案的虚拟现实的公司，Pancake技术起步早，光路结构的研究几乎和3M创新同步，专利技术国内外均有授权。然而，2016年之后就没有相关专利申请，未能充分发挥前期的技术优势，后劲不足。

国内申请量最大的ODM厂商歌尔股份，申请主要集中在光路结构上，通过光路结构设计减轻鬼影现象，减小尺寸，提高光效，已拥有一定的技术储备。

（6）Pancake技术方案中焦距调节成为国内外企业的研发重点，我国企业紧跟技术发展方向，在该领域开始进行专利布局

Pancake技术方案中焦距调节包括机械调焦技术和电子调节技术。脸谱2014年提出的专利申请中公开了通过透镜模块的一个多个光学元件的形状、两个光学元件的距离或者两者同时调整来实现焦距的调节，同年提出另一件申请，将包含多焦点结构的可切换半波片运用到焦距调节中。2018年谷歌提出将其中一个透镜元件相对于光轴横向移动来调节焦距，苹果公司提出利用液体进行调焦的技术；2019年脸谱提出了多层堆叠的变焦透镜。2020年开始，中国申请中开始出现焦距调节相关申请。歌尔股份、华为、京东方、上海鱼微阿、视涯均提出了焦距调节方面的相关申请。

（7）Pancake技术方案中眼动追踪技术是另一个新兴研发重点，技术发展尚不成熟，技术路线多样化，国内企业可以在新的技术方向上积极投入研发

Pancake缩短了光程，减小了模块体积，然而，空间的减小给眼动追踪设备的设置带来了困难。2017～2019年，苹果公司、脸谱和高通公司均对相机部件的设置位置进行了研究。随着液晶膜层的发展，2019年脸谱利用偏振体全息层来反射红外光，实现眼动追踪。国内企业华为和上海鱼微阿在该技术方向上提出相关申请。

9.6 收购和投资情况分析结论

（1）国外巨头侧重收并购，增强自身研发实力

在尚处成长阶段的虚拟现实/增强现实行业及作为虚拟现实/增强现实重要部分的近眼显示行业，融资是大部分企业当前生存和发展的资金来源，收购和投融资活动仍

是当前至关重要的行业事件。对比国外和国内来看，国外的融资金额与数量自2017年的下滑之后每年稳定增长；而国内所呈现出来的趋势则更为残酷，历经2017年到2020年的低迷期，直到2021年开始才出现高速反弹。特别是2021年字节跳动收购小鸟看看之后，国内传统互联网巨头、手机企业、传统上市公司对虚拟现实/增强现实的关注度显著上升，国内2022年上半年虚拟现实/增强现实产业融资并购金额为61.9亿元，较2021年同比上涨了67%，发生数量为68起，较去年同比提升45%。

（2）国内投融资市场活跃，初创企业百花齐放

尤其近几年来，不管国内还是国外，投融资都处于稳步增长的状态，投融资环境良好，资本对于近眼显示的关注度增长也非常明显。一方面，国外大公司的收购和投资也保持了活跃度，并且光波导、Micro－LED屏幕与软件和应用均是投融资并购的重点；另一方面，国内的投融资并购热度更大，关注度更高，投资主体和投资对象百花齐放，光路设计和屏幕显示方面均引起资本的关注。

近眼显示的初创企业，则通过融资，尤其是集中在种子轮、A轮、B轮的融资，获得了大部分生产经营资金，提高了市场渗透率，技术路径、应用场景及前景进一步清晰，但这意味着这些企业的抗风险能力较弱，企业淘汰率较高。而该领域的巨头则多以并购的方式入局，以增强自身技术实力。

面对这种形势，我国的初创企业一方面应该充分利用资本，募集资金，从而提高研发能力，拓展市场优势，避免被市场淘汰，提高企业生存率，争取从初创企业成长为具有技术实力和市场能力的优势企业；另一方面应该保持各自的技术特长和技术方向。当前近眼显示行业无论在显示屏幕还是在光路设计上，均还没有出现明显占据优势的赛道，因此每个技术分支均有可能成为明日之星，我国初创企业需要做的就是在现有的技术研发基础上进一步做好专利布局，狠抓技术研发，攻克技术难题，利用资本力量，共同打造中国近眼显示产业的未来。

而在研究团队方面，耐德佳给出了一个利用大学实验室科研力量的范本，可谓是产学研一体化的标杆。耐德佳通过实验室的科研人员自主创业，借助实验室的研究团队，将实验室的技术方案打造成符合产业需求的市场产品，从而参与市场竞争，并获得了一定的成功，取得了资本的关注，打入了虚拟现实/增强现实设备产业链。这样的创业模式也值得我国其他企业学习。

9.7 主要建议

（1）市场增长预期不断增强，有助于国内企业扩大规模，抢占市场份额

随着全球范围内元宇宙概念的爆发，相关虚拟现实/增强现实产品销量的持续增长，产品内容和应用的不断出现，虚拟现实/增强现实正处于从工业级向消费级转变的过程中，全球各个国家和企业对于虚拟现实产业的发展越来越重视，鼓励产业发展的政策规划不断发布并且资金投入持续增加，市场状态持续火热。从目前的专利趋势和市场变化趋势，可以预测，近眼显示领域的研究在未来几年将持续保持高速增长，国

内外市场规模也将持续增大，国内企业应当提前布局，增强企业实力，扩大发展规模，提前抢占市场。

（2）各条技术路线的基础专利掌握在不同申请人手中，国内企业在相应技术路线下需要注意规避知识产权风险

在阵列光波导路线，以色列的鲁姆斯掌握着阵列几何光波导的基础专利，代表了阵列几何光波导方面的一流水平。国内大部分公司均是在鲁姆斯基础专利的基础上进行改进。在后续技术研发和产品开发过程中，我国企业需要注意规避知识产权风险。

硅基液晶显示屏的早期基础专利主要集中在国外申请人手中，专利布局重点在硅基液晶面板上，且主要是为了应用在投影设备上，例如JVC、索尼公司提交的硅基液晶相关的专利申请，多数都是应用在投影上且采用无须设置彩色滤光片的三片式硅基液晶的空间混色结构。但是在近眼显示设备中，如果采用三片式的空间混色结构，会导致体积太大以及成本过高，可预测在近眼显示设备中，利用单片硅基液晶结合彩色滤光片来实现彩色显示会是今后近眼显示设备采用的主流技术。国内企业可加大在这方面的研发投入和专利布局。此外，用于近眼显示设备的硅基液晶显示屏的光机需要更小，而且用在近眼显示设备上，基于安全性和用户舒适性体验的考虑，功耗和散热也是必须解决的关键问题，所以如何实现微型化、提高续航能力和散热良好，也是决定其市场占有率的关键因素。国外企业在光机和应用上的专利申请占比已经有所提升，这是近几年国外企业专利布局的重点。我国的企业也应该推出相应的专利策略以应对未来可能的专利风险，在国外企业还未形成专利壁垒的情况下，积极布局，占领市场。

（3）各条技术路线百家争鸣，随着市场细分程度越来越高，不同定位的厂商各有发展空间，国内企业可抓住机遇，在细分市场上深耕

国内的中小型企业、初创企业的技术较分散，但如果能够集中力量专注于某个技术点上，或聚焦于产业链上的某个环节，在这方面做专做深并最终胜出，也是一种较好的发展模式。如果在国家政策的导向下，国内众多中小型企业能找到各自合适的定位并发挥各自的技术优势，就有希望组成比较完备的产业链，符合工业和信息化部印发的《优质中小企业梯度培育管理暂行办法》中提到的“专精特新”工程的导向。

相比较其他几种显示技术，Micro－LED技术因为在较低的功耗下能实现高亮度，具有高对比度、响应时间段短、色域宽等优点，能够完美贴合近眼显示的需求，被认为是下一代显示技术中用于近眼显示最理想的显示技术。但是Micro－LED的屏幕制备、全彩化等问题是面临的挑战。根据前面对专利的分析，巨量转移、单片集成和全彩都有不同的技术路线，各自有各自的优缺点，各条技术路线仍然有问题待解决且正在持续改进中。因此，国内企业在选择发展技术路线时，可以深入了解各技术的脉络，作为开发的依据，紧跟技术和市场发展趋势，通过我国显示产业工艺设备、芯片制造、终端应用全产业链的上下游协同创新，快速突破巨量转移、单片集成、全彩化等Micro－LED量化生产关键技术，争取通过技术创新获得未来行业的垄断地位。

光波导三条技术路线之间开展竞争，各有优劣势。在几何光波导方面，以色列公

司鲁姆斯掌握了核心技术；在浮雕衍射光波导方面，美国公司掌握了核心技术和核心专利，国内企业处于追赶状态；在体全息光波导方面，国内外企业均处于探索研发阶段，国内科研院校和企业在材料、工艺方面均有技术储备，能够与国外企业进行竞争，实现领跑。就申请趋势而言，2018 年之后，几何光波导的申请量在国外有下降趋势，而在国内，三大技术分支仍呈增长态势。由于国外起步较早，几何光波导的核心基础专利多由国外申请人掌握，国内申请人在几何光波导领域核心技术突破存在较大的难度。而浮雕衍射光波导和体全息光波导尚处于快速发展阶段，技术仍存在很大发展和完善空间，国内申请人在围绕阵列光波导技术布局外围专利的同时，需主动加大投入力度，积极研发浮雕衍射光波导和体全息光波导的核心技术。

（4）新技术发展方向不断涌现，有助于国内企业突破已有专利壁垒，实现换道超车

如前所述，浮雕光栅最早由诺基亚研发成功并申请专利，之后被微软收购，奇跃公司、迪斯帕列斯、维盛公司等知名企业的光波导技术并没有突破诺基亚的基础专利方案。而光子晶体光栅技术不同于诺基亚的基础专利方案，且在国外鲜有申请，仅有威福光学等少数企业进行布局，技术壁垒低，国内已有珑璟光电、光粒科技等企业进行了研发布局。对于此类新技术，应加大研发投入力度，尽快进行专利布局。

在 Pancake 光学方案方面，美国公司 3M 创新依托材料技术优势，基本垄断了传统膜层的供应，国内企业在传统膜层方面难以绕开 3M 的专利。新型液晶膜层的出现，有望打破常规聚合物膜层 3M 创新一家独大的局面，并且有望成为替代方案。而液晶膜层的研发刚刚起步，虽然脸谱对此开展了相关的研究，但是专利技术并不多，尚不足以构成不可逾越的技术壁垒，因此，国内企业应该在液晶膜层方面加紧研发，争取实现弯道超车。

（5）部分技术路线上国内企业已经处于领先地位，须增强知识产权保护和利用的意识，在其细分市场上提早进行专利布局

在 Micro - LED 显示屏方面，中国专利申请量已经占据优势，并且在全部技术分支上进行专利布局。国内企业在采用单片集成技术制造 Micro - LED 显示屏已经处于领先地位。上海显耀已在 Micro - LED 显示屏领域布局了大量的专利，主要涉及单片集成以及相关的芯片和全彩等技术分支，大都通过 PCT 的方式提出申请，并进入中国、美国、欧洲、韩国等国家和地区，覆盖区域比较全面，可以为企业的产品进入海外市场保驾护航，从而能够帮助维护、巩固和提高产品的市场地位和竞争优势，也可帮助企业积累专利实力，借此抗衡或制约竞争对手，帮助企业积累专利筹码，未来通过专利诉讼等方式牵制市场同质化竞争对手。

就体全息光波导而言，如何提高衍射效率和材料选择是技术的难点和重点，也是目前的研究热点，国内外企业均处于探索研发阶段。国内科研院校和企业在材料、工艺方面均有技术储备，国内多家企业和高校在体全息材料研究方面并不落后于国外，能够与国外企业进行竞争。国内企业应当整合资源集中优势进行技术攻关，早日占领技术高点，提前进行专利和产业布局，实现领跑。

（6）各条技术路线产业链尚未形成闭环，已有成熟技术在近眼显示领域的应用尚待完善，国内企业可积极参与产业链合作

硅基液晶显示屏发展历史较长，属于一种相对成熟的技术，在近眼显示领域属于旧技术的新应用。然而，我国硅基液晶产业目前的基础力量不足，仅凭各家企业各自埋头苦干，很难改善局面。国内企业之间还需要加强合作。当前国内没有一家核心企业来领导的硅基液晶产业，企业开发的硅基液晶显示屏各有专用的ASIC、光学引擎等，并且零组件和装配生产各自为政。而一些从业者因无法提出全套的解决方案，例如懂CMOS的不懂液晶，懂封装的不懂芯片和应用，致使产品尚无法大规模顺利推出。硅基液晶显示屏的成本优势需要规模化的制造，而规模化的制造必须建立在统一的行业标准上。显然，解决这些难题的关键是着手建立硅基液晶显示屏的上下游产业结构，推行产业标准化，以壮大产业规模，从而参与产业链竞争。

在前端材料研发方面，如体全息材料，国内外企业均处于探索研发阶段。国内企业和科研院校，如灵犀微光、奥提赞、光粒科技、珑璟光电等企业以及东南大学等高校在材料、工艺方面均有技术储备，能够与国外企业进行竞争，接下来可加大科研投入进行新技术研发，同时对现有材料以及工艺进行专利挖掘，尽可能全方位多维度进行专利布局。其他相关企业和科研院校也可根据自身科研实力和产业发展目标，适时调整研发重点，争取实现弯道超车。此外，建议国内企业一方面在技术研发上着眼全局，另一方面也可结合企业自身状况专研某一技术领域，注意纵横两个维度的研发和布局，积极参与国内产业链，可以通过相互合作，发挥各自优势，形成技术合力，畅通国内技术与产业大循环，共同应对国际竞争。

（7）国内企业应充分利用行业初期发展机遇，掌握更多市场手段，强强联手，做大做强，在未来市场上占据一席之地

通过对国内外市场主体的收并购和投融资策略分析，可知该领域的巨头多以收并购的方式入局，以获得市场入场券，增强自身技术实力，进行技术储备；初创企业多以融资方式获得生产经营资金；部分企业通过投资整合产业链。行业在整体上呈现出专业投资方加速入场的趋势。

面对这种形势，我国的初创企业应该充分利用行业初期的发展机遇，一方面进一步充分利用资本，抓住融资机遇，募集资金，从而提高自身研发能力，深耕技术实力，拓展市场优势，避免被市场淘汰，提高企业生存率，争取从初创企业成长为具有技术实力和市场能力的优势企业；另一方面也鼓励国内具有核心技术和核心专利的初创企业与海外市场和资本接触，以获得更多的资金和市场。

我国的投资主体在选择投资对象时，可以根据近眼显示产业链，例如同时投资显示屏和光学设计，构建近眼显示产业联合体，实现上下游的协同效应；也可以投资海外的优质企业，客观评估企业的技术实力和专利状况，以便于后期全球市场的扩展，例如盛大集团、水晶光电、广达电脑、阿里巴巴均投资了以色列光波导公司鲁姆斯。在投资具体的技术领域时，因为各条技术路线百家争鸣，例如在显示屏幕的Micro－LED技术路线中，各个技术路线均处于研发阶段，究竟哪条技术路线未来会占据市场

主体地位还不明朗，因此可以考虑投资 Micro－LED 中不同技术路线的初创公司。

国内的中游企业还可以通过投资相关领域项目，与企业主营业务产生强大的上下游协同效应，有效实现企业迅速参与市场竞争。国内企业应通过更多的市场手段，横向收购以扩大规模，纵向投资相关产业链上下游公司，纵横交叉，实现强强联合，做大做强，在未来市场上占据一席之地。

（8）对于产学研结合模式下诞生的创新企业，政府和行业管理者给予市场经营方面的扶持和引导，将有助于企业的成长

长江力伟的模式实质上是产学研一体化的雏形。但对于包括硅基液晶芯片在内的芯片行业，通常需要在几毫米见方的硅片上，完成几十道工艺的加工，一旦出错损失巨大，所以它在很大程度上还是一个持续资金和人才投入的行业，无法一蹴而就。产学研结合模式下的创新企业资金实力也可能不够雄厚，这就需要政府加大资金和政策支持，例如通过组建相应的平台和交流渠道，使拥有资金实力的大型企业能关注到这类创新企业，引导其适时对创新企业投入人力、财力，以投资或收购的方式使创新企业的研究和技术延续下来。例如晨鑫集团下的慧新辰在购入长江力伟大部分资产后，就继续致力于硅基液晶方面的研发，历经 4 年在 2020 年研发出无机取向的硅基液晶芯片并在年底达到量产条件。或者，政府可以牵头组织共同的研发平台，高校以技术资本及专利注入的方式与企业共同研发新业务，教师以技术入股或受聘于企业从事兼职工作。这样就可以依托高校优势学科，在行业龙头企业的带领下，为创新企业提供足够的人才支持和资金支持，而且最好不是松散型合作或单项的短期合作，而是长期的有效合作。

此外，政府应把相关资源投到最关键的地方，合理布局。高校在技术研发、算法研发和应用研究上都处于前沿，研究成果可以引领产业的发展，与企业和产品紧密联合后又能运用到实际应用领域，形成产学研联动的健康生态。包括硅基液晶芯片在内的半导体行业应加快产学研融合，推动技术创新与产业转化，加快芯片行业紧缺的高端人才培养，同时国家需要制定和完善法律、法规和政策，逐步形成市场化、专业化、社会化的技术转移创新服务体系。

第 10 章 近眼显示领域特色研究和分析方法

在近眼显示技术的研究过程中，课题组发现近眼显示领域存在以下特点：涉及的技术领域多，涵盖的技术内容差别大，不同分支的检索边界确定上差异较大；重点研究的四个技术分支技术路线多、产品多，线索繁多，不易厘清分析思路；存在市场爆发式增长、收并购以及投融资异常活跃等情况。基于近眼显示领域的上述特点，课题组采取了具备领域特色的研究和分析方法：在检索过程中，根据不同的技术分支，采用了差异化数据处理方法确保数据全面性和准确性；在专利研究中，结合行业、产品和技术信息，穿透繁复申请人，追溯技术源头，解析技术路线；在对近眼显示的主要申请人的收购和投资分析中，通过对国内外主要公司的专利战略和企业发展路径进行深入解析，为国内企业发展和产业整合升级提供参考和借鉴。

10.1 差异化数据处理方法

近眼显示技术涉及的分支较多，文献量较大，需要针对不同技术分支采取差异化的数据处理方法，以确保数据的全面性和准确性。

（1）深入研究——摸清 12 技术分支特点

12 个技术分支的技术成熟度、应用范围、名称的规范度各不相同，有其各自的特点，并不能直接套用教科书式的数据处理方案，因此，需要依次摸清各技术分支各自的特点，才能有针对性地处理各个分支的数据。对各个分支特点的梳理如下。

1）Fast - LCD 显示屏

Fast - LCD 的“快速”是一个相对的概念，因此，如何表述“快速响应”属于该分支的难点。考虑到液晶组合物的选择和液晶材料的黏度是影响液晶响应速度的关键因素，因此，在检索时需要通过更多的表述方式对如何实现快速响应本身进行表达，以聚焦于真正用于实现快速响应的技术。另外，由于快速响应属于一种普遍的需求，因此在检索时如何去噪也属于难点。

2）硅基液晶显示屏

通过检索硅基液晶的背景技术、行业信息等，了解到硅基液晶的发展历史已久，其最初主要应用于投影机。由于硅基液晶具有分辨率高、体积小、成本相对较低等优势，成为当前近眼显示领域的主流显示方案之一，因此在近眼显示上属于旧技术的新应用。针对该特点，在检索时需要考虑应用相关的数据及显示屏本身改进的数据。

3）DLP 和 LBS

许多词汇均采用“DLP”“LBS”的缩写形式，真正涉及数字光处理技术和激光扫描的专利，往往也仅采用缩写的表述形式，而不出现汉字或英文全称的文字表述。仅用“DLP”“LBS”的关键词表达，检索结果的噪声较大，如何进一步从侧面选取其他关键词、分类号以更精确地命中相关的文献是一个较大的考验。

4）AMOLED 显示屏和硅基 OLED 显示屏

OLED 显示屏的技术已经发展了许多年，技术也已经相对成熟，相关申请的文献量很大。AMOLED 显示屏的应用范围较广，因此对于 AMOLED 希望聚焦于其在普通屏幕显示和微显示技术上的不同；硅基 OLED 则更多地应用于微显示上。可见，对这两种 OLED 显示屏技术，需要划定不同的检索边界。对于 OLED，国内的叫法相对统一，检索相对容易；而对于国外的专利，尤其是早期的专利，往往并不采用 OLED 的名称来表述有机发光二极管，而是采用“发光层为有机材料、有机化合物、有机层”等诸多表述方式；而对于硅基，则通常采用“基板为硅”等类似表述方式。因此，针对上述类型的文献，需要扩充表达方式，否则会造成大量文献遗漏。

5）Micro - LED 显示屏

Micro - LED 显示屏属于较新的技术，需要考虑涉及自身结构改进和通过 Micro - LED 进行显示两部分的数据。在专利文献中，对于 Micro - LED 显示屏的表述并不统一，有纯中文、纯英文、中英文混合多种形式，需要特别注意关键词的扩展。另外，Micro - LED还有为其他显示器件提供背光等应用，检索时需要考虑如何去除其他应用的噪声的问题。

6）菲涅尔透镜

菲涅尔透镜在光学领域是一个非常常规的镜片，应用广泛，即便应用于虚拟现实，也可能位于虚拟现实光路的多个位置，例如人眼与显示屏之间以及为显示屏提供照明的前端光路中。检索目标是获取人眼与显示屏之间的菲涅尔透镜，该透镜将显示屏图像聚焦并投射于人眼并实现近距离大屏成像效果。另外，菲涅尔透镜还可以用于裸眼 3D 或全息 3D，虽然在光路上与显示屏的位置和检索目标相似，但因为领域应用不同，也属于检索噪声。光学领域中与透镜相关以菲涅尔命名的专业术语也比较多，例如菲涅尔插值、菲涅尔积分等，因此，对于菲涅尔透镜分支来说，如何确定合适的检索要素以及去噪都是较大的考验。

7）Pancake 光路

“Pancake”一词其实是一种对偏振折叠光路的业内俗称，虽然采用该术语能够较为准确地命中一些文献，但也有很多文献中并不出现“Pancake”这类术语，而是直接描述其具体的光学结构，这类文献实质上也是目标文献。为保证查全率，检索过程必须覆盖上述两种情况。而通过描述 Pancake 光学结构进行检索的方式，由于具体结构的表达与光调制、光显示等其他结构有相同的关键词，如反射偏振、四分之一波片、半透半反等，会引入大量噪声。因此，在检索上需要特别考虑如何从较大范围中合理筛选和对遗漏文献补充的问题。

8）自由曲面

由于近眼显示领域中，适用的自由曲面棱镜光学器件与其他领域的光学器件有着明显不同，检索时首先通过关键词以及分类号划定了“近眼显示”的边界。其次在该界限范围内，对相关技术进行检索。“自由曲面”主要通过自由面、自由曲面等中文关键词在 CNTXT、ENTXTC 进行检索，因为这两个数据库的文献量已经涵盖多数的专利文献。最后，在 VEN 中通过关键词进行补充检索。

9）BirdBath

“BirdBath”的中文翻译不一致，并不是都翻译成鸟浴盆，还有鸟盆、水盆、鸟浴等译法；有些文献不会出现“BirdBath”的表达，而是直接描述光路结构；BirdBath 除了近眼显示的应用，还有车载、抬头显示的应用，有些文献则仅在背景技术提及 BirdBath，实际改进点则与 BirdBath 无关。因此，在检索时，需要考虑如何扩展 BirdBath 的关键词、如何表达对应的光路结构，以及如何排除噪声。

10）光波导

通过了解背景技术获知，光波导主要包括几何光波导和衍射光波导两种，衍射光波导根据波导中衍射结构的形成方式不同，主要分为表面浮雕和体全息。然而，光波导的应用比较广泛，相关申请的文献量很大，因此需要限定其具体应用领域。在检索光波导专利文献时，光波导的关键词和分类号比较准确，因此，可以直接通过关键词、分类号、应用检索出近眼显示光波导文件；而为进一步区分不同类型的光波导，选择比较准确的表面浮雕、体全息相关关键词，检索光波导中表面浮雕、体全息的专利文献。之后在光波导文献里去重上述技术分支，剩余文件通过人工标引，确定阵列光波导文件。

（2）检索边界——近眼显示范围的限定与否

课题组采用分总方式进行检索，针对前期确定的技术分支分别进行检索。由于近眼显示技术相关的技术分支较多，文献量较大，对于某些分支的技术，若将全部涉及该技术的文献纳入分析范畴，会带来很多并不能应用于近眼显示的文献。因此针对不同的技术分支，根据技术情况考虑是否限定在近眼显示的范围内，例如对于光学设计相关技术，实际上是各种光学器件在虚拟现实/增强现实中的组合和应用，这些技术分支需要限定在近眼显示范围内。同样 LBS 和 DLP 也是显示屏在虚拟现实/增强现实中的应用，需要限定在近眼显示范围内。对于 Micro－LED 显示屏，由于还处于发展阶段，器件本身也处于研发阶段，专利文献中并不一定限定近眼显示相关的应用，因此该技术分支并不局限于近眼显示。硅基液晶显示屏和硅基 OLED 显示屏等技术分支限定在近眼显示范围内的专利申请大部分是应用方面，而硅基液晶显示屏和硅基 OLED 显示屏本身的改进不一定限定在近眼显示，因此这两部分检索包括两方面的专利数据，即一方面是近眼显示范围内的数据，一方面是给出屏本身改进的分类号的数据。AMOLED 和 Fast－LCD 虽然都属于成熟的技术，但是检索过程中发现，需要采用不同的检索策略。AMOLED 需要进一步限定近眼显示，以区分应用于近眼显示的屏和传统的屏。Fast－LCD 则不能限定到近眼显示，而是通过快速响应这样的关键词进行检索。

（3）检索策略——重视中外文表达差异

在检索过程中发现，部分技术分支的中文专利和外文专利的表达习惯有较大差异，采用与中文检索相同的表达方式，检索外文时会有明显遗漏。例如，硅基 OLED 在中文专利中的表达比较一致，通常都采用硅基 OLED、Micro - OLED 等比较通用的表达方式；而在外文专利中，往往不出现硅基 OLED 的直接表达，而是采用一种 OLED 器件，其形成在硅基板上或基板材料为硅等表达方式，并且 OLED 与硅基板在全文中的距离较远。若对 OLED 和硅基板进行同在运算，则会遗漏很多文献；若直接相与，则会由于硅基板本身具有非常广泛的应用，引入大量噪声。最后，确定检索策略为采用硅基板与 OLED 相与，并限制 OLED 词频的方式进行初步检索，再对初检结果抽样，寻找噪声源，逐步人工分块去噪。对于硅基液晶，也存在类似的问题，因此在检索时也对中外文文献有针对性地进行了调整。

（4）针对性选择去噪方法

对于硅基 OLED 显示屏分支，由于初检结果噪声较大，因此采用了多种不同的去噪方式。①希望去除硅基板在传感器、掩模版上的应用，因此将传感、掩模相关的关键词与硅基板关键词进行同在运算，再去除；②有部分文献实际是想表达“不采用硅基板”，因此，将“不采用、无需”等否定式关键词与硅基板关键词进行同在运算，再去除；③由于有些文献采用“OLED 微显示器”的表述，有些文献采用“微 OLED”的表述，所以在进行“微”和“OLED”的同在运算时不能限制“微”和“OLED”的顺序。然而，这样会引入类似“OLED、微 LED”的噪声，即其想表达的是 OLED 而非微 OLED，后面紧跟微 LED 导致被检索到。因此，采用从“OLED、微 LED”的检索结果中，去除“微 OLED、微 LED”的检索结果，获得纯“OLED、微 LED”的噪声，再从原检索结果中去除该噪声，使“微 OLED、微 LED”的有效检索结果得到保留。

对于 Fast - LCD 显示屏分支，大部分专利申请会给出液晶显示的分类号 G02F 1/13 +，但是液晶材料的改进也是提高响应速度的一个重要方面，而有关液晶材料改进的专利申请不一定会给出 G02F 1/13 +（液晶显示）的分类号，因此针对液晶材料进行了单独检索，补充了表达相关检索要素的分类号。Fast - LCD 的专利申请，不一定明确用于近眼显示，因此检索时并没有限定在近眼显示的范围内。为了排除明显不是用于近眼显示的数据，排除了液晶透镜、发光元件、触摸屏、电泳显示、MEMS 显示、背光、程序升级、光导板、立体显示、半透半反显示等明显噪声数据。

（5）查全查准——重点申请人筛查

查全验证采用了多种方式结合的方法。通过对检索结果统计排序，选用文献量适中的多个申请人构建查全样本，进行查全，但并不是所有技术分支均能直接通过申请人获得理想的查全样本。有些申请人业务覆盖范围广，申请量较大，例如京东方、三星、索尼公司等，申请量均在万件以上，因此对检索结果的发明人进行统计排序，选择文献量适中的多个发明人与申请人结合，必要时，再引入比检索时采用的分类号、关键词更为宽泛的分类号、关键词，构建出合适数量的查全样本，进行查全。另外，每个技术分支针对前期研究中发现的重点申请人都进行了单独的补充检索，作为查全补充。

查准验证包括两种方式：一种是随机抽取公开号的某个尾号的数据进行查准，另一种是按照年代抽取相应的数据进行查准。

10.2 技术分支的特色分析方法

课题组对四个重点分支的申请人和技术路线进行了梳理，如图10-2-1（见文前彩色插图第4页）所示。在近眼显示的四个重点分支中，硅基液晶显示屏是目前增强现实和虚拟现实中主流的显示方案之一；Micro-LED显示屏由于其优越的性能参数被认为是未来最佳的显示屏方案；光波导是增强现实主流的光学设计方案，Pancake是虚拟现实主流的光学设计方案。本报告在对上述四个技术分支进行分析的过程中发现，由于每个分支处于不同的发展阶段，具有不同的技术特点，且均属于研发的热门领域，如果采用先梳理专利申请态势，再选择几个重点申请人进行分析的方法，则无法体现出各个分支的特点。因此课题组针对不同分支的特点，采用了不同的研究方式。

对于Micro LED显示屏来说，制造方法包括巨量转移和单片集成两种方式，巨量转移已发展了多条技术路线，但是尚未实现量产。由于不同的申请人侧重不同的路线，因此课题组将各条技术路线中早期基础专利的拥有者作为重点申请人进行分析。已发布的满足近眼显示要求的Micro-LED显示屏则是基于单片集成技术，因此对于单片集成技术，将推出产品的企业作为重点申请人，解析和分析各个申请人的重点专利，确定当前技术的发展方向。在光波导技术分支，以上市的产品为切入口，通过分析产品对应的创新主体，厘清每款产品背后的企业情况、技术发展路线以及具体专利布局，从而能够了解国内企业在全球产业链中的位置和专利水平，发现我国在技术发展中存在的问题和亟待改进的方面。对于硅基液晶显示屏来说，首先硅基液晶是结合了成熟的半导体集成电路设计工艺和液晶显示器技术的微显示技术，但难点在于两者的结合上，而近眼显示设备中的硅基液晶显示屏又属于成熟技术的新用途，前期调研的过程中并没有发现明确的技术分支和技术路线。因此课题组先根据硅基液晶显示屏的工作原理，对其组成部分和相关工艺进行归纳总结，初步确定技术分支，再结合申请量、专利布局和行业影响力，确定重点申请人，通过梳理不同申请人在关键技术分支下的技术路线，得出该分支下整个行业的技术发展路线。对于Pancake光路结构来说，由于没有明确的技术路线，成熟的产品也很少，常规的分析方法无法确定合适的技术分支。课题组根据Pancake光路的结构特点，结合专利申请量和行业影响力，确定重点申请人，通过梳理重点申请人来确定技术分支，之后确定重点申请人各技术分支的技术路线，最后梳理出全部的技术路线。

（1）Micro-LED显示屏

巨量转移技术，结合产业发展情况来看，仍然处在发展阶段，尚未实现量产，良率、成本还需要经受时间的考验。许多公司和科研机构基于不同原理已开展大量研究。最初，巨量转移的不同技术路线主要区别在于转移头吸附Micro-LED芯片的作用力不同。例如，被苹果公司收购的Luxvue采用具有双电极结构的转移头，通过静电力拾取放置Micro-LED芯片，X公司采用弹性印章作为转移头进行拾取，錼创公司提出了利用带有MEMS电磁铁结构的拾取头对Micro-LED芯片进行拾取和转移等。随着技术的发展，巨量转移不再局限于传统的拾取放置技术，将激光辅助剥离转移技术应用在转移中实现了非接触式的批量转移，例如尤尼卡尔塔、索尼公司、歌尔股份等都采用了该种方式实现转移。此外，ELUX 和 SELFARRAY 分别以流体自组装和磁力自组装为原理实现转移。

巨量转移技术的各种技术分支是相对明确的，其原理也是清晰的，并且每家企业都专注于某一种转移方式并进行深入的研究，因此有必要对这些技术代表性的申请人进行相关专利分析，从而能够明确各个技术的发展现状以及研发热点。因此针对巨量转移技术，课题组选择了以静电吸附拾取为代表的苹果公司、以微转印技术为代表的X 公司、以激光辅助转移进行选择性释放为代表的尤尼卡尔塔和歌尔股份作为重要申请人，并对上述公司涉及的 Micro－LED 微显示器技术进行了梳理和重要专利解析。

而不同于尚未实现量产的巨量转移技术，采用单片集成技术制成的 Micro－LED 显示屏已经产品化，更适合以产品为切入点，选择有产品的申请人作为重点分析对象，对其专利技术进行分析，从中获得单片集成技术方向的进一步细化分支和发展趋势。例如，以上海显耀、思坦科技、君万微电子等为代表的国内申请人，以及将相关专利授权脸谱的 PLESSEY 公司、被谷歌收购的 Raxium 等国外申请人都推出了基于单片集成技术而制备的 Micro－LED 显示屏。此外，课题组还通过增强现实行业相关资讯获知，MOJO 推出了增强现实隐形眼镜，并且 Micro－LED 显示屏的像素密度已达到 14000PPI，而尺寸仅有 0.49mm，经检索 MOJO 涉及 Micro－LED 的相关专利仅有 2 项，但由于其产品性能突出，因此对 MOJO 的专利进行解析也是必要的。

另外，脸谱先收购了 Micro－LED 领域的 Infini LED，而后又与 PLESSEY 公司签署独家授权许可协议，并且脸谱也申请了大量的 Micro－LED 相关专利，在行业内受到广泛关注。而国内企业中，康佳也在 Micro－LED 显示屏领域进行布局，并且技术领域分布全面，专利数量全球排名第一。因此，虽然未发布产品，但是考虑专利影响，脸谱和康佳也均作为重要申请人进行分析。

课题组对于 Micro－LED 显示屏的两种核心技术采用不同分析方式进行梳理。如图 10－2－2（见文前彩色插图第 5 页）所示，巨量转移技术路线的获得是基于原有的技术分支，查找 7 条技术路线的基础专利，并通过梳理各条技术路线的重点专利，进一步明确技术发展现状，确定了重点研究的申请人。对于单片集成技术路线，则是通过已有的产品确定重点申请人，并进一步解析其重要专利，从而梳理出细化技术分支，得到单片集成发展的两条技术路线，以及基于单片集成技术实现全彩显示屏的 4 条技术路线。最终，通过对 Micro－LED 显示屏的 13 位重点申请人进行详细分析，分析每位申请人的申请趋势、专利布局和重点专利，从而获得 Micro－LED 显示屏技术的研发热点和发展方向。

（2）光波导

市场上的增强现实显示设备采用各种微型显示屏和棱镜、自由曲面、BirdBath、光波导等光学元件进行组合，其中光学器件的不同，是区分增强现实显示系统的关键部分。本报告选取光波导技术分支作为增强现实显示技术的光学器件分支作为重点研究对象，主要基于以下考虑：相对于棱镜、自由曲面、BirdBath 等传统增强现实光学器件，虽然光波导存在光学效率低、制造过程烦冗、设计门槛高等不足，但是由于其实现了成像系统旁置，不阻挡视线并且改善配重分布，可以增大眼动范围，更加有利于外观的改善，外形接近普通镜片，且提供了“真”三维图像的可能性。光波导方案被业内认为是未来增强现实显示设备所采用的主流光学方案。因此，课题组选取了众多光学方案中最能代表未来发展方向的光波导方案作为研发对象。

在光波导的技术路线上，如图 10-2-3 所示，国内外企业和高校都投入研发中，且市场上众多公司都推出了自己的光波导产品。

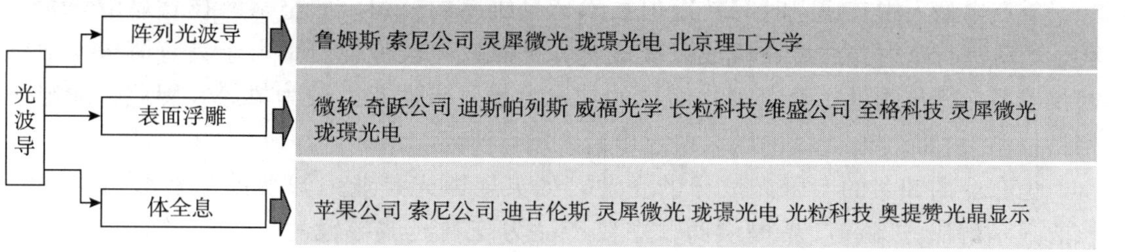

图 10-2-3 光波导技术路线申请人分布情况

在阵列光波导路线，以色列的增强现实眼镜光学方案厂商鲁姆斯于 2017 年发布了 Maximus，于 2022 年 4 月发布了两款增强现实光学模组新品 Maximus 1080P 与 Maximus 1440P。在表面浮雕光波导路线，微软先后于 2015 年和 2019 年先后推出了采用表面浮雕光波导技术的 HoloLens 和 HoloLens 2。奇跃公司 2017 年 12 月公布了旗下第一款采用光波导技术的增强现实眼镜产品 Magic Leap One。2019 年 9 月，光粒科技发布首款太阳镜形态的光场眼镜 Lightin 1，同月发布消费级增强现实眼镜 Lightin 2。2021 年底，灵犀微光发布轻薄型增强现实眼镜参考机型阿拉丁 Zero。2022 年 9 月 30 日，奇跃公司推出了 Magic Leap 2。威福光学公开了四套光波导方案。维盛公司发布了利用光波导技术的 Vuzix Blade 智能眼镜。在体全息光波导路线，索尼公司 2016 年推出 LMX-001 全息波导产品。已被苹果公司收购的 Akonia 2018 年发布了 HoloMirror。2021 年光粒科技推出了全息树脂光波导 Holoresin。迪吉伦斯已经在 CES 2022 大会发布了新一代的近眼光学技术——全彩 Crystal30 第二代波导。

从上面可以看到，在上述三条路线上，光波导产品更新迭代，有众多头部企业和初创企业进行研发和生产，且在光波导领域众多的公司虽然未推出产品，但是也申请了专利，拥有较多专利申请量。面对数量庞大的光波导文献，常规对所有文献逐篇分析解读后进行技术标引的方法不太现实，时间和进度上不允许，因此，如何选择研究角度，快速准确地梳理出光波导的技术发展脉络，成为课题组面临的难题。

考虑到光波导的技术门槛较高，需要使用到精密光学、纳米工艺、聚合物材料制造以及全息技术等多种前沿技术，能够推出产品的公司通常都拥有较强的技术实力。因此，将推出光波导产品的公司作为重点申请人，同时将研究范围划定为申请量大、拥有高引证次数的专利申请人以及具有代表性的专利申请人，从众多申请人中选择了

18位国内外重点申请人进行重点梳理，对每家公司的全部专利进行技术分解，详细标引，梳理出了每条路线下的细分路线，如图10-2-4（见文前彩色插图第5页）所示，发现头部公司在各分支布局，初创企业和高校集中优势分支。

由于国内光波导领域研发起步较晚，许多公司处于初创期，仅仅靠前期检索的申请量确定重点研究对象并不能真实反映出申请人的研发实力和行业地位，因此课题组并没有单纯根据申请量的多少确定重点研究对象，而是根据市场行业研报、业内专家调研以及前期检索申请量结果，确定重点申请人，进而对重点申请人的研发方向进行细化研究。

重点申请人中有成立时间较短但技术背景雄厚的公司。如至格科技背靠清华大学科学团队进行衍射光波导科研成果产业化，虽然成立较晚，但是由于具有清华大学精密仪器系光栅与测量实验室孵化而成的技术背景，研发实力较为雄厚。因此，确定至格科技作为表面浮雕光栅的国内重点申请人进行研究。

也有业内知名的专研光波导的企业，如灵犀微光是业内知名的消费级增强现实核心显示解决方案和产品提供商，主要产品为阵列光波导镜片，阵列光波导模组突破85%的良率，年产10万片的量产产能。珑璟光电是增强现实光波导技术、工艺开发和光学模组研发生产的高科技企业，主要产品是阵列光波导和衍射光波导光学模组，技术工艺在市场有优势地位，其装备了超精密玻璃冷加工、光学镀膜、纳米压印等生产和检测设备，拥有具备稳定交付能力的增强现实光波导模组生产线。因此将灵犀微光和珑璟光电确定为阵列光波导的重点申请人进行研究。此外，还选取了申请量较多的北京理工大学和东南大学作为高校研究对象。

在确定细分路线之后，通过横向比较各申请人的专利布局情况，解析专利技术保护的具体方案，梳理每条路线上的核心专利，全方位多维度地梳理国内外创新主体的技术特点以及与国内外技术的差异，从而了解各家企业的专利状况和专利技术水平。通过对核心专利的梳理，发现了在不同细分技术路线下，掌握基础专利的国外申请人的专利数量和专利深度都还不完善，专利壁垒尚不严密，国内企业在细分技术路线下，尚有一定的发展空间。

（3）硅基液晶显示屏

硅基液晶显示屏是一种结合了半导体CMOS集成电路设计工艺和液晶显示器技术的硅基微显示技术，虽然这两项技术都已经是成熟的技术，但将两者进行结合的硅基液晶显示屏的相关技术资料很少。课题组在前期调研中发现，在学术论文、工具书、行业报告等非专利资料中也没有可参考和利用的技术分支和技术发展路线。部分资料中提到了应用于投影设备的基于硅基液晶的光学引擎分为单片式色轮式、三片空间混色式。但首先这些结构并不一定适用于近眼显示设备，其次，根据初步查阅检索得到的专利文献可知，专利文献也并未按照上述方式进行技术划分，因此如何对检索得到的2167项专利申请进行详细而有效的标引，成为课题组成员首先碰到的难题。

对此，课题组考虑到，检索是在头戴显示器领域和液晶面板领域中分别进行的，因此同时分在头戴显示器和液晶面板分类号的文献应该是分析的重点。课题组首先对这300多项专利进行了试标引，在阅读的过程中简略记录每件专利涉及的发明点和技术要点，然后对发明点和技术要点进行归类和总结，初步总结出用于标引的一级、二级技术分支。在此基础上，再对余下的专利文献进行标引。而随着标引文献量的增多，会发现初期制定的技术分支并不完全适用于所有文献，因此在整个标引的过程中也不断根据实际情况进行适应性调整。例如在初期标引的时候，根据前期的调研情况，将硅基液晶显示屏、光路设计、外部驱动电路作为一级技术分支，硅基液晶显示屏的各组成结构作为二级技术分支，其中包括内部驱动、遮光层、反射电极、配向层、液晶材料、ITO玻璃基板。但在后期标引的时候发现，光路设计的文献中进一步包括了光源、PBS的前端成像光路以及用于传导图像的后端光路，硅基液晶显示屏中除了各组成部分，还涉及大量关于封装技术的文献，这是整个硅基液晶行业的难点。还有大量与反射技术相关的文献，并不仅仅涉及反射电极本身的材料或结构，有涉及反射电极下方的层结构的平整度的，也有再额外增设一层反射层的，因此将其与反射电极一同归为反射电极相关技术。同时，在后期标引的时候还发现，硅基液晶显示屏中还有不少内置CF的结构，用于实现单片彩色显示。所以，课题组在整个过程中结合实际情况不断进行动态调整，最终确定了硅基液晶显示屏下的一级、二级分支，如图10－2－5所示。

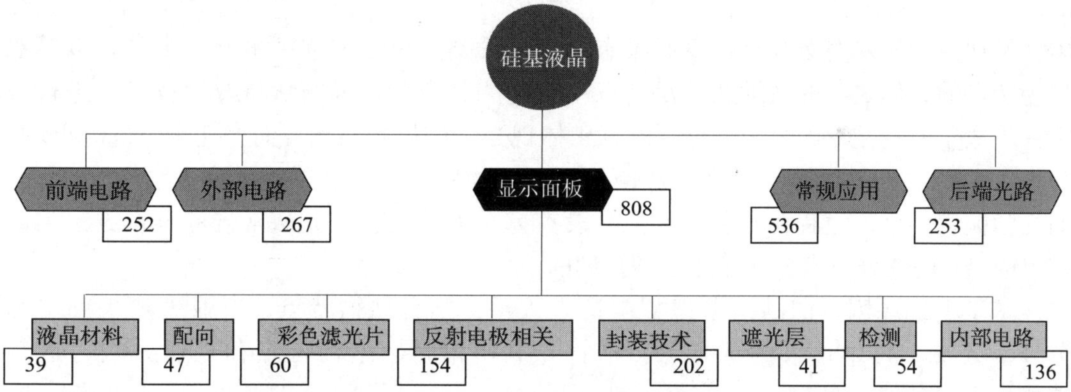

图10－2－5　硅基液晶的技术分支

注：图中数字表示专利申请量，单位为件。

根据上述分支情况对专利申请进行全面标引后，根据各申请人在各分支的申请数量、进入行业的早晚和时间长短、专利布局、是否涉及核心技术等情况，再结合行业影响力，确定了JVC（全球先驱、申请量第一、技术覆盖面广）、索尼公司（世界领先、技术覆盖面广）、奇景光电（全球硅基液晶芯片的主要供应商、技术构成全面）、豪威科技（国内头部企业、全球硅基液晶芯片主要供应商）、中芯国际（全球领先、中国主要的集成电路晶圆代工企业）和长江力伟－慧新辰（国内早期的产学研模式先驱，拥有首条封测产线）为硅基液晶领域的重点申请人，对其专利技术情况进行分析。

在对上述申请人的专利申请进行详细分析后，梳理了每位申请人的技术构成及其专利布局的重点，并对申请人各自重点技术分支的技术路线进行了整理，比较了国内外申请人的不同特点。发现国外大型企业对硅基液晶的研发和专利布局更早，技术覆盖面广，国内的头部企业如奇景光电、豪威科技，其专利布局、研发和生产制造的目前的实力也不遑多让，而更多的国内中小型企业在规模和体量不能与上述大型企业相比的情况下，是集中力量专注在某个技术分支，聚焦于产业链上的某个环节并最终胜出。如果在国家政策的导向下，国内众多中小型企业能找到各自合适的定位并发挥技术优势，就有希望组成比较完备的产业链。

对重点申请人技术分支的发展路线梳理完成后，在其重点专利的基础上，进一步结合引用频次、同族数量、目标国家的数量等数据，补充其他申请人在相关时间节点上提交的能代表当时研发方向的重点专利文献，从而确定在某些关键技术分支下整个硅基液晶显示屏行业的整体发展路线。

（4）Pancake 光路

不同于有成熟产品的光波导和已有成熟技术路线的 Micro - LED 显示屏，也不同于已有技术新用途的硅基液晶显示屏，Pancake 方案起步较晚。虽然 2000 年前后出现了 Pancake 相关专利申请，但发展一直非常缓慢，直到 2015 年，才真正进入快速增长期，因此 Pancake 光学方案的真正快速发展时间只有七八年的时间，产品真正落地的时间更晚，市场上的成熟产品少之又少。课题组在前期资料检索、调研中发现，产业上给出的 Pancake 技术构成大多集中在单片、双片和多片上，而根据初步检索和实际的审查经验，发现专利技术对单双片多少并没有明确的分类，早期文献中虽然有少量是以单双片为特点的，但之后的文献几乎没有以单双片为特点的，说明从单双片技术上进行分类并不适于专利技术的分类，也不能真正体现当前的研发热点；而产业上，Pancake 光学模组生产主要包括光学设计、透镜加工、透镜贴膜、组装、检验和封装六个流程。而光学模组的生产过程在专利技术上并没有完全的体现。因此从常规的分析方法来确定 Pancake 的细分技术分支显然是不合理的。

基于上述原因，课题组考虑从申请人入手，结合结构特点、行业现状来确定细分技术分支。在申请人的选择上，结合专利申请量、结构特点和行业影响力进行选择。

考虑到 Pancake 光路结构中，偏振膜、四分之一延迟膜是 Pancake 结构的核心组成部分，其好坏决定成像质量的好坏，而在实际生产中，光学膜层成本占整体的 70% 左右，反射偏振膜和四分之一延迟膜的质量以及贴膜的工艺是成像质量的关键因素。能够用于 Pancake 模组的达标反射式偏振膜和四分之一延迟膜的供应商以国外公司为主，包括 3M 创新、旭化成等。结合专利申请量，课题组选择以膜层技术见长的 3M 创新作为重点申请人进行研究。

从产业链的角度，整机厂商，即脸谱、苹果公司、谷歌，实力雄厚，研发投入大，能够进行关键技术的自研和预研。脸谱 Pancake 专利申请量位居全球第一，2014 年收购 Oculus，开始进军虚拟现实技术领域，之后不断升级迭代虚拟现实设备，将虚拟现实头显做到了消费级，提升了用户体验，跻身虚拟现实设备行业前列。2019 年，脸谱在 Connect 6 开发者大会上公开了短焦光学虚拟现实设备（原型机）：Half Dome 3，其中采用了 Pancake 光学方案。脸谱是为数不多的产品落地的企业之一，基于此，课题组将其作为重点申请人。

谷歌的申请量位居全球第九位。2012 年推出了划时代的 Google Glass，极大地推动了可穿戴设备的商业化浪潮。2014 年谷歌以 5.42 亿美金投资了增强现实设备制造商奇跃公司，之后便推出了售价仅为 5 美元的虚拟现实头显——Cardboard。2016 年又成立了新的虚拟现实部门，以应对脸谱及其子公司 Oculus 所发起的虚拟现实市场竞争。2022 年投资 Meta VR 应用商店。可以看出，谷歌在行业上仍旧有巨大的影响力，考虑到其技术布局和构成可能在一定程度上代表未来的发展方向，虽然其申请量仅排在第九位，课题组还是选择将其作为重点申请人。

歌尔股份在 Pancake 方面的专利申请量位居全球第二，于 2012 年开始布局光学器件领域，2017 年与中科院长春光机所合作建立歌尔长光研究院，布局虚拟现实高端光学，2020 年投入 11.1 亿元用于虚拟现实光学模组项目，能提供非球面透镜、菲涅尔透镜 Pancake，具备量产能力。歌尔股份与全球几家头部虚拟现实厂商几乎都达成了合作，包括索尼公司、脸谱、小鸟看看及华为。基于申请量和行业影响力两方面的考虑，课题组将歌尔股份作为重点申请人。

考虑到歌尔股份仅仅是国内代工企业的代表，不能代表国内的整体研发状况，结合申请量和研发特点，课题组进一步选择了多哚、舜宇光学和惠牛作为重点申请人。上述企业分别代表了国内最早开始 Pancake 设计及研发的企业、镜头供应商，以及光学方案核心供应商。

课题组对上述重点申请人进行了详细的梳理，发现 Pancake 技术的研究以膜层为核心展开，光路结构是核心技术的载体，而焦距调节、制作方法、扩展应用的研究均围绕光路结构的调整而开展，眼动追踪技术与焦距调节技术配合实现焦距的实时调节，而扩展应用将 Pancak 结构应用于其他光路，代表着今后的发展方向。基于上述结论，课题组确定了光路结构、膜层、焦距调节、眼动追踪、制作方法、扩展应用 6 个技术分支。该分类既考虑了 Pancake 的结构特点，又兼顾了研发热点。图 10－2－6 示出了各分支之间的逻辑关系。

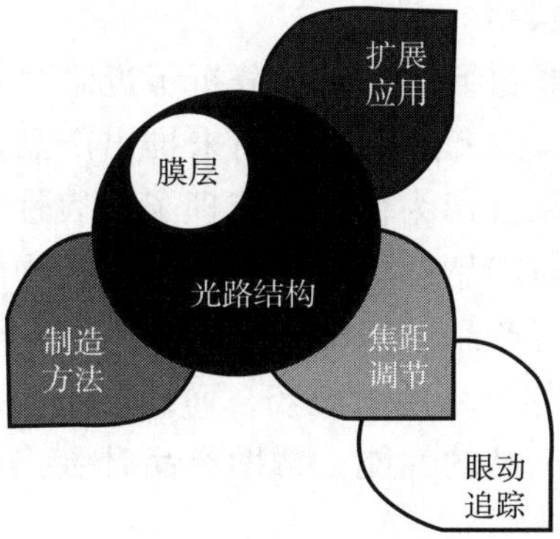

图 10－2－6　Pancke 各分支技术关系

在确定技术分支后，课题组对重点申请人各技术分支的技术路线进行了整理，并对国内外的申请人进行了分析对比，发现国外企业覆盖相对较全，不同企业之间，又各有特色。作为行业巨头，脸谱覆盖了全部技术分支，并且在新技术创新上有明显优势。国内企业的特点和技术积累多集中在某一方面。在对企业技术分支进行梳理的基础上，课题组进一步对所有申请的技术分支进行梳理，从而确定了整体的技术路线。

10.3 收并购和投融资特色分析

收并购作为资本市场的常见运作方式，通常作为大企业拓展赛道、突破重难点、进行技术储备的手段。例如脸谱为了进入虚拟现实/增强现实行业，2014 年收购了已经推出有产品 Oculus Rift 的 Oculus，字节跳动为了开拓在虚拟现实/增强现实行业的赛道，收购了已经发布有产品 Pico 的优质公司小鸟看看，借助对行业具有深入了解的专业化公司，结合自身在社交领域的优势，为布局赛道及进入市场提供了有力支持。

同时，收并购和投融资的方式还体现了一个产业所处的阶段，处于新兴期、成长期的产业通常发生较多的收并购，也具有巨大的投融资需求。因此课题组通过分析近眼显示产业中收并购模式和投融资手段，希望能够从中总结归纳大公司收并购的经验模式、收并购的具体技术领域、资本进行融资时选择的重点、融资多的具体技术领域，以及企业投资时的合作方式，从而给国内产业以及相应企业提供参考，助力产业繁荣升级、企业创新发展。

10.3.1 收并购分析

经过分析，课题组发现近眼显示产业的初创公司异常繁多，创业市场无限繁荣。面对这种百家争鸣的形势，国外的巨头在参与市场竞争时，更倾向于收购模式，通过获得具有技术优势的初创企业的控制权：一来进入这个市场，获得市场入场券；二来丰富自己的研发实力，进行技术储备，提高产品性能，同时在知识产权方面也能够防止竞争对手的突袭。而国内的资本则更倾向于投资模式，参与初创公司的融资，促进上下游的合作和产业的发展。

（1）收并购策略与产品策略

在具体的收并购方面，课题组从产业上分析了近眼显示行业中有代表性的收并购情况，选择当前占据市场优势或者虽然目前尚未推出产品但备受关注且收购活跃的重点公司。以脸谱、谷歌、苹果公司为代表，梳理了代表性重点公司的收购路线，在时间轴上将企业的收并购战略与产品策略挂钩，探讨收并购的时机与产品推向市场的关联性，从而给国内企业在进行产品策略规划时对收并购其他企业的考虑提供参考。例如，脸谱通过收购 Oculus 开始进入这个市场，而此后每一款新产品的推出，通常都伴随着新收购事件，以提升新产品的性能，帮助产品升级换代，获得更好的用户体验和更多市场份额。

在发售 Oculus Rift 之前的 2015 年和 2016 年，脸谱收购了两家计算机视觉公司、一家面部识别公司、一家手势控制公司、一家空间音效公司，以及一家社交应用公司。在2018年发售Oculus Go之前的2017年，脸谱又收购了计算机视觉公司和投资了虚拟现实视频制作平台。而在发布主打产品Oculus Quest的2019年，脸谱斥资10亿美元收购了脑机接口公司CTRL-Labs；在发布Oculus Quest 2的2020年，更是收购了一系列公司。可见脸谱的新产品总是伴随着新收购而推出，以收购促进产品更新，按照产品需求来收购公司。在与近眼显示相关的技术方面，脸谱于2016年收购了Micro-LED公司Infini LED，2020年又与Micro-LED公司PLESSEY签署授予专利独家许可权协议。由此可见，一方面从技术上来说，虽然脸谱推出的几款主打产品Quest、Quest 2、Quest Pro系列均采用Fast-LCD技术，但试图在Micro-LED显示屏上有所突破，因此在显示屏幕方面看中Micro-LED这一新兴技术，认为其未来具有应用前途和发展方向；但另一方面，虽然脸谱一直在该技术分支上进行努力，但该技术分支还未真正应用于产品上。因此课题组认为，脸谱看好Micro-LED技术，未来不排除还会继续收购其他在Micro-LED技术上获得突破的公司。

（2）收购先进技术，以开拓前瞻技术

课题组对被收购企业的技术分支进行了分析，以便梳理出收购所分布的主要技术分支，给国内企业的收购方向和研发方向提供参考。

参见图10-3-1（见文前彩色插图第6页），例如在显示屏幕这一领域中，脸谱、苹果公司、谷歌都不约而同收购了多家Micro-LED公司。脸谱收购了Micro-LED公司Infini LED，还与Micro-LED公司PLESSEY签署了授予专利独家许可权的协议；苹果公司收购了Micro-LED公司Luxvue；谷歌先后投资和收购了Micro-LED公司Glo和Raxium。由此可见，虽然脸谱的产品选择了Fast-LCD，Google Glass采用的LCos，但这三家公司均看好Micro-LED技术，通过收购和自研在该技术上布局。同时这也说明Micro-LED技术存在一些技术难点，虽然大家都看好，但却依然无法推出真正能够应用于市场的产品。因此一方面，对于国内企业来说，可以同样进入Micro-LED这个新兴赛道，在尚未有赢家的情况下，进行技术的自主研发，以取得突破性进展；另一方面，对于已经看好这个领域，或进入这个领域的企业来说，在行业面临的共同技术困境上，依然有一举突破、独占鳌头的可能性，只待抓紧研发，攻克难关；而在投资上，自然也可以关注Micro-LED这一领域中的企业，助力企业研发，早日看到Micro-LED技术开花结果。

无独有偶，已经推出了产品的谷歌和脸谱两家公司均没有收购有关光学设计方面的公司。分析其原因，脸谱在进入这个市场时所收购的Oculus就在对Pancake技术进行研发，此后脸谱就在Oculus的基础上对其进行了重点突破，并且在2022年发布的产品Quest Pro上采用了Pancake技术；而谷歌在Pancake技术上进行了研发。由此可见，Pancake技术也是光学设计中非常被看好的技术，而脸谱和谷歌未就此进行收购，是因为内部研发进程比较顺利。对于国内企业来说，毋庸置疑，Pancake是可行性已经被落地应用的产品所验证的技术，具有广阔的发展前景，而在具体的技术布局上，就需要考虑如何进行技术布局，以与脸谱和谷歌等公司抗衡。

（3）收购授权专利，以完善专利布局

课题组还对被收购企业的技术情况和专利情况进行了分析，以便给国内企业在打算收购企业时如何甄别备选企业、如何评估企业的技术实力和自主知识产权能力提供参考实例。

课题组还对如何对被收购企业的专利进行利用和技术再研发方面进行了研究和分析。企业的收购通常都是为了拓展赛道、进入市场、储备技术，而将企业收并购之后，如何对于该企业的市场潜力和技术潜力进行最大程度的挖掘、利用与发展，是国内近眼显示企业还需要学习的地方。因此，课题组着重对国外代表性公司在收购后如何利用原公司的专利和技术进行进一步的技术研发、如何将收购的公司融入本公司的发展战略等这些问题进行了分析和研究，以便给国内企业更多的启发，避免发生被收购公司专利“躺着睡觉”的情况。

无论是哪家被收购的公司，均具有较好的技术储备和专利储备。和脸谱签署专利独家许可权协议的 PLESSEY 公司在 Micro－LED 领域拥有较多授权量；谷歌所收购的 Raxium 对于其涉及不同发光结构在同一基板上单片集成技术的核心专利进行了较为完善的专利布局；苹果公司所收购的 Luxvue 在 Micro－LED 上更是拥有 170 项的授权量，对于 Luxvue 在 2013 年 3 月 15 日所提交的申请 US13842925 及 US13842879，苹果公司也一直持续进行改进，并进行接续申请，以完善专利布局。

对于被收购公司的专利，通常会有两种专利运用模式。一种是被收购公司所拥有的一部分授权专利会进行权利转移，以母公司作为权利人来进行专利的运用。例如在 Luxvue 的 170 项被授权的专利中，共有 165 项专利权在被收购后于 2016 年 4 月 15 日转移给了苹果公司；而脸谱在收购 Infini LED 之后，则只是对其中一部分关键专利进行了权利转移。

另一种就是专利权依然保留在原公司名下，例如在收购 Akonia 之后，苹果公司并未对 Akonia 所拥有的专利进行权利变更，即所有的专利依然在 Akonia 名下，而非以苹果公司为权利人。

从苹果公司针对不同的收购对象，采取了不同的权利转移方式来看，根据不同公司的专利布局情况和不同技术的情况，进行不同的专利权归属处理，也是企业在收并购之后需要考虑的问题。

（4）收购研发团队，以发挥人才优势

课题组还进一步分析了以脸谱、谷歌、苹果公司为代表的国外公司在对近眼显示优质企业进行收并购后，对于被收购企业的研发团队所进行的尝试和探索。优势企业的技术人才也是收购的对象之一。被收购企业的研发团队，即主要发明人，是被收购公司的技术骨干，也都具有丰富的研发经验和技术开发能力，而企业在收购这些公司之后，研发团队的去向问题、如何将这些研发团队进行利用、发挥技术人才的作用、促进研发团队与本公司的融合，也是人才使用上的重要问题，值得关注。因此课题组对发明人这一问题进行了分析和研究，以便给国内企业更多的启发。

在课题组所分析的三家企业脸谱、苹果公司和谷歌中，从专利发明人来看，主要发明人团队都依然保留了下来，并持续在原公司进行技术研发；从申请时间来看，自被收购至今，三家企业所收购的公司的主要发明人，均在不断以新公司作为申请人，申请新的专利，改进技术路线，拓展技术手段，发挥自身的技术优势和研发优势。

例如2016年，苹果公司提交了一件涉及量子点技术的专利申请US15740739，名称为“量子点集成方案”，将量子点技术和Micro－LED显示集成到一起。该案不仅获得授权，且其接续案US16375614、US16860757也获得授权。该专利的主要发明者正是Luxvue的CEO Bibl Andreas。一方面这件核心专利是被收购的研发团队所研发的，另一方面苹果公司也在这个技术路线进行了不断的改进。

10.3.2 投融资分析

由于国内近眼显示行业多数企业尚处在中早期创业阶段，极其依赖外部融资和并购进行生产研发活动，投融资活动仍是当前国内近眼显示行业至关重要的事件。一方面投资方致力于寻找具有成长性的优质公司，以获取资本的丰厚回报；另一方面，初创公司则希望获得资本的青睐，以得到充足的资金进行发展。

课题组希望通过对于国内投融资的分析，找出当前热门活跃的投资方向、投资趋势、投资标准、投资模式，从而为国内企业未来的投融资活动和产业合作指引方向。

（1）投资产业链，布局上下游企业

在投融资的具体的操作上，也有两种模式。参见图10－3－2，第一种模式例如小米，所进行的投资是成立了小米产业基金，围绕小米的上下游产业链进行投资，从而推出自己的产品。因此小米投资了显示屏中的视涯、光波导中的至格科技、云计算的蔚领时代、传感器的华景传感和纵慧芯光、内容制作方面的当红齐天，基本将虚拟现实/增强现实的上下游产业链均进行了布局。另一种模式就是采取直接的公司入股方式，例如字节跳动，一方面直接收购小鸟看看，获得入场券，推出属于自己的产品；另一方面入股有核心竞争力的公司，例如光舟半导体以及其自身优势的游戏、社交等领域的企业，整合产业链，从而为自身产品更新换代提供了更多选择。

舜宇光学作为在光学设计领域具有较多技术储备的申请人，也占据了很大的市场。课题组在Pancake技术分支中也对其进行过分析，而舜宇光学不仅自身在Pancake技术分支中进行研发，还投资了产业链的上下游企业，以获得更好的产业合作。例如舜宇光学投资了LED公司山河光电、进行贴合的触点智能、半导体产品研发的商思坦科技、视觉传感器提供商锐思智芯、人脸识别公司登虹、光波导的灵犀微光、全息光栅光波导的鲲游光电、光电芯片研发生产商瑞熙科技以及增强现实技术服务商易现先进科技。

（2）投资核心竞争力，核心技术和专利

从资本的角度来看，受青睐的公司都是坚持自主研发、已取得多项具有独立知识产权的专利产品和核心技术成果的初创公司。

从国内投资来看，参见图10－3－3（见文前彩色插图第6页），对于近眼显示企业的投资基本集中在A/A＋轮、B/B＋轮或战略投资，均处于企业的早期成长阶段，从中可以看到近眼显示行业的发展活力。

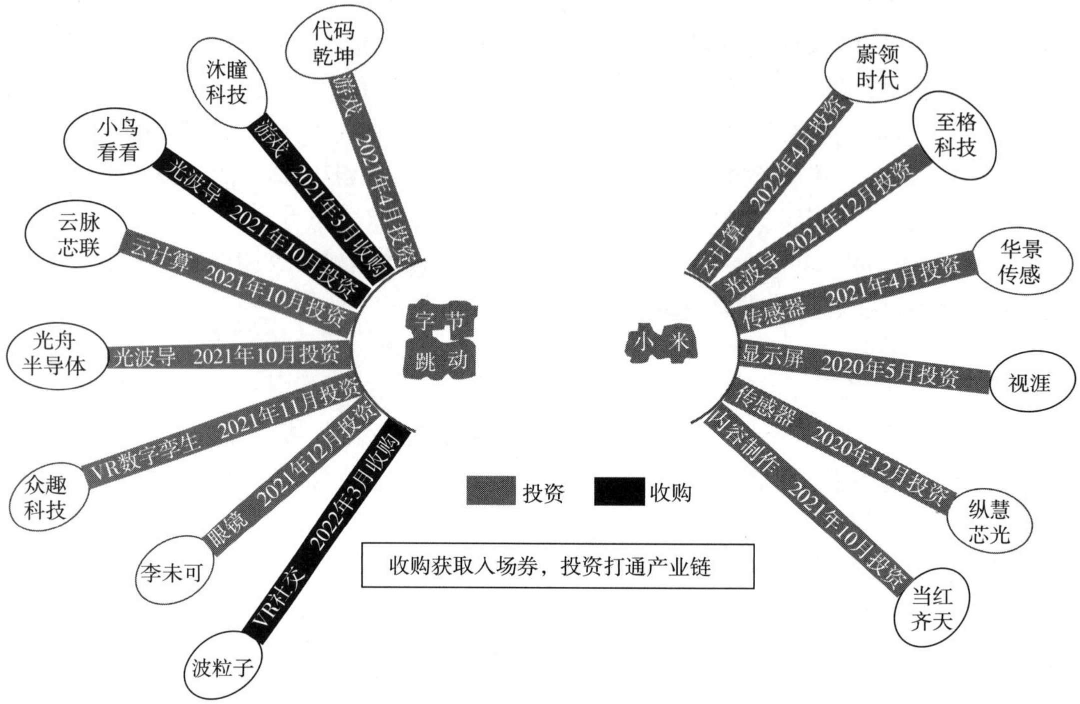

图 10－3－2　字节跳动和小米投资情况

而在技术领域上，可以看到众多的投资集中在光波导技术上，例如光粒科技、至格科技、灵犀微光、驭光科技、珑璟光电、枭龙科技这几个投资对象，均是课题组在光波导技术分支中研究的重点申请人，这些申请人均拥有光波导技术上的核心技术和核心专利。而对于关注光波导技术的投资人来说，课题组所分析的奥提赞，尚未进行融资，可以作为考虑的投资对象之一。而之前已经有在投的上述申请人，课题组通过专利和技术的分析，确认了它们的自主知识产权能力，投资人在进行下一轮投资时，依然可以跟进。

投资所关注的惠牛，也是课题组在 Pancake 技术分支中进行分析的重点申请人。该申请人在 Pancake 上也具有较强的竞争力，等到了后期投资市场也可以进一步关注。

（3）投资具有市场认可的研发成果的企业，关注成长性

被投资的企业也都是推出了被市场认可产品的企业，例如至格科技的 TDDW40C 和 TDDW40PLUS，珑璟光电的衍射光波导产品，光粒科技的全息树脂光波导 Holoresin 和 Lightin Me，灵犀微光的光波导显示模组 AW60、AW70s、AWO71、AW81 系列产品等。这些企业均占有一定量的市场份额。

而这些企业在获得资金之后，均增强自主创新能力，积聚力量进行原创性引领性科技研发，持续挖掘，探索更多的技术可能性，构建更加高效的研发体系，并将技术成果有效转化为经营成果。例如灵犀微光通过天使轮、Pre－A 轮、A 轮、A＋轮、Pre－B轮、B 轮不断的融资，不断推出新产品。

课题组也希望对这些公司专利情况进行分析，能够为国内资本投资提供参考，为国内的产业基金提供研究实例，对国内初创企业如何通过增强自身创新能力来获取资本以做强做大给出建议，为国内近眼显示行业未来的技术发展、市场布局和产业整合升级筑牢基础。

附录　申请人名称约定表

约定名称	申请人名称
3M 创新	3M 埃斯佩股份公司
	3M 创新有限公司
AGC 株式会社	AGC 株式会社
	AGC 清美化学股份有限公司
	AGCエスアイテック株式会社
Akonia	AKONIA HOLOGRAPHICS LLC
阿里巴巴	阿里巴巴集团控股有限公司
	阿里巴巴公司
奥雷德	云南北方奥雷德光电科技股份有限公司
奥提赞	奥提赞光晶（山东）显示科技有限公司
奥图科技	北京帕罗奥图科技有限公司
八亿时空	北京八亿时空液晶材料科技有限公司
百度	百度在线网络技术（北京）有限公司
	北京百度网讯科技有限公司
Cosmo	COSMO PHARMACEUTICALS NV
长江力伟	深圳市长江力伟股份有限公司
	深圳市力伟数码技术有限公司
	深圳市力伟翔科技有限公司
	天津力伟创科技有限公司
超多维	北京超多维科技有限公司
成都理想境界	成都理想境界科技有限公司
成都忆光年	成都忆光年文化传播有限公司
诚志永华	石家庄诚志永华显示材料有限公司
	石家庄永生华清液晶有限公司
创维	深圳创维新世界科技有限公司
戴胜科技	佛山市戴胜科技有限公司

续表

约定名称	申请人名称
德州仪器	德州仪器公司
迪吉伦斯	迪吉伦斯公司
	DIGILENS INC
东芝	株式会社东芝
多哚	深圳多新哆技术有限责任公司
	深圳多哚新技术有限责任公司
多普光电	广州市多普光电科技有限公司
eMagin	EMAGIN CORPORATION
飞利浦	皇家飞利浦电子股份有限公司
	飞利浦电子北美公司
阜民科技	柳州阜民科技有限公司
Glo	GLO 公司
高通	高通股份有限公司
	QUALCOMM INC
歌尔股份	歌尔股份有限公司
	歌尔科技有限公司
	歌尔光学科技有限公司
	歌尔智能科技有限公司
	青岛歌尔声学科技有限公司
	潍坊歌尔电子有限公司
谷歌	谷歌有限责任公司
光粒科技	杭州光粒科技有限公司
Holoride	HOLORIDE GMBH
豪威科技	豪威科技（上海）有限公司
	豪威科技股份有限公司
	豪威半导体（上海）有限责任公司
	全视科技有限公司
豪雅	豪雅冠得股份有限公司
宏碁	宏碁股份有限公司
	宏星技术股份有限公司
鸿蚁光电	宁波鸿蚁光电科技有限公司

续表

约定名称	申请人名称
华为	华为技术有限公司
	华为机器有限公司
华星光电	TCL华星光电技术有限公司
	武汉华星光电技术有限公司
	武汉华星光电半导体显示技术有限公司
	深圳市华星光电半导体显示技术有限公司
	广州华星光电半导体显示技术有限公司
	惠州华星光电显示有限公司
	惠州TCL移动通信有限公司
	TCL科技集团股份有限公司
	深圳TCL新技术有限公司
	深圳TCL数字技术有限公司
	深圳市TCL高新技术开发有限公司
惠牛	深圳惠牛科技有限公司
慧新辰	上海慧新辰实业有限公司
INMO	深圳影目科技有限公司
JNC株式会社	捷恩智株式会社
	捷恩智石油化学株式会社
	JNC株式会社
	窒素公司
JVC	日本胜利株式会社
	JVC建伍株式会社
佳能	佳能株式会社
	佳能电子株式会社
	佳能医疗系统株式会社
	佳能电子管器件株式会社
	佳能市场营销日本株式会社
	佳能IT解决方案株式会社
	佳能特机株式会社

续表

约定名称	申请人名称
江苏和成	江苏和成显示科技有限公司
	江苏和成新材料有限公司
	江苏和成光电科技有限公司
京东方	京东方科技集团股份有限公司
	北京京东方茶谷电子有限公司
	北京京东方光电科技有限公司
	福州京东方光电科技有限公司
	合肥京东方光电科技有限公司
	合肥京东方瑞晟科技有限公司
	合肥京东方星宇科技有限公司
	合肥京东方卓印科技有限公司
	合肥京东方显示技术有限公司
	京东方晶芯科技有限公司
	北京京东方显示技术有限公司
	成都京东方光电科技有限公司
	绵阳京东方光电科技有限公司
	南京京东方显示技术有限公司
	京东方显示器科技公司
	武汉京东方光电科技有限公司
精工爱普生	精工爱普生株式会社
	爱普生映像元器件有限公司
Kopin	高平公司
	寇平公司
康佳	重庆康佳光电技术研究院有限公司
	康佳集团股份有限公司
	深圳康佳电子科技有限公司
康宁公司	康宁股份有限公司
Luxvue	LUXVUETECHNOLOGY CORPORATION
蓝特光学	浙江蓝特光学股份有限公司
	嘉兴蓝特光学股份有限公司

续表

约定名称	申请人名称
乐金	日立乐金光科技株式会社
	乐金显示有限公司
	乐金电子（沈阳）有限公司
	乐金华奥斯有限公司
	LG 电子株式会社
	上海乐金广电电子有限公司
	株式会社 LG 化学
	LG 伊诺特有限公司
	LG. 菲利浦 LCD 株式会社
	LG 电子株式会社
乐融致新	乐融致新电子科技（天津）有限公司
乐视控股	乐视控股（北京）有限公司
乐相科技	乐相科技有限公司
立讯精密	立讯精密工业股份有限公司
联诚光电	联诚光电股份有限公司
联华	联华电子股份有限公司
联想	联想（北京）有限公司
	联想移动通信科技有限公司
脸谱	脸谱科技有限责任公司
	OCULUS VR，LLC
	META VIEW，INC.
	元平台技术有限公司
	美商菲丝博克科技有限公司
	META PLATFORMS TECHNOLOGIES，LLC
	脸谱公司
亮风台	亮风台（上海）信息科技有限公司
灵犀微光	北京灵犀微光科技有限公司
珑璟光电	深圳珑璟光电技术有限公司
鲁姆斯	LUMUS LTD
	鲁姆斯有限公司

续表

约定名称	申请人名称
鲁姆斯	以色列商鲁姆斯有限公司
	卢姆斯有限公司
露熙科技	浙江露熙科技有限公司
MOJO	MOJO vision
美能达	美能达有限公司
默克	默克专利股份有限公司
NOLO	北京凌宇智控科技有限公司
耐德佳	北京耐德佳显示技术有限公司
	苏州耐德佳天成光电科技有限公司
錼创	錼创显示科技股份有限公司
	英属开曼群岛商錼创科技股份有限公司
OPPO	OPPO 广州移动通信有限公司
	OPPO（重庆）智能科技有限公司
平行现实	平行现实（杭州）科技有限公司
苹果公司	AKONIA HOLOGRAPHICS LLC
	勒克斯维科技公司
	苹果公司
奇景光电	奇景光电股份有限公司
	立景光电股份有限公司
奇跃公司	MAGIC LEAP INC
清越	苏州清越光电科技股份有限公司
	义乌清越光电技术研究院有限公司
	昆山梦显电子科技有限公司
群创光电	群创光电股份有限公司
Rokid	芋头科技（杭州）有限公司
日本显示器	株式会社日本显示器
Sega	SEGA ENTERPRISES KK
Snap	SNAP INC
三安光电	厦门市三安光电科技有限公司
	安徽三安光电有限公司
	天津三安光电有限公司
	厦门三安光电有限公司

续表

约定名称	申请人名称
三星	三星SDI株式会社
	三星电管株式会社
	三星电机株式会社
	三星电子株式会社
	三星钻石工业股份有限公司
	天津三星电子有限公司
	株式会社三星日本研究所
	苏州三星电子液晶显示科技有限公司
上海显耀	上海显耀显示科技有限公司
视涯	上海视涯信息科技有限公司
	合肥视涯技术有限公司
双莹	双莹科技股份有限公司
	东莞双莹光电科技有限公司
水晶光电	浙江水晶光电科技股份有限公司
舜通智能	浙江舜通智能科技有限公司
舜宇光学	宁波舜宇光电信息有限公司
	舜宇光学（浙江）研究院有限公司
	舜宇奥来半导体光电（上海）有限公司
	宁波舜宇奥来技术有限公司
	信阳舜宇光学有限公司
	浙江舜宇光学有限公司
	宁波舜宇车载光学技术有限公司
思坦科技	深圳市思坦科技有限公司
松下	松下电工神视株式会社
	松下电器产业株式会社
	松下电器（美国）知识产权公司
	松下北美公司美国分部
	松下汽车系统公司
	松下液晶显示器株式会社
	松下电子工业株式会社
	松下知识产权经营株式会社
	松下株式会社

续表

约定名称	申请人名称
苏大维格	苏州苏大维格科技集团股份有限公司
	苏州大学
	苏州维旺科技有限公司
索尼公司	索尼公司
	索尼半导体解决方案公司
	索尼奥林巴斯医疗解决方案公司
	索尼德国有限责任公司
	索尼电脑娱乐公司
	索尼电子公司
塔普翊海	塔普翊海（上海）智能科技有限公司
天马微电子	厦门天马微电子有限公司
	上海天马微电子有限公司
	天马微电子股份有限公司
	武汉天马微电子有限公司
	武汉天马微电子有限公司上海分公司
	上海天马有机发光显示技术有限公司
	成都天马微电子有限公司
微软	微软公司
威福光学	威福光学有限公司
	WAVE OPTICS LTD
维盛公司	VUZIX CORP
	伊奎蒂公司
维信诺	合肥维信诺科技有限公司
	北京维信诺科技有限公司
	维信诺科技股份有限公司
	昆山国显光电有限公司
	深圳市国显科技股份有限公司
	昆山工研院新型平板显示技术中心有限公司
	云谷（固安）科技有限公司
蔚来	蔚来汽车有限公司
	上海蔚来汽车有限公司

续表

约定名称	申请人名称
X 公司	X – Celeprint
	X – Display
熙泰智能	安徽熙泰智能科技有限公司
夏普	夏普株式会社
	夏普 NEC 显示器解决方案株式会社
枭龙科技	北京枭龙科技有限公司
小米	北京小米科技有限责任公司
	小米科技有限责任公司
小鸟看看	青岛小鸟看看科技有限公司
肖特	肖特股份有限公司
虚拟现实科技	深圳市虚拟现实科技有限公司
旭化成	旭化成株式会社
	日商旭化成股份有限公司
亚马逊	亚马逊科技公司
业成光电	业成光电（深圳）有限公司
	业成科技（成都）有限公司
	业成光电（无锡）有限公司
英特盛	英特盛科技股份有限公司
影创科技	上海影创信息科技有限公司
优奈柯恩	优奈柯恩（北京）科技有限公司
友达光电	友达光电股份有限公司
	友达光电（苏州）有限公司
	友达光电（昆山）有限公司
鱼微阿	上海鱼微阿科技有限公司
驭光科技	杭州驭光科技有限公司
至格科技	北京至格科技有限公司
	浙江至格科技有限公司
中电熊猫	南京中电熊猫液晶显示科技有限公司
中芯国际	中芯国际集成电路制造（上海）有限公司
株式会社半导体	株式会社半导体能源研究所
字节跳动	北京字节跳动网络技术有限公司

参考文献

1. 马群刚，王保平．主动发光显示技术［M］北京：电子工业出版社，2021：403－440.
2. 马群刚．非主动发光显示技术［M］北京：电子工业出版社，2022：386－389.
3. 亿欧智库．2021 中国 VR/AR 产业研究报告［EB/OL］.［2021－06－01］. http：//www. szar. org. cn/news/1842.
4. 谷东科技．增强现实技术中的光学显示方案原理及其工艺全解析［EB/OL］.［2021－09－24］. https：//baijiahao. baidu. com/s?id＝1711779228524383630&wfr＝spider&for＝pc.
5. 坦佩雷，黄秀兵，石琳．衍射光激活的近眼式显示凝视追踪系统的开发［J］. 现代显示，2009（3）：21－24.
6. 陈志东．符合人眼视觉特性的近眼显示技术研究［D］. 北京：北京邮电大学，2019.
7. 申万宏源．VR/AR 行业报告：软硬正循环，奇点已至：元宇宙系列深度报告之二［EB/OL］.［2022－05－05］. https：//www. baogaoting. com/info/140048.

图索引

表 索 引

书　号	书　名	产业领域	定价	条　码
9787513006910	产业专利分析报告（第 1 册）	薄膜太阳能电池 等离子体刻蚀机 生物芯片	50	9 787513 006910 >
9787513007306	产业专利分析报告（第 2 册）	基因工程多肽药物 环保农业	36	9 787513 007306 >
9787513010795	产业专利分析报告（第 3 册）	切削加工刀具 煤矿机械 燃煤锅炉燃烧设备	88	9 787513 010795 >
9787513010788	产业专利分析报告（第 4 册）	有机发光二极管 光通信网络 通信用光器件	82	9 787513 010788 >
9787513010771	产业专利分析报告（第 5 册）	智能手机 立体影像	42	9 787513 010771 >
9787513010764	产业专利分析报告（第 6 册）	乳制品生物医用 天然多糖	42	9 787513 010764 >
9787513017855	产业专利分析报告（第 7 册）	农业机械	66	9 787513 017855 >
9787513017862	产业专利分析报告（第 8 册）	液体灌装机械	46	9 787513 017862 >
9787513017879	产业专利分析报告（第 9 册）	汽车碰撞安全	46	9 787513 017879 >
9787513017886	产业专利分析报告（第 10 册）	功率半导体器件	46	9 787513 017886 >
9787513017893	产业专利分析报告（第 11 册）	短距离无线通信	54	9 787513 017893 >
9787513017909	产业专利分析报告（第 12 册）	液晶显示	64	9 787513 017909 >
9787513017916	产业专利分析报告（第 13 册）	智能电视	56	9 787513 017916 >
9787513017923	产业专利分析报告（第 14 册）	高性能纤维	60	9 787513 017923 >
9787513017930	产业专利分析报告（第 15 册）	高性能橡胶	46	9 787513 017930 >
9787513017947	产业专利分析报告（第 16 册）	食用油脂	54	9 787513 017947 >
9787513026314	产业专利分析报告（第 17 册）	燃气轮机	80	9 787513 026314 >
9787513026321	产业专利分析报告（第 18 册）	增材制造	54	9 787513 026321 >
9787513026338	产业专利分析报告（第 19 册）	工业机器人	98	9 787513 026338 >
9787513026345	产业专利分析报告（第 20 册）	卫星导航终端	110	9 787513 026345 >
9787513026352	产业专利分析报告（第 21 册）	LED 照明	88	9 787513 026352 >

书　号	书　名	产业领域	定价	条　码
9787513026369	产业专利分析报告（第 22 册）	浏览器	64	9 787513 026369
9787513026376	产业专利分析报告（第 23 册）	电池	60	9 787513 026376
9787513026383	产业专利分析报告（第 24 册）	物联网	70	9 787513 026383
9787513026390	产业专利分析报告（第 25 册）	特种光学与电学玻璃	64	9 787513 026390
9787513026406	产业专利分析报告（第 26 册）	氟化工	84	9 787513 026406
9787513026413	产业专利分析报告（第 27 册）	通用名化学药	70	9 787513 026413
9787513026420	产业专利分析报告（第 28 册）	抗体药物	66	9 787513 026420
9787513033411	产业专利分析报告（第 29 册）	绿色建筑材料	120	9 787513 033411
9787513033428	产业专利分析报告（第 30 册）	清洁油品	110	9 787513 033428
9787513033435	产业专利分析报告（第 31 册）	移动互联网	176	9 787513 033435
9787513033442	产业专利分析报告（第 32 册）	新型显示	140	9 787513 033442
9787513033459	产业专利分析报告（第 33 册）	智能识别	186	9 787513 033459
9787513033466	产业专利分析报告（第 34 册）	高端存储	110	9 787513 033466
9787513033473	产业专利分析报告（第 35 册）	关键基础零部件	168	9 787513 033473
9787513033480	产业专利分析报告（第 36 册）	抗肿瘤药物	170	9 787513 033480
9787513033497	产业专利分析报告（第 37 册）	高性能膜材料	98	9 787513 033497
9787513033503	产业专利分析报告（第 38 册）	新能源汽车	158	9 787513 033503
9787513043083	产业专利分析报告（第 39 册）	风力发电机组	70	9 787513 043083
9787513043069	产业专利分析报告（第 40 册）	高端通用芯片	68	9 787513 043069
9787513042383	产业专利分析报告（第 41 册）	糖尿病药物	70	9 787513 042383
9787513042871	产业专利分析报告（第 42 册）	高性能子午线轮胎	66	9 787513 042871
9787513043038	产业专利分析报告（第 43 册）	碳纤维复合材料	60	9 787513 043038
9787513042390	产业专利分析报告（第 44 册）	石墨烯电池	58	9 787513 042390

书　号	书　名	产业领域	定价	条　码
9787513042277	产业专利分析报告（第 45 册）	高性能汽车涂料	70	9787513042277
9787513042949	产业专利分析报告（第 46 册）	新型传感器	78	9787513042949
9787513043045	产业专利分析报告（第 47 册）	基因测序技术	60	9787513043045
9787513042864	产业专利分析报告（第 48 册）	高速动车组和高铁安全监控技术	68	9787513042864
9787513049382	产业专利分析报告（第 49 册）	无人机	58	9787513049382
9787513049535	产业专利分析报告（第 50 册）	芯片先进制造工艺	68	9787513049535
9787513049108	产业专利分析报告（第 51 册）	虚拟现实与增强现实	68	9787513049108
9787513049023	产业专利分析报告（第 52 册）	肿瘤免疫疗法	48	9787513049023
9787513049443	产业专利分析报告（第 53 册）	现代煤化工	58	9787513049443
9787513049405	产业专利分析报告（第 54 册）	海水淡化	56	9787513049405
9787513049429	产业专利分析报告（第 55 册）	智能可穿戴设备	62	9787513049429
9787513049153	产业专利分析报告（第 56 册）	高端医疗影像设备	60	9787513049153
9787513049436	产业专利分析报告（第 57 册）	特种工程塑料	56	9787513049436
9787513049467	产业专利分析报告（第 58 册）	自动驾驶	52	9787513049467
9787513054775	产业专利分析报告（第 59 册）	食品安全检测	40	9787513054775
9787513056977	产业专利分析报告（第 60 册）	关节机器人	60	9787513056977
9787513054768	产业专利分析报告（第 61 册）	先进储能材料	60	9787513054768
9787513056632	产业专利分析报告（第 62 册）	全息技术	75	9787513056632
9787513056694	产业专利分析报告（第 63 册）	智能制造	60	9787513056694
9787513058261	产业专利分析报告（第 64 册）	波浪发电	80	9787513058261
9787513063463	产业专利分析报告（第 65 册）	新一代人工智能	110	9787513063463
9787513063272	产业专利分析报告（第 66 册）	区块链	80	9787513063272
9787513063302	产业专利分析报告（第 67 册）	第三代半导体	60	9787513063302

书号	书名	产业领域	定价	条码
9787513063470	产业专利分析报告（第 68 册）	人工智能关键技术	110	9 787513 063470 >
9787513063425	产业专利分析报告（第 69 册）	高技术船舶	110	9 787513 063425 >
9787513062381	产业专利分析报告（第 70 册）	空间机器人	80	9 787513 062381 >
9787513069816	产业专利分析报告（第 71 册）	混合增强智能	138	9 787513 069816 >
9787513069427	产业专利分析报告（第 72 册）	自主式水下 滑翔机技术	88	9 787513 069427 >
9787513069182	产业专利分析报告（第 73 册）	新型抗丙肝药物	98	9 787513 069182 >
9787513069335	产业专利分析报告（第 74 册）	中药制药装备	60	9 787513 069335 >
9787513069748	产业专利分析报告（第 75 册）	高性能碳化物 先进陶瓷材料	88	9 787513 069748 >
9787513069502	产业专利分析报告（第 76 册）	体外诊断技术	68	9 787513 069502 >
9787513069229	产业专利分析报告（第 77 册）	智能网联汽车 关键技术	78	9 787513 069229 >
9787513069298	产业专利分析报告（第 78 册）	低轨卫星通信技术	70	9 787513 069298 >
9787513076210	产业专利分析报告（第 79 册）	群体智能技术	99	9 787513 076210 >
9787513076074	产业专利分析报告（第 80 册）	生活垃圾、 医疗垃圾处理与利用	80	9 787513 076074 >
9787513075992	产业专利分析报告（第 81 册）	应用于即时 检测关键技术	80	9 787513 075992 >
9787513075961	产业专利分析报告（第 82 册）	基因治疗药物	70	9 787513 075961 >
9787513075817	产业专利分析报告（第 83 册）	高性能吸附 分离树脂及应用	90	9 787513 075817 >
9787513081955	产业专利分析报告（第 84 册）	高端光刻机	70	9 787513 081955 >
9787513082198	产业专利分析报告（第 85 册）	动力电池 检测技术	120	9 787513 082198 >
9787513082433	产业专利分析报告（第 86 册）	热交换介质	128	9 787513 082433 >
9787513081962	产业专利分析报告（第 87 册）	商业航天 装备制造	110	9 787513 081962 >
9787513081924	产业专利分析报告（第 88 册）	电动汽车 续航技术	120	9 787513 081924 >

书　号	书　名	产 业 领 域	定价	条　码
9787513086387	产业专利分析报告（第 89 册）	EDA	108	9 787513 086387 >
9787513086370	产业专利分析报告（第 90 册）	近眼显示	158	9 787513 086370 >
9787513086363	产业专利分析报告（第 91 册）	新能源汽车动力电池安全关键技术	128	9 787513 086363 >
9787513086356	产业专利分析报告（第 92 册）	可持续航空燃料	68	9 787513 086356 >
9787513086349	产业专利分析报告（第 93 册）	航空航天用特种钢材	138	9 787513 086349 >
9787513041539	专利分析可视化		68	9 787513 041539 >
9787513016384	企业专利工作实务手册		68	9 787513 016384 >
9787513057240	化学领域专利分析方法与应用		50	9 787513 057240 >
9787513057493	专利分析数据处理实务手册		60	9 787513 057493 >
9787513048712	专利申请人分析实务手册		68	9 787513 048712 >
9787513072670	专利分析实务手册（第 2 版）		90	9 787513 072670 >